JN272763

ENCYCLOPEDIA OF PHOTOCHEMISTRY

# 光化学の事典

＊

光化学協会
光化学の事典編集委員会

朝倉書店

# 刊行にあたって

　光化学に関する様々な現象や，光化学の研究を進めるために開発された方法論は，広範な学術研究分野において活用されています．たとえば，緑色蛍光タンパク質（GFP）の発光現象は，今や生命科学の研究には欠かせないものとなっていますが，これは GFP に存在する発色団を光励起することによって観測される発光現象を利用しています．また，励起状態の分子の結合が極めて短い時間内に解裂する様子は超短パルスレーザーを用いた高速分光法により明らかにされていますが，このような手法は緑色植物の光合成のメカニズムや，我々の目の中の網膜に存在する光や色を感じる物質の挙動の解明に活用されています．

　一方，光化学の基本的なプロセスを応用して製品化されている材料やデバイスも我々の身近に多く存在しています．有機エレクトロルミネッセンスの発光材料，半導体チップを加工するための光リソグラフィーに利用されるレジスト材料，色素増感太陽電池，光触媒等々，枚挙に暇がなく，これらは我々の豊かな生活を支えています．このように光化学は今や多くの科学技術を支える基盤になっていると言っても過言ではありません．

　本書は，光化学の基礎となる励起状態の挙動に関する重要な事柄を初学者の皆さんにも理解できるよう大変読みやすい平易な表現を用いて解説しており，かつその全体像をつかみやすくできるよう各項目を簡潔にまとめる工夫もなされています．また，基礎的な事柄のみならず，光化学の基本プロセスを利用した最新の応用研究や製品化された光デバイスも多く紹介されており，光化学の研究を始めた学部や大学院の学生，そして若手研究者の知的好奇心を大いにそそる内容となっています．

　このような特色を持つ本書は，光化学に関わる学生や研究者のみならず，今後，光化学の現象や研究手法を取り入れ研究を発展させたいと考えている他分

野の研究者や，励起状態を制御して新たなデバイスやシステムを開発したいと考えているエンジニアの方々にとって十分役立つものになると確信し，広く活用されることを期待する次第です．

2014 年 5 月

光化学協会会長

三 澤 弘 明

# 序

　光はいつの時代においても，人々に希望を与え，未来を照らす魅力的でかつ不思議な存在である．とりわけ現代においては，光は「エネルギー」を運ぶ量子として，また「情報」を運ぶ波として，人類社会を支える必須の役目を担っている．太陽からの自然光が多種多様な生命を地球上に育み，LEDのような人工の光が街を華やかに映し出している．産業や科学技術の分野でも，光を受けて働き，光を制御するさまざまな機能性材料が開発され，人々の生活を豊かなものにしている．このような光の働きは，元を辿れば「光と物質」との相互作用に基づいている．

　原子・分子のレベルから光と物質との相互作用を考え，その原理や性質を理解しようするサイエンスが「光化学」である．光の吸収・発光から始まり，電子励起状態の物理的な性質，単一分子や分子間の化学的な反応，多数の分子が集合した分子システムによる光エネルギーの化学ポテンシャルへの蓄積（光合成）や電気エネルギーへの変換（太陽電池），さらに光の生物学的な効果や医療応用に至るまで，光化学が取り扱う範囲は極めて広い．当然のことながら，新聞，雑誌，テレビなどのメディアでも光化学に関係する多くの事象が取り上げられるようになってきた．したがって，光化学の研究者，光機能材料や光学素子などを開発する技術者にとどまらず，身の周りに起こる光に関するさまざまな現象について，一般社会人や理工系学生の関心は高い．

　このような状況を鑑みると，光化学に関する基礎的かつ重要な事項や現象を網羅し，専門家がしっかりと解説した事典を提供することは，社会的にも大きな意義がある．本書はこのような背景を基に，光化学の啓蒙・普及を目的とする学術団体「光化学協会」の全面的な協力を得て，企画・編集された．協会の会員を中心に，191名もの執筆者に上述の趣旨にご賛同いただき，重要事項で

ありながら簡潔に，かつ平易な記述になるよう心掛けていただいた．理工系の学生や科学に関心をもつ社会人に，光化学についての正しい基礎知識を提供し，応用・実用的な面からも事項を取り上げて光化学の重要性や面白さを伝えることにより，その社会的な役割を理解していただけることを目標としている．

　本書は1項目を1～2頁で解説する読切り形式を採用して，読者がその項目に関する知識を短時間で修得できるようにしている．他の理科学書と同様に，物理的，化学的な基礎事項からスタートし，機能的，応用的な項目に進み，最後に光分析・光計測に関する項目をまとめた．しかしこの順に読む必要はなく，読者が興味をもつ事項から始め，ネットサーフィンをするように末尾に記載した「関連項目」を辿って基礎的項目にも目を通し，次第に全体像を把握されることを期待している．

　最後に，本書の編集・校正にご助力いただいた執筆協力者の方々，また出版に至るまで編集作業を粘り強く進めていただいた朝倉書店編集部に謝意を表したい．

　末筆ながら，本書を企画する段階から，構成，項目選定に至るまで，多大なご尽力をいただいた堀江一之先生が，出版を待たずに急逝された．篤く感謝申し上げるとともに心よりご冥福をお祈りする．

　　2014年5月

光化学の事典編集委員会

## 執筆者一覧

### 編集委員(五十音順)

| | | |
|---|---|---|
| 伊藤 紳三郎 | 京都大学 | |
| 宍戸 昌彦 | 岡山大学 | |
| 堀江 一之 | 元 東京大学 | |
| 真嶋 哲朗 | 大阪大学 | |

### 執筆者(五十音順)

| | | | | |
|---|---|---|---|---|
| 青木 裕之 | 京都大学 | | 伊藤 紳三郎 | 京都大学 |
| 赤羽 良一 | 長崎大学 | | 伊藤 健雄 | 京都大学 |
| 秋葉 雅温 | エボニック ジャパン(株) | | 伊藤 洋士 | 富士フイルム(株) |
| 秋本 誠志 | 神戸大学 | | 稲田 妙子 | 北里大学 |
| 秋山 公男 | 東北大学 | | 今村 隆史 | 国立環境研究所 |
| 朝日 剛 | 愛媛大学 | | 岩井 薫 | 奈良女子大学 |
| 安倍 学 | 広島大学 | | 岩田 耕一 | 学習院大学 |
| 荒井 重義 | 前 京都工芸繊維大学 | | 魚崎 浩平 | 物質・材料研究機構 |
| 新井 達郎 | 筑波大学 | | 魚津 吉弘 | 三菱レイヨン(株) |
| 荒木 保幸 | 東北大学 | | 宇佐美 久尚 | 信州大学 |
| 池田 茂 | 大阪大学 | | 内田 欣吾 | 龍谷大学 |
| 池田 富樹 | 中央大学 | | 宇地原 敏夫 | 前 琉球大学 |
| 池田 憲昭 | 京都工芸繊維大学 | | 大内 秋比古 | 産業技術総合研究所 |
| 池田 浩 | 大阪府立大学 | | 大北 英生 | 京都大学 |
| 生駒 忠昭 | 新潟大学 | | 大久保 敬 | 大阪大学 |
| 石井 忠浩 | 前 東京理科大学 | | 太田 信廣 | 北海道大学 |
| 石川 満 | 城西大学 | | 大谷 文章 | 北海道大学 |
| 石田 斉 | 北里大学 | | 岡田 惠次 | 大阪市立大学 |
| 伊関 峰生 | 東邦大学 | | 岡村 晴之 | 大阪府立大学 |
| 板谷 明 | 前 京都工芸繊維大学 | | 岡本 晃充 | 東京大学 |
| 一ノ瀬 暢之 | 京都工芸繊維大学 | | 岡本 秀毅 | 岡山大学 |
| 伊藤 攻 | 前 東北大学 | | 小川 和也 | 山梨大学 |

| | | | | |
|---|---|---|---|---|
| 小川 美香子 | 浜松医科大学 | | 佐藤 治 | 九州大学 |
| 奥津 哲夫 | 群馬大学 | | 佐藤 正健 | 産業技術総合研究所 |
| 小阪田 泰子 | 京都大学 | | 宍戸 昌彦 | 岡山大学 |
| 垣内 喜代三 | 奈良先端科学技術大学院大学 | | 渋谷 一彦 | 東京農工大学 |
| 加藤 昌子 | 北海道大学 | | 嶌越 恒 | 九州大学 |
| 加藤 隆二 | 日本大学 | | 清水 洋 | 産業技術総合研究所 |
| 鎌田 賢司 | 産業技術総合研究所 | | 白井 正充 | 前 大阪府立大学 |
| 唐津 孝 | 千葉大学 | | 白石 康浩 | 大阪大学 |
| 川井 清彦 | 大阪大学 | | 白上 努 | 宮崎大学 |
| 川崎 昌博 | 名古屋大学 | | 新名主 輝男 | 九州大学 |
| 河戸 孝二 | 富士フイルム(株) | | 鈴木 正 | 青山学院大学 |
| 川東 利男 | 前 九州大学 | | 陶山 寛志 | 大阪府立大学 |
| 川西 祐司 | 産業技術総合研究所 | | 関 隆広 | 名古屋大学 |
| 河村 保彦 | 徳島大学 | | 関谷 博 | 九州大学 |
| 漢那 洋子 | 琉球大学 | | 園田 与理子 | 産業技術総合研究所 |
| 喜多村 昇 | 北海道大学 | | 田井中 一貴 | 東京大学 |
| 金 幸夫 | 茨城大学 | | 高田 忠雄 | 兵庫県立大学 |
| 工藤 昭彦 | 東京理科大学 | | 髙原 茂 | 千葉大学 |
| 工藤 伸一 | DIC(株) | | 立川 貴士 | 大阪大学 |
| 久保 恭男 | 島根大学 | | 立木 次郎 | 愛知工業大学 |
| 熊谷 勉 | 前 滋賀県立大学 | | 田中 一生 | 京都大学 |
| 蔵田 浩之 | 福井工業大学 | | 田中 敬二 | 九州大学 |
| 栗山 恭直 | 山形大学 | | 谷 忠昭 | 日本写真学会 |
| 小池 和英 | 産業技術総合研究所 | | 谷本 能文 | 前 広島大学 |
| 小久保 研 | 大阪大学 | | 玉井 尚登 | 関西学院大学 |
| 小島 秀子 | 早稲田大学 | | 民秋 均 | 立命館大学 |
| 小嶋 政信 | 信州大学 | | 崔 正権 | 大阪大学 |
| 坂口 喜生 | 理化学研究所 | | 築山 光一 | 東京理科大学 |
| 坂本 雅典 | 京都大学 | | 辻 和雄 | 前 北陸先端科学技術大学院大学 |
| 坂本 昌巳 | 千葉大学 | | 土田 亮 | 岐阜大学 |

| | |
|---|---|
| 堤　　　直　人　京都工芸繊維大学 | 早　瀬　修　二　九州工業大学 |
| 坪　井　泰　之　大阪市立大学 | 久　枝　良　雄　九州大学 |
| 寺　嶋　正　秀　京都大学 | 久　田　研　次　福井大学 |
| 手　老　省　三　前 東北大学 | 平　井　克　幸　三重大学 |
| 天　満　　　敬　京都大学 | 平　井　隆　之　大阪大学 |
| 藤　乗　幸　子　大阪大学 | 平　川　和　貴　静岡大学 |
| 德　富　　　哲　大阪府立大学 | 平　田　修　造　東京工業大学 |
| 飛　田　成　史　群馬大学 | 平　田　善　則　神奈川大学 |
| 鳥　本　　　司　名古屋大学 | 平　野　　　誉　電気通信大学 |
| 長　井　圭　治　東京工業大学 | 福　住　俊　一　大阪大学 |
| 長　澤　　　裕　大阪大学 | 藤　塚　　　守　大阪大学 |
| 中　島　信　昭　豊田理化学研究所 | 古　江　広　和　東京理科大学 |
| 中　田　　　靖　(株)堀場製作所 | 古　田　寿　昭　東邦大学 |
| 中　谷　和　彦　大阪大学 | 古　部　昭　広　産業技術総合研究所 |
| 中　野　英　之　室蘭工業大学 | 辨　天　宏　明　京都大学 |
| 中　林　孝　和　東北大学 | 堀　田　純　一　山形大学 |
| 中　前　勝　彦　兵庫県立大学 | 堀　内　宏　明　群馬大学 |
| 中　村　朝　夫　芝浦工業大学 | 前　多　　　肇　金沢大学 |
| 中　村　光　伸　兵庫県立大学 | 真　嶋　哲　朗　大阪大学 |
| 長　村　利　彦　北九州工業高等専門学校 | 町　田　真　二　郎　京都工芸繊維大学 |
| 中　山　浩　明　(株)ニコン | 松　田　建　児　京都大学 |
| 南　後　　　守　大阪市立大学 | 松　村　道　雄　大阪大学 |
| 西　村　賢　宣　筑波大学 | 松　本　正　勝　神奈川大学 |
| 野　坂　芳　雄　長岡技術科学大学 | 松　本　吉　泰　京都大学 |
| 野　﨑　浩　一　富山大学 | 三　澤　弘　明　北海道大学 |
| 野　間　直　樹　近畿大学 | 水　野　一　彦　奈良先端科学技術大学院大学 |
| 芳　賀　正　明　中央大学 | 三　井　正　明　静岡大学 |
| 長谷川　英　悦　新潟大学 | 三　好　憲　雄　福井大学 |
| 長谷川　靖　哉　北海道大学 | 村　井　久　雄　静岡大学 |
| 羽　渕　聡　史　キング・アブドラ科学技術大学 | 村　上　能　規　長岡工業高等専門学校 |

| | |
|---|---|
| 村田　　滋　東京大学 | 山本　俊介　東北大学 |
| 森　　浩亮　大阪大学 | 山本　雅英　前 京都大学 |
| 森　　　直　大阪大学 | 由井　樹人　新潟大学 |
| 保田　昌秀　宮崎大学 | 横山　　泰　横浜国立大学 |
| 八ッ橋知幸　大阪市立大学 | 吉原　利忠　群馬大学 |
| 山内　清語　元 東北大学 | 吉見　泰治　福井大学 |
| 山﨑　鈴子　山口大学 | 米村　弘明　九州大学 |
| 山路　　稔　群馬大学 | 若狭　雅信　埼玉大学 |
| 山下　弘巳　大阪大学 | 和田　健彦　東北大学 |
| 山田　幸司　北海道大学 | 和田　雄二　東京工業大学 |
| 山田　　淳　九州大学 | 渡辺　　修　(株)豊田中央研究所 |
| 山田　容子　奈良先端科学技術大学院大学 | |

### 執筆協力者（五十音順）

| | |
|---|---|
| 太田　英輔　大阪府立大学 | 竹中　幹人　京都大学 |
| 川上　養一　京都大学 | 沈　　建仁　岡山大学 |
| 佐藤あやの　岡山大学 | 宮坂　　博　大阪大学 |

# 目　次

## 1.　光 と は

① 光の性質 …………………………………………………………………… 2
② 光と色とスペクトル ……………………………………………………… 4
③ 光と放射線 ………………………………………………………………… 6
④ 光化学と放射線化学 ……………………………………………………… 8
⑤ 光の屈折・反射・干渉・回折 …………………………………………… 10
⑥ 直線偏光と円偏光（楕円偏光） ………………………………………… 12
⑦ レイリー散乱，ミー散乱とラマン散乱 ………………………………… 14
⑧ 光の発生と伝搬 …………………………………………………………… 16

## 2.　光化学の基礎 I ― 物理化学 ―

2.1　分子の光吸収と電子励起状態
① 分子軌道とエネルギー準位 ……………………………………………… 20
② 物質の光吸収と励起状態の生成 ………………………………………… 22
③ 電子遷移と遷移双極子モーメント ……………………………………… 24
④ 電子励起状態の種類 ……………………………………………………… 26
⑤ スピン励起状態 …………………………………………………………… 28
⑥ 電子励起状態からの緩和現象 …………………………………………… 30
⑦ 固体・結晶中の励起状態と光吸収 ……………………………………… 32
⑧ 高電子励起状態 …………………………………………………………… 34
⑨ 電気化学と励起状態の生成・反応 ……………………………………… 36
⑩ 多光子吸収 ………………………………………………………………… 38

2.2　励起状態の物理プロセス
① 蛍光とりん光―励起一重項と励起三重項からの発光 ………………… 40
② 長寿命発光―遅延発光の原理 …………………………………………… 42

③　蛍光量子収率，蛍光寿命と蛍光消光……………………………44
　④　励起エネルギーの移動・伝達・拡散………………………………46
　⑤　光　増　感………………………………………………………………48
　⑥　イオン化ポテンシャル・電子親和力と分子の HOMO,
　　　LUMO………………………………………………………………50
　⑦　エキシマーとエキシプレックス……………………………………52
　⑧　電子供与体・受容体と電荷移動錯体………………………………54
　⑨　電子移動と電荷再結合…………………………………………………56
　⑩　光イオン化………………………………………………………………58

2.3　励起状態の環境効果と反応
　①　フロンティア軌道と光化学反応……………………………………60
　②　光化学における溶媒効果……………………………………………62
　③　光化学における温度効果……………………………………………64
　④　光化学における圧力効果……………………………………………66
　⑤　光化学における電場効果……………………………………………68
　⑥　光化学における磁場効果……………………………………………70
　⑦　光化学における濃度効果……………………………………………72
　⑧　赤外光化学………………………………………………………………74

2.4　分子と偏光性
　①　分子配向と複屈折・二色性……………………………………………76
　②　偏光解消と分子運動…………………………………………………78
　③　液晶の光学特性…………………………………………………………80

---

## 3.　光化学の基礎 II ── 有機化学 ──

3.1　光化学反応の基礎
　①　光化学反応の特徴……………………………………………………84
　②　量子収率，反応収率…………………………………………………86
　③　活性酸素種………………………………………………………………88
　④　光化学反応不安定生成物……………………………………………90
　⑤　分子間光反応と分子内光反応………………………………………92

3.2　さまざまな光化学反応
　①　光酸化・光還元…………………………………………………………94
　②　異性化反応………………………………………………………………96
　③　結合解離反応……………………………………………………………98

- ④ 結 合 開 裂 ································································· 100
- ⑤ 付 加 反 応 ································································· 102
- ⑥ プロトン付加 ······························································ 104
- ⑦ 付加：原子価異性体への付加 ········································· 106
- ⑧ 付加：光 Barton 反応 ··················································· 108
- ⑨ 付加：光 Friedel-Crafts 反応 ········································· 109
- ⑩ 付加：アリール化 ························································ 110
- ⑪ 光付加環化 ································································· 111
- ⑫ 電子環状反応 ······························································ 112
- ⑬ 転 位 反 応 ································································· 114
- ⑭ 移 動 反 応 ································································· 116
- ⑮ 光ハロゲン化 ······························································ 118
- ⑯ 光ニトロソ化 ······························································ 120
- ⑰ 置 換 反 応 ································································· 121
- ⑱ 脱 離 反 応 ································································· 122
- ⑲ 光重合反応 ································································· 124
- ⑳ 固相光反応 ································································· 126
- ㉑ 不斉光反応 ································································· 128
- ㉒ 水素結合を介した光化学 ··············································· 130
- ㉓ 高分子の光化学 ··························································· 132
- ㉔ 有機電子移動化学 ························································ 134

## 4. さまざまな化合物の光化学

### 4.1 炭 化 水 素
- ① オレフィンの光化学反応 ··············································· 138
- ② 共役 1,3-ジエンの光化学 ··············································· 140
- ③ ポリエンの光化学 ························································ 142
- ④ ベンゼン類の光化学 ····················································· 144
- ⑤ 多環芳香族炭化水素の光化学 ········································· 146
- ⑥ アルキンの光化学 ························································ 148

### 4.2 酸素含有化合物
- ① アルコールの光化学 ····················································· 150
- ② カルボニルの光反応 ····················································· 152
- ③ ベンゾフェノンの光化学 ··············································· 154
- ④ 酸素，オゾンの光化学 ·················································· 156
- ⑤ エーテルの光化学 ························································ 157

⑥　エステルの光化学……………………………………………158
　　⑦　過酸化物の光化学……………………………………………160
　　⑧　カルボン酸・ケイ皮酸の光化学……………………………162

4.3　窒素・硫黄含有化合物
　　①　窒素化合物の光化学…………………………………………164
　　②　カルボニトリルの光化学……………………………………166
　　③　硫黄化合物の光化学…………………………………………168

4.4　その他の原子含有化合物
　　①　ケイ素化合物の光化学………………………………………170
　　②　ハロゲン化合物の光化学……………………………………172
　　③　リン化合物の光化学…………………………………………174
　　④　金属錯体，配位化合物の光化学……………………………176
　　⑤　有機金属化合物の光化学……………………………………178

4.5　生体関連化合物
　　①　DNA類の光化学………………………………………………180
　　②　タンパク類の光化学…………………………………………182
　　③　クロロフィル類の光化学……………………………………184
　　④　ビタミンAの光化学…………………………………………186
　　⑤　ビタミンDの光化学合成……………………………………187

## 5.　光化学と生活・産業

5.1　光反応による加工・造形
　　①　光硬化樹脂・光硬化塗料……………………………………190
　　②　感光性材料―印刷・写真製版の仕組み……………………192
　　③　フォトレジストと微細加工―電子産業を支える
　　　　　ナノリソグラフィー………………………………………194
　　④　レーザー光加工―レーザーアブレーション………………196
　　⑤　光でつくるマイクロマシン―3次元微細造形……………198

5.2　ディスプレイ・表示
　　①　液晶配向による光スイッチ―液晶テレビの原理…………200
　　②　銀塩写真とカラー写真の原理………………………………202
　　③　光導電性とは―コピー・電子写真の原理…………………204
　　④　暗闇で光る―化学発光，蓄光材料…………………………206

⑤ 発 光 材 料……………………………………………………… 208

5.3 いろいろな光源
① 光化学で使う光源……………………………………………… 210
② 発光ダイオード（LED）の原理……………………………… 212
③ 有機 EL（エレクトロルミネッセンス）……………………… 214
④ レーザーの種類と仕組み……………………………………… 216
⑤ 放射光と SPring-8……………………………………………… 218

5.4 光機能材料
① 高屈折率材料と低屈折率材料………………………………… 220
② 光の選択反射—玉虫色は構造色……………………………… 222
③ 非線形光学材料………………………………………………… 224
④ フォトクロミズム—光で色を変える………………………… 226
⑤ 紫外線吸収剤，光安定剤……………………………………… 228
⑥ 蛍光染料・蛍光増白剤（漂白剤）…………………………… 230
⑦ 光異性化と光応答膜材料……………………………………… 232
⑧ 光で形を変える（フォトメカニカル）材料………………… 234
⑨ 量子ドットの特性と光機能…………………………………… 236

5.5 光 記 録
① 光で情報記録—ヒートモードとフォトンモード記録……… 238
② フォトリフラクティブ材料…………………………………… 240
③ 光ホールバーニング・周波数領域の光記録………………… 242
④ フォトンエコー—時間領域の高速光記録…………………… 244

# 6. 光化学と健康・医療

6.1 医療に用いる光技術
① 生体光イメージング…………………………………………… 248
② 術中光診断……………………………………………………… 250
③ 光線力学療法…………………………………………………… 252
④ レーザーメス…………………………………………………… 254
⑤ レーザー治療…………………………………………………… 255
⑥ 歯科用光重合レジン…………………………………………… 256

6.2 光 と 健 康
① 日 焼 け……………………………………………………… 258

②　光殺菌作用……………………………………………………………… 260
　③　光線過敏症……………………………………………………………… 262

## 7. 光化学と環境・エネルギー

### 7.1　光化学と環境
　①　大気圏外の光化学…………………………………………………… 266
　②　大気圏の光化学……………………………………………………… 268
　③　光化学スモッグ……………………………………………………… 270
　④　光退色・光劣化・光酸化…………………………………………… 272
　⑤　オゾンホール………………………………………………………… 274
　⑥　地球温暖化と惑星放射……………………………………………… 276
　⑦　光発生一重項酸素による環境浄化………………………………… 278
　⑧　オゾンの光化学的発生と環境……………………………………… 280

### 7.2　光　触　媒
　①　光　触　媒…………………………………………………………… 282
　②　光触媒による環境浄化……………………………………………… 284
　③　光触媒による水の光分解と水素・酸素発生……………………… 286
　④　可視光応答型光触媒………………………………………………… 288
　⑤　表面ぬれ性の光調節………………………………………………… 290

### 7.3　光化学とエネルギー
　①　光エネルギー変換…………………………………………………… 292
　②　人工光合成…………………………………………………………… 294
　③　色素増感太陽電池…………………………………………………… 296
　④　太陽電池・光起電力効果…………………………………………… 298
　⑤　有機薄膜太陽電池…………………………………………………… 300
　⑥　金属錯体光触媒による水の分解…………………………………… 302
　⑦　二酸化炭素の光還元と資源化……………………………………… 304
　⑧　光化学とグリーンサステイナブルケミストリー………………… 306

# 8. 光と生物・生化学

8.1 生物の光吸収，蛍光と発光
  ① 花の色と天然色素································································ 308
  ② 蛍光タンパク質··································································· 310
  ③ 生物発光········································································· 312
  ④ イクオリン······································································· 314
  ⑤ ルシフェリン····································································· 316
  ⑥ 細胞イメージング································································ 318

8.2 光合成系
  ① 光合成··········································································· 320
  ② 葉緑体··········································································· 322
  ③ 光化学系 I······································································· 324
  ④ 光化学系 II······································································ 326
  ⑤ 光合成初期過程··································································· 328
  ⑥ 光捕集系········································································· 330

8.3 生物の光応答
  ① 視覚············································································· 332
  ② 走光性··········································································· 334
  ③ 植物光応答—フィトクロムと青色光受容体············································· 336
  ④ DNA の光損傷・光回復······························································ 338

8.4 生物化学研究に用いる光技術
  ① 蛍光標識········································································· 340
  ② 蛍光共鳴エネルギー移動（FRET）—生化学的応用········································ 342
  ③ DNA の淡色効果··································································· 344
  ④ 光解離性保護基··································································· 346
  ⑤ 光誘起タンパク質結晶化···························································· 348

# 9. 光分析技術（測定）

9.1 光学顕微技術
  ① 光学顕微鏡······································································· 352
  ② 共焦点レーザー顕微鏡······························································ 354

③ 波長の制限を超える高分解能光学顕微鏡……………………………………… 356
④ 光ピンセット—光で粒子を操る………………………………………………… 358
⑤ 光退色後蛍光回復法（FRAP）………………………………………………… 360

9.2 分 光 測 定
① 蛍光・りん光分光光度計………………………………………………………… 362
② 光 検 出 器………………………………………………………………………… 364
③ 円偏光二色性スペクトル………………………………………………………… 366
④ 蛍光検出円二色性スペクトルと円偏光蛍光スペクトル……………………… 368
⑤ 蛍光寿命測定……………………………………………………………………… 370
⑥ 過渡吸収分光法…………………………………………………………………… 372
⑦ パルスラジオリシス—電子線パルスによる過渡測定………………………… 374
⑧ ラマン分光法……………………………………………………………………… 376
⑨ エバネッセント光と光分析への利用…………………………………………… 378
⑩ 表面プラズモン共鳴と局在表面プラズモン共鳴……………………………… 380
⑪ 光電子分光………………………………………………………………………… 382
⑫ 電子スピン共鳴（ESR）法……………………………………………………… 384
⑬ 蛍光相関法………………………………………………………………………… 386
⑭ 単一分子蛍光測定・単一分子蛍光分光………………………………………… 388

索　　　引…………………………………………………………………………… 391

# 1

## 光とは

# 光の性質
The Nature of Light

目に見える可視の光をはじめ，γ線，X線，紫外線，赤外線，マイクロ波，電波，これらはいずれも電磁波であり，波長の違いによって区別される．電磁場を電場ベクトル（$E$）と磁場ベクトル（$B$）で記述し，両ベクトル間の関係を示す基礎方程式が Maxwell によって示された．電荷や電流が存在しない真空中での式を考えることによって，電気と磁気の法則と光の性質に関する法則が結びつけられている．変動する磁場が電磁誘導により電場をつくり，同時に変動する電場が変位電流として磁場をつくり，互いが同じ振動数，同じ位相関係を有しながら空間を伝わる．図1に示すように，ある方向に電場が生じるときには，それと直交する方向に磁場が生じ，互いが同じ時間，空間変化しながら電場，磁場の振幅方向とは垂直な方向に電磁波として進行することになる．したがって，光（電磁波）は横波である．光速すなわち電磁波の伝わる速さ $c$ は以下の値である．

$$c = 2.9979 \times 10^8 \text{ m s}^{-1} \qquad (1)$$

光の波長（$\lambda$）と振動数（$\nu$）および光速の間には次の関係式が成り立つ．

$$\lambda\nu = c \qquad (2)$$

ヤングの二重スリットの実験に見られる干渉や回折あるいは屈折は，この光の波動性により説明することができる．

光の性質に関しては上で述べた古典電磁気学（波動性）では説明できないものがある．その1つは，黒体放射の問題である．発熱灯に見られるように，ある温度に熱せられた物体は光を発するようになり，かつ温度によって色が変化するが，各温度での光の強さの振動数分布（波長分布）が説明できない．また，可視光や紫外線あるいはX線を金属のような物質に当てると，そこから電子が飛び出してくる，いわゆる光電効果も波動説では説明できない．20世紀に入って Lenard によって以下の点が実験的に確かめられた．①飛び出す電子1個1個のエネルギーは光の強さに無関係，②光の強さを大きくすると飛び出す電子の個数が多くなる，③飛び出す電子個々のエネルギーは光の色に依存する．光を波と考えると振幅が大きいほど入射する光のエネルギーは大きくなり，したがって飛び出してくる電子のエネルギーも大きくなると考えられる．しかし，上記実験結果はそうはなっておらず，光と物質との相互作用において，光のエネルギーは Maxwell の理論に従って連続的に他のエネルギーに変換するといったものではないことを示している．

黒体放射の問題はプランクによって解決され，その結果としてエネルギー量子という概念が導入された．すなわち，$\nu$ という振動数を有する振動系のエネルギー（$E$）は $h\nu$（$h$ はプランクの定数で $6.6261 \times 10^{-34}$ J s）で表され，とりうる値はその整数倍，

$$E = nh\nu, \quad n = 0, 1, 2, \cdots \qquad (3)$$

という，とびとびの値しかとらないという結論に達した．

プランクの公式を前提に，Einstein は光電効果を説明するものとして，1905年に

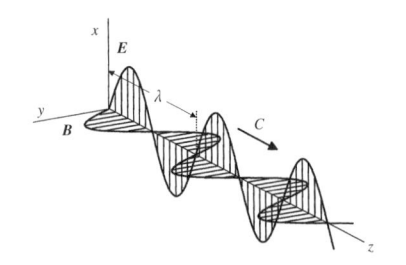

図1　$x$, $y$ 軸方向に生じる電場，磁場と $z$ 軸方向に進む電磁波

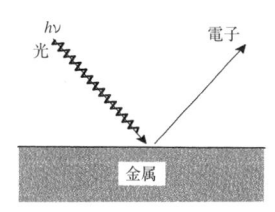

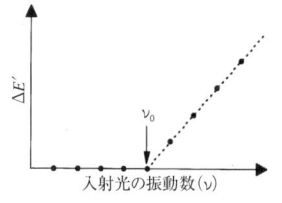

**図2** 光電効果の様子（左），および入射光の振動数($\nu$)に対する飛び出す電子のエネルギー($\Delta E'$)（右）

光の粒子性の仮説を発表した．電磁場のエネルギーが連続的に空間に分布しているのではなく，$h\nu$のエネルギーをもった粒が空間に別個のものとしておのおの存在していると考えた．振動数$\nu$を有する光が伝搬するということは$h\nu$なるエネルギーを有する粒子が空間内を飛んでいる，ということになる．この仮説はLenardの実験結果をよく説明できる．①と②は，光を強くするということは光の粒の個数を増やすこと，という光の粒子性と対応する．③は電子が飛び出すためには，ある一定以上のエネルギーを有する光を照射することが必要，ということを意味する．したがって，このしきい値のエネルギーを$E_0$とすると，飛び出す電子のエネルギー（$E'$）は

$$E' = h\nu - E_0 = h(\nu - \nu_0) \qquad (4)$$

で与えられることが示唆される．ここで，$\nu_0$はエネルギー$E_0$に対応する光の振動数であり，図2に示すように，照射する光の振動数がある値以上の場合のみ光照射により電子が飛び出すことになる．この関係が成り立つことが，水銀灯の特定の波長の光をそれぞれ取り出して金属（ナトリウム，リチウム）に照射して飛び出す電子のエネルギーを求めたMillikanの実験により確かめられた．1個1個の光の粒をフォトン（光子）とよんでいる．

物質にX線を当てた場合，散乱されるX線の波長は入射線と同じではなく，波長は長くなる．Compton効果として知られているこの現象は，光の粒子性を直接的に示している．粒子の運動では，エネルギーおよび運動量は保存される．電子に単色のX線を当てたとき，そのX線が散乱される波長の変化は，衝突前後の電子とX線のエネルギーおよび運動量が保存されると考えると説明できる．ちなみに$h\nu$のエネルギーを有する光子の運動量は，光速$c$を用いて次式で与えられる．

$$p = h\nu/c \qquad (5)$$

粒子と波動の二重性という問題は，光だけではなく，一般の粒子についても突きつけられた問題であった．結局，波動論による空間内に広がる場を記述する関数で表される式と，$N$個の粒子系であれば$3N$個の座標からなる関数を用いて表される式がまったく一致すること，すなわち波動像でも粒子像でも同じ答が得られることがわかっている．例えば，1次元調和振動子のSchrödinger方程式からわかるように，分子の振動エネルギーは$h\nu$だけ値が異なるとびとびのエネルギーをとる（$\nu$は原子間に働く力の定数で決まる振動数）．一方，電磁場も1次元調和振動子の集まりと考えることができ，そのエネルギーは量子化されており，エネルギーの最小単位は$h\nu$であること，とりうる値はその整数倍であることを示すことができる．この$h\nu$は光子のエネルギーであり，全エネルギーは光子の個数に応じて整数倍されることになる．

光が波動性および粒子性の両方の性質を併せもつということが，光の関与する研究を基礎，応用の両面において多岐にそして興味深いものとしているのは間違いのないところである．

（太田信廣）

# 光と色とスペクトル
Light, Primary Color, Spectra

**a. 太陽光のスペクトル** 光は電磁波であり，表1に示したように波長領域により，紫外線（UV：ultraviolet light），可視光線（Vis：visible light），赤外線（IR：infrared light）に大別される．図1に示すように，太陽光の放射エネルギー密度は可視光領域で最大である[1]．短波長領域の200 nm 以下の紫外線は酸素により，また，300 nm 以下はオゾン層により吸収されるので，地表への到達が抑制され，このために生物の地表での生存が可能となっている．生物作用の面から，紫外線は UVA（315〜400 nm），UVB（280〜315 nm），UVC（100〜280 nm）とも分類される．短波長ほど生物への傷害は激しい．UVB 光は，皮膚中のプロビタミン D をビタミン D に変換する作用をもつが，ヒトの角膜の炎症や皮膚がんの原因となる（▶4.5⑤，6.2①〜③項）．一般に，可視光は7色（長波長から赤，橙，黄，緑，青，藍，紫）に区別される．長波長領域の感度は個人差があるが，780 nm が可視光の長波長末端とされている．赤外線領域には，大気中の水蒸気，酸素，二酸化炭素などの吸収があることから，図1(a) の地表に到達する太陽光のスペクトルでは特定の波長帯の光が大きく減少している．また，図1(a) の縦軸は

**表1 光の波長による分類**

| 光 | 波長(nm) |
|---|---|
| 紫外線 | 1〜400 |
| 真空紫外線 | 1〜200 |
| 遠紫外線 | 200〜300 |
| 近紫外線 | 300〜400 |
| 可視光線 | 380〜780 |
| 赤外線 | 780〜10000 |
| 近赤外線 | 780〜2500 |
| 遠赤外線 | 2500〜10000 |

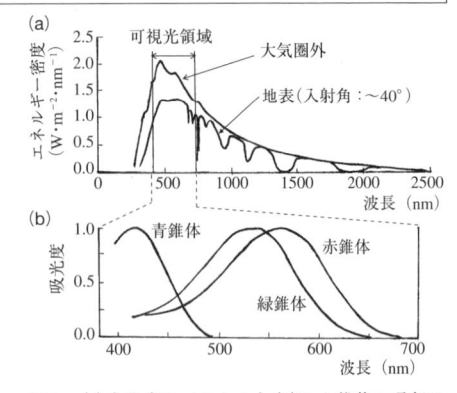

**図1** (a) 太陽光スペクトルと (b) ヒト錐体の吸収スペクトル

エネルギー密度で表示されているが，光化学で重要になる光子数でプロットすると，太陽光スペクトルの最大波長は 700 nm 付近の長波長側にシフトする．

**b. 光と色材の三原色** 図2(a) に示すように，光の三原色は，赤，緑，青である．これは，ヒトの目の網膜の視細胞に3種類のタンパク質（オプシンタンパク質）が存在し，それぞれ長波長，中波長，短波長領域の光を吸収することに由来する．これらの細胞は錐体状であることから，L(long)-cone（赤錐体），M(medium)-cone（緑錐体），S(short)-cone（青錐体）とよばれる．図1(b) に示すように，その吸収ピークは，それぞれ，560，530，430 nm 付近にある．これらの吸収は幅広く，部分的に重なり合い，1つの錐体のみが吸収する領域は短波長と長波長領域のみである．これら3種類の錐体が励起される度合いに応じて，可視光を多彩な色として感ずることができる（▶8.3①項）．

光の補色とは，2つの原色光の混合（加法混色）による色であり，図2(a) に示すように，赤と緑を混ぜると黄色になる．す

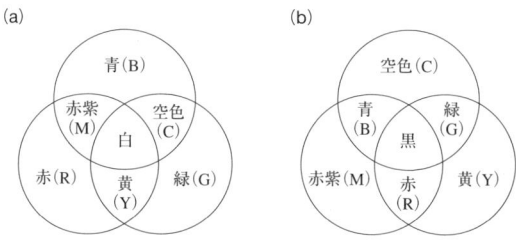

**図2** (a) 光の三原色（赤，青，緑）と補色（赤紫，空色，黄），
(b) 絵の具の三原色（赤紫，空色，黄）と補色（赤，青，緑）．
R: red, G: green, B: blue, M: magenta, C: cyan, Y: yellow.

なわち，赤錐体と緑錐体がほぼ等しく励起されたときに黄色と感ずる．赤と青の混合から赤紫（magenta），緑と青の混合から空色（cyan）が生ずる．また，三原色の混合は白色となる．このように，光の場合には混合するほど明るい色となる．

一方，絵の具のような色材の場合は，光の一部が吸収されて反射または透過されてくる光を見るので，三原色は，空色，赤紫，黄である（図2(b)）．色材では，混合により暗い色になる（減法混色）．赤紫と黄の絵の具の混合から赤，黄と空色から緑，空色と赤紫から青が生じ，三原色の混合は黒色となる．なお，色材の混合から，白は得られない．

**c．カラーディスプレイ** 光の三原色である赤，緑，青の光量を制御して何万色という色をつくり出す点は，すべてのカラーディスプレイに共通であるが，三原色を発生させる方法にそれぞれの特徴がある．ブラウン管ディスプレイでは，電子で励起すると赤，緑，青を発光する蛍光物質を用いている．液晶ディスプレイでは，カラーフィルターに三原色の光を透過できる3種類の顔料を用いて，白色光から三原色をとり出す．なお，黒は透過光を完全に遮断することで得る．有機EL（エレクトロルミネッセンス）は，有機化合物に注入された電子と正孔（ホール）の再結合によって生ずる励起子（エキシトン）からの発光を光源とするが，カラー化には3つの方法がある．赤，緑，青の3種類の発光層を使う方法，青色発光層を基本にして，この一部から赤と緑を得る方法，またELの白色光からカラーフィルターを用いて三原色を得る方法がある（▶5.2①，5.3③項）．

**d．カラープリンター** 身のまわりの代表的なカラープリンターとしては，レーザープリンターとインクジェットプリンターがある．これらプリンターの三原色は上で述べた色材の三原色（空色，赤紫，黄）であるが，ヒトの目が微妙な色調に敏感であることや経済性の配慮から，黒の色材を三原色とは別に用意した4種類の色材の使用が基本である．レーザープリンターでは，4種類のトナーがカラー印刷のために用意されている．インクジェットプリンターなどでは，6種類あるいは9種類のインクを用意して，ヒトの色彩感覚に応えるようにしている．

〈手老省三〉

【関連項目】
▶4.5⑤ ビタミンDの光化学合成／5.2① 液晶配向による光スイッチ／5.2② 銀塩写真とカラー写真の原理／5.2⑤ 発光材料／5.3③ 有機EL／6.2 光と健康／8.3① 視覚

【参考文献】
1) National Renewable Energy Laboratory, U.S. Department of Energy, http://rredc.nrel.gov/solar/spectra/

# 光と放射線
Light and Radiation

**a. 放射線の種類** 放射線は高エネルギーの電磁波と高エネルギーの粒子線に大別されるが，電磁波には$\gamma$線，X線などがあり，同じ電磁波である光と比べると波長領域ははるかに短く，エネルギーははるかに大きい．正荷電の粒子線には$\alpha$線，加速器で加速した陽子線など，また負電荷の粒子線には$\beta$線，高エネルギーの電子線などがある．よく利用される放射線には$^{60}$Coの$\gamma$線，高エネルギーの電子線あるいは電子線から転換されたX線などがある．

**b. 放射線と物質との相互作用** 物質に$\alpha$線，陽子線，$\beta$線，高エネルギー電子線などの荷電粒子線を照射すると，物質を構成する分子内の電子と荷電粒子との間に電気的相互作用が働き，その相互作用で十分なエネルギーを得た電子は原子核の束縛から離れて物質内を自由に移動する．物質に$\gamma$線，X線などの電磁波の放射線を照射すると光電効果，Compton効果，電子対生成などとよばれる現象を通して物質内に高エネルギーの電子が生ずる．光電効果では$\gamma$線もしくはX線などの放射線のエネルギーのすべてが，一方Compton効果では放射線のエネルギーの一部が分子内の電子に移り，電子が高速となって物質中に放出される．電子対生成とはエネルギーが1.02 MeVを越えた電磁波で起こる現象で，電磁波から陽電子と電子が同時に生成する．以上の3つの現象を相対的に比較すると，電磁波のエネルギーが低い領域では光電効果の割合が高く，エネルギーが増大するにしたがいCompton効果が重要となる．電子対生成は放射線のエネルギーが5 MeV以上の高い領域から目立ちはじめる．

結局，どの放射線を照射しても物質中に高速すなわち高エネルギーの電子が生じ，この高エネルギーの電子が分子中の電子との相互作用を繰り返して再びエネルギーをもった電子を生む．入射した電子，入射した放射線から生まれた電子，あるいは物質中でエネルギーの高い電子から生まれたエネルギーの低い電子，これらすべてを総称して2次電子（secondary electron）という．放射線で照射された分子は，さまざまなエネルギーの2次電子との相互作用を通じてエネルギーを受け取り，その量に応じてイオン化，解離，励起などの諸過程を引き起こす．これが物質に対する放射線の初期過程である．図1に分子のイオン化，解離，励起の諸過程を模式図に示す．

2次電子のエネルギーは広範囲に及んでいるが，その平均エネルギーは100 eV前後と考えられている．したがって，大多数の2次電子からせいぜい1〜3個ほどのイオン対（ion pair）と数個ほど分子の解離もしくは励起がもたらされる程度である．このエネルギーの低い2次電子から物質中

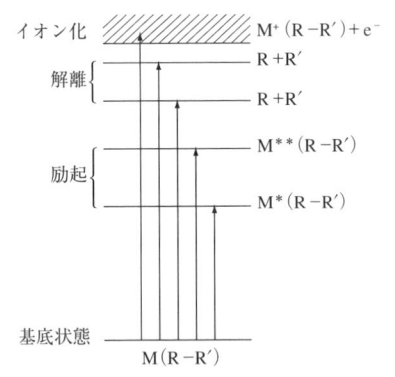

**図1** 分子のイオン化，解離，励起などの諸過程を示す模式図．M(R−R′)は分子，M$^+$(R−R′)はイオン，M$^*$(R−R′)およびM$^{**}$(R−R′)は励起分子．またR，R′はラジカル．

につくられる 1〜10 個程度のイオン対, 分解生成物, 励起分子などの初期生成物の集落をスパー（spur）とよぶ. ここで, イオン対とはイオン化によって生成する正イオンと電子を対とみなした場合に使われる用語である.

**c. 放射線の線質の効果** 最初に荷電重粒子線の 1 つである $\alpha$ 線を取り上げるが, これは高速度のヘリウムの原子核 $He^{2+}$ で, 電荷数は +2, 質量は電子の 7360 倍である. したがって, $\alpha$ 粒子は分子内の電子との電気的相互作用により多数の 2 次電子を生みながら, 方向を変えることなく直線的に進む（図 2）. さらにその飛跡に沿ってスパーが連続的に形成されるが, 連続したスパーの内部では初期生成物が近接して存在する状態が生まれ, 初期生成物どうしの反応が起こりやすくなる. 例えば水の $\alpha$ 線分解では初期生成物 OH ラジカルどうしの反応で過酸化水素 $H_2O_2$ の生成が大きく増加する現象が見られる. これに対して高エネルギーの電子線では入射する電子と分子内の電子とは質量は等しく, 両者の相互作用で入射した電子は大きく方向を変え, ジグザグの進路を描き, スパーは物質中に分散して形成（図 2）される. このような状態では連続したスパーの効果は現れない. X 線, $\gamma$ 線などの場合も高エネルギー電子線の場合と同じくスパーは物質内に分散して形成され, 連続したスパーの効果は認められない. 連続したスパーであれ, 分散したスパーであれ, その中の各初期生成物は時間の経過につれて物質全体に拡散し, 濃度は均一に近づく.

**d. 正イオンと電子** 生成直後の正イオンは, 周辺の中性の分子と単に電荷を授受することで移動が可能と推測される. このように分子間を容易に移動する正イオンをホール（hole）とよぶ. 移動の間にイオン化電位の低い物質があると, これに正電

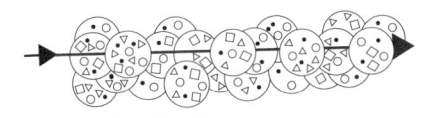

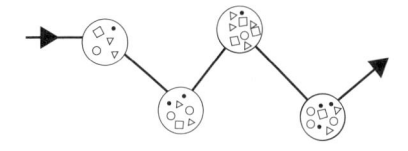

**図 2** 放射線と物質との相互作用によって生成するイオン（○）, 電子（●）, 分解生成物（△）, 励起分子（□）などの配置を示す模式図. 円で囲まれた領域がスパー.

荷を渡す. しかしホールの移動に関しては正イオンとイオン化電位の低い溶質との間のトンネル効果で説明する異論もある. 正イオンは周囲の中性の分子と反応して別のイオンとラジカルに変わることがある. 例えば, 気体のメタンでの以下の反応である.

$$CH_4^+ + CH_4 \rightarrow CH_5^+ + CH_3$$

変化した正イオンはホールとは異なり簡単には電荷を移動できなくなる. 一方, イオン化で放出された電子の方は, 周辺に電子捕捉性の物質があれば, これと反応して負イオンを生ずる. また, その周囲に溶媒分子を配向させて溶媒和した状態, すなわち, 水和電子や溶媒和電子になることも知られている.

放射線と物質との相互作用で最初に 2 次電子と正イオンまたはホールが生成するが, その後の電子や正イオンなどの変化は物質によって異なる. また個々の物質に応じて分解生成物, 励起分子なども異なる. したがって, 後続するこれらの変化, 分解生成物, 励起分子については, それぞれの物質について個々に研究を進めることになる.

（荒井重義）

## 光化学と放射線化学
Photochemistry and Radiation Chemistry

**a. 光化学と放射線化学の比較** 光化学で使用される光の波長は一般に150〜1000 nm（約1.2〜8.3 eV）の範囲であり，普通の分子のイオン化に必要なエネルギー（イオン化電位）の値9〜13 eVと比べるとかなり不足する．例えば，水のイオン化電位は12.6 eV，メタンは13.0 eV，エタノールは10.5 eVであり，上述の波長の範囲の光化学では，とくにイオン化電位の低い分子を選ばないかぎりイオン化は起こらない．分子は各波長の光をその吸収スペクトルにしたがって吸収し，続いて吸収したエネルギーに応じて励起あるいは解離などを起こす．

一方，放射線化学（radiation chemistry）はさまざまなエネルギーをもった2次電子と分子との相互作用から開始される．光化学では物質に照射する光，したがってそのエネルギーを任意に設定できるのに対して，放射線化学では2次電子のエネルギーを意図的に変えることはできない．物質内に生ずる2次電子のエネルギーは広い範囲にわたって分布しているが，その平均エネルギーは100 eV内外と推定されている．この平均エネルギーは上記の分子のイオン化電位よりはるかに大きく，相互作用におけるイオン化，解離，励起などの過程の中でイオン化の占める割合が高くなる．事実，放射線分解では分子のイオン化に由来する生成物が観測されている．イオン化と同時に解離や励起状態の生成の過程も起こっているが，放射線化学でも光化学でも同じ励起状態を経由して解離または励起が起こる場合は，最終結果に当然類似性が認められる．しかし放射線化学では，光学遷移の選択性の観点から光化学では考慮されない励起分子，例えば三重項励起分子の生成および分解機構への関与も起こりうる．この点は光化学との相違点と思われる．

**b. 気体，液体および固体の放射線化学**

（1）気体：質量分析器を利用した気体の研究で，気体中に生成した正イオンが中性の分子と反応することが明らかにされた．これをイオン分子反応（ion-molecule reaction）という．例えば，水の正イオンは中性分子と次のようなイオン分子反応を行う．

$$H_2O^+ + H_2O \rightarrow H_3O^+ + OH$$

（2）液体：水は放射線生物においても原子力工学においても最重要物質であり，その放射線分解を明らかにすることは放射線化学の第一の課題であった．図1に液体の水の放射線分解の諸過程をまとめて示す．放射線分解では水分子のイオン化で放

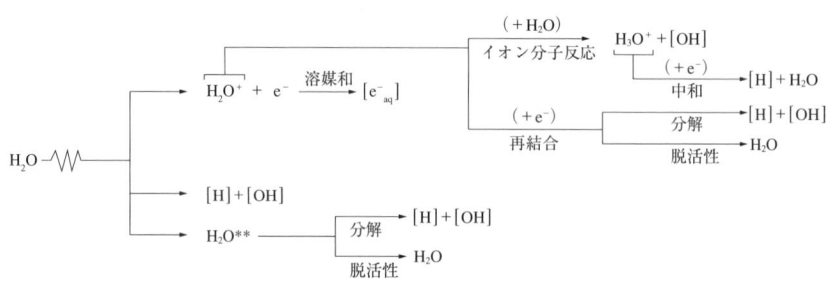

図1 水の放射線分解の諸過程．[ ]内は観測された初期生成物を表す．

出された電子が水和電子（hydrated electron, $e_{aq}^-$の記号で表す）を形成することが見出された．これは従来の放射線化学の考え方を大きく変える発見であった．水和電子の構造は電子を中心に，いくつかの水分子が正に分極した方向を電子に向けて周囲を取り囲んでいると推測されている．その光吸収は紫外，可視，赤外の領域にまたがり，720 nm にピークを示す幅広いスペクトル（図 2e）を示す．また水和電子は非常に反応性が高く，例えば周辺に $H_3O^+$ があると速やかに反応（$e_{aq}^- + H_3O^+ \rightarrow H + H_2O$）して H 原子を生ずる．興味深い反応は 2 つの水和電子どうしの反応（$e_{aq}^- + e_{aq}^- \rightarrow H_2 + 2OH^-$）で，その反応の速度はきわめて早い．放射線を照射した液体のアルコール中でも水和電子と類似した構造をもつ溶媒和電子（solvated electron, $e_{sol}^-$）の生成が観測されている．図 2 にエタノール中に生成した溶媒和電子の吸収スペクトル（図 2c）を示す．そのスペクトルはエタノールの温度を 195 K に冷却すると高エネルギー側（図 2d）に大きく移動する．

放射線化学では，物質に 100 eV の放射線のエネルギーが吸収されるごとに物質内に生成もしくは消失する原子あるいは分子の数を G 値と定義する．$^{60}Co$ の γ 線による室温の水の放射線分解で実測された各初期生成物の G 値（括弧内の数字）を示す．$H_2O \rightsquigarrow e_{aq}^-(2.7)$, $H(0.6)$, $OH(2.8)$, $H_2(0.45)$, $H_2O_2(0.7)$．水に溶質を溶解した水溶液の放射線化学は $e_{aq}^-$，H，OH などの初期生成物と溶質との反応から説明される．

（3）固体：高分子材料は放射線を照射すると高分子の主鎖の切断が進み強度が劣化するものと，逆に高分子間の架橋が優先して強固になるものがある．この放射線による効果は高分子材料の性質の改良に利用されている．液体ヘリウム（4 K）あるいは液体窒素（77 K）で冷却した低温固体の物質に放射線を照射すると，初期生成物が物質中に凍結保存され，光学吸収や ESR 吸収の測定が可能となる．この方法を用いて捕捉電子，ラジカルなど多くの初期生成物の研究が行われている．4 K および 77 K の温度でガラス状に固化したエタノールに γ 線を照射すると，イオン化で放出された電子が固体中に捕捉され，可視部に強い光学吸収を呈する．図 2 に捕捉電子の吸収スペクトルを示す．4 K で照射し，その温度で測定されたスペクトル (a) は 77 K で照射し，測定されたスペクトル (b) と大きく異なるが，これは捕捉電子の周囲のエタノール分子の配向状態が異なる結果として説明されている．

### c. 放射線の利用

（1）医学利用：人体内部の撮影，PET を用いたがんの診断，治療への応用，医療器具（注射針）などの消毒．

（2）農業利用：不妊化による害虫の駆除，作物の品種改良．

（3）食品利用：食品の滅菌および殺菌，発芽防止．

（4）工業利用：非破壊検査，プラスチックや木材の強化，金属箔の厚さなどの計測，回路のパターンの焼きつけ（リソグラフィー），各種材料での穿孔． （荒井重義）

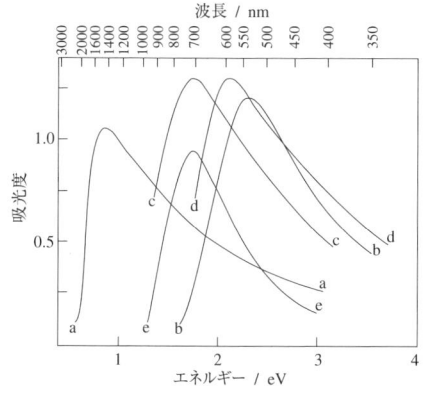

**図 2** 水和電子 (e)，エタノール中の溶媒和電子 (c：室温，d：195 K)，エタノール・ガラス中の捕捉電子 (a：4 K 照射，4 K 測定，b：77 K 照射，77 K 測定) などの吸収スペクトル．

# 光の屈折・反射・干渉・回折
Refraction/Reflection/Interference/Diffraction

屈折率 $n$ をもつ物質中で光は $v = c/n$ の速度で伝搬する．ここで，$c$ は真空中での光速である．屈折率は波長に依存するが，通常，物質が光を吸収しない透明な波長領域では $n > 1$ なので，光は物質中を真空中より遅い速度で伝搬する．

図1にあるように，透明で異なる屈折率 $n_A$，$n_B$ をもつ2つの物質 A，B 間の平坦な界面に周波数 $\nu$（波長 $\lambda = v/\nu$）の光が物質 A 内から到達すると，一部は物質 B 内を透過し，残りの一部は界面で物質 A 内に反射される．入射光軸と反射光軸とが界面の法線となす角をそれぞれ入射角 $\theta_i$，反射角 $\theta_r$ とすると，両者の間には $\theta_i = \theta_r$（反射の法則）が成り立つ．一方，物質 B 中に伝搬する光は，光の伝搬速度が物質 A と異なるため，その光軸が曲がり，これが界面の法線となす角を $\theta_t$ とすると，

$$n_A \sin \theta_i = n_B \sin \theta_t$$

という屈折の法則（Snell の法則）が成り立つ．屈折率 $n$ の物質内で光が距離 $l$ だけ伝搬するときの行路（光路長）を $nl$ と定義すると，これらの反射と屈折の法則は，「光は最短の光路長をとるように伝搬する」という Fermat の原理から証明することができる．

光は周波数 $\nu$ で周期的に変化する電場と磁場を伴う波としての側面をもち，この波動性を最も顕著に表す現象が光の干渉と回折である．この現象には，光の重ね合わせの原理がもとになっている．すなわち，空間のある点での光電場の振幅 $E$ は複数の光電場の重ね合わせ，$E = \Sigma_j E_j$，として表現できる．光の干渉，回折の違いはどの程度の多くの光電場間の重ね合わせを考えるかにある．すなわち，光の干渉の場合は比較的数少ない光電場を，回折の場合は多数の光電場の重ね合わせを考慮する．

光の強度 $I$ は光電場振幅 $E$ と

$$I \propto \langle E^2 \rangle_T$$

の関係がある．ここで，$\langle \cdots \rangle_T$ は振動電場の1周期での平均をとることを意味する．そこで，2つの光電場 $E_j (j = 1, 2)$ が重畳された場合を考えると，光強度は

$$I \propto \langle E_1^2 \rangle_T + \langle E_2^2 \rangle_T + 2\mathrm{Re}\langle E_1 + E_2 \rangle_T$$

となる．最初の2項はそれぞれの成分の光強度であるが，第3項は2つの光成分の干渉

$$E_1^0 \cdot E_2^0 \cos \delta$$

を表している．ここで，$E_1^0 \cdot E_2^0$ はそれぞれの光電場の振幅，$\delta$ は2つの光電場の位相差である．この第3項の存在のため，$\delta = 0, \pm 2\pi, 4\pi, \cdots$ の場合は，2つの光は互いに強め合うが，$\delta = \pm \pi, \pm 3\pi, \cdots$ の場合は互いに弱め合う干渉現象が起きる．その結果，光強度の空間分布にはいわゆる干渉縞ができる．このような光の干渉を利用した代表的な光学機器としては，Michelson 型干渉計をあげることができる．この干渉計は図2にあるようにビームスプリッターにより2つの光路に分かれた光を干渉させたもので，フーリエ変換型の分光器として広く使われている．

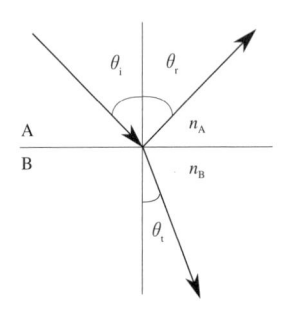

**図1** 物質界面での光の反射と屈折．$n_A$，$n_B$ はそれぞれの物質の屈折率．

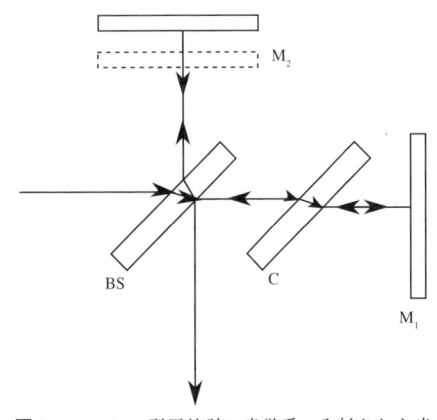

**図 2** Michelson 型干渉計の光学系．入射された光はビームスプリッター(BS)で2つの経路に分けられる．1つは BS を透過し，補償板(C)を経て，固定鏡($M_1$)で反射されるものであり，もう1つは BS で反射され可動鏡($M_2$)で反射されるもので，この2つの経路を伝搬する光が BS で重畳し干渉する．

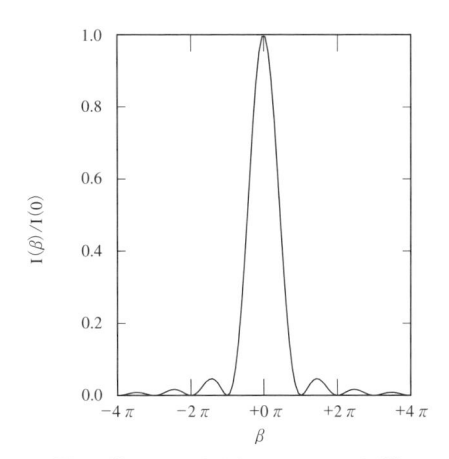

**図 3** 単一スリットからの Fraunhofer 回折パターン

スリットや絞りで光束をさえぎった場合，光がそれをさえぎる物体の背後にまわりこむ現象が回折である．光をさえぎる物体の口径が光の波長に近くなるほど回折の効果は顕著となる．ここで，無限に広がった波面をもつ光が幅 $a$ をもつスリットでさえぎられた場合を考えよう．スリットから十分離れた位置での光強度分布（回折パターン）は以下のように理解することができる．すなわち，まずこのスリットの開口部を通る光の波面を波長に比べて小さな部分に等分割し，これらの部分を新たな光源とみなす．そして，これらの多数の光の間の干渉を考えると，回折パターンは次の式で表される（図3）．

$$I(\theta) = I(0)\left(\frac{\sin\beta}{\beta}\right)^2$$

ここで，$\beta = (ka/2)\sin\theta$，$k = 2\pi/\lambda$，$\theta$ はスリットに鉛直な軸から測った角度である．

ここで示した回折パターンは，スリットから $a^2/\lambda =$（Rayleigh 距離）より遠い場合であり，Fraunhofer（遠視野）回折とよばれている．これに対して，Rayleigh 距離よりも近い場合，光の回折パターンはこれとは異なる Fresnel（近視野）回折パターンを示す．

回折現象を利用した最も重要な光学素子は回折格子である．反射型回折格子の格子溝の間隔を $d$，入射角を $\alpha$，回折光の出射角を $\beta$ とすると，入射光と回折光は

$$m\lambda = d(\sin\alpha \pm \sin\beta)$$

の関係を満たす．ここで，$m$（整数）は回折の次数である．通常の回折格子では鋸歯状断面の溝が刻んであり，溝の表面が回折格子面から $\theta$ だけ傾けてある．この場合

$$m\lambda_B = 2d\sin\theta$$

を満たす波長 $\lambda_B$ がブレーズ波長であり，強い回折光強度を得たい波長に応じて適当なブレーズ波長をもつ回折格子を選ぶ必要がある．

（松本吉泰）

# 直線偏光と円偏光（楕円偏光）
Linearly Polarized and Circularly Polarized Light（Elliptically Polarized Light）

**a. 波動を表す式**　光は電磁波であり，電場と磁場の振動が伝搬する横波である．電場と磁場の振動方向は互いに垂直であり，電場ベクトル $E$，磁場ベクトル $H$ で表される．

単色の電磁波は進行方向（$z$ 方向とする）に垂直な電場 $E(z,t)$ の変位によって伝搬し，変位の大きさは時刻 $t$ と進行方向の $z$ に対して余弦関数（あるいは正弦関数）的に変化する．このような電場はそのままの形で $z$ 方向に伝搬していく単色の波であり，同じ $z$ 座標では電場は $xy$ 平面内のどの位置でも同じ値をとる平面波，あるいは平行波である．このとき任意の地点 $z$ での電場ベクトル $E$ の大きさは，

$$E(z,t) = A\cos(kz - \omega t + \delta) \quad (1)$$

と表せる．ここで，$A$ は振幅，余弦関数の引数 $(kz - \omega t + \delta)$ は位相である．$k$ は波数とよばれ，波長 $\lambda$ とは $k = 2\pi/\lambda$ なる関係があり，$\omega$ は角周波数で，周波数 $f$，波の周期 $T$ とは $\omega = 2\pi f = 2\pi/T$ なる関係がある．$\delta$ は基準の時間 $t = 0$，空間の点 $z = 0$ での初期位相を表している．図1にベクトル波として直線偏光の光が $z$ 軸方向に伝搬する様子を表している．

**b. 直線偏光，円偏光および楕円偏光**

光は横波であり，進行方向に垂直な方向で電場は振動する．その電場ベクトルは $xy$ 平面内にあるので，$x$ 成分と $y$ 成分に分解でき，位相の異なる電場成分は $E_x$ と $E_y$ とすると，それぞれ式(2-a)，(2-b)となる．

$$E_x = A_1 \cos(kz - \omega t + \delta_1) \quad \text{(2-a)}$$
$$E_y = A_2 \cos(kz - \omega t + \delta_2) \quad \text{(2-b)}$$

(1) **直線偏光**（linearly polarized light）：$x$ 成分と $y$ 成分が同じ位相のとき，すなわち $\delta_1 - \delta_2 = 0$ のとき，式(2-a)および(2-b)は式(3)になる．

$$\frac{E_y}{E_x} = \frac{A_2}{A_1} = \tan\alpha \quad (3)$$

この関係は電場が $x$ 軸から角 $\alpha$（方位角という）傾いた直線状を振動しながら伝搬する直線偏光になることを示している（図2）．同様に $\delta_1 - \delta_2 = \pi$ だけ位相がずれた場合も直線偏光になることがわかる．

(2) **円偏光**（circularly polarized light）：振幅が $A_1 = A_2 = A$ かつ位相差が $\delta = \delta_1 - \delta_2 = \pm\pi/2$ のとき，式(2-a)および(2-b)はそれぞれ式(4-a)，(4-b)となる．

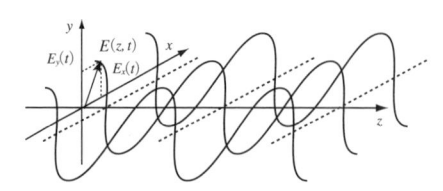

**図1**　$z$ 軸方向に伝搬する光の波動の3次元的な挙動

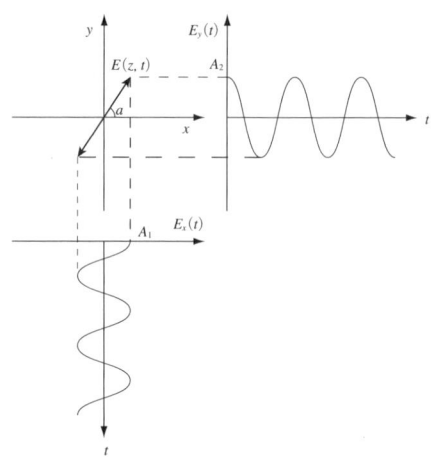

**図2**　同じ位相で $z$ 軸方向へ伝搬する $E_y$ 成分と $E_x$ 成分の偏光と $z$ 軸方向から捉えた波動の電場ベクトルの軌跡（直線偏光）

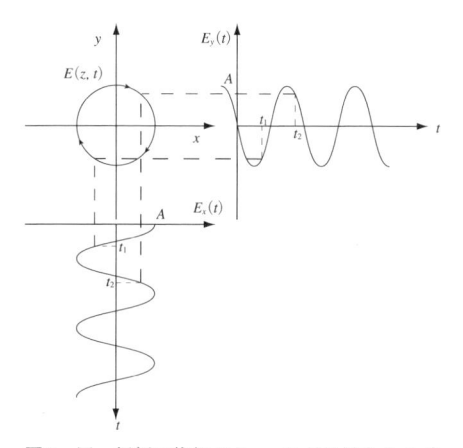

**図3** 同一振幅で位相が $\delta = \pi/2$ だけ異なる $E_y$ 成分と $E_x$ 成分の $z$ 軸方向へ伝搬する偏光と $z$ 軸から捉えた電場ベクトルの軌跡（右円偏光）

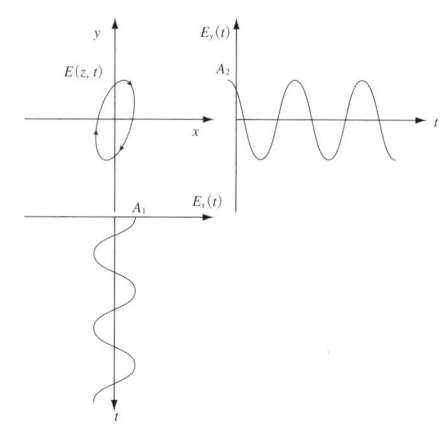

**図4** 振幅が異なり，かつ位相が $\delta \neq 0, \pi/2, \pi$ の場合の $E_y$ 成分と $E_x$ 成分の $z$ 軸方向へ伝搬する偏光と $z$ 軸方向から捉えた波動の電場ベクトルの軌跡（楕円偏光）

$$E_x = A\cos(kz - \omega t) \qquad (4\text{-}a)$$
$$E_y = A\cos(kz - \omega t \pm \frac{\pi}{2})$$
$$= \mp A\sin(kz - \omega t) \qquad (4\text{-}b)$$

式(4-a)，(4-b)をまとめると，式(5)となる．

$$E_x^2 + E_y^2 = A^2 \qquad (5)$$

これは半径を $A$ とした円の方程式であり，合成された電場ベクトルが常に半径 $A$ の円周上にある円偏光が得られる．この円周上を移動する合成された電場ベクトルは図3のように一方向に回転している．この電場ベクトルの回転方向を $z$ 方向から見て右ネジの回転となる軌跡を右円偏光（$\delta = \pi/2$），その逆を左円偏光（$\delta = -\pi/2$）と定義される．

(3) **楕円偏光**（elliptically polarized light）：振幅が異なり（$A_1 \neq A_2$），かつ位相差が $\delta \neq 0, \pi/2, \pi$ の場合，光の電気ベクトルの振動関数について，これらの関数から $(kz - \omega t)$ の項目を消去すると，この電気ベクトルが描く軌跡を求めることができ，式(6)となる．

$$\left[\frac{E_x}{A_1}\right]^2 + \left[\frac{E_y}{A_2}\right]^2 - \frac{2E_x E_y}{A_1 A_2}\cos\delta$$
$$= \sin^2\delta \qquad (6)$$

式(6)は楕円を表し，合成された電気ベクトルは楕円上を回転することになる（図4）．

以上のような偏光状態は位相板（偏光子または偏光板ともいう）とよばれる光学素子に光を通過させることにより，つくりだすことができる．例えば，位相差 $\pi$（= 180°）を与えるものを1/2波長板（$\lambda/2$ 板）といい，直線偏光の偏光を得ることができる．また，位相差 $\pi/2$（= 90°）を与えるものを1/4波長板（$\lambda/4$ 板）といい，直線偏光を円偏光（右または左円偏光）に，あるいは円偏光を直線偏光に自在に変換できる．これらの位相差以外の場合は楕円偏光となる．これらの偏光状態をつくる位相板として複屈折性のフィルムや結晶などが用いられている．このような光学素子は，レーザ発振の制御や円偏光二色性を有する物質の分析機器として，また液晶を用いた表示素子などに幅広く利用されている．

(石井忠浩)

## レイリー散乱,ミー散乱とラマン散乱
Rayleigh Scattering, Mie Scattering, Raman Scattering

**a. レイリー散乱とミー散乱** 物質に電磁波を照射すると,物質中に分布している電子は強制的に振動され分極する.誘起された分極は主として入射電磁波と同じ周期で振動し,これを反映した電磁波を物質が周囲に放射する.この電磁波が可視光であるとき,われわれは放射された光を散乱光として感じる.快晴の日の青空,赤色の夕焼け空,タバコの紫煙,大気汚染による白っぽいエアロゾル,真っ白な雲などは太陽光が散乱されたことによる自然現象である.太陽光の波長分布は同じなのに,これら散乱現象においてわれわれの感じる色が異なるのは,散乱粒子の大きさが異なるからである.

光散乱現象は散乱する粒子の大きさにより,レイリー(Rayleigh)散乱とミー(Mie)散乱に大別される.入射光の波長を $\lambda$,粒子を直径 $d$ の球体としたとき,レイリー散乱が起こるのは

$$\pi d/\lambda \ll 1,$$

ミー散乱は

$$\pi d/\lambda \geqq 1$$

のときである.

レイリー散乱を受ける程度は $\lambda^{-4}$ に依存するので,入射光の波長が短ければより強く散乱される.可視光の波長は 0.4～0.7 $\mu$m であり,これに比べて窒素と酸素からなる空気の構成分子の大きさは 1000 分の 1 以下であるから,太陽光が大気を通過するとき空気によるレイリー散乱を受ける.波長の短い青色 (0.45 $\mu$m) は,赤色 (0.71 $\mu$m) に比べて 6.2 倍強く散乱されるので,晴れた日に空を見上げると青色が強調された散乱光が目に入り空が青く見える.反対に,太陽光が大気を長距離にわたって到達する夕方では,波長が長いため比較的散乱されない赤色が直接目に入るので夕焼け空が赤く見える.また,青紫色はより強くレイリー散乱されるため,タバコから出る小さい煙粒子が青紫色に見える.

レイリー散乱の条件では,入射光波長が粒子と比べてずっと大きいので入射電磁波の電場強度が粒子中では均一とみなされ,簡単な分子では,誘起された分極の様子が光強度の散乱方向分布 $I(\theta)$ を決める.入射光が偏光していないときには入射光の進行方向に沿った図 1 に示すような繭形をしている.

$$I(\theta) \simeq \left(\frac{I_0 \pi^4 d^6}{8R^2 \lambda^4}\right)\left\{\frac{(m^2-1)}{(m^2+2)}\right\}^2 (1+\cos^2\theta)$$

ここで,$\theta$ は入射光進行方向と散乱光方向のなす角度,$I_0$ は波長 $\lambda$ の入射光強度,$R$ は光散乱を起こす粒子からの距離,$m$ は粒子の屈折率である.進行方向前方 ($\theta=0$) と後方 ($\theta=\pi$) へは対称的に分布し,進行方向の側方 ($\theta=\pi/2$) への散乱強度は弱いことがわかる.複雑な分子である高分子による散乱光は,高分子中のそれぞれの部位による光散乱波が重なって周囲に放散されるので,上述のレイリー散乱の方向分布からずれる.そのずれの程度の計測から高分子の大きさや形状が推定できる.

波長と同じ程度に大きい粒子はミー散乱を受け,散乱の程度は波長 $\lambda$ に依存しない.それは次の原因による.大きい粒子は多数の分子から構成されており,個々の分子による散乱光はレイリー散乱と同じく入射光の波長が短ければより強く散乱され,長ければ弱く散乱される.しかし,長波長の光は粒子内の個々の分子とともに複数の分子とも同時に相互作用できるので散乱の程度が増加し,その結果,短波長と同程度

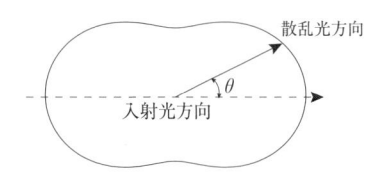

**図1** 散乱光強度の角度分布
散乱角 $\theta$ をもつ散乱光の強さは図中の線の長さで示される

**表1** 小分子のラマン線波数($cm^{-1}$)

| 波数 | 分子 | 波数 | 分子 |
|---|---|---|---|
| 1103 | $O_3$ | 1151 | $SO_2$ |
| 1320 | $NO_2$ | 1388 | $CO_2$ |
| 1556 | $O_2$ | 2331 | $N_2$ |
| 3652 | $H_2O$ | 4160 | $H_2$ |

の散乱強度となる．それゆえ，大気汚染により発生するエアロゾルや大きな水粒子からなる雲により太陽光が散乱されると，すべての波長の光が目に入ってくるので散乱光は白く見える．2つの相，例えば気相と液相が混在している臨界状態で観測される臨界蛋白光は，入射光の波長程度の粒径が多数混在するため，入射光がミー散乱されて起こる現象である．ミー散乱の散乱方向分布が入射光進行方向前方に鋭く偏るのは，側面への散乱光が相互に干渉して減衰するからである．

応用例として，大気汚染物質の1つであるエアロゾル濃度の観測，大気中花粉粒子数の計測，半導体製造クリーンルーム清浄度の測定がある．

**b．ラマン散乱** 物質に振動数 $\nu_0$ の電磁波を照射すると，レイリー散乱振動数 $\nu_0$ を中心として同じ振動数だけシフトしたラマン（Raman）散乱光が観測される．入射光と散乱光の振動数差 $\Delta\nu$ をラマンシフトとよび，入射光より小さな振動数をもつ信号（$\nu_0 - \Delta\nu$）をストークス（Stokes）線，大きい信号（$\nu_0 + \Delta\nu$）をアンチストークス（anti-Stokes）線とよぶ．ラマン散乱は，物質を構成する原子間の動きである分子振動に由来する．すなわち，入射光により物質に誘起された分極の振動が，分子振動により変調した分だけ散乱光の振動数がずれた結果，ラマン散乱が起こる．ストークス線は分子振動していない基底状態，アンチストークス線は分子振動している振動励起状態に由来する．基底状態と振動励起状態の存在比はボルツマン（Boltzmann）分布し，物質の温度に依存するから，室温ではストークス線が強い．

ラマン散乱により分子振動が計測できるので，赤外分光とともに物質の同定分析や分子の構造解析に使われている．分子振動数は分子に特徴的であり，たとえば，表1に示すラマン線波数から小分子が同定でき，その強さから濃度の定量が可能となる．ここでラマン線波数とは励起光波数（$cm^{-1}$）との差値（$cm^{-1}$）を示す．有機分子など分子中に多くの原子（$n$個）を持つ分子では多数（$3n-6$）の振動モードがあるので，ラマン線スペクトルは複雑になる．それゆえ混合物や溶液からある特定の物質を同定できる．応用例として，固体物質の相転移，水溶液中の溶質同定，水分を含む食品関連物質の分析，半導体表面の微小領域の組成や状態の分析がある．

ラマン活性な分子振動は，物質を構成する原子の平衡配置において分極率の変化をもたらす基準振動である．赤外活性なものは，電気双極子モーメントの変化をもたらす基準振動である．例えば，対称構造をもつ分子である二酸化炭素 O=C=O の全対称伸縮振動はラマン活性となり，一方，逆対称伸縮振動や変角振動は赤外活性となる．量子論によるとラマン散乱は2光子過程，赤外光吸収は1光子過程である．それゆえ，分子分光に用いられる点群の指標において，$x^2, xy, \cdots$ などの2次式で表される対称性をもつ基準振動がラマン活性，$x, y, \cdots$ などの1次式で表される対称性をもつ基準振動が赤外活性である．

〔川崎昌博〕

# 光の発生と伝搬
Generation and Propagation of Light (Electromagneticwave)

　光（電磁場）は電子が動くことによって発生する．電子が動くと電場が変化し，Maxwellの誘導法則により電場に直交する変動磁場が誘導される．磁場が変化するとFaradayの電磁誘導の法則により電場が変動する．これらが図1に示すように交互に起こり，電場と磁場の波，いわゆる電磁波となって，真空中あるいは媒体中を伝搬する．高温や加速電圧によって電子の動きが速くなるにつれて周波数（エネルギー）が高く，より短波長の光が多くなる．太陽や白熱電球からの白色光，人体からの赤外光など，放射される光の波長と温度の関係はプランクの黒体放射の式で説明される．またシンクロトロンでは高い加速電圧と磁場によって電子の周期的な超高速運動を引き起こし，X線領域のきわめて短い波長から赤外線まで非常に広い連続的分布をもつ強力な放射光が得られている．

　電磁波（伝搬する電磁場）の挙動は電場と磁場に関するこれら2つの法則を記述する式に，電束密度および磁束密度を記述する式を加えた4つの式からなる古典電磁気学の基礎方程式としてのMaxwellの方程式で記述される．このような式から光の速度は，真空の透磁率 $\mu_0$ と誘電率 $\varepsilon_0$ の積を用いて $c = (\mu_0 \varepsilon_0)^{-1/2}$ で決まり，真空中ではすべての波長において同じ値，$c = 299792458 \text{ m s}^{-1}$ になる．

　電磁波にはいくつかの種類があるが，最も基本になるのは，電場あるいは磁場が変動する面と垂直な方向には成分をもたない平面波とよばれるものである．図2に示すような真空中で $z$ 方向に進行し，角周波数 $\omega$ （振動数 $\nu$ と1周の角度 $2\pi$ との積）の電場 $E$ は，時間 $t$ において，例えば $E_z = E_0 \cos(\omega t - Kz)$ という三角関数で表すことができる．ここで，$K = 2\pi(1/\lambda)$ であり，単位長に存在する波長 $\lambda$ の波数（$1/\lambda$）に1周期の角度 $2\pi$ を掛けた量で，角波数とよばれる．

　Maxwellの方程式を満たす波の電場は $i = \sqrt{-1}$ とすると，式(1)の複素指数関数で表される．

$$E(z, t) = E_0 \exp[i(\omega t - Kz)]$$
$$= E_0 e^{i\omega t} e^{-iKz} \quad (1)$$

複素指数関数表示は演算に非常に便利であり，上述の三角関数表示も Eulerの公式（$e^{i\theta} = \cos\theta + i\sin\theta$）を用いると，式(2)となる．

$$\cos(\omega t - Kz) = (1/2)(\exp[i(\omega t - Kz)] + \exp[-i(\omega t - Kz)]) \quad (2)$$

このような電磁波と媒体が相互作用すると媒体に分極 $P$ が誘起される．その起こりやすさを表す複素電気感受率を $\chi$ とすると式(3)となる．

$$P = \varepsilon_0 \chi E \quad (3)$$

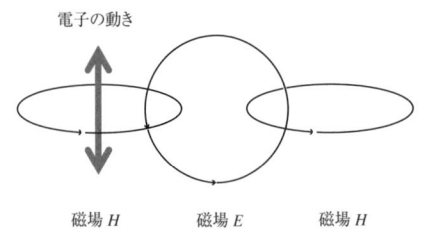

**図1** 電子の動きに起因する変動磁場と電場の模式図

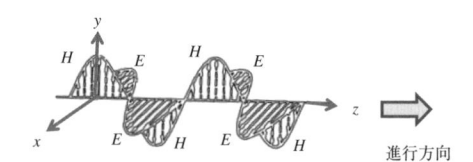

**図2** 電磁波の電場および磁場の伝搬模式図

Maxwell の方程式から，$K$ についての一般式として式(4)が得られる．
$$K^2 = (\omega/c)^2(1+\chi) \quad (4)$$
ここで，$\chi \ll 1$ ならば，式(5)となる．
$$K \simeq (\omega/c)(1+\chi/2) \quad (5)$$
$\chi = \chi' + i\chi''$ で表すと，式(6)となる．
$$E(z,t) = E_0 \exp(-\alpha z/2)$$
$$\exp[ik'(z - \omega t/K')] \quad (6)$$
ここで，$\alpha = (\omega/c)\chi''$，$K' = (\omega/c)(1+\chi'/2)$ である．その電場強度は式(7)となる．
$$I(z) = [E(z,t)]^2 = I_0 \exp(-\alpha z) \quad (7)$$
$\alpha > 0$ ならば図3に模式的に示すように電場強度は指数関数的に減衰し，$\alpha$ は吸収係数とよばれる．媒体中で電磁波が進む速さ $v$ は，真空中で上述したのと同様に $\omega/K'$ で与えられ，式(8)となる．
$$v = c/(1+\chi'/2) = c/n \quad (8)$$
真空中と媒体中の速度比 $c/v = n$ が屈折率であり，電磁波が媒体中でどれだけ減速されるかを示している．媒体中でも振動数は変わらないので，波長が真空中の $1/n$ になる．透明な媒体の屈折率は波長が短くなるほど増加し，これを正常分散という．

一般に周波数に依存する複素関数の実数部と虚数部の間には，Kramers-Kronig の関係式が成り立つ．消衰係数を $k$ として複素屈折率 $n^*$ を $n^* = n' + in'' = n + ik$ で表すと，式(9)，(10)になる．
$$n = C_p/\pi \int_{-\infty}^{\infty} k/(w' - w) dw' \quad (9)$$
$$k = -C_p/\pi \int_{-\infty}^{\infty} n/(w' - w) dw' \quad (10)$$
ただし，$C_p$ は Cauchy の主値とよばれる定数．

すなわち，屈折率の実部と虚部は独立ではなく，互いに影響する．例えば，吸収のある波長域では図3に模式的に示すように屈折率は波長に依存して大きく変化し，いわゆる異常分散を示す．また光励起や光反応に伴って起きる虚部の変化（吸収スペクトル変化）からこの関係式に従って実部の

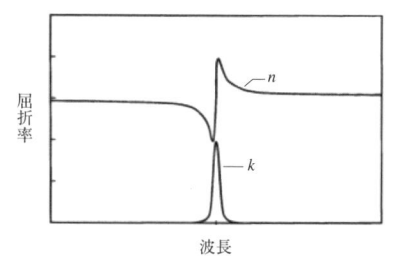

**図3** 吸収のある波長付近での屈折率の実部と虚部の波長依存性模式図

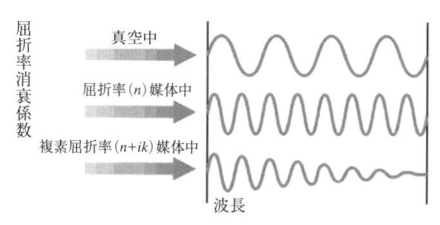

**図4** 真空中および媒体中（$n$ と $n + ik$）での電磁波の伝搬模式図

変化を引き起こすことができる．屈折率を外部から光や電場などで制御することは情報処理や表示に非常に重要であり，液晶の配向変化，加熱，3次非線形光学効果などによっている．前二者の応答はあまり速くないので，屈折率を超高速で変化させるには3次非線形光学効果と高出力フェムト秒レーザーが用いられる．一方，光励起や光反応に基づく吸収変化による屈折率変化を用いると，線形効果なのではるかに低出力で実現できる．これは複素屈折率の異なる2層積層膜の反射率を励起光で超高速かつ2次元的に光制御するのに応用されている．また，吸収係数 $\alpha$ と消衰係数 $k$ との間には，$\lambda$ を波長とすると，$\alpha = (4\pi/\lambda)k$ の関係がある．図4に真空中，および媒体中（$n$ と $n + ik$）での電磁波の伝搬模式図を波長と振幅で示す．また，図3に吸収がある波長付近での屈折率の実部と虚部（$n, k$）の波長依存性の例を示す．

〔長村利彦〕

# 2

# 光化学の基礎 I

## ―物理化学―

2.1 分子の光吸収と電子励起状態
2.2 励起状態の物理プロセス
2.3 励起状態の環境効果と反応
2.4 分子と偏光性

## 分子軌道とエネルギー準位
Molecular Orbital and Energy Level

マクロな世界では，運動エネルギーやポテンシャルエネルギーは連続した値として考えられる．しかし，原子や分子のミクロな世界では，エネルギーはとびとびの不連続な値しか許されない．このことをエネルギーが量子化されているといい，とびとびのエネルギーの値，あるいはその状態をエネルギー準位という．原子や分子は最も低いエネルギー準位にあるときが最も安定な状態であり，これを基底状態とよぶ．分子がもつエネルギーは，電子エネルギー，振動エネルギー，回転エネルギーなどに分けることができる．各々のエネルギーは量子化されている．この中で電子エネルギーは，原子核の⊕電荷と電子の⊖電荷の間で働く電気的な相互作用により，原子核のまわりで電子がどのような空間分布をとるかで決まり，とりうるエネルギー準位も決まることになる．

まず，水素原子のエネルギーから話を進める．水素放電管からの発光は連続した波長の光ではなく，ある法則に従った一連の特定波長 $\lambda$ の光から構成されている．水素の線スペクトルとよばれる特定波長の発光は，ある準位からある準位へ電子が移る（電子状態が変わる）ときに，そのエネルギーの差 $\Delta E$ に相当する振動数 $\nu = c/\lambda$ の光だけを放出することによる．

$$\Delta E = h\nu = hc/\lambda \qquad (\blacktriangleright 1\text{①項})$$

ここで，$c$ は光速であり，$h$ は Planck 定数である．Bohr は，電子が原子核のまわりの円軌道を周回しているという古典的な原子モデルにより，水素の発光スペクトルを説明することに成功した．天体の惑星の周回軌道（orbit）との類似性から，電子の空間分布やエネルギー準位にも軌道（orbital）という単語が使われるようになった．

量子力学では，電子の空間分布を波動関数を用いて表し，波動方程式の解として物理的に意味のあるエネルギー $E$ とそれに対応する波動関数 $\phi$ を求める．水素原子については完全な解が得られ，電子が原子核のまわりに球状に広がる s 軌道や，一軸方向に分布する p 軌道などがある．これらは原子軌道（AO：atomic orbital）とよばれる．ある瞬間の電子の位置を決定することはできないので，電子の空間分布は電子が存在する確率密度として扱われ，その視覚的な表現として，存在確率を濃淡により描く「電子雲」がよく用いられる．

複数の原子が結合してできる分子においても基本的な考え方は同じである．有機分子において主要な化学結合は共有結合であるが，これは1つの電子を2つの原子核が共有して結合力が発生するという考えに基づいている．量子力学的には，2つの異なる原子に属する AO の電子雲の重なりにより結合が生じる．最も単純な分子である水素分子 $H_2$ を例に挙げる．図1の左では，2つの水素原子 $H_A$ と $H_B$ が離れて存在しており，基底状態にある s 軌道の電子分布は $\phi_A$, $\phi_B$ という AO で表される．図1の右

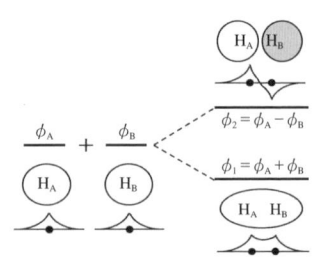

図1 水素分子における結合形成．(左)原子間距離が遠い場合，(右)接近して軌道の重なりが生じた場合．

で $H_A$ と $H_B$ が接近すると，電子雲に重なりが生じる．重なりの表現として次の2種が考えられる．

$$\phi_1 = \phi_A + \phi_B, \quad \phi_2 = \phi_A - \phi_B$$

このように AO の1次結合で分子の電子状態を表す方法を線形結合（LCAO：linear combination of atomic orbital）近似とよぶ．そして $\phi_1$, $\phi_2$ のように，複数の原子核からなる分子の空間に配置された電子状態を表すのが分子軌道（MO：molecular orbital）である．

$\phi_1$ では電子雲の重なりによりエネルギーの安定化が起こり，一方，±符号を逆にして重ねた $\phi_2$ では不安定化する．このため，結合性軌道 $\phi_1$ と反結合性軌道 $\phi_2$ の2つのMOができ，水素分子の2つの電子はより安定な $\phi_1$ に入ることにより結合エネルギーに寄与する．このように，$\phi_1$, $\phi_2$ の2つのMOに対応して，それぞれ $E_1$, $E_2$ の2つエネルギー準位ができる．

光化学で有用な有機分子は，炭素を主要な元素として，水素分子よりもはるかに多数の原子が結合して構成されている．また，紫外光や可視光を吸収して光機能を発揮するためには，エネルギーの差 $\Delta E$ は 2〜5 eV 程度の小さな値である必要がある．そのような低いエネルギーギャップを実現するには，より多数の電子が加わり，より多くの原子の空間に広がった MO が必要とされる．そこで，C＝C や C＝O の二重結合や芳香環のように π 電子をもつ化合物が光化学で重要な役割を担っている．

炭素は外殻にある4つの電子が結合をつくることができる．C＝C 二重結合では，図2に示したように，C 原子の3つの電子が等価な $sp^2$ 軌道（s 軌道と2つの p 軌道が混成した軌道）となり平面上で互いに $120°$ の角度をもって他の C や H 原子と共有結合をつくる．残りの1つの電子は平面に垂直な p 軌道に入り，C－C 間で p 軌道どうしが重なって第二の結合，すなわち π

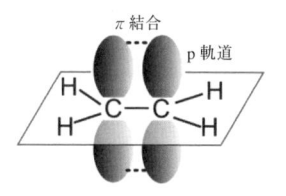

図2 C＝C 二重結合の結合様式

表1 直鎖状ポリエンの吸収波長

| $n$ | 化合物名 | π電子数 | 吸収波長／nm |
|---|---|---|---|
| 2 | ブタジエン | 4 | 220 |
| 3 | ヘキサトリエン | 6 | 268 |
| 4 | オクタテトラエン | 8 | 304 |
| 5 | デカペンタエン | 10 | 334 |
| 6 | ドデカヘキサエン | 12 | 364 |

結合をつくる．この電子を π 電子とよぶ．

ブタジエン，ヘキサトリエンのように直鎖状に π 結合が拡張した分子，芳香環のように環状になった分子では，π 電子は多数の C の間に広がった MO を形成することができる．これを非局在化分子軌道とよび，このような分子を共役化合物という．

$H-(CH=CH)_n-H$ の化学式で表される直鎖状ポリエンでは表1のように $n$ の増加とともに $\Delta E$ が小さくなり長波長の光を吸収できる．生体にて重要な色素である $\alpha$ カロテンは $n=10$ の直鎖 π 共役化合物であり，光合成で光を吸収するクロロフィルは4つのピロールが環状になった共役化合物である．また，非局在化分子軌道をもつ共役高分子は正孔や電子を運ぶ導電性材料として有機エレクトロニクス分野で活躍している．

（伊藤紳三郎）

【関連項目】

▶1① 光の性質／2.1② 物質の光吸収と励起状態の生成／2.1③ 電子遷移と遷移双極子モーメント／2.1④ 電子励起状態の種類／2.2⑥ イオン化ポテンシャル・電子親和力と分子の HOMO，LUMO

## 物質の光吸収と励起状態の生成
Light Absorption of Materials and Formation of Excited State

分子は量子化された不連続なエネルギー準位をもっている（▶2.1①項）．光（電磁波）が分子に照射されると，光の振動電場と分子内の電子との間に相互作用が生じる．その結果，あるエネルギー準位の電子が他のエネルギー準位へ移動するという現象が起こる．これを（光学）遷移とよぶ．

2つのエネルギー準位（準位0，エネルギー $E_0$ と準位1，エネルギー $E_1$，ただし $E_0 < E_1$）からのみ構成されるエネルギー準位構造を二準位系という（図1）．準位0および1の分子数（占有数）をそれぞれ $N_0$ および $N_1$ とし，温度 $T$ において，この系が熱平衡にあると仮定する．いまこの系が2準位のエネルギー差に共鳴する振動数 $\nu_{10}$（$h\nu_{10} = E_1 - E_0$；$h$ は Planck 定数）の電磁波にさらされているものとすると，

$$\frac{N_1}{N_0} = e^{-\frac{E_1 - E_0}{kT}} = e^{-\frac{h\nu_{10}}{kT}} \quad (1)$$

が成り立つ．$k$ は Boltzmann 定数である．

この系において上下の占有数を変化させる光学過程として，吸収，誘導放射および自然放射の3つがあり，それぞれの確率を $B_{1\leftarrow0}$，$B_{1\rightarrow0}$ および $A_{1\rightarrow0}$ とする．これらは Einstein の B 係数，A 係数とよばれている．吸収はエネルギー密度 $\rho_\nu(\nu_{10})$ の電磁波によって，準位0から準位1へ占有数が移動する過程である．誘導放射は，電磁波が準位1から準位0への占有数の移動を誘導する過程である．一方，自然放射は，電磁波の存在なしに準位1の占有数が準位0へ移動する過程である．電磁波照射下において系が熱平衡にあるとすると，2準位の占有数は見かけ上変化しないので，吸収による $N_1$ の増加は，誘導放射および自然放射による $N_1$ の減少と釣り合っており

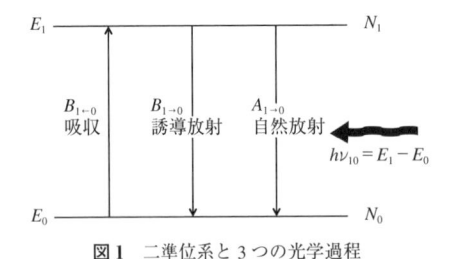

$$B_{1\leftarrow0}\rho_\nu(\nu_{10})N_0 = A_{1\rightarrow0}N_1 + B_{1\rightarrow0}\rho_\nu(\nu_{10})N_1 \quad (2)$$

が成り立つ．一方，黒体放射に関する Planck の式より

$$\rho_\nu(\nu_{10}) = \frac{8\pi h\nu_{10}^3}{c^3} \frac{1}{e^{\frac{h\nu_{10}}{kT}} - 1} \quad (3)$$

であり，式(1)，(2)および(3)より

$$B_{1\leftarrow0} = B_{1\rightarrow0} \quad \text{および}$$
$$A_{1\rightarrow0} = \frac{8\pi h\nu_{10}^3}{c^3} B_{1\rightarrow0} \quad (4)$$

を得ることができる．すなわち，吸収の確率と誘導放射の確率は等しい．蛍光やりん光は自然放射によるものである（▶2.2①項）．

原子の光吸収は，通常，異なる電子状態間の遷移を意味する．一方，分子は振動回転準位をもつので，電子状態間の吸収のほかにも回転準位間および振動準位間の吸収を伴った遷移が起こる（▶2.1⑥項）．多くの分子では電子基底状態から第一電子励起状態への吸収は可視紫外領域にある．すなわち，$E_1 - E_0 \gg kT$ なので強いレーザー光などの下でないかぎり占有数 $N_1$ は事実上ゼロで，誘導放射過程を考慮する必要はない．また，電子状態間のエネルギー差は，通常振動準位間のエネルギー差より大きいので，可視紫外領域の吸収スペクトルには振動構造や回転構造の情報が含まれている．図2に二原子分子の電子基底状態およ

図1　二準位系と3つの光学過程

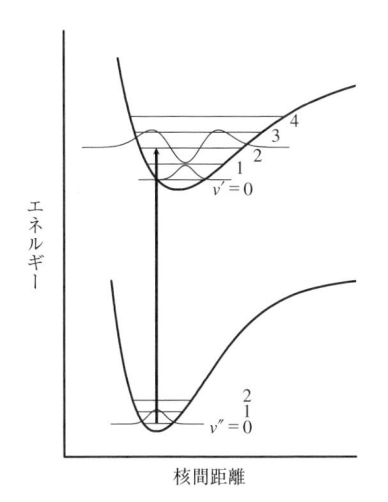

**図2** Franck-Condon 原理による垂直遷移の概念図

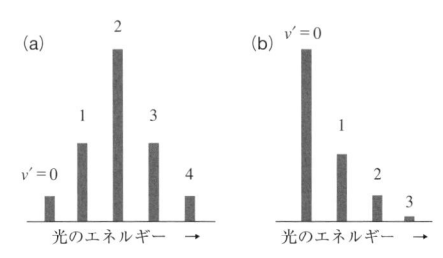

**図3** 分子の光吸収（電子遷移）における振電バンドの強度分布 (a)励起状態と基底状態の平衡核間距離が異なる場合，(b)ほとんど等しい場合．

び電子励起状態の典型的なポテンシャルエネルギー曲線を示す．$v$ は振動量子数を表し，電子基底状態の $v$ には $''$ を，電子励起状態の $v$ には $'$ を付して区別する．一般に，励起状態の方が基底状態より結合エネルギーが弱くなるので，図2では，励起状態での平衡核間距離を基底状態に比べて長くしている．$v''=0$ からは複数の $v'$ への遷移が可能であり，吸収スペクトルは振動構造（これを振電バンドという）を示す．振電バンドの強度は，Franck-Condon の原理，「光吸収は非常に速い光学過程であるので，核間距離は遷移前後で変化しない」という原理によって支配される．すなわち，遷移中原子核がつくる分子骨格は保持されたままであるので，図2のように吸収直後の電子励起状態における核間距離は電子基底状態と同じである．図2中の上向き矢印は核間距離が電子遷移に際して不変であることを表しており，これを「垂直遷移」とよぶ．図2には $v''=0$ および $v'=2$ の振動波動関数 $\psi$ の振幅を合わせて表示している．吸収の強弱は，この2つの波動関数の重なりの大小によって決まる．垂直遷移による $v''=0$ から $v'=2$ への吸収では，$\psi_{v'=2}$（の左端の正の振幅部分）と $\psi_{v''=0}$（この振動波動関数はどの場所でも正の振幅をもつ）との重なりは大きいが，$\psi_{v'=0}$ と $\psi_{v''=0}$ の重なりは小さい．したがって，電子遷移に現れる振動構造は，図3(a)のように $v'=2 \leftarrow v''=0$ の振電バンドが最も強い．電子励起状態と基底状態の平衡核間距離がほとんど等しい場合では，$\psi_{v'=0}$ と $\psi_{v''=0}$ の重なりが最大となり，図3(b)のように $v'=0 \leftarrow v''=0$ の振電バンド（これを 0-0 バンドとよぶ）が最も強く現れ，$v'$ が大きくなるにつれて吸収強度は単調に減少する．電子励起に付随する振動の励起には，同時に回転の励起も付随するが，溶液中などでは吸収線幅が広がり回転線が重なり合ってしまうため，上述したような Franck-Condon 原理に基づく振電バンドのみが観測される．このような垂直遷移で生成した励起直後の状態は，速やかに余剰エネルギーを失い，$v'=0$ の電子励起状態に緩和する（▶2.1⑥項）． (築山光一)

**【関連項目】**

▶2.1① 分子軌道とエネルギー準位／2.1③ 電子遷移と遷移双極子モーメント／2.1⑥ 電子励起状態からの緩和現象／2.2① 蛍光とりん光／5.3④ レーザーの種類と仕組み

# 電子遷移と遷移双極子モーメント
Electronic Transition and Transition Moment

### a. 電子遷移の基礎
ある物質が光エネルギーの吸収あるいは放射によって別のエネルギー状態に変化することを電子遷移という。例えば、基底状態の物質が光吸収して励起状態となる過程や、励起状態の物質が発光して基底状態に戻る過程がこれにあたる。この電子遷移の起こりやすさは、初期状態と遷移した後の終状態における波動関数に深く関係している（▶2.1②項）。

ここで、ある物質の初期状態における波動関数を $\Psi_i$、終状態の波動関数を $\Psi_f$ とする（図1）。この2つの波動関数と遷移の原因となる電磁場エネルギー $H'(t)$ を用いると、電子遷移の起こりやすさ（電子遷移確率）は式(1)で与えられる。

電子遷移確率
$$= \frac{4\pi^2}{h^2}\left[\int \Psi_i H'(t)\Psi_f d\tau\right]^2 \quad (1)$$

この式を光吸収過程にあてはめると、$\Psi_i$ は分子が光を吸収する前の状態であり、$\Psi_f$ は光を吸収した直後の状態となる。電磁場エネルギー $H'(t)$ は時間とともに変化する光の電場ベクトルであり、この式では、基底状態から励起状態に変化していく遷移確率（遷移速度）を表している。

重要な因子は括弧内の積分であり、この積分を遷移モーメント $M$ とよび、$M$ の値によって許容遷移（$M \neq 0$）と禁制遷移（$M \approx 0$）に大別される。ただし、ある物質が禁制遷移であった場合でも、わずかに電子遷移が許されることが多い。

### b. 電子遷移の選択律と特徴
電子遷移の起こりやすさは遷移モーメントの大きさに依存する。ここで、電子遷移が非常に速く起こり、その間、核は静止していると近似できるとき（Born-Oppenheimer 近似）、遷移モーメント $M$ は3つの積分項の積で表すことができる（式(2)）。

$$M = \left[\int (\phi_e)_i H'(t)(\phi_e)_f d\tau_e\right] \cdot$$
$$\left[\int (\chi_N)_i (\chi_N)_f d\tau_N\right] \cdot \left[\int (S)_i (S)_f d\tau_S\right] \quad (2)$$

（$\phi_e$：電子運動の波動関数，$\chi_N$：核運動の波動関数，$S$：電子スピンの波動関数）

この関係式から電子遷移の起こりやすさは、電子運動の波動関数、電子スピンの波動関数、および核運動の波動関数の3つの因子に支配されることがわかる。

(1) 電子運動の波動関数：$\phi_e$ 電子遷移が起こるためには、遷移モーメントの積分がゼロではない値をとらなければならない。つまり、式(3)となる必要がある。

$$\int (\phi_e)_i H'(t)(\phi_e)_f d\tau_e \neq 0 \quad (3)$$

この積分値は、初期状態および終状態の軌道対称性（パリティ）に大きく依存する。電子遷移が起こるためには、基底状態と励起状態の2つの状態において軌道対称性が変化する必要があり、これは Laporte の選択律として知られている。

具体的な物質の電子遷移許容性についていくつかの例を説明する。

【軌道に関する許容性：$\pi$-$\pi^*$ 遷移】$\pi$ 軌道をもつ有機色素は、基底状態（$\pi$ 軌道）が奇関数（対称中心に対して符号が入れ替わる関数）、励起状態（$\pi^*$ 軌道）が偶関数（対称中心に対して対称的な関数）となり、パリティ変化を伴うため $\pi$-$\pi^*$ 遷移は許容遷移であり、吸光係数はきわめて大き

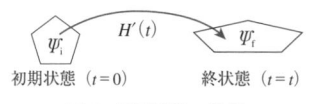

**図1** 電子遷移の過程
（初期状態 ($t=0$)，$H'(t)$，終状態 ($t=t$)，$\Psi_i$，$\Psi_f$）

い（> 10,000 L mol$^{-1}$ cm$^{-1}$）.

【軌道に関する禁制性：d-d 遷移，f-f 遷移，n-π* 遷移】遷移金属イオンの d-d 遷移および希土類イオンの f-f 遷移はパリティ変化を伴わないため，Laporte 禁制遷移となる．ただし，金属イオンを含む分子の非対称振動との振電結合（振電遷移）や配位構造によって軌道対称性が変化し，わずかに電子遷移が許容化する（10〜100 L mol$^{-1}$ cm$^{-1}$）．有機分子などの n-π* 遷移は n 軌道と π* 軌道は空間的に重なりがないので禁制遷移となり，吸収係数は小さくなる（〜100 L mol$^{-1}$ cm$^{-1}$）．

(2) 電子スピンの波動関数：電子スピンの多重度も電子遷移の許容性に影響を与える．つまり，式(2)の $\int (S)_i (S)_f d\tau_S$ から得られる積分で遷移の許容性が決まる．初期状態 i と終状態 f のスピン状態が同じである場合は，この積分が 1 となり，スピン許容遷移となる（基底一重項から励起一重項への遷移など）．これに対し，基底一重項から励起三重項への遷移はスピン状態が変化し，積分がゼロのスピン禁制遷移となる．スピン禁制であっても，ハロゲンなどの重原子を含む有機分子（スピン-軌道相互作用）や金属錯体において，遷移が観測される．

励起状態から基底状態に戻る過程において見られる発光現象は，この電子スピンの許容性が大きな影響を与える．一般に，
・スピン許容遷移による発光：蛍光
・スピン禁制遷移による発光：りん光
とよぶ．有機分子の蛍光（励起一重項から基底状態への発光）はスピン許容遷移であり，放射速度定数が大きい．このため，発光寿命は短くなる（〜1 ns）．一方，りん光はスピン禁制遷移であり放射速度定数は小さいため，発光寿命は長い（> 1 μs）．

(3) 核振動：核振動の積分は初期状態と終状態の核配置での振動波動関数がどのくらい重なっているかを表し，式(2)の $\int (\chi_N)_i (\chi_N)_f d\tau_N$ によって表される．この核振動に関しては，基底状態核配置と励起状態核配置に大きく依存する．吸収スペクトルの具体例が 2.1②の図 2, 3 で説明されている．

**c. 遷移双極子モーメント** 前項では遷移モーメントの大きさで議論を進めた．遷移双極子モーメントは電磁場の電場と分子上の電子が相互作用した分子内のベクトルで表される．このベクトルは電気的な分極状態を示し，遷移双極子モーメントは大きさとともに，遷移の種類によって分子内で固有の方向をもっている．このベクトルと光の偏光の方向が一致したときに，その分子は最大の確率で遷移し，光の吸収または発光を起こす．

光化学でよく用いられる共役系の分子には，ポリエンのように線状の分子や芳香環のように平面状の分子が多い．これらの分子では遷移双極子モーメントは，共役が広がった方向に大きな値をもつ．分子を偏光で励起した場合，偏光の電気ベクトルと一致した方向の遷移双極子モーメントをもつ分子が選択的に光を吸収して励起されることになる．例えば，ヨウ素分子を一軸方向に強く配向させたフィルムは，配向方向に電場ベクトルをもつ光のみを吸収し，それと直交方向の光のみを透過する性質をもつことから，液晶テレビなどで偏光板として使われている．

励起した分子が蛍光を発する場合，発せられる蛍光は遷移モーメントと同じ向きの偏光を示す．

〈長谷川靖哉〉

【関連項目】
▶1⑥ 直線偏光と円偏光／2.1② 物質の光吸収と励起状態の生成／2.1④ 電子励起状態の種類／2.2① 蛍光とりん光／2.4① 分子配向と複屈折・二色性

## 電子励起状態の種類
Varieties of Electronic Excited State

　分子が光を吸収すると，電子は被占軌道から空軌道へと遷移する（▶2.1①，2.1③項）．こうして生成した電子励起状態は，まず電子のスピン状態により，励起一重項状態や三重項状態などに分類されるが，電子スピンについては別の項目で詳述されているので，ここでは省略する（▶2.1⑤，2.1⑥，2.2①項）．分子の構造によって，さまざまな分子軌道がつくられる．基本的な化学結合は，電子分布が軸対称である共有結合（σ結合性軌道）で形成されるが，二重結合や三重結合，芳香族化合物ではπ結合ができる．またOやNなどのヘテロ原子にある孤立電子により非結合性のn軌道ができる．したがって，分子の種類によって光吸収に関わる軌道が異なり（図1），吸収波長・モル吸収係数・置換基や溶媒極性による波長シフトの方向・励起状態の寿命などに違いが現れる（表1）．
　π-π*励起状態は，結合性のπ軌道の電子が反結合性のπ*軌道へ遷移することによって生成する励起状態である．最も簡単なアルケンであるエチレンでは，2つの炭素原子にある2つの2p軌道が重なり，π結合を形成する．しかし，π-π*励起状態では，2p軌道の電子のうち1つの電子が反結合性のπ*軌道に移るため，炭素-炭素間の距離が0.135 nmから0.169 nmと大幅に延び，σ結合のねじれも生じる．σ結合が回転した後，2p軌道の2つの電子が再結合して，元の分子とは異なる幾何異性体を生成する（シス-トランス異性化反応）．また，共役ジエン類では，ビラジカル性の励起分子が分子内で水素を引き抜いて二重結合の位置が変わる転移反応や，分子間で新たな単結合を形成し環化二量体を生じる付加反応などが起こる．
　表1の代表的な官能基からもわかるとおり，一般に，共役系が拡張されると吸収極大が長波長化し，可視領域でさらに強い吸収帯をもつ，いわゆる色素となることもある．これは，複数のπ軌道の相互作用により軌道のエネルギー幅が広がり，HOMO－LUMO準位間のギャップが小さくなるためである（▶2.2⑥項）．
　n-π*励起状態は，非結合性のn軌道の

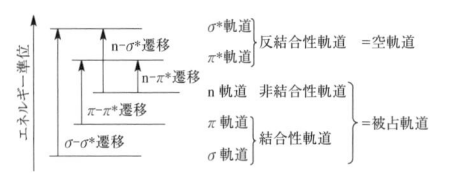

**図1** 分子軌道と電子励起状態の種類

**表1** 電子励起状態の種類と光特性

| 電子励起状態 | 代表的な官能基 | 吸収波長/nm | モル吸収係数/L mol⁻¹cm⁻¹ |
|---|---|---|---|
| π-π* | C=C | 180 | 10000 |
| | C=C-C=C | 220 | 20000 |
| | C=C-C=O | 220 | 20000 |
| | C≡C | 190 | 500 |
| | ベンゼン | 260 | 200 |
| | ナフタレン | 310 | 200 |
| | アントラセン | 380 | 10000 |
| n-π* | C=O | 280 | 20 |
| | C=C-C=O | 350 | 30 |
| | N=N | 350 | 100 |
| | N=O | 660 | 200 |
| n-σ* | C-Cl | 170 | 100 |
| | C-Br | 200 | 200 |
| | C-OH | 180 | 200 |
| | C-O-C | 180 | 2500 |
| σ-σ* | C-H | 120 | 1000 |
| | C-C | 140 | 1000 |

表2 π-π* 励起状態と n-π* 励起状態の光物性の比較(堀江一之・牛木秀治, 渡辺敏行,「新版 光機能分子の科学—分子フォトニクス—」, 講談社サイエンティフィク(東京), 45(2004))

| 電子励起状態 | モル吸光係数 | 振動構造 | 電子供与基の導入および極性溶媒中での吸収波長 | 室温での蛍光発光速度定数 /s$^{-1}$ | 77 K でのりん光発光速度定数 /s$^{-1}$ |
|---|---|---|---|---|---|
| π-π* | 大きい | 溶媒極性に異存せずはっきりしている | 長波長シフト | $10^7 \sim 10^9$ | $10^{-1} \sim 10$ |
| n-π* | 小さい | 極性溶媒中でブロードニングする | 短波長シフト | $<10^6$ | $10^3$ |

電子がπ*軌道へ遷移することによって生成する励起状態で，ヘテロ原子が共役系に組み込まれたカルボニル化合物やニトロ化合物，アゾ化合物などで見られる．最も簡単なカルボニル化合物であるホルムアルデヒドでは，酸素原子はπ結合を形成する2p軌道とは別に孤立電子対をもっている．n-π*励起状態では，この孤立電子対の1つの電子がπ*軌道に移るので，π結合は維持され，基底状態と励起状態の立体配座の違いはあまりないがビラジカル性が強くなる．n-π*励起状態のカルボニル化合物は，水素引き抜き反応を起こすほか，アルケンと反応してオキセタン化合物を生成する．

π-π*励起状態と n-π*励起状態が共存するエノン(C=C-C=O)で比較すると，π-π*励起状態のほうが，吸収波長が短波長で，モル吸光係数が大きいことがわかる(表1)．一般に，軌道の対称性により，π-π*遷移は許容遷移で遷移確率が高くモル吸光係数が大きい．一方，n-π*遷移は禁制遷移で遷移確率が低くモル吸光係数が小さいことが多い．また，置換基効果や溶媒効果が異なるため，表2に示したような特性の違いから，π-π*励起状態と n-π*励起状態を識別することが可能である．

n-σ*励起状態は，非結合性の n 軌道の電子が反結合性の σ*軌道へ遷移することによって生成される励起状態で，ハロゲン化合物やアルコール，エーテルなどヘテロ原子を有する化合物に広く見られる．

その他，炭化水素などの σ-σ*励起状態は 150 nm より短波長の紫外光照射により

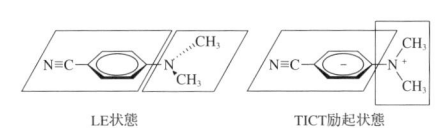

図2 LE 状態と TICT 励起状態

生成するが，共有結合電子が反結合性の軌道に遷移するので結合開裂が起こる．

上記の励起状態からねじれ運動を伴って分子内電荷移動が起こり TICT(twisted intramolecular charge transfer)励起状態が生成することもある．強い電子供与基と電子受容基を分子内にもつ 4-ジメチルアミノベンゾニトリルは，極性の高いアセトニトリル溶液中で 350 nm と 475 nm の 2 波長の蛍光を示すことから，2 種類の励起状態が存在する．基底状態と同じく平面性を保ったままの LE(locally excited)状態に対して，TICT 励起状態では電子供与基であるジメチルアミノ基がベンゼン環に対して直交し，完全に電荷移動した構造をもっている．後者は極性溶媒との水素結合によって励起状態が安定化されるため，LE 状態に比べて長波長へシフトした発光を示す(図2)．

(山田幸司)

【関連項目】
▶2.1① 分子軌道とエネルギー準位／2.1③ 電子遷移と遷移双極子モーメント／2.1⑤ スピン励起状態／2.1⑥ 電子励起状態からの緩和現象／2.2① 蛍光とりん光／2.2⑥ イオン化ポテンシャル・電子親和力と分子の HOMO, LUMO

# スピン励起状態
Electron Spin and Spin Chemistry

電子は角運動量をもつ，すなわちスピンしている粒子と考えることができ，電子1個は半整数のスピン量子数（$S=1/2$）をもつ．また，電子は負の電荷をもつため，スピンにより磁気モーメントが生じる．このことは電子が最小単位の磁石であることを意味する．電子スピンはゼロ磁場においてはすべて縮退（同じエネルギー）しているが，図1に示すように磁場下では，$m_s=+1/2$（$\alpha$スピン）状態と$m_s=-1/2$（$\beta$スピン）状態にゼーマン分裂する（$m_s$はスピン磁気量子数）．この2つの状態において両スピンはそれぞれ磁場方向の周りを歳差運動している．この2つの準位間のマイクロ波による遷移が電子スピン共鳴（ESR：electron spin resonance）である．複数の電子をもつ分子などで電子スピンの組み合わせで決まる状態がスピン多重度であり，構成電子の全スピンベクトル和である量子数$S$の値により，一重項状態（$S=0$），二重項状態（$S=1/2$），三重項状態（$S=1$），四重項状態（$S=3/2$）などとよばれる．

通常多くの物質の基底状態は，磁気モーメントをもたず，一重項状態（$S=0$）である．これを反磁性分子とよぶ．光によりこの分子を励起すると，最高占有分子軌道（HOMO）の1個の電子が最低空分子軌道（LUMO）に移る（図2）．そのときスピン多重度は保たれ，励起状態は一重項状態である．この励起一重項状態から，スピン軌道相互作用により1個のスピンが反転し，分子中の2個のスピンが同じ方向を向いた状態が励起三重項状態（$S=1$）である．基底状態で$S$がゼロでなく磁気モーメントをもつ分子を常磁性分子とよぶ．たとえば，基底状態が三重項状態である物質の例として酸素（$O_2$）が挙げられる．

励起状態のエネルギーは，発光などの物理的過程とともに，酸化還元（電子移動や水素引き抜き反応のような2分子反応）や結合開裂，さらに異性化反応など，さまざまな化学的過程を引き起こす．2分子反応や結合開裂反応においては，反応直後に2個のラジカル分子が対で生じる．これをラジカル対（RP：radical pair）とよぶ．過渡的RPは前駆体である励起状態のスピン多重度を保存している．生成したRPは拡散して二重項状態（$S=1/2$）のフリーラジカル2個となるが，RPが一重項状態の場合

**図1** 磁場による電子スピンのゼーマン分裂と，スピンの歳差運動の概念図

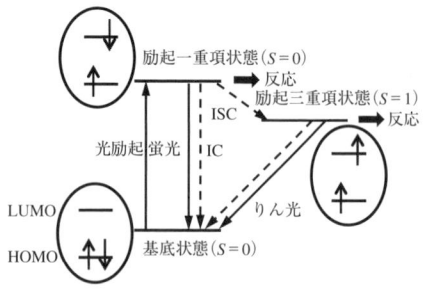

**図2** 光励起とエネルギーおよびその後の電子のスピン多重度の変遷
ISC：項間交差
IC：内部変換

は逆電子移動や再結合反応により生成物($S=0$)になる確率がある．RPの三重項状態の3つある準位のうち$T_0$準位は，対ラジカルの角周波数の違いにより一重項状態と混ざり合う（S-$T_0$混合）ことができ，そのS状態からも反応に進む（図3）．また，拡散したフリーラジカルは他のフリーラジカルと遭遇し，再度RPとなる．すなわち，RPは反応の要である．

通常の溶液においては，RPの一重項と三重項状態は速やかに混ざり合い，区別をするのは難しい．ただし，低温条件下や高粘性溶液，ミセル中，あるいは炭素鎖でつながった分子間の反応においては拡散が抑制され，RPのスピン多重度の違いによる反応分岐やスピン分極生成（$\alpha$スピンと$\beta$スピンの数の偏り）の観測が可能になる．RPにおける準位間（図3）の遷移を磁場や磁気共鳴条件で操作することも可能である．磁場による反応の制御やESR条件下の電磁波により反応を操作することは，それぞれ反応への磁場効果（MFE：magnetic field effect），反応収率検出磁気共鳴（RYDMR：reaction yield detected magnetic resonance）として知られている．

ナノ秒パルスレーザー光を用いた速い時間領域でのESR測定では，通常の溶液においてもスピン分極によりマイクロ波を強く吸収したり放出したりするESRスペクトルが観測される．この測定法が時間分解ESR法である．観測されるスピン分極をCIDEP（chemically induced dynamic electron polarization）とよぶ．この手法によりRPの前駆状態，その2つのラジカルの相互作用や構造，さらに反応機構などの解明が可能になる．スピン分極が発生する機構は複数知られており，

① ラジカル対機構（RPM：radical pair mechanism）
② 三重項機構（TM：triplet mechanism）

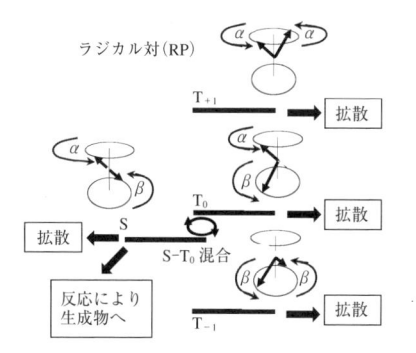

図3 ラジカル対（RP）の磁場下におけるエネルギー準位と2つの異なった角周波数で歳差運動しているスピンの概念図

③ ラジカル三重項対機構（RTPM：radical triplet-pair mechanism）
④ 直接ラジカル対が観測されるスピン相関ラジカル対（SCRP：spin correlated radical pair）

などに分類される．

低温固体（結晶，ガラス状態）の条件下では，この手法によりスピン分極した励起三重項状態や三重項ラジカル対の直接観測が可能となる．

NMR測定においても，測定中に化学反応が進行する場合，CIDEPと同様原理による核スピンに関するCIDNP（chemically induced dynamic nuclear polarization）の発現が知られている．

以上で紹介したESR，MFE，RYDMR，CIDEPなど，さらに電子スピンにかかわる応用技術全体をスピン化学（spin chemistry）とよぶ． （村井久雄）

【関連項目】
▶2.1③ 電子遷移と遷移双極子モーメント／2.1⑥ 電子励起状態からの緩和現象／2.2① 蛍光とりん光／2.3⑥ 光化学における磁場効果／3.1① 光化学反応の特徴／9.2⑫ 電子スピン共鳴法

# 電子励起状態からの緩和現象
Relaxation Phenomena from Electronically Excited State

分子の励起状態には，電子スピンの状態が異なる励起一重項状態（excited singlet states; $S_1$, $S_2$, …と略記）と励起三重項状態（excited triplet states; $T_1$, $T_2$, …と略記）が存在する．同じ軌道が関与する励起一重項状態と励起三重項状態では，励起三重項状態の方がエネルギーが低くなるため，各励起状態のエネルギー関係は，図1に示すエネルギー状態図（Jablonski図ともいう）のようになる．

ここで，太線は分子の電子準位を，細線は振動準位を表している．また図2では，HOMOは，最高被占軌道を，LUMOは，最低空軌道を表し，上向き矢印は電子が$\alpha$スピン，下向き矢印は電子が$\beta$スピンで分子軌道を占有していることを示す．

光の吸収は，基底状態（$S_0$）から励起一重項状態のさまざまな振動準位に起こる．励起状態から元の安定な基底状態に戻るにはさまざまな過程が含まれ，これらを総称して電子励起状態の緩和過程とよんでいる．凝縮相の分子の励起状態緩和過程は，図1のエネルギー状態図を使って理解することができる．

いま，分子が第二励起一重項状態（$S_2$）の高い振動準位に励起されたとすると，まず，振動緩和（VR：vibrational relaxation）が起こり，$S_2$状態の最低振動準位まで緩和する．続いて内部変換（IC：internal conversion）により$S_1$状態の高い振動状態に遷移し，再び振動緩和によって$S_1$状態の最低振動準位まで緩和する．ここで，$S_2 \to S_1$内部変換は$S_2$から電子のスピンを保ったまま，光を放出せずに$S_1$の高い振動準位に等エネルギー的に緩和する過程で，一般にはスピン多重度が同じ状態間の無放射遷移（光の放出を伴わない遷移）と定義される．ここまでは，$10^{-13} \sim 10^{-11}$ sの時間スケールで高速に緩和する．$S_1$状態からは，反応が起こらない分子では蛍光，$S_1 \to S_0$内部変換，$S_1 \to T$項間交差（ISC：intersystem crossing）が競合して起こる．ここで，項間交差は$S_1$から励起三重項状態へスピン反転を伴って光を放出せずに遷移する過程で，スピン多重度が異なる状態間の無放射遷移と定義される．項間交差と振動緩和によって$T_1$の最低振動準位まで緩和した分子は，りん光の放出あるいは再び項間交差（$T_1 \to S_0$）を経て元の$S_0$状態に戻る．蛍光はスピン多重度が同じ状態間

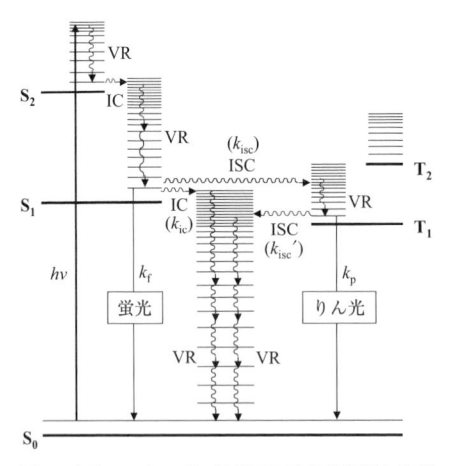

図1 分子のエネルギー状態図と励起状態緩和過程

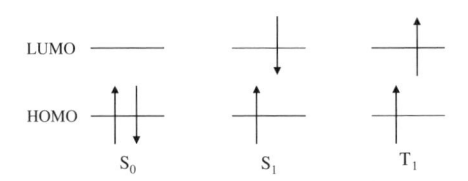

図2 $S_0$，$S_1$，$T_1$の状態における電子配置とスピン

**表1** 各緩和過程の時間スケール

| 緩和過程 | 時間スケール /s |
|---|---|
| 光吸収 | $10^{-15}$ |
| 振動緩和 | $10^{-13} \sim 10^{-12}$ |
| 蛍光 | $10^{-10} \sim 10^{-7}$ |
| 項間交差($S \rightarrow T$) | $10^{-12} \sim 10^{-6}$ |
| 内部変換 | $10^{-12} \sim 10^{-6}$ |
| りん光 | $10^{-6} \sim 10^{1}$ |
| 項間交差($T \rightarrow S$) | $10^{-9} \sim 10^{1}$ |

の放射遷移，りん光はスピン多重度が異なる状態間の放射遷移である．一般的な有機分子では，蛍光寿命は $10^{-10} \sim 10^{-7}$ s，りん光寿命は $10^{-6} \sim$ 数 s である．各緩和過程の時間スケールを表1に示す．

各緩和過程の速度定数は，以下のような関係式に基づいて実験的に決定することができる．

分子をパルスレーザー光を使って瞬間的に励起すると，$S_1$ 状態の分子の濃度 $[S_1]$ は，式(1)に従って時間変化する．

$$-\frac{d[S_1]}{dt} = (k_f + k_{ic} + k_{isc})[S_1] \quad (1)$$

ここで，$k_f$, $k_{ic}$, $k_{isc}$ はそれぞれ蛍光，内部変換，項間交差の速度定数である．式(1)は1次反応の速度式と同じ形をしている．この微分方程式を解くと，励起してから $t$ 秒後の $S_1$ 分子濃度を表す式(2)が求められる．

$$[S_1] = [S_1]_0 e^{-(k_f + k_{ic} + k_{isc})t} \quad (2)$$

$[S_1]_0$ は励起直後（$t=0$）の $S_1$ 分子濃度である．すなわち，$S_1$ 分子の濃度は，速度定数 $(k_f + k_{ic} + k_{isc})$ で単一指数関数的に減衰する．蛍光は $S_1$ 分子から放出されるので，蛍光強度の減衰も同じ速度定数で起こる．ここで，蛍光寿命 $(\tau_f)$ は式(3)で定義される．

$$\tau_f = \frac{1}{(k_f + k_{ic} + k_{isc})} \quad (3)$$

速度定数 $k_f$, $k_{ic}$, $k_{isc}$ は，各過程の量子収率（$\Phi_f$, $\Phi_{ic}$, $\Phi_{isc}$）と蛍光寿命を実験的に測定することによって，以下の式(4)の関係から求めることができる．

$$\Phi_f = k_f \tau_f, \quad \Phi_{ic} = k_{ic} \tau_f, \quad \Phi_{isc} = k_{isc} \tau_f \quad (4)$$

ここで，内部変換の量子収率（$\Phi_{ic}$）は，直接，実験的に求めることが困難なため，通常は，蛍光量子収率（$\Phi_f$），項間交差の量子収率（$\Phi_{isc}$）を実験的に求め，さらに次の式(5)の関係を仮定して計算する．

$$\Phi_f + \Phi_{ic} + \Phi_{isc} = 1 \quad (5)$$

一方，$T_1$ からの緩和過程については，式(6)の関係がある．

$$\Phi_p = \Phi_{isc} k_p \tau_p \quad (6)$$

そこで，りん光量子収率（$\Phi_p$），りん光寿命（$\tau_p$），$\Phi_{isc}$ からりん光放射速度定数（$k_p$）を求めることができる．また，$T_1$ からの項間交差の速度定数（$k_{isc}'$）は，式(7)の関係を仮定して $\phi_{isc}'$ を求めてから，式(8)を使って計算することができる．すなわち，

$$\phi_p + \phi_{isc}' = 1 \quad (7)$$
$$\phi_{isc}' = k_{isc}' \tau_p \quad (8)$$

ここで，$\phi_p$, $\phi_{isc}'$ は $T_1$ からのりん光収率，項間交差収率を表す．

蛍光寿命，りん光寿命，蛍光量子収率，りん光量子収率の各値は，市販の装置を使って測定することができる．項間交差の量子収率を求める方法としては，光音響法などの光熱分光法に基づく方法，過渡吸収測定に基づく方法などがある．また，図1の $S_1$ のエネルギーは，吸収スペクトルまたは蛍光スペクトルの0-0バンドの波長から，$T_1$ のエネルギーは，りん光スペクトルの0-0バンドの波長から求めることができる．

〈飛田成史〉

【関連項目】

▶2.1① 分子軌道とエネルギー準位／2.1② 物質の光吸収と励起状態の生成／2.1④ 電子励起状態の種類／2.2① 蛍光とりん光／2.2③ 蛍光量子収率，蛍光寿命と蛍光消光

# 固体・結晶中の励起状態と光吸収
Excited State of Solid and Crystalline States and Light Absorption

分子の固体や結晶では，分子の電子励起状態の励起エネルギーは1分子に留まることなく，隣接分子に速やかに移動することができる．

結晶中のある格子点の分子が励起されたとする．この状態は，別の等価な格子点で分子が励起されている状態とエネルギーは等しい．これは，この励起状態がエネルギーの損失なしに結晶中を移ることを意味し，励起状態が非局在化することを表している．このような結晶中を自由に動き回ることができる励起状態を，量子力学的波動として記述したものを，励起子とよぶ．結晶中での励起状態のエネルギーは多数分子の相互作用の結果，連続的にエネルギーの広がった励起子帯となる（図1）．

そのバンド幅を $2B$ とおくと，励起子帯の底は孤立分子の励起エネルギーより $B$ だけ低エネルギーに位置する．一方，バンド幅は，隣接分子間の共鳴励起移動（交換）速度 $K$ に依存し，$K = 2|B|/\hbar$ の関係が成り立つ．$K$ の値は，分子の遷移双極子の大きさと分子間の距離や配向に強く依存する．遷移双極子が大きいほど，分子間距離が短いほど $K$ は大きくなり，バンド幅が広がる．いくつかの芳香族炭化水素の結晶について，励起子帯の幅が分光学的な測定から求められており，最低励起一重項の 0 - 0 吸収の励起子帯の幅は，200〜2000 cm$^{-1}$ 程度である．これらの値から励起エネルギーが分子間をコヒーレントに移動する速度は $10^{13} \sim 10^{14}$ s$^{-1}$ 程度と見積もられる．

励起子の形成により固体の光吸収は基底状態から励起子帯への電子遷移となり，吸収スペクトルが溶液スペクトルと比べピークがシフトし，分裂する．励起子帯のどの励起子状態へ光遷移が起こるかは，光遷移選択則によって決まり，固体中での分子の遷移双極子モーメントの相対的配向によって異なる．多くの結晶では励起子帯の底への遷移が許容であるため，図1のように，光励起エネルギーは孤立分子に比べ $B$ だけ低くなり，吸収ピークの長波長へのシフトが観測される．逆に，光遷移許容な励起子状態が励起子帯の上部であれば，吸収ピークは短波長にシフトする．また同じ理由から，励起子帯の幅と吸収スペクトルの線幅も直接関係しない．例えば，極低温でのアントラセン結晶の最低励起一重項 0 - 0 遷移の励起子吸収スペクトルの線幅は，0.1 cm$^{-1}$ 以下と非常に狭い．これは，励起子帯の底の状態への光遷移だけ許容なためである．ちなみに，室温での吸収スペクトルは熱格子振動によるブロードニングのため，その線幅は大きく広がる．

励起子が多数分子に非局在化した状態

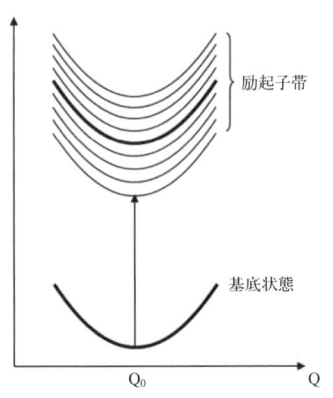

**図1** 分子結晶の電子状態の配位座標モデル．結晶中のある1分子の断熱ポテンシャルを示し，横軸は格子の平衡位置（$Q_0$）からのずれを表す．励起子相互作用によって，孤立分子の励起状態（太線）が分裂し励起子バンド構造をとる．

で，常に結晶中を自由に動き回っていると考えるのは誤りである．励起子は格子振動や格子欠陥と衝突し，エネルギーをやり取りするため，その運動は格子の運動と密接に関係する．Davydov は，共鳴励起移動速度 $K$ と格子振動数 $\omega$ との関係によって，励起子を自由励起子と局在励起子に大別した．これに加えて，格子構造や運動と励起子との関係から，結晶中の励起状態を次の4種類に分類できる．

①自由励起子（$K \gg \omega$）：格子振動（すなわち分子間の距離・配向の変化）の時間よりずっと速く励起子が移動し，励起が多数の分子に非局在化した状態．ただし，自由励起子でもその波動関数がコヒーレンスを保っている時間は短い．分子性結晶の場合，その値は一般に $10^{-14}$ s 以下であり，励起が非局在化している範囲はせいぜい数分子から 10 分子程度と考えられる．

②局在励起子（$K \ll \omega$）：励起移動が格子振動によって律速された状態．励起は1分子に局在し，励起移動は熱振動による格子歪みによってゆっくりと起こる．三重項励起子が典型的な例である．

③自己束縛励起子：結晶格子の局所的な歪みを伴って生成する安定な励起状態．ピレンやペリレン結晶で観測されるエキシマー状態が有名である．

④格子欠陥，不純物での束縛励起子：格子欠陥や不純物に励起エネルギーが捕捉された状態．

励起子の概念はもともと無機絶縁体の光物性の研究から始まったもので，非金属固体中に光励起によって生成する励起状態を一般に励起子とよぶ．固体中に生成した価電子帯の正孔と伝導帯の電子がクーロン引力によって束縛された，正孔-電子対のことを指す．正孔-電子対の広がり方によって，Frenkel 励起子，Wannier 励起子，CT (charge transfer) 励起子がある（図2）．結晶中の1つの格子点上に生成する正孔-電子対を Frenkel 励起子といい，一方，無機半導体のように正孔と電子の距離が格子間隔に比べ大きい場合を Wannier 励起子という．CT 励起子は少し特殊な例で，隣接格子点に電子-正孔対が生成する場合である．多くの分子性結晶の励起子は Frenkel 型である．分子結晶の Wannier 励起子は，分子の光イオン化に相当し，光励起によって電子が分子から放出された，ジェミネートイオン対に対応する．この励起子の種類と，上述の自由励起子や束縛励起子の分類とはまったく別物である．Wannier 型でも自由励起子や局在励起子がある．無機半導体のように電子波動関数が固体全体に広がっている場合でも，正孔と電子の束縛状態である励起子の運動は，独立した電子（正孔）のそれとは大きく異なり，固体中を自由に動き回れるわけではない．　　　（朝日　剛）

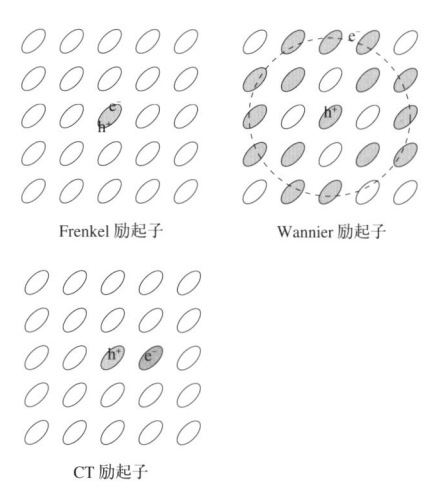

図2　励起子の種類

Frenkel 励起子　　Wannier 励起子

CT 励起子

【関連項目】
▶2.2④ 励起エネルギーの移動・伝達・拡散／3.2⑳ 固相光反応／7.3⑤ 有機薄膜太陽電池

# 高電子励起状態
Higher Electronically Excited State

　高電子励起状態とは，一般に，LUMOに相当する最低励起一重項状態（$S_1$状態）よりも高エネルギーの電子励起状態を指し，基底状態（$S_0$状態）の振動励起状態とは異なる．分子軌道の概念では，基底状態分子のあるエネルギー準位を占めている電子が，光エネルギーを得て最低空準位以上の準位に遷移（昇位）することで理解できる．基底状態分子が光を吸収するとき，吸収する光のエネルギーが最低励起状態への励起エネルギーより高い場合（光の波長が短い場合），最低励起状態よりも高い，第2，第3励起状態などへの遷移が起こり，基底状態と同じスピン多重度（通常は一重項状態）の高励起状態分子が生成する．基底状態分子と違う多重度（通常は三重項状態）をもつ高励起状態分子は，光吸収の後ただちに高励起状態から，あるいは内部転換により$S_1$状態へ緩和した分子から，項間交差により多重度を変化させる際に生成する（図1）．

　1回の光吸収（1光子励起）ではなく，2つ以上の光子が関与する高励起状態の生成は，パルスレーザーのような尖頭値が高く発光時間が短い強い光源を用いることで可能となる．このようなパルスレーザー光源では，パルス幅内で基底状態分子（$S_0$）の同時2光子励起，または，最低励起一重項状態（$S_1$）の生成を経た逐次的な2光子励起により，高励起一重項状態分子（$S_n$）を生成できる．パルス幅内で系間交差が起こる場合には，高励起三重項状態分子（$T_n$）も生成する．低温の固体中では，りん光状態（通常の有機分子では最低励起三重項，$T_1$）の寿命が長いため，通常の光源でもりん光状態の光励起が起こり，2光子励起による三重項の高励起状態分子を生成するこ

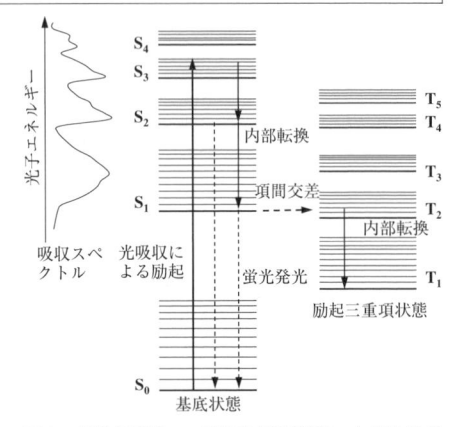

**図1** 高励起状態への励起と緩和過程．太線は励起を表し，実線は内部転換による緩和過程，破線は放射過程を表す．破線は，最低励起一重項状態から三重項状態への項間交差を表す．図では，$S_1$から$T_2$へ項間交差が起こるものを示している．

とができる．また，溶質分子の濃度が高い液体や固体を，強いレーザー光源により照射し，高密度で励起状態分子を生成させる場合には，励起状態分子間の衝突やエネルギー移動により，

$$S_1 + S_1 \rightarrow S_n + S_0$$
$$T_1 + T_1 \rightarrow S_n + S_0$$

の反応式のように高励起状態分子が生成する．これらの2光子励起過程は，光源の光強度の2乗に比例して起こる．また，単一の光源ではなく，2つの波長の異なるレーザーパルスを時間制御し，基底状態分子と励起状態分子の吸収にあわせて波長選択的に行うことにより，2回目の光励起の時刻によって一重項と三重項の高励起状態分子を選択的に生成することも可能である．

　高励起状態は，電離放射線などによりイオン化した状態の分子の正イオンと電子と

の再結合によっても生成しうる．その生成時には分子を取り巻く媒体分子の配向や生成効率には違いがあるが，緩和過程は光励起によって生成させた場合と同じと考えられる．

通常，高励起状態にある多原子分子は，速やかに振動準位や回転準位を介して，熱として外界にエネルギーを放出して最低励起状態へ無放射的に緩和（内部転換）する．この過程は，高振動励起状態の緩和と同じで放射や化学反応より速いことが多い．その結果，例外的な場合を除き，高励起状態からの発光や化学反応は起こらず，最低励起状態からの発光や化学反応のみが起こる．この現象は，蛍光やりん光発光において，Kasha則としてよく知られており，発光スペクトルは励起波長に依存しない．同様に，光化学反応においても量子収率は励起波長に依存しない．このことは，緩和や発光，反応の速度を考えると容易に理解できる．通常の大きさの分子を光が通過する時間（光励起に要する時間）はおよそ $10^{-15}$ s であるが，高励起状態から内部転換により最低励起状態までの緩和に要する時間はおよそ $10^{-12}$ s である．一方，通常の発光や化学反応に要する時間は，およそ $10^{-11} \sim 10^{-9}$ s 以上であるため，内部転換による緩和が優先して起こることになる．しかし，2つのエネルギー準位間の無放射緩和の速度は，近似的には，そのエネルギー差に対して指数関数的に減少するため（エネルギーギャップ則），第2励起状態（$S_2$）と最低励起状態（$S_1$）の間に大きなエネルギー差があるアズレンやポルフィリンなどの分子では，$S_2$ から弱い蛍光発光（$S_2$ 蛍光）が観測される．

化学反応では，分子の対称性などのため高励起状態から生成物への反応経路が開けている場合に高励起状態からの反応が進行することがある．また，最低励起状態からの化学反応が大きな活性化エネルギーを要する場合には，高励起状態への励起によって生じる剰余エネルギーが反応に利用されることもある．しかし，分子間で起こる反応は，拡散による分子の衝突が遅いため，高励起状態分子と反応する分子は溶媒程度の高濃度で存在する必要があり，エネルギー移動や電子移動のような高速で起こる系に限定される．また，高励起状態の反応で重要なものは，電子の束縛エネルギー（イオン化ポテンシャル）以上の光エネルギーを吸収する場合に電子が分子から飛び出すイオン化反応である．とくに，溶液中などにおいては，生成物である分子の正イオンおよび電子が媒体により安定化されるため，気体中の孤立分子よりも低いエネルギーで効率よくイオン化が起こりうる．

強いパルスレーザーを物質に照射すると，パルス幅内で同時または逐次多光子励起，励起状態分子間のエネルギー移動により，高エネルギーをもつ励起一重項状態や励起三重項状態，イオン化状態が高密度に生成し，それらの生成・緩和が繰り返される．その結果，照射部分に緩和により分子から放出された熱が蓄積し，分子や媒体の熱分解と物質の爆発的な飛散（アブレーション）を導く．この現象は，非接触・高分解能の表面エッチングや光記録，光造形技術として利用されている．このため，高励起状態の生成は，材料加工の点からも重要な現象である．

(一ノ瀬暢之)

【関連項目】
▶2.1② 物質の光吸収と励起状態の生成／2.1⑥ 電子励起状態からの緩和現象／2.1⑩ 多光子吸収／2.2⑩ 光イオン化／5.1④ レーザー光加工／9.2⑥ 過渡吸収分光法／9.2⑦ パルスラジオリシス

## 電気化学と励起状態の生成・反応
Electrochemistry and Generation/Reaction of Excited State

界面での電子移動は電極電位を変化させることで制御できる（図1(a)）．電極電位が溶液種の酸化還元電位と等しい，つまり平衡状態では酸化電流と還元電流が等しく，正味の電流は0となる（i）．電位を酸化還元電位より負にすると電極から溶液種への電子の放出が加速され，正味の還元電流が流れる（ii）．逆に電位を酸化還元電位より正にすると溶液種から電極への電子の注入が加速され，正味の酸化電流が流れる（iii）．ここで，あるエネルギー以上の光で界面を照射すると，電極あるいは溶液種，またはその両方が励起され，電気化学特性が変化する．また，電気化学的に励起種を生成することも可能である．

### a. 光励起状態の電気化学

(1) 電極そのものが光励起される場合：電気化学に及ぼす光の効果は1839年にBecquerelが電極の一方を光照射すると電流が流れることを報告したのが最初であるが，定量的な測定，理解は20世紀後半に始まった．

金属電極に光を照射すると，図1(b)に示すようにフェルミ準位近傍の電子が励起され，真空中の光電子放出と同様，励起電子が溶液中に放出され，還元光電流が観測される．このとき，溶媒和電子の生成とそれに続く化学反応が起こると考えられている．ただし，金属電極の場合は非占有の連続準位の存在のため励起電子は短時間で失活し，光励起電子放出の量子効率は非常に小さい．

半導体には価電子帯と伝導帯との間に禁止帯があり，禁止帯の幅（エネルギーギャップ）以上のエネルギーの光を照射すると価電子帯から伝導帯に電子が励起され，価電子帯に正孔が生まれる．このようにして生まれた電子-正孔対つまり励起状態の寿命は，禁止帯の存在のため金属の場合に比べて長い．多数キャリアが電子（正孔）であるn型（p型）半導体の場合，電極電位を規定するフェルミ準位は伝導帯のすぐ下（価電子帯のすぐ上）にあるが，光照射によって価電子帯（伝導帯）中に生成した少数キャリアである正孔（電子）は電極電位に比べて正（負）の電位にある．いずれも強い酸化（還元）力をもつ（図1(c)，(d)）．例えば，n型半導体である酸化チタン（$TiO_2$）電極においては光照射によって酸素発生が可逆電位に比べて数百mVも負の電位から起こり，白金電極と組み合わせることによって水の光分解が可能である（本多-藤嶋効果）．この効果に基づく光触媒的水分解に関する研究が活発に行われている．ただし，多くの場合，光照射によって生じた励起電子あるいは正孔による攻撃で半導体自身が分解してしまう．

(2) 光励起分子の電気化学：表面近傍の（主に吸着）分子を光励起することによって，暗時では不可能な電気化学反応を進行させることが可能である．図1(e)に示すような場合，暗時では電極電位を酸化還元電位より負にしなければ還元電流は流れないが，表面近傍の分子（増感剤）を光励起すると，酸化還元電位より負の電位をもつ励起電子が生成され，電極からの増感剤を介して高いエネルギー準位にある化学種への電子移動が起こる．金属電極の場合は逆電子移動を防ぎ，電子移動を高い効率で行わせるために電極と増感剤の間に電子リレーをはさむことが多い．半導体電極の場合は禁止帯の存在，バンドの傾きにより図1(f)に示すようなエネルギー配置をとることで半導体のエネルギーギャップより

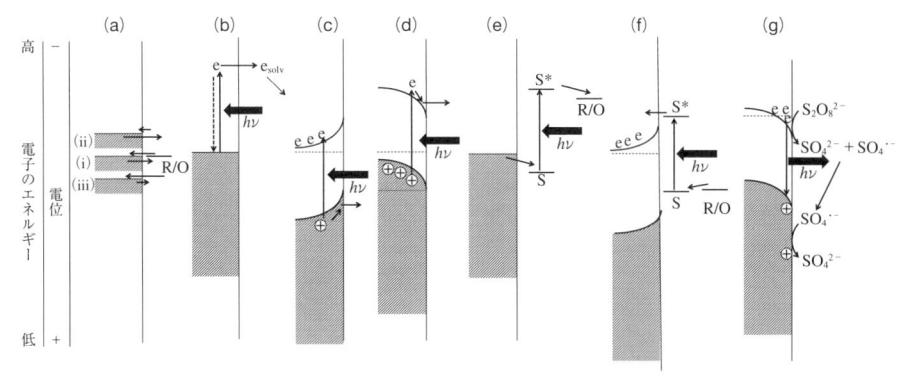

**図1** 電極／溶液界面のエネルギー図
(a)金属電極の(i)平衡，(ii)負分極，(iii)正分極時．(b)金属電極の光励起に伴う電子放出．(c)n型および(d)p型半導体の光照射による少数キャリアの生成．(e)金属電極における分子の光励起による高いエネルギー準位にある化学種への電子移動．(f)n型半導体における色素増感電子移動．(g)n型半導体におけるペルオキソ二硫酸イオンの還元によるエレクトロルミネッセンス．

小さなエネルギーの光により高効率で光誘起電子移動が起こる（▶2.2⑥項）．この現象を利用した色素増感太陽電池に関する研究が活発に行われている（▶7.3④項）．

**b. 電気化学的励起** 電位を大幅に正あるいは負にすることで，電気化学的に活性種を直接的，あるいは後続の化学反応によって間接的に生成することができる．例えば，シュウ酸共存下で$Ru(bpy)_3^{2+}$を電気化学的に酸化すると発光が見られるが，これは以下に示すように電気化学的に生成された$Ru(bpy)_3^{3+}$（式(1)）が後続の化学反応でシュウ酸を酸化し（式(2)），$CO_2^-$さらに励起状態の$Ru(bpy)_3^{2+*}$を生成した結果（式(3)〜(5)）である．この現象は電気化学発光（ECL）とよばれる．

$$Ru(bpy)_3^{2+} \rightarrow Ru(bpy)_3^{3+} + e^- : 1.26\,V\,vs.NHE \quad (1)$$
$$Ru(bpy)_3^{3+} + C_2O_4^{2-} \rightarrow Ru(bpy)_3^{2+} + CO_2 + CO_2^{-} \quad (2)$$
$$Ru(bpy)_3^{2+} + CO_2^{-} \rightarrow Ru(bpy)_3^{+} + CO_2 \quad (3)$$
$$Ru(bpy)_3^{3+} + Ru(bpy)_3^{+} \rightarrow Ru(bpy)_3^{2+*} + Ru(bpy)_3^{2+} \quad (4)$$
$$Ru(bpy)_3^{2+*} \rightarrow Ru(bpy)_3^{2+} + h\nu \quad (5)$$

ペルオキソ二硫酸イオン（$S_2O_8^{2-}$）はそれ自身非常に強い酸化剤であるが，その還元で生じる$SO_4^{-}$はより強い酸化剤であり（式(6)），図1(g)に示すようにn型半導体電極表面で負分極により生成すると，価電子帯に少数キャリアである正孔を注入し（式(7)），多数キャリアである伝導帯中の電子と結合し発光する（式(8)）（エレクトロルミネッセンス：EL）．

$$S_2O_8^{2-} + e_{CB}^- \rightarrow SO_4^{2-} + SO_4^{-} \quad (6)$$
$$SO_4^{-} \rightarrow SO_4^{2-} + h_{VB}^+ \quad (7)$$
$$e_{CB}^- + h_{VB}^+ \rightarrow h\nu \quad (8)$$

〔魚崎浩平〕

**【関連項目】**
▶2.2⑥ イオン化ポテンシャル・電子親和力と分子のHOMO, LUMO／2.2⑨ 電子移動と電荷再結合／5.3③ 有機EL／7.2① 光触媒／7.2③ 光触媒による水の光分解と水素・酸素発生／7.3④ 太陽電池・光起電力効果

# 多光子吸収
## Multiphoton Absorption

多光子吸収は複数の光子が関与して生じる光吸収過程である．すべての光子が同時に吸収される同時多光子吸収と，ある時間をおいて順次吸収される段階的多光子吸収に分類される．

**a. 同時多光子吸収** 同時（simultaneous）多光子吸収は，瞬間的（instantaneous）多光子吸収ともよばれる量子論的な光遷移の素過程である．最初の多光子吸収過程である2光子吸収は1929年にGöppert-Mayerによってその存在が理論的に予言され，レーザーの発明から間もない1961年にKaiserとGarrettによって実験的に確認された．

通常の光吸収は，1個の光子の消滅に対応して1個の電子が高エネルギー状態へと遷移する過程であるのに対し（▶2.1②項），同時多光子吸収は2個以上の光子の消滅に対応して1個の電子が遷移する過程である（図1）．2個の光子が同時に吸収されるのが2光子吸収であり，$n$個で$n$光子吸収となる（通常の吸収を多光子吸収と区別する際には，1光子吸収とよばれる）．同時$n$光子吸収により分子は光子$n$個分のエネルギーを獲得し，それに対応した励起状態になる（これに対し，段階的$n$光子吸収の場合は途中に緩和が入るので$n$個分よりは少なくなりうる）．

同時多光子吸収の場合は，励起前の状態（始状態，通常は基底状態）と励起後の状態（終状態）の間に励起状態がなくとも遷移が起こりうる．より正確に言えば，入射光子の個々のエネルギーに対応した状態間のエネルギー差がなくても，合計に合うエネルギー差があれば遷移が起こりうる．図1のようなエネルギー図では，遷移の中継をする仮想的な準位を考え，これは仮想準位とよばれる（これに対し，通常の励起状態は，実際にあるエネルギー準位との意味で実準位とよばれる）．

仮想準位を経た遷移であることの大きな特徴は，用いるレーザー光の波長で吸収がなくても励起ができることである．このため，2光子吸収や3光子吸収などにより，近赤外領域の波長を用いて可視光や紫外光にあたる励起状態に分子を励起することができ，その失活に伴うさまざまな過程（蛍

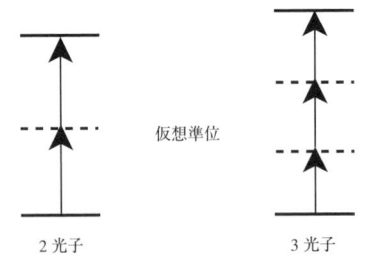

図1 同時多光子過程の例

図2 集光レーザービームによる1光子吸収励起（左）と2光子吸収励起（右）の励起領域の違い．セルの中には蛍光性色素溶液が入っており，それぞれの過程で励起された領域からの蛍光が見えている．1光子吸収励起では光路に沿って全体が光っているのに対し，2光子吸収励起ではセル中央の焦点付近のみから発光している．

光や無放射失活による熱の発生，電子移動や系間交差による三重項状態生成など（▶2.2各項）を用いた応用が可能となる．

$n$光子吸収は吸収量が入射光強度の$n$乗に依存するため，集光レーザービームを用いると光強度の強い焦点付近で著しく吸収が強くなる（図2）．このことは，1光子吸収のない長波長での励起が可能であることとともに，物質あるいは生体組織の内部の微小な領域を，それ以外の領域には影響を与えずに，選択的に励起ができることを意味しており，この特徴を用いた応用として，光メモリー（▶5.5①項）や光微細造形（▶5.1⑤項），3次元蛍光イメージング（▶9.1②項）などがある．とくに2光子蛍光イメージングはバイオサイエンス分野でいまや広く用いられるツールとなっている．

2光子吸収は3次非線形光学過程の一種であり，巨視的には3次非線形感受率$\chi^{(3)}$，分子あたりの微視的な量としては第2超分極率$\gamma$の，いずれも虚数部として表される．同様に$n$光子吸収の場合は$2n-1$次の非線形光学過程である（▶5.4③項）．

多光子吸収の強さを表すには非線形感受率や超分極率よりも多光子吸収係数$\alpha^{(n)}$や多光子吸収断面積$\sigma^{(n)}$が用いられることが多い．これらは，巨視的には微小厚$dz$の試料を透過する際の光強度$I$の変化，

$$\frac{-dI}{dz} = \alpha^{(1)}I + \alpha^{(2)}I^2 L + \alpha^{(n)}I^n L$$

の$n$次の係数として表され，同様に微視的には光子フラックス$F$の変化，

$$\frac{-dF}{dz} = N(\sigma^{(1)}F + \sigma^{(2)}F^2 L + \sigma^{(n)}F^n L)$$

の$n$次の係数として表される（ただし$N$は単位体積あたりの分子の数密度）．2光子吸収断面積$\sigma^{(2)}$については，慣習的に，Göppert-Mayerの名前をとってGMが単位として使われることが多い．1 GM = $10^{-58}$ m$^4$ s molecule$^{-1}$ photon$^{-1}$である．

**b. 段階的多光子吸収** 段階的多光子吸収は，逐次多光子吸収ともよばれ，複数

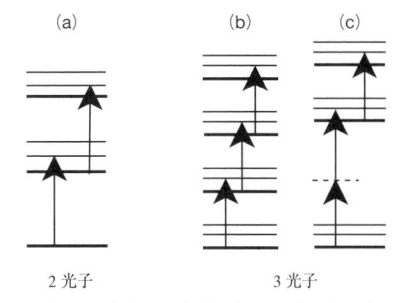

図3 段階的多光子吸収(a, b)と，瞬間的2光子吸収と励起状態吸収が連続的に起こる段階的3光子吸収(c)

の1光子吸収過程もしくは同時多光子吸収過程の組み合わせによるものである．最も簡単な例として段階的2光子吸収があるが，この場合は2回の1光子吸収が連続して生じる（図3）．2回目の光吸収過程は励起状態からの吸収であるので励起状態吸収とよばれる．過程全体としては2個の光子が吸収され，光強度依存性も光強度の2乗になる．また，瞬間的2光子吸収と励起状態吸収が続いて起きる場合は全体としては段階的3光子吸収となる．

段階的多光子吸収の特徴は中間に実準位を経由するので強い遷移が起きることであり，とくにナノ秒レーザーパルスなどの比較的長いレーザーパルスを励起光に用いると多数の励起状態分子が生成されるため，段階的多光子吸収が強く生じる．また，実準位間で遷移が繰り返されることで高励起状態（▶2.1⑧項）への遷移が容易なため，レーザー加工（▶5.1④項）や光イオン化（▶2.2⑩項）には段階的多光子吸収過程が用いられる．

（鎌田賢司）

【関連項目】

▶2.1② 物質の光吸収と励起状態の生成／2.1⑧ 高電子励起状態／2.2① 蛍光とりん光／2.2⑤ 光増感／2.2⑩ 光イオン化／5.1④ レーザー光加工／5.1⑤ 光でつくるマイクロマシン／5.4③ 非線形光学材料／5.5① 光で情報記録／9.1② 共焦点レーザー顕微鏡

## 蛍光とりん光―励起一重項と励起三重項からの発光
Fluorescence and Phosphorescence: Luminescence from Excited Singlet and Triplet States

分子は光を吸収することにより励起状態に遷移する．生成した電子励起状態はエネルギーを熱や光として放出したり，エネルギー移動を起こすことなどにより基底状態に緩和する．このうち，光を放出して緩和する過程を発光（放射）過程とよぶ．発光現象は蛍光とりん光の2つに分類される．蛍光とは同じスピン多重度をもつ状態間の電子遷移に基づく発光であり，りん光はスピン多重度が異なる状態間の電子遷移に基づく発光である．

図1に分子の基底状態と励起状態の電子配置とスピンを示した．分子は多くの場合スピンがすべて対を形成した閉殻構造を有する．このとき，スピン多重度が1であるので，この状態を一重項状態とよぶ（図1．左，中）．一方，2つのスピンが同じ方向を有する状態を三重項状態とよぶ．その理由は，この状態が三重に縮退している（スピン多重度が3である）ためである．

光を吸収すると，電子はスピンの向きを変えずに励起状態に遷移する．スピンの向きが不変であるので，生成した励起状態は一重項状態である．この励起一重項状態から基底一重項状態に遷移する際に放射される光が蛍光である．一方，励起一重項状態から，2つのスピンの向きが揃った励起三重項状態に変化し，この励起三重項状態から基底一重項状態に遷移する際に放射される光がりん光である（図2）．三重項状態は一重項状態よりエネルギーが低いため，りん光は蛍光より長波長側に観測される．

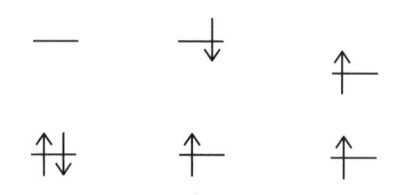

励起一重項状態から励起三重項状態への遷移のようにスピン多重度の異なる状態間の無放射遷移を項間交差とよぶ．スピン多重度が変化する遷移はスピン反転を伴うため禁制であるが，「スピン-軌道相互作用」とよばれる電子の軌道運動と電子スピンによる磁場の相互作用により一重項状態と三重項状態が混じり合い相互変換が可能となる．スピン-軌道相互作用は原子核の電荷が大きいほど強い．したがって，原子番号の大きい原子（重原子）ほど項間交差が起こりやすい．これを重原子効果とよぶ．重原子効果は溶媒の中に重原子が含まれている場合にも観測され，外部重原子効果とよばれる．

スピン多重度が同じ状態間の遷移は許容遷移であるため蛍光の発光過程の速度は速く，その寿命はりん光に比べて相対的に短い（ナノ秒程度）．一方，スピン多重度の異なる状態間の遷移は禁制であり遷移確率

図1 基底一重項状態($S_0$)，励起一重項状態($S_1$)と励起三重項状態($T_1$)の電子配置とスピン

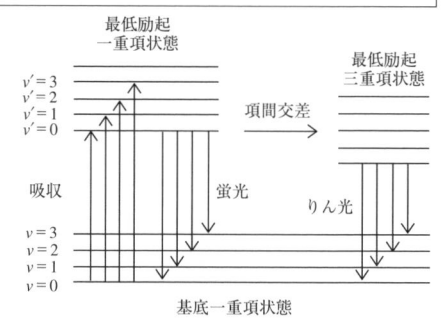

図2 吸収および発光（蛍光，りん光）過程

が小さいため，一般にりん光の寿命は長い（ミリ秒～秒）．また，項間交差によりスピン多重度が異なる状態へ遷移した後，逆項間交差により再びスピン多重度が同一の励起状態に戻り発光する場合がある．この発光は遅延蛍光とよばれる．典型的な例として，光励起一重項状態から項間交差により励起三重項状態が生成し，その後逆項間交差により励起一重項状態に戻り発光する過程が挙げられる．こうした遅延蛍光はスピン多重度が異なる状態への遷移を経由して発光するので寿命が長い．

図2に示すように基底状態や励起状態はそれぞれ核振動が量子化された準位をもつ．ここでは基底状態の振動準位を$v=0, 1, 2, \cdots$と表す．それぞれの振動準位に存在する確率はボルツマン分布に従い，通常の条件ではほぼ$v=0$の状態にある．光を吸収すると，$v=0$の状態から励起状態の振動準位である$v'=0, 1, 2, \cdots$の状態へ遷移する．このため吸収スペクトルには振動エネルギーの間隔をもつ構造（振動構造）が現れる．図3では$v=0$から$v'=0, 1, 2, \cdots$への遷移を$(0, 0), (0, 1), (0, 2) \cdots$と表している．

また，光吸収により生成した$v'=0, 1, 2, \cdots$の励起状態のうち$v'=1, 2$などの高振動状態はすぐに最低の振動状態$v'=0$に緩和（振動緩和）し，発光は$v'=0$の状態から起きる．すなわち，一般に発光は最低励起状態の最低振動状態$v'=0$から起き，励起波長を変えても発光スペクトルは変わらない．これをKasha則とよぶ．また，最低振動状態$v'=0$から$v=0, 1, 2, \cdots$状態への遷移が起きるので蛍光にも振動構造が現れる．図3の蛍光スペクトルの$(0, 0), (0, 1), (0, 2) \cdots$の記号は$v'=0$から$v=0, 1, 2, \cdots$への蛍光を表している．同様な理由でりん光にも振動構造が現れる（図2, 3）．

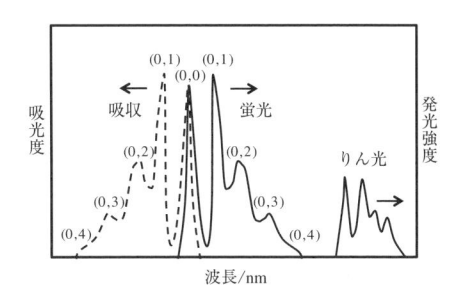

図3 吸収，蛍光，りん光のスペクトル

励起状態の最低振動準位と基底状態の最低振動準位間の遷移（0-0遷移）に対応する蛍光と吸収は波長が一致する．また，図2からわかるように$v'=0$から$v=0$への蛍光が最も波長が短く，$v=1, 2, \cdots$へと順に蛍光波長が長くなる．一方，$v=0$からの吸収は$v'=0, 1, 2, \cdots$へと順に波長が短くなる．また，基底状態と最低励起状態の振動構造が類似している場合，図3のように蛍光スペクトルと吸収スペクトルは0-0遷移をはさんで鏡像関係になる．

溶液中ではまわりの溶媒分子との相互作用により振動構造がぼやけ，一般に吸収と発光がそれぞれ1つの幅広いスペクトルとして観測される．発光スペクトルは吸収スペクトルに比べて長波長側に現れ，発光スペクトルの極大波長と吸収スペクトルの極大波長のエネルギー差をストークスシフトとよぶ．ストークスシフトは基底状態と励起状態の平衡核配置の違いが大きいほど大きくなる．

〔佐藤 治〕

【関連項目】
▶2.1⑤ スピン励起状態／2.1⑥ 電子励起状態からの緩和現象／2.2② 長寿命発光／2.2③ 蛍光量子収率，蛍光寿命と蛍光消光／5.3③ 有機EL

## 2.2 励起状態の物理プロセス——②

# 長寿命発光—遅延発光の原理
Long Lived and Delayed Emission

　通常の有機化合物からの発光は，最低励起一重項状態（$S_1$準位）から基底状態（$S_0$準位）に遷移する際の蛍光過程として観測される．このような蛍光過程は，ナノ秒の時間スケールで生じる現象である．一方で，化合物の中にはマイクロ秒よりも長い時間をかけて発光する化合物が存在する．このような現象は以下の4種類に大別される材料で観測されている．

**a. 金属含有型室温りん光材料**　　りん光（phosphorescence）とは，図1(a)に示すように励起直後に電子が最低励起三重項状態（$T_1$準位）を経由して$S_0$準位に戻る際に放出される発光のことである（▶2.2①項）．りん光過程は，$T_1$準位からのりん光放射過程（図1(a)①）が，$T_1$準位からの無放射過程（図1(a)②）よりも十分速い場合に顕著に生じる．通常，重原子を有さない有機物は，強いスピン禁制則のためにりん光放射過程の速度が非常に遅い．一方，無放射過程の速度は，室温での激しい分子運動のために，りん光放射過程の速度よりも十分速い．このため，重原子を有さない有機物は室温りん光を示さない．しかし，重金属をもつ有機金属錯体の中には，重原子効果によりりん光放射過程が速くなり，分子運動に熱エネルギーを奪われる前にりん光を放射するものが存在する．このような分子は，数マイクロ秒程度の寿命を有する長寿命発光を示す．図1(a)の（Ⅰ）に示すようなIr錯体は代表的な化合物であり，100％に近いりん光量子収率（▶2.2①項）が室温で得られている．有機電界発光素子の分野では，電気励起により75％の三重項励起子が形成されるが，りん光を示さない蛍光材料を用いた場合，この75％のエネルギーは熱になるため無駄となる．一方，金属含有型室温りん光材料を用いると，その電気エネルギーをりん光発光エネルギーとして取り出すことが可能となる．このため，金属含有型室温りん光材料は高効率の有機電界発光素子の分野で盛んに研究が行われ，薄膜ディスプレイや照明の分野で実用化されている．

**b. 金属非含有型室温りん光材料**　　一般の有機化合物は，分子運動による無放射過程が速いために室温ではりん光を示さない．しかし，化合物の分子運動を抑制し無放射過程の速度を小さくすることで，りん光が観測された例がある．ベンゾフェノン系やハロゲン化芳香族などの分子結晶中では，強い分子間相互作用が生じ分子運動が抑制される．その結果，数ミリ秒の寿命を有する室温りん光が，遅延発光として観測される．また，図1(a)の（Ⅱ）のような水素化ステロイドなどの共役系の短い非晶質中に芳香族化合物をゲストとしてドープすると，ホスト-ゲスト間に水素結合が強く働き，芳香族化合物ゲストの分子運動が大きく抑制される．この場合，数秒程度の寿命を有する室温りん光が遅延発光として観測される．このような非常に寿命が長い長寿命遅延発光材料は，励起光照射後もしばらく発光し続けるため，発光時間の短い材料では散乱光や自家発光の妨害を受けて困難なイメージングが可能になる．このため，次世代のイメージング材料として今後の発展が期待される．

**c. 三重項-三重項消滅を経由した遅延蛍光材料**　　パルスレーザーなどのエネルギー密度が高い励起光源を用いて有機物を励起する場合，瞬間的に三重項励起子が材料中に蓄積される．蓄積された2つの三重項励起子どうしが近距離に存在する場合，1

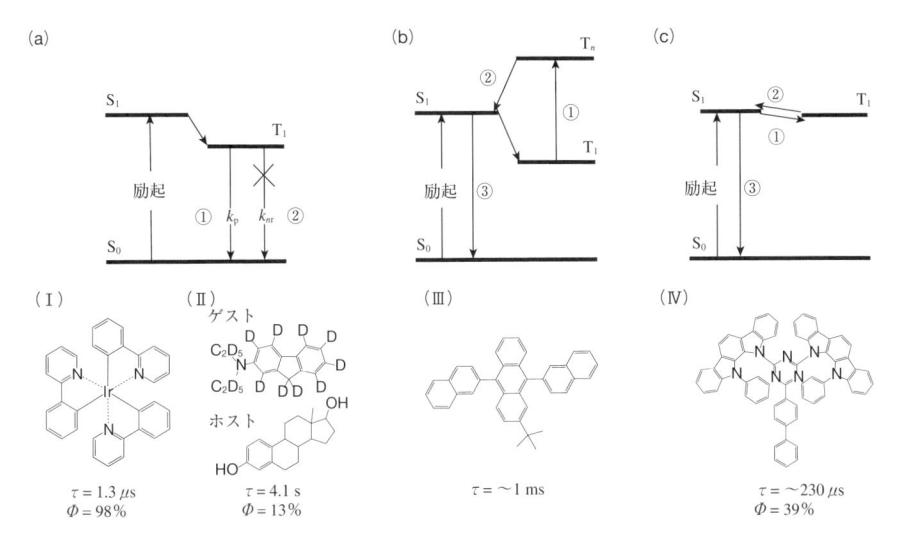

**図1** さまざまな遅延発光の光物理過程と代表的な化学構造．(a)で $k_p$ はりん光放射過程，$k_{nr}$ は無放射過程を示す．$\tau$ は遅延発光の寿命，$\Phi$ は遅延発光の量子収率を示す．

つの三重項励起子が失活して基底状態に戻るとともに，もう1つの三重項励起子はその失活エネルギーをもらい，$T_1$ 状態よりも高い三重項励起準位（$T_n$ 準位）に遷移する（図1(b)①）．このような過程は三重項-三重項消滅とよばれる．その後，$T_n$ 準位から $S_1$ 準位へ失活し（図1(b)②），$S_1$ 準位から蛍光を放出する（図1(b)③）．三重項-三重項消滅過程は，マイクロ秒からミリ秒レベルの時間領域で生じるため，発光はマイクロ秒からミリ秒レベルの遅延発光として観測される．この過程は，図1(b)の（Ⅲ）に示すようなアントラセン系の芳香族化合物で顕著に観測されており，一部電界発光素子へ応用されている．

**d. 熱活性化遅延蛍光材料** 金属非含有性の数多くの芳香族化合物は，$S_1$ 準位と $T_1$ 準位のエネルギー差（$\Delta E_{ST}$）が大きいため，一度 $S_1$ 準位から $T_1$ 準位へ項間交差が生じると，$S_1$ 状態に戻ることなく $T_1$ 状態からの無放射失活が生じ，発光は得られない．しかし，分子設計により $\Delta E_{ST}$ を小さくすると，$S_1$ 準位から $T_1$ 準位への項間交差（図1(c)①）の後，$T_1$ 準位から $S_0$ 準位へ無放射失活する前に，熱エネルギーによって $T_1$ 準位から $S_1$ 準位への逆項間交差が生じ（図1(c)②），その後 $S_1$ 準位から $S_0$ 準位へ蛍光が放出される（図1(c)③）．この発光は $T_1$ 準位を経由するため，遅延発光として観測される．このような光物理過程を有する材料は，希少金属を用いずとも，電流エネルギーを100％に近い変換効率で光エネルギーに変換できる材料として期待されている．このため有機電界発光素子の分野で，第一世代の蛍光材料や第二世代の金属含有型りん光材料に次ぐ第三世代材料として活発に研究が行われている．

（平田修造）

**【関連項目】**
▶2.1⑤ スピン励起状態／2.1⑥ 電子-励起状態からの緩和現象／2.2① 蛍光とりん光／5.2④ 暗闇で光る／5.3③ 有機EL

## 蛍光量子収率, 蛍光寿命と蛍光消光
Fluorescence Quantum Yield, Fluorescence Lifetime, and Fluorescence Quenching

**a. 蛍光量子収率** 蛍光量子収率とは, 光吸収（励起）によって分子に吸収された光子数と, 蛍光によって放出された光子数の比のことである. 励起された分子のすべてが蛍光によって基底状態に戻れば量子収率は1となるが, 実際には, 振動緩和, 内部転換, 項間交差などの無放射遷移によって1とはならない（▶2.1⑥項）. 励起状態にある分子の蛍光と無放射失活の速度定数をそれぞれ $k_f$ と $k_{nr}$ とすると, 蛍光量子収率 $\Phi_f$ は, 式(1)と定義される.

$$\Phi_f = \frac{k_f}{(k_f + k_{nr})} \quad (1)$$

蛍光量子収率の測定法は, 相対法と絶対法に分けられる. 相対法は量子収率が既知の化合物と量子収率を求めたい化合物の蛍光スペクトルを同一条件下で測定し, 得られた積分強度の比較によって相対的に量子収率を求める方法である. 装置の分光感度補正, 溶媒の屈折率補正以外は複雑な補正を要しないため, 一般にはこの方法が用いられている. 代表的な標準化合物として, 硫酸キニーネ（$\Phi_f = 0.577$, 0.1 mol L$^{-1}$ 硫酸水溶液中）やローダミン6G（$\Phi_f = 0.94$, エタノール中）などがある. 一方, 絶対法は量子収率が既知の標準試料を用いることなく, 分光補正された検出器と積分球を用いて全光束を計測することで直接的に量子収率を求める方法である. しかしながら, 光散乱, りん光, 偏光, 再吸収などの影響を補正する必要があるため, 正確に量子収率を求めることは容易ではない.

**b. 蛍光寿命** 蛍光寿命とは, 励起状態にある分子が基底状態に戻るまでの平均時間のことである. とくに, 蛍光減衰が1次の指数関数に従う場合, 強度が1/eに低下するまでに要する時間と定義される. 蛍光寿命 $\tau_f$ は, 式(2)で表される.

$$\tau_f = (k_f + k_{nr})^{-1} \quad (2)$$

蛍光寿命は, パルス光を用いた時間相関単一光子計数（TCSPC）法などによって直接求めることができる（▶9.2⑤項）. 表1にまとめたように, $\tau_f$ は化合物によって大きく異なる. 例えば, 代表的なキサンテン系色素の1つであるエリスロシンBの $\Phi_f$, $\tau_f$ は, 構造が類似のフルオレセインやエオシンYと比べ, 非常に小さな値を示す. これは, ヨウ素の重原子効果によって三重項状態への項間交差が促進され, $k_{nr} \gg k_f$ となるためである（▶2.2①項）.

**c. 蛍光消光** 励起状態の蛍光分子はエネルギー的に高い状態にあるため, 他の分子と種々の化学反応を起こす. その際, 励起分子の失活が速まって蛍光が弱まることを蛍光消光といい, 消光を引き起こす分子を消光分子もしくは消光剤という. 消光の要因となる化学反応としては, エネルギー移動反応や電子移動反応などがある（▶2.2④, 2.2⑨項）.

蛍光消光は, 静的消光と動的消光に分けられる. 動的消光は溶液中で励起状態の蛍光分子と消光分子が衝突することによって起こる. 同じ種類の蛍光分子の励起状態と基底状態が相互作用することで起こる消光は, とくに自己消光や濃度消光とよばれ

**表1** 種々の化合物の蛍光波長（$\lambda_f$）, 蛍光量子収率（$\Phi_f$）および蛍光寿命（$\tau_f$）

| 化合物[*1] | $\lambda_f$/nm[*2] | $\Phi_f$ | $\tau_f$/ns |
|---|---|---|---|
| フルオレセイン | 525 | 0.97 | 4.2 |
| エオシン Y | 544 | 0.65 | 3.1 |
| エリスロシン B | 554 | 0.12 | 0.6 |

[*1] アルカリ性エタノール溶液. [*2] 蛍光スペクトルのピーク波長.

る．動的消光では，蛍光分子の $\tau_f$ が既知であれば，消光の度合いから化学反応の速度を求めることができる．例えば，溶液中で自由に拡散している分子 A の蛍光が消光分子 Q によって消光される過程では，励起分子 A* の濃度（[A*]）に関する反応速度式は式(3)のようになる．

$$\frac{d[A^*]}{dt} = -k_0[A^*] - k_q[A^*][Q] + N \quad (3)$$

ここで，$k_0$ は励起分子の失活速度（すなわち Q が存在しない場合の蛍光寿命の逆数，$k_0 = \tau_0^{-1}$），$k_q$ は擬 1 次反応として扱った場合の消光反応速度定数，[Q] は消光分子の濃度，$N$ は入射光強度に比例する単位時間あたりの生成量である．定常状態近似（$d[A^*]/dt = 0$）を用いると，式(3)より，[Q] = 0 での蛍光強度 $I_0$ と Q の存在下で観測される蛍光強度 $I$ の比は，式(4)となる．

$$\frac{I_0}{I} = 1 + \tau_0 k_q[Q] \quad (4)$$

式(4)は Stern-Volmer 式とよばれ，図1(a)のように $I_0/I$ を [Q] に対してプロットすれば，その傾きが $\tau_0 k_q$ を与える．このプロットを Stern-Volmer プロットといい，傾き $\tau_0 k_q$ を Stern-Volmer 定数 $K_{SV}$ という．したがって，$\tau_0$ があらかじめわかっていれば，$k_q$ が求まる．蛍光寿命の比 $\tau_0/\tau$ についても同様に式(4)が成り立つ．$\tau$ は消光分子が存在する場合の蛍光寿命である．

一方，静的消光では，蛍光分子 A と消光分子 Q の会合定数 $K_a$ を式(5)のように定義する．

$$K_a = \frac{[A\text{-}Q]}{[A][Q]} \quad (5)$$

ここで，[A-Q] は会合体の濃度である．会合体が無蛍光性である場合，$I_0/I$ と [Q] の関係は式(6)のようになる．

$$\frac{I_0}{I} = 1 + K_a[Q] \quad (6)$$

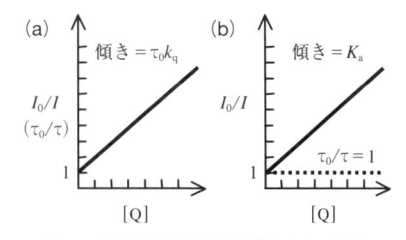

図1 動的消光(a)と静的消光(b)の比較

この式は動的消光についての式(4)と同様に，$I_0/I$ が [Q] の増加に伴い線形に増加するが，傾きが $K_a$ であることに注意すべきである（図1(b))．また，$\tau$ は [Q] によらず一定である（すなわち $\tau_0/\tau = 1$）．したがって，反応機構を議論するためには，蛍光強度だけでなく，蛍光寿命も測定することが望ましい．ただし，実際の消光反応では，動的消光と静的消光が同時に起こるなど，Stern-Volmer プロットが直線性を示さないことがあり，より複雑な解析が必要となる場合もある．

また，固体中では錯体を形成せずとも A の近傍に Q が存在する場合，蛍光消光が起こる．反応が起こる範囲を消光半径 $r$ で表すと，式(7)となる（Perrin モデルという）．

$$\ln\left(\frac{I_0}{I}\right) = \left(\frac{4\pi r^3}{3}\right) N_A[Q] \quad (7)$$

ここで $N_A$ はアボガドロ定数である．[Q] を変化させて $I_0/I$ を測定すれば，この式により消光半径 $r$ を容易に求めることができる．

〔立川貴士〕

【関連項目】
▶2.1⑥ 電子励起状態からの緩和現象／2.2① 蛍光とりん光／2.2④ 励起エネルギーの移動・伝達・拡散／2.2⑨ 電子移動と電荷再結合／9.2⑤ 蛍光寿命測定

## 励起エネルギーの移動・伝達・拡散
Excitation Energy Transfer, Migration, and Diffusion

励起分子の励起エネルギーが他の分子に移動し，他の分子の励起状態を生成する現象をエネルギー移動という．分子のみならず原子や種々の物質でもエネルギー移動は可能であり，気相，液相，および固相のいずれにおいても見られる現象である．

エネルギー移動の機構としては，エネルギー供与体の励起状態（D*）からの発光をエネルギー受容体（A）が吸収することによりエネルギーが移動する放射エネルギー移動と，発光を伴わない無放射エネルギー移動とに大別できる．

放射エネルギー移動の効率には，Dの蛍光量子収率，Aの濃度や吸収強度が重要であり，とくにDの蛍光スペクトルとAの吸収スペクトルの重なり（重なり積分）を計算することで，エネルギー移動の起こりやすさを評価することができる．

一方，無放射エネルギー移動はクーロン相互作用と交換相互作用の2種の機構によって生じる（図1）．クーロン相互作用によるエネルギー移動は，FRETともよばれ，T. Försterによって理論化された（図1(a)）．Förster機構ではクーロン相互作用をもたらすD*とAの電気双極子間の相互作用を，放射速度と吸光係数を用いることで表し，式(1)によってエネルギー移動速度（$k_{en}$）が与えられる．

$$k_{en}(r) = \frac{\Phi_{fD}\kappa^2}{\tau_D r^6}\left(\frac{9000(\ln 10)}{128\pi^5 Nn^4}\right)J(\lambda) \quad (1)$$

ここで，$\Phi_{fD}, \kappa^2, \tau_D, r, N, n$ および $J(\lambda)$ はそれぞれ，Dの蛍光量子収率，D*とAの遷移双極子の相対的方向より決定される方向因子，Dの蛍光寿命，D*とAの距離，アボガドロ数，溶媒の屈折率，重なり積分である．このうち，重なり積分は式(2)で求められる．

$$J(\nu) = \int_0^\infty F_D(\lambda)\varepsilon_A(\lambda)\lambda^4 d\lambda \quad (2)$$

ここで，$F_D(\lambda)$ は $\int_0^\infty F_D(\lambda)d\lambda = 1$ となるように規格化した蛍光スペクトル，$\varepsilon_A(\lambda)$ はタテ軸をモル吸収係数にとった吸収スペクトルである．また，方向因子は図2に基づき式(3)で与えられる．

$$\kappa^2 = (\cos\theta_T - 3\cos\theta_D \cos\theta_A)^2 \quad (3)$$

$\kappa^2$ はDとAの遷移双極子が同一直線上にあれば4，平行のとき1，直交する場合には0を与え，溶液中の分子のようにランダム配向の場合には2/3である．また，式

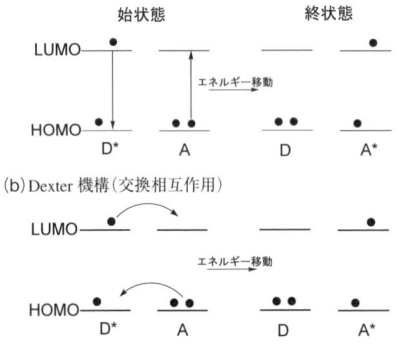

図1 Förster機構(a)とDexter機構(b)によるエネルギー移動

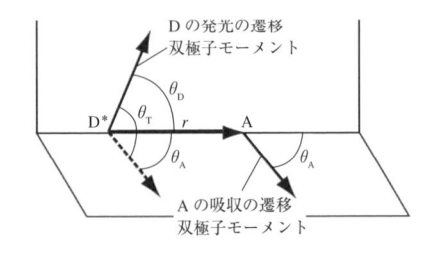

図2 方向因子の決定に用いる角度の定義

(1)は，式(4)に書き直すことができる．

$$k_{en}(r) = \frac{1}{\tau_D}\left(\frac{R_0}{r}\right)^6 \quad (4)$$

ここで，$R_0$ は Förster 半径または Förster 距離とよばれる長さであり，エネルギー移動速度と D* の失活速度が等しくなる距離に相当することから，この機構に基づくエネルギー移動が起こる距離を評価するために用いられる．一般に Förster 半径は 2〜6 nm にもなることより，クーロン相互作用に基づくエネルギー移動は長距離においても可能であることは注目すべき点である．

交換相互作用による無放射エネルギー移動は Dexter により理論化された（図1(b)）．交換相互作用によるエネルギー移動は，D* と A 間の電子の交換として考えることができ，すなわち，D* の LUMO 電子が A の LUMO に移動するとともに A の HOMO 電子が D の HOMO に移動する二重の電子移動として考えることができる．したがって，この機構によるエネルギー移動では D と A の電子軌道間の重なりが必要となり，電子移動理論と同様な距離($r$)依存性を示し，実際その速度は式(5)によって与えられる．

$$k_{en}(r) = KJ\exp\left(\frac{-2r}{L}\right) \quad (5)$$

ここで，$K, J, L$ は軌道間相互作用，規格化した吸収および蛍光スペクトルを用いた重なり積分，ファンデルワールス半径である．

Förster と Dexter の機構では，D と A の距離に対する依存性が異なる．Förster 機構のほうが長距離まで作用し，Dexter 機構はファンデルワールス半径程度の短距離で作用する．また，三重項エネルギー移動は Dexter 機構により進行する．

以上の機構により，分子から分子への1段階のエネルギー移動が生じるが，そのエネルギー面に着目すると，エネルギー移動が発熱的なときには効率的なエネルギー移動が観測され，吸熱的になると速度は著しく減少する．したがって，いくつかの色素を励起エネルギーが大きいものから小さいものまで順に配置することで，効率的なエネルギー捕集が可能になる．実際，植物の光合成系ではこのようなエネルギー漏斗（energy funnel）を用いることで効率的に反応中心にエネルギーを捕集している．

また，励起エネルギーの等しい色素の集合体や濃厚系においてもエネルギー移動は可能であり，その場合には多段階のエネルギー移動を繰り返すことにより長距離に及ぶエネルギー伝達が達成される．このような色素の集合体の極限的状態は色素分子の結晶であり，励起状態は1分子内に限定されず，周辺の分子も関与した励起状態を形成し，これは励起子として取り扱われる．結晶内での励起子の移動は拡散的性質をもっており，励起子の拡散距離（$l$：寿命($\tau$)内の変位の根2乗平均）は拡散係数($D$)と式(6)の関係にある．

$$l = \sqrt{zD\tau} \quad (6)$$

ここで，$z$ は運動の次元によって変化し，2（1次元）〜6（3次元）の値をとる．

近年では，色素分子をタンパクなど生体分子に修飾してエネルギー移動を検討することで，その構造や運動性を検討する研究が広く行われている．これは FRET によるエネルギー移動が式(1), (4)で示したように，距離依存性が明確なためである．生体内の FRET を検討する上でよく用いられるのが，CFP, YFP, GFP や蛍光波長の異なる蛍光性タンパク質である．生体発光をエネルギー供与体として用い，エネルギー移動を検討する生物発光共鳴エネルギー移動（BRET）も最近よく用いられている．

〔藤塚　守〕

【関連項目】
▶2.1① 分子軌道とエネルギー準位／2.1④ 電子励起状態の種類／2.2② 蛍光とりん光／2.2⑤ 光増感／8.2⑥ 光捕集系／8.4② 蛍光共鳴エネルギー移動

# 光増感
Photosensitization

　光増感とは，反応基質とは別に系中に存在する増感剤が光エネルギーを吸収して励起状態となった後に，エネルギー移動や電子移動などを経て反応基質が反応を起こす現象を指す．増感剤がないと光反応が起こらない系でも増感剤の添加により光反応が起こることがある．また，光増感反応では，反応基質が吸収できない波長の光で反応が起こることや，増感剤が存在しないときには起こらない種類の反応が起こることがある．

　励起エネルギー移動を利用したもので有用なものは，三重項エネルギー移動を用いた三重項光増感反応である．三重項光増感反応の反応式を図1(a)に，エネルギー図を図1(b)にそれぞれ示す．この反応では，増感剤（Sens, $S_0$）がまず光励起され一重項励起状態（$^1$Sens*, $S_1$）となり，項間交差を経て三重項励起状態（$^3$Sens*, $T_1$）となる．ここで，増感剤から反応基質（M）への三重項エネルギー移動が起こり，増感剤は一重項基底状態（$S_0$）に戻り，反応基質が三重項励起状態（$^3$M*, $T_1$）となる．こうして生成した三重項励起状態の反応基質が反応を起こし，生成物（P）となる．このような三重項光増感反応では，増感剤の吸収が反応基質の吸収よりも長波長側にあり，増感剤の三重項状態への項間交差効率が高く，増感剤の三重項エネルギーが基質の三重項エネルギーよりも高い，という条件を満たせば効率よく光増感反応が起こる．

　実際の例を挙げると，スチルベンのシス-トランス光異性化反応は，366 nm光を照射してもスチルベンが光を吸収しないので進行しない．しかし，ベンゾフェノンを系中に共存させておくと，366 nm光によりスチルベンの異性化が進行する．これは，増感剤として働くベンゾフェノンが366 nm光を吸収し，項間交差を経て励起三重項状態となった後に，より低エネルギーのスチルベンの励起三重項状態にエネルギー移動を起こし，生成したスチルベンの励起三重項状態から異性化が進行するものとして理解することができる．ベンゾフェノンの項間交差効率はほぼ100％で，三重項増感剤としてよく用いられる．高エネルギー（短波長）の光で反応基質であるスチルベンを励起しなくても，より低エネルギー（長波長）の光で増感剤を励起し，光反応を開始できるので，光増感の利用は光源の選択や省エネルギーの観点から実用的にも価値がある．

　先の例によく似た重要な光増感反応として，一重項酸素を用いた酸化反応がある．酸素は基底状態で三重項（$^3O_2$, $T_0$）をとり，スピン禁制により光励起では直接一重項励起状態（$^1O_2$, $S_1$）にすることはできないが，図2(a)に示すように，増感剤として働く三重項励起分子（$^3$Sens*, $T_1$）を用いれば，$^3$Sens* + $^3O_2$ → $^1$Sens + $^1O_2$ の過

(a)
$^3$Sens* + M $\xrightarrow{\text{エネルギー移動}}$ Sens + $^3$M* $\xrightarrow{\text{光化学反応}}$ Sens + P

(b)

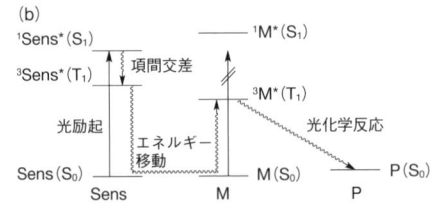

図1　(a)三重項光増感反応の反応式，(b)三重項光増感反応のエネルギー図

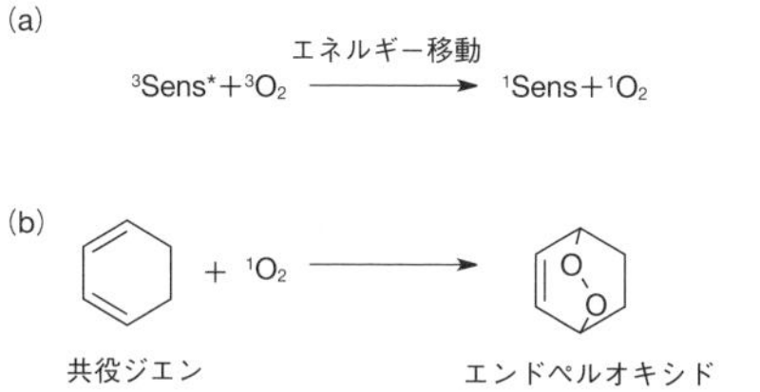

**図2** (a) 一重項酸素の生成過程　(b) 一重項酸素と共役ジエンの反応

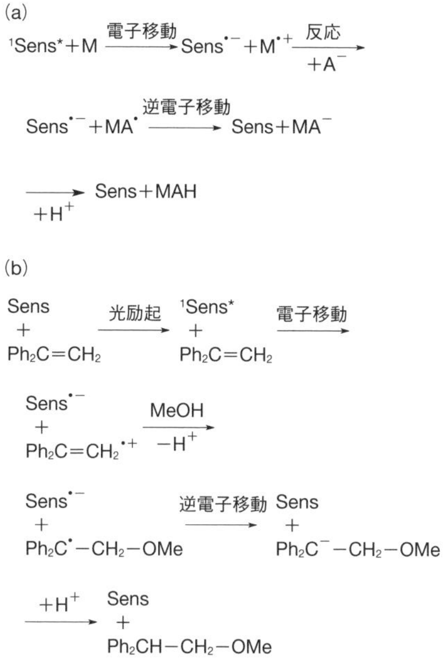

**図3** (a) 光増感電子移動反応の反応式，(b) 光増感電子移動反応の例としての1,1-ジフェニルエチレンの反応

程によって一重項酸素を発生させることができる．この過程はスピン許容なので問題なく進行する．一重項酸素は不飽和有機物に対して高い反応性を示すために，有用な反応剤としてよく用いられる．

一重項酸素を用いた反応例を図2(b)に示す．酸素存在下共役ジエンに光照射しても反応は起こらないが，クロロフィルなどの増感剤の存在下で光照射すると，増感剤の三重項励起状態からのエネルギー移動で生成した一重項酸素が共役ジエンに付加し，エンドペルオキシドを生成する．

次に電子移動を用いた光増感反応について述べる．この増感反応では，図3(a)に示すように，まず光照射により増感剤が励起され，反応基質との間で電子移動が起こる．電子移動により反応基質から生成した活性の高い反応中間体（カチオンラジカルまたはアニオンラジカル）が反応を起こす．反応後に，逆電子移動が起こり増感剤は元に戻る．光励起により電子を放出する電子供与性の増感剤と電子を受け取る電子受容性の増感剤の2種類が存在する．電子供与性の増感剤としては，亜鉛テトラフェニルポルフィリンやオリゴチオフェンなどが，電子受容性の増感剤としては，$p$-ジシアノベンゼンや9,10-ジシアノアントラセンなどがよく用いられる．

図3(b)に，増感剤として$p$-シアノ安息香酸メチルを用いて1,1-ジフェニルエチレンをメタノール中で光照射したときの反応例を示す．増感剤が存在しないときには，この反応は起こらない．一般的な求電子付加反応では，より多くの水素が結合している二重結合の炭素へ水素が結合するMarkovnikov則がよく知られているが，この反応では，選択性はMarkovnikov則の反対になる．

ここで紹介した光増感の原理は，銀塩写真やフォトレジストから色素増感太陽電池やバイオイメージングまで幅広く応用されており，現代の生活・産業に密接にかかわっている．

（松田建児）

**【関連項目】**

▶3.1③ 酸素活性種／3.2② 異性化反応／5.1② 感光性材料／5.2② 銀塩写真とカラー写真の原理／6.1③ 光線力学療法／7.1⑦ 光発生一重項酸素による環境浄化／7.3③ 色素増感太陽電池

2.2　励起状態の物理プロセス

## イオン化ポテンシャル・電子親和力と分子の HOMO, LUMO
Ionization Potential/Electron Affinity and HOMO-LUMO Level

多電子原子の電子軌道はエネルギーの低い準位から順に，スピンの向きが異なる2個の電子で占められている．電子が配置された軌道で準位の最も高い軌道が最高被占軌道，電子が配置されない軌道で準位が最も低い軌道が最低空軌道とよばれる（図1）．このような原子 M から電子を真空の準位まで引き抜くために必要となるエネルギーがイオン化ポテンシャル $I_p$ である．

$$M \rightarrow M^+ + e^-$$

一般には，最高被占軌道からのイオン化である第一イオン化ポテンシャルをその原子の $I_p$ としている．

一方，原子 X に真空準位にある電子を付加するときに得られるエネルギーが電子親和力 $E_a$ である．

$$X + e^- \rightarrow X^-$$

したがって，$I_p$ が小さい原子ほど電子供与性が強く，$E_a$ が大きい原子ほど電子受容性が強いことになる．

分子はこのようなさまざまな電子的特性をもつ原子の化学結合により成り立つが，Mulliken は化学結合における電子の偏りを議論するときの指標として，電気陰性度 $\chi_M$ を次のように定義した．

$$\chi_M = \frac{1}{2}(I_p + E_a)$$

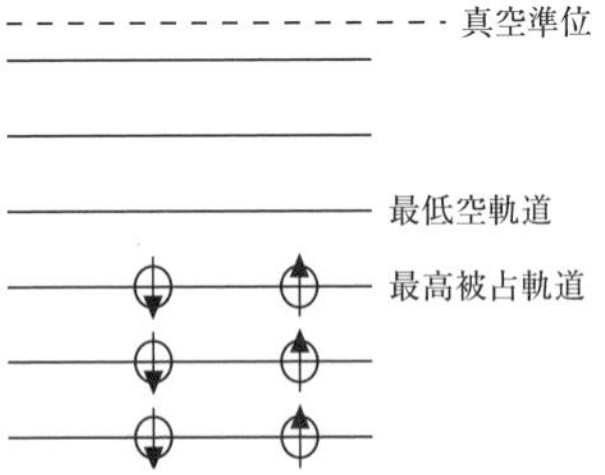

eV 単位で与えられる $\chi_M$ は，図1の電子の授受に最も関係する最高被占軌道と最低空軌道の深さを表す指標としても有用である．なお，電気陰性度には Pauling が結合エネルギーをもとに定めた $\chi_P$ もよく用いられるが，両者には一定の関係が成立している．実際，単純な二原子分子では，電気陰性度の差が結合のイオン性を表し，分子の双極子モーメントの大きさを決める．

多原子からなる分子においても同様に，電子が配置された軌道で準位の最も高い軌道を最高被占分子軌道（HOMO: highest occupied molecular orbital），電子が配置されない軌道で準位が最も低い軌道を最低空分子軌道（LUMO: lowest unoccupied molecular orbital）とよび，これらの軌道のエネルギー準位は分子のイオン化や電子移動反応の重要な指標となっている（▶2.2⑧, 2.2⑨項）．

分子から電子を引き抜くためのエネルギー $I_p$ は光電子分光法により正確に測定することができる（▶9.2⑪項）．通常，$I_p$ はきわめて大きく，5 eV 以上が必要である．これには 250 nm 以下の紫外線から真空紫外線の波長に相当するエネルギーを分子に与えなければならない．しかしながら，$E_a$ の大きな電子受容性の分子 A の助けを借りれば容易に分子 D のイオン化を達成することが可能になる．

$$D + A + h\nu \rightarrow D^+ + A^-$$

これにより，多種多様な分子の組み合わせと光エネルギーを用いて，電子移動反応とイオン化，エネルギー変換などを行うことができるようになる（▶2.2⑨, 2.2⑩, 7.3⑤項）．

光の吸収や発光は電子準位間での電子遷移により起こるが，吸収される最低エネ

**図1** 電子軌道のエネルギー準位と電子の配置図．矢印は電子スピンの向きを表す．

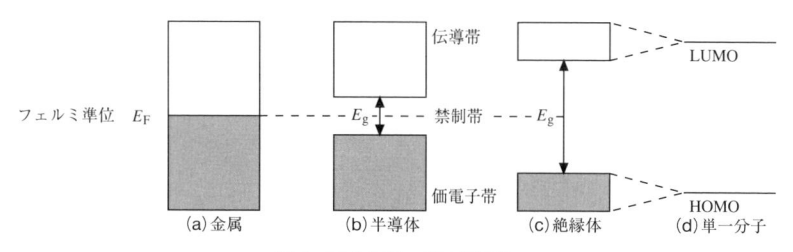

図2　固体物質の電子的構造

(a)金属　(b)半導体　(c)絶縁体　(d)単一分子

ギー（長波長側）の光は，HOMO-LUMO間での遷移に対応する．また，蛍光発光もHOMO-LUMO間遷移に対応するエネルギーが放出されるが，内部転換や溶媒和の影響で一部のエネルギーが損失するため，先の吸収遷移より長波長側に現れる（▶2.2①項）．多くの分子で吸収の長波長端は，紫外線域の短波長であるが，金属錯体やπ共役が発達したポリエンや縮合芳香族分子，共役高分子などでは，可視の波長やさらに近赤外の長波長領域にまで吸収帯が延び，着色物質（色素）やセンサー，電子写真，太陽電池などの光電子材料として生活・産業に大きな役割を担っている（▶5.2③，7.3③項）．

機能材料として一般に使われる物質は，分子が3次元的に凝集あるいは結晶化した固体であるので，原子・分子どうしの相互作用により単一の原子・分子の電子状態とは異なる．固体の電子的な構造は図2のように大きく3つに区分されている．図2(a)の金属では，多数の原子が集まり，元になる軌道がエネルギー的に広がったバンドを形成する．その準位間の間隔は無視できるほど小さいので，図のように連続的に描くことができる．電子はこの中のフェルミ準位まで詰まった状態になる．したがって，最高被占準位と最低空準位のエネルギー差はゼロとみなせる．各金属に固有のフェルミ準位は金属の仕事関数と一致する．

図2(b)の半導体では，相互作用によりバンドを形成するが低エネルギーと高エネルギーの2組に分かれ，低エネルギー側のバンドは電子で満たされるので価電子帯（充満帯），また，高エネルギー側のバンドは空であるが電子が注入されることで電気伝導性が現れるので伝導帯とよばれる．2つのバンド間には電子が存在できない禁制帯が生成し，バンド間のエネルギー差がバンドギャップ $E_g$ となる．半導体では，熱エネルギー（$kT$）程度で電子が伝導帯に注入できるほどの小さな $E_g<1\,\mathrm{eV}$ になる．

有機物のような分子性固体は一般に絶縁体である．図2(c)のように，半導体と比較してHOMOの相互作用もLUMOの相互作用も小さいため，形成されるバンドの幅は小さくなり，したがって $E_g$ は大きく，元の分子のHOMO-LUMO差と同程度である．しかし，ドーピングや外部からの電子注入により半導体としての電子特性を示す物質がπ共役高分子をはじめとして多く知られており，有機トランジスターやEL，有機太陽電池として盛んに研究されている．

（伊藤紳三郎）

【関連項目】

▶2.2①　蛍光とりん光／2.2⑧　電子供与体・受容体と電荷移動錯体／2.2⑨　電子移動と電荷再結合／2.2⑩　光イオン化／5.2③　光導電性とは／7.3③　色素増感太陽電池／7.3⑤　有機薄膜太陽電池／9.2⑪　光電子分光

## エキシマーとエキシプレックス
Excimer and Exciplex

励起状態分子(M*)は基底状態の同種分子(M)と相互作用して，励起状態でのみ安定なエキシマー（励起二量体，excimer = exci(ted di)mer）とよばれる2分子よりなる会合体を形成する．また，M* が基底状態の異種分子と相互作用して，励起状態でのみ安定な会合体を形成した場合，それをエキシプレックス（励起分子錯体，exciplex：exci(ted com)plex）とよぶ．

エキシマーは溶液中のピレンについてFörster らにより最初に見出され，その後多くの芳香族分子についてその存在が確認された．

図1に示すように，ピレン溶液の蛍光スペクトルでは，濃度の低い場合には400 nm 付近を中心に振動構造を有するピレンの蛍光が観測されるが，濃度の増加に従いその蛍光が減少し，長波長側 485 nm 付近にピークを有する振動構造をもたないブロードな蛍光が新たに出現し，それが等発光点を保ちながら増加する（▶2.2①項）．このブロードな蛍光がピレンのエキシマー蛍光である．等発光点はエキシマー$^1$(M·M)* が化学量論的に生成していることを示している（式(1)）．

$$^1M^* + M \underset{k_{MD}}{\overset{k_{DM}}{\rightleftarrows}} {}^1(M\cdot M)^* \qquad (1)$$

図2にエキシマー生成のポテンシャルエネルギー図を示す．エキシマー蛍光に振動構造が観測されないのは，その基底状態のポテンシャルが解離型であることによる．エキシマー形成による安定化エネルギーは 6000 cm$^{-1}$ 程度である．この安定化エネルギーは電荷移動（$M_1^+ M_2^-$, $M_1^- M_2^+$）によるクーロン力と励起エネルギーが2つの分子に非局在化する励起共鳴（$M_1^* M_2$, $M_1 M_2^*$）によりもたらされているが，エキシマーでは後者の寄与が支配的である．

溶液中における低分子芳香族化合物のエキシマーの生成・解離過程の直接的観測が，パルス光励起によるモノマー蛍光とエキシマー蛍光の時間変化を測定することに

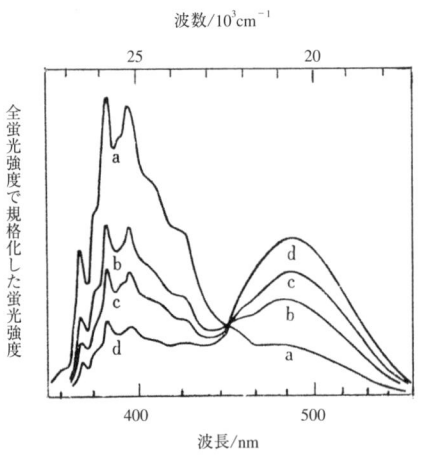

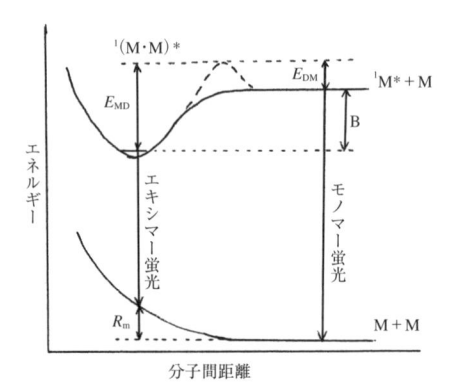

**図1** $n$-ヘプタン中ピレンの蛍光スペクトル．温度 = 20℃；濃度(mol L$^{-1}$)：$5 \times 10^{-5}$(a)，$1.8 \times 10^{-4}$(b)，$3.1 \times 10^{-4}$(c)，$7.0 \times 10^{-4}$(d)．

**図2** エキシマー生成のポテンシャルエネルギー図

より可能である（▶2.2③項）．その生成と解離の速度定数（$k_{DM}$, $k_{MD}$）の温度依存性から，エキシマーの生成および解離の活性化エネルギー（$E_{DM}$, $E_{MD}$），その結合エネルギー（B），さらに基底状態におけるフランク・コンドン不安定化エネルギー（$R_m$）が求められている．溶液中でのエキシマーの生成はM*とMの拡散支配の反応によっており，エキシマー蛍光の研究からM*の寿命程度の時間域の分子運動についての知見が得られる．

エキシマーを形成する2分子の相対的な配置はπ電子系が重なるような形をとり，大きな芳香環の場合には，完全重なり型（サンドイッチ型）と部分重なり型エキシマーがある．後者の蛍光は，モノマー蛍光と完全重なり型エキシマー蛍光の中間の波長域に観測される．

上述のようにエキシマーは分子間で生成されるだけでなく，同一分子内に2個以上の芳香環がある場合にも生成される（分子内エキシマー）．例えば，フェニル基をメチレン鎖で結んだ化合物（$\phi-(CH_2)_n-\phi$）では，その希薄溶液中でも$n=3$のときにだけ分子内エキシマーが形成されることが知られている（$n=3$ルール）．この分子内エキシマーの生成には，炭素–炭素単結合の内部回転によるコンフォメーション変化が関係しており，分子内エキシマー蛍光の研究からM*の寿命程度の時間域の分子内運動についての知見が得られる．

芳香族ビニルポリマーの隣接する芳香環は$n=3$で離れており，さらに高分子の主鎖に沿って芳香環が高濃度に存在しているため，この種ポリマーは希薄溶液中でも分子内エキシマー蛍光を示す．またこの種のポリマーの固体フィルムにおいてもエキシマー蛍光が観測される．これは，励起エネルギーがフィルム中で2個の芳香環がエキシマーの配置をとった場所（エキシマー生成サイト）に移動し，その発光が観測されることによる（▶2.2④項）．低分子化合物でも，その固体結晶中で分子が面と面を向き合った構造をとっている場合には，その結晶からエキシマー蛍光が観測される．

エキシプレックス蛍光も，モノマー蛍光が溶液中の異種の基底状態分子の濃度の増加とともに減少し，長波長側にブロードな蛍光として観測される（式(2)）．

$$^1D^* + A (または\ ^1A^* + D) \rightleftarrows {}^1(D^+A^-)^* \quad (2)$$

このエキシプレックスの安定化は，エキシマーと同様に電荷移動（$D^+A^-$, $D^-A^+$）と励起共鳴（$D^*A$, $DA^*$）によりもたらされているが，エキシプレックスの場合，前者の寄与が支配的である．つまり，エキシプレックスは励起状態で形成される電荷移動型分子会合体ということができ，極性の大きな電子構造をしている．したがって，その安定化の程度は，Dの酸化電位とAの還元電位に関係し，また溶媒の極性に大きく依存する．このためエキシプレックス蛍光は溶媒の極性の増加とともに長波長シフトを示す．さらに，かなり大きな極性をもつ溶媒中では$D^+$と$A^-$イオンへの解離が進行する（▶2.2⑩項）．

エキシプレックスではD：A＝1：1錯体のほかに，2：1錯体（DDA型）のエキシプレックス（エクスタープレックス，exterplex）も存在する．さらに，エキシマーの場合と同様に，分子間のみならず分子内エキシプレックスの生成もある．

（板谷 明）

【関連項目】
▶2.2① 蛍光とりん光／2.2③ 蛍光量子収率，蛍光寿命と蛍光消光／2.2④ 励起エネルギーの移動・伝達・拡散／2.2⑧ 電子供与体・受容体と電荷移動錯体／2.2⑨ 電子移動と電荷再結合／2.2⑩ 光イオン化

## 電子供与体・受容体と電荷移動錯体
Electron Donor/Acceptor and Charge Transfer Complex

分子は，構成する元素の種類や置換基の種類により，それぞれの異なる電子的性質をもっている．電子放出しやすい分子，すなわちイオン化ポテンシャル $I_p$ が小さい分子は電子供与体（D）であり，逆に電子を受け取りやすい分子，すなわち電子親和力 $E_a$ が大きい分子は電子受容体（A）となる（▶2.2 ⑥項）．D と A とが近づくと D と A の間で部分的な電荷（電子）移動が起こり，D, A 分子間の軌道相互作用や静電相互作用により錯体を形成する．これを電荷移動（CT：charge transfer）錯体または EDA（electron donor acceptor complex）錯体とよぶ．この電荷移動相互作用については 1966 年にノーベル化学賞を受賞した Mulliken によって理論的に解明された．電荷移動相互作用が弱い場合は，基底状態（$D^{\delta+}A^{\delta-}$）の電荷移動の割合（$\delta$）は小さく（$\delta \ll 1$），励起状態（$D^{(1-\delta)+}A^{(1-\delta)-}$）は電子が D から A へ完全に移動した状態に近くなる（式(1)）（▶2.2 ⑦項）．

$$D + A \xrightleftharpoons{K} (D^{\delta+}A^{\delta-}) \xrightarrow{h\nu} (D^{(1-\delta)+}A^{(1-\delta)-}) \quad (1)$$

基底状態の分子 D, A と電荷移動錯体 DA との間の化学平衡は可逆的で，低温になるほど生成する電荷移動錯体の濃度は高くなる．錯体濃度の増加にしたがって電荷移動錯体形成に基づく新たな幅広い吸収帯が現れる．これを電荷移動吸収帯とよぶ．D と A を混合すると着色する場合があるのはこのためである．ただし，一般に電荷移動錯体の錯形成平衡定数 $K$ は小さいので，D, A の濃度を高濃度にしないと着色は見られない．1 対 1 錯体の場合，平衡式は式(2)で表される．

$$K = \frac{[DA]}{([A]-[DA])([D]-[DA])} \quad (2)$$

ここで，[D], [A] はそれぞれの初期濃度，[DA] は平衡濃度であり，実験条件により，[D] ≫ [A] とすれば，[DA] は [D] よりも十分小さいので，式(3)となる．

$$K = \frac{[DA]}{([A]-[DA])[D]} \quad (3)$$

[A] を変化させながら錯体吸収の吸光度を測定すれば $K$ や錯体の吸光係数を求めることができる．

また，電荷移動錯体形成によって新しい電子遷移が現れるだけでなく，D あるいは A で観測されていた吸収帯が変化する場合もある．例えば，ヨウ素 $I_2$ 分子を A とする場合，D との電荷移動錯体の形成に伴い，電荷移動吸収帯が現れるが，$I_2$ 分子の吸収帯もブルーシフトする．

電荷移動錯体の吸収エネルギー $h\nu_{CT}$ は D の $I_p$ と A の $E_a$ の差 $I_p - E_a$ を用いて式(4)

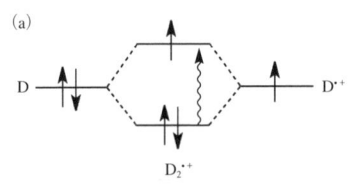

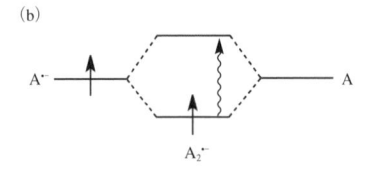

図1 (a) ダイマーカチオンラジカル（$D_2^{+}$）の分子軌道，(b) ダイマーアニオンラジカル（$A_2^{-}$）の分子軌道．波線の矢印は電荷移動吸収遷移を示す．

に近似される．

$$h\nu_{CT} = I_p - E_a - C \quad (4)$$

ここで，$C$ は静電的相互作用や溶媒和による安定化エネルギーを表す．また，相互作用が大きな DA の溶液中での安定化エネルギーの見積もりには，$I_p - E_a$ に代えて電気化学測定で求められる D の一電子酸化電位と A の一電子還元電位の差を指標として用いることができる．電荷移動相互作用は $I_p - E_a$ の値が小さくなるほど大きくなる．最も有名な電荷移動錯体は，テトラチアフルバレン（TTF）とテトラシアノキノジメタン（TCNQ）であり，その結晶は分子性金属ともよばれ，有機物であるにもかかわらず低温で超伝導性を示すことが知られている．

電荷移動相互作用が最大になるのは，$I_p$ と $E_a$ が等しくなる場合である．例えば，D とそのカチオンラジカル（$D^{+\cdot}$）では，D の $I_p$ と $D^{+\cdot}$ の $E_a$ は等しいのでダイマーラジカルカチオン（$D_2^{+\cdot}$）が生成する（図1(a)）．A とそのアニオンラジカル（$A^{-\cdot}$）でも同様にダイマーアニオンラジカル（$A_2^{-\cdot}$）が生成する（図1(b)）．この場合の電荷移動吸収は $D_2^{+\cdot}$，$A_2^{-\cdot}$ の結合性軌道から反結合性軌道への遷移に相当し，近赤外領域に吸収帯が現れる場合が多い．図2にダイマーアニオンラジカルの典型的な例として DDQ（2,3-ジクロロ-5,6-ジシアノ-$p$-ベンゾキノン）と $DDQ^{-\cdot}$ とのダイマーアニオンラジカル [$(DDQ)_2^{-\cdot}$] の X 線結晶構造を示す．この分子間距離（$r_{DA}$）は 0.295 nm であり，この距離はファンデルワールス距離の和より 0.04 nm 短い．

D と A の電荷移動錯体の励起状態はエキシプレックスともよばれる．これは電荷移動錯体の吸収帯を直接励起すると生成するが，D, A の吸収帯を励起しても生成する．その発光を電荷移動発光あるいはエキシプレックス発光とよぶ（▶2.2⑦項）．電

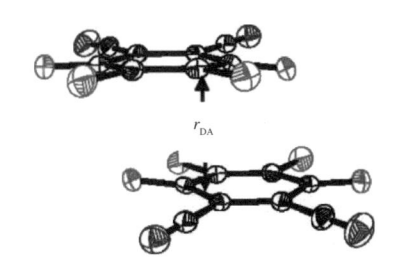

図2 DDQ（2,3-ジクロロ-5,6-ジシアノ-$p$-ベンゾキノン）と $DDQ^{-\cdot}$ とのダイマーアニオンラジカル [$(DDQ)_2^{-\cdot}$] の X 線結晶構造（J. K. Kochi, *Acc. Chem. Res.*, **41**, 641 (2008)）

荷移動相互作用が小さい場合は励起状態では電荷が分離しているため溶媒和が強くなり，大きなストークスシフトが観測される．しかし，溶媒の極性が大きくなるほど電荷移動発光の強度は弱くなり，$D^{+\cdot}$ と $A^{-\cdot}$ がフリーイオンに分離しやすくなる（▶2.3②項）．D あるいは A とその一重項励起状態との間の電荷移動錯体で，同じ分子どうしの場合はエキシマーとよばれる．その発光をエキシマー発光とよぶ．

上述の D と A と分子が異なるエキシプレックスもエキシマー（励起錯体）とよばれる場合がある．例えば，エキシマーレーザーがある．これは希ガスとハロゲンの混合ガスをパルス放電することで生成する励起状態希ガス原子とハロゲン原子によって励起錯体（エキシプレックス）が形成され，それからレーザー発振が得られるものである．希ガスは Ar, Kr, Xe が，ハロゲンは F, Cl が一般に使用される（▶5.3④項）．

(福住俊一)

【関連項目】
▶2.1② 物質の光吸収と励起状態の生成／2.2⑥ イオン化ポテンシャル・電子親和力と分子の HOMO, LUMO／2.2⑦ エキシマーとエキシプレックス／2.2⑨ 電子移動と電荷再結合／2.3② 光化学における溶媒効果／5.3④ レーザーの種類と仕組み

2.2 励起状態の物理プロセス

# 電子移動と電荷再結合
Electron Transfer and Charge Recombination

**a. 電子移動** 電子を供与する電子供与体（D）から電子を受容する電子受容体（A）への電子移動速度 $k_{ET}$ は，一般に，

$$k_{ET} = \frac{2\pi}{\hbar}|V|^2(\text{FC})$$

のように，分子間の電子的な相互作用を表す $|V|^2$ 項とフランク・コンドン因子（FC）とよばれる項の積として表される．前者は，各分子の電子波動関数の重なりに依存し，2分子間の距離に対して指数関数的に減少する．後者は，電子移動の関与するエネルギー準位が一致する頻度を表し，穏和な条件下ではアレニウス型の温度依存を示す．つまり，DA間の距離がある程度近づいて，両者のエネルギーが一致したときに，電子はDからAへ移動できることを示している．このように，2分子間での電子移動では，DとAが主役である．しかし，ほとんどの場合DとAのエネルギー準位は一致していないので，この両者だけでは電子はそう簡単には移動できない．電子移動では，両者のエネルギーを一致させる脇役が重要な役割を果たしている．この脇役の1つが，主役のDとAを取り巻く媒体である．

極性溶液中での電子移動を例にとると，DとAを取り巻く極性溶媒分子の配向状態に応じて，DとAのエネルギー準位は常にゆらいでいる．このゆらぎにより系のエネルギー一致が達成され，電子は移動することができるのである．図1は，電子移動前（始状態）におけるDとAのクーロンポテンシャル（左）と溶媒分子を含めた核座標ポテンシャル曲線（右）との関係を表す．核座標ポテンシャル曲線は，最安定状態を極小とする放物線で近似でき，図1右のように表される．始状態の最安定状態

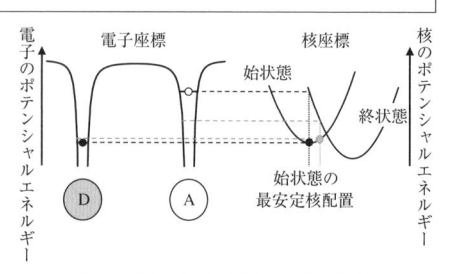

**図1** 電子座標系(左)と核座標系(右)

では，Dの電子占有準位とAの電子非占有準位のエネルギーは一致していないので，電子移動は起こらない．溶媒分子の配向ゆらぎにより，灰色点まで核座標が変化すると，Dの電子占有準位とAの電子非占有準位のエネルギー差は小さくなる．このように，溶媒分子の配向ゆらぎに伴って，Dの電子占有準位とAの電子非占有準位とのエネルギー差も時々刻々ゆらいでいるのである．

溶媒分子の配向ゆらぎによって，始状態ポテンシャルと終状態ポテンシャルとの交点にまで達すると，Dの電子占有準位とAの電子非占有準位のエネルギーが一致する．電子移動は，この瞬間にのみ起こる．これは，電子移動がまわりの溶媒分子などの核運動に比べてきわめて速く，電子移動の瞬間にはエネルギー差を補償する分子運動が存在しないためである．つまり，電子移動は，「フランク・コンドン原理」と「エネルギー保存則」を同時に満たすポテンシャル曲線の交点においてのみ進行しうるのである．電子移動後は，終状態ポテンシャル曲線上へ移り，熱ゆらぎにより最終的に終状態の熱平衡状態となる．

このような考えに基づいて電子移動を理論的に定式化したのがMarcusである．反

応の自由エネルギー差$-\Delta G^0$, 再配向エネルギー$\lambda$を用いると, $k_{\text{ET}}$は以下で与えられる.

$$k_{\text{ET}} = \frac{2\pi}{\hbar}|V|^2 \frac{1}{\sqrt{4\pi\lambda k_B T}} \cdot \exp\left(-\frac{(\Delta G^0 + \lambda)^2}{4\lambda k_B T}\right)$$

FC項のこの表式は, $k_{\text{ET}}$と$-\Delta G^0$との間に興味深い関係があることを示している. 図2に示すように, $\lambda > -\Delta G^0$の条件下では, $-\Delta G^0$の増加とともに, 活性化エネルギー$\Delta G^{\ddagger}(=(\Delta G^0+\lambda)^2/4\lambda)$が減少し, $k_{\text{ET}}$は増加する. これは, 通常の化学反応と同じであり, 正常領域とよばれる. $\lambda = -\Delta G^0$では$\Delta G^{\ddagger} = 0$となり, $k_{\text{ET}}$は最大となる. 一方, $\lambda < -\Delta G^0$の条件下では, $-\Delta G^0$の増加とともに$\Delta G^{\ddagger}$が増加する. したがって, $-\Delta G^0$の増加とともに$k_{\text{ET}}$が減少する逆転領域が出現する.

この逆転領域は, 電子移動反応を制御する上で重要な役割を果たしている. 以下のような電子移動(電荷分離)反応と電荷再結合反応が, 電子的な相互作用を表す$|V|^2$項のみに支配されていれば, 素早い電荷分離は同時に素早い電荷再結合を引き起こすため, 長寿命の電荷分離状態を効率よく生成させるのは困難である.

D + A → D$^+$ + A$^-$　(電子移動(電荷分離))
D$^+$ + A$^-$ → D + A　(電荷再結合)

$-\Delta G^0$や$\lambda$を適切に調節すれば, 電荷分離反応を$\Delta G^{\ddagger} = 0$の条件に近づけてFC項を大きくし, 電荷再結合を逆転領域としてFC項を小さくすることが可能である. これにより, 素早い電荷分離とゆっくりとした電荷再結合を同時に実現できる. 実際に光合成系では, $|V|^2$項とFC項を巧みに調整することで, 逆反応である電荷再結合を抑制し, 多段電荷分離反応を100%近い高効率で実現している.

**b. 電荷再結合**　電子移動やイオン化などにより生成した正電荷と負電荷が, 逆電子移動によって電荷が消滅する現象を電荷再結合とよぶ. 再結合の際に発光を伴うこともあり, エレクトロルミネッセンスや熱ルミネッセンスはその一例である.

電荷再結合は, 正電荷と負電荷の環境により異なるダイナミクスを示す. 例えば, 孤立した正電荷-負電荷対が拡散することなく再結合する場合は, 1次反応速度式に従う. そのため電荷寿命$\tau$は, 再結合速度定数$k$の逆数で与えられる. 一方, 正および負の自由電荷が多数存在し, 不特定多数の組み合わせで再結合が進行する場合は, 2次反応速度式に従う. その結果, 定常状態では半減期$\tau_{1/2}$は初期濃度$n_0$と2分子再結合速度定数$\gamma$の積の逆数で与えられる. つまり, 電荷対の1分子再結合では電荷寿命は初期濃度に依存しないのに対して, 自由電荷の2分子再結合では半減期は初期濃度に依存することがわかる. したがって, 減衰ダイナミクスの初期濃度依存を調べることで, 両者を実験的に見分けることができる.　　　　　　　　(大北英生)

**【関連項目】**
▶2.2⑥ イオン化ポテンシャル・電子親和力と分子のHOMO, LUMO／2.2⑧ 電子供与体・受容体と電荷移動錯体／2.2⑩ 光イオン化／5.2③ 光電導性とは／7.3⑤ 有機薄膜太陽電池

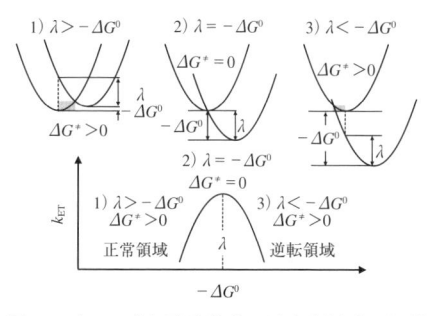

**図2**　$\lambda$と$-\Delta G^0$と電子移動の反応座標系の関係(上), $k_{\text{ET}}$と$-\Delta G^0$の関係(下)

## 光イオン化
Photoionization

　原子または分子（M）が光を吸収すると電子が放出され，陽イオンを生成することがある．これを光イオン化という．光イオン化により放出される電子が光電子（photoelectron）である．

　Mから電子（$e^-$）を1つ取り去り，1価の陽イオン（$M^+$）を生じる最低エネルギーを（第一）イオン化ポテンシャル$I_p$という（図1）．また，イオン化エネルギーともいう（▶2.2⑥項）．

$$M + h\nu \rightarrow M^+ + e^-$$

　光イオン化を調べる方法としては，光電子分光法（PES：photoelectron spectroscopy）が一般的である（▶9.2⑪項）．単色光を試料に入射し，イオン化による光電子の収量（PYS：photoelectron yield spectroscopy）あるいは放出される電子の運動エネルギー分布を測定する（UPS：ultraviolet photoelectron spectroscopy）．電子の運動エネルギー（$E_K$）を調べることによって，束縛エネルギー（$E_{bind}=h\nu-E_K$）から物質の電子構造についての情報を得ることができる．また，入射する光の波長を変化させると，光電子の生成量が変化する．一般に，光子のエネルギー（$E=h\nu$）が高くなる（波長が短くなる）と光電子の収量は増加する（図2）．光イオン化が認められる光エネルギーの最も低い値をイオン化のしきい値とよび，これが$I_p$に対応する値となる．特定の波長の光に対する，その原子・分子のイオン化の確率をイオン化断面積という．イオン化断面積を求めることによって，分子構造などの情報を得ることができる．

　表1に主な原子や分子の$I_p$を示した．同じ周期の元素を比較すると，$I_p$は希ガス

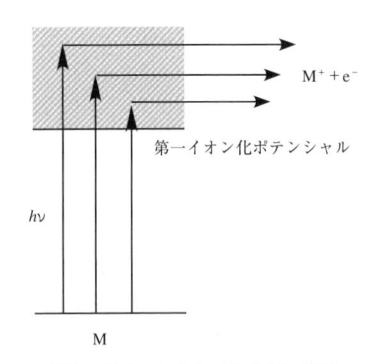

**図1**　光イオン化とエネルギー準位

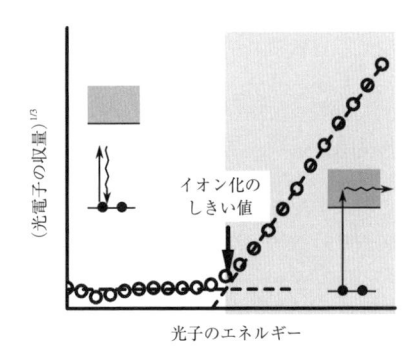

**図2**　光子のエネルギーと光電子の収量

**表1**　原子および分子の第一イオン化ポテンシャル（1 eV = 96.4853 kJ mol$^{-1}$）

|  | $I_p$/eV |  | $I_p$/eV |
|---|---|---|---|
| H | 13.598 | エタン | 11.52 |
| He | 24.578 | エチレン | 10.507 |
| Na | 5.139 | メタノール | 10.85 |
| Cl | 12.967 | ホルムアルデヒド | 10.229 |
| $H_2$ | 15.43 | ベンゼン | 9.2459 |
| $H_2O$ | 12.61 | ナフタレン | 8.14 |
| HCl | 12.75 | ベンゾフェノン | 9.05 |
| $CO_2$ | 13.77 | アントラキノン | 9.25 |

で最も高く，アルカリ金属が最も低い．また，気体分子の$I_p$はほぼ真空紫外領域にある．

光イオン化に伴って，凝縮相中では放出された電子のまわりに溶媒分子が配向し，いわゆる溶媒和電子が生成する．溶媒の種類によって異なるが，溶媒和電子の吸収スペクトルは可視から近赤外領域に観測される．水和電子は300～800 nmに吸収帯があり，極大波長は720 nmである．この溶媒和電子のスペクトルが観測されることで，光イオン化の根拠にもなる．

光イオン化される分子（D）（電子供与体）の近傍に電子を受け取る分子（A）（電子受容体）が存在すると，電子移動が起こり，陽イオン（$D^+$）と陰イオン（$A^-$）が生成する．これらのイオンは隣接して，イオン対（$D^+A^-$）をつくることがある．これは電荷移動錯体とよばれ，電荷が移動することにより電子供与体と電子受容体の間に形成される分子錯体の総称である（▶2.2⑧項）．エキシマーやエキシプレックスは，励起状態における電荷移動相互作用によって形成された分子錯体である．基底状態で電荷移動錯体を形成する分子が光吸収（CT吸収帯を励起）することで光イオン化が起こることもある．極性溶媒中では，生じた電荷移動錯体（$D^+A^-$）は，逆電子移動によってもとの状態に戻るか，もしくは溶媒による強い配向分極を受けてイオンに分離し，それぞれ溶媒和されたイオン$D^+_{sol}$と$A^-_{sol}$になる（▶2.2⑧，2.2⑨項）．これら電荷移動状態やイオンから反応が起こることもある．このように光で誘起される電子移動は光がかかわる酸化還元反応であり，太陽電池や光センサーなどの原理にも関連している．

光イオン化は質量分析計と組み合わされて重要な分析手段となっている．光イオン化により生じた陽イオンを電場や磁場を用いて選別し（四重極子質量分析計，飛行時間型質量分析計など），質量/電荷の比（$m/e$）を測定する．質量電荷比に対するイオンの信号強度をとったものを質量スペクトルという．レーザーを用いた多光子イオン化と組み合わせて用いられることも多い．微量質量分析として用いられるだけでなく，分子の構造などの情報が得られる．また，マトリックス支援レーザー脱離イオン化（MALDI：matrix-assisted laser desorption/ionization）法が開発され，タンパク質やDNAのような生体関連分子をはじめ大きな分子量をもつ分子の質量分析が可能となった．レーザー光の波長に吸収帯をもつマトリックスに試料を混合溶解させて固化し，レーザー光照射して気化・イオン化させる．

レーザーのように単位時間，単位体積あたりの光子数（光子密度）が多い光を照射すると，イオン化ポテンシャルに足りないエネルギー（波長）の光でも，同時にいくつもの光子を吸収してイオン化が起こることがある．これを多光子イオン化という．$n$個の光子を吸収してイオンが生成するとき，$n$光子イオン化という．その際，中間状態として実在する状態（例えば最低励起一重項$S_1$状態などの励起状態）を経由してイオン化する場合，共鳴多光子イオン化という．遷移する確率は非常に低いが，中間状態が存在しなくとも多光子吸収が起こり，イオン化を引き起こすことがある．これを非共鳴多光子イオン化という（▶2.1⑩項）．

〔鈴木　正〕

【関連項目】

▶2.1⑧ 高電子励起状態／2.1⑩ 多光子吸収／2.2⑥ イオン化ポテンシャル・電子親和力と分子のHOMO, LUMO／2.2⑧ 電子供与体・受容体と電荷移動錯体／2.2⑨ 電子移動と電荷再結合／9.2⑪ 光電子分光

## フロンティア軌道と光化学反応
Frontier Orbital and Photochemical Reaction

分子を構成する結合性分子軌道には結合に関与する電子が収容され，構成原子を相互に結び付けている．このため，化学反応の起こりやすさは，結合の生成または開裂に関わる分子軌道の形状とエネルギー準位に着目して考えることができる．量子化学によれば，分子軌道は各軌道に特徴的な空間的形状と位相をもち，注目した分子軌道に関して，位相を考慮した正の重なり合いが大きいほどその結合は安定になる．この原理は，基底状態の分子だけでなく化学反応に関与する活性錯合体でも成り立つので，これらの分子軌道に注目して化学反応の起こりやすさや選択性を予測できる．ここでは，分子軌道のエネルギー準位に着目して解説する．分子軌道の空間的形状と反応性は別項で解説される．

1つの分子軌道を占有可能な電子数は最大2個であり，エネルギー準位が低い分子軌道から順に占有される（▶2.1①項）．電子で占有された分子軌道の中で最もエネルギー準位が高い分子軌道を最高被占軌道（HOMO），占有されていない分子軌道の中で最もエネルギー準位が低い軌道を最低非占軌道または最低空軌道（LUMO）とよぶ．光励起する前の基底状態では，図1(a)に示すような電子配置となる．基底状態の分子がHOMOとLUMOのエネルギー準位差に相当するエネルギーの光を吸収すると，HOMOの電子のうち1個がLUMOに遷移されて励起状態となり，図1(b)のように，基底状態でHOMOとLUMOであった分子軌道を各1個の電子が占有した電子配置をとる．このため，これらの軌道はSOMO（singly occupied molecular orbital）とよばれ，他の分子軌道と相互作用して電子の授受をしやすい活性分子軌道とな

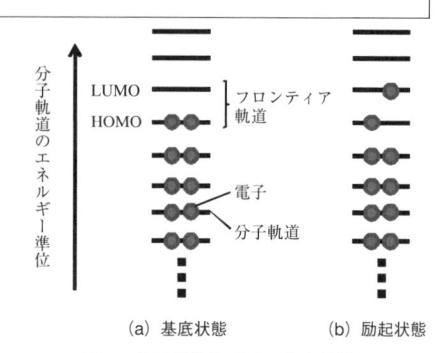

**図1 分子軌道と電子の占有状態**
(a) 基底状態　(b) 励起状態

る．さらに高いエネルギーの光を吸収すると，LUMOよりも高い空軌道に遷移することもある（▶2.1②項）．また，カルボニル化合物では酸素の非共有電子対がHOMOとなるが，HOMOの1つ下のエネルギー準位の結合性π分子軌道の電子が光励起することも可能である．この場合にはフロンティア軌道として結合性π軌道が重要となり，吸収する光の波長により励起状態や化学反応性を制御できる（▶4.2②項）．

基底状態の化学反応では，分子1のHOMOと分子2のLUMOが相互作用して新たに結合性軌道をつくり，この軌道を分子1のHOMOの2個の電子が占有して新たに結合を形成する．化学反応の起こりやすさは，これらのHOMOとLUMOの相互作用の程度に依存するため，これらの分子軌道をフロンティア軌道とよぶ．

光化学反応に関与する分子軌道を太陽光や水銀ランプなどを光源として励起すると，励起状態分子の濃度が低いので，励起状態分子はもっぱら基底状態分子と反応する．

励起状態と基底状態の相互作用を，1つ

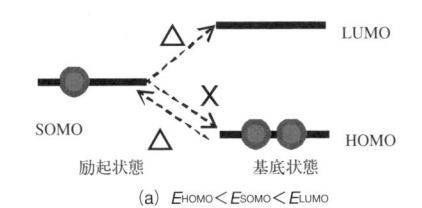

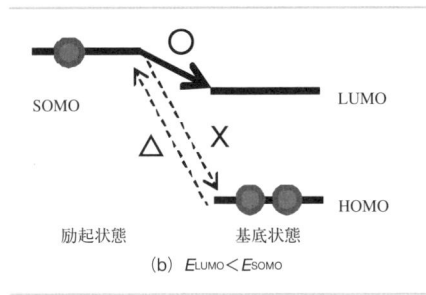

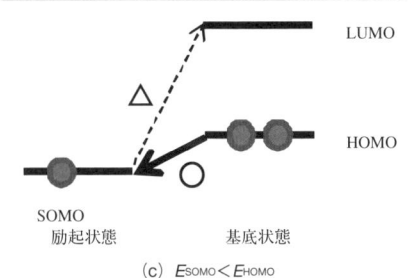

**図2** SOMOと基底状態の分子軌道のエネルギー準位と相互作用

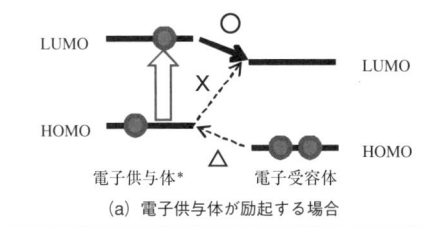

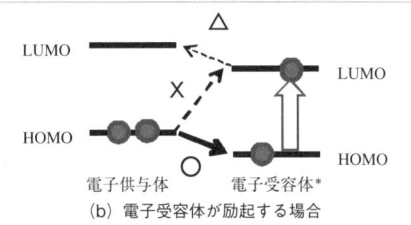

(a) $E_{HOMO} < E_{SOMO} < E_{LUMO}$
(b) $E_{LUMO} < E_{SOMO}$
(c) $E_{SOMO} < E_{HOMO}$

**図3** 分子軌道の相互作用の典型例

(a) 電子供与体が励起する場合
(b) 電子受容体が励起する場合

のSOMOと基底状態のHOMOまたはLUMOのエネルギー準位の関係に注目して3つに分類した（図2）．SOMOの準位がLUMOよりも高い場合には（図2(b)），SOMOからLUMOへの電子移動が発熱的となるのでSOMO-LUMO相互作用が起こりやすいので，フロンティア軌道としてこれらのSOMOとLUMOに注目する．SOMOの準位がHOMOよりも低い場合には（図2(c)），同様の原理でHOMOとSOMOをフロンティア軌道として注目する．SOMOの準位がHOMOとLUMOの中間に位置する場合には（図2(a)），これらの軌道の相互作用は小さく，別のSOMOの寄与を考慮する必要がある．

典型的な励起分子と基底状態分子の軌道相互作用を図3に示す．エネルギー準位が相対的に高い電子供与体（D）を励起した場合には（図3(a)），DのLUMOと電子受容体（A）のLUMOが相互作用するので，これらの分子軌道の空間的な重なり合いが大きければ反応が起こりやすい．一方，Aを励起した場合には（図3(b)）DのHOMOとAのHOMOが相互作用しやすい．これらの分子軌道は励起状態の化学反応に寄与するフロンティア軌道であることに注目すると，反応活性や選択性を議論できる．これらの軌道間相互作用に続いて，直接的な電子移動やラジカル種の生成が起こるが，具体的な中間体の構造と反応性は各論に解説されている（▶2.2⑨）．

（宇佐美久尚）

【関連項目】
▶2.1① 分子軌道とエネルギー準位／2.1② 物質の光吸収と励起状態の生成／2.1⑤ スピン励起状態／2.2⑥ イオン化ポテンシャル・電子親和力と分子のHOMO, LUMO／2.2⑨ 電子移動と電荷再結合／4.2② カルボニルの光反応

# 光化学における溶媒効果
Solvent Effect on Photochemistry

溶液中で光照射により反応を起こそうとするとき，溶媒によって反応生成物，収量に大きな違いが現れることがあるので，溶媒の選択は重要である．光化学反応に関する溶媒効果を調べるのは最終生成物に現れる効果を知りたいのはもちろんであるが，反応が複雑な場合には現象を容易に理解できないことが多い．そこで，以下では主として光化学初期過程，光物理過程が溶媒の性質によりどのような影響を受けるのかを考える．

分子が光励起により解離し，ラジカル対が生成する反応には多くのものが知られており，溶液中ではかご効果が重要になることがある．光解離直後のラジカル対（ジェミネート対）はラジカル間距離が小さく，周囲を溶媒に囲まれているため再結合を起こし，元の分子に戻る確率も高い．その結果，ラジカルが自由に動くことのできる気相と比べて解離収量が低下するのがかご効果であり，ラジカルの動きやすさ，したがって溶媒の粘度に依存する．なお，この種の研究は溶媒密度を温度と独立に，容易に変化させることのできる超臨界流体中で行われることが多く，密度がしきい値を越えたところで急激な収量の低下が観測される系もある．溶媒かごを脱出したラジカルは溶液中を拡散し，元の相手を忘れ，その再結合は二分子反応で記述できるようになる．ラジカル間相互作用の大きな場合には，過渡吸収スペクトルの測定などにより，これら2種のラジカルの挙動を追跡することもできる．

粘度の高い溶媒中では分子の動きが遅くなるので，活性化体積の大きな反応は抑制される．スチルベンの蛍光状態から起こるトランス-シス異性化はこうした例であり，蛍光寿命に顕著な溶媒粘度効果が観測される．拡散律速反応（2つの分子が接触するとただちに反応する速い反応）では $D$ を反応する2つの分子の拡散係数の和 $(D_A + D_B)$，$R$ を反応の起こる距離とすると二分子反応速度定数は $4\pi RD$ となる．したがって，Stokes の式が成り立つ場合には反応速度が溶媒粘度に反比例する．励起分子の蛍光が電子移動，あるいはエネルギー移動により消光されるときには拡散律速になることが多い．反応速度に現れる溶媒粘度効果の理論的研究は Kramers により始められたが，当時は実験技術が十分には発展していなかったため大きな進歩はみられなかった．しかし，現在では反応速度の詳細な測定，とくに光励起による超高速反応の測定が可能になり，関連した多くの研究が行われている．この理論はポテンシャルに従って運動する分子の拡散方程式を解いたもので，高粘度領域では反応速度が溶媒粘度に反比例して遅くなることが示された．一方，低粘度領域では反応速度が粘度に比例して増加し，Kramers 反転とよばれる現象が予測された．一見不思議な現象のように見えるが，低粘度領域（エネルギー拡散の領域）で溶媒粘度（摩擦）が小さくなると反応が活性化されにくくなるのは，滑ることによってエネルギーが伝わりにくくなるためである．

溶媒の極性は化学反応に重要な影響を及ぼす．「極性」が何を指すかは状況によるが，分子の極性では分子の電荷の偏り，双極子モーメントを指標とすることが多い．

一方，溶媒の極性では溶媒に電場をかけたときの応答を表す誘電率 $\varepsilon$ を指標とすることが多い．$\varepsilon$ と真空の誘電率 $\varepsilon_0$ との比を比誘電率 $\varepsilon_r$ とよぶ．単に誘電率という

ときにこの値を指すことがしばしばある．誘電率は溶媒中に浸された平行平板電極の電気容量を測定することで求めることができるが，高周波電場では分子運動が電場に追随できず，配向分極が起こりにくくなる．したがって，化学反応の溶媒効果を考えるときには誘電率が周波数に依存することに注意しなければならない．周波数が低い場合は静的誘電率 $\varepsilon_s$ とよばれる．一方，光の周波数程度では光学的誘電率 $\varepsilon_{op}$ となり，光の屈折率の 2 乗に等しい．この場合，原子核は動くことができないので電子分極のみが起こる．

極性溶媒中ではイオン，あるいは双極子モーメントをもった分子は周囲の溶媒の配向により安定化され，Born の式を用いると安定化エネルギーを評価することができる．この式は溶媒を連続誘電体と考え，球形のイオンを真空中から溶媒中に移すときの仕事により溶媒和エネルギーを評価したもので，イオンの電荷を $q$，半径を $a$ とすると式(1)となる．

$$U_{sol} = -\frac{q^2}{8\pi\varepsilon_0 a}\left(1-\frac{1}{\varepsilon_r}\right) \quad (1)$$

また，双極子モーメント $\mu$ の双極子では式(2)が得られる．

$$U_{sol} = -\frac{\mu^2}{4\pi\varepsilon_0 a^3}\left(\frac{\varepsilon_r-1}{2\varepsilon_r+1}\right) \quad (2)$$

電子励起状態と基底状態では一般に分子の性質が異なり，これらの状態の双極子モーメント $\mu_e$，$\mu_g$ に差があれば溶媒の極性に応じてスペクトルがシフトする．蛍光のストークスシフトと $\mu_e$，$\mu_g$ の関係は次の Lippert-又賀の式(3)で表され，吸収，蛍光スペクトルの溶媒効果から分子の双極子モーメントを評価することができる．

$$hc(\tilde{\nu}_a-\tilde{\nu}_f) = \frac{2(\mu_e-\mu_g)^2}{4\pi\varepsilon_0 a^3}\left(\frac{\varepsilon_r-1}{2\varepsilon_r+1}-\frac{n^2-1}{2n^2+1}\right) \quad (3)$$

ここまでは，溶媒粘度，極性のように溶質－溶媒相互作用が溶質分子の電子状態に顕著な影響を及ぼさないものを考えてきた．例えば，上式では $\mu_e$ の溶媒極性依存性を無視することが多い．しかし，溶媒効果は特異的な溶質－溶媒相互作用による溶質の電子状態変化によることも多い．例えば，三重項状態の寿命に対する重原子効果は，溶質の電子状態が溶媒に含まれる重原子により特異的な相互作用を受けることによる．原子番号の大きな原子ではスピン量子数がよい量子数ではなくなり，三重項状態から一重項状態への無放射遷移が許容になるため，重原子を含む溶媒中でりん光寿命が短くなる，あるいはりん光収量が減少する．ナフタレンのりん光収量は EPA 中では 0.55 であるが，臭化プロピル，ヨウ化プロピル中ではそれぞれ 0.13，0.03 となることが報告されている．なお，重原子効果には錯体形成が重要な役割を演じる．

水素結合も特異的な効果の 1 つである．電子移動反応について調べるとき，溶媒の極性効果を測定することはしばしば行われる．このときプロトン性溶媒と非プロトン性溶媒で異なる依存性を示すことも多く，溶媒極性だけでは十分な説明ができない．また，ベンゾフェノンの最低励起一重項状態から起こる光還元反応の収量が大きな溶媒効果を示すことはよく知られているが，反応する相手の分子が溶媒であり，溶媒効果が現れる機構は複雑である．溶媒を変えてその効果を調べるとき，特定の特性だけを独立に変化させることができず，他の特性も同時に変化することは避けがたい．比較的単純と思われる粘度効果でもこうした問題が起こるので，実験結果の解釈には十分な注意が必要である．

〔平田善則〕

【関連項目】
▶2.1⑥ 電子励起状態からの緩和現象／2.2④ 励起エネルギーの移動・伝達・拡散／2.2⑨ 電子移動と電荷再結合

2.3 励起状態の環境効果と反応──③

# 光化学における温度効果
Thermal Effect on Photochemistry

分子の電子分布は基底状態と励起電子状態では異なる．そのため，基底状態で起こらない反応が光励起によって起こる．図1にアゾベンゼンのねじれ角の変化に対する基底状態（$S_0$）と励起状態（$S_1$）のエネルギー変化を示した．アゾベンゼンのトランス体はシス体よりも安定であり，2つの異性体の間のエネルギー障壁が高いので，基底状態では高温に熱しないと異性化反応が起こらない．一方，紫外光でトランス体を励起すると，シス体への異性化反応が生じる．この反応は，$S_1$ 状態と $S_0$ 状態の円錐交差（CI：conical intersection）を経由して起こり，反応の収量は温度にほとんど依存しない．光を用いると，電子励起状態を選択して効率的な反応を起こすこともできる．

一般に，光反応は熱反応のような顕著な温度変化を示さないが，温度変化を示す現象も観測されている．2,5-ジメチルフェニルアシルエステル（2,5-dimethylphenylacyl-ester）を一重項状態に光励起後，項間交差により寿命の長い三重項状態を経由する反応においては，反応障壁が存在するため，反応速度が温度に依存する．メタノール中の2,5-ジメチルフェニルアシルエステルの光開裂反応におけるベンゾエートエステルの反応収量は，50℃では室温のおよそ3倍である．

溶液中の光反応においては，溶媒の温度が分子内振動エネルギー再分配（IVR：intramolecular vibrational energy redistribution）速度に影響を及ぼすので，温度効果が観測される．IVR は同一の電子状態において，エネルギーの大きな振動から，エネルギーの小さな振動にエネルギー移動が起こる過程である．溶液の温度が低い場合には，溶質の平均振動エネルギーが小さいので，振動励起状態の分子数が少ない．そのため，温度低下に伴って IVR 速度が小さくなる．逆に，温度が高くなると振動励起された溶質分子が増加し，IVR 速度が大きくなる．

光反応が温度変化を受ける例として，溶媒の粘性（viscosity）により，分子の構造変化が妨げられる場合が知られている．溶媒の粘性は粘度 $\eta$（単位 Pa·s）で表される．溶媒の粘度は温度に依存し，温度が低下すると，分子の回転に対して溶媒の粘性による摩擦が生じるため，粘度が増加する．同じ溶媒中の光反応においても，溶媒の粘度が温度に依存するために，温度効果が観測されることがある．高粘度の溶媒中において，溶質分子にジエチル基やフェニル基などねじれが可能な置換基が含まれる場合には，これらの置換基のねじれ運動が妨げられるので，緩和過程や光反応過程は溶媒の粘度に依存する．図2の1,5-ビス-(1-ピレニルカルボキシ)-ペンタン（1,5-

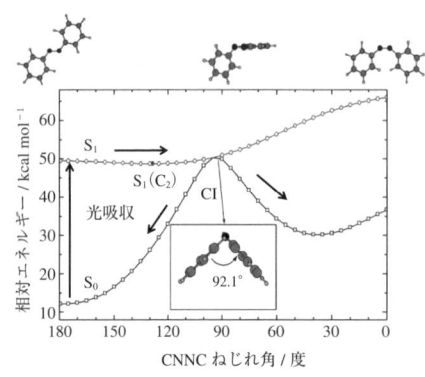

**図1** アゾベンゼンの異性化ポテンシャル曲線
(E.-W.G. Diau, *J. Phys. Chem.* **A 108**, 950 (2004) Figure 2 を改変)

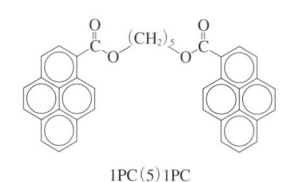

**図2** 1PC(5)1PCの構造とモノマーからエキシマーを生成する速度と溶媒の粘度との関係式 $k_a \sim \eta^{-\alpha}$ における $\alpha$ 値の温度変化.
(António L.Maçanita, Klaas A. Zachariasse *J. Phys. Chem.* **A**, **115**(15), 3183-3195(2011))の abstract の図を改変)

bis(1-pyrenylcarboxy)pentane(1PC(5)1PC))の光励起によるエキシマー生成は，顕著な溶媒の粘度効果が示された例である．1PC(5)1PC を光励起すると，$-O(CH_2)_5O-$ の多次元的な回転と 1PC の運動によって，2 個の 1PC がサンドイッチ構造をとることによりエキシマー蛍光が観測される．$n$-アルカン中の 1PC(5)1PC の単量体からエキシマーが生成する速度 $k_a$ を測定したところ，$k_a$ が $\eta^{-\alpha}$ に比例することが示された．$\alpha$ の値は温度の増加に反比例して減少している．

光反応の多くが活性化エネルギーを要しないことから，光反応過程や反応生成物の電子・幾何構造について極低温において詳細に研究することが可能である．一般に，凝縮相において観測される多原子分子の吸収スペクトルは，分子間相互作用や振動が励起された状態からの電子遷移が重なるためにブロードとなり，分子の内部状態について得られる情報が限られる．高分解能スペクトルを観測するためには，試料を極低温に冷却するとともに，分子間相互作用の影響を取り除く必要がある．低温マトリックス単離分光法と超音速ジェット分光法は，分子を極低温に冷却するとともに，溶媒分子からの分子間相互作用の影響のない状態で溶質分子の分光測定を行うために考案された．低温マトリックス単離分光法では，測定対象の分子を反応性の低い希ガスや窒素ガスなどに希釈し，極低温（4～20 K）で凍結させ，赤外・ラマン分光法，電子スピン共鳴法，メスバウアー分光法などの分光法を適用する．この分光法を用いると，安定な分子の単量体や多量体だけでなく，ラジカルやイオンなど不安定で反応性の高い化学種の分子構造や反応について調査することができる．超音速ジェット分光法では，貯気槽にある少量の分子をヘリウムやアルゴンなどの希ガスとともに直径が 100～500 $\mu$m の小さい穴（オリフィス）を通して真空槽中に噴出させると超音速自由噴流が得られる．パルスノズルを用いた典型的な超音速ジェット装置において貯気槽圧を 2～3 atm とした場合の分子の回転温度は 2～10 K，振動温度は 20～100 K 程度である．超音速自由噴流またはスキマーでこれを切り出した分子線装置とレーザーや質量分析装置を組み合わせることによって，さまざまな光反応に関する研究がなされている．

(関谷 博)

【関連項目】
▶ 2.1⑥ 電子励起状態からの緩和現象／2.2④ 励起エネルギーの移動・伝達・拡散／2.2⑦ エキシマーとエキシプレックス／3.1① 光化学反応の特徴／3.2② 異性化反応

## 2.3 励起状態の環境効果と反応——④

# 光化学における圧力効果
Pressure Effect on Photochemistry（Photophysical and Photochirogenesis）

光化学反応の特徴である励起状態，および励起状態における相互作用には，基底状態以上にさまざまな環境因子，とくに温度などエントロピー関連因子が大きく影響することが知られている．環境効果としては，温度や溶媒極性に加え，圧力が知られている．

**a. 圧力効果の原理** 主に以下の2つの効果に基づくと考えられている．

①反応出発物質と生成物との体積差（$\Delta V°$）や遷移状態・反応中間体との体積差，すなわち活性化体積（$\Delta V^{\ddagger}$）

②溶媒など反応媒体の粘性率，誘電率とその変化に伴う溶媒和などエントロピー効果

圧力変化や温度変化を伴う系での自由エネルギー変化は，体積項とエントロピー項からなる（式(1)）．

$$\Delta G = V\Delta P - S\Delta T \qquad (1)$$

すなわち，圧力一定の下では温度を変化させることによりエントロピー$S$が，温度一定の下に圧力を変化させることにより体積$V$が求まる．さらに，$\Delta G$と平衡定数$K$は，$\Delta G° = RT \ln K$（$R$は気体定数）の関係であり，温度一定条件下で平衡定数の圧力依存性（$(\partial \ln K/\partial P)_T = \Delta V°/RT$）から$\Delta V°$が求まり，①の効果の検討が可能となる．

一方，②の効果は固相反応，溶液反応とも詳細に検討されている．とくに溶液反応においては，静的溶媒効果と動的溶媒効果とよばれる2種類の効果が報告されている．高圧反応において，電荷分離によりイオン対や双極子対が生じる系は，大きな負の$\Delta V^{\ddagger}$を有し，高圧条件下では溶媒の誘電率の効果が高まる系が報告されている．一方，ラジカル再結合など，拡散律速に近い高速の化学反応では，溶媒粘度が大きく影響し，高圧条件下での粘度変化も反応制御に影響することが報告されている．さらに，実反応速度に影響する遷移状態の透過係数における粘性摩擦・誘電摩擦項に対する圧力効果なども重要な課題として研究が行われている．

**b. 光化学における圧力効果** エントロピー関連因子の励起状態や励起状態相互作用への大きな影響は，エンタルピー効果を中心に検討されている基底状態相互作用，とくに熱的反応とは異なる光反応の特徴の1つである．電子励起状態を経由する光反応では，反応温度に対する制約がほとんどなく，かつ広い温度範囲にわたり同一の反応機構で進行する系も多く，相対的に反応速度に対するエントロピー項（$T\Delta S^{\ddagger}$）の影響を議論しやすい系と考えられる．このため，励起状態相互作用においては，温度，溶媒和などに加え，$\Delta V^{\ddagger}$もエントロピー関連因子の1つとして議論されている．

熱的反応，光反応いずれにおいても，いくつかの生成物が生ずる可能性がある反応系において，各遷移状態中間体の活性化体積間で差がある場合，圧力効果が観測される．すなわち，高圧反応条件下においては，より活性化体積の小さい遷移状態中間体の生成速度が相対的に有利となり，優先して生成する確率が高まり，その結果として生成物制御，反応制御が可能となる．このため，一般的に議論される活性化エネルギー差に加え，活性化体積差（$\Delta\Delta V^{\ddagger}$）も反応（反応速度）制御法の1つとして有効な手法となりうる．一方，基底状態においてもa項で述べた①の効果により反応前後や反応生成物間で反応体積差（$\Delta V°$）が存

在する場合，高圧条件下での反応において は $\Delta V$ が小さな系が優先され，反応系に かける圧力により，反応生成物比，生成物 選択性の制御が可能となる．例えば平衡反 応系の場合，$\Delta V$ が負であれば，高圧反応 条件下では平衡が右，すなわち生成物側に 移動する．これらが一般に「圧力効果」と よばれる反応制御法である．

**c. 励起状態への圧力効果** 励起状態 に対する圧力効果は，1960年代を中心に 精力的に研究されてきた．とくに多環芳香 族化合物中心に，高圧下における蛍光，り ん光発光挙動解析による励起状態への影響 が多数報告されている．これらの影響は基 本的にa.で述べた①と②の効果に基づ き，高圧下では分子間相互作用が強まるこ とによる．例えばナフタレン結晶への圧力 効果では，高圧下でモノマー発光は減少 し，相対的にエキシマー発光の割合が高ま る．また高圧下ではCT錯体の形成が促進 されることや，吸収・発光波長の変化など 興味深い結果も報告されている．しかし， これらの圧力効果は，分子の大きさや分極 の度合，結晶かフィルム中か，フィルム中 の場合は極性か非極性か，そして圧力範囲 など種々の要因により大きくその結果・傾 向は変化することが報告されている．

**d. 光反応への圧力効果** 次に光反応 の特徴でもあるエントロピー関連因子とし ての活性化体積差を活用した，圧力による 反応（反応速度）制御法を例として紹介す る．生成物鏡像異性体間には安定化エネ ルギー差はなく，遷移状態中間体の安定エネ ルギー差により反応制御ができる不斉光化 学反応（エナンチオ区別光反応）が報告さ れている．光学活性なベンゼン（ポリ）カ ルボン酸エステルを増感剤とするシクロオ クテン（COT）の光増感不斉異性化反応

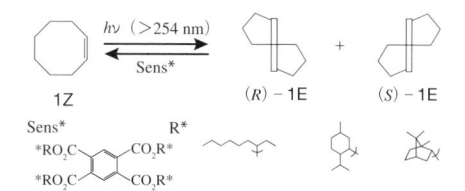

**図1** シクロオクテンの光増感不斉異性化反応

（図1）である．この $E$-$Z$ 異性化反応で， 生成する（$E$）-COT（**1E**）はキラル化合物 で，**1E** の $S$ 体および $R$ 体生成速度定数 $k_S$ ならびに $k_R$ に対する圧力効果が現れる． この反応速度に対する圧力効果は活性化体 積（$\Delta V^{\ddagger}$）に基づく．

COTの光増感 $E$-$Z$ 異性化エナンチオ区 別反応においては，基底状態における生成 物 $S$ 体と $R$ 体間には $\Delta V$ に差はないの で，反応中間体であるキラル増感剤と pro-$S$ ならびに pro-$R$ とから形成されるジ アステレオマーの関係にあるエキシプレッ クス間での，活性化体積差（$\Delta \Delta V^{\ddagger}_{S-R}$）が 圧力効果の主な原因となり，より活性化体 積の小さいエキシプレックスの生成速度が 優先される．その結果，生成する **1E** の光 学純度（ee）に圧力効果が観測される．

この速度定数比 $k_S/k_R$ の温度 $T$ における 圧力依存性は式(2)で表される．

$$\ln(k_S/k_R) = -(\Delta \Delta V^{\ddagger}/RT)_T P + C \quad (2)$$

$\Delta \Delta V^{\ddagger}$ は（$S$）-または（$R$）-**1E** を生成す る際の活性化体積差，$C$ は圧力 $P$ における $k_S/k_R$ の値である．実際にベンゼンカル ボン酸の（−）-メンチルエステルをキラル 増感剤として不斉光異性化反応が1〜4000 気圧にわたる広い圧力範囲で検討された結 果，圧力によって生成物の $R$ 体から $S$ 体 へキラリティー反転が起こるという現象が 見出された．このように圧力効果は反応制 御法の1つとして活用できる．　（和田健彦）

# 光化学における電場効果
Electric Field Effect on Photochemistry

本項では，分子と外部静電場との静電的相互作用に焦点を絞り，固体中の分子の励起状態ならびにイオン対に対する電場効果について解説する．

**a. シュタルク効果** 光吸収あるいは発光スペクトルに対する外部電場効果を一般にシュタルク効果とよぶ．この現象は，電場 ($F$) 中で原子・分子の電子状態のエネルギーが変化すること（シュタルクシフト）に由来する．エネルギー準位の変化は，分子の永久双極子モーメント ($\mu$) ならびに電場で誘起される双極子モーメント ($\mu_{ind}$) と外部電場の静電的相互作用が原因である（図1）．$\mu_{ind}$ は $F$ に比例する物理量 ($\mu_{ind} = \alpha F$) で，その比例定数 ($\alpha$) は分子分極率とよばれている．励起状態 (e) の分子分極率や双極子モーメントが基底状態 (g) と異なる ($\Delta\mu = \mu_e - \mu_g \neq 0$ あるいは $\Delta\alpha = \alpha_e - \alpha_g \neq 0$) 場合，電場によって基底状態と励起状態間のエネルギー差（吸収される光エネルギー $E$）が変化する．分子分極率は電場方向に依存しない量なので，シュタルクシフトは分子の配向に関係しない．つまり，吸収スペクトルのピークは一方向にシフトする（図1(a)）．一方，永久双極子モーメントと電場の相互作用は分子の配向に依存するため，同じ分子でも分子の向きが異なると電子状態のエネルギーが違ってくる．分子配向に依存したエネルギー分布は，吸収スペクトルの幅を広くすることになる（図1(b)）．

図2に示すように，電場中で測定した吸収スペクトルからゼロ電場の吸収スペクトルを差し引いたスペクトル（シュタルクスペクトルあるいは電場変調吸収スペクトル）を観測することでシュタルクシフトの機構を明らかにできる．分子分極率の変化 ($\Delta\alpha$) によるシュタルクスペクトルの形は吸収スペクトルの1次微分形（図2(b)）になり，永久双極子モーメントの変化 ($\Delta\mu$) によるシュタルクスペクトルは2次

**図1** シュタルク効果の概念図
(a) 誘起双極子，(b) 永久双極子による効果

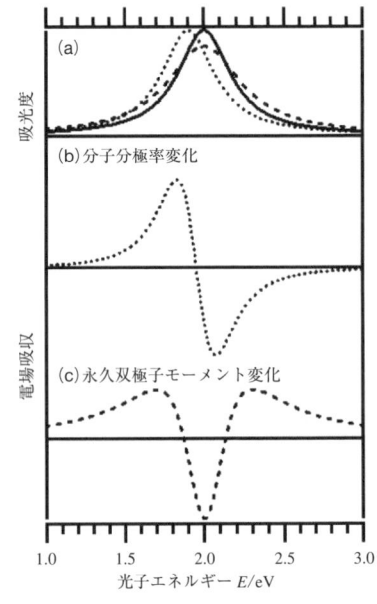

**図2** 吸収(a)ならびにシュタルクスペクトル(b, c)．点線および破線のスペクトルは分子分極率変化および永久双極子モーメント変化に起因したスペクトル．

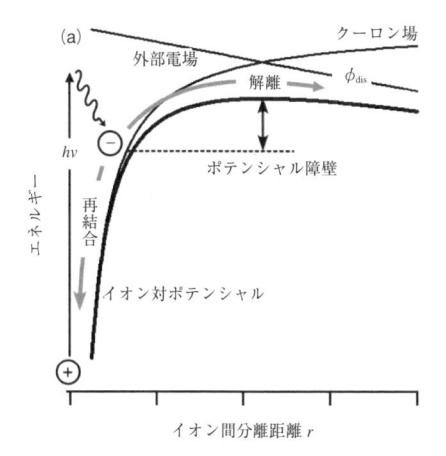

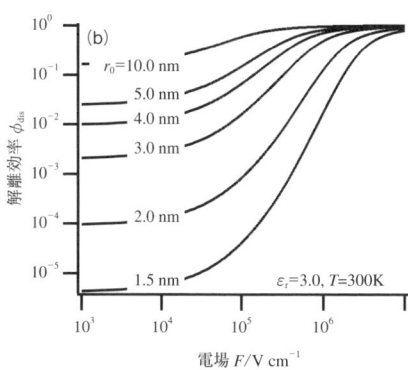

図3 (a)イオン対ポテンシャルに対する電場効果と(b)解離収率の電場効果のイオン間距離($r_0$)依存性.

微分形(図2(c))になる. すなわち, シュタルクスペクトルにおける1次微分および2次微分成分の割合から, $\Delta\alpha$ および $\Delta\mu$ を見積もることができ, 励起状態の電子構造に関する重要な知見が得られる.

**b. オンサーガー効果**　イオン対からイオンを生成する過程における外部電場効果をオンサーガー効果とよぶ. 中性分子の励起状態が起こす分子間電子移動は, 正イオン分子と負イオン分子を生成する. 生成したイオン分子は, 互いに反対の電荷を有するため, クーロン相互作用で弱く結合しているイオン対(電荷分離状態)を形成する(図3(a)). イオン対は, 解離して自由なイオンとなるか, 再結合(逆電子移動)で中性分子に戻る. 外部電場中では, イオン電荷と電場の静電的相互作用によってイオン対のクーロンポテンシャルが変形する. クーロン引力が働いているイオン対にとって, ポテンシャルの変形は分離に必要なエネルギー(ポテンシャル障壁)を低くすることになる. そのため, 電場を印加するとイオン対の解離収率($\phi_{dis}$)は一般に増加する.

温度($T$) 300 K で比誘電率($\varepsilon_r$) 3.0 の固体中に生成したイオン対の $\phi_{dis}$ について, オンサーガー理論で計算された電場効果を図3(b)に示した. オンサーガー理論では, イオン対は熱エネルギー($k_BT$: $k_B$ はボルツマン定数)でポテンシャル障壁を越えて解離すると考えるので, 一定の温度中では, 電場が大きくなると $\phi_{dis}$ は単調に増加する. また, $10^4 \sim 10^6$ V cm$^{-1}$ の電場で急激に変化し, $10^7$ V cm$^{-1}$ でほぼ1となる. これは, 強電場中でほとんどのイオン対が完全解離することを意味する. また, $\phi_{dis}$ の電場効果は, 光生成直後のイオン対におけるイオン間距離($r_0$)に著しく依存する. $r_0$ が長くなると $\phi_{dis}$ は大きくなり, 電場効果が小さくなる. これは, $r_0$ が長いとイオン対エネルギーが高くなり, ポテンシャル障壁が減少するからである. また, 温度が高くなるとポテンシャル障壁を越えることができるイオン対の数が増えるので, $\phi_{dis}$ は増加する. 光生成イオン量の電場効果を詳細に測定することで, イオン対の動力学的知見を得ることができる.

(生駒忠昭)

【関連項目】

▶2.1① 分子軌道とエネルギー準位／2.1② 物質の光吸収と励起状態の生成／2.1③ 電子遷移と遷移双極子モーメント／2.3⑥ 光化学における磁場効果／5.2③ 光導電性とは

# 光化学における磁場効果
Magnetic Field Effect on Photochemical Reaction

光誘起電子移動反応・光水素引き抜き反応・光分解反応などの反応では，大きな磁場効果が観測され，ラジカル対機構（radical pair mechanism）により説明される．これらの反応では2つのラジカルが対となって生成する．この短寿命反応中間体をラジカル対（radical pair）とよぶ．ラジカル対には一重項状態（S）と三重項状態（T）の2つの電子スピン状態がある．ラジカル対を経由する反応初期過程を図1に示す．スピン保存則に基づき，励起一重項状態からの反応により一重項ラジカル対 $^1$(A･･B) が，励起三重項状態からの反応により三重項ラジカル対 $^3$(A･･B) が生成する．まずラジカル間距離の短いラジカル対（近接ラジカル対）ができ，拡散により次第に離れて，ラジカル間距離の長い遠隔ラジカル対となる．さらに離れてラジカル間に磁気的相互作用のない散逸ラジカル（フリーラジカル）となり，最終的には，散逸生成物となる．ラジカル対のSとTのエネルギー差は，交換相互作用（$2J$）により決まり，ラジカル間距離に対し指数関数的に減少する．近接ラジカル対では $|2J|$ が大きく，SとT間の項間交差は起こらない．ラジカル間距離が1nm程度の遠隔ラジカル対になると $2J \approx 0$ となり，ラジカル対のS-T項間交差が起こる．また，一重項近接ラジカル対は再結合して基底一重項状態のかご生成物をつくることができるが，三重項近接ラジカル対はスピン多重度が異なるため，かご生成物をつくることができない．

例えば，励起三重項状態から反応が起こったとすると，一部は三重項遠隔ラジカル対のところで一重項遠隔ラジカル対へ項間交差し，2つのラジカルが再接近して一重項近接ラジカル対となり，再結合してかご生成物となる．また，一部は拡散して散逸ラジカルになる．

では，磁場効果の仕組みを簡単に説明しよう．ラジカル対のスピン状態をベクトルモデルにより表すと図2(a)のようになる．電子スピンには $\alpha$ と $\beta$ の2つのスピ

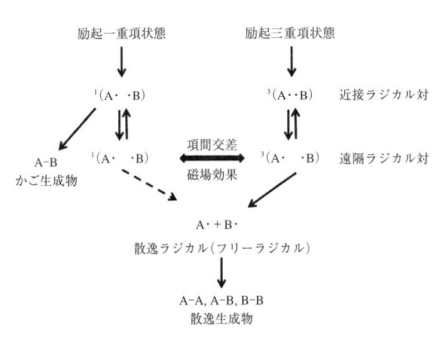

図1 ラジカル対の関与する反応初期過程

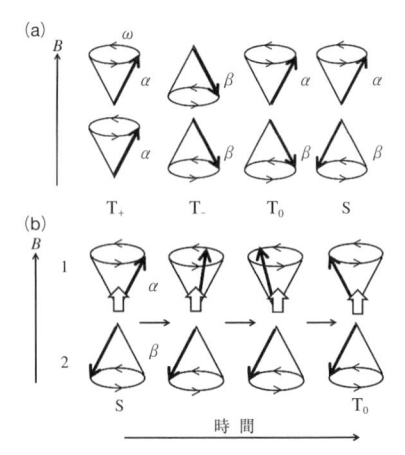

図2 (a) ベクトルモデルによるラジカル対のスピン状態．↑は $\alpha$ スピンを，↓は $\beta$ スピンを表す．(b) S-$T_0$ 項間交差．⇨は核スピンによる内部磁場．

ン状態があり，磁場中でラーモア歳差運動をしている．図に示すように，ラジカル対のとりうるスピン状態は4つある．$T_0$では，2つのスピンが同位相で歳差運動しているが，Sでは逆位相で歳差運動している．磁気モーメントをもつ状態が$T_+$，$T_-$，$T_0$の3つあり，三重項状態（T）という．一方，磁気モーメントをもたない状態が1つあり，一重項状態（S）という．S-T項間交差は，$2J ≈ 0$の遠隔ラジカル対で起こり，磁場はこの項間交差に作用する．ここでは，ラジカル対機構による磁場効果の中の超微細相互作用（hfc : hyper fine coupling）機構による磁場効果について説明する．

有機ラジカル中の電子スピンの歳差運動の角速度$\omega$は，$\omega = g\beta(B_{in} + B_{ex})$で表される．ここで，$g$は電子スピンの$g$値，$\beta$はボーア磁子（定数），$B_{in}$は核スピンによる内部磁場（hfcによる磁場），$B_{ex}$は外部磁場である．ほとんどの有機ラジカルは水素原子をもち，$B_{in} \neq 0$である．簡単のため，ラジカル対をつくっている2つのラジカルの$g$値は等しく（$g_1 = g_2 = g$），ラジカル1は$B_{in}(1) \neq 0$，ラジカル2は$B_{in}(2) = 0$の場合を考えてみる（図2(b)）．この場合，2つのスピンの角速度の差$\Delta\omega$は，外部磁場がないとき，$\Delta\omega = \omega_1 - \omega_2 = g\beta B_{in}(1)$となる．ラジカル1のスピンは，ラジカル2より速い速度で歳差運動し，時間とともに2つのラジカルの歳差運動の位相にずれが生じる．例えば，初めにSであったラジカル対は時間の経過とともに$T_0$に移り，さらに時間が経過するとまたSに戻る．このような内部磁場による項間交差はSと$T_+$，$T_-$の間でも起こる．すなわち，図3(a)に示すように，磁場がないときSと3つの三重項（$T_+$，$T_0$，$T_-$）の間で項間交差が起こる．磁場を印加すると，ゼーマン分裂によりSと$T_+$，$T_-$の間の縮重がとけ，S-$T_+$，S-$T_-$項間交差が抑制される（図3(b)）．

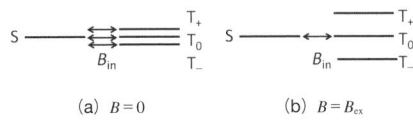

**図3** hfc機構による磁場効果

例えば，励起三重項状態から反応した場合，磁場の印加によりかご生成物の収量は減少し，逆に散逸生成物の収量が増加することになる．

hfc機構による項間交差速度$k_{isc}$は，hfc定数から見積もることができる．有機ラジカルの場合，$B_{in}$は0.001〜0.01 T（テスラ）であり，$k_{isc} = 10^8 \sim 10^9 \, s^{-1}$となる．hfc機構による磁場効果は，0.01 T程度の弱い磁場で十分観察される．

ここではhfc機構による磁場効果を紹介したが，その他，$\Delta g$機構や緩和機構による磁場効果があり，$k_{isc}$が磁場の印加により遅くなったり，速くなったりする．

大きな磁場効果が起こるためには，項間交差の起こる$2J ≈ 0$の遠隔ラジカル対の状態にラジカル対を長時間留めておくことが重要である．ミセルにラジカル対を閉じ込める方法，ラジカルをメチレン鎖両末端につなぎとめる方法などがある．

磁場効果が励起状態のスピン状態に依存すること，磁場効果の大きさが溶媒の粘度などラジカル対のおかれた環境に依存することから，磁場効果をプローブとして用い，反応機構を解明したり，ラジカル対のおかれているミクロ環境を調べたりすることもできる．また，渡り鳥のナビゲーションにラジカル対機構による磁場効果が使われているという説があり，現在盛んに研究が行われている．

（谷本能文）

**【関連項目】**
▶ 2.1④ 電子励起状態の種類／2.1⑤ スピン励起状態／3.2③ 結合解離反応／9.2⑫ 電子スピン共鳴法

# 光化学における濃度効果
Concentration Effect on Photochemical Process

光化学プロセスでは，大まかに光吸収過程そのもの，および試料（色素）間の相互作用に対して濃度効果がみられる．

試料に照射された光は，試料により吸収されて減衰しながら内部へ進む．よって，色素濃度が高く吸光度が高くなると，光は試料内部まで到達できず，試料表面近傍のみが励起されることとなる．また，吸収と発光スペクトルが重なる場合，試料内部からの発光は試料自身により吸収される（内部フィルター効果）．そのため発光・励起スペクトル測定時には，発光強度が低下するだけでなく，スペクトル形状も影響を受ける場合があるので注意を要する．したがって，吸収スペクトルの測定では試料の吸光度が1を超えないように，また蛍光スペクトルや蛍光寿命の測定では，試料の吸光度を0.1以下に抑えることが求められる．光反応を行う場合，溶液試料であれば撹拌により試料全体を反応させることができる．また，逆にすべての光を吸収する条件にすることにより，光反応量から入射光量を求める光量計として利用することもできる．固体試料については，微細化し，適当な媒体に分散させるなどの工夫を要する．

色素間の相互作用については，濃度効果を励起前の基底状態と基底状態，励起状態と基底状態，および励起状態と励起状態にある分子間に働く相互作用に分類して考える必要がある．また，光励起状態は有限の寿命を有するため，その寿命内に相互作用しうるかどうかが鍵となる．したがって，溶液中では拡散との競合になる．固体や高分子系では分散状態やミクロな運動性を考慮する必要がある．以下，後者について概説する．

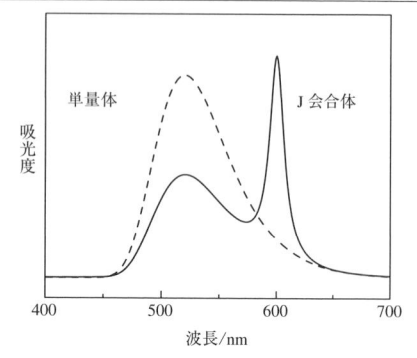

**図1** J会合体の吸収スペクトル例

### a. 基底状態にある分子間の相互作用

希薄な色素溶液の吸光度は，ランベルト・ベール（Lambert-Beer）則に従い濃度に比例するが，濃度が高くなると長波長側に新たな吸収バンドが生じる場合がある．これは基底状態にある色素分子間で会合が起こり，生じた会合体の電子状態が会合前と変化するために起こる（▶2.2⑧項）．

$$A \xrightarrow{h\nu} A^*$$
$$A + A \rightarrow (A\cdots A) \xrightarrow{h\nu} (A\cdots A)^*$$

同種の2分子間で形成する二量体（$A_2$）だけでなく，電荷移動錯体（$A^+B^-$，▶2.2⑧項）のように異なる分子間で形成する例も多い．また，これら二量体形成による吸収波長で励起することにより，二量体の励起状態を直接生成でき，2分子反応でありながら分子内反応のように扱えることもある．平面的な分子構造をもち，分極している分子は二量体以上の高次会合体を形成することがある．例えば，光記録材料として用いられてきたシアニン色素類は，色素分子が遷移双極子を揃えて規則正しく配列した会合体を形成する（A$n$，J会合体）．そのため長波長シフトした先鋭な吸収スペク

トルを示すとともに，その励起状態は1分子に局在化することなく分子から分子へ伝搬して非局在化し（励起子状態），1分子とは異なる光物性を示す．

**b. 励起状態と基底状態にある分子間の相互作用**　発光性色素の発光強度は，希薄溶液ではその濃度に比例して大きくなるが，濃度を高くすると基底状態間で相互作用がなくとも発光強度が弱くなる，あるいは新たな発光が出現する場合がある．これは励起された色素と基底状態にある色素分子間で相互作用が生じたためであり，前者は濃度消光（自己消光），後者は励起状態における会合体生成（エキシマー，▶2.2⑦項）による．

$$A^* + A \rightarrow (A\cdots A)^*$$
$$\rightarrow A + A + エキシマー発光$$

また，系中に適当な物質Qが存在すると，励起状態から基底状態にあるQへ励起エネルギー移動，または電子移動が起こる（▶2.2④，2.2⑨項）．

$$A^* + Q \rightarrow A + Q^* \quad または \quad A^{\pm} + Q^{\mp}$$

これらのように，光励起された分子は吸収した光エネルギーだけ活性が高く，基底状態間ではなかった相互作用が発現する．

結晶などの固体，高次会合体，デンドリマー，あるいは高分子側鎖に導入された色素など，色素の密度が高く色素間の距離が近接しているような場合，励起エネルギー移動もしくは電子移動が次から次へと伝搬するホッピング現象が観測される．

$$AAA^*AAA \rightarrow$$
$$AAAA^*AA \rightarrow$$
$$AAAAA^*A \rightarrow \cdots$$

$$DDADDD + h\nu \rightarrow$$
$$DDA^-D^+DD \rightarrow$$
$$DDA^-DD^+D \rightarrow \cdots$$

これらは分子運動や分子拡散が制限されている固体材料において，励起エネルギーの捕集や電荷の輸送を行う上できわめて重要な役割を担っており，とくに光電気伝導性を利用する光機能材料の設計において重要であることから，電荷分離および伝導メカニズムについて多くの研究がなされてきた．

**c. 励起状態にある分子間の相互作用**

励起光強度を強くすると励起される色素分子数も多くなり，発光強度が増加する．前項で述べたような色素密度が高い系では，励起状態にある色素分子の増加（励起密度の増加）は励起状態間の相互作用を誘起し，結果，発光強度が減少することがある．励起一重項間では一重項—一重項消滅（singlet-singlet annihilation, S-S 消滅）が起こり，蛍光強度の低下および蛍光減衰が速くなる．

$$S_1 + S_1 \rightarrow S_0 + S_n$$

一重項は寿命が短く，その寿命内に他の励起分子と相互作用する必要があるため，S-S 消滅は高密度励起を必要とし，高い色素密度試料をレーザー励起して観測される．一重項に対して寿命の長い三重項状態では，三重項—三重項消滅（triplet-triplet annihilation, T-T 消滅）が比較的起こりやすい．

$$T_1 + T_1 \rightarrow S_0 + S_1$$

T-T 消滅では，三重項を経て励起一重項が生成するため，りん光強度の減少と時間的に遅れて生じた一重項からの蛍光（遅延蛍光）が観測される．

〔金　幸夫〕

【関連項目】
▶2.2② 長寿命発光／2.2③ 蛍光量子収率，蛍光寿命と蛍光消光／2.2④ 励起エネルギーの移動・伝達・拡散／2.2⑦ エキシマーとエキシプレックス／2.2⑧ 電子供与体・受容体と電荷移動錯体／2.2⑨ 電子移動と電荷再結合

## 2.3 励起状態の環境効果と反応——⑧

# 赤外光化学
Infrared Photochemistry

可視光や紫外光を照射すると電子励起状態が生成する（▶2.1④項）のに対し，赤外光を照射すると振動励起状態が生成する．赤外光は可視光や紫外光に比べてエネルギーが低いが（▶1①，1②項），赤外光を照射して起こるのが赤外光化学である．赤外光化学の最初の例は，77 K窒素マトリックス中のHONOに3650〜3200 cm$^{-1}$の赤外光を照射して起こるシス-トランス異性化反応で，1963年に報告された．その後，低温固体マトリックス中の分子のさまざまな赤外光化学反応が報告された．振動基底状態（$v=0$）に比較して振動励起状態（$v=n$, $n>1$）の分子の反応が速いことが見出された．

数十〜数百 Torrの気体試料に連続発振 $CO_2$レーザーを照射すると，赤外光化学反応が起こり，熱反応では説明できない特有の生成物が得られる．赤外1光子励起により生成した$v=1$の分子どうしの衝突によって高振動励起状態（$v=m$, $m>2$）が生成し，$v=m$の緩和よりも速く反応が起こる．

分子を多数の赤外光で多段階励起（赤外多光子励起，IRMPE）すると，結合解離に必要以上のエネルギーをもつ$v=m$が生成し，結合解離が起こる（赤外多光子解離，IRMPD）．パルス発振$CO_2$レーザーでは幅100 ns，エネルギー1 Jのような高強度パルス光が得られ，レンズで集光すれば焦点近傍の赤外光子密度は1 GW cm$^{-2}$程度となる．そこで分子は数十個もの赤外光を吸収して（赤外多光子吸収，IRMPA），多段階励起される結果$v=m$となり，赤外多光子解離が起こる．この赤外多光子解離において，励起される結合が選択的に解離するかどうかについて検討された．$v=m$では振動状態の密度が高く分子内振動緩和が速く起こるため，励起する結合を変えても分子内の最も弱い結合が解離し，結合選択的赤外多光子解離は実現されていない．しかしながら，熱反応とは異なった赤外多光子解離特有の反応や，赤外多光子解離によるナノ粒子，ナノ薄膜などの作成法も見出された．

赤外多光子解離の特筆すべき応用は同位体分離（濃縮）である．数Torrの気体試料（作業物質）に，特定の同位体を含む分子の赤外吸収の振動に合わせた振動数の高強度パルス$CO_2$レーザーを照射すると，同位体選択的赤外多光子励起によって同位体選択的赤外多光子解離が起こり，生成物あるいは作業物質に，同位体が濃縮される．これが赤外レーザー同位体分離（LIS）であり，作業物質に分子を使用するので分子法同位体分離ともよばれ，数多くの同位体が分離できる．振動数$\nu$のレーザー照射によって，$^{j}A$同位体を含む分子の選択的赤外多光子励起とそれに引き続く赤外多光子解離が起こり，生成物に$^{j}A$が分離されることを示す．一方，$^{i}A$を含む分子の振動数$\nu$のレーザーの場合$^{i}A$が分離される（図1）．振動数の差$\nu-\nu'$が同位体シフト（$\Delta\nu$）で，$\Delta\nu$が大きいほど分離は容易である．作業物質中の天然同位体比（$R$）とレーザー照射後の生成物あるいは作業物質中の$R$の割合を同位体濃縮係数$\beta$とよび，同位体濃縮の程度を表す．$\beta$が大きいほど選択的な同位体分離を示す．

赤外多光子励起，赤外多光子解離による$^{10}$Bと$^{11}$Bの同位体分離が1974年に初めて報告された．$BCl_3$のB-Cl結合の$\Delta\nu$が39 cm$^{-1}$で，$^{10}BCl_3$の振動数のレーザーを照射すると生成物$BCl_2$には$^{10}$Bが，$BCl_3$には$^{11}$Bが分離される（天然の同位体比は$^{10}$B : $^{11}$B = 19.6〜19.8 : 80.2〜80.4，レーザー

照射後は $^{10}B:^{11}B=39:61$, $^{10}B/^{11}B$ の $\beta=2$).

水素の天然の同位体比は $H:D:T=99.985:0.015:\sim 0$ である．原子炉での排水処理において，水に含まれる D, T を作業物質の H と交換して作業物質を D, T 化する同位体交換反応，D, T 化した作業物質のみの D, T 選択的反応による生成物中への D, T 濃縮，$D_2O, T_2O$ への化学変換後，作業物質からの分離が行われる．このうち，D, T 化した作業物質の D, T 選択的反応として同位体選択的赤外多光子解離が検討された．$CHF_3$ と $CDF_3$ の混合物を作業物質とし，D 選択的赤外多光子解離を行うと DF と $CF_2$ が生成する（D/H の $\beta=2\times 10^4$）．同様に，$CHF_3$ と $CTF_3$ の混合物を作業物質とし，T 選択的赤外多光子解離によって TF と $CF_2$ が生成する（T/H の $\beta=10^4$）．

$CF_3X$（X=Cl, Br, I）を作業物質とし，$^{13}C$ 選択的赤外多光子解離を行うと X と $CF_3$ が生成し，$CF_3$ は二量化して $C_2F_6$ 生成物となる（天然の同位体比は $^{12}C:^{13}C=98.9:1.1$，レーザー照射後 $C_2F_6$ 中は $^{13}C/^{12}C$ の $\beta=10^3$）．

O の天然の同位体比は $^{16}O:^{18}O=99.8:0.2$ であるが，$(CH_3)_2CHOCH(CH_3)_2$ の C-O-C 結合の $\Delta\nu$ は 24 cm$^{-1}$ で，$^{18}O$ 選択的赤外多光子解離により $(CH_3)_2CHO$ と $CH(CH_3)_2$ が生成し，酸素含有生成物 $CH_3CHO$ 中に $^{18}O$ が濃縮された（$^{16}O:^{18}O=59:41$，$^{18}O/^{16}O$ の $\beta=350$）．

$^{32}SF_6$ と $^{34}SF_6$ の S-F 結合の $\Delta\nu$ は 17 cm$^{-1}$ で，$^{32}SF_6$ の振動に合わせたレーザー照射により $^{32}SF_6$ 選択的赤外多光子解離が起こり，$^{32}SF_4$ が生成し，$SF_6$ 中には $^{34}S$ が濃縮される（天然の同位体比は $^{32}S:^{34}S=95.0:4.22$，レーザー照射後 $^{34}S:^{32}S=77:34$，$^{32}S/^{34}S$ の $\beta=8$）．

Si の天然の同位体比は $^{28}Si:^{29}Si:^{30}Si=92.18:4.71:3.12$ であるが，$Si_2F_6$ の Si 選択的赤外多光子解離を行うと $SiF_2$ と $SiF_4$ が生成し，生成物や $Si_2F_6$ に大きな $\beta$ で Si 同位体が濃縮される．この同位体分離で $^{30}Si$ が濃縮された化合物が製造され，実際に基礎研究の実験に使用された．これは，同位体分離が実験レベルの結果に留まらず，実際に同位体濃縮された物質を製造できる方法であることを示す．

U の天然の同位体比は $^{235}U:^{238}U=0.72:99.27$ であるが，$^{235}U$ を 3% に濃縮すると原子力発電用の核燃料となる．アメリカでは 1970 年台から 1980 年初めに同位体分離による核燃料 U の製造が検討された．U 原子と紫外レーザーを利用する原子法と，$UF_6$ と赤外レーザーを使用する分子法があり，分子法では $^{235}U$ 選択的赤外多光子解離が起こる．U-F 結合の $\Delta\nu$ を利用して，波長 16 μm 付近の赤外パルスレーザーを $UF_6$ に照射し，$^{235}U$ 選択赤外多光子励起を行い，続いて強力な赤外レーザー，または紫外レーザーを照射し，U-F 結合が解離して $^{235}U$ が濃縮された固体の $UF_5$ が生成し，分離することができる．なお，使用する $UF_6$ は，超音速ジェットを利用した冷却膨張により数十～数百 K の過冷却状態にすることが必要である．レーザーウラン濃縮分子法は日本でも実証研究が行われ，大きな $\beta$ が報告されている． （真嶋哲朗）

**【関連項目】**

▶1① 光の性質／1② 光と色とスペクトル／2.1④ 電子励起状態の種類

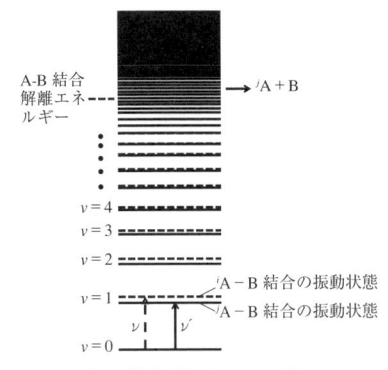

図1 $^iA$ 同位体選択的 IRMPE と IRMPD

## 2.4 分子と偏光性——①

# 分子配向と複屈折・二色性
Molecular Orientation and Birefringence/Dichroism

透明な方解石の結晶板を用紙の上に置いて，用紙に書かれた文字を見ると文字が二重に見える．これは方解石に入射した光線が互いに振動方向の直交した2つの直線偏光に分かれ，結晶の屈折率が直線偏光の振動方向によって異なるため，それらの光線は2つに分離され，それぞれ異なる経路を通ることによる．このような現象を複屈折(birefringence)といい，光の偏光方向によって屈折率が異なるような媒体を光線が通過する際に観測される（▶1⑤，1⑥項）．

屈折率 $n$ は，真空中を進む光の速度 $c$ と媒体中を進む光の速度 $v$ の比 $n=c/v$ と定義されている．光と媒体物質との相互作用（より正確には，光の電場 $E$ により物質に電子の分極 $P$ が誘起されることによる）により媒体中を進む光の速度は，真空中を進む光の速度よりも遅くなるため屈折率は大きくなる．この相互作用の大きさは物質を構成する原子や分子の分極率により決まるが，物質全体としての屈折率はそれらの原子・分子の空間的な集合状態に依存している．方解石のように原子の配列が異方的な結晶中では，光の偏光方向によって屈折率が異なるため文字が二重に見える．このように複屈折性の物質では，その屈折率は光の入射方向と偏光方向により異なることになる．

屈折率の大きさを立体的に表示する方法として屈折率楕円体（図1）が用いられる．屈折率の大きさを中心からの距離で表すと，等方的な物質では球になるが，ある方向に屈折率が大きくなる物質では長軸と短軸をもつラグビーボールのような楕円体となり，逆に一軸方向の屈折率が小さい物質では扁平な楕円体となる．

複屈折現象は高分子においても観測され

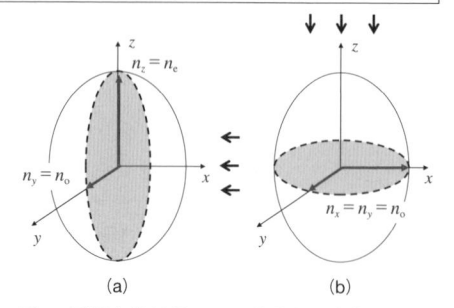

**図1** 屈折率楕円体による光学的異方性の表現．(a)右横方向($x$軸方向)から入射した光では，縦方向($z$軸方向)に偏光した光の屈折率は $n_z$ になり，水平方向($y$軸方向)に偏光した光の屈折率は $n_y$ となる．(b)上縦方向($z$軸方向)から光が入射すると，$x$軸方向の偏光も $y$ 軸方向の偏光も同じ屈折率，$n_x=n_o$ となり，見かけ上複屈折を示さないことから正常光線とよばれる．一方，(a)の場合の $n_z$ は $n_o$ より大きく($n_o<n_z=n_e$)となり屈折異常が起こるため異常光線とよばれる．

る．鎖状高分子を構成する繰り返し単位（モノマーユニット）は大なり小なり分極性をもつことから1つの屈折率楕円体とみなすことができる．完全な非晶質固体中では，鎖状高分子は糸まり状になり絡み合った状態であると考えられ，全体としては，モノマーユニット（屈折率楕円体）はランダムに配向しており，その分極率の異方性は互いに打ち消されるため，高分子は1つの屈折率をもつ等方性物質である．しかし，延伸して鎖状高分子を一方向に配向させると分極率の異方性が完全には打ち消されなくなり，屈折率に異方性が生じ，その結果複屈折性が現れる（図2）．このようにして生じる複屈折を配向複屈折(orientational birefringence)といい，配向複屈折(値) $\Delta n$ は次式で表される．

$$\Delta n = n_\parallel - n_\perp$$

ここで $n_\parallel$ は光の偏光の方向が鎖の配向

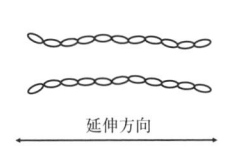

**図2** 鎖状高分子の無定形状態と配向状態．モノマーユニットを楕円で表し，その分極率の大きい方向を長軸方向で表している．

方向に平行な直線偏光に対する屈折率，$n_\perp$は配向方向に垂直な直線偏光に対する屈折率である．ポリカーボネートやポリエチレンテレフタレートをはじめ多くの高分子は正の複屈折性（$\Delta n > 0$）を示すが，ポリスチレンなど負の複屈折性（$\Delta n < 0$）を示すものもある．

図3に例示したように，複屈折性高分子フィルムに紙面奥から手前に向けて，偏光方向が$45°$の直線偏光が入射すると，鎖の配向により生じた最も屈折率の高い方向とそれと直交する方向の2つの直線偏光に分かれて屈折率の異なる媒体中を進む．出射するときには2つの直線偏光には位相差$\delta$が生じる．フィルム中を通過した2つの直線偏光を合成すると，出射光はその位相差により直線偏光（$\delta = n\lambda/2$），楕円偏光，円偏光（$\delta = (2n+1)\lambda/4$）となる．この原理を用いて複屈折板がつくられている（▶1⑥項）．

偏光をつくる光学フィルターの1つに二色性膜偏光板がある．これは二色性色素を吸着配向させた一軸延伸ポリビニルアルコールなどでつくられている．二色性物質とは光の吸収異方性をもつ物質で，吸収異方性は二色比$D = A_\parallel / A_\perp$（$A$：吸光度）で表され，この値が可視光領域で大きなものが用いられる．光の吸収の強さは基底状態から励起状態への遷移モーメントの2乗に比例する．電子遷移モーメントは電子の軌道の対称性と関係しているため吸収異方性が生じる．ヨウ素や二色性有機色素などの二色性物質を吸着させたのち延伸して二色性物質を一方向に配向させた高分子フィルムでは，延伸方向とそれに垂直な方向で光の吸収の強さが異なるため直線偏光を得ることができる（▶2.1③項）．

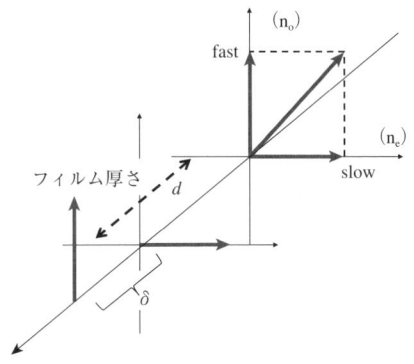

**図3** 厚さ$d$の複屈折性フィルムの中を通過した直線偏光に生じる位相差$\delta$

高分子の配向複屈折性は，熱可塑性高分子の射出成形などによる通常の加工操作によっても現れるため，偏光を利用する光学部品の製作には複屈折の制御が重要である．レンズや保護フィルムなどの用途ではできるだけ複屈折を低減することが求められる．一方，液晶ディスプレイに用いられる位相差フィルムは液晶そのものがもつ複屈折を補償するために高分子鎖の配向を制御して複屈折を付与されている（▶5.2①項）．

なお，等方性物質は通常，複屈折現象を示さないが，ある方向に力が加えられたり，電場の中に置かれた場合にも複屈折性が生じることがある．　　　　〔岩井　薫〕

【関連項目】
▶1⑤ 光の屈折・反射・干渉・回折／1⑥ 直線偏光と円偏光／2.1③ 電子遷移と遷移双極子モーメント／2.4② 偏光解消と分子運動／2.4③ 液晶の光学特性／5.2① 液晶配向による光スイッチ

## 偏光解消と分子運動
Fluorescence Depolarization and Molecular Motion

ランダムな向きに分散している一群の色素に線偏光を照射すると，吸収の遷移双極子モーメント（▶2.1③，2.4①項）が線偏光の電場ベクトル $E$ と同じ方向を向く色素が優先的に励起される（光選択）．したがって，励起された色素の遷移モーメントの角度分布は異方的であり，そのとき色素が発する蛍光は，励起光の電場ベクトルの向きに偏光している．しかし，分子運動などにより，励起状態の寿命の間に発光の遷移双極子モーメントが角度変化をすると，励起時の方位記録が失われ，蛍光の偏光性が低下することになる．この現象を蛍光の偏光解消（fluorescence depolarization）とよぶ（図1）．

蛍光偏光の程度を表す異方性比（anisotropy ratio）$r$，あるいは偏光度（degree of polarization）$p$ は次式で定義される．

$$r = \frac{I_{VV} - I_{VH}}{I_{VV} + 2I_{VH}}, \quad p = \frac{I_{VV} - I_{VH}}{I_{VV} + I_{VH}} \quad (1)$$

図2に実験系を示したように，$I_{VV}$ および $I_{VH}$ は，試料を垂直な偏光（$E_V$）で励起したとき，垂直および水平方向の偏光子を通して観測される蛍光強度を表す．

偏光解消の主な原因には，分子運動，分子間で起こる励起エネルギー移動，および蛍光分子そのものの吸収遷移モーメントと発光遷移モーメントとが一致していないことなどが考えられる．

分子運動が偏光解消の原因であるとき，蛍光偏光異方性の測定により分子運動の緩和時間を通して分子のサイズ，形，媒体の粘度などミクロな動的情報が得られる．また，色素分子を蛍光プローブとして，酵素や生体高分子，合成高分子に結合すると，それらの分子全体の，あるいは局所のミクロな動的情報が得られる．

光の吸収から蛍光発光に至る一連の現象は，ナノ秒（$10^{-9}$ s）程度で起こる高速現象なので，蛍光偏光解消もこのような分子の世界で起こる高速の分子運動を反映している．いま，定常光で励起し，式(1)により観測される時間に依存しない蛍光異方性比を $r$ とする．一方，パルス光で蛍光分子を励起してから時々刻々，偏光解消していく時間依存の蛍光異方性比を $r(t)$ とする．

$$r(t) = \frac{I_{VV}(t) - I_{VH}(t)}{I_{VV}(t) + 2I_{VH}(t)} \quad (2)$$

簡単のために，球形分子を仮定し，その $r(t)$ の時間依存性から $r$ がもつ意味を導いてみる．球状分子の $r(t)$ は，回転運動の緩和時間を $\tau_c$ とすると，

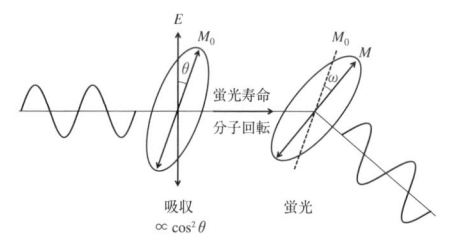

**図1** 遷移双極子モーメントの時間的な動きと蛍光の解消．$M$ は遷移モーメント（吸収軸と発光軸が一致しているとき），$M_0$ は $t=0$ における $M$，$\theta$ は励起光ベクトルと $M_0$ とのなす角，$\omega$ は励起寿命中の回転角を表す．

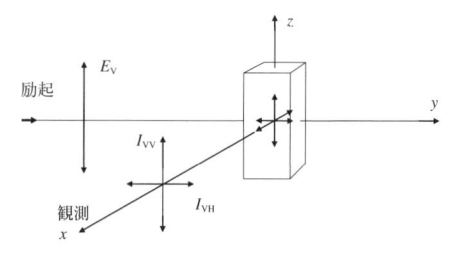

**図2** 蛍光偏光を測定する光学系

$$r(t) = r_0 \exp\left(\frac{-t}{\tau_c}\right) \qquad (3)$$

で表される．ここで，$r_0$ は $t=0$ での極限異方性比である．回転緩和時間 $\tau_c$ は，

$$\tau_c = \frac{V\eta}{RT} = (6D_r)^{-1} \qquad (4)$$

で与えられる．$V$ は球形分子の水力学的体積，$\eta$ は媒体の粘度，$T$ は絶対温度，$R$ は気体定数，$D_r$ は回転拡散係数である．

定常光測定で得られる蛍光異方性比 $r$ は，蛍光分子が発光するまでの全時間で発光強度の重みを $r(t)$ に付けて積分することで得られるので，

$$r = \frac{\int_0^\infty r(t) I(t)\, dt}{\int_0^\infty I(t)\, dt} \qquad (5)$$

で表され，式(3)を式(5)に代入すると，蛍光分子の励起寿命が $\tau$ であるときには，

$$r = \frac{r_0}{1 + \dfrac{\tau}{\tau_c}} \qquad (6)$$

となり，これを書き換えるとPerrinの式(7)が得られる．

$$\frac{r_0}{r} = 1 + \frac{\tau}{\tau_c} = 1 + 6D_r\tau \qquad (7)$$

$r_0$ が既知のとき，蛍光寿命 $\tau$ を別途測定しておけば，定常光励起の異方性比 $r$ を測定することにより，容易に回転拡散係数 $D_r$ を求めることができる．

一般的には，$r(t)$ は分子の運動モデルに基づいて分子運動の緩和時間 $\tau_i$ を含む指数関数の和で表される．

$$r(t) = r_0 \sum_i a_i \exp\left(\frac{-t}{\tau_i}\right) \qquad (8)$$

図3には球状分子，異方性分子，運動の角度を制限された棒状分子について，理論的 $r(t)$ と時間 $t$ との関係を示している．このような時間分解の蛍光偏光異方性を測定すれば，詳細な分子運動の情報が得られる．

蛍光の偏光度は，市販の蛍光分光光度計に偏光子を装着して測定できるので，分子

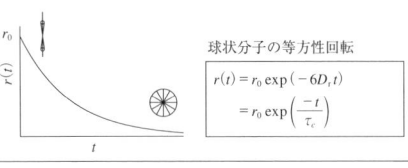

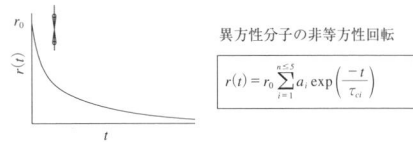

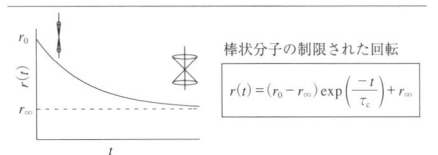

**図3** 各種形体分子の時間分解異方性比 $r(t)$ の時間減衰

の回転運動の緩和時間を簡便かつ定量的に評価することができる．蛍光分子の回転緩和時間から媒体の局所粘度を求めたり，逆に，粘度が既知であれば，回転運動をしている分子の大きさを評価することができる．したがって，この手法は直接測定が難しい生体膜や細胞レベルでの解析にとくに有効である．一方，蛍光分子をタンパク質やDNAなどの高分子にラベルすると，その高分子の局所的な運動性を評価することができる．分子間での会合が起こると，見かけ上の分子量が増加して運動単位が大きくなることから，運動性が大きく低下し，したがって偏光異方性比が増大する．このような偏光度の増減を検出することにより，抗原抗体反応などの分子間結合や錯体形成を評価することができ，イムノアッセイなどにも利用されている．　　　（山本雅英）

【関連項目】
▶1⑥ 直線偏光と円偏光／2.1③ 電子遷移と遷移双極子モーメント／2.2① 蛍光とりん光／2.4① 分子配向と複屈折・二色性／9.2⑤ 蛍光寿命測定

## 2.4 分子と偏光性──③

# 液晶の光学特性
Optical Property of Liquid Crystal

　液晶は，結晶固体と液体との間のある温度範囲で現れる熱相転移型（thermotropic）液晶と，溶媒中である溶質分子の濃度範囲で現れる濃度相転移型（lyotropic）液晶に分類されている．いずれの場合も液晶分子が配向秩序を伴う動的な凝集系として存在する点が共通した特徴である．液晶分子の配向秩序および運動性により液晶の光学的性質が決定されることから，温度や電場，磁場などの外部刺激により光学的性質を制御できるという特徴をもつ．熱相転移型液晶では一般的には分子が棒状ないしは円盤状の異方的分子形状をもつ．低分子液晶の場合，π電子共役系に代表される比較的固い化学構造とアルキル鎖などの屈曲性に富んだ化学構造とからなっている（図1(a)）．高分子液晶では，主鎖が固い化学構造の連鎖で，それ自体が液晶形成能をもつ場合（主鎖型）と，主鎖は屈曲性に富み側鎖に液晶形成基をもつ（側鎖型）場合とに分類される．液晶は分子配向秩序をもつ異方的な分子凝集系であり，その光学特性は複屈折性をもつ分子集合体の熱相転移として説明される．液晶相中の分子の配向度は配向秩序度（order parameter）によって定量的に表される．液晶相で分子は並進，回転などの運動性を伴っているが，分子配向秩序の時間平均的イメージにより図1(b)のような液晶相の分類がなされている．液晶相中での光吸収，発光，光透過および光散乱のそれぞれについて以下の基本的考え方が適用される．

**a. 吸収と発光**　　光吸収では1個の分子中の吸収遷移モーメントの方向と多数の分子の配向状態が偏光吸収を引き起こす．同様に発光では分子の配向状態に依存した偏光発光が観測される．これらの場合，試料中に均一配向となっているドメインが形

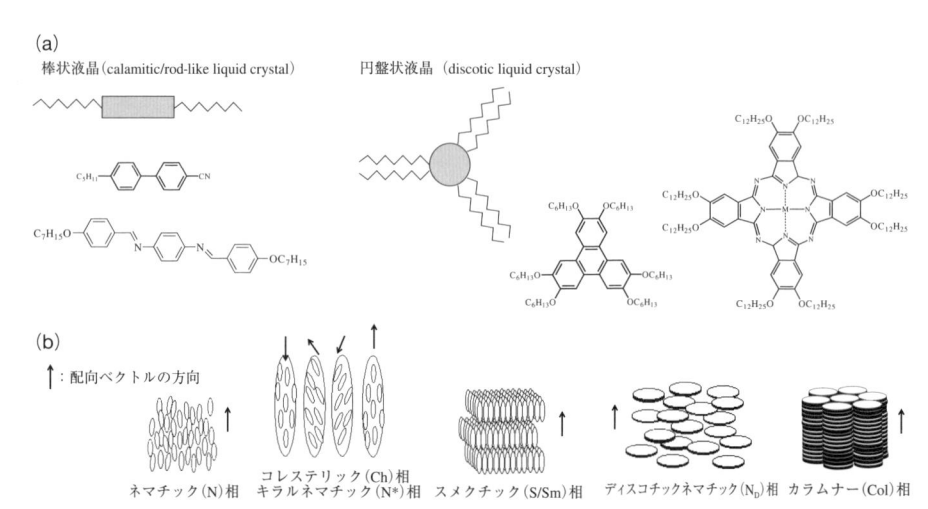

**図1**　(a)液晶性化合物の異方的分子形状とその化学構造例，および(b)代表的液晶相における分子配向秩序（(b)の括弧内は略号）

成されていることが基本となる．結晶固体とは異なり，液晶では分子が動いているため，その影響が励起寿命など分子の光ダイナミクスに関わる諸物性に顕著に現れる場合がある．液晶形成分子の異方的な形状のため，液晶相における分子間相互作用も異方的である．しかし，その大きな運動性ゆえに結晶固体のような局所的な強い相互作用は一般的には顕著でない．したがって，マクロな物性や現象についてはあくまで配向秩序度のような定量性に基づいた考察が必要となる．逆に，分子の電子遷移に関する遷移モーメントの方向がわかっている場合は，配向試料における偏光吸収，あるいは偏光発光の二色性を測定することにより系の配向秩序度を求めることができる．

一方，可視・紫外光偏光や赤外偏光を照射することにより光吸収と相関して分子の配向を変化させられることも液晶の光学特性の1つといえる．

**b．透過と散乱，反射**　液晶相では分子形状とその化学構造および分子配向の異方性に基づいてマクロな光学特性が説明される．例えば，液晶中の光の伝搬，すなわち透過に関しては，通常の原子，あるいは分子凝集系と同様に屈折率楕円体を定義し，そこにおける常光および異常光の振る舞いが記述される．一方，液晶の光散乱の本質は分子のゆらぎに帰することができる．代表的には配向ベクトル（director）のゆらぎがある．配向ベクトルとは，分子の配向方向を表す単位ベクトルで，ネマチック相の場合は分子長軸が平均的に配向している方向とされ，この軸が光学軸となる．ネマチック相の場合は光学軸がこの配向ベクトルの方向のみに定義されることから光学的に一軸性であり，屈折率の異方性は正である．逆に，ディスコチック液晶の場合はその異方性は負となる．ネマチック相の場合，直線偏光や円偏光も配向ベクトル方向にはそのまま透過する．光学軸，配向ベクトルの概念に基づいた液晶ディスプレイの動作原理は関連項目に記述されている（▶5.2①項）．一方，配向ベクトル方向から光学軸から外れた方向に伝搬する偏光は，光位相速度の変化により，伝搬の方位と距離によってリタデーションとよぶ偏光方位の変化が生じる（▶2.4①項）．このように光透過は，液晶相の配向秩序，液晶相における配向ベクトルの方位に依存した現象となる．

液晶の光透過にかかわる光学的性質は偏光顕微鏡による光学組織（optical texture）の観察によって転位（dislocation）や転傾（disclination）などの配向欠陥（defect）の様子から液晶相の同定や局所的な配向秩序に関する情報を与える．

分子の化学構造に不斉中心を導入するとネマチック相がコレステリック相に変化するなど配向秩序にらせん秩序が生成し，そのらせんピッチ長に対応する波長の光がBragg反射と同等に選択的に反射されるという現象が生じる（▶5.4②項）．一般的にコレステリック相のらせんピッチは可視光域の波長程度であり，したがってコレステリック相は着色して見える．加えて，このらせんピッチは温度変化に敏感であり，温度変化が可視化される．最近ではコレステリック相が熱力学的にネマチック相と等価であるとの考えからキラルネマチック相と呼称される場合が多い．　　　　　（清水　洋）

【関連項目】
▶1⑧ 光の発生と伝搬／2.4① 分子配向と複屈折・二色性／2.4② 偏光解消と分子運動／5.2① 液晶配向による光スイッチ／5.2⑤ 発光材料／5.4② 光の選択反射／5.4⑦ 光異性化と光応答膜材料／5.4⑧ 光で形を変える材料

# 3

# 光化学の基礎 II
―有機化学―

3.1 光化学反応の基礎
3.2 さまざまな光化学反応

## 光化学反応の特徴
Overview of Photochemical Reaction

光化学反応では「物質に吸収された光のみが化学反応を起こしうる」という光化学第1法則（Grotthus-Draper 法則）によって，光の当たる特定の個所だけ選択的に光化学反応を起こすことができる．これが熱化学反応との違いであり，光で細線を描くリソグラフィーの原理でもある（▶5.1③項）．

また「1個の光子を吸収して，1個の分子が反応しうる」という光化学第2法則（Stark-Einstein 法則）が示すように，光化学反応の効率は吸収された1光子あたりの生成物の量子収率で比較される．光化学反応は励起状態から進行する．励起状態は発光過程などで高速で基底状態へ戻るので，光化学反応の収率はそれらの過程との競争によって決まる．それゆえ，光化学反応の量子収率は通常1以下になるが，量子収率が0.1程度でも有効な光化学反応と言える．反応の中間体が連鎖移動剤として働く連鎖反応では，量子収率は1以上になる．光開始ラジカル重合反応では成長ラジカル生成の量子収率と重合度の積がモノマーあたりの光重合反応の量子収率となる．

光化学反応の基本は励起状態での化学結合の組み換えであるが，結合開裂によるラジカルの発生や，結合回転による異性化などに加えて電子移動を経て起きる酸化・還元反応も重要で，光合成や光触媒反応の主要なステップを担っている．光化学反応は新規物質の合成目的に広く応用されているが，既知の光反応を巧みに組み合わせて材料開発にも広く応用できる（▶3.2項）．

熱反応は分子の基底状態の活性化エネルギー障壁を越えることによって反応が起きるが，光化学反応は励起状態を経て起きるので，低い活性化エネルギーを越えるだけで起こる．その様子を図1に示す．光化学反応は発熱性で，いったん光励起すれば室温付近でも反応が進む場合が多い（▶2.1②項）．励起状態と基底状態の電子状態に差異があると，生成物が異なる場合もあり，電子状態と反応経路および生成物構造を関連させる法則が確立され，有機電子論の進展に大きく寄与している（▶2.3①, 3.2⑩項）．

電子スピンの並び方に依存して励起状態には一重項状態と三重項状態がある．最低励起一重項状態（$S_1$）の寿命はナノ秒のオーダーで短く，直接または最低励起三重項状態（$T_1$）経由で基底一重項状態（$S_0$）へ戻る（図2）．最低励起三重項状態の寿命はマイクロ秒以上の長寿命で基底一重項状態へ戻る（▶2.3④項）．したがって，励起一重項状態からの反応は蛍光や項間交差過程と競争して起こらなければならないので，$10^9\,\mathrm{s}^{-1}$ 以上の速さになる．添加物（M）との分子間（2次）反応もMの濃度を高くして（0.1〜1 mol L$^{-1}$ 程度），擬1次反応がナノ秒のオーダーで起こるようにしなければならない．一方，励起三重項状態

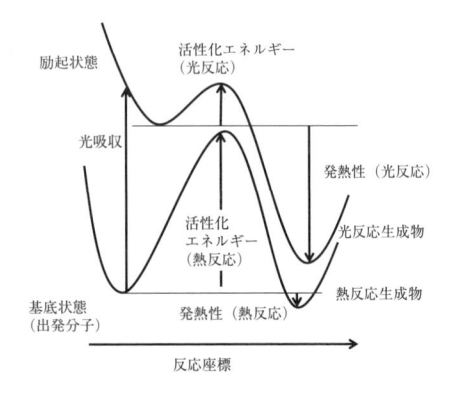

図1 光化学反応のポテンシャル曲線表示．活性化エネルギー（光反応＜熱反応）．発熱性（光反応＞熱反応）．

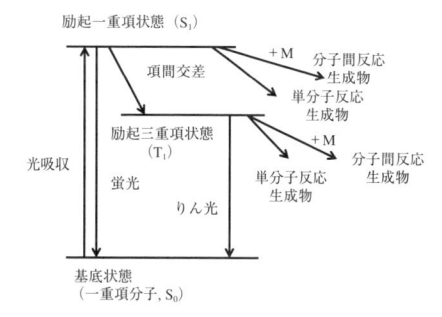

**図2** 励起一重項状態と励起三重項状態からの単分子反応と分子間反応(二次反応)との比較(励起状態からの発光を伴わない過程は省略).

からの単分子反応は比較的遅くてもその寿命より早ければ十分起こりうる．添加物Mとの分子間反応では励起三重項状態の寿命をマイクロ秒としても $0.001\ \mathrm{mol\ L^{-1}}$ と低濃度で十分起こる．したがって，Mの濃度を変えることによって，励起一重項状態経由の反応か励起三重項状態経由の反応かのどちらかを選ぶこともできる．エネルギーの低い励起三重項状態は励起一重項状態より一般に反応性は低いにもかかわらず，励起三重項状態経由の反応は光化学反応で重要な位置を占めている．また，励起三重項状態経由の生成物は励起一重項状態経由の生成物とは異なることが多く，この理由も確立されている．分子の励起三重項状態は酸素分子へエネルギー移動して反応性に富む一重項酸素を生成するので，このプロセスは光線力学療法などに使われている（▶4.2 ④項）．また，酸素への三重項エネルギー移動は，分子の励起三重項状態経由の反応を起こさせるために，反応系から酸素を注意深く除かなければならない理由にもなる．

光励起にパルス状光源を用いることによって，光化学反応の進行をリアルタイムに追跡することができるので，反応中間体を確定したり，反応速度定数の絶対値が決定できる．まず，励起一重項状態の情報は蛍光の時間減衰や $S_1$ から高位の $S_n$ への遷移に起因する過渡吸収（$S_1 \rightarrow S_n$ 吸収）の減衰から得られる．励起三重項状態の情報はりん光や $T_1$ から高位の $T_n$ への遷移に起因する過渡吸収（$T_1 \rightarrow T_n$ 吸収）の減衰から得られるが，$T_1 \rightarrow T_n$ 吸収帯のデータはその吸光係数を含めて数多く文献に集積されている．励起状態の減衰と入れ替わって反応中間体の吸収帯が立ち上がり，その吸収帯から反応中間体の構造などを同定できる．光反応の中間体としてフリーラジカル，イオンラジカル，カルベン，ナイトレン，ベンザインなどを，それらの過渡的吸収帯によって確認した例が報告されているが，これらの同定には慎重を要する場合が多い．

一般に，定常光反応実験の速度解析は複雑な解析式になることが多いが，上の方法で得られた初期過程や中間過程の反応速度定数を代入すると，未知の速度定数も精度よく推算することが可能となる．

以上のように，光化学反応は基底状態分子の光吸収によって励起状態を生成してから始まる．生成した励起状態は，スピン多重度の異なる他の励起状態への変化や，分子内反応・分子間反応による他の分子の励起状態の生成・不安定中間体や安定生成物の生成，あるいは，励起エネルギーの発光などの量子的遷移過程や分子内失活による基底状態分子の再生と熱エネルギーの発生など，さまざまな過程が起こる．このうち，光エネルギーが熱エネルギーに変換された後に起こる反応を光熱反応と呼び，通常の励起状態が関与しない局所的加熱効果などによる熱反応とは異なった特徴がある．このように，光化学反応を正しく理解するためには，まずは何が光を吸収し，どのような励起状態が生成し，それから生成物に至るすべての過程を明らかにすること，換言すると，吸収された光エネルギーがどのように変遷したかを明確にすることが重要である．

（伊藤　攻）

## 量子収率,反応収率
Quantum Yield and Reaction Yield

有機合成では反応収率を用いて反応の起こりやすさを評価する．反応収率は原料がどれだけ生成物に変化したかを百分率（%）で表す．一方，光化学反応における反応収率では，試料によって吸収される光の量に依存し，長時間光照射を行うと吸収光量が増加するので反応収率も増加する場合が多い．

光化学反応における反応収率は，(1) 光励起された原料が反応して2つの生成物を与える競争反応の場合，(2) 原料が光反応によって生成物に変化し，さらにこの生成物が光を吸収し異なる生成物に変化する場合，(3) フォトクロミックなどの光化学的平衡がある場合，(4) 暗所で光化学反応の逆反応がある場合は小さくなる．

光化学反応では反応収率も用いるが，量子収率（あるいは量子収量）とよばれ，ギリシャ文字のファイ（$\phi$）で表される光化学反応の効率を表す重要な尺度を用いる．量子収率は次式で定義される．

$$\phi = \frac{A}{B} \quad (1)$$

ただし，$A$ は生成（消失）した量，$B$ は吸収された光量子の量を表す．ここで，一般的には量子収率は1より小さくなる．これは光量子を吸収して生成する励起分子（これは量子収率1で生成する）が反応以外の過程で励起エネルギーを消失するためである．

通常の光化学反応において，量子収率が0.1程度あれば効率のよい反応といわれ，有機合成の方法としても活用できる．また，量子収率が0.1以下の光化学反応であっても他の副生成物をほとんど生じないことや，従来の方法では多段階の合成ステップを必要とする場合に光化学反応が有用な合成手段になりうることが利点として挙げられる．例えば，量子収率が $10^{-5}$ でも他の副反応が起こらない場合，長時間光照射を行えば，反応収率は100%近くになる場合がある．光合成は高効率な光化学反応として知られており，その類似の反応機構をもつ光合成細菌の光反応中心での電子移動反応は量子収率がほぼ1で起こっている．

また，量子収率は式(1)のように，吸収した光量に対する生成量の比であるので，一般に1を超えることはない．しかしながら，場合によっては量子収率が1より大きくなる場合がある．例えば，塩素分子と水素分子の混合物に光照射（400～430 nm）した光反応がその一例である．この反応機構を簡単に示す．

$$Cl_2 + \xrightarrow{h\nu} 2Cl$$
$$Cl + H_2 \rightarrow HCl + H$$
$$H + Cl_2 \rightarrow HCl + Cl$$
$$2Cl \rightarrow Cl_2$$

上記のように，光化学反応によって塩素原子を生成すると，これが活性種となって一連のラジカル連鎖反応が起こる．結果として，1個の光子から塩素分子および水素分子が約 $10^5$ 程度生成することになる．したがって，光化学反応による塩素分子の消失の量子収率は約 $10^5$ 程度になる．

さらに，量子収率は上記のような物理量のほかに，蛍光やりん光の発光収率にも同様に用いられる．

次に量子収率の測定方法について述べる．光化学反応は照射する波長に依存するため量子収率も照射する波長によって変化する．よって，量子収率を測定した結果を議論するときには波長を一定にして測定しなければならない．よって，式(1)は次の

ように書き換えることができる.

$$\Phi' = \frac{A'}{B'} \quad (2)$$

ただし,$\Phi'$は任意の波長の光における量子収率,$A'$は任意の波長の光による生成(消失)した量,$B'$は吸収されたある波長における光量子の量を表す.

量子収率を測定するには,ある特定の波長における実験で,物質が吸収する光量子の物質量と光生成物(あるいは分解物)の物質量を測定する.ここでの光生成物(あるいは分解物)の物質量は通常の定量分析によって求められる.

一方で,光量子の物質量を直接求めるのは手間である.最も正当な方法は,光を黒体に吸収させて熱エネルギーに変換し,熱量から光量子の物質量を測定する直接的な方法である.しかし,これとは別に間接的な方法を用いるほうが容易である.具体的には,間接的な方法はあらかじめ量子収率が正確に決定されている基準物質(化学光量計)を知りたい試料と同じ条件で光化学反応を起こさせ,基準物質と試料との比較から量子収率を求める.化学光量計には鉄3価のシュウ酸錯塩($K_3[Fe(C_2O_4)_3]$,トリオキサラト鉄(Ⅲ)酸カリウム)(式(3))やシュウ酸ウラニル($UO_2C_2O_4$)(式(4))などを用いる方法がよく知られている(表1).

$$2[Fe(C_2O_4)_3]^{3-} \xrightarrow{h\nu}$$
$$2Fe^{2+} + 5C_2O_4^{2-} + 2CO_2 \quad (3)$$

$$H_2C_2O_4 \xrightarrow{h\nu} H_2O + CO_2 + CO \quad (4)$$

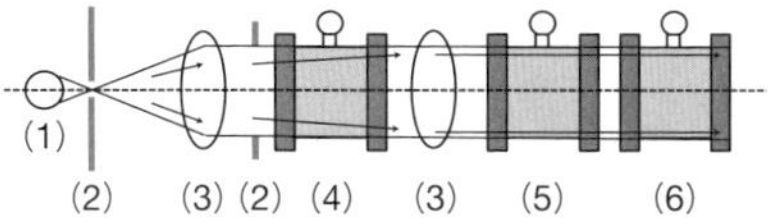

**図1** 量子収率測定装置
(1)光源,(2)スリット,(3)レンズ,(4)化学フィルター,(5)測定試料,(6)化学光量計

**表1** 化学光量計に用いられるトリオキサラト鉄(Ⅲ)酸カリウムの$Fe^{2+}$生成における量子収率($\Phi_p$)とシュウ酸ウラニルの消失の量子収率($\Phi_d$)

| 照射光波長 /nm | $Fe^{2+}$生成における量子収率 $\Phi_p$ | シュウ酸ウラニルの消失における量子収率 $\Phi_d$ |
|---|---|---|
| 254 | 1.25 | 0.60 |
| 313 | 1.24 | 0.56 |
| 366 | 1.21 | 0.49 |
| 405 | 1.14 | 0.56 |
| 436 | 1.11 | 0.58 |

図1に量子収率測定装置の概略を示す.図1を用いて,試料溶液と溶媒のみの場合の光量の差で試料によって吸収された光量を観測できる.一方で,光照射で光化学反応を起こした光生成物(あるいは分解物)の物質量を通常の定量分析(重量,容量,比色,クロマトグラフ法など)で行う.

すでに述べたように量子収率は照射波長で異なる(表1).したがって,測定波長を変化させて,横軸を波長,縦軸を量子収率でプロットするとスペクトルが得られる.これを作用スペクトルとよぶ.作用スペクトルと試料物質の吸収スペクトルと対比させることにより,光化学反応が試料中のどの分子の吸収によって引き起こされているか決定することができる. (米村弘明)

## 活性酸素種
Active Oxygen Species

　基底状態の酸素分子 $O_2(^3\Sigma_g^-)$ は Hund の規則に従って分子軌道の反結合性軌道 ($\pi_x^*$-$\pi_y^*$) に同じ方向のスピンをもつ電子が1個ずつ入るため,三重項で常磁性を示す.しかし,$O_2(^3\Sigma_g^-)$ はラジカル (R) に対して高い反応性をもつ一方,非ラジカル種に対しての反応性は高くない.一方で,$O_2$ を1電子,2電子,3電子還元した分子種(それぞれスーパーオキシド ($O_2^{\cdot-}$),過酸化水素 ($H_2O_2$),OH および $O_2(^3\Sigma_g^-)$)を電子励起した一重項酸素 ($^1O_2$) は,$O_2(^3\Sigma_g^-)$ に比べると反応性が著しく高いので,これらの分子種を $O_2(^3\Sigma_g^-)$ とは区別して活性酸素種とよぶ.

　図1に $O_2(^3\Sigma_g^-)$, $^1O_2$, $O_2^{\cdot-}$ の電子配置を示す.図1に示すように,$O_2(^3\Sigma_g^-)$ の反結合性軌道 ($\pi_x^*$-$\pi_y^*$) にある2つの同一方向のスピンをもつ電子が互いに逆向きになると,$^1O_2(^1\Delta)$ または $^1O_2(^1\Sigma_g^+)$ が生成する.$^1O_2(^1\Sigma_g^+)$ は溶液中の寿命が約 10 ps と短く,$^1O_2(^1\Delta)$ にすぐに失活するので,通常の場合は一重項酸素というと $^1O_2(^1\Delta)$ のことをいう.$^1O_2(^1\Delta)$ も反応基質のない環境では 1.2 μm の赤外光を放出しながら,$O_2(^3\Sigma_g^-)$ に失活する(水中での寿命は 3.3 μs).そのため,化合物と $^1O_2(^1\Delta)$ の反応は多かれ少なかれ,失活過程と競合しながら進行する.$^1O_2(^1\Delta)$ の寿命は溶媒に強く依存し,とくに,水中において 3.3 μs であった寿命が重水 ($D_2O$) 中において 68 μs と著しく長くなる.その結果,$^1O_2(^1\Delta)$ による化合物の酸化反応は水中より $D_2O$ 中のほうが起こりやすい.表1に各種溶媒中の $^1O_2(^1\Delta)$ の寿命を示す.

　$^1O_2(^1\Delta)$ は図1の電子配置に示すように,縮重した反結合性軌道(例えば,$\pi_x^*$)に2個の電子が対に入り,もう1つ

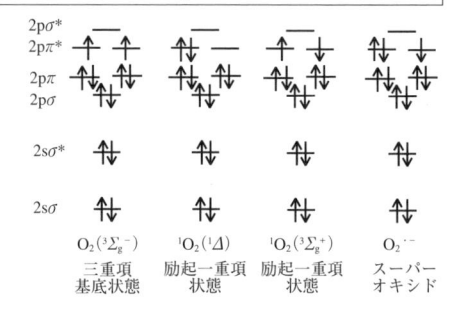

**図1** 基底状態,励起状態の酸素分子,スーパーオキシドの電子配置

**表1** 各種溶媒中における $^1O_2(^1\Delta)$

| 溶媒 | τ/μs | 溶媒 | τ/μs |
|---|---|---|---|
| $H_2O$ | 3.3 | $CH_2Cl_2$ | 99 |
| $CH_3OH$ | 9.5 | $CH_3Cl$ | 229 |
| $C_6H_{14}$ | 23.4 | $C_6F_6$ | 21000 |
| $C_6H_6$ | 30 | $CS_2$ | 45000 |
| $(CH_3)_2CO$ | 51.2 | $CCl_4$ | 59000 |
| $CH_3CN$ | 77.1 | $C_6F_{14}$ | 68000 |

の反結合性軌道(例えば,$\pi_y^*$)は空の軌道となっているので,求電子試薬として電子供与性の大きい基質と反応する.例えば,二重結合をもつ炭化水素に対してエン (ene) 反応や 1,4- 付加反応などが起こる.

　色素分子の基底状態(以下,Dye)と励起三重項(以下,$^3$Dye*)のエネルギー差が $^1O_2(^1\Delta)$ と $O_2(^3\Sigma_g^-)$ とのエネルギー差 94.1 kJ mol$^{-1}$ に近い場合,色素分子の光増感反応により高い量子収率($\Phi = 0.4$〜0.8)で $^1O_2(^1\Delta)$ が生成する(式(1),(2)).

$$\text{Dye} + h\nu \rightarrow {}^1\text{Dye}^* \rightarrow {}^3\text{Dye}^* \quad (1)$$
$$^3\text{Dye}^* + O_2 \rightarrow \text{Dye} + {}^1O_2(^1\Delta) \quad (2)$$

そのため,このような色素による光増感

反応は $^1O_2(^1\Delta)$ 生成法としてよく利用される一方, ポルフィリン症などの光過敏症の原因ともなっている.

$O_2^{\cdot-}$ は図1に示すように, $O_2(^3\Sigma_g^-)$ の一電子還元型の化学種である. 基底状態の酸素分子よりも約 $40\ kJ\ mol^{-1}$ 安定で, 化学的, 酵素的, 電気化学的手法などで比較的容易に生成する. $O_2^{\cdot-}$ の水溶液中での寿命は水素イオン濃度 (pH) に依存し, アルカリ下では安定に存在できる. 例えば, $1\ \mu M$ の $O_2^{\cdot-}$ が生成したとき, pH 7 においてその平均寿命は約 5 s にもなる. 一方, 酸性条件では $O_2^{\cdot-}$ は以下の反応により, ヒドロペルオキシラジカル (HOO) になる (式(3)).

$$O_2^{\cdot-} + H^+ \rightarrow HOO \quad (3)$$

HOO はさらに, 水素イオン ($H^+$) 環境下で $O_2^{\cdot-}$ と反応, あるいは, HOO どうしの反応で $H_2O_2$ まで変換される (式(4), (5)).

$$HOO + O_2^{\cdot-} + H^+ \rightarrow H_2O_2 + O_2 \quad (4)$$
$$HOO + HOO \rightarrow H_2O_2 + O_2 \quad (5)$$

$O_2^{\cdot-}$ は陰イオンとラジカルの両方の性質をもつため, 酸化・還元反応から求核付加, 求核置換反応まで多様な反応性を示すが, その反応性はあまり高くなく, より反応性の高い OH の前駆体としての役割のほうが大きい.

$H_2O_2$ は不対電子を有していない安定な化学種である. しかし, 強い酸化力をもつ OH の前駆体として重要な役割を果たしていることから, 活性酸素の一種として分類される. $H_2O_2$ から OH を生成する反応機構としては,

(1) $H_2O_2$ の紫外線による光分解 ($\lambda < 254\ nm$)

$$H_2O_2 \xrightarrow{h\nu} 2OH$$

(2) $H_2O_2$ の R による誘発分解

$$H_2O_2 + R \rightarrow HOR + OH$$

(3) $H_2O_2$ の遷移金属イオンによる還元反応 (Fenton 反応)

$$H_2O_2 + Fe^{2+} \rightarrow OH + OH^- + Fe^{3+}$$
$$H_2O_2 + Cu^+ \rightarrow OH + OH^- + Cu^{2+}$$

とくに式 (3) に関しては, $O_2^{\cdot-}$ による再還元反応 (式(6), (7)) と組み合わされ,

$$O_2^{\cdot-} + Fe^{3+} \rightarrow Fe^{2+} + O_2 \quad (6)$$
$$O_2^{\cdot-} + Cu^{2+} \rightarrow Cu^+ + O_2 \quad (7)$$

正味の反応系として式(8)となる.

$$H_2O_2 + O_2^{\cdot-} \rightarrow OH + OH^- + O_2 \quad (8)$$

この遷移金属イオンを触媒として $H_2O_2$ から OH が連鎖的に生成する. 反応系を, 発見者の名前にちなみ, Haber-Weiss 反応とよぶ.

OH が均一な水溶液で生成すると, OH どうしの反応により消滅する (式(9)).

$$OH + OH \rightarrow H_2O_2 \quad (9)$$

OH の寿命は OH の濃度に依存する ($1\ \mu M$ の OH 濃度において, 約 $200\ \mu s$ の寿命). OH は水溶液中で $OH^-$ になりやすいので非常に強い酸化剤であると同時に, 炭化水素 (RH) が共存すると水素引き抜き反応を起こし, 自動酸化反応を誘起する (式(10)〜(13)).

$$OH + RH \rightarrow H_2O + R \quad (10)$$
$$R + O_2 \rightarrow ROO \quad (11)$$
$$ROO + RH \rightarrow ROOH + R \quad (12)$$
$$ROOH \rightarrow RO + OH \quad (13)$$

活性酸素種の生成とその相互関係を図2に示す.

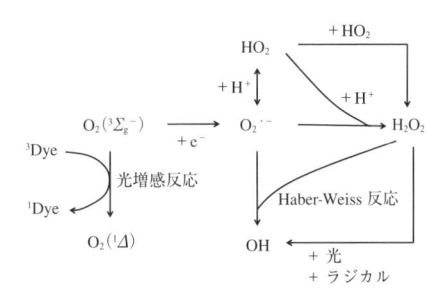

**図2** 活性酸素の生成とその相互関係

(村上能規)

# 光化学反応不安定生成物
Unstable Photoproduct

光化学反応は光吸収によって生じる励起状態が関与する反応なので，基底状態の熱反応では得られない化合物が安定的に生成する場合がある．例えば，2つのオレフィンの光シクロ付加反応によるシクロブタン化合物は熱反応では生成しない．一方，光化学反応生成物の中には，熱的に不安定で分解したり，酸素や水などとすぐに反応する光化学反応不安定生成物もある．

**a. 光反応によって生成するベンゼンおよびピリジンの原子価異性体**（図1）

(1) デュワーベンゼン（bicyclo[2.2.0]hexa-2,5-diene）：1866年，Kekuléはベンゼンの構造として，単結合と二重結合が交互に現れる環状構造を提案した．ほぼ同時期にDewarはベンゼンに関して考えられる構造をいくつか考案し，広く構造が知られるようになった．van Tamelenらは1963年にデュワーベンゼンの合成法を見出した．

(2) ベンズバレン（tricyclo[3.1.0.0$^{2,6}$]hex-3-ene）：Kaplanらはベンゼンに253.7 nmの光を照射して少量（量子収率0.01〜0.03）のベンズバレンを得た．220 nmから230 nmに吸収スペクトルの肩があり，その半減期が室温では約10日で，ガスクロマトグラフィーによってベンゼンに熱異性化することが確認された．その後，Carnahanらによって効率（収率45％）に合成された．

(3) プリズマン（tetracyclo[2.2.0.0$^{2,6}$.0$^{3,5}$]hexane）：Landenburgによってベンゼンの分子構造として提案され，三角柱の構造をもつ．プリズマンは，1973年にKatzらによってベンズバレンから合成された．前駆体のアゾ化合物は78℃で光照射し，少量（収率4〜6％）を得た．室温では安定であり，90℃でベンゼンに熱異性化し，半減期は11時間である．

(4) デュワーピリジン（2-azabicyclo[2.2.0]hexa-2,5-diene）：Wilzbachらはピリジンの水素化ホウ素ナトリウム水溶液に253.7 nmの光を照射して初めて得た．半減期は25℃で2.5 minである．

**b. 原子価異性体生成の光化学**（図2）

光化学反応において，熱反応とは異なる反応が進行する場合があり，例えば環化反応はWoodward-Hoffman則で説明される．また，内部エネルギーの視点に立てば，光を吸収して生じる励起状態は数eVのエネルギーを有するので，基底状態から進行する熱反応とは異なった生成物を与えることがあり，例えば高歪化合物の合成反応の1つになる場合がある．

Kekuléが提案したベンゼンの構造に加えて，デュワーベンゼンなどの原子価異性体は歪みを有するために，大きな内部エネルギー（〜200 kJ mol$^{-1}$）を貯めている．

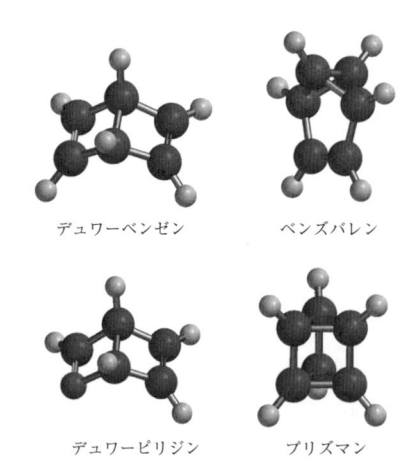

図1 ベンゼンおよびピリジンの原子価異性体

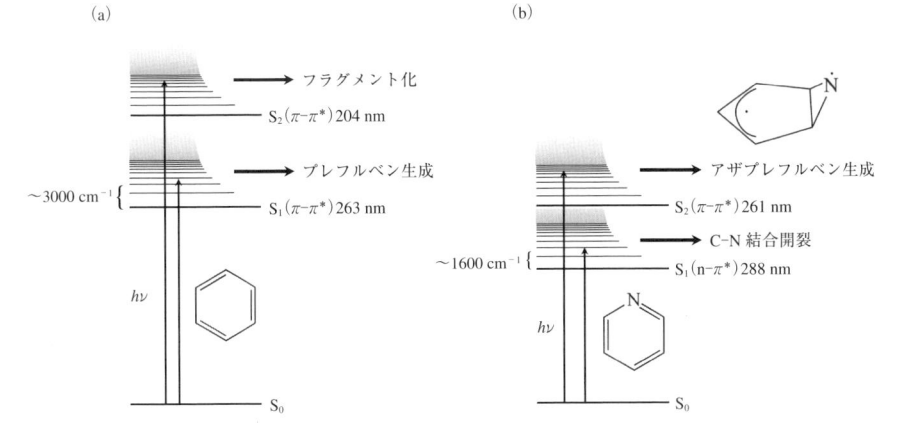

**図 2** 原子価異性体生成の光化学

ベンゼンの光照射によって，その原子価異性体を合成することが試みられた．Wardらは，液体ベンゼンに 204 nm の光照射によって，デュワーベンゼン，ベンズバレンが生じることを報告した．

物理化学的な側面からは，気相中におけるベンゼンの吸収スペクトルが紫外部の特定の波長以下（$S_1$ の最低振電状態から約 3000 cm$^{-1}$ 以上高い振電状態）では，その形状が不明瞭になる．気相中では分子間の相互作用は無視できるため，分子内での励起状態からの失活過程が大きな意味をもつ．不確定性原理から，その寿命は短く（< 20 ps），非常に速い失活過程の存在を示唆していた．それらについて Callomon らは放射失活過程，項間交差過程，その他の失活過程を提唱した．その他の失活過程として，デュワーベンゼンなどの内部エネルギーが高い構造への原子価異性化反応が取り上げられた（図 2（a））．

ベンゼンに類似した化合物であるピリジンについても同様な研究が行われた．ピリジンはベンゼンとは異なり窒素を有していて，その $S_1$ は n-π* 状態である．気相中のピリジンの蛍光寿命は励起波長に依存し 20〜60 ps の間で変化することから，ピリジンにおけるその他の失活過程が示唆された．その後，デュワーピリジンの生成が FT-IR 測定から確認された．また，Zewail らは電子線回折を利用した時間分解測定法を使って，n-π* の高い振電状態を励起すると，17 ps の時定数でジラジカルの構造が現れることを発見し，これによって，ピリジンのその他の失活過程は C-N 結合の開裂であると結論した．また，Pavlik らは 4-メチルピリジンの $S_2$ 状態（π-π*）から，メチル基の転移反応が生じていることを見出し，2,6 光環化反応を経てアザプレフルベン（azaprefulvene）が生成している可能性を指摘した（図 2（b））．このように，光励起によって生成した高い振電状態が新たな反応経路に通じているということは，光化学反応における一般的な Kasha 則からは逸脱しており，新規な光化学反応を示している．また，気相中と液相中では反応が異なっている．

（西村賢宣）

【関連項目】
▶3.2② 異性化反応／3.2④ 結合開裂／3.2⑪ 光付加環化／3.2⑬ 転位反応／4.1① オレフィンの光化学反応／4.1④ ベンゼン類の光化学／4.1⑤ 多環芳香族炭化水素の光化学

## 3.1 光化学反応の基礎——⑤

# 分子間光反応と分子内光反応
Intramolecular Photoreaction and Intermolecular Photoreaction

光反応のうち，励起分子が単独で化学変化を起こすのが「分子内光反応」である（R：反応分子，R*：励起分子，P：反応生成物，$h\nu$：光）．

$$R \xrightarrow{h\nu} R^* \longrightarrow P$$

光励起による電子遷移では，基底状態で最高被占軌道（HOMO）以下の電子軌道を占めていた電子の一部（通常は1電子）が，より高エネルギーの電子軌道に励起される．この電子遷移は，多くの場合「結合性軌道から反（非）結合性軌道への遷移」となるので，それに対応する原子間の化学結合は弱まることになる．また，遷移に関与する電子軌道の形状は一般に異なるので，分子全体の電子分布も変化する．その結果，化学結合の開裂や原子の再配列などの化学反応が誘起される．

R*が単独で化学反応を起こす「分子内光（化学）反応」には，分解（結合開裂，脱離），異性化（$EZ$異性化，転移反応，開環・閉環反応）などがある（表1）．

【分子内光反応の例】
(1) 分解反応
(a) 結合開裂反応
エチレンの光分解（$\lambda < 210$ nm，気相）

$$CH_2=CH_2 \xrightarrow{h\nu} HC\equiv CH + H_2$$

カルボニル化合物の$\alpha$開裂

$$\underset{O}{R-\overset{\|}{C}-R} \xrightarrow{h\nu} R-R + CO$$

(b) 脱離反応
ニコチン酸の脱炭酸反応

(2) 異性化反応
(a) 異性化反応
オレフィンの$EZ$（$cis, trans$）光異性化

(b) 転位反応
1,2-シグマトロピー転位

(c) 開・閉環反応
気相のシクロヘプテンの環開裂

ノルボルナジエンの分子内付加環化

一方，R*単独では進行しないが，第2の分子（S：反応基質）が存在する場合に化学反応が起きる場合があり，これは「分子間光（化学）反応」とよばれる．

$$R + h\nu + S \longrightarrow R^* + S \longrightarrow P$$

分子間光反応には，R*とSの間で電子や原子（原子団）が移動する電子移動，水素（原子）移動反応や，反応基質との間で新たな化学結合が生じる付加反応，重合反

表1 分子内光反応の分類

| 反応の種類 | 反応分子 R | 生成物 P |
|---|---|---|
| 分解（結合開裂，脱離など） | AB | A+B |
| 異性化 | A | A′ |

表2 分子間光反応の分類

| 反応の種類 | 反応分子 R | 反応基質 S | 生成物 P |
|---|---|---|---|
| 電子移動 | A | B | $A^{\cdot +} + B^{\cdot -}$ または $A^{\cdot +} + B^{\cdot -}$ |
| 水素移動（原子移動） | AH | B | A + BH |
|  | A | BH | AH + B |
| 付加反応 | A | B | AB |
| 重合反応 | A | A | $A_n (n \geq 2)$ |
| 置換反応 | AB | C | AC + B |

応，相互に原子（団）を交換する置換反応などがある（表2）．

【分子間光反応の例】

(1) 電子移動反応

ルテニウム(II)トリスビピリジル錯体（$[Ru(II)(bpy)_3]^{2+}$）の励起状態のジメチルビピリジン（$MV^{2+}$）による酸化的消光

$$[Ru(II)(bpy)_3]^{2+*} + MV^{2+} \xrightarrow{h\nu} [Ru(III)(bpy)_3]^{2+} + MV^{\cdot +}$$

(2) 水素（原子）移動反応

水素引き抜き反応

(3) 付加反応

アルケンの付加環化

(4) 二量化

アントラセンの光二量化

(5) 置換反応

芳香族ハロゲン化合物の求核置換反応

分子内光反応の反応速度は，$R^*$ の生成速度＝光吸収速度によって規定される．例えば，反応によるRの減少速度（$-d[R]/dt$）は，単位時間あたりの光吸収量（$I_{abs}$）＝$R^*$ の生成速度，および分子内光反応素過程の反応速度定数（$k_r$），反応以外の励起状態の失活速度定数（$k_d$）を用いて，下式で表される（$\Phi_r$ は反応量子収率）．

$$-\frac{d[R]}{dt} = \left(\frac{k_r}{k_d + k_r}\right) I_{abs} = \Phi_r I_{abs}$$

実際の化学反応は，複数の素反応が連続して起こる場合が普通であり，全体の反応速度は，反応速度が最も遅い過程（律速段階）の反応速度によって決まる．そのため，後続過程が律速段階となる場合には，上記の関係が成立しない場合もある．

一方，分子間光反応では，$R^*$ の生成に加えて，$R^*$ とSの接触が不可欠である（すでに基底状態で，RとSが会合体を形成している場合を除く）．この場合の反応速度は，光吸収に加えて，Sとの衝突頻度によっても制限を受ける．すなわち，$R^*$ の減少速度あるいはPの生成速度は，Sの濃度に依存するとともに，その媒質における分子の衝突頻度に対応する拡散律速速度（$k_{diff}$）が上限となる．また，溶液中の $k_{diff}$ は，一般に溶媒の粘度（$\eta$）に反比例する（Debyeの式 $k_{diff} = 8RT/2000\eta$）．

溶媒粘度は一般に高温では減少するので，通常，拡散律速速度は正の温度効果を示す．したがって，分子間光反応速度にも，温度上昇による $k_{diff}$ の増大による正の温度効果が現れる場合が多い． （小池和英）

【関連項目】

▶3.2 さまざまな光化学反応

## 光酸化・光還元
Photooxidation and Photoreduction

光反応の中でも最も重要なものの1つに光酸化・光還元反応がある．光酸化反応は光の作用により基質と酸素が結合する反応，あるいは，水素が奪われる反応などが挙げられる．その逆に，光還元反応は，光照射によって酸素が奪われる反応，および水素を付与する反応である．光酸化反応と光還元反応は対になっているので，一方が光酸化された場合，他方は同時に光還元されることとなる．すなわち，同じ反応であっても光酸化反応と光還元反応か，どちらでよばれるかは，対象の物質によって決まる．光酸化・還元反応において，光増感剤の光励起状態と基質との間で電子の授受を伴うものを光電子移動反応とよぶ．

光電子移動反応は，まず光増感剤（Sens）が吸光により光励起状態（励起一重項状態（$^1$Sens*），励起三重項状態（$^3$Sens*））が生成する（図1）．これが，反応基質（S）を電子移動酸化あるいは電子移動還元することで反応が進行する．この光電子移動反応の起こりやすさは，電子受容体と供与体の酸化還元電位の差，すなわち，電子移動の自由エネルギー変化（$\Delta G_{et}$）で変化する．$\Delta G_{et}$ は，式(1)で表され

$$\Delta G_{et} = E_{ox} - E_{red} - E^* \quad (1)$$

基質が電子受容体になる場合には，光増感剤の1電子酸化電位（$E_{ox}$）と反応基質の1電子還元電位（$E_{red}$）の差から光増感剤の励起エネルギー（$E^*$）を差し引いた値になる．逆に，基質が電子供与体となる場合には，基質の酸化電位（$E_{ox}$）と光増感剤の還元電位（$E_{red}$）を用いる．

ここで，光増感剤および基質の電子移動酸化，還元されやすさの指標とも言える $E_{ox}$, $E_{red}$ は，電気化学測定（サイクリックボルタンメトリーや微分パルスボルタンメトリーなど）で決定し，$E^*$ は蛍光，りん光，吸収スペクトルの極大値より求めることができる．例えば，500 nm にりん光を有する光増感剤の $E^*$ は 2.48 eV であり，熱電子移動反応が進行しない場合（$\Delta G_{et} = E_{ox} - E_{red} > 0$）でも，光電子移動では，$E^*$ 値だけ $\Delta G_{et}$ が減少し，電子移動が起こりやすくなる．光電子移動反応は，$\Delta G_{et} < 0$ の場合のみ進行し，反応系にもよるが，一般的に負に大きいほど電子移動反応性は増大する．電子移動反応が進行すると，活性なラジカル中間体・ラジカルイオン対が生成し，その後，光反応生成物へと至る（図1）．

励起一重項状態に比べ励起三重項状態のほうが $E^*$ 値は小さいので，光増感剤の光励起状態の酸化力・還元力は弱い．しかし，励起状態の寿命は励起三重項状態のほうが長いものが多い．したがって，励起三重項状態のほうが分子間反応における基質との衝突頻度が高くなるので，光反応の励起活性種は励起三重項状態である場合が多

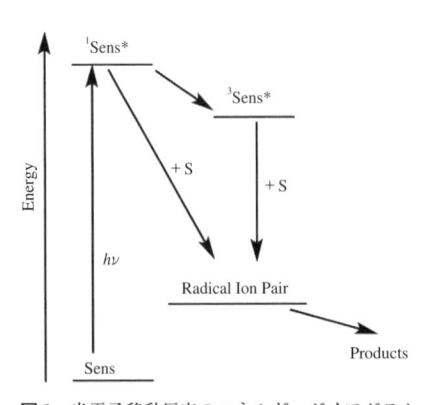

**図1** 光電子移動反応のエネルギーダイアグラム

い.

電子移動を利用した光酸素化反応の応用例の1つとして，10-メチルアクリジニウム誘導体を用いた $p$-キシレンの光酸素化がある（式(2)）．この反応では，アクリジニウムの光励起状態の還元電位は，$p$-キシレンの1電子酸化電位よりも十分高いために，$\Delta G_{et}$ は負となり光電子移動が可能である．生成したラジカルイオンが分子状酸素と反応することで，最終的に片側のメチル基が酸化した $p$-トルアルデヒドを選択的に与える．

$$\text{(2)}$$

一方，光増感剤の励起三重項状態は，分子状酸素にエネルギー移動をすることで，一重項酸素を与える．この一重項酸素は活性酸素の一種であり（▶3.1③項），これもジエン類などの基質を酸素化することができる．例えば，ポルフィリン誘導体を光増感剤とするアントラセンの光酸素化が知られており，アントラセンエンドペルオキシドを生成物として与える（式(3)）．

$$\text{(3)}$$

このようなポルフィリン誘導体の光照射による一重項酸素生成を，がんや感染症などの病巣で行うと，その強い酸化力から局所的に細胞破壊を行うことが可能である．これは，光線力学療法として実際の医療現場で利用されている（▶6.1③項）．

光還元の反応例としては，シュウ酸鉄（Ⅲ）カリウム錯体（$K_3Fe^{III}(C_2O_4)_3 \cdot 3H_2O$）が知られている．この錯体は，光照射するとシュウ酸イオンが還元剤となり，Fe（Ⅱ）錯体を与える．この反応は，光反応時に用いる測定系における絶対光強度（フォトン数）を決定するためのアクチノメーター（化学光量計）として使用されている．

不均一系光酸化触媒の実施例としては，二酸化チタンを用いた有機物の光酸化分解などがある．二酸化チタンは紫外線励起されることで，大気中の酸素と反応して活性酸素（スーパーオキシドイオンやヒドロキシラジカルなど）を発生する．これが，有機物を二酸化炭素へと光酸化・光分解することにより，建物の外壁や窓材の防汚，病院の内装の滅菌などが実用化されている（▶7.2②, 7.2③項）．

自然界では光合成系が，光電荷分離を起こすことにより，二酸化炭素を炭水化物に光還元，水を酸素に光酸化している（▶8.2項）．光酸化・光還元を巧みに組み合わせた人工光合成の研究は，低エネルギー社会実現との関連から現在世界中で研究が活発に行われている（▶7.3②項）．　　（大久保 敬）

【関連項目】
▶3.1③ 活性酸素種／6.1③ 光線力学療法／7.2② 光触媒による環境浄化／7.2③ 光触媒による水の光分解と水素・酸素発生／7.3② 人工光合成／8.2 光合成系

## 異性化反応
Isomerization

　異性化反応は，分子量は変化せずに構造が変化する分子内反応のことをいう．分子内で起きる結合組み替え反応はすべて異性化反応とみなすことができる．異性化反応は熱でも光でも起きるが，反応が逐次的でなく協奏的に起きる場合は Woodward-Hoffmann 則およびフロンティア軌道論に従う．このような異性化反応には，電子環状反応 (▶3.2⑪項) やシグマトロピー転位反応 (▶3.2⑫項) がある．

　フォトクロミズム (▶5.4④項) は，光が関与する可逆的異性化反応である．単分子で起きるフォトクロミズムは，すべて異性化反応と考えてよい．

　$E$-$Z$ 光異性化は最も基本的な光異性化反応であり，スチルベン，アゾベンゼンが有名である．それ以外にも，脂肪族オレフィン (▶4.1①項) や共役ポリエン (▶8.3①項) の光異性化がある．

　スチルベンは光で $E$-$Z$ 異性化を起こす

が，熱では活性化エネルギーが大きく，実質上異性化しない．スチルベンの励起状態における異性化反応は詳しく調べられており，励起状態における準安定構造 (ファントム状態とよばれる) は二重結合が 90° ねじれた構造をとっている．ここから失活して基底状態のポテンシャル面上に落ち，$E$ 体または $Z$ 体になり，両者の混合物が得られる (図1)．ところが，スチルベンの芳香環を 2-アンスリル基に変えると，励起状態の準安定状態が消失することがある．合成で得られた $Z$ 体を三重項増感剤によって励起すると，$Z$ 体の三重項励起状態から $E$ 体の励起状態までエネルギーを失って断熱的に構造変化し，基底状態に失活する．この際別の $Z$ 体にエネルギー移動を起こすと反応は連鎖的に進行し，1 を超える量子収率を示す．この系の $E$ 体は励起状態のポテンシャル曲線が上り坂になるので光異性化しない．

　スチルベンは $E$-$Z$ 異性化以外に $Z$ 体からの光電子環状反応が起きる．この反応はフォトクロミズムを示すジアリールエテンの光環化反応に相当する異性化反応であるが，酸素やヨウ素などの酸化剤があると，環化体から脱水素が起きてフェナンスレン

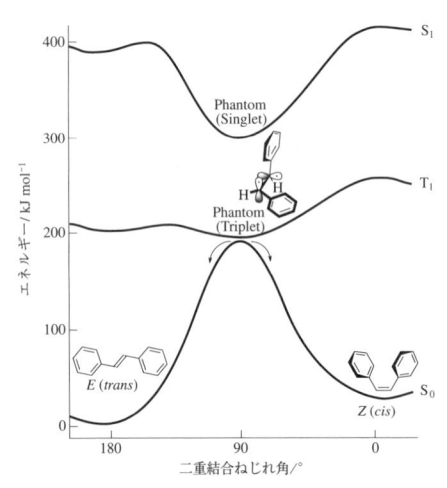

図1　スチルベンの光異性化のポテンシャルエネルギーダイヤグラム

図2　スチルベンからフェナンスレンの生成

が生成する（図2）．

アゾベンゼンは熱可逆なフォトクロミック化合物であり，その堅牢性と合成の容易さから多くの研究が行われている．

$E$ 体から $Z$ 体への光異性化は，スチルベン同様の回転機構（図3A：Rotation）と，分子の平面性を保って起きる反転機構（図3B：Inversion）とがあることが知られている．

アゾベンゼンの $E$ 体は棒状の分子であるので，ベンゼン環のパラ位に置換基をつけることで液晶性を示すことが多い．光異性化させると $Z$ 体は屈曲していて液晶状態を乱すので，温度を一定にしておいて光で液晶状態と等方性液体をスイッチできる．これをポリマーにして高分子液晶とし，架橋してエラストマーとした後フィルムに成形すると，$Z$ 体生成による液晶相－等方性液体の間の相変化のために光照射した部分が収縮し，フィルム全体が大きく運動する．

アゾベンゼンを側鎖にもつポリマーのフィルムに明暗のパターンの露光をすると，明暗に応じた凹凸がフィルムに生じる．

ジアリールエテンのフォトクロミズムは前述した $Z$-スチルベンの光電子環状反応の発展形であり，酸化が起きないように水素をアルキル基などに置き換え，またベンゼン環を芳香族安定化エネルギーの低いチオフェン環などに換えたものである．ジアリールエテンは日本発の代表的なフォトクロミック化合物であるが，日本は歴史的にフォトクロミズム研究が盛んであり，例えば1960年代にヘキサアリールビイミダゾールが発見され，それが近年分子構造に工夫を凝らして再度活発に研究されている．

それ以外にも光異性化反応は数多く知られている．以下に主な項目を挙げる．

・視物質中に存在するタンパク質のオプシンとシッフ塩基を形成しているレチナールの，11位二重結合の光異性化
・ビタミンDがデヒドロコレステロールから生成する最初の過程の，光による電子環状反応（開環反応）
・光フリース転位による，フェニルエステルからアシルフェノールの生成
・1,3,5-3置換ベンゼンから1,2,4-3置換ベンゼンへの光異性化－ベンズバレン，デュワーベンゼン，プリズマン，フルベンの生成（原子価異性化反応） （横山　泰）

【関連項目】
▶3.2⑫ 電子環状反応／3.2⑬ 転位反応／4.1① オレフィンの光化学反応／4.3① 窒素化合物の光化学／5.4④ フォトクロミズム／5.4⑦ 光異性化と光応答膜材料／8.3① 視覚

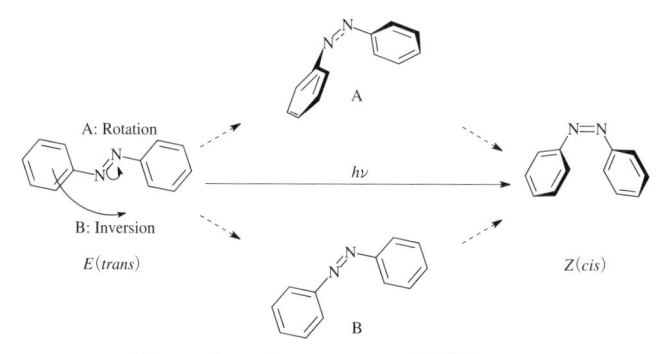

図3　アゾベンゼンの2つの $E$-$Z$ 光異性化ルート

# 結合解離反応
Bond Dissociation Reaction

分子が光を吸収すると,光のエネルギーによって分子内の化学結合が切断される場合がある.その結果,光照射によって親分子から複数の分子あるいはイオンが生成する.可視光および紫外光の吸収によって引き起こされる結合解離では,特定の化学結合が切断される場合が多い.これは,統計的な熱励起による結合切断とは異なる.光による結合解離反応では,ハロゲンやカルボニル基の解離反応などがよく知られている.

**a. 直接解離反応と前期解離反応** 結合解離反応を,光吸収の終状態となる電子励起状態の性質によって直接解離反応と前期解離反応の2種類に分類することができる.直接解離反応の場合には,最初に光励起された電子状態の断熱ポテンシャルが,化学結合が長くなるほどエネルギーが小さくなる形状をしている(図1(a)).このようなポテンシャルを解離型ポテンシャルとよぶ.直接解離反応では,化学結合の切断が光励起直後から連続的に進行する.このために,直接解離反応による結合解離は非常に短い時間で進行する.

もう一方の結合解離反応である前期解離反応では,分子はいったん結合型のポテンシャル上に光励起される.しかし,その後すぐに,エネルギー障壁を越えて解離型ポテンシャル上に移り,結合解離が進行する.あるいは,光励起された電子状態から解離型ポテンシャルをもつ別の電子状態に内部転換して,結合解離を起こす(図1(b)).このような結合解離反応を前期解離反応とよぶ.

**b. ラジカル解離反応とイオン解離反応** 結合解離反応によって化学結合が開裂するときに,その化学結合を形成していた1組(2個)の価電子がどのように分配されるかで,その結合解離反応を分類することができる.

価電子が1個ずつ分かれてそれぞれ生成物に移動し,その結果生成物として2個のラジカルを生じる場合,この結合解離反応をラジカル解離反応とよぶ(式(1)).

$$AB \xrightarrow{h\nu} A\cdot + \cdot B \qquad (1)$$

ヨウ素分子の光解離による2個のヨウ素原子の生成(後述)や,過酸化水素の光解離による2個のヒドロキシラジカルの生成な

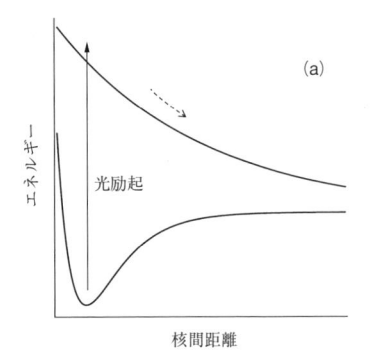

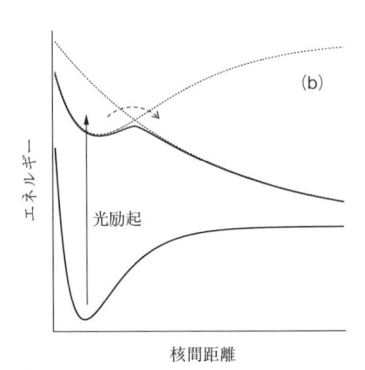

図1 光励起による直接解離反応(a)および前期解離反応(b)の概略

どは，光によるラジカル解離反応の例である．

化学結合の開裂の際に2個の価電子の両方が一方の生成物に移動して，その結果生成物として正イオンと負イオンが生じる場合，この結合解離反応をイオン解離反応とよぶ（式(2)）．

$$AB \xrightarrow{h\nu} A^+ + B^- \qquad (2)$$

光酸発生剤への光照射による水素イオンの発生（後述）は，光によるイオン解離反応の例である．

**c. 光酸発生剤** 励起状態でOH結合などの結合解離反応が進行して水素イオンを放出する化合物のことを光酸発生剤とよぶ．この場合，電子励起状態の酸解離定数$pK_a$が基底状態の$pK_a$に比べて顕著に小さくなる．例えば，光酸発生剤である2-ナフトールでは，水中での基底状態の$pK_a$が9.5であるのに対して，励起状態での$pK_a$は2.6〜3.1と見積られている．

**d. ハロゲン化合物の光解離** ハロゲンを含む多くの化合物では，光励起によってハロゲン–ハロゲン結合やハロゲン–炭素結合が開裂する．

非極性溶媒中でヨウ素分子（$I_2$）を光励起すると，2個のI原子が生じる．生成した1組のI原子の一部は対再結合（geminate recombination）する．この再結合反応の速度や量子収率から，かご効果をはじめとした化学反応機構について議論することができる．

アントラセンを四塩化炭素（$CCl_4$）溶液中で光励起すると，アントラセン環の9位と10位にCl原子および$CCl_3$ラジカルが付加した生成物を得る．この光化学反応では，四塩化炭素のCCl結合の開裂によって生成したCl原子とアントラセンとが結合したラジカル付加体が最初に生成して，次にこの付加体と残りの$CCl_3$ラジカルとが結合する．

**e. 金属カルボニルの光解離** 鉄ペンタカルボニル（$Fe(CO)_5$）やクロムヘキサカルボニル（$Cr(CO)_6$）のような有機金属化合物に光を照射すると，多くの場合カルボニル（CO）基が脱離する．この光化学反応の機構は，気相および溶液中の双方で詳しく調べられている．気相では，照射光が短波長・短パルスレーザーで光子エネルギーが十分大きく，CO基が1つ脱離した後の配位不飽和種の内部エネルギーがCO基脱離エネルギーよりも高い場合，逐次的に2つ目あるいは3つ目のCO基が脱離し，結果としてレーザーパルス内で複数のCO基が脱離する場合がある．しかし，溶液中では，1個のCO基が脱離した直後に余剰エネルギーが効果的に溶媒に散逸するので，2個以上のCO基が脱離することは知られていない．

〔岩田耕一〕

## 結合開裂
Bond Cleavage

分子が吸収した光エネルギーは溶液中では分子と溶媒との相互作用により分子全体に再分配される．そのため，その分子の中で最も結合エネルギーの小さい化学結合が開裂する．励起状態で結合開裂が起きるためには励起状態のエネルギーよりも結合エネルギーが小さいことが必要条件となる．均等に開裂した場合（ホモリシス）ラジカル対が発生する．このラジカル対のスピン多重度は開裂が起こる励起状態のスピン多重度（一重項または三重項；▶2.1④, ⑤項）に一致する．ラジカル対のスピン多重度は溶媒かごから抜け出すフリーラジカルの収率に影響する．このようにして発生したフリーラジカルはラジカル重合開始剤に応用されている（▶5.1①項）．この項では芳香族化合物とカルボニル化合物のそれぞれの光誘起結合開裂の特徴について解説する．

**a. 芳香族化合物の $\beta$ 開裂**　芳香族化合物が $\beta$ 位に共有結合を有する場合，この結合の解離エネルギーが最も小さくなることが多い．これは開裂後に発生するラジカルが芳香環の $\pi$ 電子と共役し，エネルギー的に安定化するためである．ベンジル位のケイ素とハロゲン原子および炭素とハロゲン，酸素，窒素，硫黄原子との結合は光励起により容易に開裂することが知られている（図1）．このような化合物の $\beta$ 結合開裂は主に最低励起一重項 $\pi$-$\pi^*$ 状態で進行する．生成するラジカル対のスピン多重度は一重項であるため，溶媒分子のかご効果による対再結合（geminate recombination）がある確率で起こる．再結合を逃れたラジカルは溶媒かごから飛び出すことによりフリーラジカルとして検出される．フリーラジカルの生成量子収率（$\leq 10^{-1}$）は溶媒かご内での対再結合が起こるため解離直後に生成するラジカル対の生成量子収率より必ず小さくなる．この比率は主に溶媒の粘度に依存する．溶媒かご内で対再結合以外のラジカル反応が起きる場合に反応生成物が得られる場合がある（Photo-Claisen 転移，Photo-Fries 転移）．

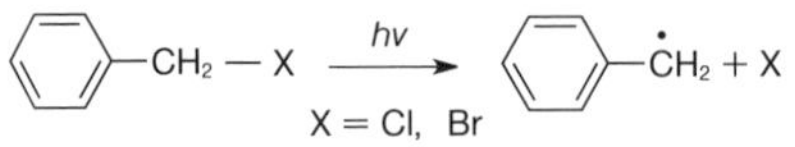

炭素-硫黄結合の $\beta$ 開裂はその結合開裂エネルギーが比較的小さいため励起一重項の励起エネルギーよりも小さい励起エネルギーの三重項でも起こることが報告されている．このような分子は直接光励起すると励起一重項で炭素-硫黄結合が開裂して失活するため，項間交差により形成される三重項での反応の観測は望めない．そのため芳香族カルボニル化合物を三重項光増感剤として用いて間接的に三重項を形成させることにより三重項での開裂反応性が示された．三重項で開裂が起きた場合はラジカル対のスピン量子数が三重項から一重項へ項間交差を起こさない限り対再結合は起こらない．有機溶媒中での三重項ラジカル対の項間交差の寿命は数 $\mu$s 以上であるため，この間にラジカルは溶媒かごから飛び出す．粘度の大きな溶媒を用いない限り生成したラジカル対は再結合による消失をほとんど受けることなくフリーラジカルになるため，その生成量子収率（$\sim 10^{-1}$）が開裂の量子収率と等しいと考えてよい．

**b. カルボニル化合物の結合開裂**　カルボニル化合物の n-$\pi^*$ 電子状態が結合開裂過程を引き起こす．カルボニル基に対して $\alpha$, $\beta$, $\omega$ 位にある共有結合の開裂が知られている．

（1）$\alpha$ 開裂：カルボニル基の炭素と結合

$$\text{Ph-CH}_2\text{-X} \xrightarrow{h\nu} \text{Ph-CH}_2\cdot + \text{X}\cdot$$
$$\text{X = Cl, Br}$$

図1　芳香族化合物の $\beta$ 開裂の例

する α 位の炭素，水素原子またはヘテロ原子間の結合エネルギーが，その分子内で最も小さいため，そのエネルギーよりも大きなエネルギーの励起状態で α 開裂が進行する（Norrish I 型反応，▶4.2②項）．生成するアシルラジカルは光重合開始剤として広く応用されている（▶5.1①項）．

（2）β 開裂：最低励起三重項の電子構造が n-π* であるカルボニル化合物がカルボニル基に対して γ 位に位置する水素原子を有する場合は分子内水素引き抜きが起こり，分子内でビラジカルが生成する（Norrish II 型反応，▶4.2②項）．そして β 位の C-C 結合の共有電子がそれぞれのラジカルと共鳴することにより効率よく β 開裂が起こる．

（3）ω 開裂：カルボニル基から π 電子系を介して遠く離れた共有結合部位（カルボニル基から見た ω 位）の新たな光開裂が報告されている（図2）．カルボニル化合物の最低励起一重項状態の電子構造は n-π* である．El-Sayed 則に従うと，この状態から三重項 π-π* 状態への項間交差は許容遷移であるため，最低励起三重項は光励起後数十 ps 以内で効率よく形成される（▶4.2②，③項）．このため開裂反応の主な励起状態は三重項であることが，この ω 開裂の特徴である．励起状態に n-π* が関与しているか否かで芳香族化合物の β 開裂と区別される．励起一重項と比べて三重項の励起エネルギーは小さいので，三重項状態で解離する結合は炭素とハロゲン，硫黄原子などの解離エネルギーの比較的小さい結合である．三重項で開裂すると生成するラジカル対のスピン多重度も三重項のため対再結合が起こりにくく，そのためフリ

図2 カルボニル化合物の ω 開裂の例

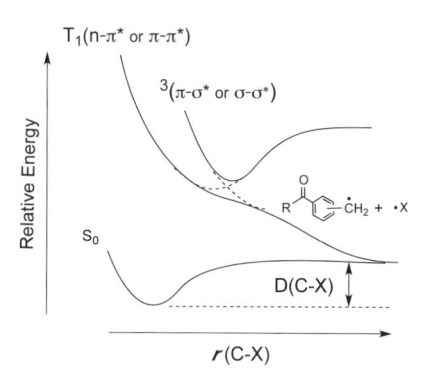

図3 最低励起三重項（$T_1$(n-π* or π-π*)）と三重項結合開裂ポテンシャル（$^3$(π-σ* or σ-σ*)）の禁忌交差による ω 開裂反応スキーム

ーラジカルの生成量子収率が大きい（約 0.5 以上）ことが特徴である．特筆すべきは炭素–硫黄結合の ω 開裂によるフェニルチイルラジカルの生成量子収率が 1 であることである．このため ω 開裂をラジカル発生法とした光重合開始剤の開発が注目されている（▶5.1①項）．異なる π 電子系芳香環を有するカルボニル分子では三重項エネルギーがより小さい芳香環部位の ω 結合が開裂する．このことから ω 開裂が進行するためには三重項結合開裂ポテンシャル曲線（$^3$(π-σ*) または $^3$(σ-σ*)）と励起エネルギーが局在した芳香環部位の三重項状態のポテンシャル曲線（$^3$(n-π*) または $^3$(π-π*)）が交差忌避（avoided crossing）により相互作用する必要があることがわかる（図3）．芳香環上の ω 開裂部位とカルボニル部位の位置関係は開裂反応性に影響を与える．これは三重項状態で ω 開裂する結合の σ* 軌道上の電子スピン密度と深い相関があることが量子化学計算により示されている．

（山路 稔）

【関連項目】
▶2.1④ 電子励起状態の種類／2.1⑤ スピン励起状態／4.2② カルボニルの光反応／4.2③ ベンゾフェノンの光化学／5.1① 光硬化樹脂・光硬化塗料

## 3.2 さまざまな光化学反応──⑤

# 付加反応
Addition Reaction

電子供与性の有機化合物が光電子移動反応によりカチオンラジカルを生成する場合，基底状態と比較して強い求電子剤として働くため，系中に存在するさまざまな化学種との付加反応を誘発する．反応する化学種としては，アルコール，シアニド，その他種々の電子供与性試薬が挙げられ，カチオンラジカルは容易に求核置換を受ける．例えば，フェナントレン，$p$-ジシアノベンゼン存在下，インデンをアセトニトリル/メタノール溶媒中で光照射するとメタノール付加が起きる（図1(a)，量子収率 $\varPhi = 0.25$）．反応機構としては，最初に光励起されたフェナントレンは電子受容体となる $p$-ジシアノベンゼンとの間に電子移動を生じ，フェナントレンカチオンラジカルが発生する．反応基質となるインデンはフェナントレンよりも酸化電位が低いため，フェナントレンカチオンラジカルによりインデンが酸化され，反応活性種となるインデンカチオンラジカルが発生する．このような共増感反応の結果，インデンカチオンラジカルがメタノールと付加反応する．

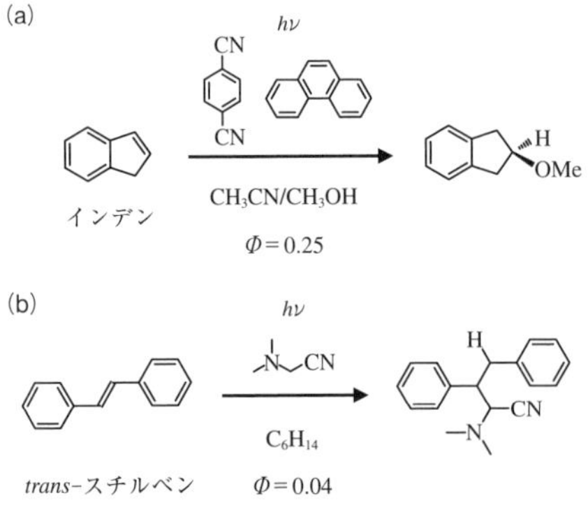

光電子移動反応によって生成した電子供与体のカチオンラジカルは，前述のような系中の電子供与体だけでなく，電荷分離の対となる電子受容体のアニオンラジカルとも付加反応が進行する．前述の反応例ではイオン対の解離が容易になるアセトニトリルのような極性の高い溶媒中で反応効率が高くなるのに対して，後者では非極性溶媒において付加体が生成する．例えば，$trans$-スチルベンはジメチルプロパルギルアミンとヘキサン溶液中での光照射下においてアミン付加体を生成する（図1(b)，量子収率 $\varPhi = 0.04$）．反応機構としては，光励起された $trans$-スチルベンは第三級アミンと非極性溶媒中でエキシプレックスを形成してプロトン移動を誘発し，中間体として発生したアミノアルキルラジカルがスチルベンラジカルと反応することで付加体を生成している．エキシプレックスの解離で生じたイオン対の直接的な証拠が時間分解ラマン分光により得られている．エキシプレックスが一度イオン対に分解するとプロトン移動が起こらないため，アセトニトリル中では反応効率が大きく低下する．

上述の反応系は一般に脱気した溶媒中で行われるが，これは酸素の高い反応性のためであり，系中に酸素が存在すると酸素付加物を含む複雑な混合物を生じる．光増感反応において，酸素分子は，(1) 三重項増感剤（$^3$Sens*）によって短寿命で反応活性の高い一重項酸素へと変換されるか，(2) 電子移動によって生成した電子受容体のアニオンラジカルと反応することによりスーパーオキシドに変換される．一重項酸素はルイス構造式で表現すると双性イオンであり，多くの電子供与性オレフィンや他の有機化合物と反応する能力がある．一方，ス

**図1** (a) アルコールの光付加反応，
(b) アミンの光付加反応

$$O_2 \xrightarrow{^3Sens^*} {}^1O_2$$

三重項増感剤
フラーレン：$\Phi = 0.96$
ローズベンガル：$\Phi = 0.83$
メチレンブルー：$\Phi = 0.52$

**図2** オレフィンと一重項酸素のene反応

ーパーオキシドのルイス構造は電子供与体分子であり，主にカチオンラジカル（とくに正の原子中心）と反応する．ここでは，例として一重項酸素によるオレフィンの光酸素付加反応について紹介する．オレフィン存在下，一重項酸素を発生させることにより，高効率かつ特異的にヒドロペルオキシドが生成する（ene反応，図2）．六員環を遷移状態として経由する反応経路や，ビラジカルや両性イオンを経由する反応経路が提案されているものの，いまだに明確な反応機構は明らかになっていない．なお，一重項酸素はフラーレン，ローズベンガル，メチレンブルーなどの三重項増感剤に対して光照射を行い，増感剤から酸素分子へのエネルギー移動を誘発することによって高効率に発生する（それぞれ，量子収率 $\Phi = 0.96, 0.83, 0.52$）．ene反応によって生成するヒドロペルオキシドは，アリルアルコールやエポキシアルコール，エノンといった有機化合物の合成中間体として応用されている．

その他の光付加反応として，天然物や種々の有機合成に用いられる光反応の代表例であるde Mayo反応を紹介する．励起三重項状態にあるエノンはオレフィンと[$2\pi+2\pi$]光付加環化反応後，シクロブタン環が開裂することによって有機合成上有用な種々の化合物に変換される．1,3-ジケトンを基質に用いた場合にはアルケンとの[$2\pi+2\pi$]光付加環化反応後，レトロアルドール反応が進行することにより1,5-ジケトンが生成する（図3）．通常の有機反応では困難な五員環から七員環，六員環から八員環への環の拡張反応を行うことが可能となるため，天然物の化学合成法に用いられている．また，電子供与基を有するオレフィンを用いた場合にはhead-to-tail産物が，電子受容基を有するオレフィンを用いた場合にはhead-to-head産物が生成するため，位置選択性の高い光付加反応である．反応機構は，エノンとオレフィンの三重項エキシプレックスもしくはエノンとオレフィンの付加体の三重項状態を経由している．

（田井中一貴）

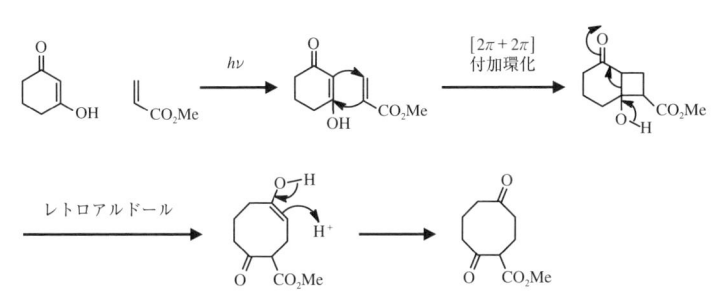

**図3** 1,3-ジケトンとオレフィンのde Mayo反応

## プロトン付加
Protonation

　不飽和結合の光反応のうち最もシンプルなものが光プロトン化である．形式的にはプロトンが付加するという一見単純な反応ではあるが，その反応の機構はきわめて多彩であり，反応条件や基質の種類によりプロトンの求電子付加，水素引き抜き，励起錯体形成，電子移動反応など異なる経路を経ることとなり，生成物分布や収率などが異なる．また，励起状態プロトン移動は基底状態とは異なる酸性度を示し，化合物によって酸解離定数（$K_a$）が何桁も上昇したり低下したりすることが報告されている．

　一般に平面性を有する不飽和結合はその励起状態においてねじれることで安定化する傾向がある．このねじれ構造は一重項 $\pi\text{-}\pi^*$ 励起状態においては分極した性質を帯びるため両性イオン的な性質を有することとなるが，三重項 $\pi\text{-}\pi^*$ 励起状態および $n\text{-}\pi^*$ 励起状態はジラジカル性を有することが知られている．この本質的な差異が光反応性に影響を与える．

　テトラメチルエチレンの直接励起光反応においては，これらとは異なり，リュードベリ励起状態を経由することが示唆されている．ラジカルイオン的な性質を有する励起状態に対しメタノールの求核反応が起こり，生成するラジカル中間体の不均化を経て対応するエーテルが生成する(1)．

　ジメチルシクロブテンの直接励起によっても同じくリュードベリ励起状態が生成し，メタノール中に，同様の機構で対応する付加物が得られる．その他の小員環シクロアルケン（三～五員環）では直接励起，三重項増感ともに付加生成物を与えるが，反応機構はそれぞれ異なる．

　シクロヘキセン，シクロヘプテンでは直接励起（励起一重項状態）でも三重項増感でもイオン的な付加反応が見られる．これらのシクロアルケンは光照射により $Z$ 体から $E$ 体への異性化反応が起こるが，$E$ 体は熱力学的に不安定であり（基底状態において）プロトン化を受け，形式的に励起状態でプロトン化を受けた場合と同等の生成物を与える．キシレンを増感剤とするメタノール中でのシクロヘキセンの光反応においては，光異性化によって生じた $E$ 体に対するプロトン付加ののち，脱離より生じるメチレンシクロヘキサンとともに Markovnikov 型付加体を与える．八員環以上のシクロアルケンでは直接励起ではイオン的付加反応が起こるが，三重項増感ではシス-トランス異性化が主反応となり，付加反応は見られない(2)．

　アリールアルケンやアルキンにおける光反応では，一般的に光照射によりまず $\pi\text{-}\pi^*$ 性の励起一重項状態が生成する．これら励起一重項状態は分極した両性イオン的な性質を有するため，基底状態と比較してプロトン付加速度が 10 桁以上増加する．その結果，プロトン性溶媒中ではいわゆる Markovnikov 付加反応が進行し，対応するアルコールや（異性化を経て）ケトン

を生成する(3).

R = H, Me, MeO, etc.

ニトロ基が置換したスチレンにおける光反応では，励起一重項から効率的な三重項への項間交差が起こり，この励起三重項状態に水分子が求核付加することによりアンチ Markovnikov 付加体を与える(4).

励起一重項状態すなわち両性イオン経由ではプロトン付加反応が優先するが，励起三重項状態においてはラジカル的な機構が好まれるために水素引き抜き反応がしばしばみられる．したがって，アリール基の置換したノルボルネンのメタノール中での光反応では，一重項経由で Markovnikov 型生成物を与えるのに対し，三重項増感反応では式(5)のようなラジカル型生成物を与える．

ジアステレオ選択的な光付加反応もある．一般に付加反応の立体選択性は反応溶媒の極性や反応温度，増感剤の種類によって変化するが，例えば単環式モノテルペノイドの一種であるリモネンの光付加反応において，安息香酸メチルを増感剤とするメタノール中での反応で 96 % という選択性が得られている(6)．また，キラル増感剤を用いたエナンチオ選択的な不斉光付加反応も知られている．

(森 直)

# 付加：原子価異性体への付加
Cycloaddition for Benzene Valence Isomer

ベンゼン **1** には不安定な原子価異性体デュワーベンゼン **2**，ベンズバレン **3**，プリズマン **4** の存在が知られている．**3** は **1** にその最低励起遷移に相当する 254 nm 光を照射することで得られる．**3** の前駆体はプレフルベン **5** で，このビラジカル種の 2,4-位シグマ結合形成が **3** への光異性化反応である．**5** を生成する励起状態は平面分子の **1** から $C_1$–$C_3$ 部位で折れ曲がったパッカード型の $S_1$ 状態 **6** と考えられている．一方，**2** は真空紫外光（<200 nm）の照射で生成することから，$S_2$ 状態の **1** は $C_1$ と $C_4$ で折れ曲がった励起分子 **7** となる．**7** は芳香族性を失い分子内 $[2\pi+2\pi]$ 付加生成物 **2** を与え，さらに $[2\pi+2\pi]$ 付加して **4** となる．これらの原子価異性体を経由してベンゼン環上の置換基が移動することはよく知られており，とくに **3** は鍵中間体として多くのベンゼン類の光化学反応に関与しているが，その検出はそれほど簡単でない．

光付加反応を利用して **2**〜**4** やその前駆体となる励起分子 **5**〜**7** を捕獲する試みが古くから行われてきた．例えば，無水マレイン酸 **8** を **1** に溶かし露光すると結晶性の付加生成物 **11** が生成する．これは，分子間 $[2\pi+2\pi]$ 付加体 **10** が Diels-Alder 反応した生成物である．また，**1** はフラン **12** との光反応で，オルト・パラ・メタ付加体 **13a**〜**d** すべてを生成し，1,3-ジオキソールも **13a** や **13c** 類似の付加生成物を与える．ここで **10** はアンチ構造で，同じ $[2\pi+2\pi]$ 付加体 **13a** はシン構造である．

付加体の立体構造の違いは，基底状態（$S_0$）の CT 錯体経由か，励起錯体（エキシプレックス）経由かを反映している．**1** は光励起される前に電子受容体 **8** と CT 錯体を形成し，その CT 錯体が光励起される

と **9** を経由して，アンチ付加体 **10** を生成する．これは，**1** 自身が光励起されない長波長光の露光でも **11** が生成する実験結果に対応する．一方，シン構造 $[2\pi+2\pi]$ 付加体 **13a** の生成は，エキシプレックスの構造を反映したもので，$S_1$ 状態の **1** が，周囲に存在するフランや 1,3-ジオキソールを電子供与体とするエキシプレックスを形成し，付加生成物の立体構造が規制された結果の生成物である．なお，エキシプレックス経由であっても，より安定なアンチ異性体が生成する場合も多く，**1** の紫外光照射で生成する **11** は $S_1$ 状態の **1** を電子受容体とするエキシプレックスを経由すると考えられている．また，**13b**〜**d** など様式の異なる付加生成物もエキシプレックス経由で説明できることが多い．

このように芳香族化合物として安定な **1** を光励起すると，簡単に **10** や **13a**〜**d** などの付加体が得られる．これらの光付加生成物は，その異性体 **2** や **3** に対する付加とも考えられるが，現在ではその多くが $S_1$ 状態の芳香環と $S_0$ 状態二重結合とのエキシプレックスを経由する付加反応と理解されている．$S_1$ 状態の芳香環は電子供与体または電子供与体として作用して，反応する分子とエキシプレックスを形成した後，さまざまな光付加反応生成物を生成する．換言すれば，光付加反応生成物の生成に対し，エキシプレックス形成が鍵過程である．

置換芳香族化合物の光付加反応の例としてアニソール **14** の光反応を紹介する．**14** はシクロペンテン **15a**，1,3-ジオキソール **15b**，ビニレンカーボネート **15c**，ジクロエチレン **15d**，クロトノニトリル **15e** などの反応でメタ(1,3)付加体 **18** とオルト(1,2)付加体 **19** を生成する．シクロペンテン **15a** とビニレンカーボネート **15c** やジ

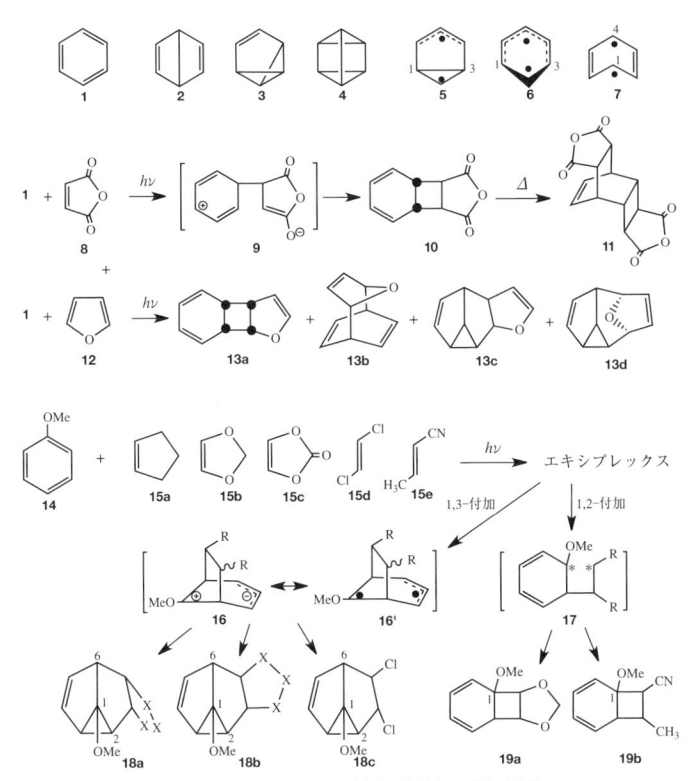

図1 ベンゼンとさまざまな分子との付加反応

クロルエチレン **15d** などにみられるメタ付加体 **18a〜c** の生成がこの置換ベンゼンに一般的な反応である．一方，1,3-ジオキソール **15b** やクロトノニトリル **15e** では電荷移動性が大きいエキシプレックスが生成し，オルト付加体 **19a**，**b** が優先して生成する．

注目すべきは，付加生成物のメトキシ置換基の位置で，付加生成物はいずれも1位にメトキシ置換基を有する．これは光励起によって生成したエキシプレックスが次にビラジカル性を帯びた双極性中間体 **16**，**17** となり，その構造を安定化する位置にメトキシ基が存在するためである．この光付加反応は基本的に二重結合の立体化学保持で進行するが，その後，熱的異性化が起こるため，結果的に混合物となる場合も多い．多くの場合，主生成物はエンド付加体 **18a** であるが，エキソ付加体 **18b** の生成も認められる．オルト付加体 **19** ではほとんどがアンチ構造の生成物で，まれにシン付加体も生成する．

アニソールに限らず，種々のベンゼン置換体で同種のメタ付加反応が進行し，芳香環の $S_1$ 状態と $S_0$ 状態二重結合でエキシプレックスを形成したのち，ベンゼン骨格は **6** 経由でその $C_2$ 位と $C_6$ 位で二重結合と $\sigma$ 結合を形成し，中間状態 **16** を経て，三員環を含むメタ付加体 **18** を生成する．この **1** の光メタ付加生成物は，エキシプレックス経由で，**1** の原子価異性体 **3** を間接的に捕獲したものとみなせる．

(熊谷　勉)

3.2 さまざまな光化学反応──⑧

# 付加：光 Barton 反応
Addition : Photo Barton Reaction

Barton 反応は，1960 年に Barton らにより報告された．光照射により亜硝酸エステル（R-ONO）が RO・と・NO に開裂し，分子内で転位したニトロソ化合物を経てオキシムを与える反応である（次式）．

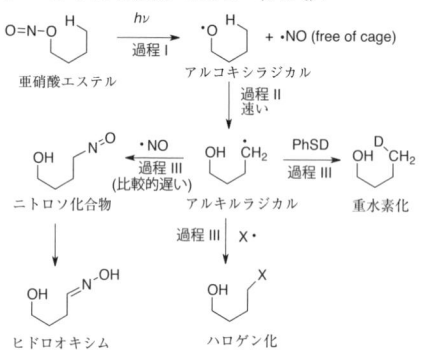

この反応では，まず出発物質である亜硝酸エステルの O-N 結合が光により均一開裂し，・NO と RO・となる（過程Ⅰ）．次に RO・が δ 位（5 位）の水素を分子内で引き抜きアルキルラジカル（R・）が生じ（過程Ⅱ），R・と・NO の再結合によりニトロソ化合物となる（過程Ⅲ）．その後，分子内異性化反応により最終的にヒドロキシムが得られる．過程Ⅲの・NO との反応は比較的遅いために，ハロゲンラジカル存在下ではハロゲン化反応が起こり，重水素化チオフェノール存在下では重水素化が起こる．これらの結果から，脱離した・NO が，溶媒のケージから逃げられずに分子内で R・と反応するケージ内反応ではなく，別の分子からの R・とも反応するフリーラジカル経由であることがわかる．

Barton 反応が最初に報告されたのは，ステロイド系化合物であるプレグナン誘導体の分子内転位反応としてである（次式）．ステロイド系化合物は安定ないす型構造をとりやすいため，1,3-アキシャル位において・NO の光分解に続く 1,5-水素引き抜き反応が起こりやすい．そのため Barton 反応はステロイド型生理活性物質の合成にしばしば用いられる．

1968 年，Barton らによるミリセリン酸の合成は，1997 年に Konoike らにより改良されたが，ここでも中間体の合成に Barton 反応が重要な役割を果たしており，その収率は 80% を超えた（次式）．酸素存在下では，ヒドロキシムの代わりに硝酸塩が主生成物になるので注意が必要である．また Corey は，アザジラジオンの合成において・NO はメチル基ではなく，ステロイド骨格のメチレン基から水素を引き抜くことを報告した．

（山田容子）

# 付加：光 Friedel-Crafts 反応
Addition : Photo Friedel-Crafts Reaction

Friedel-Crafts 反応とは，芳香族化合物にアルキル基あるいはアシル基を導入する求電子置換反応を指し，通常塩化アルミニウムなどのルイス酸が触媒として用いられる．これに対し，光 Friedel-Crafts 反応とは，ルイス酸を用いずに光照射によってアルキル化あるいはアシル化された芳香族化合物を得る反応のことをいう．

芳香族化合物とハロゲン化アルキルの混合物に光照射すると，芳香族化合物に光が吸収されて励起状態となる．系によってはこのときハロゲン化アルキルとのエキシプレックスが形成され，電子移動反応を経て生成した芳香族カチオンラジカルおよびアルキルラジカルが結合してアルキル化反応が進行する．この反応は電子豊富な芳香族化合物に起こりやすく，例えばアニソールとクロロアセトアミドの混合物を水／エタノール中で光照射するとアセトアミド誘導体が得られる（図1）．

ベンゾキノンやナフトキノンの2-アシル化体は，多くの生理活性物質や医薬品の合成中間体として重要である．これらの前駆体である2-アシル化ヒドロキノン誘導体は通常，ヒドロキノン誘導体からFriedel-Crafts 反応によって合成されるが，近年，この化合物をキノン誘導体とアルデヒド類との光反応によって得る研究が活発に

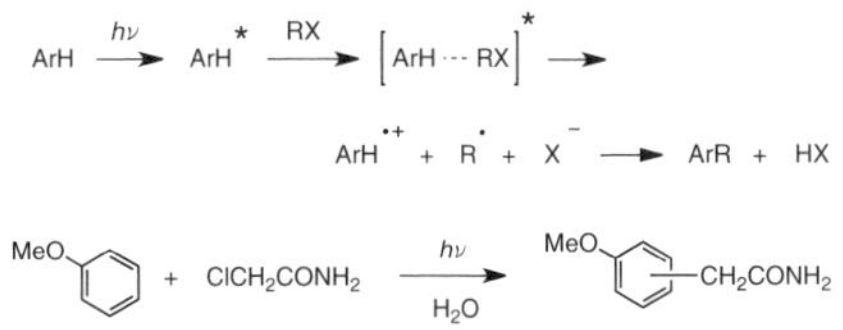

**図1** 芳香族化合物とハロゲン化アルキルとの光 Friedel-Crafts 反応

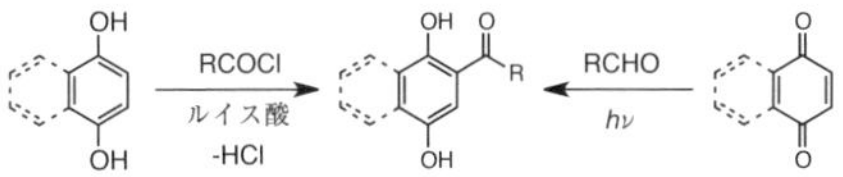

**図2** 通常の Friedel-Crafts 反応と光 Friedel-Crafts 反応

行われている（図2）．最近では光 Friedel-Crafts 反応といえばこちらの反応を指すことが多い．

この反応自身は19世紀末に報告されたものの，当時は太陽光を数ヵ月照射して反応を行っていたため，その後ほとんど用いられることはなく，Friedel-Crafts 反応の代替反応として研究されるようになったのは1990年代に入ってからである．ベンゼン中で高圧水銀ランプを用いて，ベンゾキノンおよびナフトキノンに対して種々のアルデヒドを反応させると，中〜高収率で2-アシル化ヒドロキノン誘導体が得られる．反応機構は2種類提唱されているが，いずれもキノンの励起三重項がアルデヒドの水素を引き抜き，生成したセミキノンラジカルとアシルラジカルが結合することが鍵となっている．

従来の Friedel-Crafts 反応は，用いる酸塩化物やルイス酸などが腐食性をもつため，大気汚染物質となるなど環境面からの問題点があるが，光 Friedel-Crafts 反応は，より環境負荷の少ない反応としてグリーンケミストリーの観点から注目されている．さらに最近では，光源として再び太陽光が着目され，ソーラーリアクターによる大規模合成の研究も始まっている．

〔蔵田浩之〕

【関連項目】
▶3.2⑰置換反応

## 付加：アリール化
Addition : Arylation

　光反応によって誘起されるアリール化（photoarylation）は，合成有機化学で主要な反応である炭素–炭素結合形成反応の1つの有用な方法であり，温和な反応条件下で芳香族化合物との炭素結合形成の便利な合成法である．芳香環上にハロゲンなどの脱離基が置換した誘導体（ArX：Xは脱離基）から光化学的に発生させたアリールラジカル（Ar$^{\cdot}$）またはアリールカチオン（Ar$^{+}$）中間体を経由して炭素–炭素結合を形成できる．たとえば極性溶媒中でAr-Xの光化学反応により発生させたAr$^{+}$がアルケン，アルキンあるいは芳香族化合物などと反応して対応する生成物を与える（図1）．a. アリルトリメチルシラン（ATMS）との反応では，トリメチルシリルカチオンの脱離によるAr CH$_2$ CH=CH$_2$の生成，b. アリール化されたアルキン類の生成，c. ベンゼン共存下での反応ではビフェニル体の生成，d. 五員環のヘテロ環状化合物であるピロールやチオフェンとの反応では，ヘテロ環状化合物の2位に選択的にアリール化した化合物の生成，e. ヨウ化物イオン（I$^{-}$）との反応ではヨウ化アリールの生成．

　別のArX光反応の例として，ArXと求核剤（Nu$^{-}$）との間で形成される電荷移動錯体の光励起による電子移動と，中間体からArXへの電子移動を含む連鎖反応機構がある．この反応はS$_{RN}$1（1分子ラジカル求核置換）反応と呼ばれる（(1)～(5)）．

$ArX/Nu^{-} + h\nu \rightarrow ArX^{\cdot -} + Nu^{\cdot}$　(1)
$ArX^{\cdot -} \rightarrow Ar^{\cdot} + X^{-}$　(2)
$Ar^{\cdot} + Nu^{-} \rightarrow ArNu^{\cdot -}$　(3)
$ArNu^{\cdot -} + ArX \rightarrow ArNu + ArX^{\cdot -}$　(4)
$ArX + Nu^{-} \rightarrow ArNu + X^{-}$　(5)
$Ar^{\cdot} + Nu^{\cdot} \rightarrow ArNu$　(6)

　ArXとNu$^{-}$との間で形成される基底状態電荷移動錯体の光励起によって電子移動が起こり，ArXのアニオンラジカルArX$^{\cdot -}$とNu$^{\cdot}$が生成する(1)．ArX$^{\cdot -}$はアリールラジカルAr$^{\cdot}$と脱離基アニオンX$^{-}$に分解し(2)，Ar$^{\cdot}$とNu$^{-}$が付加反応して付加物ArNu$^{\cdot -}$となり(3)，ArNu$^{\cdot -}$からArXに電子移動が起こり最終付加生成物ArNuとArX$^{\cdot -}$が再生する(4)．結局，(1)～(4)の反応をまとめると(5)となり，ラジカル連鎖機構で進行し，ArNuの生成量子収率は1より大きい．一方，ラジカル連鎖機構でないS$_{RN}$1反応は，(1)～(2)で生成したAr$^{\cdot}$とNu$^{\cdot}$とのラジカル結合反応でArNuが生成する(6)で表される．

　光反応による，アリール炭素–炭素結合形成反応においてNu$^{-}$として，(i) 炭素陰イオンの先駆体としては，活性$\alpha$水素を有するカルボニル化合物，エステル，カルボン酸，アミド，(ii) アルケン，アルキン，エノールやビニルアミン，(iii) アリールアルコキシドアニオンやアミドアニオン，(iv) シアニドイオンなどが用いられる．

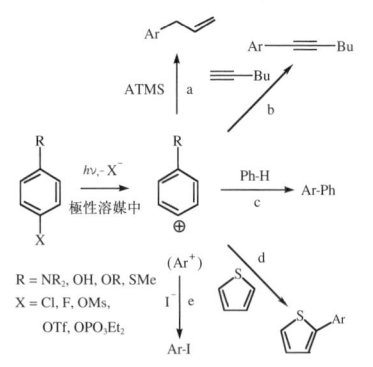

(立木次郎)

図1　Ar-Xの光反応，Ar$^{+}$を経由する反応

# 光付加環化
Photocycloaddition

　光付加環化は光励起された不飽和結合が基底状態の不飽和結合に付加して環化生成物を与える反応である．さまざまな反応が知られ，1段階で協奏的に進行する場合や中間体を経て段階的に進行する場合がある．

　反応に関与する$\pi$電子が$4n$個（$n = 1, 2, \cdots$）の[2＋2]や[4＋4]付加環化は熱を加えても起こらず，光照射によって初めて実現される．これらは協奏的に進行可能なことがWoodward-Hoffmann則で説明される．2分子のアルケンからシクロブタン環が生成する反応が典型であり，例えば2分子の$cis$-2-ブテンは量子収率0.04で[2＋2]光付加環化を起こす(1)．電子供与体-受容体の組み合わせでは，エキシプレックス生成を経由することも多い．9-シアノフェナントレンと2,3-ジメチル-2-ブテンの[2＋2]光付加環化が一例であり，量子収率は0.027である(2)．9-シアノフェナントレンとアネトールも同様に反応，98％以上の高い位置および立体選択性を示す．エキシプレックスおよびエキシマーを経由する[4＋4]付加環化にはナフタレンとジエンの反応やアントラセンの光二量化の例がある．アントラセンは9位をアミノ基やホルミル基で置換するとエキシマー経由で頭－尾型の二量体が生成し，量子収率0.3に達する(3)．

　光励起された芳香族炭化水素はアルケンと1,n-付加環化反応を起こしてさまざまな生成物を与える(4)．1,2-付加環化（[2＋2]）だけではなく，1,3-，1,4-付加環化も起こり，ベンゼン環-アルケンの系全体としての軌道対称性の考察によって説明されている．

　エノンとアルケンとの光付加環化はC＝C部位で起こる(5)．エノンの励起三重項がアルケンと三重項エキシプレックスを形成，アルケンの分極に依存した構造をとるため位置選択的に付加環化が起こる．

　ケトンやアルデヒドがアルケンと光付加環化を起こして，酸素原子1個を含む四員環化合物であるオキセタンを与える反応はPaterno-Büchi反応とよばれている．反応形式は[2＋2]であるが，n-π*三重項状態となった励起カルボニル化合物の酸素原子がアルケンに対してラジカル的攻撃を起こし，中間体としてビラジカルを経由する2段階反応である．歪みのかかったオキセタン環を高効率で与えることができ，例えばベンズアルデヒドと2-メチル-2-ブテンの光付加環化は，量子収率0.45である(6)．

（漢那洋子）

# 電子環状反応
Photochemical Electrocyclic Reaction

ペリ環状反応と総称される有機π共役系の反応のうち，単分子の閉環反応または開環反応をいう．光反応・熱反応とも同様な反応を起こすが，その立体選択性に差がある．「Woodward-Hoffmann 則」はこの選択性を説明する．日光による生体内でのビタミンD前駆体合成は，その一例である．

共役系は含まれる原子と同数のπ軌道をつくり，その数が偶数で電荷がなければ電子は下から半数の軌道を占める．π軌道のエネルギー準位は量子力学の基本どおり，節面の数で決まる．分子のπ軌道は各原子の $p_z$ 軌道からなるとする．$p_z$ 軌道自身の原点上での節面を除くと，最も低エネルギーのπ軌道はそれ以外節面をもたず，共役系の軌道の係数がすべて等しい軌道となる．6π系の様子を図1に示した．次の軌道は共役系の中央に節面をもち，両端の軌道の係数は異符号となる．これ以降，両端の符号は同，異を繰り返す．したがって，$(4n + 2)$π系では，最高被占軌道（HOMO）で両端は同符号であり，その上の最低空軌道（LUMO）は異符号となる．$4n$π系は逆で，HOMOが異符号，LUMOが同符号になる（波の形のみを考えれば，8π系では図1の4がHOMOで5がLUMOにあたる）．

反応は全電子に対する考察が必要だが，反応性を決する重要な軌道（フロンティア軌道）があり，この単一の軌道の変化により新しい共有結合ができると仮定する．光励起で生成する最低励起状態はHOMOから1電子がLUMOに移った状態で，フロンティア軌道はLUMOとなり，熱反応においてはHOMOがこれにあたる．Woodward-Hoffmann 則は，反応において「軌道のもつ対称性は保存される」と規定する．この「対称性」は，共役系に関わるもので，置換基の多少の差異は無視してよい．図2に末端のπ軌道のみを示した共役系を示した．ここで，共役系のつながりで定義される平面に垂直で共役系を二分する鏡面と平面を180度回転させる，$C_2$ 回転軸に関する対称性を考える．すると，図2上段に示したとおり，両端が同符号である場合は鏡面に対し対称で，異符号である場合は回転に対し対称である．共役系の末端のπ軌道がねじれて軌道の重なりを生じ，σ結合となって閉環反応が進む場合，軌道の白部分または黒部分どうしの重なりが必要である．軌道の両端の係数が同符号の場合，分子面より上（または下）が互いに接近すれば相互作用が増し，結合に至ることがわかる．この運動は鏡面に対し対称となり，それぞれの末端は正面からみて逆方向に回転したことになる．これを逆旋的（disrotatory）反応という．一方，両端が異

図1　6π系のエネルギー準位

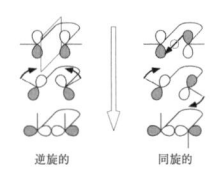

図2　末端のπ軌道の共役系

符号である場合，π軌道が同じ方向に回転すると同じ色の部分が接近して結合に至る．この運動は $C_2$ 軸回転に対し対称であり，これを同旋的（conrotatory）反応という．これらは，どちらも反応前後で軌道の対称性が保存される．また，共役系の両端に置換基や側鎖が伸びている場合，対称な位置（ともに外向きまたは内向き）にあった置換基は，逆旋的閉環では同じ側に，同旋的閉環では置換基は互いに上下の位置に移り異性体となる．

したがって，立体選択性はフロンティア軌道の両端が同符号か，異符号であるかで決まる．すでに述べたように $6\pi$ 系を含む $(4n + 2)\pi$ 系では LUMO の両端は異符号で，HOMO は同符号になる．したがって，光反応は同旋的に進み，熱反応は逆旋的に進む．一方，$8\pi$ 系を含む $4n\pi$ 系はその逆になる．開環反応はこの逆過程として説明でき，はじめ $\sigma$ 軌道にある電子 2 個も含めて $\pi$ 電子と数えるほうが一般的である．この数え方では反応は可逆となり，開環反応でも光化学的には $(4n + 2)\pi$ 系で同旋的開環反応が，$4n\pi$ 系で逆旋的開環反応が起きる．ただし，出発物質の見かけの $\pi$ 電子数は 2 個少ないので注意がいる．全電子を含んだ考察では，反応前後で軌道のエネルギー順が入れ替わっても，電子の入っている軌道は熱反応では HOMO まで，光反応では 1 電子が LUMO，残りは HOMO の軌道に留まる必要がある．これは，2 電子の入った軌道が生成物の LUMO 以上の軌道に変化すれば，最低でも 2 電子励起状態となり，エネルギー的に極端に不利になるためである．この全電子に基づく考察でも，電子環状反応は回転に関する選択則を守れば，光反応，熱反応ともに可能である．

電子環状反応は励起三重項状態から起きることを阻まないが，最低励起一重項状態からの反応がきわめて高速なため，光反応の主要な経路となる．1,3-シクロヘキサジエンの光開環反応や 1,3-シクロペンタジエンの光閉環反応など，反応に適した配置への二重結合の回転を含まなければ，励起後，数百 fs 以内に反応生成物に到達する．一方，大きな歪みを蓄える後者のような閉環反応では，生成物からの逆反応が進むため量子収率は低く見える．炭素のみの共役系でなく，系中にアミド基などを含む場合でも，双性イオンを生成し，それがさらに反応していくという反応経路が知られている．厳密な量子化学計算によれば，反応経路は対称性を喪失した状態を通過するが，立体選択性は対称性のある反応開始時に決まってしまうため，Woodward-Hoffmann 則に基づく予測が可能である．

図 3 はビタミン D の生成過程である．生体内でコレステロールから合成された，プロビタミン D（provitamin D）がプレビタミン D（previtamin D）に変化する過程が，光化学的電子環状反応による $6\pi$ 系開環反応で，末端は同旋的に回転する．さらにペリ環状反応により，メチル基から熱的に水素原子が移動するとビタミン D（vitamin D）となる．反応は逆方向にも進行可能で，プレビタミン D に光を当てると同旋的に閉環反応が起きる．しかし，回転の方向は選択できないため閉環部の水素が互いに逆向きになったルミステロール（lumisterol）が生成する場合もある．一方，逆旋的な閉環化合物は光化学的には生成しない．

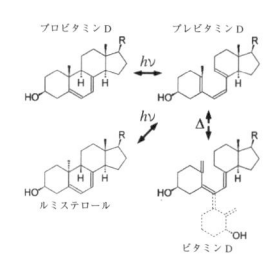

**図 3** ビタミン D の生成過程

（坂口喜生）

# 転位反応
Rearrangement Reaction

転位反応は，移動基である官能基が原点との結合を切って移動し，新しい結合を形成する反応である．転位反応の多くは，ラジカル反応かイオン反応で進行する．典型的な例として，光照射による非共役1,4-ジエン(1)からのビニルシクロプロパン(2)生成がある．この反応はジ-π-メタン転位とよばれ，励起一重項および三重項のいずれでも進行する．

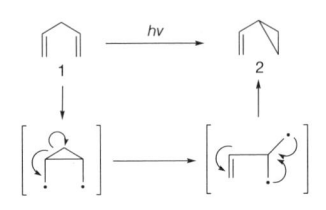

しかしながら，競争的に起こる副反応のため，非環状ジエンでは励起一重項から，環状ジエンでは励起三重項から主として進行する（▶2.1 ④項）．前者の例として，1,1-ジフェニル-3,3-ジメチルヘキサ-1,4-ジエン(3)の転位反応は励起一重項から起こる．一方，後者の例として，5,5-ジフェニルシクロヘキサ-1,4-ジエン(4)の転位反応は励起三重項から起こる．とくにこの場合には，4位にあるフェニル基の1つが隣接する炭素原子に移動しており，1,2-転位反応とよばれる．

このような1,2-転位反応は，二重結合とカルボニル基が共役した共役エノン(5)や共役エノンがカルボニル基で交差した共役ジエノン(6)の場合にも見られる．

一方，4-メチル-4-フェニル-2-シクロヘキサノン(7)の場合には，4位の2つの置換基が同時に転位する．この際，4位の立体配置が反転したビシクロヘキサノンが1種類だけ生成し，立体特異的な転位反応が起こる．このようなアルキル基の1,3-転位が進行する原因は，シクロヘキサン骨格がねじれ励起状態を形成するためである．

芳香族化合物における代表的な転位反応の例としては，以下のような芳香族エステル(8)の光Fries転位，アリルフェニルエーテル(9)のClaisen転位，アゾキシベンゼン(10)のWallach転位などがある．これらの反応は，酸触媒（熱的）反応でも進行する．

上述のような置換基自身の移動による転位反応に対して，置換基自身は移動しなくとも，芳香環の異性化により見かけ上置換基が転位する場合がある．例えば，1,3,5-トリメチルベンゼン(**11**)を光照射すると，1,2,4-トリメチルベンゼン(**12**)が生成する．この反応は，ラジカル捕捉剤を添加しても影響を受けないため，メチル基がベンゼン環から脱離していないことがわかる．質量数 14 の炭素同位体を用いた標識実験より，この反応はベンズバレン中間体を経由する機構であることが明らかにされた．C1-C5 間ならびに C2-C6 間の結合によるベンズバレンの生成，続くビシクロブタン環の C1-C2 間および C5-C6 間の結合開裂による再芳香族化により生成物を与える．このように，互いに構造異性である分子の相互変換が，結合の組み換えだけで起こるとき，この反応を原子価異性とよび，生成した異性体を原子価異性体とよぶ (▶3.2 ②, 3.2 ③項)．

複素環式芳香族化合物の場合にも原子価異性による転位反応が進行する．例えば，2-フェニルチオフェン(**13**)への光照射では，3-フェニルチオフェン(**14**)が生成する．この反応は，原子価異性によるフェニル基の見かけの 1,2-転位である．光励起したチオフェンは，S 原子の非結合性軌道から電子が流れ，S-C3，C4-C2 結合が生成することにより，硫黄原子が正に帯電したイリド中間体を生じる．続く逆方向への電子移動により再芳香族化が起こる．

2-シアノピロール(**15**)の場合，分子内 (2+2) 環化付加により，アザビシクロペンテン環を形成し，続くアルキル基の 1,3-移動後，再芳香族化することにより 3-シアノピロール(**16**)を生成する (▶3.2 ⑪項)．

(白石康浩)

【関連項目】
▶2.1 ④ 電子励起状態の種類／3.2 ② 異性化反応／3.2 ③ 結合解離反応／3.2 ⑪ 光付加環化

# 移動反応
Transfer Reaction

化学反応の中で水素が移動する反応として，プラスの電荷をもったプロトンの移動，マイナスの電荷をもったヒドリドの移動，中性の水素原子の移動がある．分子の光励起状態において起こる断熱的な反応としては，プロトン移動や水素原子移動反応が主な反応である．光反応の途中に酸化・還元により中間状態で起こるヒドリド移動は基底状態の反応であるため，ここではふれない．

励起状態では，基底状態で結合性であった結合が反結合性になり，また，水素結合のような弱い結合が安定になることがある．例えば，水素原子移動やプロトン移動が起こり，その結果生じる互変異性体が安定になる．このような反応は基底状態で分子内または分子間で水素結合を形成している場合に起こることが多く，反応は1ピコ秒程度で進行する場合が多い，生じた励起状態の互変異性体は，短寿命であり，ピコ秒からナノ秒）の寿命で基底状態に失活する．このとき，放射失活過程として蛍光を与える場合もあるが，この蛍光は，きわめてストークスシフト（吸収スペクトルの長波長部の極大波長と蛍光スペクトルの短波長部の極大波長のエネルギー差で，$cm^{-1}$で表す）が大きく，長波長領域に観測される．例えば，吸収極大波長が400 nm付近になる化合物の蛍光極大波長が600 nm付近に観測されることもあり，ストークスシフトが10000 $cm^{-1}$ を超える場合もある．基底状態に失活した互変異性体は $\mu s$ 程度の時間で，逆水素移動や逆プロトン移動を起こし，出発物の安定な構造（ノーマル体）に戻る．このように，水素原子移動やプロトン移動により生成する励起状態の互変異性体は，きわめて長波長領域に蛍光を

与えるなど特異な性質をもつ．プロトン移動か水素原子移動かについては，図1に示すような化合物の場合はプロトン移動，図2に示すような化合物（蛍光量子収率 $\phi_f = 1.6 \times 10^{-3}$）の場合は水素原子移動と考えてよいだろうが，ほぼ同義で使用している．
図3は図1に示したヒドロキシベンズアルデヒドの吸収，蛍光スペクトルである．吸収極大波長 330 nm，蛍光極大波長 536 nm（蛍光量子収率 $\phi_f = 6.7 \times 10^{-4}$）であり，ストークスシフトは11600 $cm^{-1}$ である．また，この化合物は互変異性体により吸収が

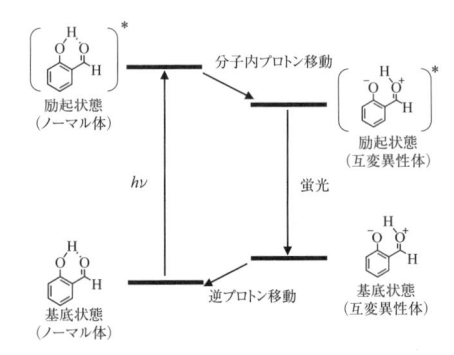

**図1** ヒドロキシベンズアルデヒドの光誘起プロトン移動

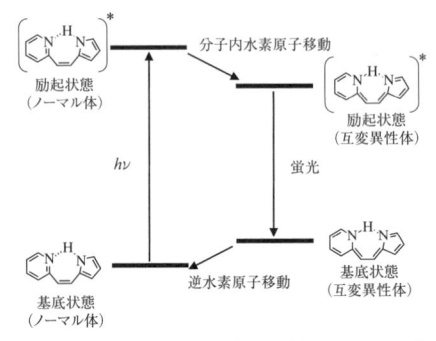

**図2** N-H：N水素結合系の光誘起水素原子移動

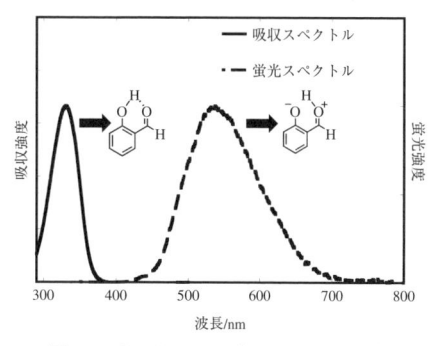

図3 ヒドロキシベンズアルデヒドの吸収および蛍光スペクトル（ベンゼン中）

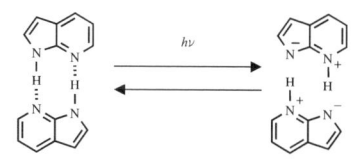

図4 7-アザインドールの光誘起ダブルプロトン移動

異なるのでフォトクロミズムを起こし，最終的には正味の反応をもたらさない反応を起こし，紫外線吸収剤となりうる．

プロトン移動や水素原子移動は分子内だけでなく，分子間でも起こる．7-アザインドールの二量体のダブルプロトン移動（ダブル水素原子移動）（図4）の場合も，互変異性体に帰属される蛍光スペクトルが長波長領域に観測される（蛍光量子収率 $\phi_f$ = 0.02）．

分子内に光反応部位として水素結合部位と二重結合部位を有する分子に関して，基本的な光化学反応部位を2カ所有する分子の光反応性が研究されている．例えば，2′-ヒドロキシカルコン（図5）は，分子内水素原子移動が超高速で起こり，そのため，二重結合に関してシス体からトランス体への一方的な光異性化（量子収率 $\phi$ = 0.05）を起こす．

このように，ピコ秒の速度で起こる水素原子移動やプロトン移動が分子の失活過程の制御や反応の制御に寄与する場合がある．ここで扱った移動反応は，光で水素やプロトンをピコ秒の速度で移動させて，特徴ある蛍光スペクトルを与える構造を過渡的に生成する反応であり，簡単な反応が分子の性質を変えられることを示す典型的な反応である．

（新井達郎）

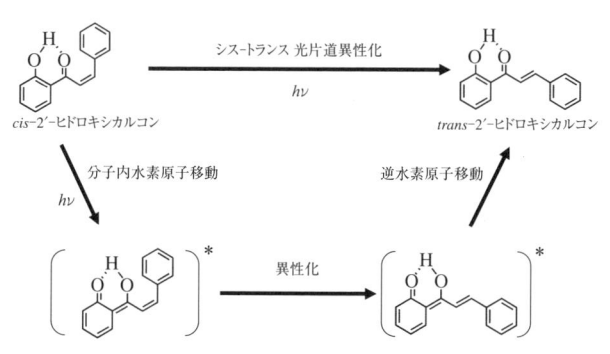

図5 2′-ヒドロキシカルコンの光誘起水素原子移動

3.2 さまざまな光化学反応

# 光ハロゲン化
Photohalogenation

光ハロゲン化として，臭素（$Br_2$）による光臭素化，塩素（$Cl_2$）による光塩素化，光ハロゲン化の利用，について述べる．

**a. 光臭素化** 光臭素化は通常，アルカン存在下，$Br_2$ を光照射することによって達成される．例えば，2-フェニルプロパン（クメン）は，$Br_2$（5 mol%）の存在下，25°C で，光照射により第三級水素のみが臭素化された 2-ブロモ-2-フェニルプロパンを 100% の収率で与える．同様な条件下で，2,2,3-トリメチルブタン，2-メチルペンタン，2,3-ジメチルブタン（温度は 0〜2°C）は，第三級水素が Br で置換された一臭化物を，それぞれ 96%，90%，86% の収率で与える．上記の条件下では，第一級水素への臭素化はほとんど起こらない(1)．

（式1）

これらの反応は，まず，$Br_2$ の光照射により臭素ラジカル（Br·）が生じ，Br· が第三級水素を引き抜いて相当するアルキルラジカル（R·）を与え，R· がさらに $Br_2$ から Br を引き抜くことによって第三級水素が臭素化された生成物と Br· が生じることによる，ラジカル連鎖反応によって進行する．

同様な光臭素化はベンジル位水素をもつトルエン，キシレンなどでも起こり，トルエンは高い量子収率（170〜550）でブロモベンジルを，o-キシレンは o-ビス（ブロモメチル）ベンゼンを与える（収率 48〜53%）．また，ベンジルケトン誘導体でも，1,2-エポキシシクロヘキサンの存在下，ベンジル水素が臭素化されたブロモケトンが効率よく生成し，その収率は，ベンジルメチルケトンやベンジルエチルケトンが基質の場合は 100% である．この場合，1,2-エポキシシクロヘキサンは，系中に生ずる臭化水素を捕捉して，基質のエノールへの臭素の付加を抑制する(2)．

（式2）

一般に，Br· の関与する光臭素化は，同様なラジカル連鎖反応で進行する光塩素化（b. を参照）に比較して，級数の異なる水素への攻撃の選択性が高い．例えば，ブタンの光塩素化では，第一級水素に対する第二級水素の反応性は 3.6 倍（気相，78°C）であるが，光臭素化では，それは 82 倍（気相，146°C）に達する．

**b. 光塩素化** 光塩素化では，Russell らによる 2,3-ジメチル 2-ブタンの光塩素化の研究がある．2,3-ジメチル-2-ブタンは 2 個の第三級水素と 12 個の第一級水素をもつが，第三級水素が塩素化された生成物と第一級水素が塩素化された生成物（一塩化物）の生成比（三級／一級 $=t/p$）は溶媒によって異なり，$t/p$ は，無溶媒で塩素化を行った場合は 3.7 であるが，ベンゼンおよびその置換体を溶媒とした場合には，クロロベンゼン中で 10.2，トルエン中で 15.4，アニソール中で 18.4，8 mol $L^{-1}$ のベンゼン中では 32，1-クロロナフタレン中では 33，である(3)．生成比 $t/p$ は溶媒（ベンゼン誘導体）の電子供与性が大きくなるに

つれて増大する傾向にある．溶媒がベンゼンの場合，$Cl_2$ の光解離で生じた塩素ラジカル（Cl・）とベンゼンとの相互作用によって，ベンゼンから電子受容性原子である Cl・への電荷移動の性格をもつπ錯体が反応系中に生成し，これが塩素化に関与している．そして，このπ錯体の関与により Cl・の反応性が下がり，その結果，塩素化反応の選択性が向上（$t/p$ が増大）する(4)．

(3)

(4)

Ingold らは，$Cl_2$ 光解離，あるいは過酸化ジ-$t$-ブチル，二塩化二硫黄，塩化アセトフェノン，塩化チオニルの各光分解による Cl・の発生系のレーザーフラッシュフォトリシスにおいて，上記π錯体が，490 nm 付近に吸収極大（$\varepsilon_{490} = 1800$ L mol$^{-1}$cm$^{-1}$）をもつ反応中間体として確かに生成していることを明らかにした．

**c. 光ハロゲン化の利用** 光ハロゲン化は，ハロゲン原子の導入による分子変換や，ハロゲン原子をさらに別の官能基などに変換するためのハロゲン化物の合成に用いられている．例えば，表面を水素化した n 形 Si 結晶（n-Si(111)）は，五塩化リン（$PCl_5$）存在下で光照射により塩素化することができる．また，$Cl_2$ の光照射による塩素化は，ケイ素基板上に調製した単分子膜を構成する長鎖アルキル基の末端メチル基への Cl の導入にも利用されている．一方，光臭素化には，通常は過酸化ベンゾイル（BPO）などのラジカル開始剤存在下で，$N$-ブロモスクシンイミド（NBS）を用いる方法がある．これは，種々の分子骨格におけるアリル位 C-H やベンジル位 C-H 結合をはじめとするさまざまな C-H 結合のラジカル的臭素化に有用である．例えば，光照射下，ベンゼン中，NBS の作用によって，メチルコラニュレンのベンジル位炭素は 90% の収率で臭素化される(5)．

同様に，NBS 存在下，四塩化炭素中（加熱還流下），光照射によって，ピラノース誘導体の 5 位に臭素を導入できる（収率 25%）(6)．これらの臭素化物はさらなる官能基変換や分子変換の前駆体として利用できる．

(5)

(6)

（赤羽良一）

【関連項目】
▶3.1④ 光化学反応不安定生成物／3.2③ 結合解離反応／3.2④ 結合開裂／3.2⑰ 置換反応／7.1④ 光退色・光劣化・光酸化

# 光ニトロソ化
Photo Nitrosation

ニトロソ化合物は，ニトロソ基（-N=O）を有する有機化合物（R-NO）の総称であり，脂肪族ニトロソ化合物と芳香族ニトロソ化合物に大別される．窒素に置換したものはとくに $N$-ニトロソ化合物（$R_2$N-NO），酸素に置換したものは亜硝酸エステル（RO-NO）とよばれる．ニトロソ化合物が窒素の隣の炭素に水素をもつ場合（＞CH-NO，脂肪族ニトロソ化合物に限定），オキシム（＞C=NOH）と互いに異性体の関係になる（ケト-エノール互変異性と類似）．ニトロソ化合物はアゾ化合物の原料になるので有機合成上重要であり，またラジカル捕捉剤（スピントラップ剤）としても利用される．

光化学的に生じたニトロシルラジカル（NO･）が有機化合物中の水素と置換する反応は光ニトロソ化とよばれる（図1）．塩化ニトロシル（NOCl）は光照射（波長＜752 nm，N-Cl結合解離エネルギー159 kJ mol$^{-1}$）によりNO･と塩素ラジカル（Cl･）に開裂するので，塩素ラジカルによる有機化合物（RH）からのH引き抜きで生じる炭素ラジカル（R･）とNO･の反応でR-NOが生成する．

また，亜硝酸エステルの光分解（O-N結合のホモリシス）によってもNO･が生じる．同時に生じるオキシルラジカル（RO･）が分子内のHを引き抜くとアルキルラジカル HOR･ が生じるので，NO･と再結合するとヒドロキシニトロソ化合物 HOR-NO が生成する．これを Barton 反応という（▶3.2⑦項）．

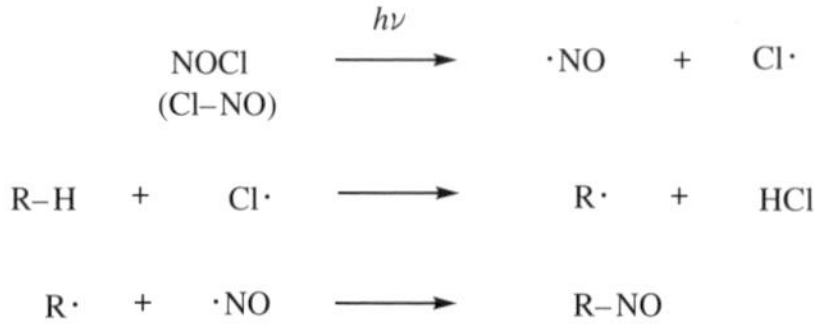

光化学反応を用いる多種多様な有機合成の研究が行われているが，実用化の例として東レにより開発された光ニトロソ化反応を用いる $\varepsilon$-カプロラクタム合成法（photo nitrosation of cyclohexane 法：PNC法）がある（図2，ただし，現在この合成法は実施されていない）．

光照射（波長400〜760 nm，水銀灯，タリウム灯，ナトリウム灯，LEDが利用された）によるNOClのホモリシスで生じたCl･がシクロヘキサンからHを引き抜く（図1）．生じたシクロヘキシルラジカルとNO･の反応で生成するニトロソシクロヘキサンは反応系中に発生する塩化水素によりオキシムへ異性化する．次いで，硫酸によるBeckman転位からナイロン6の原料となる $\varepsilon$-カプロラクタムが生成する．

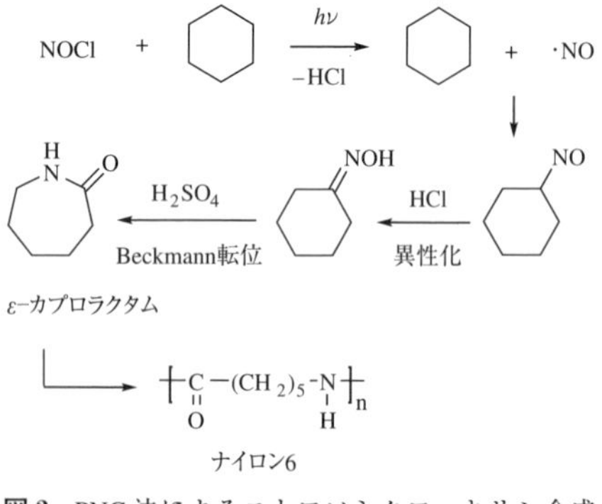

$$NOCl \xrightarrow{h\nu} \cdot NO + Cl\cdot$$
$$(Cl-NO)$$
$$R-H + Cl\cdot \longrightarrow R\cdot + HCl$$
$$R\cdot + \cdot NO \longrightarrow R-NO$$

**図1** 塩化ニトロシル（NOCl）による光ニトロソ化反応

**図2** PNC法によるニトロソシクロヘキサン合成とオキシムへの異性化．Beckmann転位による $\varepsilon$-カプロラクタム合成

（長谷川英悦）

# 置換反応
## Substitution Reaction

　基底状態の芳香族求核置換反応では，4-ニトロベラトロール1は水酸化アルカリ水溶液で処理すると，Meisenheimer錯体（σ-錯体）を経て付加-脱離機構でp-メトキシ基がOH$^-$に置き換わる．一方，波長 > 280 nmの中圧水銀ランプ，パイレックス®透過光照射下ではm-メトキシ基がヒドロキシ基に置き換わる(1)．

$$\text{(化学反応式 1)} \tag{1}$$

　本反応には1の$^3(\pi$-$\pi^*)$が関与し，p-ニトロアニソールなどでは光求核置換の速度は遅い（m-ニトロアニソールの生成量子収率0.22，p-体ではニトロ基の置換体も含めて全量子収率0.085）．

　基底状態の芳香族求核置換反応では，ニトロ基など電子受容基が$o,p$-配向性基として環を活性化する．一方，励起状態では$m$-配向性となる．逆に，電子供与性置換基は，励起状態で$o,p$-配向性基として作用する．同様に，ハロゲンを有する芳香族化合物では，シアン化物イオン存在下p-クロロアニソールの光反応でp-メトキシベンゾニトリルが生じる．またクロロフェノールやクロロアニソールでは，アルコール共存下で光照射するとクロロ基のアルコキシ基への置換が起こる．

　反応機構として，以下の2つが提案されている．
1) 励起状態の芳香族化合物と求核試薬とのσ-錯体の形成（S$_N$2Ar*機構）
　　ArH* + Nu$^-$ → σ-錯体
2) 励起状態の芳香族化合物と求核試薬との電子移動によるσ-錯体の形成

　ArH* + Nu$^-$ → ArH$^{\cdot-}$ + $\cdot$Nu → σ-錯体

　求核試薬のイオン化ポテンシャルと，用いたニトロベンゼン類の組み合わせで反応機構は変わる．例えば，1の励起一重項や三重項はヘキシルアミンとは反応機構1）で反応し，N-ヘキシル-2-メトキシ-5-ニトロアニリンを生成する．一方，励起三重項はヘキシルアミンと反応機構2）で反応し，N-ヘキシル-2-メトキシ-4-ニトロアニリンを生成する(2)．

$$\text{(化学反応式 2)} \tag{2}$$

　また，基底状態の分子内芳香族求核置換反応として知られるSmiles転位は，光照射下でも起こる（$n$ = 2, 式(3)）．

$$\text{(化学反応式 3)} \quad n = 2 \text{~} 6 \tag{3}$$

　アニリノ基は良好な電子供与基として作用し，励起状態ではアニリノ基から芳香環への分子内電子移動が起こって置換反応が進行する(4)．

$$\text{(化学反応式 4)} \tag{4}$$

（河村保彦）

# 脱離反応
Elimination Reaction

有機化合物の光脱離反応においては，脱離フラグメントとして $N_2$, CO, $CO_2$, $SO_2$ などの安定生成物を与える反応が広く知られている．光脱離反応は多くの場合，協奏的あるいはラジカル的に起こり，合成化学的に有用であるばかりでなく，ラジカル，カルベン，ニトレンなどの活性中間体を発生させる手法としても重要である．

**a. キレトロピー反応** 環状の基質から共役 $\pi$ 系をもつ生成物を与える脱離反応およびその逆の付加反応(1)は，キレトロピー反応（cheletropic reaction）とよばれ，熱や光によって協奏的に起こる．脱離フラグメント X としては $N_2$, CO, $SO_2$ などが知られる．式(1)にジアゼンからの脱窒素，環状カルボニル化合物からの脱カルボニル反応の例を示す．フラグメント X が共役 $\pi$ 系とスプラ形で相互作用する場合を直線的（linear）キレトロピー反応，アンタラ形で相互作用する場合を非直線的（non-linear）キレトロピー反応とよぶ．（図1）反応の立体選択性は Woodward-Hoffmann 則により説明される．フラグメント X を $2\pi$ 電子系（$r = 2\pi$）として取り扱い，共役 $\pi$ 系の電子数 $q = (2p + 2)\pi$ との合計が $4n$ であるか $4n + 2$ であるかによって反応の選択律は表1のとおりとなる．光反応の選択律は表1の逆である．

表1 熱許容キレトロピー反応の選択律

| $q + r$ | 直線的 | 非直線的 |
|---|---|---|
| $4n$ | 同 旋 | 逆 旋 |
| $4n + 2$ | 逆 旋 | 同 旋 |

図1

**b. 一酸化炭素，二酸化炭素の脱離**
ケトンは光照射により CO を脱離させる(2)．この反応は，ケトンの $\alpha$ 開裂により始まり（Norrish Type I 反応），安定なラジカル（例えばベンジルラジカル）を生成する場合に有利である．環状ケトンでは環縮小生成物が得られるが，$\alpha$ 開裂後のビラジカル中の水素原子の移動により不飽和アルデヒドやケテンの生成と競争する(3)．構造的に興味深い，高い歪みをもつテトラヘドラン骨格の構築にも光脱カルボニル反応が用いられた(4)．環状 1,2-ジケトンから 2 分子の CO が脱離する反応も知られており，巨大な拡張 $\pi$ 系芳香族化合物の生成などに利用されている(5)．環状ラクトンの光照射では脱炭酸反応が起こる場合があ

る．(6)の例は，不安定な 1,3-シクロブタジエンを生成させる手法となっている．

$$\overset{O}{\underset{R}{\|}}\overset{}{\underset{}{C}}R \xrightarrow[-CO]{h\nu} 2R\cdot \longrightarrow R-R \quad (2)$$

$$(3)$$

$$(4)$$

$$(5)$$

$$(6)$$

**c. 窒素の脱離** アゾ化合物，ジアゾ化合物，ジアジリンは光照射により窒素を脱離させ，ビラジカルやカルベンを効率よく発生するので，これらの不安定化学種のソースとして広く用いられる(7),(8)．多環状ジアゾ化合物の光脱離反応はプリズマン（ベンゼンの原子価異性体）の合成にも利用された．アジドは光照射により窒素を脱離させてニトレンを発生する．アリールニトレンは分子内挿入反応を経てアルコールなどの求核剤（Nu-H，Nu = OR, NR$_2$ など）の存在下でアゼピン骨格を与える(9)．

**d. 硫黄の脱離** スルフィドは3価のリン化合物（ホスファイトなど）の存在下に光照射すると硫黄が脱離した生成物を与える(10)．この反応は C-S 結合のホモリシス過程を経て起こり，安定なアルキルラジカルを生成する場合に効率よく進行する．シクロファン化合物の側鎖縮小の手法としても有効である．

$$(7)$$

$$(8)$$

$$(9)$$

$$R-S-R \xrightarrow[P(OR)_3]{h\nu} R-R \quad (10)$$

**e. ハロゲン化水素の脱離** 2,5-ジメチルフェナシル（DMP）クロリド［式(11)（X = Cl）］に光照射すると，高効率で塩化水素を脱離させる(11)．この反応は塩化水素の光脱離として知られており DMP クロリドのエノール互変異性体を経て進行する．また，DMP クロモフォアのエステル誘導体（X = OCOR）の光照射では，効果的にカルボン酸を再生するため，DNP は光脱保護できるカルボン酸の保護基となる．

$$(11)$$

（岡本秀毅）

# 光重合反応
Photopolymerization

小さな分子が結合して巨大な分子，すなわち高分子が生成する反応が重合反応である．一般的な高分子合成には重縮合，ラジカル重合，またアニオン重合，カチオン重合などのイオン重合，開環重合，配位重合，重付加や付加縮合などさまざまな反応がある．重合する反応性分子はモノマー（単量体分子 M）やオリゴマー（分子量が数百から1万程度の分子）とよばれ，ラジカルやイオンなどを発生する開始剤や，酸や塩基，遷移金属触媒などの存在下において，これらの重合反応が進む．

光重合反応では，光反応によって活性な反応中間体や酸，塩基などを発生させ重合反応を誘起する．このような物質を光開始剤とよぶ．光開始剤は重合反応を開始する物質 X を光反応から発生するので光-X-発生剤（PXG）ともよばれ，(1)で表される．

$$PXG + h\nu \longrightarrow X + PG'$$
$$nM \xrightarrow{X} {-[M]}_n \quad (1)$$

上式のような PXG には光ラジカル発生剤（PRG），光酸発生剤（PAG），光塩基発生剤（PBG）などがある．

代表的な光ラジカル発生剤としては励起三重項状態からの開裂反応や水素引き抜き反応を応用したものが多い．

例として，(2)のようなベンゾイン誘導体の光による α-開裂反応が挙げられる．この反応では引き続いてラジカル中間体の分解反応が生じ，拡散しやすいメチルラジカルなどが生成し，粘性の増大する系でも効率的に重合反応を起こす．

光硬化材料としての用途から，一般的に多官能モノマーやオリゴマーを加えて架橋構造を硬化物中に形成し，耐熱性や耐薬品性をもたせる．アクリル酸エステル誘導体モノマーでは，例えば，(3)のような単官能から多官能モノマーが用いられている．

ラジカル R· に酸素が付加した過酸化ラジカルは重合開始に寄与せず，開始反応や成長反応を妨害する．これは酸素阻害とよばれる．

$$R· + O_2 \longrightarrow R\text{-}OO·$$

したがって，光ラジカル重合反応においてもポリビニルアルコールなどのフィルムで空気から遮断するか，窒素雰囲気下など酸素の少ない条件下で，反応が行われる．三級アミンやチオールなどのラジカル連鎖移動剤 R'H によっても次のような反応により重合開始可能なラジカル R'· を系内に生成し，酸素阻害を抑制できる．

$$R\text{-}OO· + R'H \longrightarrow R\text{-}OOH + R'·$$

PRG とチオール，オレフィン誘導体からの光チオール-エン反応は高効率のラジカル連鎖反応であり，簡単な反応で選択的・定量的・高速で新たな機能物質をつくり出すクリックケミストリーの手法の1つとなっている．(4)に反応例を示す．

強酸や超強酸，ハロゲン化金属を発生す

るPAGにより，カチオン重合や重縮合を誘導する．スルホニウム塩やヨードニウム塩，有機金属塩，スルホネート誘導体などのPAGがよく知られている．例を(5)に示す．

これらは光分解により分子内に含まれている酸前駆体から酸を生成する．ジアリルヨードニウム塩 $Ar_2I^+X^-$ などのオニウム塩では主に対カチオンが光分解し，アニオン $X^-$ から酸 $HX$ が生じる．

$$[Ar_2I^+X^-]^* \xrightarrow{RH} ArI + ArR + HX$$

エポキシドやオキセタン化合物の開環重合がPAGとの組み合わせでよく用いられているほか，ビニルエーテル化合物なども効率よく重合する．

カチオン重合においては酸素阻害がなく，ラジカル重合に比べて硬化による体積収縮も小さいなどの利点があるが，水分によって重合反応が妨害される．

PAGを用いた(7)のような重縮合の例や重付加反応もあるが，酸発生後に熱反応が必要となる．

PBGにおいてはアミンなどの塩基を発生し，エポキシ化合物の重合や架橋反応が行われる．PBGの一例を(8)に示す．

増感剤や他成分を導入して分子間の増感，励起錯体などを経由する高感度な多成分系開始剤も数多い．高分子自体にPXGを修飾した反応系も開発されている．

以上のように，一般的な光重合反応は「PXGの光反応」＋「Xにより開始される重合反応」である．一方，光反応による直接的な重合反応としては，ポリビニルシンナメートなどの光付加環化による架橋反応などがある．また，多光子吸収からの重合開始反応も，立体光造形に応用される3次元での硬化反応を可能とするため重要である．

光重合反応では常温で特定の場所で反応を開始できる．この特性を利用した感光性樹脂は，コーティングや接着，補修，印刷製版，造形，電子部品，医療材料など広範な技術分野で用いられ，光重合反応は産業上重要な化学反応となっている．

（髙原　茂）

【関連項目】
▶3.2⑪ 光付加環化／㉓ 高分子の光化学／4.2 ② カルボニルの光反応／㉑ 酸素，オゾンの光化学／⑦ 過酸化物の光化学／⑧ カルボン酸・ケイ皮酸の光化学／5.1① 光硬化性樹脂・光硬化性塗料／② 感光性材料

# 固相光反応
Solid-phase Photoreaction

単結晶または粉末状の微結晶に光照射を行い励起状態の分子挙動の解析や化学反応による分子変換を行う．自由に運動している溶液中の分子とは異なり，結晶中の分子は動きが制限されているために，固相光反応では，原子の移動をほとんど伴わずに結合の組み換えが起こる．生成物の結晶構造が原料の結晶構造と類似している場合には，単結晶から出発して，反応の進行中も単結晶を維持したまま，生成物の単結晶へと変化する．このような固相反応を単結晶 - 単結晶反応という．その他に，反応途中で結晶状態であるが単結晶が保たれていない場合を結晶相反応，固体状態を保っていれば固相反応である．結晶相反応は，分子自身の反応性以外に，反応に関与する原子や原子団どうしの相対的配置に大きく依存する．すなわち，出発物質の結晶構造が反応性の有無と生成物の化学構造を決定する．このような固相反応の特徴は，格子支配あるいはトポケミカル支配とよばれる．

X線結晶構造解析からは，結晶中の分子配座や配列をかなり正確な情報として得ることができるので，固相光反応に伴う反応点に関する立体的なジオメトリーや反応機構の解明に役立っている．例えば，ケイ皮酸誘導体には $\alpha, \beta, \gamma$ の3つの多形が存在し，隣接分子の二重結合が $\alpha$ 形では 0.36 ～0.41 nm であり，$\beta$ 形では 0.39～0.41 nm，$\gamma$ 形は 0.47～0.51 nm の距離にあり，固相光反応により二量化が起こるのは $\alpha$ 形と $\beta$ 形である（図1）．$\alpha$ 型の光反応では $\alpha$-トルキシル酸が得られ，$\beta$ 形からは $\beta$-トルキシン酸が得られる．シクロブタン環が生成するためには，隣接分子の二重結合が 0.42 nm 以内に接近していることと，互いに平衡に近い配置をとっていることが必要である．このような原子配置と光反応性の相関はかなり高い一般性をもち，この法則は Schmidt 則として知られている．

アルケンの固相二量化反応以外にも，原料と生成物の間で，大きな原子や分子の動きが伴わない反応であれば固相光反応が起こる．カルボニル基の酸素原子による分子内水素引き抜き反応，アルケンやアルキンの固相重合反応などがある．一般に，分子の動きが制限されている固相反応は溶液中の反応と比べて量子収率は低いが，大きな原子移動を伴わない場合には高い量子収率で反応が進行する．したがって，結晶中の分子配列や分子配座を制御して反応点の位置を近づけるために，水素結合，$\pi$-$\pi$, CH-$\pi$, カチオン-$\pi$, 双極子-双極子相互作用などの分子間相互作用を巧みに利用して高効率な選択的反応が起こる場合もある．

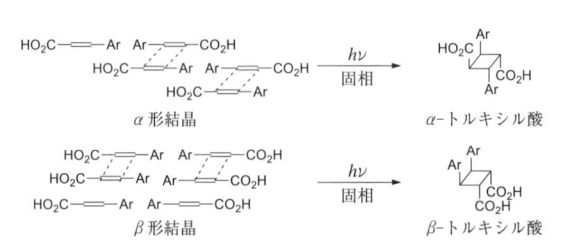

**図1** ケイ皮酸誘導体の $\alpha$ 形と $\beta$ 形結晶の固相光二量化反応

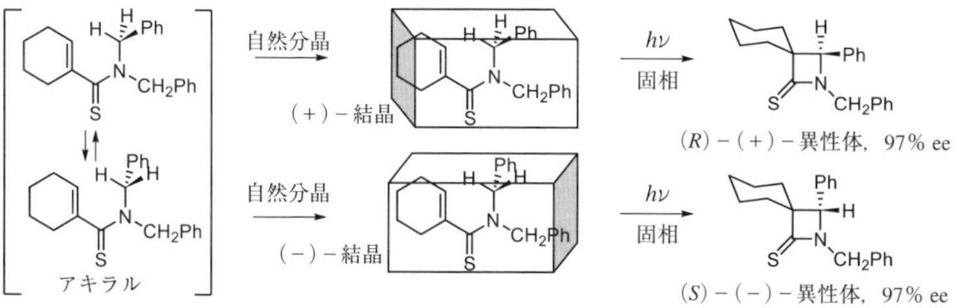

例1 アキラルな基質から形成されるキラル結晶の光反応を利用した絶対不斉合成の例

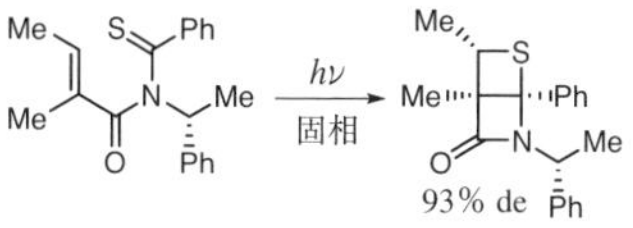

例2 分子内に不斉源を導入した化合物の固相光反応を用いたジアステレオ選択的反応の例

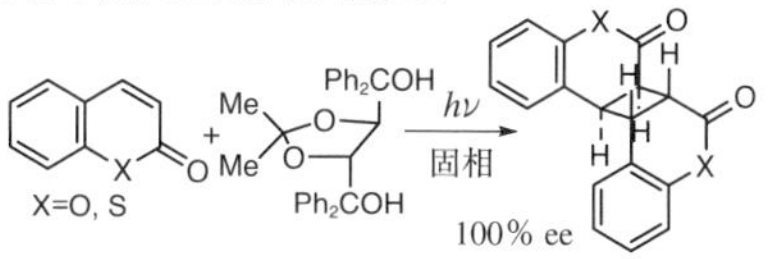

例3 キラルホストとアキラルなゲストとの包接結晶の光反応による不斉反応の例

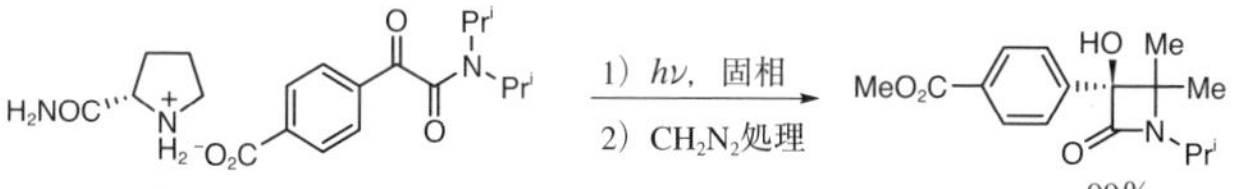

例4 光学活性なアミンやカルボン酸のキラル塩を用いた固相光不斉反応の例

**図2 固相光反応を利用した不斉合成の例**

　固相光反応は不斉反応にも広く利用されており，(1) アキラルな基質が形成するキラル結晶を用いた不斉合成（図2，例1），(2) 分子内に不斉源を導入した化合物の結晶相光反応を用いたジアステレオ選択的反応（例2），(3) キラルホストとアキラルなゲストとの包接結晶の光反応による不斉反応（例3），(4) 光学活性なアミンやカルボン酸のキラル塩を用いた固相光不斉反応（例4），などがある．その中でもアキラルな化合物が形成する不斉結晶の固相光反応により，分子内に不斉中心をつくる不斉合成は，結晶のキラリティーだけを不斉源として利用し，光学活性物質へ導く反応であり，絶対不斉合成とよばれる．例えば，例1の $\alpha,\beta$-不飽和チオアミドは不斉中心のないアキラルな物質であるが，結晶中では分子の動きが制限されているためにキラル構造となる．溶液から結晶化させると，自然晶出により (+)-結晶か (−)-結晶のどちらか一方の鏡像関係にあるキラル結晶が得られる．キラル結晶はホモキラルな配座の分子から構成されているので，その結晶に光照射すると，結晶中の分子配座を反映した光学活性な生成物が得られる．

　また，固相光反応における可逆的に色の変化するフォトクロミズムとしては，サリチリデンアニリン類のプロトン移動を伴う反応や，ジアリールエテン類の閉開環反応によるフォトクロミズムがある．

　さらに，固体からの発光現象は，有機ELディスプレイや有機発光ダイオード，センシングデバイスなどさまざまな用途で期待されている．精緻に分子配列された結晶ではさまざまな固体発光材料を用途に応じて創出することが可能であり，多環式芳香族化合物（アントラセン，ペリレンなど）や複素環化合物（オリゴピリジン，オリゴチオフェンなど）が系統的に研究されている．

〔坂本昌巳〕

【関連項目】
▶3.2② 異性化反応／3.2⑤ 付加反応／3.2㉑ 不斉光反応

# 不斉光反応
Asymmetry Photoreaction

光不斉合成は温度の制約がなく，熱反応ではきわめて困難，あるいは多段階を要する特異な構造を有する化合物を1段階で効率よく合成できる特徴をもつ．本項では以下に，円偏光誘起不斉反応，光増感不斉反応，超分子光不斉反応について説明する．

**a. 円偏光誘起不斉反応**　偏光の一種である円偏光 (circular polarized light: CPL) はその回転方向により，右円偏光と左円偏光がある (▶1⑥項)．キラルな物理力であるCPLを利用した不斉誘起は，物質的なキラル源を必要としないため，絶対不斉合成ともよばれる不斉反応である．円偏光誘起不斉反応は1970年代にKaganやCalvinらによって，ヘリセン誘導体の大きな比旋光度を利用した不斉光環化反応が見出された．しかしながら，有機分子は光の波長に比べて非常に小さいため，不斉誘起能が非常に小さく，CPLを利用した光不斉反応では生成物の鏡像異性体過剰率 (enantiomeric excess: ee) が非常に低いという問題があった．先述の例でもeeは0.2%以下である．

一方で，Vliegらはアセトニトリル中で液体−固体混合状態にあるラセミ体のアミノ酸誘導体1に右円偏光あるいは左円偏光を照射し，スラリー状態のサンプルに塩基を加えてラセミ化をさせながら，5日間撹拌することによって，$(R)$ あるいは $(S)$-体の1の結晶をほぼ100%のeeで得た．この非常に高い選択性は，$(R)$ (あるいは $(S)$)-体のほうが左 (あるいは右) 円偏光の吸光度が高く，さらにその光生成物が $(R)$ (あるいは $(S)$)-体の結晶の生成を阻害し，結果的に $(S)$ (あるいは $(R)$)-体の結晶のみが生成することにより達成されている (図1)．

また，モノマーの分子内に疎水基と親水基をもつ両親媒性ジアセチレンにCPLを照射して光重合反応を行うことで，キラルなポリジアセチレンの合成も達成されている．

**b. 光増感不斉反応**　増感反応とは，励起分子が他の分子により消光される際，他の分子の反応を誘起する反応である (▶2.2⑤項)．キラルな増感剤を用いた光増感不斉反応では，励起された増感剤はプロキラルな基質とエキシプレックス (▶2.2⑦項) を形成し，その際にエナンチオ区別が行われる．エキシプレックスの寿命は短く，またその構造も強くは固定されていないため，その制御には困難を伴うものの，基底状態へと失活した増感剤は再び光を吸収することで，その後の反応への駆動力を

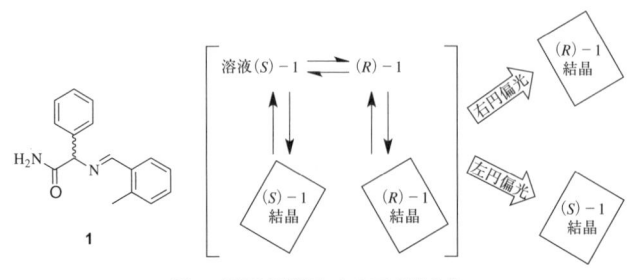

図1　円偏光誘起による不斉結晶化

手に入れられることから，触媒的な不斉合成が期待できる反応である．光増感不斉反応は1965年にHammondらにより世界で初めて報告され，6.7% eeが達成された．その後キラルなパラシクロファン誘導体を増感剤とする（Z）-（Z）-シクロオクタジエンの光不斉増感異性化反応において，キラルなトランスジエンが87% eeで得られている．

**c. 超分子光不斉反応** 超分子科学とは共有結合以外の弱い相互作用（水素結合や配位結合など）を利用して秩序だった分子をつくり上げるものである．超分子光不斉反応のメリットとして，基底状態と励起状態の両方で立体を制御可能であることや秩序だった低エントロピー環境を利用することで，効率的なエネルギー移動やキラル情報の伝播が可能となり，高い選択性の達成が期待できる点が挙げられる．

超分子光不斉反応としては，水素結合を利用した基質とキラルなテンプレートによる超分子錯体を形成させて光反応を行った例が報告されている．Bachらは，キノロン誘導体2とキラルなテンプレート3の間で水素結合を利用した超分子体を形成させ，キノロン誘導体の分子内[2 + 2]不斉光付加環化反応において，キノロン誘導体の付加面の一方をテンプレートで遮蔽することにより，最高92% eeを達成している（図2）．

また，π-π相互作用を利用したジアステレオ区別[2 + 2]光付加環化反応も検討されている．キラル源としてアリール基で置換したメントール誘導体をエステル結合でつないだシクロヘキセノン誘導体と最も小さいオレフィンであるエチレンとの分子間[2 + 2]不斉光付加環化反応において，最高90%ジアステレオマー過剰率（diastereomeric excess：de）でシクロブタン化合物が得られている．ここでは，シクロヘキセノン環のオレフィン部位とメントール誘導体のアリール基との間でπ-π相互作用が働き，アリール基がエチレンの付加する面の一方を遮蔽することにより，非常に高い選択性が発現しているのに加え，基底状態での円二色性スペクトル（▶9.2③項）のピーク強度と選択性に相関が見出された．

光反応を用いる不斉反応の研究が精力的に行われている．得られるキラル化合物は医薬，生化学，農学などさまざまな分野で需要があり，光不斉反応は熱不斉反応と相補的な関係に位置づけられる．　　　（垣内喜代三）

【関連項目】
▶1⑥ 直線偏光と円偏光／2.2⑤ 光増感／2.2⑦ エキシマーとエキシプレックス／9.2③ 円偏光二色性スペクトル

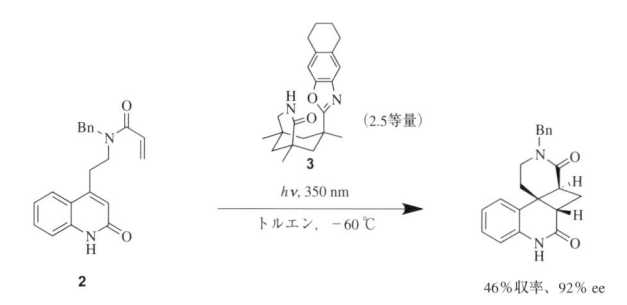

図2 超分子型分子内光不斉付加環化反応

## 3.2 さまざまな光化学反応──㉒

# 水素結合を介した光化学
Photochemical Reaction through Hydrogen Bonding

　水素結合系の光化学反応は，励起状態水素（プロトン）移動（excited state proton transfer）とそれに伴う分子構造変化として理解される．

　水素結合は，図1のAに点線で示すように，電気陰性度の高い原子（X）に共有結合（実線）した水素原子（H）と近接する原子または原子団（Y）の高電子密度部分との間に働く引力的相互作用である．一般的には，酸素や窒素と共有結合した水素原子が，近傍の窒素，酸素，フッ素などの孤立電子対やπ電子系と非共有結合的につくる結合であり，5～30 kJ/mol 程度の強さをもつ．水素結合の成因を理解する上で静電的な引力は重要であるが，水素結合には方向性と電子密度の調整機能がある．水素結合には単一の分子内の異なる部位の間に働く分子内水素結合と，異なる分子の間に働く分子間水素結合とがあり，それぞれ分子の形と分子配列を決める重要な要素の1つとなっている．したがって，電子環状反応や付加環化反応，アルケンのシス-トランス異性化など分子の形や分子配列に関係する光化学反応は，原理的にはすべて水素結合の有無およびその様式の影響を受ける．

　光化学反応を受けにくい化合物であっても，水素結合による分子集合体の分子配列の結果で生じた空孔に光反応性の高い化合物を取り込み，その反応を制御する場合もある．水素結合性不斉有機分子により形成される空孔を鋳型のように利用する不斉光化学反応の開発などが注目を集めている．このように，水素結合は光化学反応全般においてさまざまな役割を担っているが，以下に本題の水素結合部位が光化学変化の起点となる反応について記す．

　図1に励起状態水素（プロトン）移動に起因する構造変化の経路モデルを示す．安定な（基底）状態の分子（部分構造：A）が可視光および紫外光を吸収すると，電子の遷移が起こり高エネルギー（励起）状態（B）になる．この電子状態（電子密度分布）の変化により，プロトン供与体としての酸およびプロトン受容体としての塩基の強さは変化する．水素結合系の酸・塩基およびその共役塩基・共役酸の強さの順がAとBで逆転する場合，電子の遷移に誘起された水素（プロトン）の移動が起きる（C）．質量の小さい水素の移動は非常に速く，励起状態からエネルギーを放出（失活）して基底状態（D）に戻ると速やかに初めの状態（A）に戻る．しかし，励起状態において水素（プロトン）移動後に分子

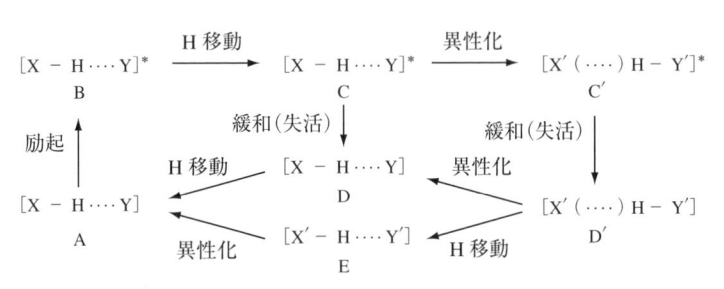

図1　光励起水素移動による異性化反応経路

中の他の原子の移動が起き，分子の形状が変化（異性化）した場合（C'），エネルギー緩和（失活）後に得られた異性体（D'）は基底状態である程度の安定性を保って存在する．ここで，水素移動による異性体（互変異性体）がもとに戻るのに2通りの経路が考えられる．このモデルは反応生成物を理解する上で有用であるが，水素がプロトンとして移動するか電子を伴った水素原子として移動するかの（時間尺度的な）検証は，個々の反応において慎重に行う必要がある．

図2　$N$-サリチリデンアミン(1)の光異性化

図3　7-アザインドール二量体(4)の光異性化

具体的な反応として，種々の置換基を伴った誘導体が多数合成されている$N$-サリチリデンアミン類（1：R＝アリールまたはアルキル基）の結晶状態での光異性化を例にとって説明する（図2）．多くの誘導体において，基底状態ではエノールイミン体(1)（図1のAに相当．黄色）が安定であるが，紫外光を吸収して，励起状態水素（プロトン）移動を経て異性化する．得られたシス－ケトアミン体(2)とトランス－ケトアミン体(3)（ともに図1のD'に相当．赤橙色）は，基底状態で熱的に水素（プロトン）が再移動して異性化し元に戻る．この変化の全過程は可逆的であり，結晶の明確な色の変化が肉眼で観測される．

励起状態水素（プロトン）移動は分子間でも起きる．光誘起により移動する水素（プロトン）供与基としてフェノール性OH基やアミドNH基などが，水素（プロトン）受容基としてイミノ基やヘテロ芳香環の窒素およびアミド基やニトロ基の酸素などがよく知られている．さらに，複数の水素が一度に移動する場合もある．図3に示す7-アザインドールは，1対の分子が2つの水素結合により結びついた安定な二量体(4)を形成するが，この二量体は紫外光を吸収して同時（協奏的）に二重水素移動反応を起こし，互変異性体の二量体(5)に変化する．

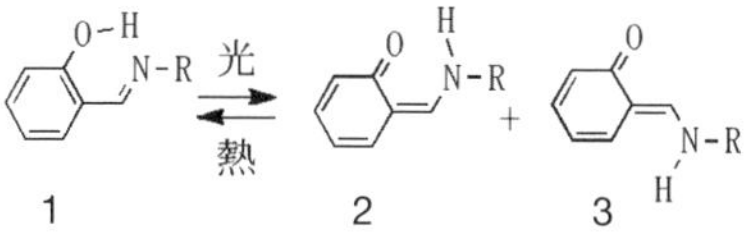

物理化学的には，電子移動の関わる変化の効率（速度）に水素結合が影響を及ぼすことが知られている．電子供与体と電子受容体が組み合わさり光照射により電荷移動を起こす場合（▶2.2⑧項），水素結合の介在により電荷移動の効率が変化する．また，光吸収による電荷移動の結果，基底状態よりも励起状態において強い水素結合が形成される場合には，励起分子からのエネルギー移動（緩和）の過程で分子間水素結合が重要な役割を担うことが多い．このような現象は，光化学変化への水素結合性溶媒（あるいは添加剤）の影響（▶2.3②項）として現れ，水素結合の強さと方向性がその効果を決める要因となる．

励起状態水素（プロトン）移動を起こす分子系は，高性能な紫外線吸収剤，高機能光電子材料，レーザー色素などへの応用が考えられている．一方で，水素結合は生物学的にも重要な基礎概念であり，また水素移動反応は最も単純な化学反応である．したがって，水素結合を介した光化学は基礎・応用両面で重要な研究課題となっている．

〔川東利男〕

【関連項目】

▶2.2⑧　電子供与体・電子受容体と電荷移動錯体／2.3②　光化学における溶媒効果

# 高分子の光化学
Photochemistry in Polymer

高分子に光化学反応性を付与することにより，さまざまな光機能をもつ材料が開発され，電子，記録，印刷，塗料，光学，医療など，幅広い産業・分野で活用されている．それらの光機能性高分子材料の基本となる光化学反応について，概観する．

**a. 光化学初期過程** 高分子の主鎖や側鎖，あるいは高分子フィルム中に添加するなどの方法で，光感応性の色素や光反応基を導入することができる．これらの反応基は，3.1，3.2節の各項で述べられている低分子系と同様に，光励起に伴って光化学初期過程（光物理過程）を経て光反応を引き起こすが，高分子系の特徴として次の2点が挙げられる．

1. 光反応基が近接して配置されており，局所濃度がきわめて高い反応系である．
2. 反応場が高分子中であり，分子拡散や運動が束縛された固体系あるいは高粘度系である．

このため，エキシマー形成や錯体・会合体形成，エネルギー移動などの分子間相互作用が起こりやすい．エネルギー移動による励起状態の移動・拡散は，運動が制限された固体系での増感過程や反応サイトへの励起エネルギー注入過程として重要な役割を果たしている（▶2.2④項）．一般に光化学反応には活性化エネルギーを必要としない反応が多いが，高分子光反応では，マトリックスの自由体積に依存した高分子鎖の局所運動が反応を加速する．したがって，媒体となる高分子のガラス転移温度や可塑剤によるその制御が，光機能材料の設計において考慮される．

**b. 光化学反応** 高分子の光化学反応によく用いられる反応基として，主に次の4つが挙げられる．

1. C＝O 二重結合をもつ基：アルデヒドやケトンなどのカルボニル基
2. C＝C 二重結合をもつ基：ビニル基，アリル基，ビニレン基など
3. N 二重結合をもつ基：アゾ基，ジアゾ基，アジド基など
4. 芳香族環をもつ基

これらの反応基は光励起に伴い，水素引き抜き反応，開裂反応，異性化反応，付加反応，分解脱離反応，置換反応，付加環化反応などを行う．

一方，光反応を高分子反応の種類の観点から整理すると，表1のようになる．

以下に代表的な具体例について述べる．

例1：電子回路製造や印刷製版に用いられる感光性高分子の代表例として，ポリビニルシンナメートが挙げられる．光照射により，近接するケイ皮酸二重結合どうしが反応し，シクロブタン環を形成して二量化する．露光部は架橋構造が発達する結果，不溶化する．以上をスクリーン印刷用のメッシュ上で行えば，例えば回路部が型抜きされた印刷版が容易に得られ，スクリーンを通した導電性ペーストの塗布により回路

表1 高分子の光反応

| 高分子反応 | 光化学反応 | 用途 |
|---|---|---|
| 架橋，不溶化 | 二量化反応，光開始ラジカル付加反応 | ネガ型レジスト，塗装，硬化 |
| 重合 | 光開始ラジカル発生，光酸発生 | 樹脂成形，印刷製版，塗装，硬化 |
| 分解，切断，解重合 | 開裂反応，光酸発生 | ポジ型レジスト |
| 変性水溶化 | 光酸発生による親水化反応，溶解抑制剤の分解反応 | ポジ型レジスト，印刷製版 |

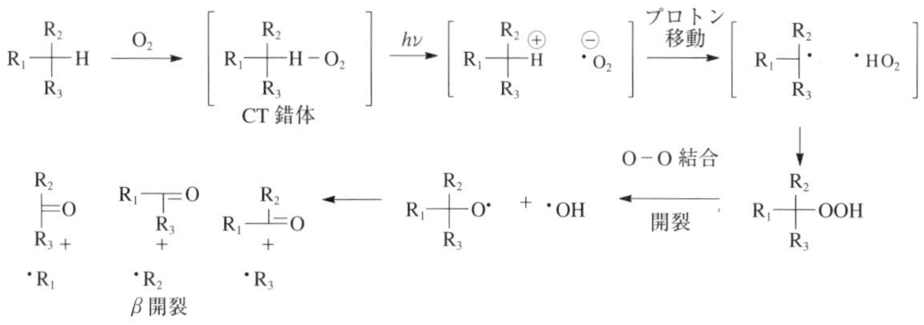

**図1** 光劣化における酸素の役割

を印刷できる．また，感光性高分子の光不溶化・可溶化により耐蝕性の高い保護膜（ホトレジスト膜）をシリコン上に残し加工する方法は，大規模集積回路（VLSI）製造に欠かせない．

例2：光重合反応がハードコート，デバイスの封止・接着，歯科材料，3次元光造形などに応用されている．ベンゾフェノンやアセトフェノンなどを光ラジカル発生開始剤とするアクリル系モノマーのラジカル重合，ジアリールヨードニウム塩やトリアリールスルホニウム塩などの光酸発生開始剤によるエポキシ系・オキセタン系のカチオン重合などが実用化されている．デバイス封止など紫外線が透過しにくい場面では感光波長の長波長化が必要だが，開始剤の新規開発に加え，エネルギー移動増感や電子移動増感を行う添加剤で実現される．

**c. 光劣化の化学** 紫外線は，有機・高分子材料に，劣化・変性につながる悪影響を及ぼすことが知られており，励起状態から反応性の高いフリーラジカルが直接発生する過程が，劣化の初期過程と考えられている．カルボニル基（>C=O）の作用が最も重要なものの1つである．ポリウレタン，ポリカーボネート，ポリエステルなど縮合系ポリマーはカルボニル基を有し，このため近紫外域にモル吸光係数10～100 L mol$^{-1}$ cm$^{-1}$ 程度の n-π* 遷移由来の吸収帯をもつ．カルボニル基が光吸収して生成する n-π* 励起状態は，π結合が弱まり

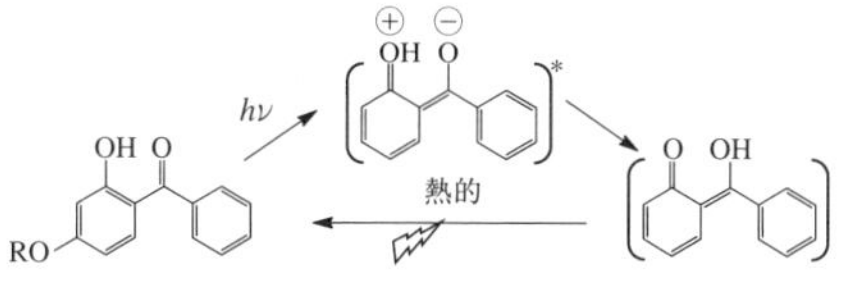

**図2** ヒドロキシベンゾフェノン型光安定剤の作用機構

ビラジカル的性質を示す．n-π* 励起状態から，Norrish の名が付された I 型，II 型の開裂が起こる（▶3.2④, 4.2②項）．酸素があると，無酸素状態より劣化が進みやすい（図1）．酸素との CT 錯体が光励起されるとスーパーオキシドアニオンが生成，プロトン移動を経てヒドロペルオキシドを形成する．さらなる結合開裂を経てカルボニルを生成し，さらに光吸収，劣化・変性に関与する．

以上は劣化の一部にすぎない．光劣化を防止するため高分子材料には，ほぼ必ず光安定剤が含まれている．例えば，ラジカル連鎖開始を阻害する内部フィルター型の紫外線吸収剤として，ヒドロキシ基を有するベンゾフェノンがあり，その励起状態は分子内プロトン移動により効率よく消光される（図2）．

〔川西祐司〕

**【関連項目】**
▶2.2④ 励起エネルギーの移動・伝達・拡散／3.1 光化学反応の特徴／3.2 さまざまな光化学反応／4.2② カルボニルの光反応／5.1 光反応による加工・造形／5.4 光機能材料／5.5 光記録

# 有機電子移動化学
## Organic Electron Transfer Reaction

光励起状態の分子へ電子を移動する分子（電子供与体：D）または電子を受け取る分子（電子受容体：A）を共存させると，両者間の電子移動相互作用により励起錯体（エキシプレックス）やラジカル解離が起こる（▶2.2⑥〜⑧項）．光化学反応においては，このような光電子移動により引き起こされる反応が数多くある．例えば，異性化，分解，電子供与体・受容体間の付加やカップリング，二量化，開環，脱離，酸化などがある．光電子移動を経由すれば，熱反応では困難な反応を進められる可能性がある．

電子供与体および受容体分子の混合物に対して光照射を行うと，電子の移動により特有の反応を引き起こすことができる．例えば，図1のように4-メトキシスチレン（1）をアセトニトリル中で光照射（波長300 nm）すると，環化付加反応（▶3.2⑩項）によりシクロブタン二量体を生成する．このとき生成物は，互いの芳香環が同じ向きをとったシス型の立体配置をとる．しかしながら，図2のように1,4-ジシアノベンゼン（DCB）の存在下で光照射（波長360 nm）を行うと，トランスの立体

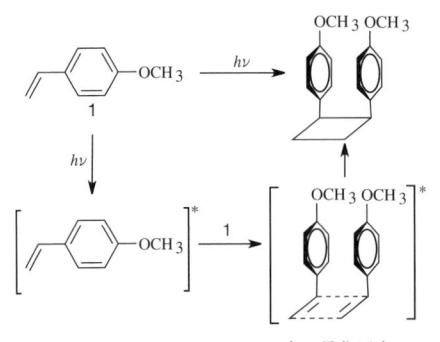

**図1** 4-メトキシスチレンの光二量化反応

**図2** 1,4-ジシアノベンゼン（DCB）存在下における4-メトキシスチレン（1）の光二量化反応

配置をとった二量体が生成する．

図1のように，1を直接光励起すると（波長300 nm），励起一重項状態（▶2.1④項）の1が基底状態の1と相互作用してシス型の励起錯体を形成する．これは，二重結合と芳香環のπ電子が互いに引き合うためである．そのため，生成物はシス体となる．一方，図2のように，DCBの存在下では，1の励起一重項からDCBへの電子移動により，1のカチオンラジカル（1$^{+\cdot}$）とDCBのアニオンラジカル（DCB$^{-\cdot}$）が生成する．1$^{+\cdot}$は基底状態の1に付加することにより二量体のカチオンラジカルを生成する．この際，互いの芳香環は立体障害を軽減するために互いに異なる方向を向く．その後，DCB$^{-\cdot}$から電子を受け取ることにより，トランス型の二量体を生成する．したがって，光電子移動を利用することにより反応の立体化学を制御できることがわかる．

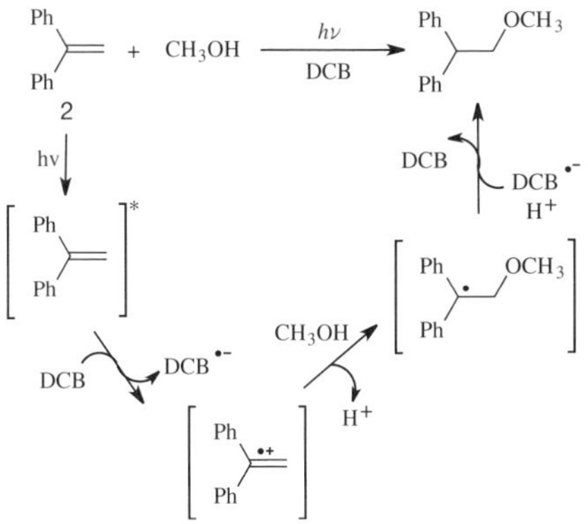

**図3** DCB 存在下における 1,1-ジフェニルエチレン(2)とメタノールの反応

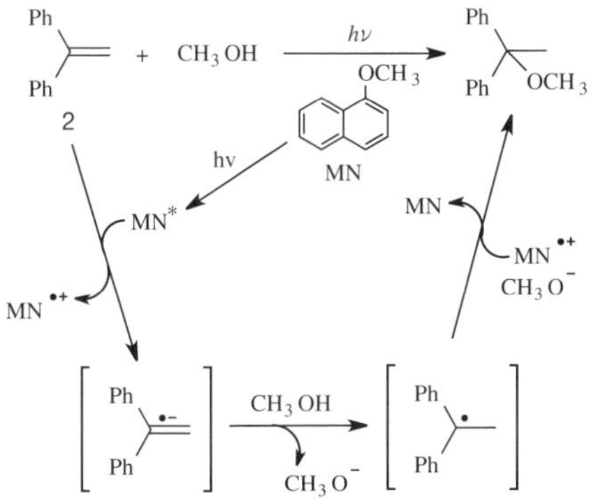

**図4** 1-メトキシナフタレン存在下における 1,1-ジフェニルエチレン(2)とメタノールの反応

　光電子移動により異なる生成物が得られる例として，オレフィンへのアルコールの付加反応がある．図3のように，DCBの存在下，1,1-ジフェニルエチレン(2)をメタノール溶液中で光照射（波長300 nm）すると，オレフィン末端へのメタノール付加体が生成する．一方，図4のように，1-メトキシナフタレン（MN）を加えて，MNだけが吸収する長波長の光（波長380 nm）を照射すると，メチレン部位へのメタノール付加体が生成する．

　図3のように，DCB存在下での反応では，2が光励起される．励起一重項状態の2からDCBへの電子移動により，2のカチオンラジカル（$2^{\cdot+}$）とDCB$^{\cdot-}$が生成する．$2^{\cdot+}$にアルコールが付加することによりフリーラジカルを生成する．この際，アルコールはオレフィンの末端炭素に付加して安定化される．フリーラジカルは，DCB$^{\cdot-}$から電子を受け取り，かつプロトンと反応して末端付加体を生成する．

　一方，図4のように，MNを光励起（波長380 nm）した場合には，MNの励起一重項から2への電子移動により，MNのカチオンラジカルと2のアニオンラジカル（$2^{\cdot-}$）が生成する．アニオンラジカルは，アルコールからプロトンを受け取りフリーラジカルとなる．この際，プロトンはオレフィンの末端炭素に付加する．これは，生成したラジカルが芳香環と共役して安定化されるためである．生成したフリーラジカルは，MNのカチオンラジカルへ電子を移動し，さらにメタノールと反応してメチレン付加体を生成する．このように，光電子移動により電子の移動する方向を制御して，反応の起こる位置を変えることができる．

　上述の反応において，MNは自身が光を吸収してメタノールのオレフィンへの付加を進めている．このように反応基質ではない他の化合物が光を吸収して反応を進める場合を増感反応（▶2.2④項）とよび，その化合物を光増感剤とよぶ．とくに，MNのように励起状態から化合物への電子の授受を行う光増感剤を電子移動型光増感剤とよぶ．

（平井隆之）

【関連項目】
▶2.1④ 電子励起状態の種類／2.2⑤ 光増感／2.2⑦ エキシマーとエキシプレックス／2.2⑧ 電子供与体・電子受容体と電荷移動錯体／2.2⑨ 電子移動と電荷再結合／3.2⑪ 光付加環化

# 4

# さまざまな化合物の光化学

4.1 炭化水素
4.2 酸素含有化合物
4.3 窒素・硫黄含有化合物
4.4 その他の原子含有化合物
4.5 生体関連化合物

# オレフィンの光化学反応
Photochemical Reaction of Olefin

### a. オレフィンの光励起状態の性質
オレフィンのC=C二重結合は，光励起によって$\pi$-$\pi$*励起され，双性イオン的性質をもつ励起一重項状態（$S_1$）やビラジカル的性質をもつ励起三重項状態（$T_1$）を経由した多彩な反応を引き起こす．非共役オレフィンへの光照射では，項間交差による$T_1$の生成効率が低く，主に$S_1$を経由した反応がみられるが，光増感条件とすることで$T_1$経由の反応を効率的に起こすことも可能である．以下にオレフィンの代表的な光反応の例を示す．

### b. $E$-$Z$異性化
$E$-スチルベンに対して光照射すると$E$-$Z$異性化が進行し，$E$体と$Z$体の光定常状態を与える（図1(a)）．この反応機構は形式上，以下の4つの過程を含む．(1) 基底状態（$S_0$）の$E$体（$\theta = 180°$）あるいは$Z$体（$0°$）の$\pi$-$\pi$*励起による$S_1$の生成．(2) 共通の直交構造（〜$90°$）への構造変化．(3) $T_1$への項間交差．(4) $S_0$への項間交差を伴う$E$体（$180°$）あるいは$Z$体（$0°$）の生成．本反応は基本的に可逆であり，光定常状態における$E$体と$Z$体の存在比は，励起光に対するモル吸光係数の比に依存する．光$E$-$Z$異性化反応は，熱反応では生じがたい異性体を得る手法として重要である．例えば，環ひずみが大きく熱力学的に不利な$E$-シクロオクテンは，光増感剤の存在下$Z$体に光照射することで容易に得られる（図1(b)）．このほかにも，$Z$-レチナールの$E$体への光$E$-$Z$異性化が，ヒトの視覚認識で重要な役割を果たしている．

### c. プロトン移動に由来する転位と極性付加
オレフィンの$S_1$は双性イオン的性質をもつので，プロトン移動に由来する反応を起こすことがある．例えば，分子内

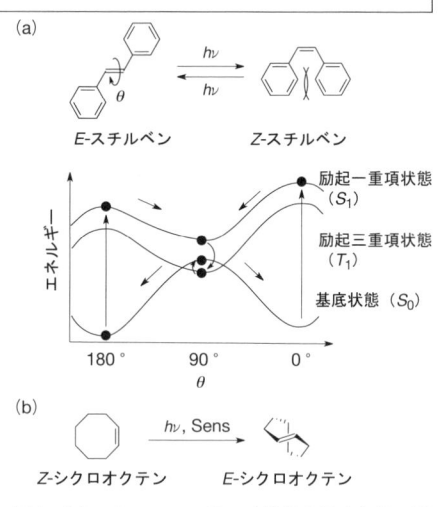

図1 (a)スチルベンの光$E$-$Z$異性化反応とその機構，(b)シクロオクテンの光$E$-$Z$異性化反応

の近傍プロトンの移動が起き，最終的に水素の1,3-移動や骨格転位などを起こす（図2(a)）．また，$S_1$はアルコールなどのプロトンの求電子攻撃を受けてカルベニウムイオン中間体を生じ，これがアルコールの求核攻撃を受け，最終的に1,2-極性付加となる（図2(b)）．条件（励起波長など）によっては，オレフィンは$\pi$-$\pi$*のほかに，Rydberg準位への遷移を起こして$S_1$とよく似た極性付加を受ける．Rydberg状態のオレフィンはカチオンラジカル性を帯び，アルコールなどの求核攻撃を受けラジカル中間体を生じ，これに水素ラジカルが付加すれば1,2-極性付加が完結する．光反応による極性付加は，通常の反応と位置選択性が異なり，逆Markovnikov付加となる．この選択性は，中間体（$S_1$経由ではカルベニウムイオン，Rydberg状態経由ではラジカル）の安定性に起因する．

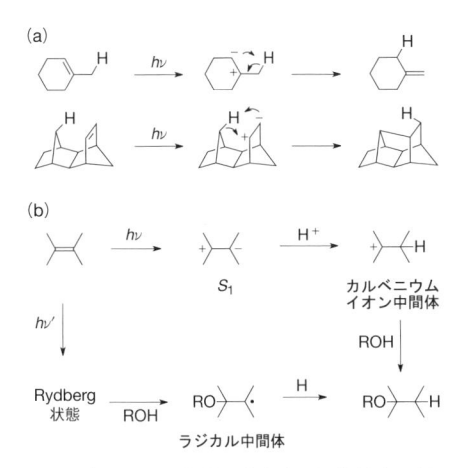

**図2** (a)プロトン移動に由来する転位反応の例，(b)励起一重項状態およびRydberg状態を経由する極性付加反応の機構．

**図3** ジ-π-メタン転位の反応機構

**図4** [2＋2]光付加環化反応の例

**d．ジ-π-メタン転位** 2つのオレフィンがsp³炭素を介して連結されたジ-π-メタン化合物は，光照射によってアリル基の1,2-転位を起こし，シクロプロパン環を与える（ジ-π-メタン転位）．中間体として最初に生ずるシクロプロパン環が開裂し，ジラジカル中間体を経て新たにシクロプロパン環が形成される．ジラジカル中間体の安定性が反応選択性を左右し，電子供与基がある場合は，ビニル基の末端にそれをもつ生成物が最終的に得られる．電子求引基がある場合は，シクロプロパン環上にそれを有する生成物が生ずる（図3）．

**e．[2＋2]付加環化** [2＋2]光付加環化は，同一あるいは異種のオレフィンが二量化してシクロブタンを与える反応である．$S_1$を経由する[2＋2]光付加環化は，Woodward-Hoffmann則にしたがう協奏的反応であり，したがって，立体選択的に進行する（図4(a)）．反応例はスチレンからジフェニルシクロブタンの生成（図4(b)）など，数多くある．[2＋2]光付加環化は，炭素-炭素結合を形成する合成手法として，とりわけ高歪み多環構造化合物の構築において有用である．例えば，キュバンの合成では，歪んだかご状骨格を構築する鍵段階に[2＋2]光付加環化が用いられている（図4(c)）．なお，基質・条件によっては光反応，熱反応の区別なくビラジカルやカチオンラジカルを経由して[2＋2]付加環化が起きる場合もあり，その反応機構については慎重に議論する必要がある．

（池田　浩）

【関連項目】

▶2.1分子の光吸収と電子励起状態④⑥／3.2さまざまな光化学反応②⑤⑥⑩-⑫／4.1炭化水素②-⑥

# 共役 1,3-ジエンの光化学
Photochemistry of Conjugated 1,3-Diene

共役 1,3-ジエンでは励起一重項,三重項のエネルギー差が大きく（(E)-1,3-ペンタジエンでは一重項エネルギー 540 kJ/mol に対し三重項エネルギーは 248 kJ/mol）,一重項から三重項への項間交差は起こりにくいため,三重項増感剤による反応の研究が比較的多い.

共役ジエンの主な光化学反応は,a. 二重結合のシス,トランス (Z, E) 異性化（Z, E-isomerization）,b. 電子環状反応（electrocyclic reaction）,c. 付加環化（cycloaddition）および d. シグマトロピー転位（sigmatropic rearrangement）である. 励起一重項から一段階で協奏的に進む場合,b, c, d の反応に関与する軌道の対称性,反応の形式は Woodward-Hoffmann 則に従う.

**a. $Z, E$ 異性化**（▶3.2②項）　(E, E)-2,4-ヘキサジエンは励起一重項（直接光照射）・三重項（増感光照射）いずれからも $Z, E$ 異性化する. ただし,この場合,一重項と三重項経由では生成物が異なり,一重項経由では (E, E) から (Z, E) のみが生じるのに対し,三重項経由では (Z, E) と (Z, Z) が生成する.

1,3-ペンタジエンの増感異性化では (Z) 体の三重項エネルギーが (E) 体より低いため,用いる増感剤の三重項エネルギーが低くなると (Z) のみが励起されて (Z) から (E) への異性化が優先的に進行し,光平衡時の異性化比が (E) 側に偏る.

1,4-ジフェニル-1,3-ブタジエン（DPB）は溶液中では一重項経由で (E, E) から (Z, E),(Z, Z) に異性化し,これら 3 種の異性体間で光定常状態に達するが,結晶中では (Z, Z) から (E, E) の片道異性化となる.

**b. 電子環状反応**（▶3.2⑫項）　この反応では電子の組み換えにより,(1) 閉環（光環化または電子環化）,(2) 開環が起こるとともに二重結合の移動が起こる. (1) と (2) は原則的には可逆であるが,反応系・生成系の光吸収特性や熱的安定性などにより,実際には可逆性が制限される場合が多い.

反応は光でも熱でも進行するが,Woodward-Hoffmann 則に従い,光と熱では生成物の立体配置が異なる.

(1) 閉環：共役ジエンでは,(i) シクロブテンおよび (ii) ビシクロブタンの生成反応が知られている（図 1）. (i) は協奏的であるが,(ii) はビラジカルまたは双極性イオン経由の非協奏的機構で段階的に進行する.

(E, E)-DPB に空気中ヨウ素触媒下で直接照射すると s-cis-(Z, E) 体を経て閉環,引き続き酸化が起こりフェニルナフタレンが生成する（図 2）. これは (Z)-スチルベンからの（デヒドロ）フェナントレン生成と同様,共役ヘキサトリエンのシクロヘキサジエンへの閉環である.

(2) 開環：例として上述の共役トリエン閉環の逆反応である. シクロヘキサジエ

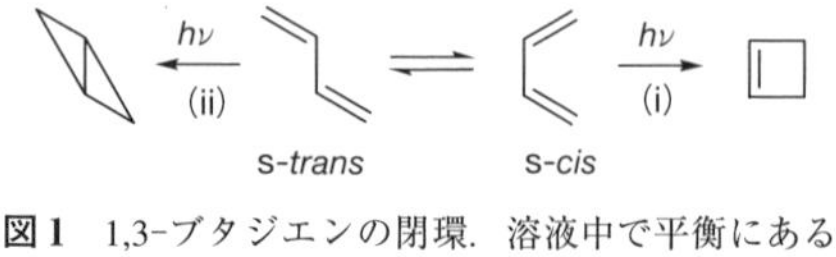

**図 1** 1,3-ブタジエンの閉環. 溶液中で平衡にある s-cis と s-trans から (i) と (ii) が競争する.

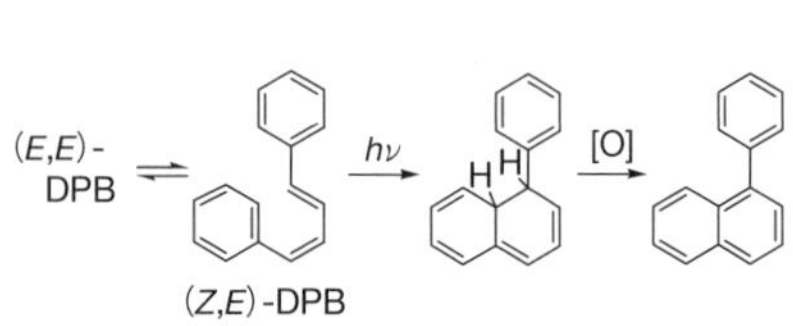

**図 2** 1,4-ジフェニル-1,3-ブタジエンの閉環

ンからの共役トリエン生成がある．エルゴステロールの開環によるプレビタミンD生成はこの反応の例として知られる．

**c. 付加環化**（▶3.2⑪項）　協奏的機構で進行する場合，Woodward-Hoffmann則により[2+2]と[4+4]付加が光許容である（[2+2]などは反応に関与するπ電子の数）．なお，共役ジエンの重要な反応の1つであるDiels-Alder反応は熱許容[4+2]反応で，光照射では原則的には進行しないが，機構によっては光でも起こる．一連の反応は熱反応では得られない生成物を与える点で合成化学的に有用である．

[2+2]付加の例としてジエンの二量化によるシクロブタン生成，およびジエンとカルボニル化合物の[2+2]付加によるオキセタン生成がある（▶4.2②項）．

1,3-ブタジエンの増感二量化では，溶液中で平衡にあるs-transとs-cisからそれぞれの三重項ビラジカルが生成し，これらが別々に基底状態s-transと反応して異なる二量体を与える（図3）．

一方，結晶中でも，例えば(E, E)-DPBのベンゼン環上に適当な基を導入し，分子間相互作用を利用して固体中で分子を近接させることによって，直接照射でシクロブタンが生成する．反応は主にエキシマー経由で起こる．

[4+4]付加の例としてはナフタレンやアントラセンなど，多環芳香族炭化水素のジエン部での二量化がある．また(E, E)-2,4-ヘキサジエンのアントラセンへの付加は，機構により[4+4]と[4+2]が競争する（▶4.1⑤項）．

s-cis-共役ジエンと一重項酸素の[4+2]反応によるエンドペルオキシド生成は，光照射で発生した励起状態（一重項）酸素のジエン1,4位への協奏的付加である．共役ジエンはアントラセンなどの芳香環の一部でもよい．生成したエンドペルオキシドは，その安定性はさまざまであるが，しばしば光または熱により転位・分解してジオール，カルボニル化合物などの種々の化合物を与える重要な中間体となる（▶3.1③，4.1⑤項）．

**d. シグマトロピー転位**（▶3.2⑬項）

シグマ結合がある位置から別の位置へπ共役系に沿って移動する反応で，結果的に炭素骨格の組み換え，水素原子や二重結合の位置の移動が起こる．

1,3-ペンタジエンのシグマトロピー転位はよく知られており，結合形成の様式は光と熱で対照的になる．光反応では[1,3]転位が[1,5]転位より優先して進行することが多い（図4）．

図4　1,3-ペンタジエンのシグマトロピー転位

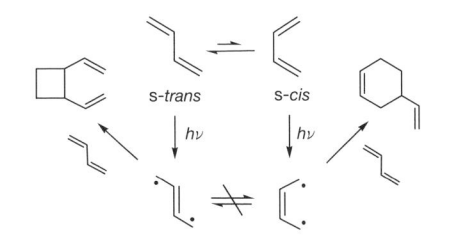

図3　1,3-ブタジエンの増感二量化

（園田与理子）

【関連項目】
▶3.1③ 活性酸素種／3.2② 異性化反応／3.2⑪ 光付加環化／3.2⑫ 電子環状反応／3.2⑬ 転位反応／4.1⑤ 多環芳香族炭化水素の光化学／4.2② カルボニルの光反応

# ポリエンの光化学
Photochemistry of Polyene

**a. 光吸収**　ブタジエンの端からさらに炭素間二重結合と単結合を交互に配置していくと，炭素鎖に沿って共役系が伸長する．この共役ポリエンの光吸収を理論的に記述するための最も単純な模型は，$\pi$ 電子を無限に深い1次元井戸型ポテンシャル中に閉じ込めた粒子として取り扱うことである．ここで，ポリエンの光吸収は $\pi$–$\pi$* 遷移に由来するものであり，隣接するエネルギー準位の間隔により表すことができる．量子数 $N$ と $N+1$ のエネルギー差 $\Delta E$ は井戸の長さ $L$ を用いて，

$$\Delta E = E_{N+1} - E_N = \frac{(N+1)^2 h^2}{8mL^2} - \frac{N^2 h^2}{8mL^2}$$

$$= (2N+1)\frac{h^2}{8mL^2}$$

と表される．$L$ は炭素鎖にほぼ正比例することから，この式は共役系の伸長に伴い，隣接する準位間のエネルギー差が減少することを意味している．したがって，より長波長領域の光を吸収するようになると考えられる．図1に共役オレフィンの共役長伸長に伴う光吸収スペクトルの変化と，表1

**表1**　図1における共役系ポリエン H(CH=CH)$_n$H の極大吸収波長

| $n$ | 極大吸収波長 (nm) |
|---|---|
| 3 | 268 |
| 4 | 304 |
| 5 | 334 |
| 6 | 364 |
| 7 | 390 |
| 8 | 410 |
| 10 | 447 |

にはそれらの最大吸収波長を示す．ヘキサトリエン ($n$ = 3) の場合には波長が 300 nm 以下の紫外領域に光の吸収帯が存在するのみであるが，イコサデカエン ($n$ = 10) では 400 nm 以上の可視光領域でも光の吸収がみられる．これら共役系の伸長に伴う光吸収の長波長化は深色移動 (red shift, bathochromic shift) とよばれる現象である (図1，表1).

共役長の伸長により物質自体の色は黄色や橙色を示すようになる．これは補色である青色の光が吸収されてしまうためである．例えば，ポリ塩化ビニルに紫外光を照射すると脱塩化水素反応が起こり，ポリエンが生成する．この反応は塩化ビニルの着色の原因の1つである．また，分子内に直鎖上の共役系ポリエン構造を有するカロテノイドとよばれる化合物群は，色素として果物や野菜，また枯葉の色，卵黄などの着色を司っている．これらの共役ポリエン構造を含む分子の励起一重項状態には，対称性の異なる複数の電子状態がエネルギー的に近い位置に存在する．光合成系では可視光吸収により生成したこれらの複数の励起一重項状態からクロロフィルに高速（～100 fs），高効率（～100 %）でエネルギー

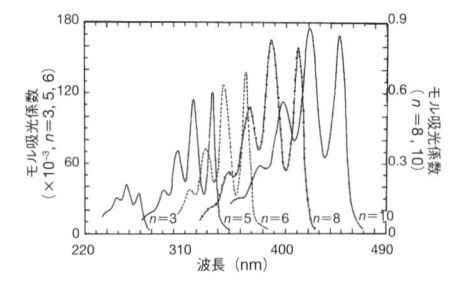

**図1**　イソオクタン中での共役系ポリエン H(CH=CH)$_n$H の光吸収スペクトル ["Reprinted" ("Adapted" or "in part") with permission from Sondheimer *et al. J. Am. Chem. Soc.* **1961**, *83*, 1675（Copyright 1961, American Chemical Society）]

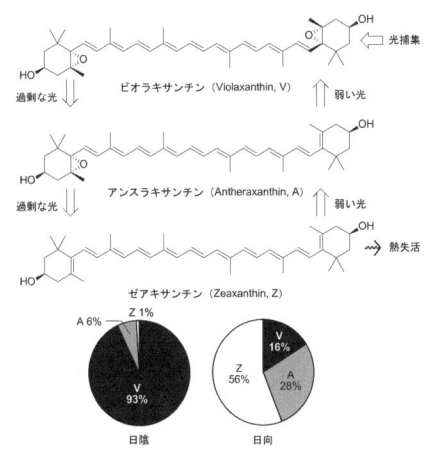

**図2** カロテノイド類の化学構造と日光照射量による存在比の変化(B. Demmig-Adams and W. W. Adams, III, *Trends Plant Sci.* **1996**, *1*, 21)

を伝送している．また，これらの励起一重項状態間を高速で内部転換することが可能である．この過程を利用し，過剰な励起エネルギーを熱として外部に放出することができる．例えば，ビオラキサンチン，アンスラキサンチン，ゼアキサンチンは互いに酸素付加・脱離を担う酵素の働きで変換可能な物質群である（図2）．光強度が低い場合はビオラキサンチンの産出量が増え，光エネルギーの捕集効果が高まる．一方，光強度が高い場合，ゼアキサンチンが多く産出されるが，この物質は熱運動でエネルギーを失活させることができる．この作用によって余剰なエネルギーによる光合成効率の低下や活性酸素の生成を抑えられる．また，共役ポリエンでは一重項に比べて三重項状態のエネルギーが低いという特徴が挙げられる．例えば，1,3-ペンタジエンは一重項への励起には220 nmの光エネルギー（約540 kJ mol$^{-1}$）が必要であるが，三重項エネルギーがトランス形で248 kJ mol$^{-1}$とエネルギー準位は低い位置に存在する．したがって，これらの分子は高い三重項消光能を有する．実際，ゼアキサンチンは光合成過程で生成した余剰の励起三重項状態のクロロフィルからエネルギーを受け取り，熱失活させることで，生体に有害な一重項酸素の生成を防ぐ役割も担っている（図2）．

**b．光反応**　共役ポリエンは紫外から可視光領域の光を吸収することから，対応する波長の光の照射により二重結合の異性化・付加環化反応・開環・閉環反応など，多様な光反応を起こす．例えば，視神経への信号伝達の初期段階においてポリエンの光異性化反応が重要な役割を担っている．生物の目では，ロドプシンというタンパク複合体が光を受け取り，網膜に信号を伝えることで視覚的な情報を得ている．ロドプシンは熱力学的に不安定なシス型レチナールという物質をオプシンというタンパクが収納している構造を有する（図3）．ここに光が照射される（目に光が当たる）とレチナールは安定なトランス型に異性化し，タンパク部分から外れる．その結果，オプシンは構造変化を起こす．この変化が細胞内に伝えられることで，光が当たった，という信号が視神経に伝達される（図3）．

また，上述したように励起三重項状態のエネルギーが低いことから，三重項増感反応を容易に起こすことが可能であり，同時に増感剤の性質により生成物も多様化する．シス-トランスの構造異性体比や二量化の位置や構造を変化させることができる．

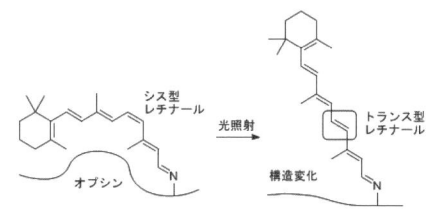

**図3**　レチナールの異性化による視覚情報取得の模式図

（田中一生）

# ベンゼン類の光化学
Photochemistry of Benzenes

**a. ベンゼンの励起状態の性質**　ベンゼンは，基底状態 $S_0$ では6個の $\pi$ 電子が非局在化することにより，共鳴安定化しており，ベンゼン環に結合している水素の1つを求電子剤に置き換える芳香族求電子置換反応が起こりやすい．環状共役系をもつベンゼンは，紫外部の183，203，および255 nm に吸収強度の異なる3種類の吸収帯を示し，これらはいずれも $\pi$-$\pi^*$ 遷移に帰属される．長波長の255 nm の吸収帯は，$S_0$ から最初の励起状態 $S_1$ への遷移であり，禁制遷移で強度は弱い（$\varepsilon$ = 200 L mol$^{-1}$ cm$^{-1}$）が，ベンゼンの光反応に最も深く関係している．203 nm の吸収帯は $S_0 \to S_2$ 遷移であり，この遷移も禁制である（$\varepsilon$ = 7400 L mol$^{-1}$ cm$^{-1}$）．$S_1$ のベンゼンは六角形の平面構造をとるが，$S_2$ ではベンゼン環は歪んでいる．183 nm の吸収帯は $S_0 \to S_3$ 遷移に帰属され，この吸収帯は許容であり強度が強い（$\varepsilon$ = 46000 L mol$^{-1}$ cm$^{-1}$）．ベンゼンの $S_1$ の項間交差により生じる励起三重項状態 $T_1$ は，高いエネルギーをもち（356 kJ mol$^{-1}$），三重項光増感反応でよく用いられる．

**b. ベンゼンの励起状態の反応**　ベンゼンは一般に無放射失活の効率が高いので，光に安定な化合物といえるが，ベンゼン類の光化学反応として，(1) 原子価異性，(2) 付加環化，(3) 置換反応などがあり，熱化学反応よりも変化に富んでいる．

(1) **原子価異性**：ベンゼン類の光化学反応では，ベンゼン環の原子価異性反応が起こる．液体のベンゼンに254 nm の光を照射すると，$S_1$ が多くなり，フルベンとベンズバレンを与える（図1）．これらの光反応生成物は不安定でベンゼンに戻るが，水素原子をすべてフッ素原子やトリフルオロメチル基に置換したベンゼンを用いると，これらの光反応生成物は単離・同定可能になる．一方，ベンゼンを203 nm の光で照射して $S_2$ にすると，デュワーベンゼンおよびプリズマンが生成する．実際に，プリズマン誘導体は，1,2,4-トリ-*tert*-ブチルベンゼンの光反応により，単離・同定されている．これは，嵩高い置換基を用いることにより，高い歪みをもつ光反応生成物を安定化して，デュワーベンゼンに戻らないようにしているためである（速度論的安定化）．

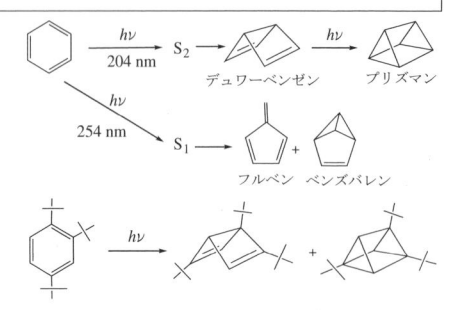

**図1** ベンゼンの光による原子価異性反応

(2) **付加環化**：励起されたベンゼン誘導体は，アルケンや共役ジエンと付加環化を起こす．アルケンとの反応では，アルケンがベンゼン環のオルト位で反応する1,2-付加反応（[2 + 2] 反応）だけでなく，形式的にメタ位あるいはパラ位で反応する1,3-（[3 + 2] 反応）および1,4-付加反応（[4 + 4] および [4 + 2] 反応）もある（図2）．

(3) **置換反応**：光芳香族置換反応では，熱反応と異なり求核置換反応が主に起こり，カチオン中間体を経由する $S_N$(Ar$^*$) 反応とラジカル中間体を経由する $S_{RN}$(Ar$^*$) 反応に分類される（Ar$^*$：基質芳香族化合物の励起）．

① $S_N$(Ar$^*$)反応：光芳香族置換反応で

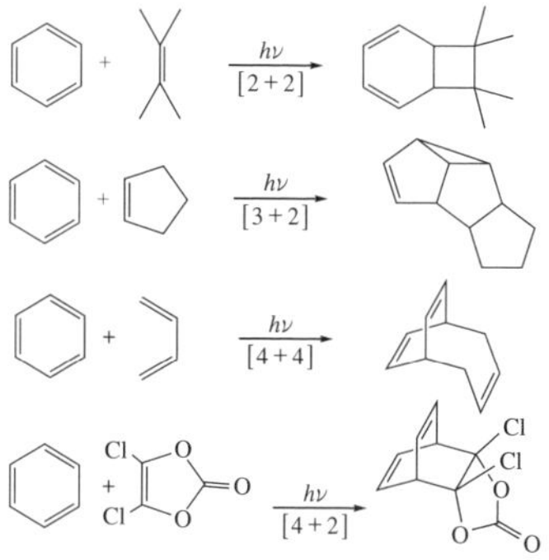

**図2** ベンゼンの光による付加環化反応

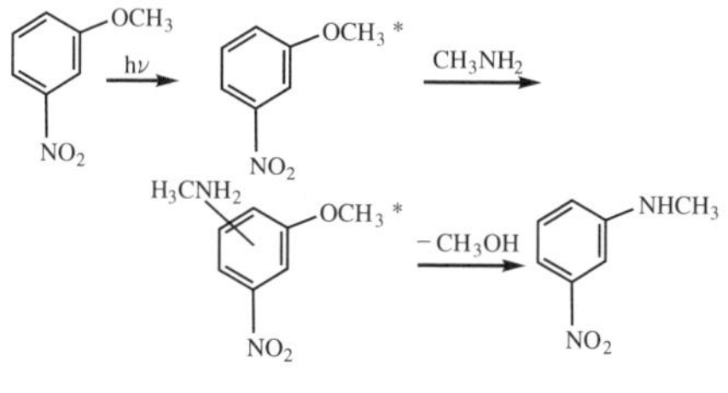

**図3** 3-ニトロアニソールのメチルアミンによる光置換反応

反応速度が基質濃度のみに依存する反応は$S_N1(Ar^*)$反応に,一方,基質および求核剤の両方の濃度に依存する反応は$S_N2(Ar^*)$反応に分類される.図3に$S_N2(Ar^*)$反応の例を示す.3-メトキシニトロベンゼンに光照射下メチルアミンを反応させると,ニトロ基のメタ位のメトキシ基がメチルアミンで求核置換される.この反応では中間にエキシプレックスが形成される.

② $S_{RN}(Ar^*)$反応:ペンタフルオロヨードベンゼンと$N,N$-ジメチルアニリンとの光反応では,励起$N,N$-ジメチルアニリンからペンタフルオロヨードベンゼンへの電子移動反応により,$N,N$-ジメチルアニリンのカチオンラジカル種が生成する.このカチオンラジカル種を求核剤が攻撃することによりペンタフルオロフェニル基がジメチルアミノ基に対してオルトおよびパラ位に導入される(図4).メトキシベンゼンやメト

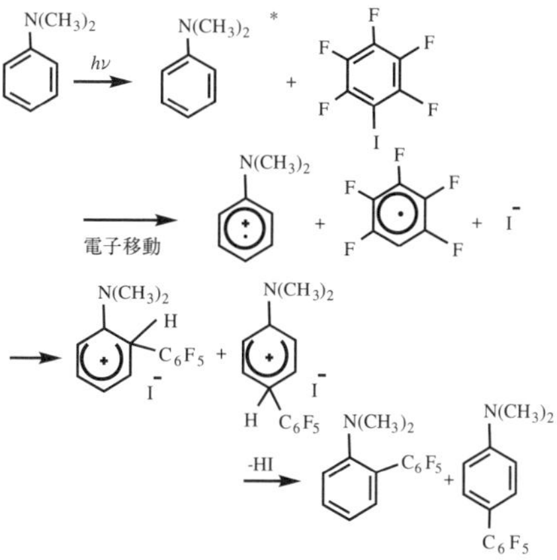

**図4** ペンタフルオロヨードベンゼンと$N,N$-ジメチルアニリンとの光置換反応

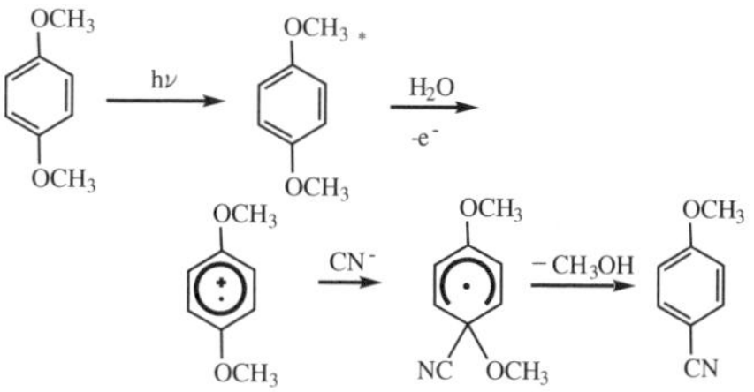

**図5** ジメトキシベンゼンの$CN^-$による光置換反応

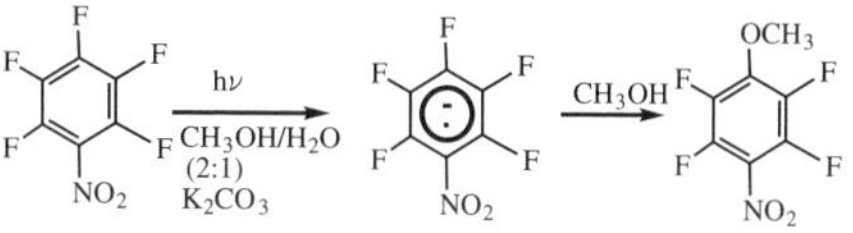

**図6** ペンタフルオロニトロベンゼンとメタノールとの光置換反応

キシナフタレン類の光置換反応は,反応速度が基質濃度のみに依存し,また,カチオンラジカル中間体を経由するので,$S_{R+N}1(Ar^*)$反応とよばれる(図5).

一方,求核剤から励起芳香族基質への電子移動反応により生成するアニオンラジカル中間体を経由する光置換反応もある.ペンタフルオロニトロベンゼンとメタノールとの光置換反応は,二分子反応でアニオンラジカル中間体を経由するので$S_{RN}2(Ar^*)$反応に分類される(図6).

(新名主輝男)

# 多環芳香族炭化水素の光化学
Photochemistry of Fused Aromatic Hydrocarbon

ナフタレン，アントラセン，フェナントレン，クリセン，ピレン，ペリレンなどの多環芳香族炭化水素は，(i) 蛍光およびりん光材料，(ii) 三重項増感剤，(iii) 光誘起電子移動反応における正孔輸送剤，(iv) 光化学反応の原料，として用いられる．

**(i) 蛍光およびりん光材料としての利用**
多環芳香族炭化水素は，ベンゼンに比べて HOMO–LUMO 間のエネルギー差が小さい（2.8〜4.5 eV）ため，吸収はより長波長側（200〜450 nm）に現れ，$\pi-\pi^*$ 遷移に基づく分子吸光係数の大きな（$\varepsilon = 10^4 \sim 10^6$ L mol$^{-1}$ cm$^{-1}$）吸収帯を示す．励起一重項（$S_1$）からは蛍光を発し，シクロヘキサン中，室温における蛍光量子収率（$\Phi_f$）は，ナフタレンで 0.23，アントラセンで 0.36，フェナントレンで 0.13，ピレンで 0.32 である．励起一重項から基底状態への遷移は許容過程であるため，励起三重項（$T_1$）よりも寿命は短い．室温，空気飽和溶液中の $S_1$ の寿命（$\tau_s$）はナフタレンで 24 ns，アントラセンで 5 ns，フェナントレンで 26 ns，ピレンで 45 ns ほどであるが，溶媒の種類や酸素濃度によって異なる．$S_1$ からは，その高い平面性により 2 分子間でエキシマー（同一分子による励起錯体）またはエキシプレックス（異種分子による励起錯体）を形成しやすい（▶2.2 ⑥項）．ピレンはとくに発光性のエキシマーが観測されやすい分子であり，$10^{-2}$ mol L$^{-1}$ 程度の溶液中では 450〜500 nm あたりにエキシマーに由来する発光を，$10^{-5}$ mol L$^{-1}$ 程度の溶液中では 360〜420 nm あたりにモノマーに由来する発光を示す．一方，アントラセンは光二量化反応が効率よく（$\Phi = 0.1 \sim 0.3$）起こるため，通常，エキシマーの蛍光は観測されない．$T_1$ からはりん光を発するが，基底状態への遷移は禁制過程であるため，りん光はミリ秒〜秒の寿命がある．

**(ii) 三重項増感剤としての利用**
多環芳香族炭化水素は，光化学反応における三重項増感剤としてよく利用される．例えば，ナフタレンの $T_1$ のエネルギー（$E_T$）は 255 kJ mol$^{-1}$，ピレンの $E_T$ は 202 kJ mol$^{-1}$ であり，これより 10〜15 kJ mol$^{-1}$ ほど低い $E_T$ をもつ分子と衝突すると，電子交換により T–T エネルギー移動が進行する．

**(iii) 光誘起電子移動反応における正孔輸送剤としての利用**
電子供与体（D）–電子受容体（A）系の光誘起電子移動反応にビフェニルやフェナントレンなどの芳香族炭化水素（ArH）を加えると，ArH の $S_1$ から A への電子移動がまず起こる．続いて D から ArH$^{\bullet+}$ への電子移動によって D$^{\bullet+}$ が生成するが，その際に [ArH⋯D]$^{\bullet+}$ が関与し，A$^{\bullet-}$ から D$^{\bullet+}$ への逆電子移動を抑制するとともに，D$^{\bullet+}$ の安定化に寄与する．

**(iv) 光化学反応の原料としての利用**
多環芳香族炭化水素はベンゼン類と比べて，より長波長領域の光で励起が可能である．ベンゼン類に比べて $E_S$ 自体は低く（270〜390 kJ mol$^{-1}$），光反応の選択性は高い場合が多い．$S_1$ からの反応として，原子価異性化反応，光転位反応，光置換反応，光付加反応，光付加環化反応，光酸化反応などがある．ベンゾ[a]ピレンのような多環芳香族炭化水素は OH，NO$_3$，O$_3$ によって光酸化されると，発がん物質となる危険性がある．

**(v) フラーレン，カーボンナノチューブ，グラフェンの光化学** $C_{60}$ の吸収スペクトルをヘキサンまたはベンゼンを溶媒

$C_{60} \xrightarrow{h\nu} {}^1C_{60}{}^* \xrightarrow{\text{項間交差}} {}^3C_{60}{}^* \xrightarrow{D} C_{60}{}^{\bullet-} + D^{\bullet+}$
$\xrightarrow{Q} C_{60} + {}^3Q$
$\rightarrow {}^3O_2$
$\rightarrow C_{60} + {}^1O_2$

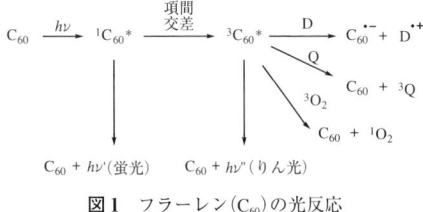

$C_{60} + h\nu'$ (蛍光)  $C_{60} + h\nu''$ (りん光)

**図1** フラーレン($C_{60}$)の光反応

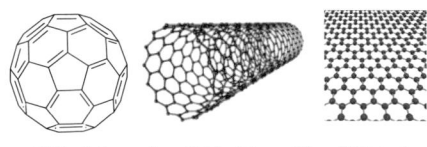

フラーレン　　カーボンナノチューブ　　グラフェン

**図2**

として測定すると，190〜410 nm に ${}^1T_{1u} \rightarrow {}^1A_g$ 遷移に基づく強い吸収と，410〜620 nm に禁制遷移に基づく弱い吸収を示す．$C_{60}$ 溶液の紫色はこの可視光領域の吸収に由来する．$C_{70}$ などの高次フラーレンおよび金属内包フラーレンの吸収は，より長波長領域に現れる．$C_{60}$ には3つに縮重した LUMO と5つに縮重した HOMO が存在している．$S_1$ の寿命は短く（$\tau_s = 0.65 \sim 1.45$ ns），$T_1$ の寿命は長い（$\tau_t = 20 \sim 140\ \mu s$）．$S_1$ から $T_1$ への項間交差効率は高く，量子収率はほぼ1である．フラーレンからの蛍光は弱く，$\phi_f$ は $1 \sim 2 \times 10^{-4}$ ほどである．金属内包フラーレンは通常発光しない．$C_{60}$ は光照射により還元電位が増大し，酸化電位が 1.3 V vs. SCE 以下の求核剤と一電子移動経由の光付加反応を起こす．$C_{60}$ はエノンとの［2+2］光付加環化も進行する．亜鉛ポルフィリンと $C_{60}$ を連結した化合物に光照射すると，亜鉛ポルフィリンが励起され $C_{60}$ への一電子移動が進行する．負電荷は $C_{60}$ 表面上の $\pi$ 軌道に非局在化するために溶媒の再配向エネルギーが 57.7 kJ mol$^{-1}$ と小さく，長寿命（ミリ秒から秒オーダー）の電荷分離状態が達成される（図1）．

単層カーボンナノチューブは有機溶媒に溶けにくく凝集しやすいが，界面活性剤で分散させて吸収スペクトルを測定すると，400〜600 nm に金属の $M_{11}$ 遷移，600〜950 nm に半導体の $S_{22}$ 遷移，1100〜1600 nm に半導体の $S_{11}$ 遷移に基づく吸収帯をそれぞれ示す．電子移動反応における電子受容能は，フラーレンよりも高い（$E_{red} = 0.7$ V vs. Fc/Fc$^+$）（図2）．

グラフェンは炭素原子の六角形網目状格子からなる平面シートであり，グラファイトを1層はがした構造をもつ．グラフェン中の電子の移動度は，15000〜200000 cm$^2$ V$^{-1}$ s$^{-1}$ と驚くほど高い．グラフェンに光照射すると励起された電子は〜100 fs で散乱し，〜1 ps でフェルミ準位に落ち着くため，グラフェンを励起しても，光化学反応を起こさない．光照射によって別途発生させたラジカル種がグラフェンに付加する反応は進行する．また，ピレンなどの蛍光を消光する消光剤としても働く．フラーレン→カーボンナノチューブ→グラフェンと平面性が上がるにつれてより軌道が縮重し，HOMO と LUMO が荷電子帯と伝導帯となる．すなわち，半導体としての性質を示すようになる．理想的なグラフェンはゼロギャップ半導体であるが，五角形や七角形の格子欠陥および2層以上積み重なることでバンドギャップが生まれる．グラフェンと TiO$_2$ や ZnO から形成されるナノコンポジット半導体は光照射によって適度な還元能力をもち，酸からの水素発生に利用できる．グラフェンにエポキシ基，ヒドロキシ基，カルボニル基，カルボキシル基などの酸素官能基が付いたものが酸化グラフェンであるが，酸化グラフェンは直接光照射もしくは適当な半導体の存在下で光照射すると，還元されグラフェンを生成する．

（前多　肇）

# アルキンの光化学
Photochemistry of Alkyne

アルキンは炭素原子間の三重結合を1個だけもつ種の総称であり，この結合はσ結合と2個のπ結合からなる．最も簡単な構造をもつアセチレン（H−C≡C−H）の基底（$S_0$）状態と最低励起一重項（$S_1$）状態間の電子遷移に対応する吸収は，気相では紫外領域（230〜210 nm）に弱い（振動子強度≒$10^{-4}$）吸収として観測される．また，蛍光スペクトルの発光極大は〜320 nm であり，大きなストークスシフトを示す．これは，この遷移が本来禁制であることと光励起に伴い分子構造が大きく変化することによる．この分子の基底状態の分子構造は直線構造であるが，励起状態の安定構造は折れ曲がった構造をもつ（$S_1$ 状態：トランス型，$T_1$ 状態：シス型）ことが示された．ベンゼン環が置換したジフェニルアセチレンの $S_1$ および $T_1$ 状態のエネルギーは，極性溶媒中で，それぞれ 4.1 eV および 2.7 eV である．蛍光の量子収率（$\Phi_f$）は大きな温度依存性（室温：$\Phi_f$ 〜$10^{-3}$, 77 K：$\Phi_f$〜0.5）を示し，励起状態間での複数の緩和過程を考慮することにより解釈された．励起状態の分子構造は，時間分解振動分光法や理論的研究から，長寿命（200 ps）の励起分子は，C≡C 結合が伸長した折れ曲がった構造をもつと示唆された．アルキンの光反応は，気相と液相の場合とでは異なる．また，固相では，機能性材料と密接に関連する光重合反応が見出されている．

気相でのアセチレンの光照射で，炭素–水素結合は開裂し・C≡CH ラジカルが生成する．さらに，次式の後続する2次的な反応により，ジアセチレンが生成する．

HC≡C・+HC≡CH → HC≡C−C≡CH+H・

アセチレンおよびジアセチレンの気相での光反応は，土星の衛星（タイタン）の大気科学との関連で関心がもたれ，研究されている．この衛星の大気上層部に存在する靄は，ポリインや多環芳香族化合物で構成され，これらの種の生成過程では，アルキンの励起状態を含む光化学反応が重要な役割を果たしているとされている．例えば，ジアセチレンの気相での光反応は，準安定な励起状態（HC=C=C=CH* とも考えられている）を経由して起こり，次式に示す反応過程を介してポリアルキンを生成する．

HC≡C−C≡CH*+HC≡C−C≡CH →
$\begin{cases} \text{HC≡C−C≡C−C≡CH（+HC≡CH）} \\ \text{HC≡C−C≡C−C≡C−C≡CH（+H}_2\text{, 2H）} \end{cases}$

ジアセチレンの励起種は反応活性であり，アルケン，アルキン，ベンゼンなどへの付加反応を開始反応とした異性化反応が進行する．

ハロゲン化プロパギル（X−CH$_2$C≡CH, X=Cl または Br）の光励起では，C−X 結合の選択的光開裂によるプロパギルラジカル（・CH$_2$C≡CH）の生成が知られている．また，メチル誘導体（CH$_3$C≡CH）の 193 nm 光照射では，複数の C−H 結合開裂が並行して起こるので，結合開裂は非選択的である．

液相での脂肪族アルキンの励起状態が関与する典型的な光反応は，水素引き抜き反応である．水素供与体存在下での光反応により，鎖状のアルキンはアルケンに還元される．この反応は，逐次的な水素引き抜き反応過程であり，第一段階でのビニルラジカル中間体を経てアルケンを与える．環状構造をもつアルケンでは，分子間の水素引き抜き反応による環状アルケンが生成す

る．また，分子内での水素引き抜き反応が可能な環サイズをもつ系では，分子内反応が進行し，ビシクロ体を生成する．

$$R-\!\!\equiv\!\!-R \xrightarrow[R-H]{h\nu} \left( \begin{array}{c} R \\ \cdot \\ R \end{array} \right) \xrightarrow{R-H} \begin{array}{c} R \\ \diagdown \\ R \end{array}$$

しばしば，脂肪族アルキンが関与する一般的な光反応として，さまざまな官能基（カルボニル基，オレフィン，ニトロ基，芳香環など）の三重結合への付加反応が取り上げられる．しかし，これらの反応の多くは官能基をもつ種の励起状態と基底状態のアルキンとの反応である場合が多いので注意を要する．

芳香環と共役したアルキンの光反応では，分子間水素引き抜き反応や[2+2]付加環化反応が進行する．還元反応は分子間水素引き抜き反応で開始され，対応するオレフィンを与える．オレフィンのシスおよびトランス体の生成比は，励起状態での水素引き抜き反応に続く過程を制御している因子（速度論的または熱力学的）により決められる．アルケン存在下での[2,2]付加反応では，シクロブテン誘導体を生成する．しかし，アルキンとの[2,2]付加反応では，シクロブタジエン誘導体を生成するが，この種は反芳香族性を示し不安定である．例えば，

ジフェニルアセチレンの二量化過程では，速やかに二次的な生成物に変化する．

2つのアルキンをアルケンで結合した骨格をもつ共役系は，エンジイン（En-ediyne）と総称され，熱反応では次式のように1,4-ビラジカルを中間体とする渡環・芳香環化反応（Bergman環化反応）を起こす．

1,4-ビラジカル

この骨格を有する天然物は，高効率でDNA切断する反応性を示すことから，抗腫瘍性抗生物質として関心がもたれた．エンジイン類の芳香環化反応は熱反応および光反応ともに許容な反応であるが，一般に，熱反応に比べると光反応の量子収率は低い．しかし，光反応では反応の時間的・空間的な選択性をもたせることが可能であることから，さまざまなエンジイン誘導体の光反応が調べられてきた．

光反応の量子収率が低い主たる要因は，光芳香環化反応に関わる励起（面内 $\pi$-$\pi$*）エネルギーが，面外励起に比べて高いことにある．光反応性を向上させるために，エンジイン骨格の環状化，アルケン部の縮環の効果，アルキン末端の置換基の選択，配位子としてエンジイン骨格をもつ錯体の光化学などが詳細に調べられている．

固相でのジアセチレンへの紫外光または $\gamma$ 線照射では，1,4-付加重合によりポリジアセチレンを生成する．結晶格子により反応様式が支配されるトポケミカル反応では，モノマー結晶とほぼ同じ形態をもつポリジアセチレン（PDA）結晶を生成する．こうして得られるPDA結晶は，擬1次元 $\pi$ 電子共役系であり，化学ドープによる高い電気伝導性，外部刺激に応答する二色性，非線形光学効果などを示す．（秋山公男）

# アルコールの光化学
Photochemistry of Alcohol

アルコールの最も長波長側の吸収は真空紫外領域の 180 nm 付近にあり，水酸基 O 原子上の非共有電子対の n-$\sigma^*$ 励起に対応し，モル吸収係数 $\varepsilon$ は $10^2 \sim 10^3$ L mol$^{-1}$ cm$^{-1}$ である（表1）。この n→$\sigma^*$ 吸収は弱く，禁制遷移と考えられている。これは $\sigma^*$ 準位が主に p 軌道からなっていて，n→$\sigma^*$ 遷移は禁制の $p_{x,y}$→$p_z$ 遷移の性質を持つからである。アルコールの光反応は石英の反応容器と低圧水銀灯（185 nm）を用いて調べられる。アルコールの光反応は O-H 結合のホモリシスが主反応である。メタノールは気相で 185 nm の真空紫外光を照射すると，水素とエチレングリコールがそれぞれ収率 52，32% で生成し，ホルムアルデヒド 14%，および少量のメタン，一酸化炭素，水も生成する。光反応の初期過程ではラジカル種 $CH_3O\cdot$，$H\cdot$ が収率 75% で生成する(1)。水素は，$H\cdot$ のラジカルカップリング(4)，およびメタノールのホルムアルデヒドと水素への直接開裂(2)により生成する。二次過程では $CH_3O\cdot$，$H\cdot$，$CH_3\cdot$，$OH\cdot$ が $CH_3OH$ から H を引き抜くため，$\cdot CH_2OH$ が生じ(5)〜(8)，これが二量化(9)してエチレングリコールが生成する。液相のメタノールでも同様の反応が起

表1 アルコールの光吸収

| アルコール | $\lambda_{max}$(nm) | $\varepsilon$(L mol$^{-1}$ cm$^{-1}$) | イオン化ポテンシャル |
|---|---|---|---|
| MeOH | 183 | 150 | 10.85 |
| EtOH | 182 | 320 | 10.47 |
| 1-PrOH | 183 | 240 | 10.22 |
| 2-PrOH | 182 | 620 | (10.09) |

$$CH_3OH \xrightarrow[\text{気相}]{h\nu(185\,\text{nm})} \underset{(52\%)}{H_2} + \underset{(32\%)}{HOCH_2CH_2OH} + \underset{(14\%)}{HCHO}$$

反応機構
初期過程

$$CH_3OH \xrightarrow[\text{気相}]{h\nu(185\,\text{nm})} \begin{cases} CH_3\cdot + \cdot H & (75\%) \quad (1) \\ HCHO + H_2 & (20\%) \quad (2) \\ CH_3\cdot + \cdot OH & (5\%) \quad (3) \end{cases}$$

2次過程

$$H\cdot + \cdot H \longrightarrow H_2 \qquad (4)$$
$$H\cdot + CH_3OH \longrightarrow H_2 + \cdot CH_2OH \qquad (5)$$
$$CH_3O\cdot + CH_3OH \longrightarrow CH_3OH + \cdot CH_2OH \qquad (6)$$
$$CH_3\cdot + CH_3OH \longrightarrow CH_4 + \cdot CH_2OH \qquad (7)$$
$$\cdot OH + CH_3OH \longrightarrow H_2O + \cdot CH_2OH \qquad (8)$$
$$2\cdot CH_2OH \longrightarrow OHCH_2CH_2OH \qquad (9)$$
$$HCHO \xrightarrow{h\nu} CO + H_2 \qquad (10)$$

き，水素53％とエチレングリコール34％，ホルムアルデヒド6％が生成する．

253.7 nm 光照射による水銀光増感反応では，水素とエチレングリコールが生成する．これは，基底状態の水銀が253.7 nmの光により Hg ($^1S_0$) から Hg ($^3P_1$, Hg (6s6p) の励起三重項状態) に励起され，メタノールに三重項エネルギー移動してメタノール励起三重項状態が生成し，ここから反応が起こるためである．

$$Hg(^1S_0) \xrightarrow[\text{気相}]{h\nu(253.7\,nm)} Hg(^3P_1)$$

$$Hg(^3P_1) + CH_3OH \longrightarrow H_2 + HOCH_2CH_2OH + Hg(^1S_0)$$
$$(\varPhi = 0.43)$$

次に，エタノールの光反応では，エチレン $C_2H_4$，アセトアルデヒド $CH_3CHO$ およびホルムアルデヒド $HCHO$ が主に生成する．この光反応では，均一結合開裂によるラジカル生成過程(11)，(12)と，分子状生成物が生成する分子脱離過程(13)〜(15)が関与している．

$$C_2H_5OH \xrightarrow{h\nu} C_2H_5$$
$$(\text{または } C_2H_4 + H) + OH \qquad (11)$$
$$\longrightarrow C_2H_5O$$
$$(\text{または } CH_3 + HCHO) + H \qquad (12)$$
$$\longrightarrow C_2H_4 + H_2O \qquad (13)$$
$$\longrightarrow CH_3CHO + H_2 \qquad (14)$$
$$\longrightarrow CH_4 + HCHO \qquad (15)$$

また，炭素数の多い高級アルコールも200 nm より短い波長の光照射によって分解反応が起こり，さまざまな生成物が得られる．それら生成物から，均一結合開裂によるラジカル生成過程と，分子状生成物が生成する分子脱離過程が起こると報告されている．

$$RC_2H_4OH \xrightarrow{h\nu} RC_2H_4$$
$$(\text{または } R + C_2H_4) + OH \qquad (16)$$
$$\longrightarrow RC_2H_4O$$
$$(\text{または } RCH_2 + HCHO) + H \qquad (17)$$
$$\longrightarrow RCH = CH_2 + H_2O \qquad (18)$$
$$\longrightarrow RCH_2CHO + H_2 \qquad (19)$$
$$\longrightarrow RCH_3 + HCHO \qquad (20)$$

なお，180〜200 nm 光照射の場合，式(19)が主過程で式(17)が副次的に起こるのに対し，130〜150 nm 光照射では式(16)が主過程である．

一方，フェノールは，ベンゼン環の $\pi$-$\pi$* 遷移に由来する振動構造をもつ吸収が278，270，265 nm に現れる．フェノールの光反応は O-H 結合のホモリシスであり，フェノキシドラジカルを与える．

$$C_6H_5OH \xrightarrow{h\nu} C_6H_5O\cdot + \cdot H$$

フェノールは，基底状態では水酸基のプロトン解離は小さく，酸解離定数 $pK_a$ は10であるが，励起一重項状態になると $pK_a^*$ は6となり，酸性度は1万倍も大きくなる．2-ナフトールも同様で，基底状態，励起一重項状態の $pK_a$ は，それぞれ，9.5，3.5であり，基底状態に比較して励起一重項状態では100万倍も酸性度が増大する．励起一重項状態では，O 上の非共有電子対の電子が芳香環に流れ込むためである．

(小島秀子)

【関連項目】
▶2.1② 物質の光吸収と励起状態の生成／2.2⑤ 光増感／3.2③ 結合解離反応／3.2④ 結合開裂

## カルボニルの光反応
Photochemistry of Carbonyl

カルボニル基（C=O）は有機化学において最も重要な官能基の1つである．炭素と酸素の電気陰性度（▶2.2⑦項）は異なるため，カルボニル基は$C^{(+)}-O^{(-)}$のように炭素-酸素間のπ結合に分極が生じている（図1(a)）．その分極した結合に由来して，基底状態（熱反応）では，カルボニル基の炭素原子は求電子的に振る舞い，酸素原子は求核的な反応性を示す．カルボニル基（$\lambda_{max}=280\sim350\,\mathrm{nm}$）に光を照射すると，n-π*最低励起状態が発生する．酸素原子上のn軌道に存在する非共有電子対の1つが炭素上に大きな広がりをもつπ*軌道へと遷移するため（図1(b))，炭素原子上は求核的となり酸素原子上は求電子的

な反応性を示すようになる．つまり，基底状態カルボニル基の各原子上の反応性とはまったく逆の反応性を示す（図1）．

n→π*励起直後に生じる$^1(n-\pi^*)$は，通常，素早い項間交差（ISC, $k_{ISC}>10^8\,\mathrm{s}^{-1}$）過程を経て室温でマイクロ秒オーダーの寿命（$k_T \simeq 10^5\sim10^6\,\mathrm{s}^{-1}$）をもつ$^3(n-\pi^*)$へと変化する（表1）．一般的に，比較的寿命が長いその$^3(n-\pi^*)$が化学反応を引き起こす活性種である．$^3(n-\pi^*)$の電子構造から判断できるように，$^3(n-\pi^*)$の酸素原子は酸素ラジカルとしての性質をもち，(1) α開裂反応（Norrish I型反応），(2) 分子内水素引き抜き反応（Norrish II型反応），(3) 分子間水素引き抜き反応，(4) 多重結合へ

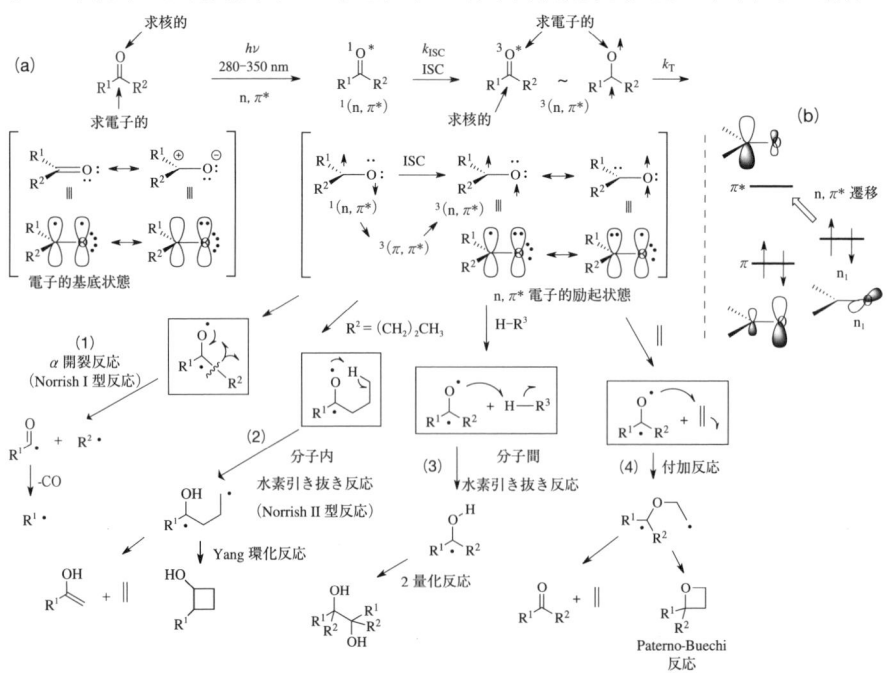

図1　カルボニル化合物の電子的励起状態の性質とその反応性

表1 代表的なカルボニル化合物の光励起状態の性質

| カルボニル化合物 | 励起エネルギー | | 項間交差速度定数 励起一重項→励起三重項 | | 励起三重項の失活速度定数 | 最安定励起状態 |
| --- | --- | --- | --- | --- | --- | --- |
| | 一重項 $E_S^*$/eV | 三重項 $E_T^*$/eV (in kJ mol$^{-1}$) | $k_{isc}$/s$^{-1}$ | $\Phi_{isc}$ | $k_T$/s$^{-1}$ | |
| アセトン | 3.64(352) | 3.44(332) | ~$10^8$ | ~1.0 | ~$10^6$ | $^3(n-\pi^*)$ |
| アセトフェノン | 3.48(338) | 3.22(311) | >$10^{10}$ | ~1.0 | ~$10^5$ | $^3(n-\pi^*)$ |
| ベンゾフェノン | 3.29(317) | 2.99(287) | ~$10^{11}$ | ~1.0 | ~$10^5$ | $^3(n-\pi^*)$ |
| 2-アセチルナフタレン | 3.37(325) | 2.58(249) | >$10^9$ | 0.84 | ~$10^4$ | $^3(\pi-\pi^*)$ |

の付加反応などの化学反応を引き起こす。注意すべき事項として，ナフトイル基のように π 系が拡がったカルボニル化合物は，最安定励起状態が $^3(\pi-\pi^*)$ に変化し（表1参照），$^3(n-\pi^*)$ の典型的な反応（1）～（4）を起こしにくい。

(1) α 開裂反応：α 開裂反応は生じる $R^2$ ラジカルが安定な場合（例えばベンジルラジカルが生じる場合），$^3(n-\pi^*)$ から優先して起こり，最終的には脱一酸化炭素反応が起こる。この反応は Norrish I 型反応として知られ，例えば，1,3-ジフェニル-2-プロパノンの光反応を行うと，脱一酸化炭素反応が進行し，1,2-ジフェニルエタンが得られる（式(1)）。

(1)

(2) 分子内水素引き抜き反応：$^3(n-\pi^*)$ の酸素原子から 5 位の炭素上に水素原子が存在する場合，図1(2) に示したように，六員環遷移状態を経由して分子内水素引き抜き反応が起こる。水素引き抜きにより生じる 1,4-ビラジカルからは，結合開裂反応とラジカルカップリングによる環化反応が進行する。環化反応によりシクロブタノール誘導体が生じる反応は Yang 環化反応で，オルト位にアルキル基をもつアセトフェノン誘導体の場合に効率よく進行する（式(2)，$\Phi \simeq 0.5$）。

(2)

(3) 分子間水素引き抜き反応：比較的寿命が長い芳香族ケトン類の $^3(n-\pi^*)$ は，水素原子供与性が高い他の分子から水素原子を引き抜き，ケチルラジカルが生じる。例えば，イソプロパノール中で芳香族ケトン類に光照射を行うと，ケチルラジカルの二量化反応が進行し，ピナコール類が得られる（式(3)）。

(3)

(4) 多重結合への付加反応：$^3(n-\pi^*)$ の酸素原子は酸素ラジカルの性質をもっているため，電子豊富なアルケンに求電子攻撃し，2-オキサブタン-1,4-ビラジカル中間体を与える。1,4-ビラジカルからは，分子内結合開裂によりカルボニル化合物を与える反応と環化反応により四員環エーテル化合物・オキセタンが生成する反応がある。オキセタンを与える [2+2] 付加環化反応は Paternò-Büchi 反応で，生理活性物質オキセタン類の汎用的な合成反応として用いられている（式(4)）。

(4)

（安倍　学）

# ベンゾフェノンの光化学
Photochemistry of Benzophenone

**a. 吸収スペクトル** ベンゾフェノンは，250 nm 付近に吸収極大をもつ $\pi$-$\pi^*$ 吸収帯と 350 nm 付近に吸収極大をもつ n-$\pi^*$ 吸収帯を示す（図1）．$\pi$-$\pi^*$ 吸収帯の吸光係数（$\varepsilon$）は $\sim 10^4$ であるのに対し，n-$\pi^*$ 吸収帯の吸光係数は $\sim 10^2$ と $\pi$-$\pi^*$ 吸収帯と比べて小さい．これは n-$\pi^*$ 遷移が禁制遷移であるためである．極性溶媒中では n-$\pi^*$ 吸収帯は短波長側に移動するのに対し，$\pi$-$\pi^*$ 吸収帯は長波長側に移動する．これは，n, $\pi$, $\pi^*$ 軌道に対する極性溶媒による安定化効果がそれぞれ異なることに起因する．極性溶媒中では，カルボニルの酸素原子付近に局在化している n 軌道が溶媒による安定化を受ける．プロトン性溶媒の場合は水素結合の寄与により n 軌道はさらに安定化する．これに対して n-$\pi^*$ 励起状態では n 軌道の電子が $\pi^*$ 軌道に遷移するため n 軌道の電子密度が低下し，溶媒による安定化を受けなくなる．結果として極性溶媒中においては基底状態と n-$\pi^*$ 励起状態のエネルギー差は増大する．一方で，基底状態と $\pi$-$\pi^*$ 励起状態のエネルギー差は極性溶媒中で小さくなり，$\pi$-$\pi^*$ 吸収帯は長波長側に移動する（図1）．

**b. 励起状態** 光励起されたベンゾフェノンからはほとんど蛍光が観測されない．これは，ベンゾフェノンの最低励起一重項状態（$S_1$）とエネルギー的に近接している第2励起三重項状態（$T_2$）との間のスピン軌道相互作用が大きいために項間交差が非常に速く（$\sim 10^{11}\,\mathrm{s}^{-1}$），$S_1$ の寿命が短い（$\sim 10^{-11}\,\mathrm{s}$）ことが原因である．このため，ベンゾフェノンの最低励起三重項状態（$T_1$）形成の量子収率はほぼ1である．ベンゾフェノン $T_1$ は，系中に $T_1$ と反応を起こす物質がない場合，$T_1$ どうしの対消滅，項間交差，りん光のいずれかの過程を経て失活する．また，$T_1$ から $S_0$ への遷移が禁制であるため，$T_1$ の寿命は極性溶媒中で 50 $\mu$s，非極性溶媒中で 6.9 $\mu$s と長い．$T_1$ は，530 nm に特徴的な吸収極大をもつ幅広い吸収を示す．低温（77K）では $T_1$ のりん光が観測される（図2）．

**c. エネルギー移動** ベンゾフェノン $T_1$ 生成の量子収率は1に近く，また $T_1$ エネルギーも高い（287 kJ mol$^{-1}$）ため，ベンゾフェノンを三重項光増感剤として用いることにより，三重項エネルギー移動を通じてさまざまな有機分子の $T_1$ を選択的に得ることができる．酸素への三重項エネルギー移動が進行するため，ベンゾフェノン

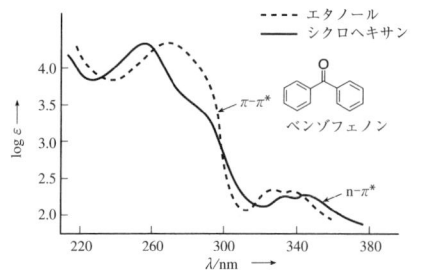

**図1** 極性溶媒（エタノール）および非極性溶媒（ヘキサン）でのベンゾフェノンの吸収スペクトル (Turro, N.J.: Principles of molecular photochemistry, University Science Books, 2009)

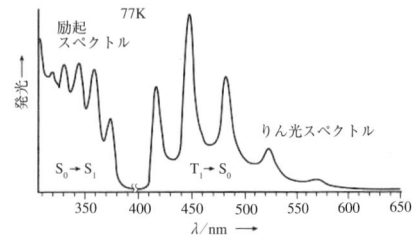

**図2** 低温（77K）で観測されるベンゾフェノンのりん光 (Turro, N.J.: Principles of molecular photochemistry, University Science Books, 2009)

を用いて光反応を進める際には、系中の酸素を除去する必要がある。

ベンゾフェノンの光化学は、基本的に$T_1$の光化学であるが、高励起三重項状態($T_n$)の化学も研究されている。二波長二レーザー照射法によって、第一の光反応によってベンゾフェノン$T_1$を生成させ、$T_1$は530 nm付近に特徴的な吸収を有するので、$T_1$の寿命内に、第二の光照射によって$T_1$を選択的に励起して$T_n$を生成させることができる。ベンゾフェノン$T_n$は$T_1$よりも高い励起エネルギーを有するため、$T_1$とは異なる性質を示す。例えば、$T_1$がマイクロ秒以上の寿命をもつのに対し、$T_n$の寿命はナノ秒領域以下と短い。$T_n$からは、供与体の$T_1$よりも高い三重項エネルギーをもつ分子への三重項エネルギー移動や、結合開裂など$T_1$からは進行しない反応が起こる。これらは、高励起エネルギー状態$T_n$の特徴的な反応性である。

**d. 光化学反応** ベンゾフェノン$T_1$は多様な反応性を示し、その多くは熱反応とは異なる機構により起こる。代表的な反応としては、水素引き抜きやそれによって形成したラジカルを経由するラジカル付加およびラジカル重合反応、あるいはオレフィンへの付加環化によるオキセタンの生成（Paterno-Büchi反応）などがある。

水素引き抜きとは、2-プロパノールなどの水素供与体の存在下でベンゾフェノンを光励起すると、$T_1$と水素供与体の反応により、ベンゾフェノンケチルラジカルが生じる反応である。この反応は、ベンゾフェノンと適切な水素供与体の間で進行するため、ベンゾフェノンはラジカル重合反応の光重合開始剤として用いられている。水素引き抜きで生成したケチルラジカルが二量体化することによりピナコールが生成する。水素引き抜き反応には n-π* の電子配置が重要な役割を果たすことが知られており、励起状態のπ-π*性が増大する極性溶

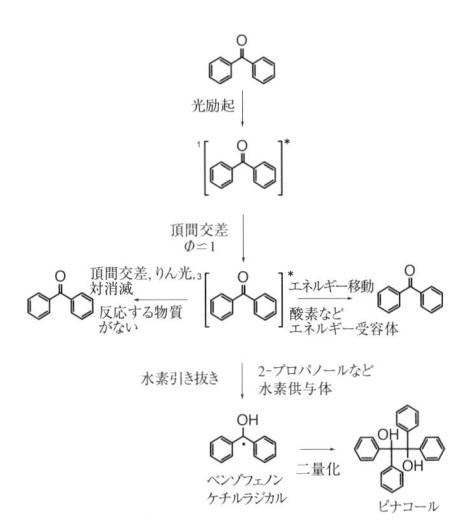

図3　ベンゾフェノンの光反応

媒中においては水素引き抜きの効率は低下する。また、励起三重項状態がπ-π*性を示す$p$-フェニルベンゾフェノンや電荷移動状態となる$p$-アミノベンゾフェノンは水素引き抜き能力をほとんどもたない（図3）。

ベンゾフェノンとアミンの間の光反応によってもケチルラジカルが生じる。しかし、この反応は前述のベンゾフェノン$T_1$の水素供与体からの水素引き抜き反応とは異なり、ベンゾフェノンの光励起に伴いアミンからベンゾフェノン$T_1$へ電子移動が起こり、ラジカルイオン対が生成し、イオン対内でのプロトン移動が起こりケチルラジカルが生成する。このため、アミンとの光反応を利用することにより$p$-フェニルベンゾフェノンなどの水素引き抜き能力の低いベンゾフェノンであってもケチルラジカルを生成させることができる。（坂本雅典）

【関連項目】
▶1② 光と色とスペクトル／2.1④ 電子励起状態の種類／2.1⑥ 電子励起状態からの緩和現象／2.2① 蛍光とりん光／2.2⑤ 光増感

## 酸素，オゾンの光化学
Photochemistry of Oxygen and Ozone

地球の大気に含まれる酸素 $O_2$ は，植物の光合成による水の酸化で発生したものが大部分である（▶8.2①項）．基底状態の $O_2$ の HOMO は，2つの等エネルギーの軌道が縮退しており，同じスピンをもつ2つの電子がそれぞれの軌道に1つずつ配置されるので，$O_2$ は三重項状態（$^3O_2(^3\Sigma_g^-)$）である．多くの分子の基底状態は一重項状態であるため，酸素は特殊な物質である．

基底状態の $O_2$ は，可視光および比較的長波長の紫外領域（波長およそ 240 nm 以上）に吸収をもたない無色透明の気体である．$O_2$ は，直接吸収しない波長域であっても，光励起状態となった物質に対し，電子や励起エネルギーの受容体として作用するため，さまざまな光化学反応に関与する．とくに，励起状態の失活促進作用が重要である．基底状態の $O_2$ 自身は，波長およそ 240 nm 以下の紫外線（主に真空紫外線の領域）を吸収すると，原子状酸素（$^3P$）を生成し，さらに $O_2$ と反応して同素体であるオゾン（$O_3$，図 1）が生成する（▶7.1①項）．

$$O_2 \xrightarrow{h\nu} 2O$$
$$O + O_2 \rightarrow O_3$$

$O_3$ は，折れ線形をした分子であり，その分子構造は，図 1 のような共鳴混成体として表される．$O_3$ の生成熱は，1 mol あたり，およそ 143 kJ（25℃において）である．$O_3$ は，太陽光線に含まれる UVC（波長 280 nm 以下）のほぼすべてと UVB（280〜320 nm）の一部を吸収し，紫外線を遮断する．成層圏で形成されたオゾン層により，地上の生物は，有害な紫外線から守られ，水中のみならず，陸上でも活動することができる．紫外線を吸収し，励起状態となった $O_3$ は，励起状態の原子状酸素（O($^1D$)）と $O_2$ になり，O と $O_3$ から再び $O_2$ が生成する．

$$O_3 \xrightarrow{h\nu} O + O_2$$
$$O + O_3 \rightarrow 2O_2$$

酸素およびオゾンは，光化学，光医学および環境分野でも重要な物質である．紫外線による $O_2$ の直接励起を経て生成する $O_3$ は，生体分子を酸化損傷する．例えば，DNA に対しては，糖鎖の切断やグアニンとチミンの酸化を引き起こす．また，光化学反応により，$O_3$ のほか，$O_2$ からさまざまな活性酸素種が生成する．$O_3$ およびこれらの活性酸素種が示す酸化作用は，光殺菌や環境浄化などの原理としても利用されている（▶7.1⑦，7.1⑧項）． （平川和貴）

【関連項目】
▶2.2④ 励起エネルギーの移動・伝達・拡散／7.1① 大気圏外の光化学／7.1② 大気圏の光化学／7.1⑤ オゾンホール／7.1⑦ 光発生一重項酸素による環境浄化／7.1⑧ オゾンの光化学的発生と環境／8.2① 光合成

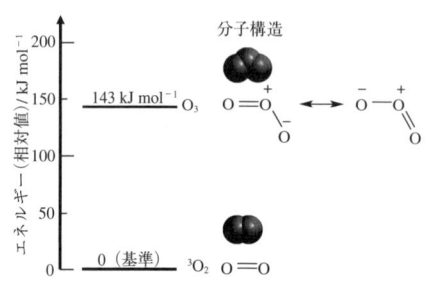

図 1 基底状態酸素分子に対するオゾンの相対エネルギーと分子構造

# エーテルの光化学
Photochemistry of Ether

アルキルエーテルは，炭素-酸素結合のn-σ*遷移である180 nm光を吸収し，アリールエーテルでは芳香環のπ-π*遷移である250 nm光を吸収して，励起一重項状態$S_1$になる．これらエーテルの光反応は，$S_1$からの炭素-酸素結合のホモリシスによるラジカル対を経由して進行する．アルキルエーテルでは，生成したラジカルからの水素引き抜き反応によりアルコールやアルカンなどの生成物を与えるが，アリールエーテルでは，これに加えて，ラジカルのアリール基への転位による生成物を与える．

真空紫外光（185 nm）を用いた液相中でのジエチルエーテルの光反応は，$S_1$から炭素-酸素結合のホモリシスによるラジカル対生成を経由して水素引き抜き反応が進行し，エタノール（量子収率$\Phi$ 0.46）やエタン（$\Phi$ = 0.12），2-エトキシブタン（$\Phi$ = 0.19）が得られる（図1）．

また，気相中におけるジメチルエーテルの147 nm光反応では，水素や一酸化炭素，メタン，エタン，ホルムアルデヒドを与え，ジメチルエーテルの気圧によって，これら生成物の$\Phi$が変化する．254 nm光水銀光増感反応では，ジメチルエーテル$T_1$からの炭素-水素結合のホモリシスが進行し，1,2-ジメトキシエタンと水素が生成する．

アリルフェニルエーテルやベンジルフェニルエーテル，ジフェニルエーテルなどのアリールエーテルは，254 nm光による炭素-酸素結合のホモリシスからのラジカル対を経由して，転位反応や水素引き抜き反応が進行する．とくに，アリルフェニルエーテルの光転位反応は，光Claisen転位反応とよばれ，熱的Claisen転位反応との違いが知られている（図2）．光Claisen転位反応は，$S_1$からの炭素-酸素結合のホモリシスを経由して，一重項ラジカル対が生成し，続くオルト，パラ位へのラジカルの転位によるシクロヘキサジエノン生成とその芳香族化により，アリル基がオルト，パラ位に転位したフェノール誘導体を$\Phi$ = 0.036と0.038で与える．さらに，転位生成物に加えて，フェノキシラジカルの水素引き抜き反応によりフェノール（$\Phi$ = 0.045）も得られる．一方，熱的Claisen転位反応では，[3,3]シグマトロピー反応が協奏的に進行し，オルト位転位生成物のみを与える．また，ベンジルフェニルエーテルやジフェニルエーテルの光反応でも，ラジカル対を経由してフェノールやオルト，パラ位への転位生成物が得られる．

（吉見泰治）

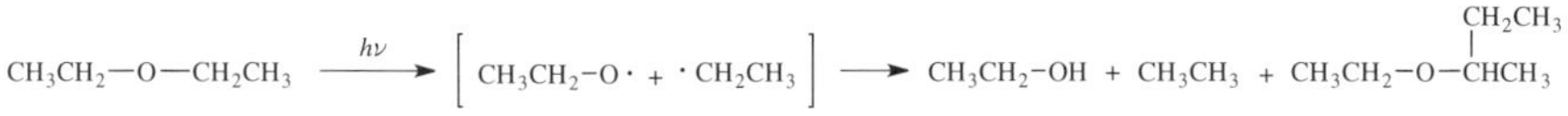

図1 ジエチルエーテルの光反応

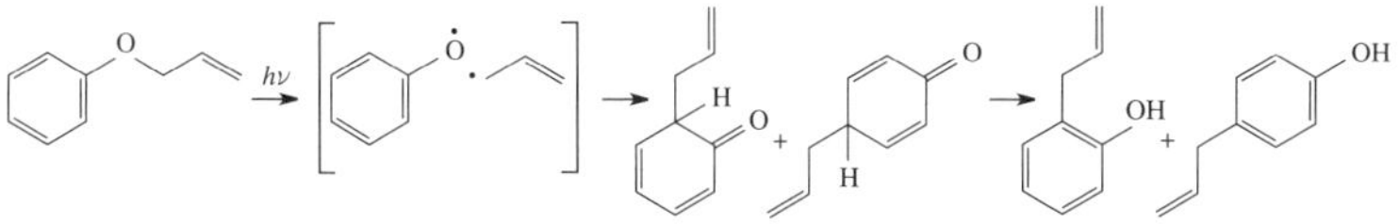

図2 アリルフェニルエーテルの光クライゼン転位反応

# エステルの光化学
Photochemistry of Ester

エステルの光反応は，カルボニル基の n-π* 遷移により生じる最低励起一重項 $S_1$ 状態から，エステル基近傍の結合 a～c いずれかでのホモリシスが起こるのが一般的である（図1）．

脂肪族エステルは，ケトンやアルデヒドよりもさらに短波長領域に非常に弱い n-π* 遷移の光吸収（酢酸エチルの場合，$\lambda_{max}=212$ nm，$\varepsilon=48$ L mol$^{-1}$ cm$^{-1}$）をもつため，低圧水銀灯光（254 nm）の照射によって n-π* が生成し，カルボニルの α 位でホモリシスが起こる Norrish I 型反応が起こる．例えば，溶媒として良く使用する酢酸エチル（$CH_3CO_2C_2H_5$）の 253.7 nm 光照射では，a～c の結合開裂によるラジカル生成過程に加え，分子脱離過程によって酢酸 $CH_3CO_2H$ とエチレン $C_2H_4$ が生成する．この過程が，励起三重項状態を経て進行する，あるいは，振動励起状態を経た熱分解反応であるとの報告もある．次に，脂肪族の環状エステルであるラクトンでは，254 nm の照射により，結合 a（$\Phi=0.06$）および結合 b（$\Phi=0.23$）の開裂が競争的に起こる（図2）．しかし，高圧水銀灯やキセノンランプのより長波長領域（>280 nm）の光照射では脂肪族エステルは吸収をもたないので光反応は起こらない．一方，芳香族エステル（安息香酸メチルの場合，$\lambda_{max}=271$ nm，$\varepsilon=880$ L mol$^{-1}$ cm$^{-1}$）や分子内に芳香環などの光を吸収する部位をもつエステルの場合は，これらの光源でも光反応が起こる．脂肪族エステルからの発光は非常に弱いが，芳香族エステルでは π-π* 性の励起一重項または励起三重項状態から蛍光（$\Phi_f<0.1$）およびりん光（$E_T \simeq 78$ kcal mol$^{-1}$，$\tau \simeq 2.5$ s, 77 K）がそれぞれ観察される．

結合 a での開裂例として最もよく知られているエステルの光反応が，フェノールエステルの場合に起こる光 Fries 転位反応である（図3）．光励起によりエステル O-CO 結合が開裂し，熱的 Fries 転位と同様に，アシル基が芳香環のオルト位またはパラ位に転位したフェノール誘導体を生成する．この反応は，$S_1$ からホモリシスが起こり，生成したラジカルが転位すると考えられる．$T_1$ から反応する例もある．

結合 b での開裂例は比較的少ないが，光 Fries 転位の副反応として起こる光脱カルボニル化反応が該当する（図4）．この例では，脱カルボニル後に生じるラジカル中心が芳香環の π 共役により安定化される

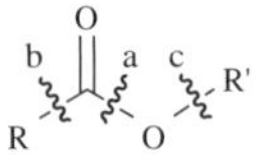

図1　エステルの光ホモリシスの様式

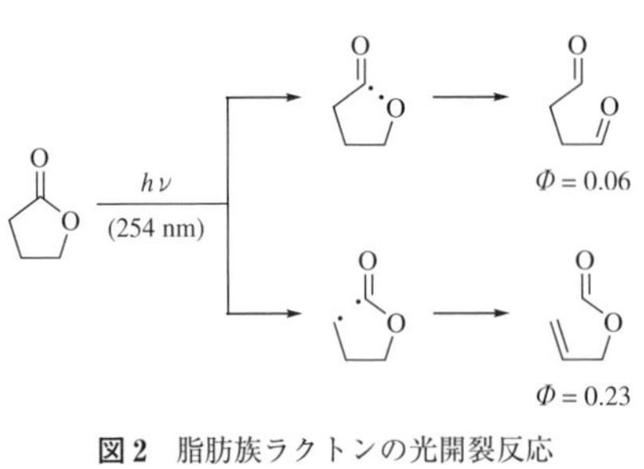

図2　脂肪族ラクトンの光開裂反応

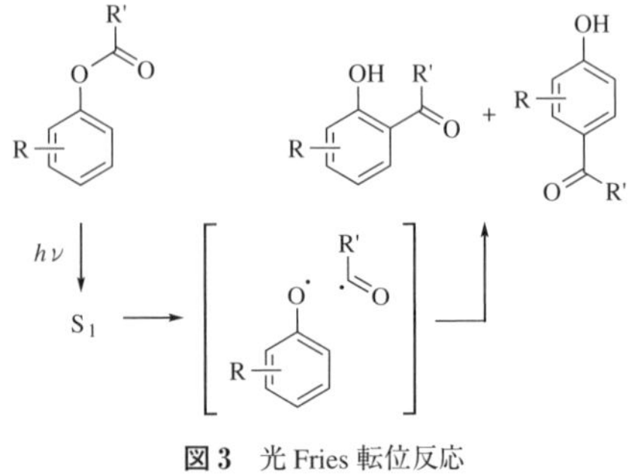

図3　光 Fries 転位反応

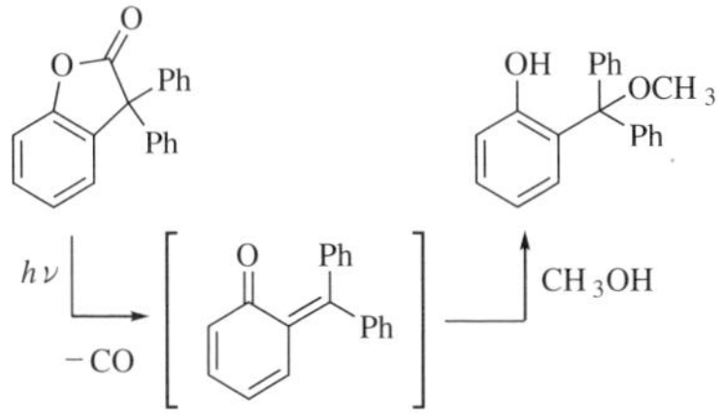

**図4** 光脱カルボニル化反応

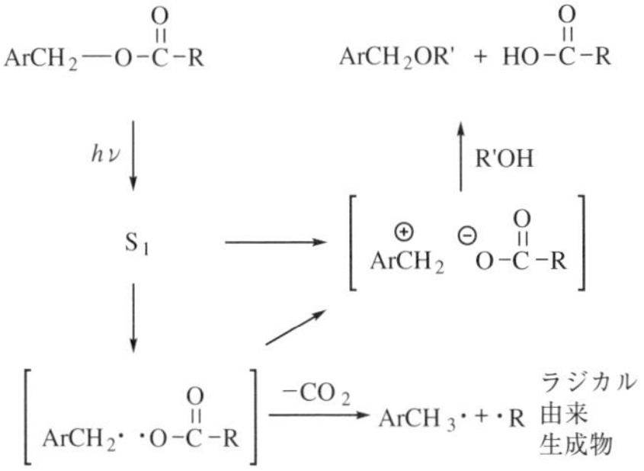

**図5** 光脱カルボキシル化反応

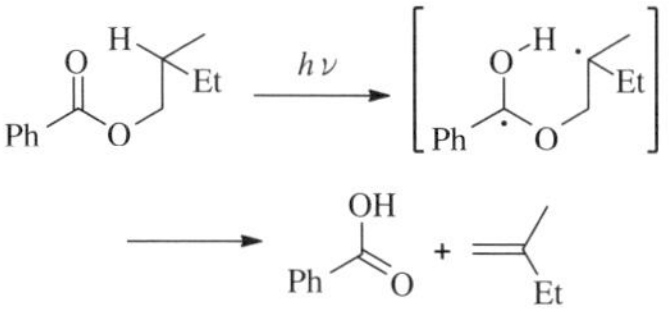

**図6** 分子内 γ-水素引き抜き反応

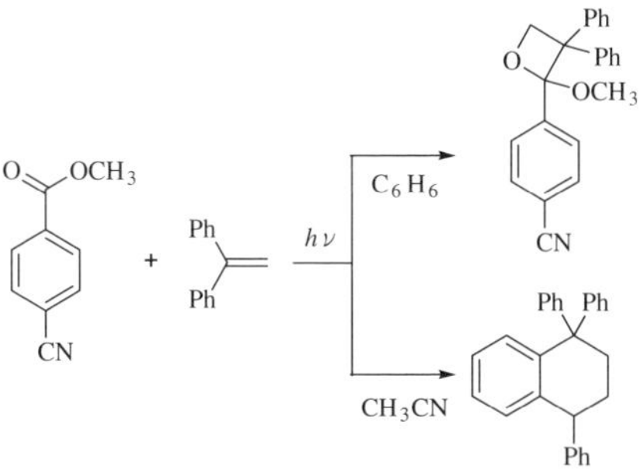

**図7** 光[2+2]付加環化反応と光誘起電子移動反応

ため，効率よく結合a, b両方の開裂が競争的に進行する．

結合cの開裂例として，ベンジルエステルの光脱カルボキシル化反応の様式を図5に示す．光励起により，$S_1$からホモリシスを経てベンジルラジカルとカルボキシルラジカルが生成し，脱炭酸反応または1電子移動によるイオン対の生成を経て，最終生成物を与える．この場合，安定なベンジルラジカルまたはベンジルカチオンの生成が，この反応が進行するための鍵となる．$S_1$から直接イオン対を与える経路も考えられているが，明確な実験的証拠はない．光励起状態が結合開裂する場合，ほとんどはホモリシスが起こる．生成したラジカル対間での電子移動が速く起これば，イオン対が生成するので，反応機構を正しく判別するのは容易でない．カルボン酸を与えるようにC-OCO結合のホモリシスが起こるため，このようなエステル部位は，254 nm光照射によって脱離可能な保護基として利用可能である．

また，いくつかのエステルでは水素引き抜き反応が起こることも知られているが，エステルでは最低励起状態が $^3\pi$-$\pi^*$ であり，水素引き抜き反応は主に $^1$n-$\pi^*$ から起こるため，量子収率は $\phi<0.01$ と小さい．分子内 γ-水素引き抜き（NorrishⅡ型）反応を起こす例も，結合cの開裂例に該当する（図6）．

その他，パラ位に電子求引基を有する安息香酸エステルは，低極性溶媒中でアルケンと反応し，エステルC=O部位で光[2+2]付加環化反応が進行してオキセタンを与える（図7）．しかし，極性溶媒中では電子求引性のエステルが電子受容体として働き，アルケンの光誘起電子移動反応により異なる生成物を与える．このように，上述したいくつかの例を除き，多くの場合はエステル基が280 nmより長波長の光に対して比較的安定であるため，電子求引性の置換基として光反応に用いることが可能である．

（小久保　研）

# 過酸化物の光化学
Photochemistry of Peroxide

単純な過酸化物であるジ-t-ブチルペルオキシド(DTBP, 図1 (a)) は, 250 nm 付近に $n$-$\sigma^*$ ($n$ は酸素原子の2つの非共有電子対から形成される軌道, $\sigma^*$ は酸素-酸素の反結合性シグマ軌道) に由来する弱い吸収 (モル吸光係数 $\varepsilon \approx 8\ \mathrm{L\ mol^{-1}cm^{-1}}$) をもつ. この吸収を光照射すると, 酸素-酸素結合がホモリシスする. 酸素-酸素結合 (結合エネルギー: $D \approx 33\ \mathrm{kcal\ mol^{-1}}$) は, 炭素-炭素結合 ($D \approx 83\ \mathrm{kcal\ mol^{-1}}$) や水素-水素結合 ($D \approx 104\ \mathrm{kcal\ mol^{-1}}$) に比べ小さく, その開裂は熱反応によっても容易に進行する. 過酸化ベンゾイル (BPO, 図1 (b)) は光や熱反応のラジカル開始剤として機能し, それを用いる $N$-ブロモスクシンイミドによるアリル位やベンジル位の臭素化反応やオレフィン類のラジカル重合は有用な合成手段である. 過酸化物の酸素-酸素結合開裂を利用する脱炭酸反応は, Eaton らによるキュバン合成の最終段階 (熱反応) としても知られている.

一般に, 過酸化物の光照射による酸素-酸素結合の開裂は直接照射に限らず, ピレンのような一重項増感剤やベンゾフェノンのような三重項増感剤の光照射によっても引き起こされる.

直接照射や一重項増感による酸素-酸素結合開裂反応は熱反応や三重項増感と異なる反応性を示す場合がある. 例えば, BPO を直接光照射 (313 nm) あるいは一重項増感剤を用いて光照射すると $\mathrm{PhCO_2Ph}$ を 10～20% 程度生成する. 一方, 熱反応や三重項増感反応では $\mathrm{PhCO_2Ph}$ は 3% 程度しか生成しない. $\mathrm{PhCO_2Ph}$ の生成は, 酸素-酸素結合開裂により生じた $\mathrm{PhCO_2\cdot}$ のラジカル対が, 溶媒のカゴ中で高速の脱炭酸を起こし, $\mathrm{PhCO_2\cdot}$ と $\mathrm{Ph\cdot}$ のラジカル対を生成し, その再結合により生成すると考えられる. このことは BPO-$\mathrm{h_{10}}$ と BPO-$\mathrm{d_{10}}$ (重水素化された BPO) の混合物を一重項増感条件で光照射すると $\mathrm{C_6H_5CO_2C_6H_5}$ と $\mathrm{C_6D_5CO_2C_6D_5}$ を生成し, 交差化合物である $\mathrm{C_6H_5CO_2C_6D_5}$ や $\mathrm{C_6D_5CO_2C_6H_5}$ は生成しないことからも支持される. しかし, $\mathrm{PhCO_2\cdot}$ の脱炭酸反応の速度定数は室温で $5 \times 10^6\ \mathrm{s^{-1}}$ 程度の遅い反応であり, 光照射により生じた $\mathrm{PhCO_2\cdot}$ は脱炭酸する前に, 再結合あるいは溶媒のカゴの外に拡散すると考えられる. このことは, この反応が単にラジカル対を経由する反応ではないことを示している.

これらのことから励起一重項経由の反応で $\mathrm{PhCO_2Ph}$ が生成する機構として, 次の (1), (2) の機構が提案されている: (1) $\mathrm{PhCO_2\cdot}$ のラジカル対へのさらなる光照射により脱炭酸が起こり $\mathrm{PhCO_2Ph}$ が生成する (2光子吸収機構), (2) $\mathrm{PhCO_2\cdot}$ のラジカル対は高振動状態から脱炭酸反応を起こす (1光子によるホット分子機構). 照射光強度や波長効果の検討, CIDNP の研究などから (2) の機構が有力であると考えられている. 三重項増感反応では三重項ラジカル対の再結合はスピン禁制であるため $\mathrm{PhCO_2Ph}$ の収率は低く, 熱反応で生じた $\mathrm{PhCO_2\cdot}$ は高振動励起状態にないため高速で脱炭酸できず, $\mathrm{PhCO_2Ph}$ はほとんど生

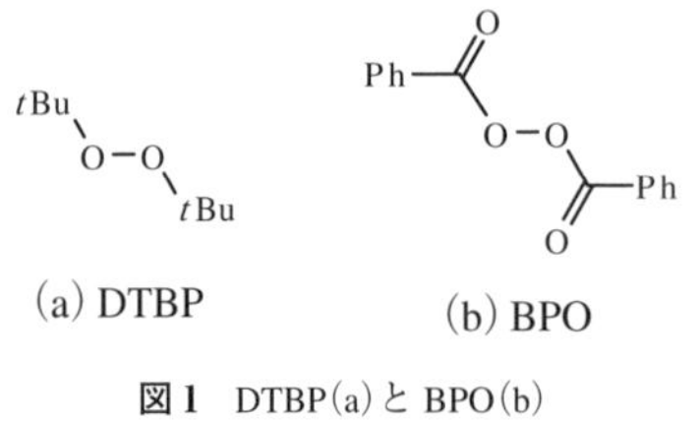

(a) DTBP　(b) BPO

**図1** DTBP(a) と BPO(b)

成しない.

過酸化物の酸素-酸素開裂の一重項増感では芳香族炭化水素が増感剤としてよく用いられる.この増感反応は,単に一重項エネルギー（$E_s$）の移動ということではなく,過酸化物の $E_s$ よりも低い $E_s$ をもつ化合物により光増感されるという点で興味深い：例えば,BPO（$E_s = 89.6$ kcal mol$^{-1}$）の光分解はクリセン（$E_s = 79.3$ kcal mol$^{-1}$）,ピレン（$E_s = 76.7$ kcal mol$^{-1}$）,アントラセン（$E_s = 76.0$ kcal mol$^{-1}$）によって容易に増感される.

過酸化物による一重項光増感剤（$^1$Sens*）の蛍光消光実験から,過酸化物と $^1$Sens* の相互作用は $^1$Sens* から過酸化物への電子移動過程と類似しており,電子供与性の高い芳香族炭化水素が有効である.この反応では電荷移動錯体の性質をもった中間体を経て,酸素-酸素結合のホモリシスが起こる.

このように,過酸化物の $S_1$ 経由の酸素-酸素結合開裂は,弱く切れやすい酸素-酸素結合に関係した反応性（高振励起状態の関与を示唆する反応性や,吸熱的エネルギー移動を伴った増感反応性）を示す.

過酸化物の光反応の具体例をいくつか述べる（図2）.基本的にはジアルキルペルオキシド,ハイドロペルオキシドに関わらず酸素-酸素結合開裂が優先するが,例外もある.

（a）の反応では,1 の酸素-酸素結合開裂した中間体から種々の生成物が生成する.

（b）は 4-ハイドロペルオキシ-1-ブテンの部分構造をもつ過酸化物（2）のアセトフェノンの光照射による反応で,アセトフェノンは増感剤としてよりも水素引き抜き剤として作用している.熱反応においてもDTBPのような水素引き抜き剤の存在下,同様な反応が進行する.

（c）はジフェニルジオキシラン（3）の

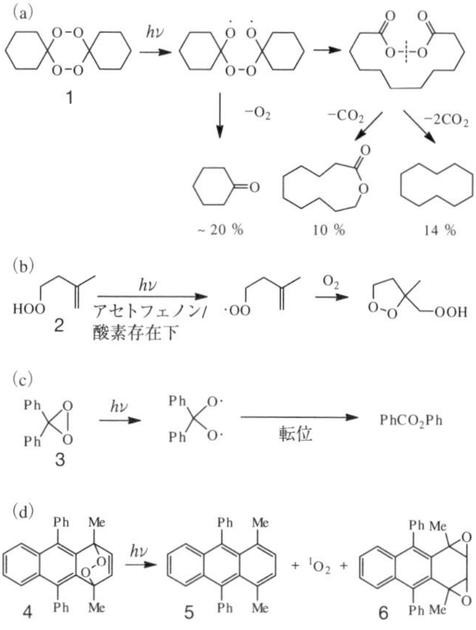

図2 過酸化物の光反応の具体例

光反応であり,酸素-酸素結合を経て PhCO$_2$Ph が転位生成物として得られる.

（d）はアントラセンエンドペルオキシド（4）の直接光照射による反応で,5 と 6 が生成する.6 は酸素-酸素結合開裂経由の生成物である.5 は 2 つの炭素-酸素結合が段階的あるいは協奏的に切断することにより生成し,一重項酸素（$^1$O$_2$）の発生を伴う.4 を 350～400 nm の波長で光照射すると $S_1$ 状態から,酸素-酸素結合の開裂を経て 6 が生成する.5 は $S_1$ からは生成せず,350 nm より短波長の光照射で生成する.5 の生成の量子収率は 350～250 nm（$S_2$～$S_3$）の範囲で短波長になるにしたがい徐々に大きくなる.量子収率が短波長側で一定値にならず徐々に増加するのは,5 が複数の高励起一重項状態（$S_2$ および $S_3$）から生成するためである.

（岡田恵次）

【関連項目】
▶2.2⑤ 光増感

# カルボン酸・ケイ皮酸の光化学
Photochemistry of Carbonic Acid and Cinnamic Acid

カルボン酸はカルボキシル基（－COOH）を有する有機酸であり，その主要な吸収はn-π* 遷移（▶2.1④項）である．カルボン酸ではC=Oに結合した酸素の $p_z$ 軌道がC=Oのπ軌道と相互作用してπ*軌道のエネルギーを引き上げるため，n-π*遷移に要するエネルギーが増大する．その結果，$\lambda=270$ nmに吸収帯がみられるアセトンに対して，酢酸の吸収帯はより短波長（$\lambda=203$ nm）にみられる．この遷移により $^1$n-π* が形成されて種々の光反応の起点となる．カルボン酸の光反応は，ケトン，アルデヒドの光反応（▶3.2②項）に類似しており，表1のように分類される．

結合開裂は，気相での光解離計測と励起状態の量子化学計算により検討されている．カルボン酸では(1)～(5)の解離が考えられる．各種カルボン酸の励起状態とそこからみられる光解離を表2に示す．

$$\text{RCOOH} \xrightarrow{h\nu} \text{R}\cdot + \cdot\text{COOH} \quad (1)$$
$$\longrightarrow \text{RCOO}\cdot + \text{H}\cdot \quad (2)$$
$$\longrightarrow \text{RCO}\cdot + \cdot\text{OH} \quad (3)$$
$$\longrightarrow \text{RH} + \text{CO}_2 \quad (4)$$
$$\longrightarrow \text{ROH} + \text{CO} \quad (5)$$

カルボン酸の $^1$n-π* からの解離は主に(3)の ·OH 生成である．α, β 不飽和カルボン酸，芳香族カルボン酸では $^1$n-π* に加えて $^1$n-π* が関与する．脱炭酸反応の初期過程とされる(1)の α 開裂は，内部変換を経て生成した高振動励起状態，あるいは，項間交差によって生成する励起三重項状態から起こる．

光照射下の脱炭酸反応は多くのカルボン酸について検討されている．フェニル酢酸の光分解（メタノール中）による $CO_2$ 生成の量子収率は $\Phi=0.037$ と低いが，フェニル基に電子受容基置換基を導入したアリール酢酸類では効率的な光脱炭酸反応がみられる（表3）．この場合，カルボキシレートアニオンの励起一重項状態からC－C結合がイオン開裂して脱炭酸反応が進行する．

表1 カルボン酸の光反応とその初期過程

| 初期過程 | 光反応 |
| --- | --- |
| 1. 結合開裂 | 脱炭酸，脱カルボニル還元 |
| 2. 水素引き抜き（分子間）（分子内） | Norrish II 型反応，異性化 |
| 3. [2+2] 付加 | 付加環化 |

表2 カルボン酸の励起状態と光解離過程

| カルボン酸の種類(R) | 励起波長(nm) | 励起状態 | 光解離過程 | 量子収率 |
| --- | --- | --- | --- | --- |
| ギ酸：R=H | 248 | $S_0$(高振動励起状態) | (4), (5) |  |
|  | 222 | $S_1$:$^1$n-π* | (3) | 0.70〜0.80 |
| 酢酸：R=CH$_3$ | 222 | $S_1$:$^1$n-π* | (3) | 0.55〜0.70 |
|  | —† | $T_1$:$^3$n-π* | (1), (3) |  |
| アクリル酸：R=CH$_2$CH | 248 | $S_1$:$^1$n-π*, $T_2$:$^3$n-π* | (3) |  |
|  | 193 | $S_2$:$^1$π-π* | (1) |  |
| 安息香酸：R=C$_6$H$_5$ | 289〜295 | $T_2$:$^3$n-π* | (3) |  |

† 量子化学計算に基づく結果

**表3** アリール酢酸誘導体の光脱炭酸反応

| カルボン酸 | 条件 | 量子収率 |
|---|---|---|
| C₆H₅-CH₂-COOH | MeOH | 0.037 |
| O₂N-C₆H₄-CH₂-COOH (p-) | H₂O, pH 10 | 0.6 |
| O₂N-C₆H₄-CH₂-COOH (m-) | H₂O, pH 10 | 0.6 |
| CF₃-C₆H₄-CH₂-COOH | 1:1 D₂O-CD₃CN, pD 13 | 0.46 |
| (ベンゾイル)-C₆H₄-CH₂-COOH | 1:1 H₂O-CH₃CN, pH 7 | 0.66 |
| (ベンゾイル)-C₆H₄-CH(CH₃)-COOH | H₂O, pH 7.4 | 0.75 |
| キサントン-CH₂-COOH | H₂O, pH 7.4 | 0.67 |

$$\text{R-COO}^- \xrightarrow{\text{Sens}^{*+}/\text{Sens}} [\text{R-COO}\cdot] \xrightarrow{-CO_2} [\text{R}\cdot] \xrightarrow{+H} \text{R-H} \quad (6)$$

Sens: 増感剤 フェナントレン
A : 電子受容体 1,4-ジシアノベンゼン

$$\text{R-COO}^- + \text{CH}_2=\text{CHX} \rightarrow \text{R-CH}_2\text{CH}_2\text{X}$$

光脱炭酸反応は, カルボン酸の直接励起ではなく一重項増感剤によっても誘起される. 光誘起電子移動によって生じた増感剤のカチオンラジカルがカルボキシレートアニオンを一電子酸化することにより脱炭酸反応が起こる. この反応で生成する炭素ラジカルは炭素伸長反応にも利用される(6).

カルボン酸の水素引き抜きは, カルボニル化合物と同様に $^1n\text{-}\pi^*$ を起点として, 分子内, または, 分子間で起こる. 分子内の $\gamma$ 位の炭素から水素を引き抜く場合には, 結合開裂が起こる場合(7), 異性化が起こる場合(8)がある.

カルボン酸の付加環化では $\alpha, \beta$ 不飽和カルボン酸であるケイ皮酸の反応がよく知られている. 溶液中のケイ皮酸では $E\text{-}Z$ 異性化(シス→トランス $\Phi=0.2\sim0.3$, トランス→シス $\Phi=0.6\sim0.7$: $\lambda=313$ nm, 水中)が起こるのみであるが, 結晶の光照射では[2+2]付加環化反応が起こる. この反応は C=C 結合間の距離が 0.42 nm 以内に接近している場合にみられ, 結晶内部での分子配列を反映してトルキシン酸, あるいは, トルキシル酸が選択的に生成する ($\alpha$ 型の付加環化: $\Phi=0.59$). このような結晶中の分子の配列を反映する反応をトポケミカル反応という.

ケイ皮酸の付加環化反応は感光性樹脂で利用されている(▶4.1②, ③項). ポリケイ皮酸ビニル(PVAC)は光照射した部分が付加環化により架橋して不溶化するネガ型のフォトレジストである.

(佐藤正健)

【関連項目】
▶2.1④ 電子励起状態の種類／3.2② 異性化反応／4.1② 共役1,3-ジエンの光化学／4.1③ ポリエンの光化学

# 窒素化合物の光化学
Photochemistry of Nitrogen Compounds

　窒素原子は非共有電子対をもっており，この非結合性軌道から反結合性軌道への電子遷移のため，アミノ基 (amino, $-N\!<$)，アゾ (azo, $-N=N-$)，ジアゾ (diazo, $>\!C=N=N$)，ジアゾニウム塩 (diazonium, $-N^+\!\equiv N$)，アジド (azido, $-N=N=N$)，ニトロソ (nitroso, $-N=O$)，ニトロ (nitro, $-NO_2$)，イミノ (imino, $>\!C=N-$) 基などの含窒素官能基は炭素同属体と比べて吸収が長波長側に現れる．

　trans-アゾベンゼンの n-π* 電子遷移（第1励起）の吸収は 436 nm の可視光領域に，π-π* 遷移（第2励起）は 313 nm の紫外領域に現れる．これらの吸収は，同類の炭素-炭素二重結合を有する trans-スチルベンの π-π* 吸収の極大波長 295 nm よりも長波長側に現れる．アゾ化合物は可視光領域に吸収をもつので，染料・色素として多く利用されている．

　アゾベンゼンの π-π* 励起によるシス-トランス異性化反応の量子収率 ($\varPhi$) は 0.40，トランス-シス異性化反応の $\varPhi$ は 0.09 で，前者のほうが大きい (1)．一方，アゾベンゼンの炭素同属体であるスチルベンの π-π* 励起による異性化量子収率は，$cis \rightarrow trans$ 0.50，$trans \rightarrow cis$ 0.35 とあまり差がない．これは，類似構造体でも光異性化反応の機構が異なっているためである．

　代表的なアゾ化合物である α, α'-アゾビスイソブチロニトリル (AIBN) は，熱分解および光照射によって窒素分子 ($N_2$) を脱離して 2-シアノ-2-プロピルラジカルを発生する (2)．このラジカルはラジカル重合の開始剤としてよく用いられている．また，ジアゾ基およびアジド基も熱分解および光照射によって，$N_2$ を放出してそれぞれカルベン (3) およびニトレンを発生する (4)．ジアゾナフトキノン発色団 (DNQ) は，半導体製造のポジ形光感光性樹脂として利用されている (3)．

多重結合をもたないアミノ化合物である脂肪族アミンは 200 nm 付近に吸収をもち，アミノ基の光励起によって N-H 結合の開裂が起こり，窒素ラジカルを発生する (5)．芳香族アミンの場合は，その光反応に芳香族基の影響が現れる．

代表的なニトロソ化合物である塩化ニトロシル (O=N-Cl) は黄色の気体であり，光照射によって Cl と NO に分解する (6)．シクロヘキサン共存下では，Cl による水素原子引き抜き反応および NO とのラジカル結合によってシクロヘキサンオキシム塩酸塩が生成する．この光ニトロソ化反

応を応用した $\varepsilon$-カプロラクタムの合成が知られている(7).

亜硝酸エステル基($-O-N=O$)は 360 nm に吸収をもち,光照射によって O–N 結合のラジカル開裂が起こり,アルコキシラジカルと NO に分解する(8).この反応は Barton 反応とよばれ,さまざまな合成反応に利用されている.

$$RO-N=O \xrightarrow[360\ nm]{h\nu} RO\cdot + \cdot N=O \quad (8)$$

ニトロ基($-NO_2$)は光励起によって水素引き抜き反応を起こす.例えば,4,5-ジメトキシ-2-ニトロベンジルオキシ基は,分子内水素引き抜き反応でアセタールを生成し,ニトロソ化合物として脱離し,カルボン酸を放出することから,さまざまなカルボン酸の光保護基として活用されている(9).

炭素-窒素二重結合のイミノ($>C=N-$)基は 235 nm に吸収をもち,光励起により C=N 結合のシス-トランス異性化反応を起こす(10).イミノ基の炭素同属体であるカルボニル基($-C(R)=O$)の励起状態が水素引き抜き反応を起こすのとは対照的である.オキシム($R_2C=N-OR$)も 235 nm 光照射によって C=N 結合の光異性化反応を起こす(10).

$$\underset{\substack{\text{イミノ},R=\text{アルキル}\\\text{オキシム},R=\text{アルキルオキシ}}}{\overset{R^1}{\underset{R^2}{>}}C=N^{R^3}} \xrightarrow{h\nu\ (235\ nm)} \overset{R^1}{\underset{R^2}{>}}C\underset{N^{R^3}}{\cdot\cdot} \quad (10)$$

式(11)に示すように,ニトロン(1)に光照射すると,閉環反応によってオキサジリジン(2)が生成し,続いて酸素の転移が起こりアミドを生成する.

$$R-\overset{+}{C}=\underset{\underset{1}{H}}{N^{-}}-R \xrightarrow{h\nu} \underset{2}{\overset{O}{\overset{|}{\underset{R}{C}}}\underset{R}{N}-R} \to H-\overset{O}{\underset{\|}{C}}-\underset{R}{\overset{R}{N}}-R \quad (11)$$

類似体のアゾキシ化合物(3)も,光閉環反応によって三員環のオキサアジリジン(4)が生成し,続いて酸素の転移が起こりアゾキシ化合物に戻る(12).

$$R^1-N\overset{+}{=}\underset{3}{\underset{O^-}{N}}-R^2 \xrightarrow{h\nu} R^1-\underset{4}{\underset{O}{\overset{|}{N}}}N-R^2 \to R^1-\underset{O^-}{\overset{+}{N}}=N-R^2 \quad (12)$$

ビピリジル,フェナントロリン,ポルフィリンなどの含窒素芳香族化合物(図1)は,窒素の非共有電子対を通してさまざまな金属イオンに多座配位することができる.これら配位結合によって形成された金属錯体では,金属原子の d 軌道が配位子場分裂し,分裂した準位間のエネルギー差が可視光エネルギー領域であるため,多くの金属錯体は金属と配位子に特有の色をもつ.この吸収に合わせた励起によって d-d 遷移が起こる.また,金属と配位子間の電荷移動遷移が観測される場合もあり,この波長での励起によって,金属と配位子間の電子移動を起こすこともできる.

2,2′-ビピリジル

$o$-フェナントロリン

ポルフィリン

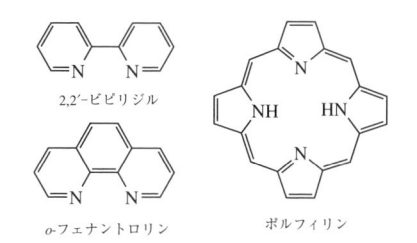

**図1** 含窒素芳香族配位子

(保田昌秀)

【関連項目】
▶3.2⑧ 付加:光 Barton 反応/3.2⑯ 光ニトロソ化/5.1② 感光性材料

## カルボニトリルの光化学
Photochemistry of Carbonitrile

脂肪族カルボニトリル（RCN）は紫外部（～170 nm）に吸収をもち，光照射によってC-CN結合の開裂反応などが進行する．

一方，芳香族カルボニトリル（ArCN）は，250 nm以上の波長領域に$\pi$-$\pi$*性の強い吸収をもつ（表1）．また，芳香族カルボニトリルは，電子吸引性のシアノ基をもつため分子の電子受容性が高く，電子供与体との間で電荷移動錯体やエキシプレックスを形成しやすく，また電荷移動錯体の光励起やエキシプレックスからさまざまな反応が進行する．さらに，光電子移動の自由エネルギー変化$\Delta G$の値が負になる反応系では，光励起により，電子供与体から芳香族カルボニトリルへの電子移動を経由してさまざまな反応が進行する．

例えば，ベンゼン-1,2,4,5-テトラカルボニトリルは，基底状態においてトルエンと電荷移動錯体を形成するが，その電荷移動錯体を選択的に光励起するとシアノ基の置換反応が進行する(1)．

芳香族カルボニトリルとアルケン，ジエン，アルキンなどとの光反応では，エキシプレックスを経由して[2+2]，[3+2]，[4+2]など，さまざまな付加環化反応が進行する．一例としてフェナントレン-9-カルボニトリルとアネトール（1-メトキシ-4-プロペニルベンゼン）とのシクロブタン生成反応（[2+2]付加環化反応）を図1に示す．この反応では，シクロブタンがエキシプレックスを経由して生成する．

ベンゾニトリルと2,3-ジメチル-2-ブテンとの光反応では，シアノ基へのアルケンの付加反応が進行する(2)．

また，光電子移動を経由する反応が，芳香族カルボニトリルとアルケン，ジエン，

表1 芳香族カルボニトリル（ArCN）の吸収波長 $\lambda_{0,0}$，励起一重項状態のエネルギー $E_S$，蛍光寿命 $\tau_f$，蛍光量子収率 $\Phi_f$，励起三重項状態のエネルギー $E_T$，還元電位 $E_{red}$

| ArCN | $\lambda_{0,0}$ / nm | $E_S$ / kJ mol$^{-1}$ | $\tau_f$ / ns | $\Phi_f$ | $E_T$ / kJ mol$^{-1}$ | $E_{red}$ in MeCN / V vs. SCE |
|---|---|---|---|---|---|---|
| テレフタロニトリル | 290 | 412 | 9.7 | | 295 | -1.64 |
| ナフタレン-1-カルボニトリル | 320 | 373 | 8.9 | | 241 | -1.98 |
| ナフタレン-2-カルボニトリル | 320 | 355 | | | 248 | |
| ナフタレン-1,4-ジカルボニトリル | 359 | 333 | 10.1 | | 232 | -1.28 |
| アントラセン-9-カルボニトリル | | 293 | 17.2 | 0.8 | | -1.58 |
| アントラセン-9,10-ジカルボニトリル | 433 | 279 | 19.6 | 0.76 | 174 | -0.89 |
| アントラセン-2,6,9,10-テトラカルボニトリル | 440 | 272 | 15.2 | | | -0.45 |

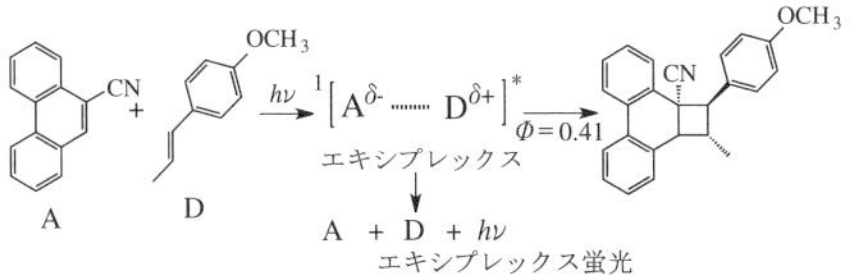

**図1** フェナントレン-9-カルボニトリル(A)とアネトール(D)とのエキシプレックスを経由するシクロブタン生成反応

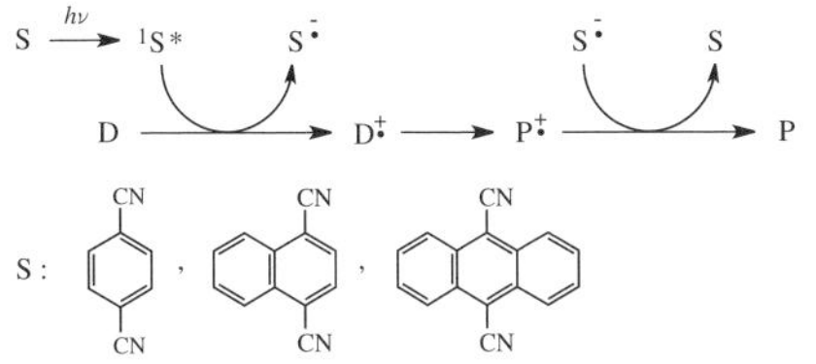

**図2** 光電子移動増感反応(Sは光増感剤, Dは電子供与体, Pは生成物)

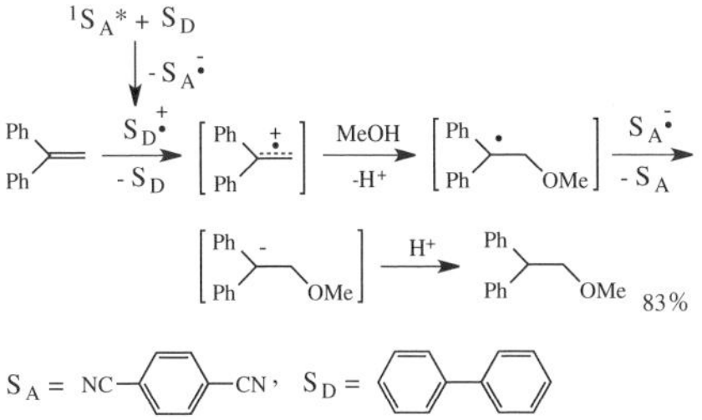

**図3** 電子移動増感剤 $S_A$ としてテレフタロニトリルを, 共増感剤 $S_D$ としてビフェニルを用いた 1,1-ジフェニルエチレンへのメタノールの逆 Markovnikov 光付加反応

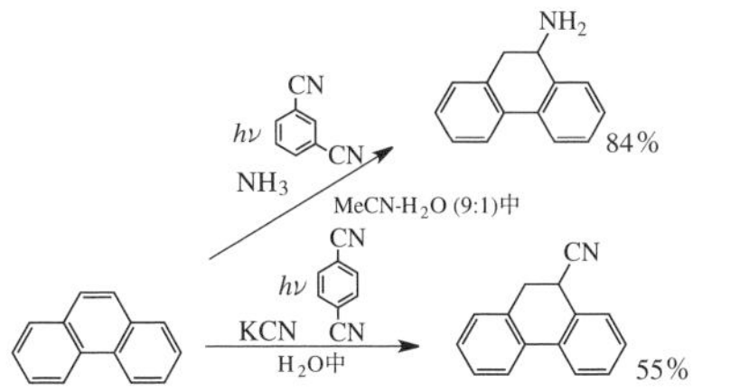

**図4** 電子移動増感剤としてイソフタロニトリル, テレフタロニトリルを用いたフェナントレンへのアミン, 炭素求核試薬の光付加反応

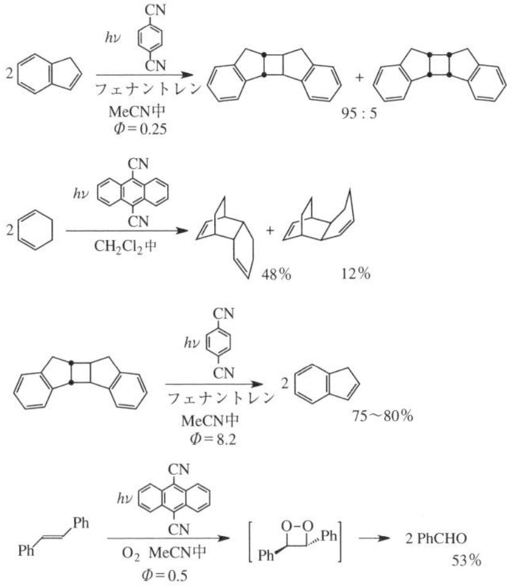

**図5** 電子移動増感剤として芳香族カルボニトリルを用いた光反応

アルキン, アルキルベンゼン, 三員環, 四員環化合物, アミン, 有機ケイ素化合物などの電子供与体との間で進行する.

一方, 芳香族カルボニトリルは, 光電子移動増感反応における増感剤として用いられる (図2). これは, 芳香族カルボニトリルの場合, 表1に示すように, シアノ基の数や置換位置, 芳香環の構造により分子の励起一重項状態や励起三重項状態のエネルギー ($E_S$, $E_T$) や還元電位 ($E_{red}$) の調整が容易であること, 電子移動で生じるアニオンラジカルが比較的安定であることなどによる. また, フェナントレンやビフェニルなどの共増感剤 $S_D$ を添加することによって, 光電子移動増感反応が著しく促進される場合がある (図3).

芳香族カルボニトリルを増感剤として用いる光電子移動増感反応には, アルケン, 芳香族化合物への各種求核試薬 (アルコール, アミン, 炭素求核試薬など) の付加反応 (図4), アルケン, ジエンなどの [2+2], [4+2] 付加環化反応, 三員環, 四員環化合物などの結合開裂反応, アルケンなどの酸素酸化反応などがある (図5).

(久保恭男)

## 硫黄化合物の光化学
Photochemistry of Sulfur Compounds

**a. チオカルボニル基の励起状態** 硫黄化合物と酸素化合物は等電子的であるので,励起状態についても類似している.両化合物の違いは,硫黄原子が酸素原子よりも電気陰性度が小さいことと,C=S 結合の π 結合が C=O 結合のものよりも弱いことである.チオカルボニル化合物の n-π* 遷移は相当するカルボニル化合物のものよりも長波長側(〜500 nm)にある(▶2.1④, 4.2②項).これはチオカルボニル化合物の n 軌道がカルボニル化合物に比べて高いエネルギー状態にあり,n 軌道と π* 軌道のエネルギー差が小さいためである.それゆえ,チオカルボニル化合物の最低励起一重項状態 $S_1(n-\pi^*)$ と第 2 励起一重項状態 $S_2(\pi-\pi^*)$ のエネルギー差は 5000〜15000 cm$^{-1}$ と大きい.$S_1(n-\pi^*)$ は反応性が低く,$S_2(\pi-\pi^*)$ の反応が主過程になることがある.

**b. チオカルボニル基の水素引き抜き反応** チオカルボニル化合物はカルボニル化合物と同様に,光励起によって水素引き抜き反応を行う(▶3.2⑭, 4.2②項).しかし,$S_1(n-\pi^*)$ から水素引き抜き反応が起こるカルボニル化合物とは異なり,n-π* と π-π* の両励起状態での反応が起こり,水素原子は C=S 結合の硫黄または炭素原子のどちらかに付加する.例えば,活性な β-水素原子をもつ 2,2-ジメチル-1,3-ジフェニルプロパン-1-チオンを光照射すると,硫黄原子による β-水素引き抜き反応が起こり,発生した 1,3-ビラジカルが再結合してシクロプロパンが生成する(1).一方,2,4,6-トリ-tert-ブチルチオベンズアルデヒドの光照射では,C=S 結合の炭素原子に水素が移動し,ほぼ定量的にベンゾチアンが生成する(2).

**c. チオカルボニル基のアルケンへの光付加環化反応** 脂肪族や芳香族チオカルボニル化合物は,励起一重項または三重項状態で不飽和化合物に光付加環化する(▶3.2⑪項).芳香族チオケトンの項間交差の量子収率($\Phi_{ISC}$)は励起波長に依存し,300〜400 nm の光照射によって $S_2(\pi-\pi^*)$ に励起した場合,$\Phi_{ISC}$ は〜0.5 程度であるが,>500 nm の光照射で $S_1(n-\pi^*)$ に励起すると $\Phi_{ISC}$ は 1 に近づき,$T_1(n-\pi^*)$ から反応が進行する.チオベンゾフェノンの $T_1(n-\pi^*)$ は,Paternò-Büchi 反応と類似のラジカル機構で電子豊富なエノールエーテルに付加環化し,チエタンと 2 分子のチオベンゾフェノンが反応した 1,4-ジチアンが生成する(3).一方,チオベンゾフェノンの $S_2(\pi-\pi^*)$ は,電子不足な trans-フマロニトリルに協奏的に付加環化し,アルケンの立体を保持した trans-チエタンが生成する(4).

(1)
(2)
(3)
(4)

**d. スルホン,スルホネート,スルホキシドの結合開裂反応** 光照射によるスルホンやスルホネートの S-C 単結合の開裂は主要な過程である(▶3.2④項).結合はホモリティックに,発生したラジカル中間体から効率のよい $SO_2$ 放出が起こる.ジベンジルスルホンの光照射では,初期段階として S-C 結合が切断され,$SO_2$ ととも

に1,2-ジフェニルエタンが82％で生成する(5)．ベンゼンスルホン酸メチルも，まず励起一重項状態からS-C結合の切断が起こり，続く$SO_2$放出とラジカル再結合，水素引き抜き反応によってベンゼン，ビフェニル，アニソールが生成する(6)．このようなスルホン酸エステルの光分解は有機合成分野において重要であり，スルホン酸基はヒドロキシ基やアミノ基の光脱離可能な保護基として用いられている．

励起スルホキシドの主要な反応経路は，S-C結合のホモリシスである．硫黄原子がベンジル炭素に結合している場合，結合開裂は容易に起こりビラジカル中間体が形成される．(7)の光反応では，ビラジカル中間体での分子内水素移動によって形成された，オキサチイランからの脱硫黄が起こる．

### e. スルフィド，ジスルフィドの結合開裂反応

スルフィド化合物は光照射によって分子中で最も弱いS-C結合が開裂する．これは励起一重項または三重項状態で起こる．ジメチルスルフィドは水銀光増感によって，メチルラジカルとメタンチイルラジカルにホモリティック開裂し，ラジカル再結合や不均化によってジスルフィド，チオール，アルカンを生成する(8)(►2.2⑤項)．ジスルフィドではスルフィドと同様なS-C結合開裂のほかに，S-S結合の開裂も起こる．ジメチルジスルフィドの195nmの光照射では両結合の開裂が起こり，主生成物としてメタンチオールとチオホルムアルデヒドが生成する(9)．

### f. 硫黄イリドからのカルベン発生

硫黄イリドは，スルホニウムやスルホキソニウム塩の強塩基処理や，硫黄化合物へのカルベンの付加によって合成される．不安定な酸素イリドと異なり，硫黄イリドの多くは安定に単離できる．しかし，光に対しては不安定であり，アニオン炭素と硫黄の結合がヘテロリティック開裂し，スルフィドとカルベンが発生する．反応系内にアルケンを共存させると，カルベンが捕捉され，シクロプロパンが生成する(10)．

### g. ジチエニルエテンの光異性化反応

2つのチオフェン環をエチレン基で連結した(Z)-1,2-ジ(3-チエニル)エテン誘導体は，熱不可逆性，高効率，高感度，高繰り返し耐性をもつフォトクロミック化合物として知られている（►5.4④項）．開環体には2つの回転異性体（パラレル体とアンチパラレル体）が存在し，アンチパラレル体のみが電子環状反応によって閉環体となり着色する(11)．

（平井克幸）

### 【関連項目】

►2.1④ 電子励起状態の種類／2.2⑤ 光増感／3.2④ 結合開裂／3.2⑪ 光付加環化／3.2⑭ 移動反応／4.2② カルボニルの光反応／5.4④ フォトクロミズム

# ケイ素化合物の光化学
Photochemistry of Silicon Compounds

ケイ素化合物は多くは無色であるが，シリルケトン（Ph$_3$SiCOPh（黄色），Ph$_3$SiCOSiPh$_3$（ピンク）），アゾシラン（Me$_3$SiN=NPh（青色）），シロール（黄緑色），アリール置換シリルアニオン（Ph$_3$SiLi（黄色））などは特徴的な色をもつ．ケイ素が複数個連結したオリゴシランおよびポリシランでは，Si-Si結合が増加するにしたがって，最高被占分子軌道（HOMO）の軌道エネルギーが上昇し，吸収スペクトルも長波長シフトする．表1に光化学に関連する代表的なケイ素化合物の吸収極大とモル吸光係数を示す．

ケイ素化合物の励起状態の性質は，$\sigma$-$\pi$共役，+I効果，-R効果に加えて分子構造とも深く関連しており，類似の有機化合物とは大きく異なることが多い．9, 10位にシリル基を導入したアントラセンでは，無置換のアントラセンに比べて，蛍光量子収率が0.32から0.97に向上する．また，ケイ素は炭素よりスピン軌道相互作用が大きいので，項間交差により励起三重項を生成しやすいが，励起三重項経由の反応やりん光状態に関する報告例は少ない．そのよい例が，後述するアリール置換モノシランとシリルケトンである．

ケイ素化合物の光化学反応は，ケイ素原子の第1イオン化エネルギー（787 kJ/mol）が低いこと，Si-C結合エネルギー（451 kJ/mol）やSi-Si結合エネルギー（194 kJ/mol）が小さいことから，炭素からなる有機化合物に比べて，結合開裂が比較的起こりやすい（▶3.2③，④項）．光反応で発生する活性種は，シリルラジカル（R$_3$Si・），シリレン（R$_2$Si:），シラエテン（Si=C），ジシレン（Si=Si）などである．いずれも反応性が非常に高く短寿命であるため，特段に嵩高い置換をもつものは単離できるが，一般に過渡吸収分光法や低温マトリックス単離法を用いて検出する．シリルラジカルは炭素ラジカルと同様に磁場効果を示す（▶2.3⑥項）．また，シリレン（例えば，Me$_2$Si:，450～470 nm）やジシレン（例えば，Me$_2$Si=SiMe$_2$，420 nm）は可視領域に吸収をもつ．

アリール置換のモノシラン（Ar$_n$R$_{(4-n)}$Si）は，光照射により励起三重項経由でAr-Si結合開裂が起こり，対応するシリルラジカル（吸収極大=310～330 nm）を発生する．

$$Ar_nR_{(4-n)}Si \xrightarrow{h\nu} Ar_{n-1}R_{(4-n)}Si\cdot + \cdot Ar$$
$$(n=1～4)$$

一方，直鎖および環状ペルメチルオリゴシランは，光照射によりジメチルシリレンを

**表1** 代表的なケイ素化合物の吸収極大とモル吸光係数

| ケイ素化合物 | 吸収極大 /nm（モル吸光係数($\varepsilon$)/ L mol$^{-1}$cm$^{-1}$） |
|---|---|
| Ph$_3$SiCOPh | 257(16200), 424(290) |
| Ph$_3$SiCOSiPh$_3$ | 265(4600), 480(20), 515(44), 550(70) |
| Me$_3$SiCOPh | 250(1200), 385(90), 404(100), 425(120) |
| Me$_3$SiCOMe | 195(4200), 372(126) |
| PhN=NSiMe$_3$ | 267, 580 |
| シロール(1), R=Me, R'=Ph | 247(25000), 357(10000) |
| Me$_3$SiSiMe$_3$ | 194(10800) |
| Me(Me$_2$Si)$_3$Me | 216(9020) |
| Me(Me$_2$Si)$_6$Me | 220(14000), 260(21100) |
| (Me$_2$Si)$_6$ | 232(5800), 255(2000) |
| PhMe$_2$SiSiMe$_3$ | 231(11300) |
| Ph$_3$SiSiPh$_3$ | 247(32600) |
| (Ph$_2$Si)$_6$ | 234(64500), 270(35000) |
| Ph$_3$SiLi | 335 |

発生する．

$$Me(Me_2Si)_nMe \xrightarrow{h\nu} Me(Me_2Si)_{n-1}Me + Me_2Si:$$
$$(n=4\sim 6)$$
$$(Me_2Si)_6 \xrightarrow{h\nu} (Me_2Si)_5 + Me_2Si:$$
$$\xrightarrow{h\nu} (Me_2Si)_4 + Me_2Si:$$

アリールおよびベンジル置換のオリゴシランの光反応は，置換基の種類や構造，さらには溶媒により大きく影響され若干複雑であるが，シリルラジカル，シリレン，シラエテンなどが発生する．フェニルジシランの場合を示す．

オリゴシランおよびポリシランは第1イオン化エネルギーが低いので，光誘起電子移動反応を起こしやすく，よい電子供与体として働く（▶3.2㉔項）．直鎖および環状ペルメチルオリゴシランと電子受容体（A）との反応では，Si-Si カチオンラジカルの生成とそれに続く種々の反応を起こす．

$$Me_3Si\text{-}SiMe_3 + A \xrightarrow{h\nu} Me_3Si\text{-}SiMe_3{}^{\cdot+} + A^{\cdot+}$$

オリゴシラン以外では，ビニル基によって活性化されたアリルシランの光誘起電子移動反応がある．

代表的な着色ケイ素化合物であるシリルケトンは，炭素置換のカルボニル化合物との比較から，その光反応性，光物性がよく研究されている（▶4.2②，③項）．発色の原因であるn-π* 吸収の長波長シフトは，長い間，ケイ素のπ軌道とカルボニルの反結合性π* 軌道との相互作用で，カルボニルのπ* 軌道が安定化し，n-π* 遷移エネルギーが小さくなったためと説明されていた．しかし，その後，Si-Cのσ結合とカルボニルのn軌道の相互作用によるn軌道の不安定化と，π* 軌道の非局在化による安定化によることがわかった．シリルケトンの基本的な反応は，NorrishⅠ型反応，1,2転移によるシロキシカルベン生成反応，アシルポリシランの1,3転移によるシラエテン生成反応である．

$$R_3SiCOR' \xrightarrow{h\nu} R_3Si\cdot + \cdot COR'$$

$$R_3SiCOR' \xrightarrow{h\nu} R_3SiO\ddot{C}\text{-}R'$$

$$R_3SiSiR'_2COR'' \xrightarrow{h\nu} R'_2Si=C(OSiR_3)R''$$

シリルケトンの最低励起三重項状態はn-π* であるが，炭素置換のカルボニル化合物の光反応による水素引き抜きは例がない．

ケイ素を含む五員環の共役ジエンであるシロール（シラシクロペンタジエン）(1)は，古くから「よく光るケイ素化合物」として知られている．シロールでは，ケイ素のσ* 軌道とジエンのπ* 軌道との相互作用により，最低空分子軌道（LUMO）が下がり，高い電子受容性が発現されている．

アリール置換シリルアニオンは，光照射により一電子放出して対応するシリルラジカルを発生する．

$$Ar_nR_{(3-n)}Si^- \xrightarrow{h\nu} Ar_nR_{(3-n)}Si\cdot + e^-$$
$$(n=1\sim 3)$$

〔若狭雅信〕

【関連項目】
▶2.3⑥ 光化学における磁場効果／3.2③ 結合解離反応／3.2④ 結合開裂／3.2㉔ 有機電子移動化学／4.2② カルボニルの光反応／4.2③ ベンゾフェノンの光化学

4.4　その他の原子含有化合物——②

# ハロゲン化合物の光化学
Photochemistry of Halide Compounds

　脂肪族ハロゲン化合物の最もエネルギーの低い励起状態は，ハロゲンの非結合性電子が炭素-ハロゲン結合の反結合性軌道に励起された $n$-$\sigma^*$ 励起状態である．また，表1のように，光を吸収したハロゲン化アルキルは，炭素-ハロゲン結合の結合解離エネルギーよりも大きな励起エネルギーをもっている．これらのことから，一般に，脂肪族ハロゲン化合物を光励起すると，炭素-ハロゲン結合のホモリシスが起こる．炭素-ハロゲン結合の開裂しやすさは，結合解離エネルギーの大きさとは逆に，C-I＞C-Br＞C-Cl＞C-F の順に低下する．

　私たちの生活にかかわりの深い脂肪族ハロゲン化合物の光化学反応として，クロロフルオロカーボン（CFC）のホモリシスがある．かつて冷媒や噴霧剤として広く用いられた $CFCl_3$ などの CFC は，大気中に放出されて成層圏に到達すると，太陽から放射される光のうち 220 nm 以下の紫外線を吸収し，C-Cl 結合のホモリシスを起こす．

$$CFCl_3 \xrightarrow{<220\,nm} CFCl_2\cdot + Cl\cdot$$

生成した塩素原子 Cl･ は，生体にとって有害な紫外線を吸収している成層圏のオゾン層を破壊することが判明したため，現在では CFC の製造や貿易は禁止されている．

　脂肪族ハロゲン化合物の吸収極大波長はフッ素化合物や塩素化合物では 200 nm 以下であるが，ヨウ素化合物では 260 nm 付近にあり，低圧水銀灯の 254 nm を用いてその光反応性を調べられるので研究例が多い．脂肪族ヨウ素化合物 R-I を光励起すると，一般に，炭素-ヨウ素結合のホモリシスが起こってアルキルラジカル R･ とヨウ素原子 I･ が発生し，これらに由来する反応生成物が得られる．芳香族ヨウ素化合物 Ar-I も同様の反応性を示し，とくに Ar-I の光化学反応は，アリールラジカル Ar･ の発生反応の1つとして合成反応にも利用されている．

　ハロゲン化合物の光化学は，かつてはこのような炭素-ハロゲン結合のホモリシスを含む反応が主に研究されていたが，1970年代になってイオン的開裂反応が見出され，新たな展開を見せた．例えば，メタノール $CH_3OH$ を溶媒として 1-ヨードノルボルナン（1）に光照射（254 nm）すると，ノルボルナン（2）とともに 1-メトキシノルボルナン（3）が生成する．2 は炭素-ヨウ素結合のホモリシスにより生成したラジカル 4 に由来する生成物であるが，3 の生成は，反応系内に 1-ノルボルニルカチオン（5）が生成したことを強く示唆している

表1　気相中のハロゲン化メチル $CH_3X$ の紫外吸収と C-X 結合の結合解離エネルギー

| X | 吸収極大波長 /nm<br>（モル吸光係数 /L mol$^{-1}$ cm$^{-1}$） | 吸収端波長 [*1]/nm<br>（エネルギー /kJ mol$^{-1}$） | 結合解離エネルギー<br>/kJ mol$^{-1}$ |
|---|---|---|---|
| F | 131（〜3200） | 〜150（〜820） | 472 |
| Cl | 176（930） | 200（598） | 342 |
| Br | 202（260）[*2] | 285（420） | 290 |
| I | 258（380）[*2] | 360（332） | 231 |

[*1] 光吸収の長波長端とその波長に相当するエネルギー．　[*2] ヘプタン溶液中の値．

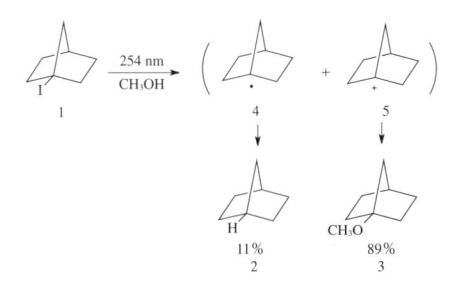

**図1** 1-ヨードノルボルナン(1)の光化学反応

（図1）．1-ヨードノルボルナン(1)は置換反応性に乏しく，例えば1のメタノール溶液を銀塩の存在下に数日間加熱しても，3を得ることはできない．このことは，脂肪族ハロゲン化合物の光化学反応では，熱反応では発生できないカルボカチオンが発生することを示す．

脂肪族ハロゲン化合物の光化学反応におけるカルボカチオンの発生は，$n$-$\sigma^*$ 励起状態を経由する炭素-ハロゲン結合のホモリシスと，それに続く"溶媒かご"内におけるラジカル対間の電子移動によるものと理解されている（図2）．ラジカル反応生成物とイオン反応生成物の比は，溶媒の極性や粘性，あるいはハロゲンの種類に依存して変化する．例えば，1-ブロモノルボルナンを図1と同じ条件下で反応させると，2と3の収率はそれぞれ55％，30％となり，ヨウ素化合物の場合と比較してラジカル反応生成物が主となる．

電子移動を経由するハロゲン化合物の光化学反応も知られている．例えば，極性溶媒中でハロゲン化合物 R–X をアミンなどの電子供与体の存在下で光照射すると，アミンから光励起された R–X へ光誘起電子移動が進行する．さらに，生成したアニオンラジカル (R–X)$^{-\cdot}$ の炭素-ハロゲン結合の開裂が起こり，ラジカル R・とハロゲン化物イオン X$^-$ が生成する．この反応を用いると，結合解離エネルギーの大きな炭素-塩素結合も開裂させることができる．

この反応は，PCBやダイオキシンなどの塩素を含む有毒物質を，光によって分解する環境浄化技術との関連から興味深い．

ジハロゲン化合物の興味深い光化学反応として，ジヨードメタン $CH_2I_2$ を用いた光シクロプロパン化反応があり，合成反応として有用である．

**図2** 脂肪族ハロゲン化合物の光化学反応の一般的経路．[ ]は"溶媒かご"内，// は溶媒和を表す．

**図3** ジヨードメタン $CH_2I_2$ を用いた光シクロプロパン化反応の反応機構

この反応は，亜鉛と銅を用いるシモンズ-スミス反応に比べて収率もよく（シクロヘキセン中の量子収率 0.70），立体的に混雑しているアルケンに対しても適用できる利点がある．この反応も，光励起された $CH_2I_2$ の炭素-ヨウ素結合のホモリシスと，それに続く電子移動によって生成したヨードメチルカチオン $CH_2I^+$ が反応に関与する（図3）．

〔村田 滋〕

# リン化合物の光化学
Photochemistry of Phosphorus Compounds

**a. リン化合物の励起状態** リン化合物はホスフィン，亜リン酸などのリン原子の酸化状態が（Ⅲ）の化合物と，ホスフィンオキシド，ホスホン酸，リン酸などのリン原子の酸化状態が（Ⅴ）の化合物に大別される．紫外・可視域の光を吸収できる芳香族などの置換基をもたないリン化合物は230 nm あたりから真空紫外域の短波長の光を吸収するが光の吸収は弱い．このようなリン化合物の直接光照射による反応が，どの励起状態から起こっているのかはいまだ不明な場合が多い．一方，芳香族置換基をもつリン化合物は芳香族置換基を光励起することで特徴的な反応が起こる．

**b. リン化合物の光化学反応**

(1) 無機リン化合物：無機リン化合物には黄リン $P_4$，ホスフィン $PH_3$，リン酸 $P(O)(OH)_3$ などがあり，黄リン $P_4$ に水銀灯を用いて紫外光を照射すると分解して二リン $P_2$ が生成する（図1(a)）．気相のホスフィン $PH_3$ は 206 nm の光により P–H 結合の開裂が起こりホスフィニルラジカル $H_2P\cdot$ と水素原子が生じ，ジホスフィン $P_2H_4$ と水素が得られる（量子収率 $\Phi=0.93$）（図1(b)）．またメタノールを含む水溶液中でリン酸ジアニオン $HOP(O)(O^-)_2$ に 185 nm の光を照射すると水素が生成する（$\Phi=0.14$）．この反応ではリン酸ジアニオンから生じた水和電子がメタノールと反応して水素が生成すると考えられている（図1(c)）．

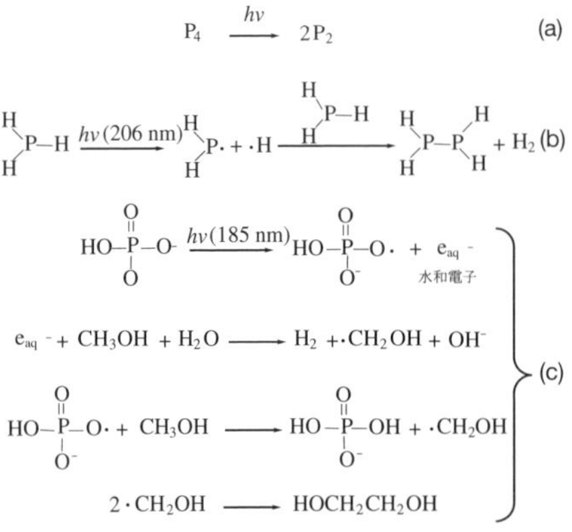

2) 有機リン化合物：

(1) P–C 結合生成：P–H 結合をもつホスホン酸エステル $(RO)_2(O)P–H$（R＝アルキル）は光照射により P–H 結合の開裂が起こりホスホリルラジカル $(RO)_2(O)P\cdot$ が生成する．この光反応をアルケンやアルキンのような不飽和炭化水素の存在下で行うと生成したラジカルが不飽和炭化水素に逆マルコフニコフ付加し，P–C 結合が生成する．この光反応は液相だけでなく気相においても起こる（図2(a)）．

P–H 結合をもたない亜リン酸エステル $(RO)_3P$（R：アルキル）は C–O 結合が切断されて $(RO)_2PO\cdot$ と $R\cdot$ が生成し，$(RO)_2PO\cdot$ は酸素の転位が起こり $(RO)_2(O)P\cdot$ となったのち $R\cdot$ と再結合してホスホン酸エステル $(RO)_2(O)PR$ が得られる（図2(b)）．

(2) P–O 結合生成：有機リン化合物はアルコール（R′OH）中で光照射することにより生成したラジカルが溶媒であるアルコール分子と反応して P–O 結合が生成する．例えば，ジホスフィン $R_2P–PR_2$（R：フェニル）は P–P 結合の開裂により $R_2P\cdot$ が生成し，これが R′OH と反応して $R_2P–OR'$ が生成する（図2(c)）．

(3) P＝C 結合切断と C–C 結合生成：リンイリドである $(R)_3P=C(R)_2$（R：フェニル）の 320 nm より長波長にある分子内電

$$P_4 \xrightarrow{h\nu} 2P_2 \qquad (a)$$

$$H_2P–H \xrightarrow{h\nu (206\,nm)} H_2P\cdot + \cdot H \xrightarrow{\ H–P–H\ } H_2P–PH_2 + H_2 \quad (b)$$

$$HO–P(O)–O^- \xrightarrow{h\nu (185\,nm)} HO–P(O)–O\cdot + e_{aq}^- \quad \text{水和電子}$$

$$e_{aq}^- + CH_3OH + H_2O \longrightarrow H\cdot + \cdot CH_2OH + OH^-$$

$$HO–P(O)–O\cdot + CH_3OH \longrightarrow HO–P(O)–OH + \cdot CH_2OH \quad \Biggr\} (c)$$

$$2\cdot CH_2OH \longrightarrow HOCH_2CH_2OH$$

**図1** 無機リン化合物の光化学反応

荷移動吸収帯を光励起することによりP=C結合が開裂してホスフィン$(R)_3P$とカルベン$(R)_2C:$が生成する．アルケン共存下ではカルベンがアルケンに付加した生成物が$\Phi=0.02$で得られる（図2(d)）．

（4）C–O結合切断とC–C結合生成　リン酸アリールエステル$ROP(O)(OH)_2$（R：フェニル）は水中の光照射でC–O結合の開裂が起こり，ROHとリン酸が生成する（$\Phi=0.006$）．フェニル基にニトロ基などの電子受容性の置換基を導入することで高い量子収率（$\Phi=0.05$）で反応が起こる．

複数のアリール基をもつリン酸ジアリールエステル$(RO)_2P(O)OH$（R：フェニル，ナフチル）では2つのC–O結合が切断され，アリール基どうしのカップリングが起こり，ビアリールR–Rが$\Phi=6\times10^{-4}$で生成する（図2(e)）．このアリール基にメトキシ基などの電子供与基を導入すると，量子収率は0.037へと高くなる．リン酸ジアリールエステルは分子内エキシマー蛍光（寿命：約10 ns）を示し，ビアリールはこの励起一重項状態の分子内エキシマーから生成する（▶2.2⑦項）．

**c．光増感反応**　有機リン化合物には直接光照射の反応だけでなく光増感剤を用いる反応もある．例えば，亜リン酸エステル$(RO)_2POR'$（R：アルキル，R'：アリール）は三重項増感剤の存在下で光照射を行うと，励起三重項状態からアリル基がリン原子と結合した五員環のビラジカル中間体を生成し，アルブゾフ反応による酸素の転位を経由してホスホン酸エステル$(RO)_2(O)PR'$が得られる（$\Phi=0.3$）．また，光増感電子移動反応ではホスフィンからホスフィンオキシドが生成する反応がある．おおかたのホスフィンではリン原子上にある非共有電子対が最高占有分子軌道（HOMO）に収まっていることから容易に酸化される．したがって，光増感電子移動では，光励起された増感剤によりホスフィンのリン原子の非共有電子対が一電子酸化されてカチオンラジカルが生成し，酸素分子あるいは水分子と反応してホスフィンオキシドとなる．この反応の量子収率はホスフィンの置換基Rに影響される（▶2.2⑤項）．

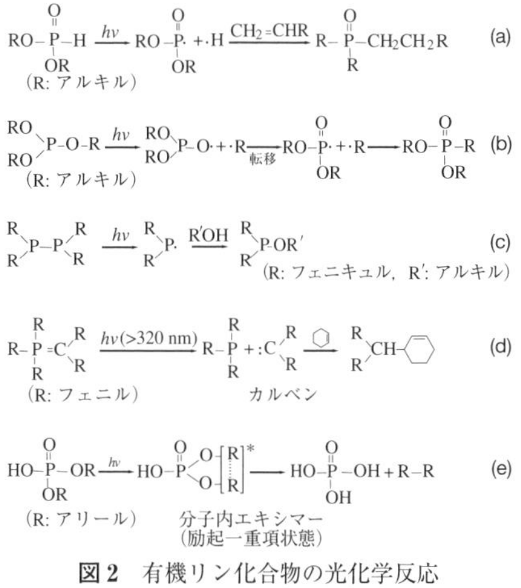

**d．光重合開始剤**　アシル置換ジアリールホスフィンオキシド$R_2P(O)C(O)R'$（R＝フェニル，R'＝2,4,6-トリメチルフェニル）は励起三重項状態（寿命：1 ns以下）を経てP–C結合が切断されホスホリルラジカル$R_2(O)P\cdot$とアシルラジカル$R'(O)C\cdot$が生成する．この反応の量子収率は0.6と高いことや，ホスホリルラジカルの不飽和炭化水素に対する反応性はアシルラジカルに比べ2桁以上も大きいことから光重合開始剤として利用されている．

〔中村光伸〕

**【関連項目】**

▶2.2⑤ 光増感／2.2⑦ エキシマーとエキシプレックス

図2　有機リン化合物の光化学反応

# 金属錯体，配位化合物の光化学
Photochemistry of Metal Complexes and Coordination Compounds

金属錯体，配位化合物の光化学の特徴は，金属軌道や配位子軌道が関与する多様な励起状態にある（表1）．配位子場遷移に基づくLF励起状態により配位結合は活性化され，配位子の解離が容易になる．その結果，配位子置換反応や脱離反応，さまざまな光異性化反応が誘起される．一方，金属と配位子間の電子遷移は，多様な電荷移動型励起状態を生成し，エネルギー移動や電子移動反応を引き起こす．光機能性重金属錯体の多くが最低励起三重項状態をもつことも増感剤として有利となる．固体状態では分子間相互作用により励起寿命や発光エネルギーはさまざまな影響を受けるが，分子が規則正しく配列した結晶状態では制御された光反応が期待できる．とくに，配位高分子では精密な固相光反応も可能となる．本項目ではこれらの励起状態をもつウェルナー型の金属錯体における光化学反応の例を紹介する．

溶液中のCr(Ⅲ)錯体の光置換反応は，熱反応と明瞭に異なる．例えば，ペンタアンミンクロム(Ⅲ)錯体 $[CrX(NH_3)_5]^{2+}$（$X^-$ = $Cl^-$, $Br^-$, $I^-$）は，暗所下の水溶液中では，弱い配位子であるハロゲンイオン $X^-$ が溶媒の水分子に置換されるアクア化反応（式(1)）が進行する．ところが，可視光照射下では，$NH_3$ の脱離を伴う式(2)の反応が主反応（>97%）として起こる．この種の配位子光置換反応は，経験則としてAdamsonの規則が知られている．この規則では，八面体錯体の6つの配位子を $x, y, z$ 軸上にあるそれぞれ3つの組に分けたとき，平均の配位子場の強さが小さい軸上にある配位子のうち配位子場の大きい配位子が置換活性になる．したがって，$[CrX(NH_3)_5]^{2+}$ の場合，X-Cr-$NH_3$ 軸上の $NH_3$ が光置換されることになる．なお，Adamsonの規則には理論的な考察もなされている．

$$[CrX(NH_3)_5]^{2+} + H_2O \rightarrow$$
$$[Cr(NH_3)_5(H_2O)]^{3+} + X^- \quad (1)$$
$$[CrX(NH_3)_5]^{2+} + H_2O \rightarrow$$
$$[CrX(NH_3)_4(H_2O)]^{2+} + NH_3 \quad (2)$$

トリスビピリジンルテニウム(Ⅱ) $[Ru(bpy)_3]^{2+}$ は，$^3$MLCT状態をもつ金属錯体の代表格として，長年詳細な研究がなされてきた．$^3$MLCT状態は，LF励起状態（dd励起状態）より長いナノ～マイクロ秒オーダーの寿命（室温）をもつため，光反応に好都合である．光エネルギーを得ると $[Ru(bpy)_3]^{2+}$ の励起状態は強い還元力（$E°(M^+/M^*)$ = $-0.86$ V）と酸化力（$E°(M^*/M^-)$ = +$0.84$ V）をもつことになり，種々の光化学反応系で光増感剤や光触媒として作用する（▶7.3⑥項）．光触媒として幅広く用いられている $[Ru(bpy)_3]^{2+}$ においても光置換反

表1 金属錯体が発現する励起状態

| 最低励起状態<br>（発光状態） | 略号 | 例[a] |
|---|---|---|
| 配位子場 | LF | $[Cr(bpy)_3]^{2+}$ |
| 金属中心 | MC | $[Pt_2(pop)_4]^{4-}$ |
| 配位子内 | IL | $[Zn(TPP)]$ |
| 金属→<br>配位子電荷移動 | MLCT | $[Ru(bpy)_3]^{2+}$ |
| 配位子→<br>金属電荷移動 | LMCT | $[Ru(CN)_6]^{3-}$ |
| 金属金属→<br>配位子電荷移動 | MMLCT | $[Pt(CN)_2(bpy)]$ |
| 配位子→<br>配位子電荷移動 | LLCT | $[Pt(bpy)(tdt)]$ |
| 配位子内電荷移動 | ILCT | Alq$_3$ |
| クラスター中心 | CC | $[Cu_4I_4(py)_4]$ |

a) bpy = 2, 2'-ビピリジン，pop = ジホスホン酸イオン，q = 8-キノリノラート，py = ピリジン，H$_2$TPP = 5, 10, 15, 20-テトラフェニルポルフィリン，tdt = 3, 4-トルエンジチオラート

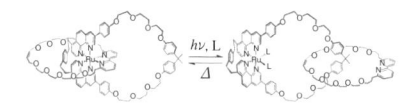

**図1** ルテニウム-カテナン錯体

応は起こり、例えば、Cl⁻の存在下で光照射すると[RuCl$_2$(bpy)$_2$]が生成することが知られている。光反応性には³MLCT最低励起状態に近接するLF状態が関わってくる。このような配位子の光解離を利用して、光と熱で駆動するカテナン構造をもつ錯体が報告されている（図1）。ルテニウム（II）錯体ではシス-トランス光異性化も知られている。ビスbpy錯体[Ru(bpy)$_2$(H$_2$O)$_2$]$^{2+}$において、2つのビピリジンが同一面内配座に配置されるトランス体は、向かい合うbpy配位子のα-水素原子間の立体反発のため不安定で、通常の熱反応ではシス体が生成する。しかし、シス体に可視光を照射することでトランス体への異性化が起こることが見出された。

一方、シクロメタレート型イリジウム錯体は有機EL素子のりん光発光性材料として1990年代の終わりから注目を集め、急速に研究が進んでいる。トリス（フェニルピリジナト）イリジウム（III）[Ir(ppy)$_3$]は、熱力学的に安定なfac体と速度論的に有利なmer体の幾何異性体が存在するが、熱反応に限らず、光照射によってもmer→facの異性化が起こることが示された。これは発光量子収率の低いmer体（Φ≈0.08）から高発光性のfac体（Φ≈0.9）への異性化であるので発光材料としては都合がよい。トリスキレート型錯体は光学異性体（Δ体とΛ体）も存在するが、シクロメタレート型イリジウム錯体においても幾何異性化とともに光学異性化が起こる。

チオシアン酸イオン（NCS⁻）やジメチルスルホキシド（dmso）のように電子対供与体原子を複数個含む配位子は、両座配位子とよばれ、結合異性体を形成しうる。ルテニウム（II）錯体ではdmsoを含む錯体の光異性化が起こる。また、白金（II）錯体[Pt(NCS)$_2$(bpy)]には、NN配位、NS配位、およびSS配位の3種の結合異性体が生じ、これらが光により、熱的に安定なNN配位からSS配位に反転する。光異性化反応は色変化を伴うため、これらは光応答性錯体として興味深い。結合異性錯体のほかにも、アゾベンゼン誘導体やジアリールエテン誘導体を配位子に含むフォトクロミック錯体が知られている。アゾベンゼンを連結したピリジルベンズイミダゾール鉄（II）錯体では、アゾベンゼン部位のシス-トランス光異性化に連動して、鉄（II）イオンのスピン状態が高スピン-低スピンで変換する。

金属イオンを架橋配位子で連結した配位高分子（金属-有機骨格（MOF）ともよばれる）は、配座を制御した構造が得られ、その光反応も注目されている。一例として、1次元ラダー構造をもつ[{CF$_3$CO$_2$}($\mu$-O$_2$CCH$_3$)Zn]$_2${$\mu$-bpe}$_2$]$_n$]（$\mu$-bpe = trans-1,2-bis(4-pyridyl)ethylene）の固相光反応を示す（図2）。この結晶は紫外線を照射することにより、$\mu$-bpe部位の[2+2]付加環化反応が単結晶を保ったまま起こる。

（加藤昌子）

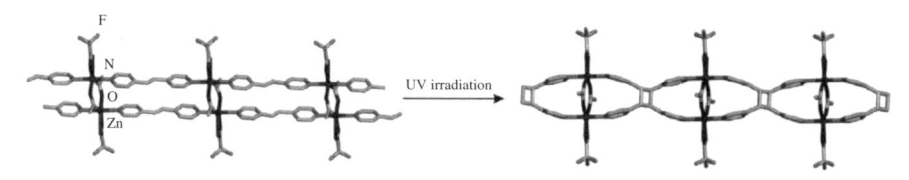

**図2** [{CF$_3$CO$_2$}($\mu$-O$_2$CCH$_3$)Zn]$_2${$\mu$-bpe}$_2$]$_n$ 結晶の光反応

## 4.4 その他の原子含有化合物——⑤

# 有機金属化合物の光化学
Photochemistry of Organometallics

有機金属化合物の光吸収・発光については，Ⅰ．金属内電子遷移（d-d 遷移など），Ⅱ．金属-配位子間電子移動吸収（MLCT, LMCT），Ⅲ．配位子内電子遷移に分類できる．また，金属の種類により原子価が多様となり，それに伴うスピン状態と電子移動状態も多様であり，高原子番号元素では重原子効果（▶2.1⑤項）が顕著となる．

狭義の有機金属化合物は金属-炭素結合を有するものと定義される．その結合の分類は，イオン結合的か共有結合的か，$\sigma$ 結合か $\pi$ 結合かといった分類では不十分である．金属-カルボニル（CO）の $\pi$ 結合，金属-オレフィンの $\pi$ 結合，金属-シクロペンタジエニル（Cp）の結合など，その多様性が特徴である（表1）．励起状態の寿命はスピン軌道相互作用に大きく依存し，高原子番号の金属錯体ではマイクロ秒にまで長くなり，りん光の収率や反応性が高まる．金属-炭素結合の光開裂は最も詳しく調べられており，カルボニル，イソシアニド，アルケン，アルキル基などがよく知られた例である．また，低原子価錯体には中性分子が多く，揮発分子の気相反応も多く調べられている．

### a. 金属-金属結合に関わる光化学
配位子の光脱離に引き続く反応として，金属-金属結合が生成する反応がよく知られる．1905 年に報告された最初の有機金属化合物の光化学はペンタカルボニル鉄錯体の酢酸水溶液における以下の反応である．

$$2Fe(CO)_5 \xrightarrow{h\nu} Fe_2(CO)_9 + CO$$

$Fe(CO)_5$ における金属から CO の $\pi^*$ 軌道への遷移極大は 250 nm 付近に見られる．金属-金属結合の形成を抑制させるためにトラップ剤である $PF_6$ を加えた気相中で，照射波長を 352 nm から 248 nm，193 nm へと短波長に変えると，生成物も $Fe(CO)_4$ から $Fe(CO)$ へと変化し脱離カルボニル基数が多くなる．カルボニル基脱離に引き続く金属-金属結合にとどまらず，配位子の酸化的付加の起こる場合もある．

金属薄膜やナノ粒子形成においては気相反応の光誘起金属-金属結合形成が利用される．前者は光 MOCVD（metal organic-chemical vapor deposition）として重要で Cu(hfa)(1,5-cyclooctadiene) などへの紫外線照射による Cu 薄膜形成や，$Et_2Zn$ への光照射による ZnO 薄膜形成が行われる．後者の例として，$Fe(CO)_5$ への可視光レーザー照射では強磁性の $\alpha$-Fe ナノ粒子が形成されるのに対して，$SF_6$ を増感剤とする赤

表1 有機金属化合物の最低励起状態の分類

| | 励起状態 | モル吸光係数 | 反応性 |
| --- | --- | --- | --- |
| 配位子場遷移 | d-d, f-f | $1^{-10}$ | 配位子脱離 |
| 金属から配位子への電荷移動 | d-$\pi^*$ | $10^4$ | 酸化還元，配位子脱離 |
| 配位子から金属への電荷移動 | $\pi$-d | $10^4$ | 酸化還元，配位子脱離 |
| 金属-金属結合 | $\sigma$-$\sigma^*$ | $10^3$ | ホモリシス |
| | $\pi$-$\pi^*$, $\delta$-$\delta^*$ | | 反応性低い |

外光（$CO_2$ パルスレーザー）照射では準安定相の常磁性 $\gamma$-Fe ナノ粒子が形成される．

金属-金属結合の光開裂の例として二核金属カルボニル錯体の反応がある．

$Mn_2(CO)_{10} \xrightarrow{h\nu/800\,nm} 2Mn(CO)_5$

$Re_2(CO)_{10} \xrightarrow{h\nu/313\,nm} 2Re(CO)_5$

$Re(CO)_5 + CCl_4 \rightarrow ClRe(CO)_5 + CCl_3$

前者では，短波長の光照射では以下のようになる．

$Mn_2(CO)_{10} \xrightarrow{h\nu/500\,nm} Mn_2(CO)_9$

ポリシランやポリゲルマンの主鎖は Si-Si あるいは Ge-Ge の $\sigma$ 結合であり紫外線（355 nm）照射で開裂する．とくにポリゲルマンは 20 mJ cm 程度でも開裂する．これらの開裂によって，シリレン，ゲルミレン，あるいはスタンニレンが生成する．シリレンを効率よく発生する前駆体も開発されている．

### b. 金属-配位子結合に関する光化学

光脱カルボニル化に続く反応は金属-配位子結合形成である．

$\beta$-ヒドリド転移：$CpW(CO)_3(\eta^1\text{-pentyl})$
$\xrightarrow{h\nu} CpW(CO)_2(H)(\eta^2\text{-pentene})$

$\alpha$-ヒドリド転移：$CpCr(CO)_3CH_3$
$\xrightarrow{h\nu} CpCr(CO)_2(=CH_2)(H)$

Vaska 型錯体 $RhCl(CO)(PR_3)_2$ はアルカンの脱水素光触媒となるが，そのサイクルには上記ヒドリド転移が含まれる．

光解離で生成した配位不飽和中間体は，溶媒分子，$N_2$，$H_2$，希ガスなどと金属間の弱い結合を形成した不安定錯体が生成する場合がある．例えば，$CpM(CO)_2THF$（$M = Mn, Re$），$CpMn(CO)_2N_2$，$Fe(CO)_4H_2$，$Cp^*Rh(CO)Kr$（$Cp^* = Me_5Cp$）などである．

C-H 結合，Si-H 結合への金属挿入する例もある．

$Cp_2W(CO) \xrightarrow{h\nu} Cp_2W$
$\rightarrow Cp_2W\text{-Ar}(H)$

この際の脱カルボニル種 $Cp_2W$ が励起三重項状態の場合，炭化水素との agostic 結合（配位子の中の C-H 結合と金属との三中心二電子結合）を形成せず，むしろ Si-H 結合と酸化的付加を行う．一方，$Cp_2W$ が励起一重項状態の場合は比較的安定な agostic 結合をシラン存在下でも生成する（►2.1 ⑤項）．

6 属（Cr, Mo）Fischer 型カルベン錯体では，光照射で生じるメタラシクロプロパノンまたはメタラケテンが求核攻撃を受けて，$\beta$-ラクタム，シクロブタノンなどを与える．

$Re(bpy)(CO)_3X(X = Cl, Br)$ では，電子供与体存在下で光誘起炭酸ガス還元が起こる（►7.3 ⑦項）．Ru 錯体との連結により可視光応答化が実現している．(bpy) Ru サイトの MLCT 吸収でいえば，Ru-Pd 錯体 $[(bpy)_2Ru(\mu\text{-L})PdMe(NCMe)]^{3+}$ は可視光照射で Pd-Me 結合が置換活性され，オレフィンの二量化，オリゴメリ化触媒となる（►2.2 ④項）．

（長井圭治）

【関連項目】
►2.1 分子の光吸収と電子励起状態／2.1 ⑤ スピン励起状態／2.2 ⑤ 光増感／3.1 ③ 活性酸素種／4.4 ④ 金属錯体，配位化合物の光化学／6.1 ③ 光線力学療法／7.3 ⑦ 二酸化炭素の光還元と資源化

## DNA 類の光化学
Photochemistry of DNA

DNA は生物の遺伝情報を保存する生体高分子である．その構造の基本単位は，糖・塩基・リン酸基から構成されるヌクレオチドであり，水素結合を介してアデニン (A) はチミン (T) と，グアニン (G) はシトシン (C) と塩基対を形成し，相補的な塩基対形成を通じて右巻きの特徴的な B 型二重らせん構造を形成する（図1）．

ヌクレオチドは生理条件下，260 nm 付近に極大をもつ吸収スペクトルを示す（表1）．オリゴヌクレオチドでは，隣接する核酸塩基間の相互作用によって 260 nm の吸光係数が 10% 程度減少し，二重らせん構造になるとその効果はより大きくなり，20〜30% さらに減少する．温度に依存する吸光度の変化を観測することで，ランダムな構造の一本鎖状態から二重らせん構造への転移を調べることができる．

水溶液中，DNA を直接光励起した場合に観測される発光の量子収率は $10^{-4}$ 以下

表1 水中におけるヌクレオチドの吸収極大波長 ($\lambda_{max}$), 吸光係数 ($\varepsilon$), 発光波長 ($\lambda_{em}$), 発光量子収率 ($\Phi_f$), 励起状態の寿命 ($\tau$)

| | $\lambda_{max}$/nm ($\varepsilon$/L mol$^{-1}$cm$^{-1}$) | $\lambda_{em}$/nm | $\Phi_f$/$10^{-5}$ | $\tau$/ps |
|---|---|---|---|---|
| A | 259 (15.4) | 312 | 5 | 0.52 |
| T | 267 (10.2) | 330 | 12 | 0.98 |
| G | 252 (13.7) | 340 | 0.8 | 0.86 |
| C | 271 ( 9.1) | 330 | 12 | 0.95 |

であり，ほとんど発光を示さない．励起によって生じる最低励起一重項状態から三重項状態への項間交差は遅く，励起状態の失活は高速な内部変換によって起こる．超高速時間分解分光法を用いた測定から，核酸塩基の励起状態の寿命は，種類によって異なるがピコ秒以下である．エネルギーギャップ則の予測から外れるほどの速い内部変換は，n–$\pi^*$ と $\pi$–$\pi^*$ 状態間の振動相互作用に基づく効果，および Watson-Crick 塩基対における分子内励起状態プロトン移動による効果によるものと考えられている．励起状態の寿命が短くなることで DNA は光化学反応を受けにくくなることから，高速の内部変換による緩和は DNA の高い光安定性に寄与しているといえる．しかしながら，反応効率は非常に低いが，核酸塩基の吸収波長領域（< 320 nm）の光による直接励起によって DNA は付加環化などの光反応を受ける．DNA による直接の吸収がほとんどない波長帯（> 320 nm）においては，フラビン類やニコチンアデニンジヌクレオチドなどの内在する分子の光吸収によって生じる活性酸素種や電子移動反応によって DNA の光反応が誘起される．

核酸塩基と類似の構造をもつ 2-アミノプリン（2AP）は比較的強い発光（$\Phi_f >$

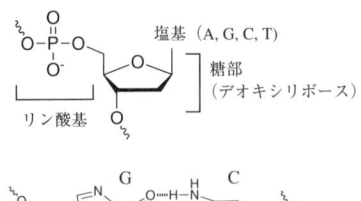

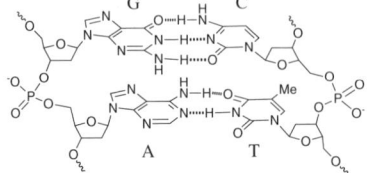

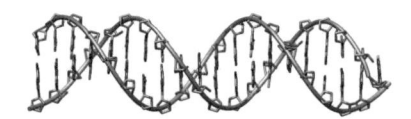

図1 DNA の化学構造と二重らせん構造

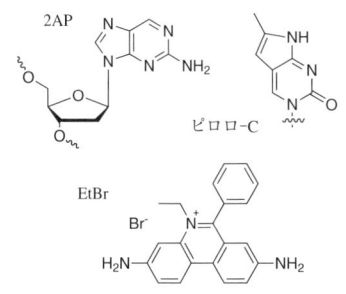

**図2** 発光を示す核酸塩基類縁体・色素

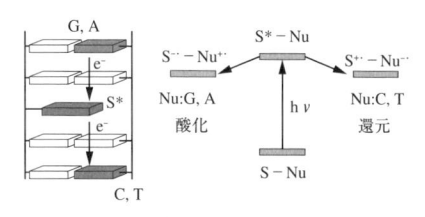

**図3** DNA 内の光誘起電子移動反応

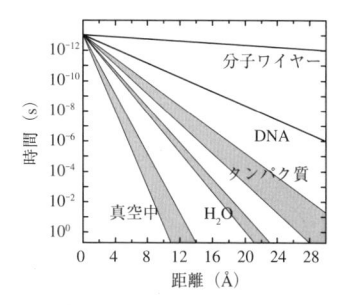

**図4** さまざまな媒体中での電子移動速度と距離の関係

0.5)を示すことが知られており，また，塩基部の構造改変によって発光性をもたせたピロロ-C などの類縁体が合成されている（図 2）．これらの蛍光性の核酸塩基類縁体は DNA の構造やダイナミクス，タンパク質との間の相互作用，あるいはその速度論などを研究するための蛍光プローブとして用いられている．また，DNA に結合することで発光性を示す有機色素の 1 つにエチジウムブロマイド（EtBr）がある．EtBr はインターカレーション（塩基対間への挿入）によって二本鎖 DNA に結合し，疎水的な環境に置かれることで水による消光が抑制され，さらにフェニル基の自由回転による熱的緩和が抑えられるため蛍光を示すようになる．この性質から，発光による DNA の検出試薬として用いられている．

DNA に結合した有機色素や金属錯体を光励起したとき，その励起状態が強い電子受容性あるいは供与性をもつ場合，核酸塩基との間で電子移動反応が起こる（図 3）．光増感分子（S）との電子移動反応によって酸化が起こるか，あるいは還元が起こるかは塩基によって異なる．酸化電位はT，C＞A＞G の順で小さくなるため，光増感分子が電子受容性をもつ場合は，プリン塩基の A および G が酸化される電子移動反応が進行する．一方，電子供与性が強い場合は還元を受けやすいピリミジン塩基で

ある T および C が電子受容体となって電子移動が起こる．

S と塩基との間の電子移動反応は，2 つの分子を介在する塩基対を通じて起こる．電子移動速度（$k_{ET}$）と分子間距離 $\Delta r$ の関係は次式で表され，

$$k_{ET} = k_0 \exp(-\beta \Delta r)$$

電子移動の距離依存性を表すパラメーター $\beta$ は 0.6～1.0 $Å^{-1}$ と求められている．電子移動速度は塩基対の数が 1 つ増えるごとに，10 分の 1 程度減少する．タンパク質や水を媒体としたときの $\beta$ は 1.0 $Å^{-1}$ 以上で，DNA の電子移動の距離依存性は小さい（図 4）．また，電子移動によって発生した正電荷は核酸塩基間をホッピングすることによって DNA 上を長距離移動することができる．

〔高田忠雄〕

【関連項目】
▶2.2⑤ 光増感／3.2① 光酸化・光還元／8.3 ④ DNA の光損傷・光回復／8.4③ DNA の淡色効果

4.5 生体関連化合物――②

## タンパク類の光化学
Photochemistry of Proteins

タンパク質はそれぞれのアミノ酸組成とアミノ酸残基配列をもち特有の立体構造を保持している．多くのタンパク質溶液の吸収スペクトルは 280 nm 付近に吸収極大が存在するが，これはタンパク質中の芳香族アミノ酸残基であるトリプトファン残基とチロシン残基の $\pi$–$\pi^*$ 吸収に由来する（表1）．なお，チロシン残基はアルカリ性条件下でフェノール環の水酸基が解離し，それに伴って吸収スペクトルが 10〜20 nm 長波長シフトする．これらの芳香族アミノ酸残基の吸収に加え，240〜320 nm の近紫外領域では，芳香族アミノ酸であるフェニルアラニン，およびシステイン残基のジスルフィド結合が吸収をもつ．また，190 nm 付近に存在する吸収極大は，主鎖であるペプチド結合の吸収（モル吸光係数 $\varepsilon$（190 nm）〜7000 L mol$^{-1}$s$^{-1}$）による．

また，光合成タンパク質や視物質であるロドプシンなどに代表される光受容性タンパク質では，タンパク質の特定の部位にレチナールやクロロフィルなどの発色団をもち，(1)発色団の光反応（異性化や電荷分離など），(2)タンパク質の構造変化，(3)その結果としてのタンパク質の機能発現，という3段階からなる共通の作用機構で，光をエネルギーや情報に変換する（▶8.2, 8.3項）．

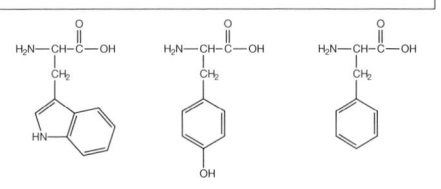

(a) トリプトファン (b) チロシン (c) フェニルアラニン

**図1** 芳香族アミノ酸の構造式

多くのタンパク質では，芳香族アミノ酸に由来する蛍光が観測される（表1）．その蛍光特性はアミノ酸残基の局所環境を反映しており，蛍光を利用してタンパク質の高次構造の変化や相互作用のダイナミクスなどの情報を得ることができる．芳香族アミノ酸のうちトリプトファンが最も強い蛍光を示す．波長 298 nm で励起すると，タンパク質中のトリプトファン残基を選択的に励起できる．トリプトファン残基の蛍光は，とくに周囲の極性などの局所的環境の影響を受けやすい．例えば，トリプトファン残基がタンパク質内部などの疎水的な環境にある場合は，タンパク質分子の表面に存在する場合と比べ蛍光スペクトルは 10〜20 nm 短波長シフトし，蛍光強度が増加する．また，トリプトファン残基の近傍に正電荷を有するアミノ酸側鎖や，カルボニル基，ジスルフィドがある場合には，それらによって蛍光は消光される．したがって，タンパク質中のトリプトファン残基は個々の環境に応じた蛍光特性を示す（表2）．なお，単一トリプトファンをもつタンパク質でも複数のコンフォメーションが平衡にある場合には，蛍光は多指数関数的に減少する．

波長 280 nm で励起すると，トリプトファン残基とチロシン残基両方が励起される．チロシンの蛍光スペクトルはトリプト

**表1** 芳香族アミノ酸の吸収特性と蛍光特性

| | $\lambda_{max}$/nm | $\varepsilon_{max}$/Lmol$^{-1}$cm$^{-1}$ | $\lambda_f$/nm | $\Phi_f$ | $\tau_f$/ns |
|---|---|---|---|---|---|
| トリプトファン | 280 | 5600 | 348 | 0.20 | 2.6 |
| チロシン | 275 | 1400 | 303 | 0.14 | 3.6 |
| フェニルアラニン | 258 | 200 | 282 | 0.04 | 6.4 |

吸収極大波長 $\lambda_{max}$ におけるモル吸光係数 $\varepsilon_{max}$，蛍光極大波長 $\lambda_f$，蛍光収量 $\Phi_f$，蛍光寿命 $\tau_f$（中性 pH 水溶液中）

**表2** 単一トリプトファン残基をもつタンパク質の蛍光特性

| | $\lambda_f$/nm | $\tau_f$/ns |
|---|---|---|
| アズリン | 308 | 4.0 |
| リボヌクレアーゼT1 | 324 | 3.5 |
| ヒト血清アルブミン | 342 | 6.0 |
| グルカゴン | 352 | 2.8 |

蛍光極大波長 $\lambda_f$, 蛍光寿命 $\tau_f$

ファンの吸収スペクトルは重なるため, フェルスター型のエネルギー移動が起こり, チロシン残基の蛍光は消光する (▶8.4②項). チロシン残基からトリプトファン残基へのエネルギー移動は効率よく起こる (特性距離 $R_0$ = 9〜18Å) ので, 多くの場合, チロシン残基とトリプトファン残基をもつタンパク質の蛍光はトリプトファン残基の蛍光に類似する. また, pHや温度変化などにより, タンパク質の変性が起こり, トリプトファン残基とチロシン残基の距離が変化すると, それに伴ってエネルギー効率が変化する. なお, 通常, タンパク質中のトリプトファン残基数は1 mol%程度と少ないので, チロシン残基数が多いタンパク質ではチロシン残基由来の蛍光が観測される場合がある. タンパク質表面に存在するチロシン残基の蛍光は, 吸収スペクトルと同様にpHの影響を受けやすい. 基底状態では, フェノール環の水酸基の酸解離定数 $pK_a$ はおよそ10であるが, 励起状態では $pK_a$ は4近くまで減少する. フェノール環の水酸基のイオン化状態に応じて, チロシン残基からの蛍光および345 nm付近に, 極大波長をもつイオン化したチロシン残基からの弱い蛍光が観測される.

チロシンからトリプトファンへのエネルギー移動と同様に, フェニルアラニンからチロシンへのエネルギー移動も効率よく起こる (特性距離 $R_0$ = 11〜14Å). また, フェニルアラニンは蛍光収量が小さいので, トリプトファン残基およびチロシン残基をもたないタンパク質の場合にのみ, フェニルアラニン残基からの蛍光が観測される. フェニルアラニンの蛍光はpHや溶媒極性の影響をほとんど受けない.

また, 脱酸素条件下では芳香族アミノ酸残基からのりん光が観測される. 蛍光と同様にトリプトファンのりん光 (りん光収量 $\Phi_p$ = 0.17, 77K, 剛体媒体中) はアミノ酸残基の局所環境を反映するので, トリプトファン残基の室温りん光もタンパク質のダイナミクスを調べるのに有効である.

また, 光励起されたトリプトファン残基の励起一重項は, キヌレニンなどの光酸化代謝物の生成や, システイン残基へのエネルギー移動を起こす. エネルギー移動の結果, システイン残基が励起されると, ジスルフィド結合が切れて, システインラジカルが生成する. タンパク質の高次構造を維持するにはジスルフィド結合が重要であるので, その結果タンパク質の機能が不活性化される. また, 光励起によって生成したトリプトファン残基の励起三重項はジスルフィドなどの適切な電子受容体が存在すると, 電子移動によってトリプトファンのラジカルカチオンを生成する. そして脱プロトン化し, インドリルラジカルを生成した後, 酸素と反応しペルオキシルラジカルを生成する.

タンパク質中にフラビンモノヌクレオチド (FMN), フラビンアデニンジヌクレオチド (FAD), ポルフィリンなどの補因子を含む場合には補因子の光反応も重要になる. また, タンパク質の光反応の特別な例として, 緑色蛍光タンパク質 (GFP) に代表される蛍光タンパク質がある (▶8.1②項). 蛍光タンパク質を利用した細胞や生体分子の蛍光標識は, 医学・生物学研究に用いられている.

(稲田妙子)

【関連項目】
▶2.2① 蛍光とりん光／8.1② 蛍光タンパク質／8.4② 蛍光共鳴エネルギー移動

# クロロフィル類の光化学
Photochemistry of Chlorophylls

クロロフィルには，酸素発生型の光合成を行う植物およびシアノバクテリアがもつクロロフィル，紅色細菌・紅色硫黄細菌がもつバクテリオクロロフィルがある．ポルフィン環，もしくはポルフィン環の一部が飽和結合となっているクロリン環，バクテリオクロリン環を中心の骨格として，マグネシウムイオンが配位している．中心のポルフィン環，クロリン環，バクテリオクロリン環に側鎖が付加することで多数の異なる構造が知られており，クロロフィル類は，クロロフィル $a, b$…，バクテリオクロロフィル $a, b, c$… などのように名付けられている（図1, 2）．また，2010年に新たなクロロフィル $f$ が発見されたが，詳細な分子構造や光合成における役割など不明な点が多い．

クロロフィル類は，いずれも中心骨格であるポルフィン環，クロリン環，バクテリオクロリン環に起因して，紫外光領域におけるB帯（Soret帯），可視光領域におけるQ帯とよばれる特徴的な光吸収帯を示す．いずれの遷移も $\pi$-$\pi^*$ 遷移に帰属され，そのモル吸光係数は，Q帯の極大波長

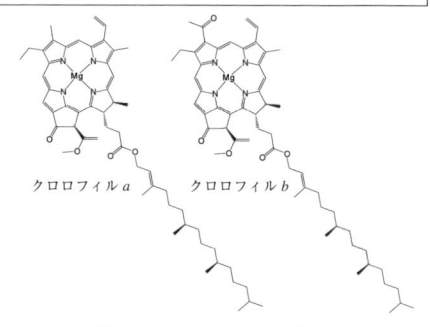

図2 クロロフィル $a$ および $b$

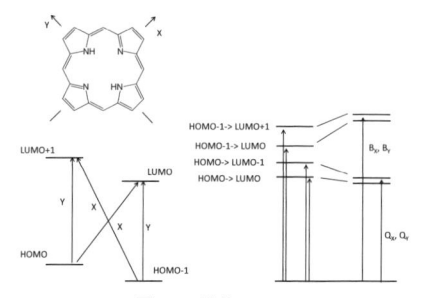

図3 4準位モデル

において DMF 中，クロロフィル $a$ は $7.9 \times 10^4$ L mol$^{-1}$cm$^{-1}$，クロロフィル $b$ が $4.7 \times 10^4$ L mol$^{-1}$cm$^{-1}$ である．これらの電子遷移は，Gouterman らによって提唱された4準位モデルによって説明される（図3）．ポルフィン環についてみると，4つの $\pi$ 分子軌道（HOMO-1, HOMO, LUMO, LUMO+1）から，4つの電子励起配置（HOMO-1→LUMO, HOMO-1→LUMO+1, HOMO→LUMO, HOMO→LUMO+1）が考えられる．ポルフィン環面内の $x$ 軸，$y$ 軸に分極している電子励起配置の配置間相互作用により，$x$ 軸，$y$ 軸それぞれにエネルギー分裂が起こり，$x$ 軸に分極している電子励起配置のうち，エネルギーが高いのがB帯（B$_x$），低いのがQ帯（Q$_x$）となる．

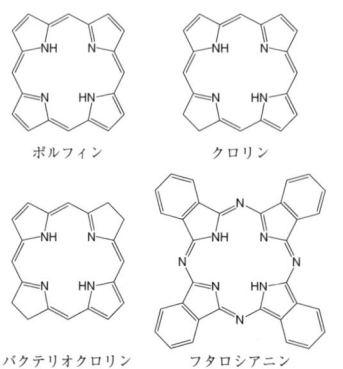

図1 クロロフィル類の中心骨格

**表1** クロロフィル類の蛍光量子収率($\Phi_f$), 励起一重項エネルギー($E_S$), 励起一重項寿命($\tau_s$), 励起三重項生成量子収率($\Phi_t$), 励起三重項エネルギー($E_t$), 励起三重項寿命($\tau_t$)

| 化合物 | 中心骨格 | $\Phi_f$ | $E_S$/kJ mol$^{-1}$ | $\tau_s$/ns | $\Phi_t$ | $E_t$/kJ mol$^{-1}$ | $\tau_t$/ns |
|---|---|---|---|---|---|---|---|
| クロロフィル $a$ | クロリン | 0.32 | 178 | 5.5 | 0.53 | 125 | 800000 |
| クロロフィル $b$ | クロリン | 0.12 | 179 | 3.5 | 0.81 | 136 | 1500000 |
| テトラフェニルポルフィリン | ポルフィン | 0.055 | 195 | 12.5 | 0.9 | 151 | 1500000 |
| フタロシアニン | フタロシアニン | 0.67 | 170 | 6.9 | 0.14 | 120 | 130000 |

$y$軸に分極している電子励起配置も同様に$B_y$および$Q_y$となる.

また, クロロフィル類と同様の吸収帯を示す色素として, フタロシアニンがある. フタロシアニンは, クロロフィル類と光化学的特性(励起一重項エネルギー, 寿命, 蛍光量子収率, 励起三重項エネルギー, 三重項生成量子収率など)に類似点が多い.

例えば, 紅色光合成細菌においては, カロテノイドとともに膜タンパク質中に固定されたLH2複合体により紫外-可視光エネルギーの捕集が行われた後, 同様のクロロフィル類複合体LH1へエネルギー移動が起こる. 引き続き起こるLH1複合体から光合成反応中心へのエネルギー移動と, 反応中心での電子移動反応初期過程は50 ps以内には完結し, クロロフィル類の励起一重項の寿命(〜10 ns)と比較して2桁高速である. LH2での光捕集から, 反応中心での電子移動まで, 光エネルギー失活が遅いため, 光合成反応中心への電子移動量子収率〜1が達成されている.

LH1:光合成反応中心をとりかこむようにクロロフィルが円状に集合しており, LH2からうけとった光エネルギーを光合成反応中心にわたす役割をになう.

LH2(Light harvesting complex 2):クロロフィル類をカロテノイドが膜タンパク質内部に円状に集合し可視光を捕集しLH1にうけわたす.

クロロフィル類は単体では水に不溶で, ジメチルホルムアミド, アセトン, メタノール, エーテルなどの有機溶媒には可溶である. 上記したようなタンパク質中でのクロロフィル類複合体が示すピコ秒での光物理過程とは異なり, 単量体として存在しているクロロフィル類を光励起すると, 励起三重項状態を生成する. その三重項生成量子収率($\Phi_t$)は, クロロフィル$a$は$\Phi_t$ = 0.53, クロロフィル$b$は$\Phi_t$ = 0.81である. クロロフィル類の励起三重項状態のエネルギーは125〜135 kJ mol$^{-1}$であり, 代表的な芳香族炭化水素であるアントラセン(178 kJ mol$^{-1}$), ペリレン(148 kJ mol$^{-1}$)などと比較しても低く, テトラセン(123 kJ mol$^{-1}$)とほぼ同程度である. 一重項酸素のエネルギー(95 kJ mol$^{-1}$)よりは高いので, 溶液中に溶存している酸素によってクロロフィル類の励起三重項状態は消光され, 一重項酸素を発生する. このクロロフィル類の光増感による一重項酸素を利用した光線力学療法(PDT)がある.

クロロフィル類は, 光捕集効果や集積体の形成によるエネルギー伝達のみではなく, 光合成反応中心における光誘起電子移動の電子供与体として働くことが知られている. クロロフィル類の酸化電位は極性有機溶媒中クロロフィル$a$が0.54 V vs. SCE, クロロフィル$b$が0.65 V vs. SCEであり, クロロフィル類の光励起状態は, 光誘起電子移動反応の電子供与体として働く. この応用として, クロロフィル類を色素として用いた色素増感太陽電池がある.

SCE:飽和カロメル電極 saturated calomel electrode 水銀と塩化水銀を用いた基準電極の一種.

〔荒木保幸〕

4.5 生体関連化合物——④

# ビタミン A の光化学
Photochemistry of Vitamin A

ビタミン A は脂溶性ビタミンに分類され，化学名ではレチノール（retinol）とよばれる（図1）．レチノールとは，網膜（retina）にあるアルコールという意味で，この分子は動物の視覚作用に対して重要な働きをする．生体内では緑黄色野菜に含まれる $\beta$-カロテンなどのビタミン A 前駆体からも合成される．ビタミン A が欠乏すると，夜盲症，皮膚の異常乾燥症および角化亢進，骨変化，神経変性および成長発育の停止などの病因となる．

レチノールの合成は，肝油類をアルカリ分解（けん化）し，レチノール含有油を蒸留し，クロマトグラフィーにより精製および結晶化することで行われているが，現在ではこのような天然品のほかに化学合成品が製剤用に普及している．化学合成では，まず暗反応により，レチノールの酢酸エステルの 11-シス型を合成する．レチノールの二重結合周りの構造は全トランス型なので，三重項増感剤（ビアセチル）存在下，11-シス型とともに光照射すると，全トランス型のレチノール酢酸エステルが生成する（量子収率 $\phi_{iso} = 0.17$）（図2）．

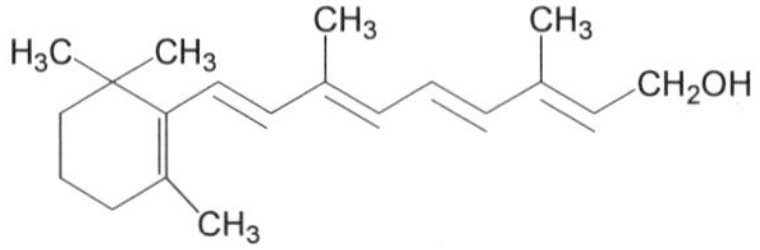

レチノールは紫外線（$\lambda_{max} = 325$ nm）を吸収し，蛍光（$\lambda_{max} = 435$ nm；蛍光量子収率 $\phi_f = 0.03$；蛍光寿命 $\tau_f = 4.2$ ns）およびりん光（$\lambda_{max} = 405$ nm）を発する．また，レチノールの呈色試薬として，$SbCl_3$（深青色；$\lambda_{max} = 620$ nm）および GDH（glycerol-dichlorohydrine）がある．

レチノールの光化学反応は励起三重項状態から進行し，以下の4つの反応がある．
(1) シス-トランス異性化反応
(2) 酸素分子へのエネルギー移動反応
(3) 酸素分子への電子移動反応
(4) 炭素-酸素結合開裂反応

(2)では，一重項酸素，(3)ではスーパーオキシドラジカルアニオンがそれぞれ発生する．(4)では，炭素-酸素結合がヘテロリシスに切断され（ROH→$R^+$＋$OH^-$），レチニルカチオン（$\lambda_{max} = 590$ nm）が過渡的に生成する．

視覚作用を司どる視細胞内には，ロドプシンというタンパク質があり，その補酵素である 11-$cis$-レチナールのトランス型への光異性化反応による構造変化が，視覚に対して重要な働きを示す．レチノールは 11-$cis$-レチナールの前駆体であり，哺乳類では体内合成ができないので，食物からの補給が必要となる． （白上 努）

【関連項目】
▶3.2② 異性化反応／4.1③ ポリエンの光化学／8.3① 視覚

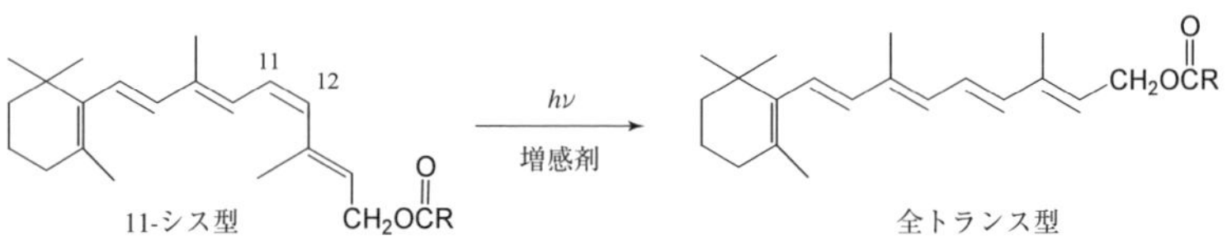

図1　ビタミン A（レチノール）の化学構造式

図2　レチノール酢酸エステルの光増感異性化反応

# ビタミンDの光化学合成
Photochemical Synthesis of Vitamin D

ビタミンD(vitamin D)は骨粗鬆症などの治療薬として血中の$Ca^{2+}$濃度を高める作用や免疫反応があり，ヒトにとって不可欠なビタミンの1つである．ビタミンDは，現在，ビタミン$D_2$(エルゴカルシフェロール)とビタミン$D_3$(コレカルシフェロール)の2つに大別され，ビタミン$D_2$は植物に，ビタミン$D_3$はヒトを含む動物に重要な役割を果たしている．

ヒトの皮膚表面近傍に存在するプロビタミン$D_3$(7-デヒドロコレステロール)に紫外光があたると，生体内で光化学反応を起こし，プレビタミン$D_3$に変換され，続いて熱異性化(転位)するとビタミン$D_3$となる(図1)．

この光化学反応は，ステロイド骨格のB環の1,3-シクロヘキサジエン部に着目すれば，Woodward-Hoffmann則に従う6π系電子環状反応である．

したがって，ビタミンD合成の前駆体となりうる入手容易なステロイド基本骨格があれば，医薬などに有効なビタミン$D_3$ならびにその誘導体を，光を用いて短段階で化学合成できる．1950年代半ばから精力的にビタミンDの合成を目指した研究が行われた．例えば，天然のエルゴステロールに種々の紫外光を照射することによってプレビタミンD(プレカルシフェロール)を得た．しかし，収率は10数％以下と低く，また，副反応生成物も多いという問題点があった．その後，プレビタミンD生成条件の詳細な波長依存性の検討から，295 nm光での照射が最も有効であることがわかった．その結果，良好な収率でプレビタミンDの合成法が確立された．最終目的物であるビタミンDはプレビタミンDの熱異性化(転位)によって生成することが報告され，それ以後この方法を用いて，ビタミンD骨格をもつ数多くの誘導体が合成された．例えば，プロビタミン$D_2$(エルゴステロール)および$D_3$に紫外光を照射することにより，プレビタミン$D_2$および$D_3$をそれぞれ54％，61％の収率で得た．

9-アセチルアントラセンのような光増感剤を用いるプレビタミンD誘導体の合成法もあるが，医薬品の製造法としてはその除去に問題があり，実用的ではない．また，248 nmと337または353 nmのレーザー光を2段階で用いることによって約80％の収率でプレビタミン$D_2$および$D_3$が合成できるが，工業的に実用化されてはいない．

最近，2段階のマイクロリアクターを並べて，ビタミン$D_3$が合成された．第1段階でプロビタミン$D_3$に紫外光を照射して，まずプレビタミン$D_3$を合成する．続いて，第2段階で360 nm光を当てながら加熱(100℃)すると，ビタミン$D_3$が32％の収率で得られる．この方法によれば連続運転や大量合成が可能であり，また，通常の光反応条件に比べて，高濃度，省スペースなどの利点がある． (水野一彦)

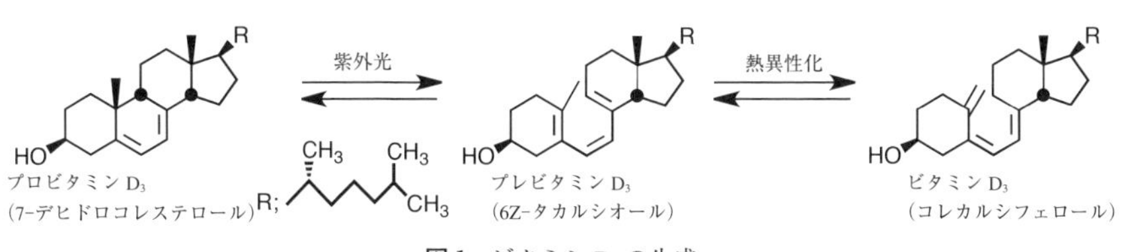

図1 ビタミン$D_3$の生成

# 5

# 光化学と生活・産業

5.1 光反応による加工・造形
5.2 ディスプレイ・表示
5.3 いろいろな光源
5.4 光機能材料
5.5 光記録

## 光硬化樹脂・光硬化塗料
Photocurable Resin and Photocurable Coating

　光硬化樹脂とは，液状である光硬化樹脂前駆体に光照射を行うことにより，光重合を引き起こし，硬化する樹脂のことである．光硬化塗料とは，光硬化樹脂の一種であり，表面保護膜の製造やインクなどに用いられる．油性塗料や水性塗料のような家庭用塗料と比較して，光硬化塗料は溶剤を用いない塗料を製造することができ，溶剤からの揮発性有機化合物（VOC）による大気汚染を減らすことができるため，環境に対して優しい塗料となる．また，乾燥・硬化時間が短く，生産性の向上が期待できる．また，溶剤を用いた塗料で必要な熱による乾燥過程が省略できるため，熱エネルギーの消費を軽減できる低環境負荷型塗料として注目されている．

　光硬化塗料や光硬化樹脂には，モノマーと光重合開始剤が含まれ，それらにより感光性が付与される．硬化反応として，ラジカル反応あるいはカチオン反応が主に用いられ，使用する反応に応じてモノマーと光重合開始剤が選択される．

　硬化反応としては，ラジカル反応が一般的である．幅広い光波長選択性，速い硬化反応性，多様なモノマー構造を設計できることが利点である．一方，硬化反応にラジカルを使用するため，空気中の酸素による硬化阻害が問題となる．

　ラジカル反応を用いた光硬化系では，まず，分子内開裂型（I型）開始剤もしくは水素引き抜き型（II型）開始剤が，主に紫外光（波長：200～400 nm）により励起され，ラジカルを生成する．生成したラジカルは，主にアクリル型モノマーをラジカル重合し，硬化する．開始剤は，光硬化塗料や光硬化樹脂の感光域や反応性に影響を及ぼすのみならず，硬化後の樹脂や塗膜の機械的特性や色調にも影響を及ぼすため，用途に応じて適切に選択することが必要である．図1に代表的なI型開始剤およびII型開始剤の光ラジカル生成機構を示す．図1に示したI型開始剤では，Norrish I型$\alpha$開裂反応が用いられている．現在，多様な開始剤が開発されており，可視光を用いた光硬化も可能である．可視光硬化系は特に歯科分野に利用されている．

　モノマーとしては，アクリル酸エステルあるいはメタクリル酸エステルが用いられ

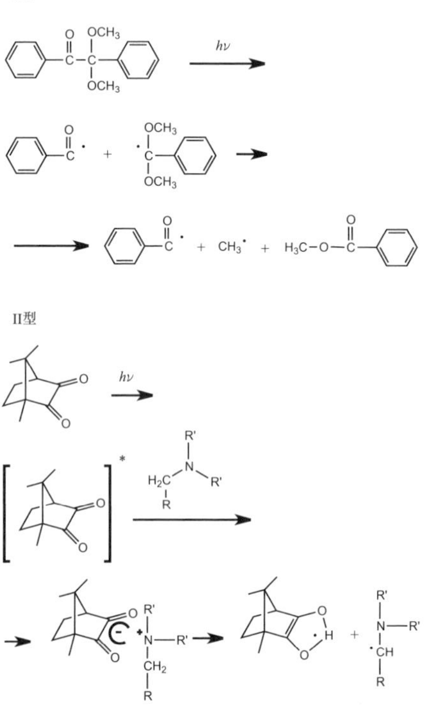

**図1**　代表的なI型開始剤およびII型開始剤の光ラジカル生成機構

る．反応性希釈剤としては単官能アクリル酸エステルが，主成分として多官能のウレタンアクリレート，エポキシアクリレート，エステルアクリレートが用いられる．これらの原料となるウレタン樹脂，エポキシ樹脂，およびポリエステルは多様な構造が安定的に入手可能であり，それぞれの用途に応じた分子設計が可能であることが特徴である．

　硬化反応としては，ラジカル反応が一般的であり，カチオン反応を用いた系は多くない．しかしながら，カチオン硬化はラジカル硬化にない特徴を有している．硬化時においてラジカル硬化時に見られる酸素阻害がなく，硬化系内に残存するカチオン種を利用した光照射後の硬化（後硬化）が可能である．また，アクリル酸エステルをモノマーとして利用するラジカル硬化系と比較して硬化時の体積収縮が少ないという利点を持つ．一方，湿度による硬化阻害やモノマーの価格，硬化後に残存する酸による安全性や腐食に対する懸念がある．

　カチオン反応を用いた光硬化系の反応では，光酸発生剤が開始剤として使われる．それらは主に紫外光（波長：200～300 nm）により励起され，カチオン種あるいは強酸を生成する．生成したカチオン種あるいは強酸は，モノマーのカチオン重合を開始し，系は硬化する．開始剤はトリフェニルスルホニウム塩（$(C_6H_5)_3S^+X^-$）に代表されるオニウム塩型および非オニウム塩型開始剤に大別される．図2および図3に，代表的なオニウム塩型開始剤（図2）および非オニウム塩型開始剤（図3）のカチオン種あるいは強酸の生成機構を示す．オニウム塩系において，カチオン重合性は，生成する対アニオン（$X^-$）に強く

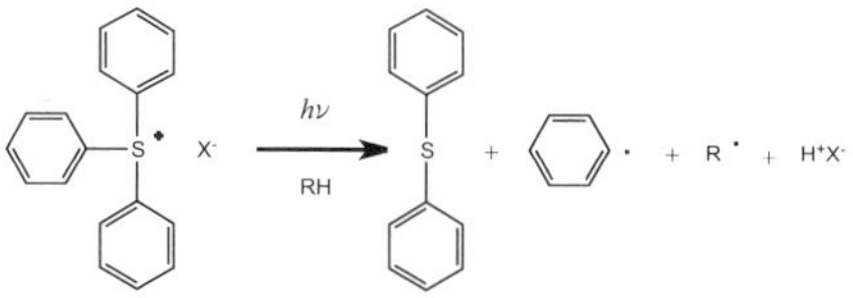

**図2** 代表的なオニウム塩型開始剤および非オニウム塩型開始剤のカチオン種あるいは強酸の生成機構

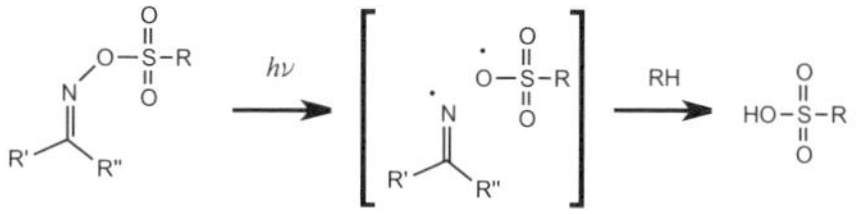

**図3** 代表的な非オニウム塩型開始剤の強酸の生成機構

影響を受ける．対アニオンとしては，$SbF_6^-$あるいは$AsF_6^-$の反応性が高いものや，毒性との兼ね合いから$PF_6^-$あるいは$(C_6F_5)_4B^-$が用いられる．それらの感光域は紫外域に限定されるため，アントラセン，チオキサントンなど，さまざまな増感剤を用いることにより，感光域の拡大（～450 nm）が図られている．

　モノマーとしては，エポキシ，オキセタン，あるいはビニルエーテルが用いられる．エポキシとしては，反応性が高い脂環式エポキシが用いられる．エポキシに代表されるカチオン重合性モノマーは，アクリル系モノマーに代表されるラジカル重合性モノマーと比較して多様な分子設計という点では劣るものの，開発は活発に行われている．

〈岡村晴之〉

【関連項目】
▶2.2⑤ 光増感／3.2⑲ 光重合反応／3.2㉓ 高分子の光化学／5.1② 感光性材料／5.1③ フォトレジストと微細加工／5.1⑤ 光でつくるマイクロマシン／6.1⑥ 歯科用光重合レジン

5.1 光反応による加工・造形――②

## 感光性材料――印刷・写真製版の仕組み
Photosensitive Materials—Platemaking for Printing

印刷（printing）は古くから文字を含むさまざまな情報を複製する技術として文化の発展に貢献してきた．現代においても新聞・雑誌・本・カタログから包装容器・布地・精密電子部品に至るさまざまな印刷物が身のまわりにあふれている．印刷の工程で重要な役割を果たしているのが刷版（plate）である．最近ではインクジェット方式や電子写真方式（▶5.2 ③項）のように刷版を用いない印刷方法も出現しているが，刷版を用いることで高品質の印刷物を高速・安価で大量に生産することが可能になる．

現在，文字はビットマップ形式かベクトル形式のデジタル情報で扱われている．また写真など濃淡をもった画像は，原画を網点（dot）とよばれる小さな点に分解して読み込みデジタル化する．画像の濃淡はこの網点の面積と密度で表現されるが，目視ではなめらかな画像として認識される．カラー画像の場合，原画は三原色に黒を加えた4色に色分解してそれぞれが網点に変換され，各色の図柄を重ね刷りすることでフルカラーが可能になる．

これらのデジタル情報をレーザー描画することで，透明フィルム上に絵柄を作成する．このフィルムを介して，感光剤の光架橋，光可溶化，光重合（▶3.2 ⑱，3.2 ㉓項）などを進行させ刷版がつくられる．図1は4つの代表的な印刷方式とそこで用いる刷版の概念図である．なお，最近はフィルムを使わずレーザービームで刷版に直接書き込む方式も増えている．

凸版印刷は凹凸のある版を作製し，凸部の先にインキ（ink）を付け印刷する．かつては合金製の活字が用いられたが，近年は感光性の樹脂凸版が主流となっている．ここでは光照射で架橋するネガ型のフォトレジスト（▶5.1 ③項）や光硬化樹脂（▶5.1 ①項）が用いられ，未照射部を溶解して凹凸を形成する．フィルムや段ボールなど柔らかい被印刷体への印刷には弾力性に富んだゴム系材料の凸版が用いられる．例えば，図2のように主鎖に二重結合を多く含むゴム材料にビスアジド系（▶3.2 ⑯，4.3 ①項）の光架橋剤を混ぜた感光剤がある．

凹版印刷は，凸版印刷と同様に凹凸の作成を行うが，インキを掻き取ることで凹み部分のみにインキを残し印刷する方法である．刷版は金属製で大量印刷に向いてい

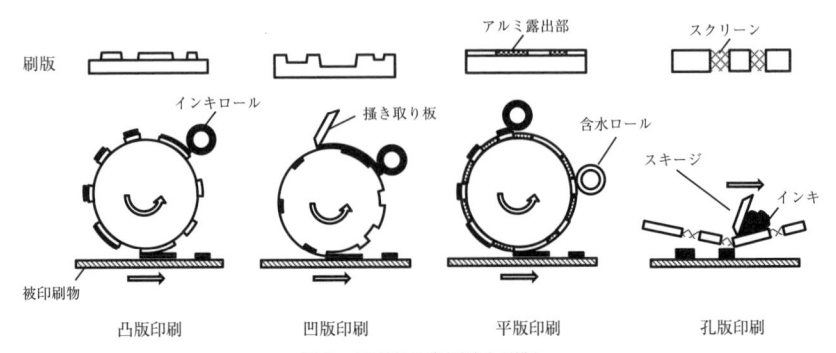

図1　代表的な印刷法と刷版

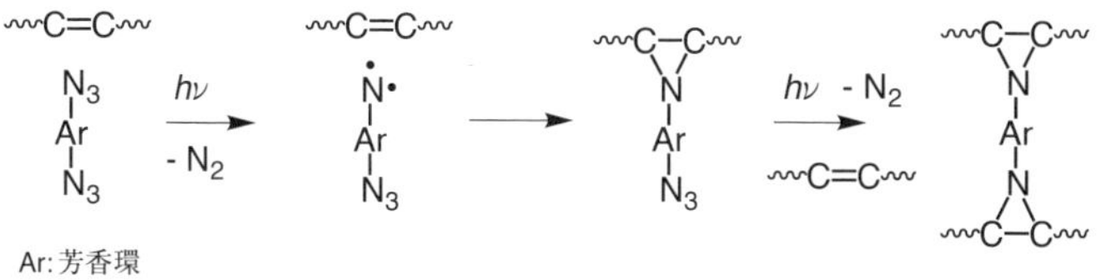

図2 ゴムの光架橋反応

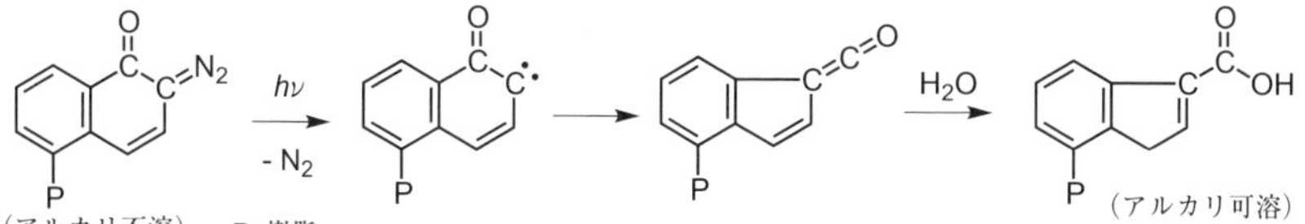

図3 ポジ型PS版の光反応

る．伝統的なグラビア印刷では凹みの深さで濃淡を表すことができるため高級な写真集や紙幣の印刷に用いられる．この凹みはダイヤモンドチップやレーザーで直接表面金属を彫刻する電子彫刻法で形成されることが多い．他に，ポジ型またはネガ型フォトレジストで絵柄を形成し，露出部のみを腐食液で腐食して網点の大小でのみ濃淡を表す方式もある．

平版印刷は表面の凹凸は用いず，フラットな表面にインキを弾く部分と弾かない部分をつくり印刷に用いる．現在，印刷物の大部分がこの方法で作成されている．刷版としては，表面を荒らしたアルミ板にポジ型またはネガ型フォトレジストを薄く塗ったPS版（presensitized plate）がよく用いられる．例えばポジの場合，図3のような反応により，光照射部分のみ親水性になる．さらに現像でアルミ板を露出させると親水性が十分となる．感光層とアルミ部分の段差は無視できるほど小さく，刷版全面を水に，続いて親油性インキを接触させると，感光層上にのみインキが付着し被印刷体に転写できる．

孔版印刷はスクリーン印刷ともよばれ，基体となるスクリーンにフォトレジストや光硬化樹脂を塗り，現像することで絵柄状の貫通部を設ける．この上にインキを盛り，スキージとよばれるへらでインキを貫通部から押し出すことで被印刷物に絵柄をつける．被印刷物の素材や形状に制約が少ない上に，インキの自由度も高くインキ厚も大きくできるなどの特徴がある．

上記の4つの方法は，いったんゴムローラーに絵柄を拾い取り，これをさらに被印刷体に転写するオフセット印刷法と組みあわせることも多い．

印刷インキにおいても従来の有機溶剤をベースとしたインキの替わりに，光硬化塗料（▶5.1①項）が用いられることもある．熱や送風で有機溶媒を気化させる従来の方法に比べ高速で排気の問題も解消され，装置の簡略化，膜厚の厚い印刷が可能になる．

(陶山寛志)

【関連項目】
▶3.2⑱ 脱離反応／3.2⑲ 光重合反応／3.2㉓ 高分子の光化学／4.3① 窒素化合物の光化学／5.1① 光硬化樹脂・光硬化塗料／5.1③ フォトレジストと微細加工／5.2③ 光導電性とは

5.1 光反応による加工・造形──③

# フォトレジストと微細加工—電子産業を支えるナノリソグラフィー
Photoresist and Microfabrication—Nanolithography Supporting Electronics Industry

　フォトレジストは感光性高分子の一種であり、光を用いたリソグラフィー技術と組み合わせて基板の微細加工に利用される。フォトリソグラフィーを用いた微細加工は図1のように示される。シリコン基板にフォトレジストを塗布し、マスクを通して露光すると、露光部分では光反応が起こる。露光部分が現像溶液に溶解するようになる場合は、ポジ型とよばれるパターンが得られる。一方、露光部分が現像溶液に溶解しなくなる場合は、ネガ型とよばれるパターンが得られる。現像後に残ったフォトレジスト膜を保護膜として、基板をエッチングする。フォトレジスト膜で保護されていない部分のみがエッチングされる。エッチング後、フォトレジスト膜を剥離すると基板上に微細パターンが形成される。この工程を繰り返すことにより、複雑な半導体回路が作製される。

　露光による溶解性の変化によって、フォトレジストはポジ型とネガ型に分類される。ポジ型レジストでは、露光による高分子側鎖の極性変化反応や主鎖切断反応が利用される。一方、ネガ型レジストでは、高分子鎖間の架橋反応が主に用いられるが、極性変化反応も用いられる。架橋反応を用いたネガ型レジストでは、現像時にレジストの膨潤を伴うことが多く、微細パターンを得るのには不向きである。また、露光光源によりレジストは分類される。光を用いる場合はフォトレジストとよばれるが、電子線やX線を用いる場合は、それぞれ、電子線レジスト、X線レジストとよばれる。

　フォトレジストを用いた半導体用微細加工プロセスでは、パターンサイズの微細化と高生産性が要求される。微細加工用フォトリソグラフィーでは縮小投影露光法が用いられる。この方法では、シリコン基板上のレジスト膜にマスク像を縮小投影して、レジストの露光部分を光反応させる（図2）。

　解像度（$R$）はRayleighの式で表される。

$$R = \frac{k\lambda}{NA}$$

　ここで、$k$ はプロセスで決まる定数、$\lambda$ は露光波長、$NA$（$NA = n\sin\theta$）はレンズの開口数、$n$ は露光雰囲気の屈折率である。$R$ 値が小さいほど、微細なパターンが得られる。$R$ を小さくするためには、露光

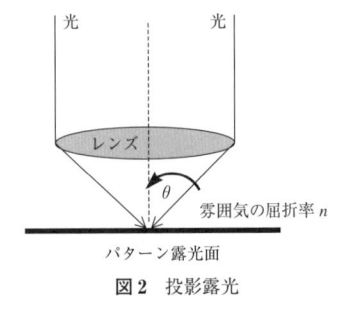

図1　フォトリソグラフィー工程

図2　投影露光

波長を短くし，$NA$ を大きくすることが必要である．$NA$ を大きくするために，レンズ材の改質や水中での露光による雰囲気の高屈折率化（液浸露光）が行われている．露光光源の波長は，半導体製造の初期段階で用いられた高圧水銀灯の輝線（g 線：436 nm，i 線：365 nm）から，KrF エキシマーレーザー（248 nm）や ArF エキシマーレーザー（193 nm）に移行している．今日の高集積度半導体デバイスの製造には，193 nm 光が用いられている．193 nm 光を用いた液浸露光による微細加工では，線幅 40 nm 程度が目標にされている．また，次世代の微細加工技術としては，線幅 20 nm 以下のパターン形成を目指して，波長が 13.5 nm の極短紫外光（EUV）を用いたリソグラフィーが研究されている．

半導体用微細加工プロセスの高生産性のためには，フォトレジストの高感度化が必要であり，化学増幅型レジストが用いられている．化学増幅型レジストでは，マスク露光によりレジストの露光部分の膜内に活性種を発生させ，これを触媒としてレジストの溶解性変化をもたらすのに必要な熱化学反応を連鎖的に起こさせる（図3）．

レジスト膜に吸収された1フォトンあたりの化学反応量は，活性種発生の光反応の量子収率に触媒反応の連鎖長を掛けたものであり，飛躍的な感度の増大が達成される．露光で発生させる活性種としては，酸でも，塩基でも，ラジカルでもよいが，酸を利用する系が実用化されている．露光により酸を発生する化合物は，光酸発生剤（PAG: photoacid generator）とよばれ，イオン型と非イオン型がある．一般に，非イオン型 PAG はレジストや溶剤への溶解性に優れるが，熱的安定性に劣る．一方，イオン型 PAG はレジストや溶剤への溶解性は低いが，熱的安定性に優れている．溶解性をよくしたイオン型 PAG が主に用いられている．

アルカリ現像が可能な化学増幅型ポジ型フォトレジストでは，第三級アルコールで保護したカルボキシル基の脱保護によるカルボキシル基の生成や，ブトキシカルボニルで保護したフェノール性ヒドロキシル基の脱保護によるフェノール性ヒドロキシル基の生成などが利用される．露光部分では，非極性のレジストポリマーが，露光後の加熱により極性のレジストに変化し，アルカリ水溶液に溶解する．一方，極性変化を利用した化学増幅型ネガ型レジストの例としては，ヒドロキシル基とカルボキシル基をともに有する側鎖をもった高分子の酸触媒反応によるラクトンユニットの生成の利用がある．

KrF や ArF エキシマーレーザーを用いたリソグラフィーのためのレジストは，非晶性の高分子を基本にした材料からできている．しかし，超微細加工を目指した EUV リソグラフィーでは，加工サイズが 20 nm 以下ときわめて微細であり，パターンの形状はレジストを構成する高分子のサイズやサイズのばらつきの影響を受ける．分子のサイズが小さく，分子サイズが揃ったレジスト材料として，非晶性小分子からなる化学増幅型分子レジストが研究されている．

〔白井正充〕

【関連項目】
▶3.1① 光化学反応の特徴／3.2⑳ 固相光反応／3.2㉓ 高分子の光化学／5.1② 感光性材料／5.3④ レーザーの種類と仕組み

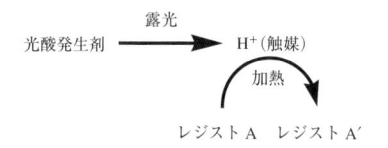

図3　化学増幅の概念

5.1 光反応による加工・造形——④

# レーザー光加工—レーザーアブレーション
Laser Process：Laser Ablation

**a. レーザーアブレーションとは？**
物質（主に固体）の表面に高い光強度のレーザーパルス光を照射することを考える．その光強度（$J/cm^2$ の次元で表され，フルエンスとよぶ）がある"しきい値"を越えると，物質を構成する分子，イオン，原子，電子，クラスターなどが物質表面から爆発的に噴出，除去され，物質の表面には穴や損傷，微細構造が残される．この現象のことをレーザーアブレーションとよぶ．

図1に，液体トルエンの表面に波長 248 nm の紫外レーザーの単一パルス光を照射したとき引き起こされるアブレーションの様子を高速撮影した写真を示す．上で述べたように，照射後数十ナノ～マイクロ秒の時間スケールで，液体表面からの物質の高速噴出が見てとれる．この噴出物をプリューム（plume）とよぶ．なお，固体の場合はプリューム中に微細片がたくさん含まれ，固体表面に付着してしばしば加工の際の問題となるが，この加工片，加工屑のことをデブリー（debris）とよぶ．図1に戻ると，噴出と同時に半球状に写る黒い影が伝播していくのも観測されるが，これはアブレーションにしばしば伴う衝撃波（blast wave）であり，音速よりも速く伝わる．アブレーションが起こると，"パチン！"という鋭く耳をつんざく音がしばしば聞こえるのは，この衝撃波のためである．

**b. アブレーションの機構と特徴**　レーザー光を材料に集光した場合，さまざまな物理・化学過程（光吸収，発光，内部変換，格子緩和から温度上昇，相転移，原子分子の再配列，電荷発生，結合解離，分子の脱離と飛散など）が照射領域で高密度に誘起される．これらがアブレーションの前駆過程となる．レーザーアブレーションの機構としては，大きく分けて3つが考えられる．それは，(i) 光熱的機構，(ii) 光化学的機構，(iii) 超短パルスレーザー特有の非線形的な複合機構，である．

まず，(i) と (ii) について述べる．これらは，永らくアブレーション研究の主役であったパルス幅がナノ秒であるレーザーを用いた場合において，対比的に議論されてきた機構である．図2に，それらの様子を模式的に描いた．(i) 光熱的機構とは，照射領域において励起状態からの振動緩和，格子緩和により熱が発生し，温度と圧

**図1** 液体トルエンのレーザーアブレーションの高速写真観察の一例．レーザーは 248 nm のナノ秒エキシマーレーザーで，上方より照射．左から順に，レーザーパルス照射前．レーザー照射後 $1\,\mu s$．レーザー照射後 $5\,\mu s$ の写真である（Y. Tsuboi, K. Hatanaka, *et al*., *J. Phys. Chem.* **98** (44), 11237-11241, 1994.）

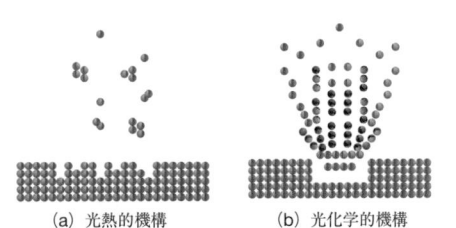

(a) 光熱的機構　　(b) 光化学的機構

**図2** 光熱的機構と光化学的機構に基くアブレーションの様子の模式図

力が急激に上昇した結果，物質の熱分解，溶融や分子・原子の爆発的蒸発が誘起され，アブレーションに至るという描像である．これは，照射領域の温度が高温に達していることを示す種々のスペクトルデータや，表面の加工痕跡（微細な穴など）に溶融や乱れ，カーボンなどが観測されることから支持される．この光熱的機構は，使用するレーザーの波長が長い（およそ500 nm～10 μm）場合やパルス幅が長い（ナノ秒～連続発振）場合によく成り立つ．

一方，(ii) 光化学的機構とは，分子や結晶が一光子～多光子吸収の結果，化学結合が直接解離し（前期解離でも直接解離でもよい），このような結合解離が高密度に誘起され，分子量の小さな分子や原子，イオンが大量に発生し，体積膨張・爆発の結果，照射部位が除去されるという描像である．この機構に基づいたアブレーションでは，加工痕の形とサイズは集光レーザースポットの輪郭とよく一致し，光熱的機構のアブレーションで見られたような溶融や乱れはあまり見られず，クリーンでシャープなエッチングが可能な光化学的機構が成り立つには，光子エネルギーが化学結合エネルギーを上回ることや，多光子吸収が起こりやすいことが必要である．そのため，波長とパルス幅が短いレーザー（紫外レーザーやピコ秒レーザー）を使用した場合，この機構の寄与が大きくなるとされている．

3つ目の機構 (iii) は，とくに近年進展著しいフェムト秒レーザーを用いた場合に特有な機構である．高強度なフェムト秒レーザーパルス（1パルスあたりマイクロジュール程度）を顕微鏡用対物レンズで集光すると，瞬間的な光強度は1平方センチメートルあたりテラワットからペタワットにまで達する．このような極端に高い光強度では，通常では起きないような光過程が誘起される．例えば，光の強い電界によって電離が効率よく起こり，電子が放出され，残された正の電荷どうしの反発による破壊（クーロン爆発）や，高次多光子吸収（分子が4つや5つの光子を同時に吸収）による高い励起状態の形成や結合解離，マイクロプラズマによる超高圧発生などである．これらの効果により，結果的にクリーンでシャープなエッチング，光の回折限界を超えた小さな加工の実現（100 nm程度の空間分解能）など，高品質加工が可能になり，次世代光加工として大きな魅力を備えている．ファイバーレーザーの急速な進展により，このようなフェムト秒レーザーアブレーション，フェムト秒光加工は実用域に達しつつある．

このように，機構は単純ではないものの，アブレーション，レーザー加工は一般的に，①非接触な加工手段である，②加工部位の乱れが少なくクリーンでシャープ，③マイクロメートル，サブマイクロメートルの加工分解能を有する，④加工屑が少ない，⑤材料の内部加工が可能，⑥加工対象物は金属から生体組織までときわめて広い，⑦装置の小型化，簡素化，安価化が急速に進行している，⑦コンピューターを用いたCADやCAMとカップリングさせやすい，⑧薄膜形成，薄膜転写，微粒子形成などへの展開も容易，⑨光造形などへも展開できる，など多くの利点と特徴を有しており，すでに実用化された優れた加工技術である．

〈坪井泰之〉

【関連項目】

▶2.1⑩ 多光子吸収／5.1⑤ 光でつくるマイクロマシン／5.5① 光で情報記録／6.1④ レーザーメス／6.1⑤ レーザー治療

5.1 光反応による加工・造形　　197

## 光でつくるマイクロマシン—3次元微細造形
Micromachines Fabricated by Femosecond Laser-Micro 3D Printing

髪の毛の太さと同程度の大きさ,すなわち100μm程度の空間に複雑な形状をもつ立体的な微細構造を簡便に作製するためにはどのようにしたらよいのだろうか？その鍵となるのはフェムト秒レーザーである．固体フェムト秒レーザー技術は超高速分光計測法に飛躍的な発展をもたらしたことは言うまでもないが,その波及効果は産業界においてマイクロマシンの製造やレーザー加工の分野にも及んでおり,従来のレーザー加工を凌駕する新しいレーザー加工の光源としても注目されている．

フェムト秒レーザー加工の大きな特徴を以下に示す．

(1) 極めて短時間にエネルギーが被加工材料に集中し,熱が発生する前に加工が進行するため,照射部位のみの加工が誘起され,周囲にあらゆる損傷が及びにくい．

(2) レーザーの発振波長に吸収帯のない透明材料の内部に集光フェムト秒レーザーを照射する．すると,レーザーの集光スポットにおいて多光子吸収による加工が誘起されるため,材料表面を損傷することなく材料内部のみを3次元的に加工できる．

(3) 多光子吸収は非線形現象であるため,集光スポット中の光強度の高い空間でのみ加工が誘起される．したがって,照射波長の回折限界を超える加工分解能が得られる．

これらの優れた特性を利用し,ネガ型のフォトレジスト材料（SU-8）による3次元フォトニック結晶の作製が試みられており,その方法を紹介する（図1）．まず,倒立顕微鏡の電動ステージ上にSU-8フィルムをスピンコートしたガラス基板を装着する．次にSU-8フィルム内部に再生増幅チタンサファイアレーザーの基本波（波

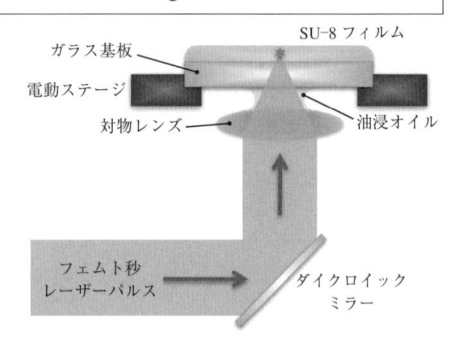

図1 フェムト秒レーザー加工装置(H.-B. Sun, S. Matsuo and H. Misawa, Appl. Phys. Lett., **74**, 786, 1999.)

長：800 nm,パルス幅：120 fs,繰り返し周波数：1 kHz）を開口数（$NA$）が1.35の対物レンズ（100倍）を用いてほぼ回折限界にまで集光して照射する．SU-8に含まれる光重合開始剤の吸収帯は400 nm以下にしか存在しないが,(2)で述べた2光子吸収で開始される重合が集光スポット付近にのみ誘起される．電動ステージの動きをコンピューターにより制御して2光子重合したスポットを3次元につなぎながら立体構造を描画する．描画後,現像液によりSU-8フィルムの未露光部分を除去すると,3次元的な微細構造が得られる．通常の半導体微細加工技術では作製が困難な3次元フォトニック結晶をフェムト秒レーザー加工によって可能にした例を図2に示す．

回折限界にまで絞り込んだ集光ビームを走査して微細構造を作製する方法のみならず,緩やかに絞り込んだ複数のフェムト秒レーザーパルスの干渉により周期構造を大面積に形成する方法も報告されている．100 fs程度のパルス幅のフェムト秒レーザ

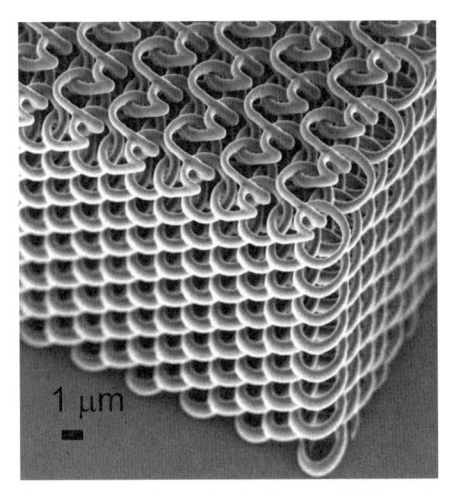

**図2** フェムト秒レーザー加工によって作製された3次元フォトニック結晶(K. K. Seet, V. Mizeikis, S. Matsuo, S. Juodkazis and H. Misawa, Adv. Mater., **17**, 5, 541, 2005.)

なる．しかし，回折光学素子を用いることにより，極めて単純な光学系で多数のフェムト秒パルスを干渉させ，周期構造を作製できる．図3に，この手法でSU-8中に4パルス（パルス幅：120 fs，波長：800 nm，繰り返し周波数：1 kHz）を干渉させ（露光時間：5 s），多光子吸収により作製した2次元周期構造の電子顕微鏡像と光学系の模式図を示す．図に見られるような規則正しい周期構造が広範囲（数百マイクロメートル程度）にわたって作製されている．これらの構造の周期は，干渉させるパルスの入射角度に依存し，干渉させるパルスの位相を変化させると構造が変化する．また，5パルスを干渉させた場合，光軸方向にも周期構造が出現し，3次元フォトニック結晶が短時間に作製できる．

（三澤弘明）

【関連項目】
▶ 2.1⑧ 高電子励起状態／2.1⑩ 多光子吸収／2.2⑩ 光イオン化／3.2⑲ 光重合反応／5.1① 光硬化樹脂・光硬化塗料／5.1③ フォトレジストと微細加工／5.1④ レーザー光加工

一の場合，光が存在する空間は30 μm程度であり，そのようなレーザーパルスどうしを時間的・空間的に重なり合わせて干渉させるには，通常，複雑な光学系が必要と

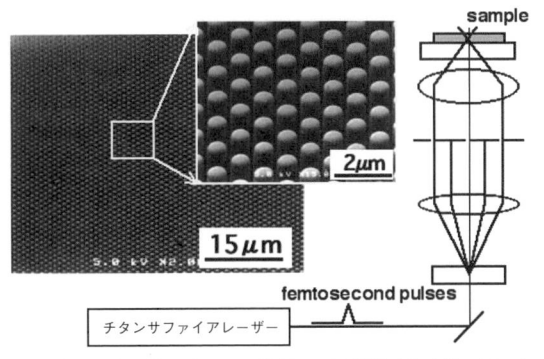

**図3** 多光子多光束干渉により作製した周期構造と作製に用いた光学系の模式図(T. Kondo, S. Matsuo, S. Juodkazis, V. Mizeikis and H. Misawa, Appl. Phys. Lett., **82**, 2758-2760, 2003.)

5.1 光反応による加工・造形

## 液晶配向による光スイッチ—液晶テレビの原理
Liquid Crystal Switching for Large-size TV

テレビ放送のデジタル化により，日本の家庭にはデジタルテレビが普及している．デジタルテレビの特徴は，高解像度である．従来のブラウン管テレビが，720×480の画素をもつのに対し，デジタルテレビは，1920×1080（フル・ハイディフィニッション）の画素からなっている．デジタルテレビの1画素は，さらにR（赤），G（緑），B（青）の3つのスイッチング画素からなっており，このスイッチング画素をオン・オフすることで，各画素がさまざまな色を出すことができる．

**a. 液晶テレビのスイッチング画素のオン・オフ** スイッチング画素の模式図を図1に示す．視認側から，偏光板，液晶セル，偏光板，バックライトの構成である．常時バックライトが光った状態で，液晶セルがシャッターの役割をしている．偏光板とは，偏光軸の方向の光を吸収し，それに直交する光を透過する働きのある多層フィルムである．また，液晶セルとは，透明電極付きのガラス板に液晶分子が挿入されたものであり，液晶分子の配向形態により，ツイステッド・ネマチック(TN)方式，バーティカル・アライメント(VA)方式，イン・プレーン・スイッチング(IPS)方式などのさまざまな方式がある．

例えば，VA方式の場合，液晶セルに電圧を加えない状態では，液晶分子は垂直に立ち上がっており（図1(a)），電圧を加えると，液晶分子が寝るような配向状態となる（図1(b),(c)）．液晶分子を真上から一組の偏光板（偏光軸が直交した構成）を通して見ると，電圧オフの状態では，液晶分子の頭しか見えず，液晶セルの位相差は「ゼロ」となり，光は透過しない（図1(a))．一方，電圧オンの状態では，液晶セルに位相差が生じ，光が透過する（図1

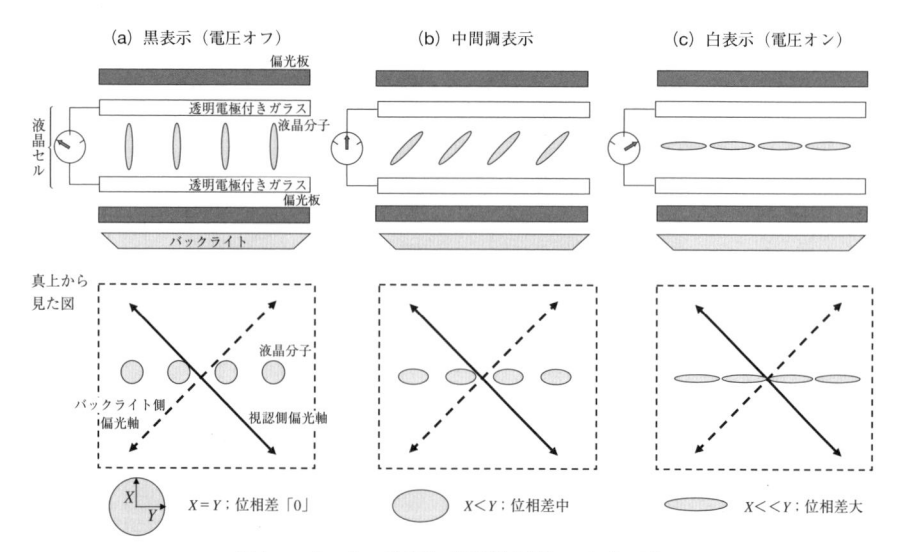

(a) 黒表示（電圧オフ）　　(b) 中間調表示　　(c) 白表示（電圧オン）

$X=Y$；位相差「0」　　$X<Y$；位相差中　　$X\ll Y$；位相差大

**図1** スイッチング画素の断面模式図(VA方式の例)

(b), (c)). 簡便に理解するために，偏光板の偏光軸に対して斜め45°の方向に液晶分子が寝るとすると，その透過率 $T$ は，以下の式で示され，液晶分子の寝方によって中間調（図1(b)），白表示（図1(c)）が制御されている．

$$T = \sin^2(\pi \times Re/\lambda)$$

$Re$：液晶セルの位相差，$\lambda$：測定光の波長

**b. 液晶テレビの視野角依存性** 液晶テレビには，視野角依存性という課題があった．あえて過去形にしたのは，すでに実感されているように，実用上，問題のないレベルに改善されているからである．視野角依存性は主に2つ原因がある．1つは一対の偏光板の視野角依存性であり，もう1つは液晶セルの視野角依存性である．

一対の偏光板は，上述したように，その偏光軸が直交した形態で使用される．この偏光軸を斜めから見ると，2枚の偏光軸の交差角度が直交からずれる．このずれにより光が透過してしまうのである（図2）．

もう1つの液晶セルの視野角依存性について説明する．液晶セルは棒状液晶が配向

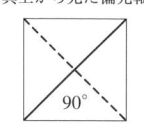

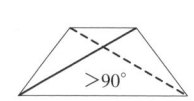

図2 偏光板交差角のずれ

した集合体であり，ラグビーボール型の楕円体としてモデル化できる．このような物体に光が入射したとき，この楕円体の断面の長軸と短軸の長さの差が位相差になる．上述したように位相差が生じると光が透過する．このラグビーボール型の楕円体としてモデル化された物体を上から下方向へ見ると，断面は円となり，位相差が生じない．上方向から徐々に見る角度を大きくしていくと，楕円体の断面は長軸／短軸比の大きな楕円となり，位相差が大きくなって

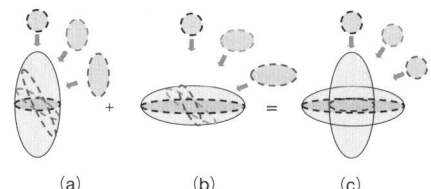

(a) ラグビーボール型の光学的楕円体
(b) アンパン型の光学的楕円体
(c) ラグビーボールとアンパンの組み合わせ

図3 液晶セルの視野角依存性

いく．このように位相差が見る方向によって変化することが，液晶セルの視野角依存の原因である（図3(a)）．

これら偏光板，液晶セルの視野角依存性を改善する手段の1つとして，位相差フィルムが使用されている．例えば，液晶セルの視野角依存性を改良するには，光学的に"アンパン"型の位相差フィルムを使用すればよいのである．"アンパン"型の位相差フィルムは，上方向から見ると断面は円となり，入射角を大きくしていくと，"ラグビーボール"と楕円の方向が90°異なる，長軸／短軸比の大きな楕円となる（図3(b)）．"ラグビーボール"と"アンパン"の楕円体を組み合わせると，2つの断面である楕円が長軸を直交して重ね合わせられるので，全体としてみると円，すなわち位相差がゼロとなり，どこから見ても「黒」が実現できる（図3(c)）．

このように，液晶表示方式は，世界中の企業，大学などの技術者の研究・技術開発により，テレビのみならず，携帯電話，PC用モニターに幅広く用いられている．最近では，液晶テレビならではの利点（出射光が偏光）を生かし，3D方式のテレビが拡大している．

〔伊藤洋士〕

【関連項目】
▶1② 光と色とスペクトル／1⑥ 直線偏光と円偏光／2.4① 分子配向と複屈折・二色性／2.4③ 液晶の光学特性

## 銀塩写真とカラー写真の原理
Principle of Silver Halide Photography and Color Films

　銀塩写真はハロゲン化銀（AgX）の感光性に基づく写真法であり，1839年にDaguerreにより発明された．光化学に関わりが深い色素増感は1873年にVogelによって発見され，それを基に多くの研究者の努力でカラーフィルムが開発された．銀塩写真感光材料の主な製品は，カラーフィルム，カラー印画紙，医療用フィルムおよび印刷用フィルムであり，最盛期は1980年代〜1990年代であった．

　銀塩写真感光材料はAgX粒子を懸濁したゼラチン水溶液（写真乳剤）を支持体フィルム上に塗布乾燥して製造し，露光，現像および定着の過程を経て被写体を記録する．露光過程ではAgX粒子による光の吸収（▶2.1⑦項）で価電子帯の電子が伝導帯へ遷移する．伝導電子は粒子内を移動して表面のトラップに捕獲される（電子過程とよぶ）．捕獲された電子は可動性の銀イオン（通常は格子間銀イオン）を引き寄せて結合し，銀原子を形成する（イオン過程とよぶ）．同一のサイトで電子過程とイオン過程が繰り返されると銀のクラスターが生成する．4原子以上に成長したクラスターは現像を引き起こすようになり，潜像中心とよばれる．

　現像過程では潜像中心が現像液中の現像主薬から電子を受け取り，次いで銀イオンを引きつけて還元しAg原子を形成する．これらの過程の繰り返しでAgX粒子がAg粒子へと還元される．定着過程では還元されずに残されたAgX粒子を溶解する．光が当たり潜像中心が形成された粒子のみが還元されて黒色の銀粒子となるので，明るい被写体ほど黒く写る白黒のネガ像が形成される．カラーフィルムでは，現像過程で生成する現像主薬の酸化生成物をフィルムに内蔵したカプラーと反応させることにより色素像を形成する．Ag粒子とAgX粒子は引き続く漂白定着過程で除去される．

　可視域の光の像は三原色（青，緑および赤）（▶1②項）の組み合わせで再現することができるので，カラーフィルムには三原色に別々に感光する層が設けられている．AgX粒子自身は紫外から青色領域の光にのみ感光するので，AgX粒子をそれより長波長の光に感光させるために色素増感が用いられる．すなわち，AgX粒子の表面に吸着した増感色素分子が光を吸収して励起状態となり，励起電子をAgXの伝導帯に注入する．したがって，増感色素のHOMOからLUMO（▶2.2⑥項）へ光励起された電子は，AgXの伝導帯の底より高くなければならない．注入された電子は潜

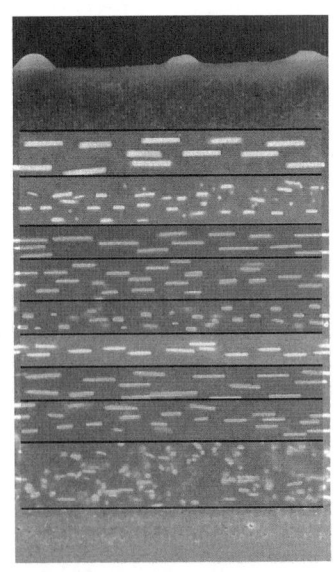

**図1**　カラーネガフィルムの感光層の断面の走査型電子顕微鏡写真

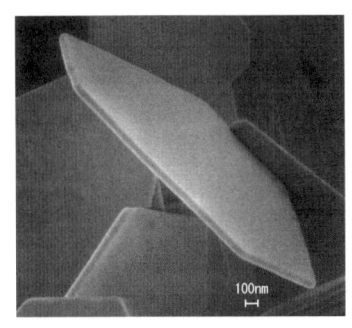

**図2** カラーネガフィルムの高感度層に用いられるAgX超薄平板粒子

像中心の形成に与かる．

　カラーネガフィルムは〜100 $\mu$m の厚さの三酢酸セルロースフィルムベースの上に感光層が塗られたものである．図1は感光層の断面の走査型電子顕微鏡写真の一例であり，全体で 20 $\mu$m の厚さである．この例では機能が異なる 14 の層が重ねて塗られており，白い線は図2に示されるような超薄平板 AgX 粒子の断面である．主な層は上から保護層に続き青感層，緑感層および赤感層群であり，それらはさらに高感度，中感度および低感度の層に分かれ，可視全域にわたって弱い光から強い光までをとらえて再現できるように設計されている．

　上記のようにカラーフィルムに代表される銀塩写真はナノスケールで設計された無機化合物（AgX 粒子など）と多数の有機化合物が精密に複合された材料であり，それが上記のような多様な用途にあわせて大量に製造されることに特徴の1つがある．一例として図2に示されるような単分散超薄平板 AgX 粒子が制御された物性および写真性能で大量に製造されている．それらが基板に平行に配向された状態で 14 層が一度に大面積で均一に（各層の厚さのばらつきは 1〜2% 以内）高速度で支持体上に塗布される．最近は宇宙科学分野で最大の課題であるニュートリノや暗黒物質の検出に AgX 超微粒子からなる原子核乳剤に期待が寄せられている．

　カラーフィルムには，色素像を形成する有機材料技術に加えて色素増感に関する技術と知見が多く蓄積されている．励起色素分子から AgX 粒子への電子移動機構（▶2.2⑨項）とエネルギー移動機構（▶2.2④項）の間での長年の論争の末に前者が支持された．高量子効率の実現とともに電子移動に関する知見が蓄積され，太陽電池へも応用されている（▶7.3③項）．カラーフィルムは色の三原色に別々に感光する必要があるので，増感色素には狭い波長範囲で強い吸収帯をもつシアニン色素の J 会合体が用いられる．J 会合体は特徴ある材料として注目されている．AgX／色素界面で両者の真空準位がシフトすることが初めて観測され，電極／有機半導体界面での真空準位シフトの発見へと展開される糸口を与えた．

　近年，固体撮像素子（CCD，CMOS）を用いたデジタルスチルカメラが写真撮影に必要な感度と画質を実現するようになり，優れた利便性によりカラーフィルムが占めていた市場を凌駕するようになった．しかしながら，カラーフィルムは大画面・大面積にわたる高画質や自然な画質あるいは長期保存性などの面で優れた特徴をもち，今後も使い続けられると考えられる．

〈谷　忠昭〉

【関連項目】

▶1② 光と色とスペクトル／2.1⑦ 固体・結晶中の励起状態と光吸収／2.2④ 励起エネルギーの移動・伝達・拡散／2.2⑤ 光増感／2.2⑥ イオン化ポテンシャル・電子親和力と分子の HOMO，LUMO／2.2⑨ 電子移動と電荷再結合／7.3③ 色素増感太陽電池

## 光導電性とは──コピー・電子写真の原理
Photoconductivity：Principle of Electrophotography

　光導電性とは，物質に光を照射したときに，その物質の導電率が増加（電気抵抗が減少）する性質である．この現象は，内部光電効果の1つで，光導電効果とよばれる．これには，半導体や絶縁体に禁制帯幅（バンドギャップ）よりも大きいエネルギーの光を照射し，価電子帯の電子が伝導帯に励起し，価電子帯に正孔・伝導帯に電子を生成する内因性の場合と不純物準位から伝導帯への電子の励起あるいは不純物準位から価電子帯への正孔の励起で起こる外因性の場合がある（▶2.1①，2.2⑥項）．光導電性材料に外部より電圧を印加しておけば，光量の変化を電流の変化として検出することができる（▶2.2⑨，5.5②項）．光によって生じた過剰の電流を光電流という．

　光照射による導電率の増加分 $\Delta\sigma$ は，次のように表される．

$$\Delta\sigma = e\,(\Delta n\,\mu_n + \Delta p\,\mu_p)$$

ここで，$e$ は電子の単位電荷量，$\Delta n$，$\Delta p$ はそれぞれ電子濃度と正孔濃度の増加分，$\mu_n$，$\mu_p$ はそれぞれ電子と正孔の移動度（単位電界あたりの移動速度）である．$\Delta n$ と $\Delta p$ は，単位時間・単位体積あたりの電子-正孔対の生成量 $f$，電子と正孔の寿命 $\tau_n$，$\tau_p$ を用いて，

$$\Delta n = f\tau_n, \quad \Delta p = f\tau_p$$

と表されるので，$\Delta\sigma$ は

$$\Delta\sigma = ef\,(\tau_n\mu_n + \tau_p\mu_p)$$

となる．したがって，光電流を大きくする（$\Delta\sigma$ を大きくする）ためには，電子や正孔の寿命が長く，移動度が大きい材料を選べばよい．

　光導電性は，Si，Se などの半導体，ZnO などの酸化物，CdS などの硫化物，有機物など非常に多くの物質で見られ，光導電セルや電子写真技術による画像記録に利用されている．

　光導電セルは，光導電性を利用して光信号を検出し，電気信号に変換する光センサーである（▶9.2②項）．センサー全体の構造は極めて単純であるが，応答速度はそれほど速くない．そのため，応答速度を要求されない照度計や調光器に用いられることが多い．可視光用には Se，CdS，近赤外線用には PbS，PbSe などが用いられる．

　電子写真は，1938年に Carlson が発明した光導電性と静電吸着を組み合わせた画像記録技術であり，大きく分けて6つのプロセスからなる．高解像度化，高速化，フルカラー化など発展が著しいが，その原理は，Carlson が発明した当時から現在でも大きな変更はない．画像形成の心臓部となる感光体ドラムに光導電性材料が使われている．材料としては，実用化当初はアモルファスセレンやその合金が使用されたが，現在では，生産コストが低く，廃棄しやすいなどの理由で有機感光体（OPC: organic photoconductor）が主流になっている．単層型と電荷発生層（CGL: charge generation layer）と電荷輸送層（CTL: charge transport layer）に機能を分離した積層型 OPC の構造を図1に示す（▶5.3③項）．

　次に6つのプロセスを，積層型感光体表

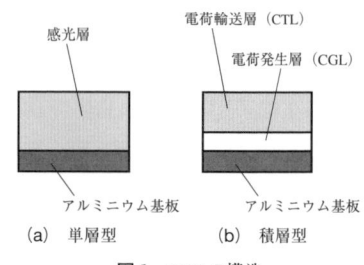

図1　OPC の構造
(a) 単層型　(b) 積層型
感光層／電荷輸送層（CTL）／電荷発生層（CGL）／アルミニウム基板

面をマイナスに帯電させ，プラス電荷をもつトナーを使った例で図2に示す．

①帯電：細いタングステンワイヤー（直径約 50 $\mu$m）に高電圧（5～10 kV）をかけるとコロナ放電が起こる．この放電で空気を電離し，発生したイオンにより，感光体の表面を均一に帯電させる．帯電には，これ以外に電圧を印加したローラーと感光体の隙間で放電させる帯電ローラー法などもある．②露光：感光体は暗所では絶縁体であるが，光が照射されると導電体になる．画像情報に対応した光のオン・オフ信号を感光体に照射すると，照射された部分のCGLで電子と正孔が発生し，正孔はCGLを通って表面の電荷を打ち消す．このようにして，画像情報と同じ静電気の像（静電潜像）が感光体表面に形成される．③現像：感光体上の静電潜像に，これと逆符号の電荷をもったトナーを静電的に付着させる．実際には，プラスに帯電したトナーとマイナスに帯電した鉄粉を混ぜあわせた現像剤とよばれるものを磁石につけ，ブラシのように感光体表面に接触させる方法が主に用いられている．トナーは，帯電しやすい熱可塑性樹脂にカーボンブラックや顔料を付着させた5～10 $\mu$m の粒子が用いられる．④転写：いくつかの方式があるが，コロナ放電でマイナスに帯電させた紙に，プラスに帯電しているトナーを引き寄せることにより，トナーで形成された像を紙に写し取る方法が一般的である．⑤クリーニング：転写後に感光体上に残ったトナーを取り除く必要がある．図では，ブレードとよばれるゴム製の板でトナーを取り除く例を示す．現像と逆にマイナスに帯電した鉄粉を感光体表面に近づけてトナーを取り除く方法もある．⑥定着：現像後の紙上のトナーは，静電的に弱く結合しているだけなので，外力が加わると像が乱れてしまう．そこで，定着装置を使って熱（150～200℃）と圧力を加え，トナー中の樹脂を溶かし，紙の繊維にしっかりと接着し，トナーがはがれないようにしている．

レーザープリンターは，この電子写真技術を利用した書き込み部から主に構成され，コンピューターなどからの画像データを直接出力する．これに対して，一般にコピーとよばれる普通紙複写機（PPC: plain paper copier）では，書き込み部のほかに，画像を読み取るスキャナー部をもっている．カラーPPCでは，マゼンタ，シアン，イエロー，ブラック用として4つの書き込み部が連結されている．〔野間直樹〕

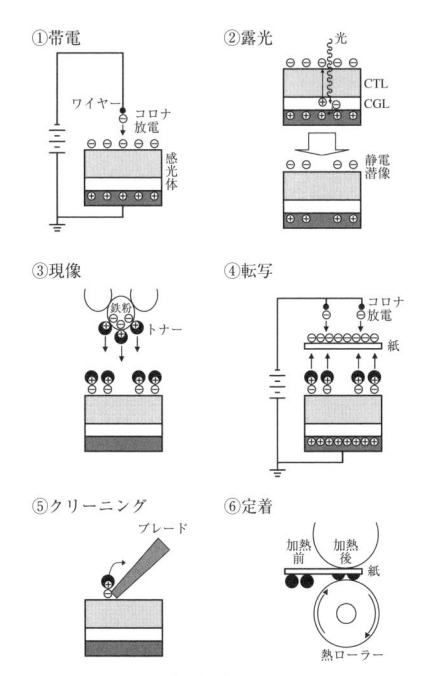

図2 電子写真のプロセス

【関連項目】
▶2.1① 分子軌道とエネルギー準位／2.2⑥ イオン化ポテンシャル・電子親和力と分子のHOMO，LUMO／2.2⑨ 電子移動と電荷再結合／5.3③ 有機EL／5.5② フォトリフラクティブ材料／9.2② 光検出器

## 暗闇で光る―化学発光, 蓄光材料
Glow in the Dark：Chemiluminescence and Delayed Light Emission

**a. 化学発光** 化学発光を簡単に説明すれば"化学反応により分子が励起されて励起状態となり，そこから基底状態に戻る際に光を放つ現象"である．通常の化学反応では，基底状態の分子が励起されることはないが，ある種の化学反応においては，反応に伴い分子が励起され，光エネルギーを吸収して生じるのと同じように発光する．このとき，①反応で生成した励起分子から直接可視光として放出されるものと，②励起分子のエネルギーが他の共存する蛍光物質に移動することにより蛍光物質が励起され，それからの光が放出される場合がある．いずれも励起状態から基底状態へ光を放出して遷移するが，この光の放出過程は光ルミネッセンスと同じである．このため，化学発光スペクトルは反応分子や生成する分子の蛍光（あるいはりん光）スペクトルに一致する．

古くから知られている化学発光の1つに白リンの発光がある．白リンは空気中の湿気と結合して白煙（リン酸の細滴）を生じ，これが暗所でかすかな青緑色の光を発する．単離された有機化合物の化学発光の最初の例としては，Radziszewskiによるロフィン（2,4,5-トリフェニルイミダゾール）のKOH-エタノール溶液中での酸素による発光の観測が知られている．これ以後，種々の有機化合物の化学発光が見出されているが，最も有名な発見の1つはAlbrechtにより見出されたルミノール（5-アミノ-2,3-ジヒドロ-1,4-フタラジンジオン）の化学発光である．このルミノール化学発光は血液（ヘミン）により触媒されて青白く発光し，新鮮な血液よりも日時が経過してヘミンを形成したものの発光が強いことから，血痕の鑑別（ルミノール法）に

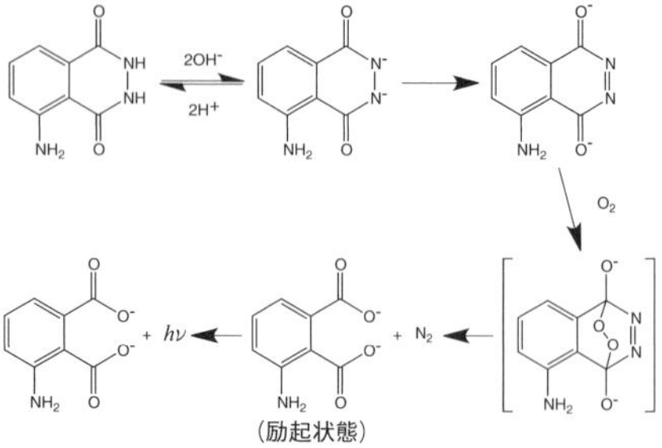

図1 ルミノール反応

応用された（図1）．ルミノール法は，オゾンとの発光反応を利用する大気中のオゾンの測定などにも使用されている．

ルミノールと同様に強い化学発光を示すものにGlueらが報告したルシゲニン（N,N'-ジメチル-9,9'-ビアクリジニウム硝酸塩）がある．

また，ChandrossらやRauhutらにより見

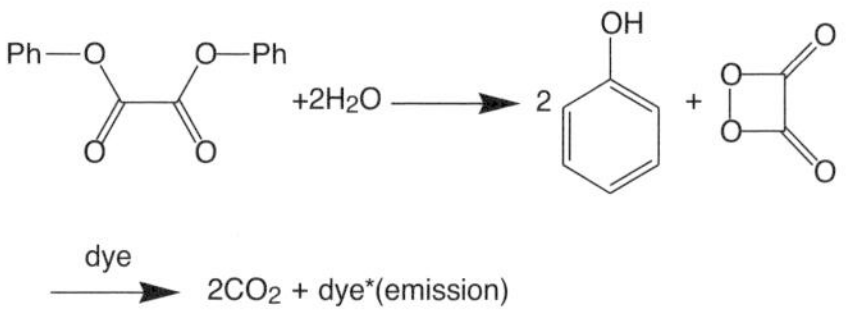

図2 過シュウ酸エステル化学発光

表1 シュウ酸誘導体によって化学発光する蛍光物質と発光色

| 蛍光物質 | 発光色 |
|---|---|
| 9,10-ジフェニルアントラセン | 青 |
| 9,10-ビス(フェニルエチニル)アントラセン | 緑 |
| テトラセン | 黄緑 |
| 1-クロロ-9,10-ビス(フェニルエチニル)アントラセン | 黄 |
| 5,12-ビス(フェニルエチニル)ナフタセン，ルブレン，ローダミン6G | 橙 |
| ローダミンB | 赤 |

出された，いわゆる過シュウ酸エステル化学発光がよく知られている（図2）．シュウ酸誘導体がサリチル酸ナトリウムのような触媒の存在下で過酸化水素と反応すると，共存する蛍光物質を励起させることで発光するもので，シュウ酸誘導体と蛍光物質の組み合わせにより表1に示す強い発光を生み出す．

**b．蓄光性蛍光体** 蛍光体の発光寿命は極めて短く，励起光を遮断すると速やかにその発光は減衰する．しかし，まれに励起後かなりの長時間（数十分～数時間）にわたり残光が肉眼で認められるものがあり，これらは「蓄光性蛍光体」とよばれ，通常の蛍光体とは区別される．

蓄光性蛍光体として主に用いられてきた物質は，硫化亜鉛系蓄光性蛍光体（ZnS：Cu）であった．しかしながら，ZnS：Cu の蛍光では，肉眼で認識可能な残光時間が約30分から2時間程度であり，実用的には蛍光体に放射性物質を添加し，そのエネルギーで励起し続けなければ長時間発光を継続できなかった．

近年，放射性物質を含まずに長時間の残光が得られる蓄光性蛍光体が開発されており，その代表例がユウロピウム（Eu），ジスプロシウム（Dy）で賦活したアルミン酸ストロンチウム（$SrAl_2O_4$：Eu, Dy）である．$SrAl_2O_4$：Eu, Dy 蛍光体の残光特性は，ZnS：Cu 蛍光体と比較して，残光輝度，残光時間ともに，ほぼ10倍も優れている．さらに，この蛍光体は放射性物質を含まないことから，人体に対しても安全であり有用な物質である．

$SrAl_2O_4$：Eu, Dy 蛍光体の長残光のメカニズムは，図3のように推定される．発光自体は，$Eu^{2+}$ の 4f～5d 遷移によるものである．しかし，残光には正孔が関与し，励起によって生じた正孔は，価電子帯を移動してトラップに捕獲される．賦活助剤として導入した $Dy^{3+}$ が，この正孔のトラップと

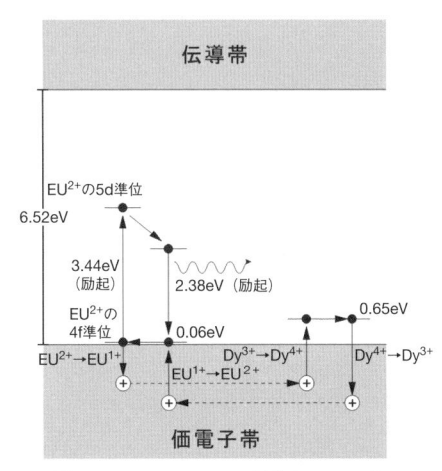

**図3** $SrAl_2O_4$：Eu, Dy の長残光メカニズム

して機能する．トラップのエネルギー準位である 0.65 eV は，常温において長残光を生じさせるのに最適な深さである．製造条件の最適化によって，正孔トラップを高密度に生成できるために，$SrAl_2O_4$：Eu, Dy 蛍光体は，高輝度で長残光という機能を発揮している．

$SrAl_2O_4$：Eu, Dy などの蓄光性蛍光体を含有する蓄光繊維の多くは，蛍光体を含有するポリマーを芯成分に，蛍光体を含有しないポリマーを鞘成分にした芯鞘複合繊維である．蛍光体のモース硬度が 6～6.5 程度と高いことから，繊維表面に蛍光体が存在すると，延撚や製糸といった製造工程で使用される加工機を摩耗する．このことを防ぐためには芯鞘複合繊維の利用が有効である．

放射性という問題を解決した $SrAl_2O_4$：Eu, Dy 蛍光体は，時計の文字盤用蛍光体を置き換えたのみならず，道路標識などさまざまな応用分野を開拓している．〔久田研次〕

【関連項目】
▶1⑧ 光の発生と伝搬／2.2② 長寿命発光／6.1① 生体光イメージング／8.1③ 生物発光／8.4① 蛍光標識

# 発光材料
Luminescent Materials

発光材料は，照明，ディスプレイあるいは生体光イメージングへの応用などさまざまな用途に利用されている．

LEDとよばれる無機半導体の発光ダイオードは，半導体のp-n接合部に外部電圧を加えた際に正孔と電子が再結合して光を放出する．光の波長は，p-n接合に用いた半導体のバンドギャップ$E_g$に依存する（▶5.3②項）．一方，無機半導体に代わり，2つの電極間に発光する有機分子や金属錯体分子の層を挟み込んだ素子は有機EL素子（OLED）とよばれる（▶5.3③項）．この素子では電荷再結合により，励起一重項と三重項がそれぞれ1：3の割合で生成するため，三重項を有効に利用することが高効率な発光素子を作製するためには重要である．初期によく利用された化合物としてAlq$_3$と略されるトリス（キノリノラト）アルミニウムがある．この錯体はアルミニウムイオンのまわりに3個のキノリンの陰イオンが配位した錯体で，発光波長は540 nmで緑色の蛍光発光を示す．一方，発光の高効率化を図るために，三重項からのりん光を発する金属錯体も発光材料として利用される．りん光性金属錯体としては，図1に示したようなイリジウム錯体 Ir(biq)$_3$（赤色），Ir(ppy)$_3$（緑色），FIrpic（青色）や白金ポルフィリン錯体 PtOEP（赤色）など赤，緑，青の三原色を示す材料が利用されてきた．近年さらなる高効率化のために種々の発光性金属錯体の誘導体が数多く合成されてきている．OLEDの発光材料としては，ポリパラフェニレンビニレンやポリフルオレンなどの高分子も高い蛍光量子収率をもつことから蛍光発光材料として利用されている．

一般に発光する金属錯体材料としては，

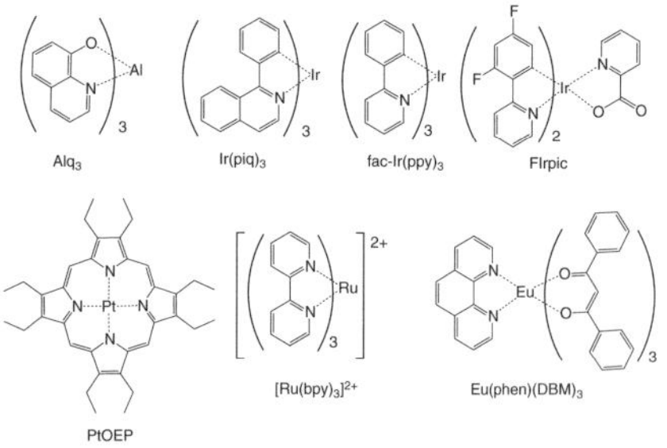

**図1** 代表的な種々の金属イオンを含む発光性金属錯体材料の化学構造

イリジウム(III)や白金(II)錯体のほかにルテニウム(II)錯体やレニウム(I)錯体など4dおよび5d系列の$d^6$電子配置をもつ錯体や銅(I)，銀(I)，金(I)などの$d^{10}$電子配置をとる金属錯体，希土類錯体などが知られている．その中でも，トリス(2,2'-ジピリジン)ルテニウムイオン（[Ru(bpy)$_3$]$^{2+}$）は600 nm付近にりん光発光をもつ化学的に安定な錯体である．さらに，[Ru-(bpy)$_3$]$^{2+}$の発光はいろいろな化合物により電子移動消光を受けることから，励起状態を利用した酸化・還元反応やデバイスへ幅広く応用される．

また，希土類イオンと配位子からなる希土類錯体は，半値幅（約10 nm）の狭い色純度の高い発光材料として知られている．希土類錯体の発光はf-f遷移に基づく過程であり，発光波長やそのパターンは配位子や立体構造によらず個々のランタニドイオンに固有である．例えば，Sm(III)(4f$^5$)とEu(III)(4f$^6$)は赤色発光，Tb(III)(4f$^8$)は緑色発光を示し，Nd(III)(4f$^3$)，Er(III)(4f11)，Yb(III)(4f$^{13}$)などは近赤外領域の発光を示す．例えば，Eu(phen)(DBM)$_3$（構造は図1参照）はいくつか鋭い発光ピークを示す

が，最も強度の大きいのは612 nmの赤色発光である．

量子ドットの中には高発光性材料となるものがある．バルク半導体結晶ではエネルギーはバンド構造を形成しているが，そのサイズがどんどん小さくなり数十nmとなるとエネルギー準位が離散的となり，量子効果が現れ，半導体ナノ微粒子は量子ドットとして働く．その中には，粒径に依存した特徴的な吸収と高い発光量子収率をもつものがある．一般に，量子ドットの粒径と構成成分を変えることにより，発光波長を変えられる．図2にCdSe, InP, InAsの粒径の異なる発光スペクトルの例を示した．CdSeでは約470〜660 nm，CdTeでは約520〜750 nm，InPでは約620〜720 nm，PbS＞900 nm，PbSe＞1000 nmの発光波長範囲を制御できる．その際，量子ドットの安定性を増すために，中心コアのまわりを他の安定な半導体ナノ物質で被覆して用いることが多い．例えば，CdSe-CdSコアシェル型ナノ微粒子では2 nmで550 nmの緑色の発光色を示し，量子収率も15％台でかなり高く，溶液中でも安定である．また発光性量子ドットはストークスシフトが小さく，発光スペクトルの半値幅が狭い特徴をもつために，バイオ標識用蛍光ナノ粒子として生体プローブへの応用が期待されている．

**図3** BODIPYの化学構造

ライフサイエンス分野では，抗体・タンパク質・核酸などの生体物質を蛍光色素で標識する分子イメージング，細胞イメージング，in vivo生体イメージングが注目されている．医療・臨床応用にはフルオレセインとICGという2色素に限定されるが，in vitroのイメージングには高い吸光度・量子収量・光安定性をもつ優れた蛍光標識色素（蛍光プローブ）がいくつも開発されている．可視域から近赤外域まで広い波長領域を選択できるアレクサやBODIPY（図3）とよばれる高発光材料がよく知られている．例えば，BODIPYの1,3,5,7位にメチル基に置換した化合物（図3のRをMeに置換したもの）は吸収極大505 nm，発光波長516 nmで発光量子収率0.80の蛍光を示す．BODIPYはストークスシフトが非常に小さく，高い蛍光量子収率をもつことからバイオイメージングの蛍光プローブとして多くの誘導体が合成されている．

このほかにも，発光材料の中には機械的な応力などの外部刺激や気体分子，X線などにより発光が変化するものがあり，圧力センサーやガスセンサーなどのセンシングデバイスへ応用されている．　　　（芳賀正明）

【関連項目】
▶2.2① 蛍光とりん光／2.2③ 蛍光量子収率，蛍光寿命と蛍光消光／5.2④ 暗闇で光る／5.3② 発光ダイオードの原理／5.3③ 有機EL／6.1① 生体光イメージング／8.1⑥ 細胞イメージング／8.4① 蛍光標識

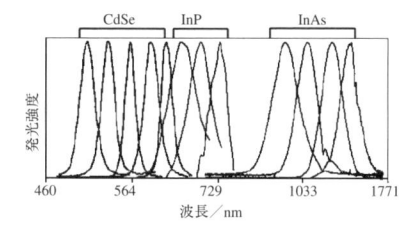

**図2** 粒径の異なるいろいろな半導体量子ドットの発光スペクトル．(M. Bruchez, *et al.*, *Science*, **281**, 2014 (1998) Fig.2を改変)
　粒径は左より，CdSe 2.1, 2.4, 3.1, 3.6 nm，InP 3.0, 3.5, 4.6 nm，InAs 2.8, 3.6, 4.6, 6.0 nm．

# 光化学で使う光源
Light Sources for Use in Photochemistry

光化学では，光で物理化学反応を誘起するとともに，化学種の同定や電子状態の解析，分子集合構造の解明にも光を用いる．最も身近な光源は太陽光であるが，光化学反応や分光測定を行う場合には，各種の人工光源が用いられる．実験室でよく使用する人工光源について，主なものを図1に示す．ただし，発光ダイオード，レーザー光源については5.3②項，5.3④項を参照されたい．光源は，定常光であるかパルス光か，連続スペクトルであるか線スペクトルか，さらには，それらスペクトルの波長範囲により用途が異なる（▶1②項）．連続スペクトル光源は吸収スペクトル用の分光光源として用いられる．さらに，フィルターやモノクロメーターを併用して特定の波長を取り出すことで，蛍光・りん光測定用の励起光源として利用される（▶9.2①項）．線スペクトル光源は特定の波長にエネルギーが集中しているため，単一波長の光を利用する光化学反応や，分光器の波長校正などに用いられる．パルス光光源は主に時間分解分光用光源として用いられる（▶9.2⑤, 9.2⑥項）．ここでは，はじめに代表的な定常光光源について述べ，次にパルス光光源について説明する．最後にその他の光源として，シンクロトロン放射について簡単に触れる（▶5.3⑤項）．

### a. 定常光光源
(1) 定常連続スペクトル光源

①重水素ランプ：放電管に重水素ガスを封入したもので，170～400 nmの紫外域に連続スペクトルを与える．紫外吸収スペクトル用分光光源や蛍光・りん光測定用の励起光源として使用される．

②キセノンランプ：放電管にキセノンガスを封入したもので，紫外から近赤外域に高い輝度の連続スペクトルを与える．吸収スペクトル用分光光源や蛍光・りん光測定用の励起光源として使用される．また，スペクトル分布が太陽光のそれと似ているため，擬似太陽光光源としても利用される．

③白熱電球（タングステンランプ）：物体を高温にしたときに発光する現象を利用した光源で，通電加熱を行うフィラメントには金属中で融点が最も高く，かつ蒸気圧が非常に低いタングステンが用いられている．可視から近赤外域にわたり連続スペクトルを与え，輝度が高く取り扱いも簡単であるため，分光測定用に広く使用されている．また，光検出の波長感度を校正するための標準光源として用いられる．ランプ内にハロゲンガスを微量導入したハロゲンランプは寿命が長く，可視～近赤外吸収スペクトル用の分光光源や蛍光・りん光測定用の励起光源として使用される．

(2) 定常線スペクトル光源

①水銀ランプ：放電管に水銀を封入したもので，水銀蒸気圧の違いにより，低圧水銀ランプ，高圧水銀ランプ，超高圧水銀ランプに区別され，それぞれスペクトルの波長が異なる．低圧水銀ランプは253.7 nmに輝線を有し，これをそのまま利用したものが殺菌灯であり，放電管内壁に塗られた蛍光物質により長波長光に変換したものが蛍光灯である．高圧水銀ランプは紫外から可視域にかけて輝線を有する．とくに365 nmの輝線は紫外線硬化樹脂の光重合開始に利用されるなど，光化学反応用の光源として使用される（▶5.1①項）．超高圧水銀ランプは，高圧水銀ランプに比べ，輝線幅が広がるとともに，背景として連続スペクトルが放出される．高圧水銀ランプ，超高圧水銀ランプともに蛍光・りん光測定

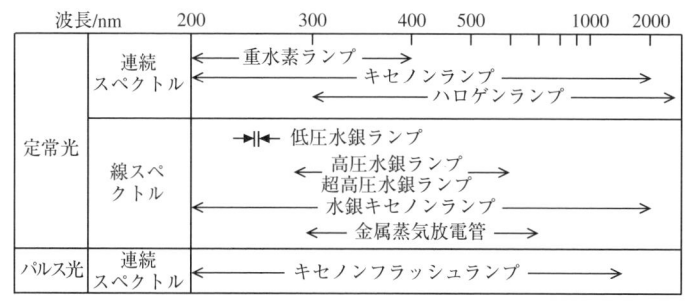

| 波長/nm | | 200 | 300 | 400 | 500 | 1000 | 2000 |
|---|---|---|---|---|---|---|---|
| 定常光 | 連続スペクトル | ←―重水素ランプ―→ ←――――キセノンランプ――――→ ←―――ハロゲンランプ―――→ | | | | | |
| | 線スペクトル | →∥← 低圧水銀ランプ ←―高圧水銀ランプ―→ ←―超高圧水銀ランプ―→ ←―――水銀キセノンランプ―――→ ←――金属蒸気放電管――→ | | | | | |
| パルス光 | 連続スペクトル | ←――――キセノンフラッシュランプ――――→ | | | | | |

**図1** 光化学反応や分光測定に用いる光源(レーザーは除く)

用の励起光源としても使用される.

②水銀キセノンランプ:キセノンランプと超高圧水銀ランプの両者の特徴を生かしたランプで,紫外から近赤外域にかけての連続スペクトルと,紫外から可視域に強い輝線スペクトルをあわせもつ.

③金属蒸気放電管:放電管に Na, K, Cs, Hg, Zn, Cd などの金属元素をアルゴンガスとともに封入したもので,可視域に各元素の輝線スペクトルを与える.分光器の波長校正用光源として使用される.

**b. パルス光光源**

①フラッシュランプ:コンデンサーに電気を蓄えておき,希ガスを封入した放電管内で瞬間的に放電することにより,強いパルス光を発生させる光源である.ランプの封入気体としては,キセノン,クリプトン,アルゴンなどの希ガスや水素,窒素などがあるが,一般的には紫外から近赤外域で変換効率の高いキセノンを封入したキセノンフラッシュランプが広く使用されている.パルス光の時間幅(発光時間)はナノ秒からミリ秒であり,広い波長域にわたる連続スペクトルが得られるため,過渡吸収測定用の励起光源や分光光源として使用される.また,色素レーザーおよび固体レーザーの励起光源としても利用される.

②レーザー:単一波長のパルス光源であり,フェムト秒からナノ秒の非常に短い時間幅を有するパルス光を高出力で得ることができる.この極短パルスを利用して,電子移動やエネルギー移動といった超高速で起こる光物理化学反応を追跡することができる.(▶5.3 ④項)

**c. その他の光源**

シンクロトロン放射:円軌道を描く高エネルギーの電子がその接線方向に電磁波(光)を放射する特性を利用した光源で,赤外から X 線域まで,非常に広い波長範囲にわたる連続光を得ることができる.とくに,真空紫外から X 線域にかけてきわめて強力な連続光を放出し,これを利用した分光実験には EXAFS (extended X-ray absorption fine structure) による局所構造解析,光電子分光による物質の電子状態の解析,蛍光 X 線分析による微量元素分析などがある.そのほかにも,原子による X 線の回折を使った結晶構造解析に使用される.装置は非常に大型であり,各実験室に備えることはできないが,SPring-8 や高エネルギー加速器研究機構の放射光科学研究施設などで利用できる (▶5.3 ⑤項).

(辨天宏明)

**【関連項目】**
▶1② 光と色とスペクトル/5.1① 光硬化樹脂・光硬化塗料/5.3② 発光ダイオードの原理/5.3④ レーザーの種類と仕組み/5.3⑤ 放射光と SPring-8/9.2① 蛍光・りん光分光光度計/9.2⑤ 蛍光寿命測定/9.2⑥ 過渡吸収分光法

## 発光ダイオード(LED)の原理
Principle of Light Emitting Diode

LEDは，半導体のp-n接合に順電圧を印加した際に，自由電子と正孔とが結合して生じる発光を利用した光源である．LEDは，高い電気-光エネルギー変換効率，5万時間を超える長寿命，高輝度，小さな発光面積，ナノ秒に至る高速ON/OFF，低い環境負荷などの多くの優れた特徴をもつ．

p型半導体とn型半導体を接合すると，フェルミレベル（$E_F$）が等しくなるように，接合部近傍でn型側の自由電子がp型側に，p型側の正孔がn型側に拡散する．この拡散によって，接合部近傍には拡散電位差（$V_D$：拡散電位）が生じ，電子も正孔もない空乏層が生じる（図1(a)）．いま，外部からp-n接合に$V_D$を打ち消すような方向の電圧をかけると，ポテンシャル障壁が減少し，伝導帯の中で電子がn型側からp型側に流れ，価電子帯の中では反対方向に正孔が流れる（図1(b)）．これにより，空乏層近傍で自由電子と正孔との再結合が起こり，余分のエネルギーが光や熱として放出される．これがLEDの発光原理である．

LEDには，直接遷移と間接遷移を利用したものがある．直接遷移半導体では電子が価電子帯の正孔と再結合する際に，運動量の変化がないため発光再結合確率が高い．代表例として，InP, GaAs, GaNやAlNなどがある．一方，間接遷移半導体では再結合する際に運動量が変化するために発光再結合確率が低い．代表例として，Si, C（ダイヤモンド），SiCやGaPなどがある．

LEDの発光波長$\lambda$は，次式で表されるように禁制帯の幅（$E_g$：バンドギャップエネルギー）によって決まる．

$$\lambda = hc/E_g$$

（$h$：プランク定数，$c$：光速，$\lambda$：波長）GaAs系半導体は禁止帯幅$E_g$が1.42 eVであるので，赤外発光に適している．またAlGaAs系半導体は，$Al_xGa_{1-x}As$の$x$値を変えることにより，$E_g$をGaAsより大きくでき，赤外から赤色に至るまで波長を変えることができる．近年開発が著しい材料は，AlN(6.0 eV)，GaN(3.4 eV)，InN(0.65 eV)に代表される窒化物半導体であり，AlGaN系半導体は207〜365 nmの紫外領域を，InGaN系半導体は，原理的には365 nm〜1.9 $\mu$m（可視領域の380〜780 nmを含む）の広い波長範囲で発光する．

LEDの発光効率はp-n接合構造によって左右される．LEDに用いられる構造には，ホモ接合，ダブルヘテロ接合，量子井戸構造などがある．ホモ接合では，接合しているp型とn型の半導体は，同じ結晶材料にドープされた不純物半導体であるので，構造が簡単である．しかし，p-n接合付近で発光した光が結晶から外部に出る前に吸収される割合が高く，発光効率は高くない．図2に示すように，ダブルヘテロ接合や量子井戸構造では，ホモ接合構造と比べて構

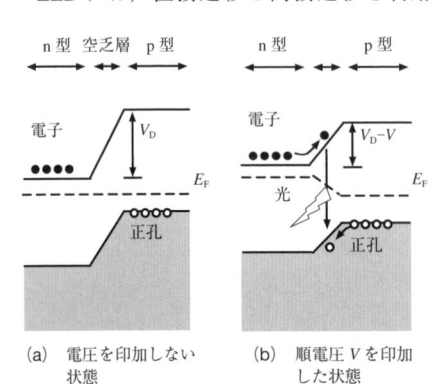

(a) 電圧を印加しない状態  (b) 順電圧$V$を印加した状態

**図1** p-n接合からのLEDの発光原理

造が複雑であるが，バンドギャップの小さい活性層や量子井戸層に電子や正孔を閉じ込めるので，高い発光効率が得られる．そのため，これらの構造は高輝度LEDや半導体レーザー（LD）によく使われている．このような発光素子の設計指針は，バンドギャップエンジニアリングとよばれている．

LEDの発光効率を示す物理指数としては，外部量子効率 $\eta_{ext}$ がよく用いられる．

$$\eta_{ext} = \frac{P/(hc/\lambda)}{I/e}$$

（$P$：LEDの光パワー，$I$：LEDに流れる電流，$e$：素電荷）

この式の分母 $I/e$ は，単位時間あたりp-n接合に注入される自由電子数（自由電子と正孔のペア数）に相当し，分子 $P/(hc/\lambda)$ は単位時間あたりにLEDから放出される光子数に相当する．したがって，注入されたキャリアがすべて発光再結合し，半導体外部に取り出されると $\eta_{ext}=100\%$ となり，これが物理限界である．図3に各種LEDの外部量子効率の波長依存性を示している．窒化物半導体で最も高い効率が実現しているのは，紫色から青色領域であり，In組成比 $x=0.05\sim0.15$ の $In_xGa_{1-x}N$ 発光層が用いられている．とりわけ，青色LED（$\lambda=444$ nm）の外部量子効率のトップデータは約85％であり，物理限界に近いレベルに達している．それに対して，青色からの長波長化を目指してIn組成比 $x$ を大きくしていくと，発光効率が低下する傾向にある．現状では，緑色LED（$x\sim$

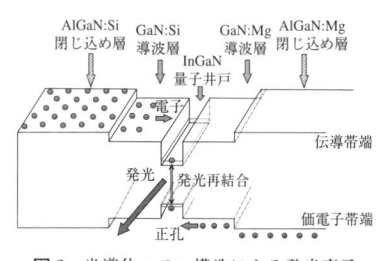

図2　半導体ヘテロ構造による発光素子

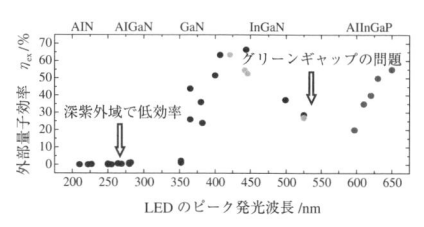

図3　各種LEDの外部量子効率（報告値例）

0.25）の効率は青色LEDのそれの1/3程度であり，赤色領域ではさらに小さな値となる．そのため，赤色LEDは比較的高い効率の得られている $Al_xGa_yIn_{1-x-y}P$ 系半導体が用いられている．$Al_xGa_{1-x}N$ を用いた紫外LEDの開発も行われているが，250 nmの深紫外領域（Al組成比 $x>0.7$）では，数％程度の外部量子効率に留まっている．このように，窒化物半導体LEDでは，InリッチInGaNおよびAlリッチAlGaNの物性制御によるLEDの波長限界の拡大が重要な課題となっている．

近年は，蛍光灯照明の代用となる白色LEDの実用化も進んでいる．白色LEDはおおまかに3つの方式がある．最も一般的な方式は，青色LEDと青色で励起され黄色に発光する蛍光体を組み合わせたものであり，実験室レベルの最高値で250 lm W$^{-1}$ の発光効率が実現している．この方式の白色LEDは，当初は赤色領域の演色性に難があったが，青色を吸収して高効率・高安定に赤色発光する蛍光体が開発され，黄・赤の蛍光体を用いることで，この問題も解決されている．次の方式は，近紫外LEDによって，赤・青・緑の蛍光体を励起するものであり，蛍光体の調合によって色温度や演色性の設定を広範囲に行えるという利点がある．また，赤・緑・青の三原色のLEDを用いるものもあり，液晶表示のバックライトや街頭の大型スクリーンなどに利用されている．

（野﨑浩一）

【関連項目】
▶5.2⑤ 発光材料／5.3③ 有機EL

## 有機EL（エレクトロルミネッセンス）
Organic Electroluminescence

　有機エレクトロルミネッセンスは対向する電極間に挟んだ有機物固体層に通電して得られる発光であり，その素子は有機エレクトロルミネッセントデバイスまたはOLED（organic light emitting diode）とよばれる．略称である有機ELはこの発光自体やデバイスを総称して使用される．OLEDは面発光を可能にし，自発光性であることから高いコントラスト，広い視野角が得られ，高速応答性を有し，フレキシブルな基板が利用可能など，いくつかの点で現在主流である液晶ディスプレイを凌駕する性能をもっている．このため有機ELは初期の文字表示板から発展し，デジタルカメラや携帯電話・スマートフォンのディスプレイ，有機ELテレビなどに広く利用されている．さらに，面発光性や，発光色の可変性の特徴を生かした照明への利用が始まっている．

　代表的なOLEDでは，ガラス基板上に透明電極であるITOを蒸着し，その上に正孔（ホール）注入層，正孔移動層，発光層，電子輸送層，電子注入層を数ナノから数十ナノメートルの厚さで積層し，最後にアルミニウムや銀電極を蒸着する．通常は積層した部位を乾燥・脱酸素して封止する（図1左）．発光層からの発光は透明電極であるITOを通過して，ガラス基板側から得ることができる．

　電極から注入された電子と正孔は適切な最高被占軌道（HOMO）や最低空軌道（LUMO）のエネルギー準位をもつ電荷輸送材料の層を経て発光層で再結合して励起子を生成する（図1右）．このとき生成する励起子は一重項励起子と三重に縮重した状態に生成する三重項励起子であり，それぞれ25％および75％の割合で生成する

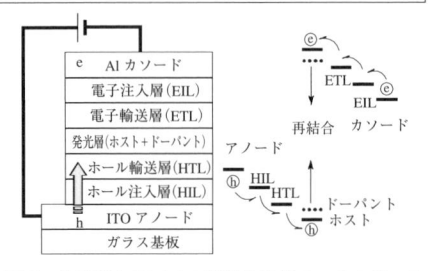

**図1** 典型的なデバイス構造と材料のエネルギーレベル図

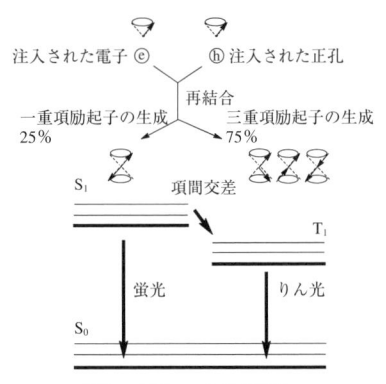

**図2** 有機ELの発光機構

（図2）．

　初期の有機ELでは25％の一重項励起子を利用した蛍光型発光材料が一般的であったが，近年では常温でも強くりん光を発するイリジウム錯体などの新規材料が見出されたことから利用されつつある．イリジウム錯体では強いスピン-軌道相互作用で生成した25％の一重項励起子も項間交差により三重項励起子に導くことができる．

　各層に用いられる代表的な物質は以下のとおりである．電子の注入障壁を下げるためにEILにはLiFなどをごく薄く積層して用い，ETLには$Alq_3$やBCPなどの電子移動度の高い物質を用いる（図3）．正孔の

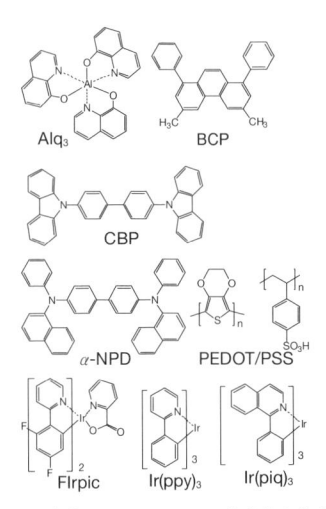

**図3** 有機 EL に用いられる代表的な物質

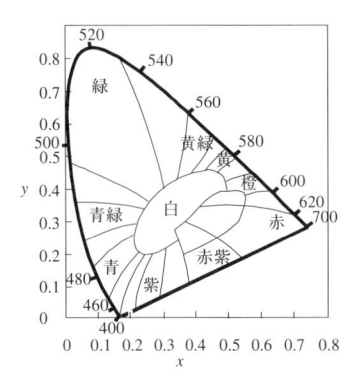

**図4** CIE(Commision Internationale de l'Eclairage：国際照明委員会)色度座標

注入には PEDOT/PSS を HIL としてスピンコートして用い，HTL には正孔移動度の高い $\alpha$-NPD などを用いる．発光層は，電荷移動能をもち，電荷や励起子エネルギーを発光性物質に効率よく伝えるホスト物質（CBP など）と，実際に発光を担う発光性ドーパント物質からなる．発光物質は用いる濃度が高いと発光強度が減少するという濃度消光を起こすため，数％から数十％の濃度でホスト物質に均一に分散させて用いることが多い．

りん光型発光材料のイリジウム錯体では，有機合成により配位子の構造を変えることで，例えば FIrpic（青），Ir(ppy)$_3$（緑），Ir(piq)$_3$（赤）など，発光色を容易に調整することができる．青色にはよい材料が少ない．各層に用いる材料はどのような組み合わせでもよいわけではなく，発光材料に合わせた最適化が必要である．また，これまで成膜には真空蒸着法を用いることが一般的であったが，低コストな溶液塗布法に適した材料の開発が進められている．

発光色を考えるときには色度座標を用いる（図4）．RGB の光の三原色が加成性をもつことから成り立っている．赤色と緑色光強度をそれぞれ $x$ 軸と $y$ 軸としている．ここで，$xy$ 平面と直交した $z$ 軸（青）は示されていないが，これは $x+y+z=1$ の関係が成立するので自明であることによる．釣鐘型の太線上は単色光の色度座標，波長（nm）と色を示している．通常，フルカラーのディスプレイでは RGB 各色の発光を得るが，それらを混合することで，色度座標にできる三角形の内側の各色を表示することができる．したがって，釣鐘型の太線のより近くに RGB があれば表示可能な色彩が増える．

近年，デバイスの面発光性を生かした照明が開発されている．白色光を得るためには単一の発光材料から白色光を得る以外に，光の三原色を混合するか，補色の関係にある二色（例えば青と黄など）を混合することで達成できる．服飾や飲食産業では照明により服地や食品の色や見栄えが変わるため，照明色を微調整できる有機 EL 照明に注目が集まっている．

〔唐津　孝〕

【関連項目】
▶1② 光と色とスペクトル／2.1⑨ 電気化学と励起状態の生成・反応／2.2① 蛍光とりん光／5.2⑤ 発光材料／5.3② 発光ダイオードの原理

## 5.3 いろいろな光源──④

# レーザーの種類と仕組み
Laser: Type, Operating Principle, and Property

レーザーは理想光源と言われている．波長，時間幅が明確であり，指向性，収束性に優れている．レーザーのスペクトルの線幅を狭くできることは，その狭い波長帯の中へのエネルギー集中，短パルスでは短い時間の中への集中，集光できることは空間的にエネルギーが集中できることを示す．

### a. 各種レーザー（媒体による分類）

①固体レーザー：媒体が固体であるもの．YAGにネオジムを添加したNd：YAGレーザーの発振波長は1064 nmである．サファイアにチタンを添加したチタンサファイアレーザー（発振波長800 nm付近）では超短パルスの発振が可能である．

②液体レーザー：色素分子を有機溶媒に溶かし，有機色素を媒質とした色素レーザーがある．発振波長は種々の色素を使えば近紫外から近赤外まで連続的に可変である．

③ガスレーザー：媒体が気体の場合であり，炭酸ガスレーザー（10.6 $\mu$m 付近）やヘリウムネオンレーザー（632.8 nm など），アルゴンイオンレーザー（515，488 nm など），エキシマーレーザー（紫外，193，248，308 nm などのパルス）などがある．

④半導体レーザー：媒体が半導体の場合は固体レーザーとは区別され，半導体レーザーあるいはレーザーダイオード（LD）とよぶ．レーザーポインターやCD・DVDの読み取りなどに使用されている．

そのほか，自由電子レーザー，化学レーザーなどがある．

### b. レーザーの原理：光の吸収と増幅

光の吸収の式としてランベルト－ベールの法則がある．

$$I = I_0 e^{-\sigma N x} \quad (1)$$

ここで，$I_0$ は入射光，$I$ は媒質を長さ $x$ 進んだ後の光の強度である．$\sigma$ は吸収断面積である．$N$ は対象となる原子，分子数である．レーザー準位の上準位の占有数 $N_2$ が無視できない状況では，式(1)の $N$ は $N_1-N_2$ とすればよい．$\Delta N = N_2 - N_1$ とすれば，ランベルト－ベールの法則は次のように表せる．

$$I = I_0 e^{\Delta N \sigma x} = I_0 e^{g_0 x} \quad (2)$$

$\sigma$ の名前は式(2)では誘導放出断面積となる．$g_0 = \Delta N \sigma$ とし，$g_0$ を小信号利得係数とよぶことがある．

$\Delta N > 0$ であれば，$I > I_0$，すなわち，透過した光は入射光よりも強くなり，光が増幅される．これはレーザー発振（鏡の中で何度も光が往復し，一部が鏡のペアの外に出てくる）の素過程である．代表的レーザー装置の構成例を図1に示した．レーザー媒質が例えばNd：YAGレーザーの場合は，YAGのロッドを励起するランプ，そして，ロッドを鏡ではさんだ共振器からな

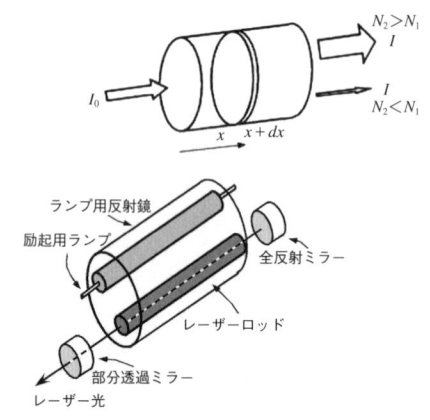

図1　ランベルト－ベールの法則と媒質の長さ $x$ との関係，光増幅への展開．Nd：YAGレーザー，ランプ励起の場合の構成図．

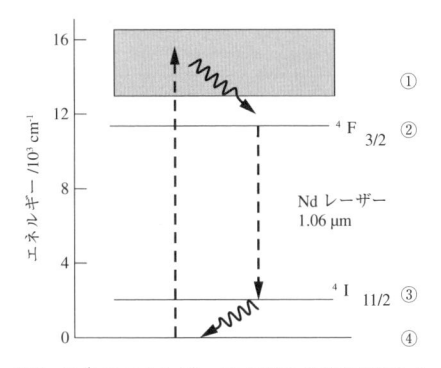

**図2** Nd$^{3+}$のエネルギー 4f-4f電子準位を利用したYAGレーザーは4準位レーザー．縦破線：ポンピング，右下向き斜線：速い無放射遷移，下向き破線矢印：レーザー，斜線：速い無放射遷移．①から④はレーザーに関係した準位の数を示した．

る．相対する全反射鏡と一部透過鏡が共振器の基本である．鏡は式(2)で光路長 $x$ を大きくとることを意味している．Nd:YAG レーザーは4準位レーザーであり，その準位図を図2に示した．YAG はイットリウムアルミニウムガーネット（$Y_3Al_5O_{12}$）のことで，その結晶に重量で1%の Nd$^{3+}$ がドープされている．医療，加工，研究用によく利用されている．

### c. レーザー光の性質：超短パルス発生

レーザー光は波の干渉を利用して超短パルス光にすることができる．30 fs 程度の製品は市販されており，80 as（アト秒，$10^{-18}$ s）まで報告されている．一般にレーザーのパルス幅が狭くなるとスペクトル幅は広くなる，という関係にある．800 nm のレーザー光の場合 30 fs のパルスでは約 30 nm のスペクトル広がりがある．パルス光に対して時間的に連続的に光り続けるレーザーを連続（cw）レーザーとよぶ．波がまったく重ならないように（縦モード1本（単一の波長）だけが発振するように）すれば，波長幅は狭く，時間的変動の少ないレーザーが得られる．

### d. レーザーの広がり，集光

レーザーは指向性がある波であるからほとんど広がらないが，月に到達するときには 10 km 程度の直径になる．広がり角（$\Delta\theta$）は次式で表される．

$$\Delta\theta = 2.44\,\lambda/D \tag{3}$$

ここで，$\lambda$ はレーザー波長，$D$ はレーザービームの口径である．また，集光点の直径（$ds$）は $f$ を開口数として $f\Delta\theta$ と近似できる．

### e. 波長変換

レーザー光の波長を非線形光学材料を用い，別の波長のレーザー光に変換する方法がある．2倍波の発生ではレーザー光を，例えば，BBO（$Ba_2B_2O_4$）結晶に入射する．結晶中で歪んだ分極を引き起こすことができ，この歪みが一部，2倍の周波数（2倍波），直流の成分を生み出す．2倍波発生の逆過程はパラメトリック発振とよばれる．関係した光に対し結晶中の角度を調節した上で（位相整合），3種の周波数（波長の逆数）でエネルギー関係 $\nu_3 = \nu_1 + \nu_2$ が満たされていればよい．パラメトリック発振レーザーは紫外から近赤外（$0.2\sim 2.4\,\mu m$）領域で波長可変レーザーとして市販されている．

### f. 白色レーザー

媒体（水，アルコール，空気，アルゴンガスなど）に強度の高い赤外フェムト秒レーザーを集光照射すると，レーザー光がさらに集光（自己収束）し，白色光に変換されることがある．これは白色レーザーともよばれ，指向性があり，パルス幅は励起光とほぼ同じである．反応中間体の分光測定のためのスペクトル光としてきわめて有用である．

〔中島信昭〕

【関連項目】

▶2.1② 物質の光吸収と励起状態の生成／2.1⑥ 電子励起状態からの緩和現象／2.2① 蛍光とりん光／9.2⑥ 過渡吸収分光法

5.3　いろいろな光源——⑤

# 放射光とSPring-8
Synchrotron Radiation and SPring-8

**a. 放射光とは**　光の速度にほぼ等しい高速で直進する電子（または陽電子）が，その進行方向を磁場などによって変えられた際に，電子の軌道の接線方向に電磁波（光）を放出する．この電磁波（光）は電子シンクロトロンで初めて観測されたので，シンクロトロン放射光あるいは単に放射光ともよばれる．電子のエネルギーが高くなるほど明るく指向性の高い光となる．電子ビームの加速エネルギーが5 GeV以上の加速器を有する施設は第三世代放射光施設とよばれ，アメリカのAPS（Advance Photon Source 7 GeV），ヨーロッパのESRF（European Synchrotron Radiation Facility 6 GeV）とSPring-8（Super Photonring 8 GeV）の3施設がある．

SPring-8では，図1に示すように電子銃でつくった電子を線形加速器で1 GeV（1億V）まで加速し，次にシンクロトロンで8 GeVまで加速して蓄積リングに蓄積する．相対性理論によれば，電子のエネルギーが8 GeVの場合には電子の速度は限りなく光速に近く（光の速度の約99.9999%）なる．

蓄積リング中において電子の進行方向を変えるために用いられる磁石としては，偏向電磁石（図2(a)）と，軌道の上下に極

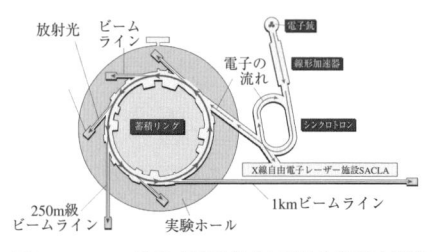

**図1**　SPring-8放射光発生概念図（理化学研究所資料より）

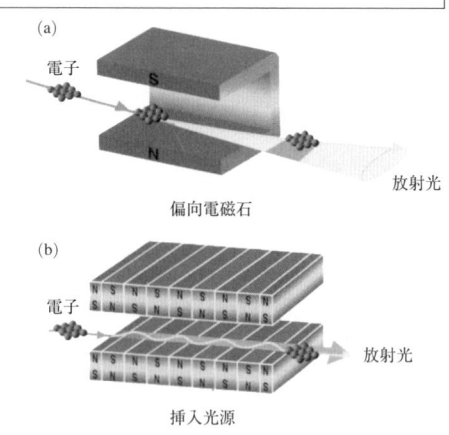

**図2**　(a)偏向電磁石と(b)挿入光源の概念図（理化学研究所資料より）

性を交互に変えて磁石列を配置した挿入光源（図2(b)）があり，挿入光源はさらにアンジュレータとウィグラーに分けられる．

（1）偏向電磁石：偏向電磁石により電子は向心加速を受け，運動の接線方向に放射光が放出される．得られた放射光は赤外線からX線までの連続した波長の白色光となる．

（2）アンジュレーター：図2(b)に示す磁石列において磁石間の距離が短い場合，電子は周期的に小さく何回も蛇行して，運動軸方向に間断なく放射光が発生し，干渉し合うので（図3），奇数次の高調波を含んだ準単色光のきわめて明るい（偏向電磁石の約1万倍）光が得られる．

（3）ウィグラー：磁石間の距離が長く，強力な超伝導磁石による磁場の場合，電子は正弦波運動の頂点付近にあるときに電子ビームの軸方向に放射光を発生する（図3）．この場合，偏向電磁石方式の光の強さの約100倍以上に明るくスペクトル分布を

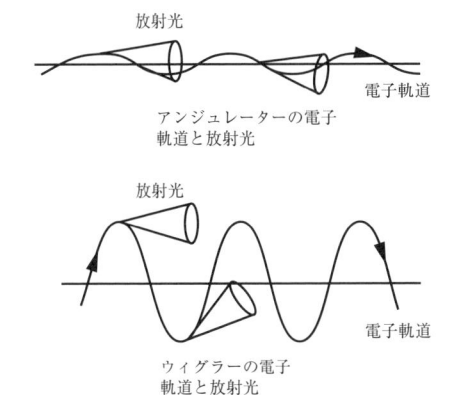

**図3** アンジュレーターとウィグラーの電子軌道と放射光(菊田惺志,「X線解析・散乱技術」(上)東京大学出版会(東京, 1992)).

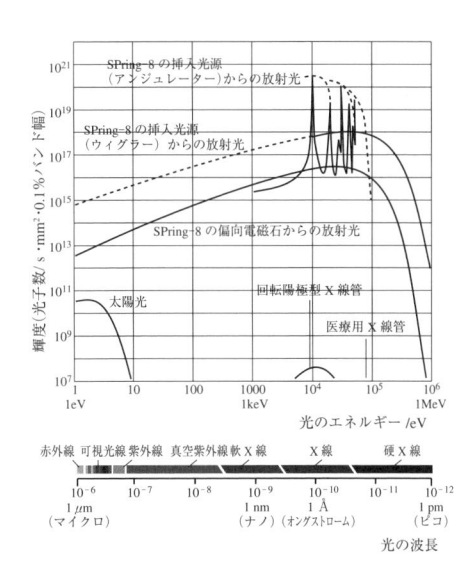

**図4** SPring-8の放射光の波長と輝度(理化学研究所資料より).

高エネルギー側にシフトさせた連続X線が得られる.

SPring-8での代表的な偏向電磁石,アンジュレーター,ウィグラーの輝度スペクトルを図4に示す.

これらに加えて,SPring-8に隣接するX線自由電子レーザー(XFEL)施設SACLAでは,直線加速器の後に非常に長い高精度な真空封止アンジュレーターを入れることにより,位相のそろった0.063 nmの超高輝度(SPring-8の放射光に比べて10億倍明るい)X線レーザー発振に成功している.

**b. 放射光の特徴**　放射光は赤外線領域から硬X線領域までの広い波長領域をもち,従来の光源に比べて約1億倍以上も明るい光である.指向性が高くほとんど平行であり,偏光している.

このような特性のために以下のような高度な精密構造解析,高精度な各種の分析に利用される.

(i) 光源の輝度が高いので従来の装置では計測できない少量の試料でも測定できる.短時間で分析できるので動的な現象・変化過程をリアルタイムで観測できる.さらに光源ビームをサブミクロン径にすることができるのでX線顕微鏡的分析ができる.

(ii) 波長が自由に選べることからXAFS分析(X線吸収微細構造解析)が高精度・短時間に行える.

(iii) ビームの平行性が高く,コヒーレンスも高いことから超精密構造解析が可能となる.さらに,表面・界面の構造解析,精密な屈折・位相差イメージングなどが可能となり,生命科学,物質科学,地球科学,医学,化学,物理学など多くの領域の研究に非常に有用な光源である.

さらに放射光のうち真空紫外線領域の光源は分析だけでなく,その輝度と波長の選択性などからリソグラフィーによる次世代半導体製造,マイクロデバイスの開発・研究にも利用されている.　　　　(中前勝彦)

【関連項目】
▶5.3① 光化学で使う光源／5.3④ レーザーの種類と仕組み／9.2⑦ パルスラジオリシス／9.2⑪ 光電子分光

## 5.4 光機能材料——①

# 高屈折率材料と低屈折率材料
High-Refractive-Index Materials and Low-Refractive-Index Materials

**a. ポリマーの屈折率と Abbe 数**　透明ポリマー材料にとっての重要な特性が屈折率である．屈折率によって，その材料中での光の進む速さが変わってくる．真空中の光速を $c$，材料中の光速を $v$ としたとき $n = c/v$ を絶対屈折率という．屈折率が低いほど光は速く進み，高いほど光の速度は遅くなる．空気と物体の界面，物体間の界面では，両者の屈折率の差により反射，屈折などの現象が引き起こされる．

透明ポリマーのもう 1 つの大きな特性に屈折率の波長依存性を示す Abbe 数がある．

Abbe 数
$$\nu_d = \frac{(n_d - 1)}{(n_f - n_c)}$$

（添字 d, f, c はそれぞれ D 線（589 nm），F 線（486 nm），C 線（656 nm））

Abbe 数が大きくなると，波長依存性が少なくなる．多数のポリマーの屈折率と Abbe 数の関係を図 1 に示した．横軸は Abbe 数であるが，右に行くにしたがって小さくなるようにとってある．一般に，ポリマー材料の特性は右肩上がりで，屈折率が低い材料ほど Abbe 数は大きくなり，波長依存性は小さくなっている．また，同じアッベ数で比較すると，ポリマーはガラスなどの無機材料と比較して屈折率が低い．

**b. 高屈折率化**　屈折の現象を利用する代表的な製品にメガネ，カメラなどのレンズ材料がある．基本的に空気から物体に入射するときの屈折を利用するものであり，空気との屈折率の差が大きく，屈折率が高い材料が効果的である．屈折率が低い材料を使用するとレンズとして用いる際に，光を同じように屈折させるためには光路を長くとる必要があり，レンズを厚くしなければならない．このために，レンズ材料を中心に高屈折率のポリマー材料の研究開発が進められている．メガネレンズ材料として用いた場合，屈折率が高くなるほどレンズを薄くすることができる．一方，屈折率が高くなると一般的に Abbe 数が小さくなり，波長依存性が大きくなり，波長により焦点位置が変わり，目が疲れるという問題がある．高屈折率材料開発においては，高 Abbe 数化も重要な課題となっている．

ポリマー材料の高屈折率化の手法としては次の 5 つの手法が挙げられる．
① 芳香環の導入
② フッ素以外のハロゲン原子の導入
③ 硫黄原子の導入
④ 重金属原子の導入
⑤ 脂環式基の導入

以下に①～⑤について説明する．

① 芳香環を使った場合は高屈折率化とともに，軽元素のみで形成されるので軽量化という点でも有利である．その反面，Abbe 数が小さくなり波長依存性が大きく

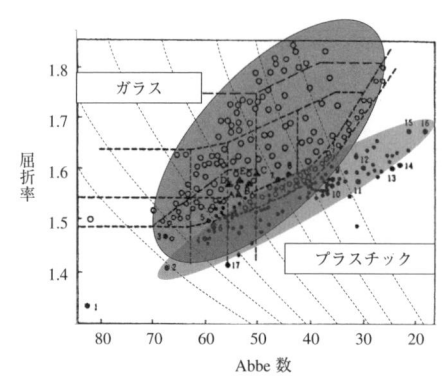

図 1　屈折率と Abbe 数（大塚保治，「光エレクトロニクスと先端材料」，シーエムシー出版（東京），288（1987））

なる.

② フッ素以外のハロゲン原子は高屈折率化の効果が高いが，光照射により変色するという問題点のために，近年は環境への影響を懸念され，現在ではほぼ適用されていない.

③ 硫黄原子は高屈折率化に寄与するわりに分散があまり大きくならないので，比較的高 Abbe 数の材料を得るのに効果的である．硫黄は工業的にも入手しやすく安価であることもあり，現在の高屈折率材料の主流となっている.

④ 重金属原子は高屈折率化の効果は大きいが，有機化合物への導入が難しいので，実用化の例は少ない.

⑤ 脂環式基の導入は Abbe 数が小さくならないという利点があるが，高屈折率化の効果は少ないので，単独で用いられることは少ない.

また，最近では酸化チタン，酸化ジルコニウムなどのナノ粒子を作製し，そのナノ粒子をポリマー中に均一分散させた有機無機ハイブリッド材料による材料開発も進められている．効果は大きいが，ナノ分散させるためのコーティング材の割合が高くなるため，その影響による耐久性や吸湿変形などの課題が残っている.

現在，透明ポリマーの世界最高の屈折率 1.94 が，トリアジン環を導入したハイパーブランチポリマーで実現されている.

**c．低屈折率化** 界面において屈折率の差が存在すると，そこでは光の反射が発生し，屈折率の差が大きいほど反射は大きくなる．ディスプレイ表面での反射による映像特性の劣化は大きな問題となっており，その反射を抑えることは大きな課題である．基本的には空気と界面を形成する材料の屈折率を低くする（屈折率を空気に近づける）ことが効果的である．レンズや光学ディスクなどの表面での反射の低減も大きな課題となっている．このことから，ポリマー材料の低屈折率化の研究開発は，反射防止特性の改良を中心に進められている．なお，低屈折率材料の場合，高屈折率材料とは異なり，もともと Abbe 数が大きく波長による特性の変化は小さいので，開発の際に Abbe 数を考慮する必要はない.

ポリマー材料の低屈折率化の手法には，①フッ素原子の導入，②空気の取り込みが挙げられる.

① フッ素原子の導入がポリマー材料の改質としては一般的な手法である．多数のフッ素原子で置換したモノマーの合成，さらに結晶化を防ぐため複数のモノマーを共重合したフッ素系ポリマーが開発されている．プラスチック光ファイバーの鞘材にはフッ素系ポリマーが用いられている．現在，透明ポリマーとしては，テトラフルオロエチレンと全フッ素置換の環状モノマーとのコポリマーが最低屈折率 1.29 をもつ.

② 空気の取り込みでは，一般に中空ナノ微粒子の導入が試みられている．中空ナノ微粒子単体の屈折率が 1.30 であり，導入量が多いほど屈折率は下がる．もう 1 つの流れとして，ナノインプリントにより表面に微細構造をつけるという技術が開発されている．とくにモスアイ構造のようにコーン状（表面凸状）の構造をつけると，最表面はほぼ空気の屈折率と同じとなる．モスアイ構造は空気界面から基材表面まで屈折率が連続的に変化し，反射の原因となる屈折率の段差がなく，反射をほぼ防止できる.

〔魚津吉弘〕

【関連項目】
▶1① 光の性質／1⑤ 光の屈折・反射・干渉・回折／1⑧ 光の発生と伝搬／5.4② 光の選択反射／5.5② フォトリフラクティブ材料

## 光の選択反射—玉虫色は構造色
Selective Reflection of Light: Iridescence and Structural Color

色素をもたなくても特定の色や虹色に見えるものが，自然界や人工物にいろいろ存在する．これは，それらが光の波長と同程度の大きさの構造をもつため，光の回折，干渉，散乱などの光学現象により，特定の波長の光が強められ，また弱められることが原因である．このようにして見える色を構造色とよぶ．これと同様な現象が，波長は可視光より1桁以上短いX線において発見されたブラッグの法則（Bragg's law）である．結晶のように周期構造をもつ物質にX線を照射すると，次式のBraggの条件でX線が反射される．

$$2d \sin \theta = n\lambda$$

ここで，$d$ は結晶面の間隔，$\theta$ は結晶面と入射X線との角度，$n$ は整数，$\lambda$ はX線の波長である．可視光でも同様に，この条件が満たされたときに強められた反射が起こる．

自然界では多くの生物がこの構造色を示す．玉虫などの甲虫類の翅（はね）や甲殻，オスのクジャクやカワセミ，ハチドリの羽やマガモの頭部，魚類ではルリスズメダイやネオンテトラの色が構造色である．甲虫類はその体表面のコレステリック液晶による多層膜構造，クジャクの羽は微粒子結晶，ルリスズメダイは遺伝子の一部であるグアニンの配列と間隔により構造色を発現している．これらの中で最も有名なものは，アマゾン川流域に生息するモルフォ蝶である．この蝶は青い色素をもたないのに，鱗粉の微細構造（図1）による光の干渉で鮮やかな青色に見える．さらに，貝殻の内側や真珠，そして宝石のオパールの輝きも構造色による．オパールを構成するコロイド微粒子が規則構造を形成し，これが構造色を発現している．広義には，空の青

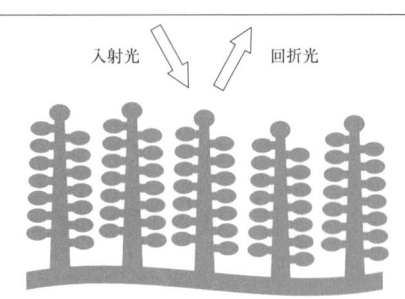

**図1** モルフォ蝶の鱗粉の断面模式図

さ，夕焼け，虹も構造色だとされる場合がある．

人工物が発現する構造色の身近な例としては，まずシャボン玉がある．空気中にできた泡の液膜の外側と内側でそれぞれ反射した光が干渉し，膜厚に対応した色が見える．このシャボン玉も液膜が100 nm程度以下になると，もはや干渉色は見えなくなり無色の「黒膜」となる．また，CDやDVDの記録面もそこにつけられた情報記録の溝のために，そして高濃度の液体洗剤も液晶構造をもつことで構造色を発現し，虹色に見える．また，粒径の揃った単分散コロイド微粒子を分散液中で配列させることで可視光を回折し，彩光色を呈することができる．これをコロイド結晶とよぶ．19世紀半ば，イギリスのThomas Grahamは，物質を結晶化するものとしないものに分け，前者をクリスタロイド，後者をコロイドと名付けた．このコロイドも現在ではコロイド結晶として構造色を発現する．

構造色を積極的に発色に利用した技術や製品がいろいろある．主なものを以下に示す．

（1）モルフォテックス®：1995年から帝人ファイバー㈱，日産自動車㈱，田中貴金

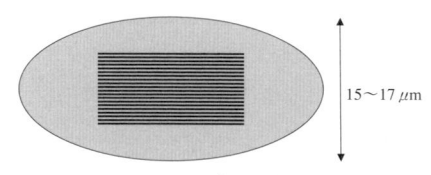

**図2** モルフォテックス®の単糸断面模式図(扁平のポリエステル糸の中央部にポリエステルとナイロンを交互に61層積み重ねた構造をもつ)

属工業㈱の3社が開発を開始した構造発色繊維．短径が15〜17 $\mu$m の扁平断面の繊維中心部に，屈折率の異なるポリエステルとナイロン薄膜を交互に61層積み重ねた多層積層構造をもつ（図2）．その薄膜1層の厚さは目標とする色により70〜90 nm にコントロールされ，基本色として赤，緑，青，紫の4色がつくり分けられた．この薄膜多層積層構造が光を干渉させることで，色素で染色されていないにもかかわらず透明感のある色合いをもつ繊維が実現し，婦人服や自動車のシートとして用いられている．

（2）モルフォトーン®：前述のモルフォテックス繊維を細かく切断してパウダー状にすることで得られた，色あせのない有機系構造発色顔料．この光輝材は，塗料，化粧品や印刷に使用されている．

（3）デフォール®：㈱クラレが開発した，断面が扁平でしかも周期的ねじれのある繊維．熱収縮率の異なる2種のポリエステルを扁平断面状に複合紡糸し，それを熱処理することで 0.2〜0.3 mm の間隔に周期的なねじれを発生させた構造をもつ．この繊維でつくられた織物は，入射光に対して繊維の垂直部では正反射が少なく，他方平行部では反射光が多いため，見る角度により色の濃淡が変わり深みのある光沢が実現される．

（4）マジョーラ®：日本ペイント㈱が開発した分光性塗料．厚さ1 $\mu$m の顔料の表面が光を反射する金属層，中央が opaque reflector metal とよばれている金属層，そ の間にガラス質の層をはさんだ5層構造からなる．入射光は表面層で約半分反射され，残りの半分が中央層で反射され，それらの干渉色が見える．入射光の角度が変われば異なった干渉色が見えるので，塗面は金属光沢の虹色を発する．自動車，バス，鉄道車両，パソコンや携帯電話などさまざまな表面塗装に用いられている．

（5）サステインカラー®：㈱中野科学が開発したステンレスの酸化発色技術でつくられるカラーステンレス．ステンレスの表面を，0.1〜0.3 $\mu$m の厚さのクロムを主成分とした透明な酸化被膜で覆う．酸化被膜表面での反射光と，ステンレス表面での反射光が干渉し，見る角度により微妙に変化する色となる．この酸化被膜の厚さを正確にコントロールすることで，金属光沢のさまざまな発色が得られる．色素を使っていないので紫外線耐性が高い，塗料を塗るわけでないので寸法精度がよい，酸化被膜が厚いので表面耐久性が高いなどの特徴をもつ．

（6）誘電体多層膜：導電性より誘電性が優位な誘電体は光学材料として有用であるが，この薄膜を積層した誘電体多層膜が多くの光学機器のレンズや反射鏡に使われている．カメラなどのレンズの表面の反射防止膜，特定の波長の光だけ反射するダイクロイックミラー，特定の波長領域の光のみ透過させるバンドパスフィルターなど，多くは蒸着により作成される．

（7）化粧品：構造色を利用した化粧品が各種販売されている．例えば，雲母の微粉末を酸化チタンの薄膜で覆ったパール素材が肌の色を整えるファウンデーションに入っていて，塗布することで微粉末の方向が揃い構造色により鮮やかな肌色を発現する．

〔土田 亮〕

【関連項目】
▶1② 光と色とスペクトル／1⑤ 光の屈折・反射・干渉・回折／2.4③ 液晶の光学特性／8.1① 花の色と天然色素

# 非線形光学材料
Nonlinear Optical Materials

光が物質に作用すると光電場 $E$ により電気分極 $P$ が誘起される。$P$ は下式のように $E$ のべき乗で展開される。

$$P = \varepsilon_0 (\chi^{(1)} E + \chi^{(2)} EE + \chi^{(3)} EEE + \cdots)$$

ここで，$\varepsilon_0$ は真空の誘電率，$\chi^{(n)}$ は $n$ 次の電気感受率で，それぞれ，$(n+1)$ 階のテンソル量で表される。通常，$\chi^{(1)}$ に比べて $\chi^{(2)}$，$\chi^{(3)}$ は非常に小さく（数桁以上）無視できるが，レーザー光のように非常にパワーの強い光が入射すると $\chi^{(2)}$，$\chi^{(3)}$ による効果はもはや無視できなくなり，非線形分極があらわになる。光は振動電場を有するので，この分極振動により光波が生じ，各種光学効果が観測できる。$\chi^{(1)}$ は線形応答で，これにより光の屈折が導かれる。第2項以下の非線形分極による光学効果が非線形光学効果であり，実に多種多様な現象が生じる。代表的な非線形光学効果をその現象と応用に分けて表1にまとめた。光エレクトロニクスへの応用から分光学的な活用まで幅広い応用が期待できることがわかる。加えて，他の光学現象あるいは物理現象と結合させることにより，さらに多彩な現象，応用へと展開できる。光キャリアの移動現象と電気光学効果を組み合わせたフォトリフラクティブ効果はその1つで，ホログラムメモリーへの応用が期待されている。

材料の選定，探索にあたって重要なことは，反転対称性を示す結晶構造，配向状態を有する材料では $\chi^{(2)} = 0$ となり，2次の非線形光学効果は表れないことである。さらに，より効率的な非線形光学効果を得るためには，大きなテンソル成分を利用できるように光の入射方向と結晶の方向の制御が重要となる。加えて，例えば波長変換素子として応用する場合，波長変換された光が物質中を進行する間に，それぞれで発生した光波の位相が揃うように配置すること，すなわち位相整合条件を整えることが必要となる。2次の非線形光学効果を利用する場合，配向制御は重要な課題となる。一方，3次の非線形光学効果は物質が反転対称中心を有しても現れ，等方的な液体においてもその効果を観測することができる。また，非常にパワーの強い光を入射するので，物質が光によって破壊されないような耐光損傷性も実用上からは重要な因子である。

非線形光学効果を有する材料としてはリン酸二水素カリウム，ニオブ酸リチウムを代表とする無機系結晶の歴史が古く，その結晶の安定性，透明性などから $\chi^{(2)}$ を利用したレーザーの波長変換素子，光変調素子などに広く利用されてきた。シリコンやヒ化ガリウムなどに代表される半導体もホールや伝導電子が非線形分極を起こすので高い $\chi^{(3)}$ を示す。多重量子井戸構造，微粒子分散系などの材料では，バルク以上の $\chi^{(3)}$ の値も得られている。

非局在化 $\pi$ 電子を有する有機材料も非線形分極を起こしやすく，また多彩な分子設計が可能であることから多くの研究者を引き付けてきた。広がった $\pi$ 電子系に電子供与性と電子吸引性の官能基を導入して分子内電荷移動を強化することにより，分子レベルで高い非線形性を有した分子が設計できる。このように応答の速い分子内の電子を用いることから，無機，半導体材料と比較した際の非線形応答の速さも有機材料の特徴の1つである。

情報産業への応用として着目されているのが電気光学効果（とくに Pockels 効果）を利用した光変調素子，光スイッチなどの

表1 各種非線形光学現象とその応用

| 非線形光学効果 | 現　象 | 応　用 |
|---|---|---|
| 光高調波発生 | 周波数 $\omega$ の光波を物質に入射したとき，その整数倍 $2\omega$, $3\omega$ の光波が生じる現象 | レーザー光の波長変換素子として短波長のレーザー光発生に利用される |
| 光混合 | 2種類の光波 $\omega_1$, $\omega_2$ を物質に入射したときに，その差周波 $(\omega_1-\omega_2)$, 和周波 $(\omega_1+\omega_2)$ の光波が発生する現象 | 差周波は長波長の光波を得るのに有用な方法で，近年とくに，THz波発生に有望視されている |
| 縮退4光波混合 | 光混合では3種類の光波の現象であるが，4種類の光波が関与する場合，4光波混合となり，その4光波の周波数がすべて同じである場合をいう | 2つのポンプ光，シグナル光を適切な配置で物質に入射すると，シグナル光に対して時間反転した位相共役波が得られる．ビーム品質改善に利用される |
| 光パラメトリック増幅 | $\omega$ のポンピング光が物質に入射されたとき，任意の割合で $\omega=\omega_1+\omega_2$ に分割された光波が増幅されて生じる現象 | 共振器内で連続増幅させて波長可変レーザーを得ることができる |
| 電気光学効果 | 物質に静電界 $(\omega=0)$ を加加したときにその強度に応じて生じる屈折率変化の現象．1次で比例する場合 Pockels 効果（2次の非線形光学効果），2次で比例する場合 Kerr 効果（3次の非線形光学効果）とよぶ | レーザー光の位相，偏光を制御する素子に用いられる．とくに Pockels 効果の高い材料は，光導波路に組み込まれて光変調，光スイッチのように能動的素子として光エレクトロニクスに広く利用される |
| 非線形屈折率変化 | 物質に光が入射した場合，その屈折率が光強度によって変化する現象物質の分極のみに起因するだけでなく，分子の配向，熱効果などによっても変化する | 光ファイバー中でのパルス圧縮，光双安定性を利用した光で制御できる光スイッチ，光演算素子，光メモリーなどへ応用できる |
| 可飽和吸収 | 吸収のある物質へ光入射した場合，その強度を強くしていくと吸収係数が減少する現象 | Bragg 反射鏡と組み合わせて共振器ミラーとして利用して短パルス発生に利用される．上記と同じく光双安定性を実現できる |
| 2光子吸収 | 物質が2個のフォトンを同時に吸収して，高いエネルギー状態に励起される現象．光吸収係数は入射光強度の2乗に比例して増大する | 物質中で吸収のない長波長の光を空間的に光を集光させた位置で，2光子吸収を制御できるので，解像度の高い顕微鏡，3次元のメモリー，光造形などへ利用される |
| 誘導ラマン散乱 | レーザー光強度を強くした場合，ラマン散乱におけるストークス光が増幅される現象 | 分子の振動状態測定分光法に応用され，非接触での気体の局所的分析が可能となる |

光エレクトロニクスへのデバイス利用である．これらの応用に向けては導波路として用いたり，フィルムとして用いたりする観点から，その素子形態，作製プロセス上からの制限を受けるため非線形光学効果の高い有機分子をポリマーマトリックス中に分散あるいは主鎖ないしは側鎖に導入させて用いるケースが大部分である．この場合，結晶と異なり非線形光学効果の高い有機分子を配向させるプロセスが必要となり，電場などを用いてマトリックス中で分子を配向させて，非線形光学効果を付与する．したがって，経時変化によりその配向が緩和する問題が生じる．この緩和抑制も材料開発にあたっては重要なポイントとなる．

(渡辺　修)

【関連項目】
▶1⑧ 光の発生と伝搬／2.1⑩ 多光子吸収／2.4① 分子配向と複屈折・二色性／5.1④ レーザー光加工／5.1⑤ 光でつくるマイクロマシン／5.5② フォトリフラクティブ材料／9.1② 共焦点レーザー顕微鏡

5.4 光機能材料――④

# フォトクロミズム―光で色を変える
Photochromism：Photoinduced reversible color change

　フォトクロミズムとは，単一の化学種が光の作用により色の異なる2つの状態間を可逆的に変換する現象である．そのような化合物はフォトクロミック化合物とよばれている．この色変化のどちらか一方の過程に光が関与しておればよい．このような化合物は，図1のようにいくつかの種類が知られており，光による二重結合のシス-トランス異性化，電子環状反応，結合開裂などが単独，あるいは組み合わさって進行する．生物の視覚もレチナールという分子の光によるシス-トランス異性化反応に起因している．フォトクロミック化合物でみられる大きな色変化は，光反応により生成した異性体が異なる共役長をもつことに由来する（共役とは複数の二重結合が単結合をはさんで交互に連なっている状態をいい，その長さが共役長である．一般に，共役長が長くなるにしたがい吸収は長波長側に移動し，色相が無色から，黄色，赤，紫，青というように変化する）．

　スピロピランのスピロ体は無色であるが，これは左右の芳香環の共役がつながっていないからである．これに紫外光を照射すると中央の炭素-炭素結合が開裂するとともに，二重結合のシス-トランス異性化反応が進行し，分子の左右の芳香環の共役がつながったメロシアニン体となり，鮮やかな色に発色する．この色相は溶媒や置換基によって影響を受けるが，一般に青から赤紫の範囲の呈色を示す．このメロシアニン体は，非極性溶媒中では不安定で，室温でも無色のスピロ体に戻る．このように多くのフォトクロミック化合物では，着色体が不安定である．図1のアゾベンゼン，ヘキサアリールビスイミダゾールも同類であり，これらは熱的（thermal）に退色する

ので，T型のフォトクロミズムとよばれている．なお，図中の△は，熱反応を表す記号である．これらのT型のフォトクロミック材料はサングラスなどの調光材料への応用が期待されてきたが，2009年にヘキサアリールビスイミダゾールの2つの部分をナフタレン環や［2,2］パラシクロファン部位で橋掛けすることによって，実用化レベルの新たな誘導体が合成された．この誘導体では，発色体の半減期が数百ミリ秒という適度な速さであるために，光定常状態では適量の発色体が生成して鮮やかに発色することに加えて，光を遮ると瞬時に消色する理想的な高速フォトクロミズムが達

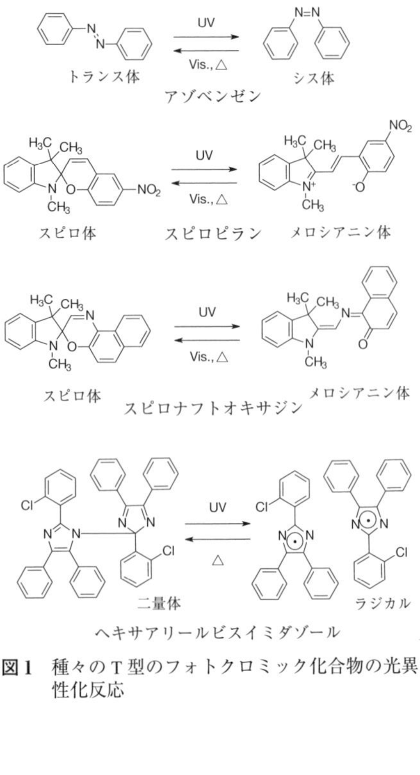

図1　種々のT型のフォトクロミック化合物の光異性化反応

成でき，調光材料には最適なシステムとなっている．

一方，光で生成した着色体が安定で，波長の異なる光の照射により無色の異性体を再生するP型（photochemical）のフォトクロミック化合物も存在し，これらは光記録材料や分子スイッチへの応用が検討されている．図2に示したジアリールエテンがその代表例である．フォトクロミック反応でも光による色変化の効率を示すのに量子収率という値が使われる．現在では量子収率がほぼ1（効率100％）の化合物も報告されている．

当初，有機フォトクロミック化合物は，耐光性が弱く，着色と退色のサイクル数（繰り返し耐久性）に問題があるとされたが，ジアリールエテンやスピロナフトオキサジンなどのフォトクロミック化合物では3万回以上の光着色・光退色の繰り返しに耐えられる誘導体が報告されている．

両異性体が熱的に安定で，室温では異性化を起こさないジアリールエテンは，記録材料を目指して数多く研究されており，数多くの誘導体が合成されている．紫外光照射により黄色，オレンジ，赤，紫，青，黒などに発色する誘導体が合成されたほか，1つの分子で赤，黄色，青色に発色する誘導体も合成されている．これらの色の異なる誘導体を複数組み合わせて用いた多重記録も報告され，その記録を破壊することなく赤外光などで開環体であるか閉環体であるかを読み出す方法も示された．さらに，ジアリールエテンに蛍光分子を連結し，開環体のときには蛍光を発するが，閉環体のときには光らない分子が合成され，これを用いて分子1つずつの記録を光で読み出す分子レベルの光記録が報告されている．このシステムでの記録の非破壊読み出しも行

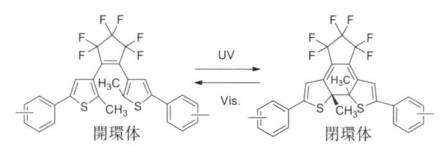

図2 P型のフォトクロミック化合物であるジアリールエテンの光異性化反応

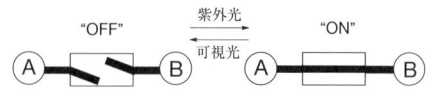

図3 ジアリールエテン光スイッチの概念図

われている．

ところで，ジアリールエテンの開環体は図2に示すように，分子の中央部で共役が切れているが，閉環体はつながっている．そこで図3に示したように，紫外光を照射して共役がつながった閉環体にすると，電気を流す高分子として有名なポリアセチレンと同様の構造であるため電気が流れる．逆に，可視光を照射して開環体にすると共役が切れ，電気が流れなくなる．これを利用して，ジアリールエテン分子を光で電気的にオン，オフする実験が試みられ，1分子でも電気をオン・オフできる分子スイッチとなることが示された．このことから，分子デバイスとしての応用の可能性も期待されている．さらにジアリールエテンの結晶では，光照射により結晶が屈曲し，自重の1000倍くらいの金属球を持ち上げるなど，フォトメカニカル効果を示すフォトクロミック化合物の例も報告されている．

（内田欣吾）

【関連項目】
▶3.1② 量子収率，反応収率／3.2⑫ 電子環状反応／5.4⑧ 光で形を変える材料／5.5① 光で情報記録／8.3① 視覚

## 5.4 光機能材料──⑤

# 紫外線吸収剤，光安定剤
UV-Absorber, Photo-Stabilizer

### a. プラスチックの光劣化と防止策

プラスチックは，軽く，耐衝撃性や電気絶縁性に優れ，かつ，透明性が高いといった特徴から，生活，建築，自動車関連部材に幅広く使用されるようになってきた．その一方，プラスチック素材の最大の弱点として，屋外での長期使用による光劣化を挙げることができる．太陽光に含まれる紫外線に長期にさらされることにより，プラスチックは弾性を失って脆くなり，耐衝撃性や電気絶縁性が低下する．また，黄ばみや艶引けが発生し，透明性が低下するなど，光学的な特性も徐々に失われていく．そのため，光劣化を防止する対策を施し，耐光性を付与することが必要不可欠である．

プラスチックの光による劣化は，図1に示すように，紫外線 ($h\nu$) により新たなラジカル種 (X・) が発生するところからスタートする．発生したラジカル種は，素材を構成する高分子 (RH) の水素を引き抜き，高分子中にラジカル R・を発生させ，さらに酸素と反応して過酸化物 (ROOH) を生成する．高分子中の過酸化物が一定量を超えると，分解反応が一斉に起こり，それによって発生する多量のラジカル種による光酸化反応により，高分子鎖の切断や架橋による物性変化が進行し，プラスチックは急激に劣化すると考えられる．

上記のような紫外線によるラジカル種の発生を起源とする光酸化劣化を防ぐ方法としては，以下の3点を挙げることができる．① 紫外線吸収剤を使用し，高分子中のラジカル種の発生を抑制する．② ラジカル捕捉剤を使用し，発生したラジカル種をとらえて安定な化合物に変換する．③ 過酸化物分解剤を使用し，生成された過酸化物を分解して無害化する．

### b. 紫外線吸収剤

紫外線吸収剤は，紫外線の有する高い光エネルギー ($h\nu$) を吸収して，エネルギーレベルの低い熱エネルギー ($h\nu'$) に変換し，高分子中のラジカル種の発生を抑制する機能を有しており，その代表例として，ベンゾトリアゾール系化合物やベンゾフェノン系化合物などを挙げることができる．以下に，ベンゾトリアゾール系化合物の紫外線吸収後の反応機構を示す．

ケト-エノール互変異性により，紫外線の光エネルギーを吸収し，安定な熱エネルギーに変換できる．

### c. 光安定剤

(1) ラジカル捕捉剤：高分子中で発生

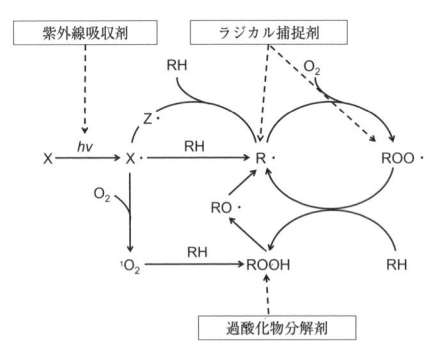

図1 プラスチックの光酸化劣化

したラジカル種を捕まえる目的で使用される光安定剤がラジカル捕捉剤である．その代表例は，ヒンダードピペリジン骨格を有するヒンダードアミン系化合物であり，現在，主流となっている．一般的には，以下に示すように，過酸化物（ROOH）との反応で生成するN-オキシラジカル（N-O・）と，高分子中のラジカル種（R・，ROO・）が反応して不活性化すると考えられているが，その安定化機構は複雑であり不明確な部分も多い．

$$R'{-}\underset{}{\bigcirc}{-}N{-}H \xrightarrow{ROOH} R'{-}\underset{}{\bigcirc}{-}N{-}O\cdot$$

$$\xrightarrow{R\cdot} R'{-}\underset{}{\bigcirc}{-}N{-}OR \xrightarrow{ROO\cdot} R'{-}\underset{}{\bigcirc}{-}N{-}O\cdot + ROOR$$

（2）過酸化物分解剤：高分子中に蓄積された過酸化物（ROOH）を分解・無害化する目的で使用されるのが過酸化物分解剤である．その代表例であるチオエーテル系化合物の安定化機構を以下に示す．

$$R'{-}S{-}R' + ROOH \longrightarrow R'{-}\underset{\parallel}{S}{-}R' + ROH$$
$$\phantom{R'{-}S{-}R'}\qquad\qquad\qquad\qquad O$$

$$R'{-}\underset{\parallel}{S}{-}R' + ROOH \longrightarrow R'{-}\underset{\parallel}{\overset{\parallel}{S}}{-}R' + ROH$$
$$O \qquad\qquad\qquad\qquad O$$

**d．使用上の留意点** プラスチックに耐光性を付与する目的で紫外線吸収剤や光安定剤を使用する場合，過剰添加による他の物性に対する悪影響や，コストアップについて留意する必要がある．

産業用部材にはリサイクルが可能な点から，ポリオレフィン，ポリエステル，ポリカーボネート，アクリル樹脂などが使用されるケースが多いが，このような熱可塑性プラスチックに対して，耐光性のアップを求めるあまり，低分子の紫外線吸収剤や光安定剤を過剰に添加すると，それがブリードアウト（表面から揮散）し，機械的な強度や光学特性を著しく低下させる場合がある．また，100 μm以下の薄膜プラスチックフィルムでは，ブリードアウトにより耐光性そのものが失われる懸念もある．

図2に，処理方法の異なる以下3種類のPETフィルム（厚さ50 μm）の沖縄における屋外曝露の評価結果を示す．すなわち，①紫外線吸収剤などを添加していない汎用PETフィルム，②紫外線吸収剤，光安定剤を内添した上で成形した耐光性PETフィルム，③汎用PETに対し，高架橋密度の透明塗料を厚さ10 μmでコーティングしたフィルムである．

図中の色差$\Delta E$は，フィルムの変色の度合いを示しており，2以上に増加すると，目視でも黄ばんでいることを確認することができる．汎用PETを沖縄で1年間屋外にさらすと激しく黄ばむが，耐光性PETでも曝露による光安定剤のブリードアウトが徐々に進行し，2年後には汎用PETと同じレベルまで変色することがわかる．これに対し，フィルムからの光安定剤のブリードアウトを抑制する働きをもつ架橋密度の高い透明塗料を，表面に塗装した汎用PETは，3年経っても変色が抑えられ，曝露前の状態をほぼ保持しており，表面コーティングが耐光性維持の有効な手段の1つであることがわかる． （工藤伸一）

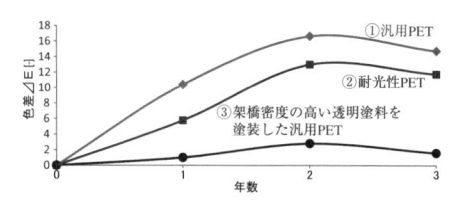

**図2** ポリエチレンテレフタレート（PET）の耐光性評価（沖縄県で3年間，屋外に放置した場合の色の変化）

【関連項目】
▶3.2① 光酸化・光還元／3.2㉓ 高分子の光化学／4.2③ ベンゾフェノンの光化学／4.3③ 硫黄化合物の光化学／6.2① 日焼け／7.1④ 光退色・光劣化・光酸化

## 蛍光染料・蛍光増白剤（漂白剤）
Fluorescent Dyestuff and Fluorescent Brightener

**a. 蛍光増白剤とは** 1929年にKraisがトチノキから抽出したエスクリンを用いて木綿を増白し，蛍光増白の原理を発明した．その後1940年に旧IG（昔のドイツの巨大化学会社，第二次世界大戦後，Bayer, BASF, Höchstに分割された）によりセルロース繊維用としてBlankophor B, Rの工業的な生産が始められた．

いわゆる蛍光増白染料は，その蛍光主波長領域が可視部にあることは当然であるが，このうち特に青紫色系の蛍光（420～450 nm）を発するものだけが事実上有効である．ところで，白いということは光学的にはどういうことであろうか．ある物体を太陽光にさらすと，光の一部は吸収され，他の部分は反射される．太陽光中の可視光の一部が吸収（可視光の選択吸収）されると，その物体は色を示す．吸収波長と物体色（吸収される色の余色）との間には，表1の関係がある．

表1 吸収波長と余色の関係

| 吸収波長<br>/nm | 吸収される<br>光の色 | 余色(物体の色) |
|---|---|---|
| 400～435 | 紫 | 緑黄 |
| 435～480 | 青 | 黄 |
| 480～490 | 緑青 | オレンジ |
| 490～500 | 青緑 | 赤 |
| 500～560 | 緑 | 赤紫 |
| 560～580 | 黄緑 | 紫 |
| 580～595 | 黄 | 青 |
| 595～605 | オレンジ | 緑青 |
| 605～705 | 赤 | 青緑 |

可視部の光が全波長にわたって完全に吸収されるとその物体は黒く見え，逆に，全波長にわたって均一に反射されると白く見える．白いといっても反射率に応じていろいろな程度がある．反射率の高いものほど明るい白に見え，低くなるにつれて灰色がかった暗い白になる．われわれが日常生活で使用する繊維，合成樹脂，洗剤などは，白色を基調としているが，これらは黄褐色の不純物を含んでいることが多い．そのため，これら物体からの反射光は青色部の反射率が低くなって，可視部の反射率のバランスが崩れている．このような物体の反射を均一にして白くするために次の3つの方法が行われている．

(1) 短波長部を吸収する着色不純物を分解除去し，短波長部の反射率を上げて全反射を均一にする（化学漂白）．

(2) 青色物質を加えて，その物体の長波長部の反射率を短波長部の反射率にまで低下させ，全反射を均一にする（青み付け）．

(3) 短波長部の光を発光する物質を加えて，その物体の短波長部の低い反射率を補い，全反射を均一にする（蛍光増白）．

青み付けをした場合は，全体の反射率が低下するために，灰色がかった白になる．これに対して，蛍光増白の場合は，処理物自身による可視光の吸収が未処理のときとほとんど変わらないが，蛍光増白染料によって吸収された紫外部の光が青色蛍光に変わって短波長部の反射を補い，短波長部の反射率が高くなる．そのため，青み付けでは考えられないような明るい白が蛍光増白によって得られる．注意すべきことは，蛍光増白処理は，原布自身の可視光吸収に関係しないことである．したがって，原布の光吸収の原因となる着色物質を，あらかじ

め十分に取り除いておくことが必要で，そうでないと蛍光増白染料の効果を十分に期待することができない．

蛍光増白剤は化学構造が染料に近く，染料に類似の挙動を示すことから蛍光染料とよばれることもある．これに対して塩基性染料をはじめとする有色染料の中には，可視光を吸収してその波長よりやや長波長の蛍光を発するものも多くある．これらの染料は，例えば「蛍光のある塩基性染料」とよばれる．

**b. 蛍光増白剤の化学構造** 蛍光増白剤は染料と同じように共役二重結合を有して直接染料と同じように平面構造をとっている．しかし，ニトロ基やアゾ基のような強い電子受容基がないので可視光域に吸収をもたない．蛍光増白剤も染料の場合と同様に，繊維の種類に応じて適したものが開発されている．以下に代表的な蛍光増白剤の分類を示す．

(1) スチルベン系（直接染料タイプ）：セルロース用．大部分のものは下記のジアミノスチルベンジスルホン酸誘導体で，置換基のX, Yにより種々の用途のものが開発されている．

X, Y；各種アミン，アルコール，フェノール誘導体

(2) ジスチリルビフェニル系：水溶性型で漂白剤に対して安定である．洗剤への添加剤としてセルロース繊維に使用される．

C.I. Fluorescent Brightener 351

(3) 酸性染料タイプ：ポリアミド用．下記のクマリン系およびピラゾリン系さらに一部のジアミノスチルベンジスルホン酸誘導体がある．

C.I.Fluorescent Brightener 52

C.I.Fluorescent Brightener 54

(4) オキサゾール系（分散染料タイプ）：合成繊維用．種々の化学構造のものが開発されたが，下記のポリエステル繊維用が最も多い．

C.I. Fluorescent Brightener 135

（久田研次）

【関連項目】
▶1② 光と色とスペクトル／2.1② 物質の光吸収と励起状態の生成／2.2① 蛍光とりん光／5.2⑤ 発光材料

## 光異性化と光応答膜材料
Photoisomerization and Photoresponsive Films

光照射に伴う二重結合の $E$（トランス）-$Z$（シス）異性化は代表的なフォトクロミック反応である．アゾベンゼンについて多くの研究が進められており，$E$体では棒状の分子形状を，$Z$体は屈曲した形状をとる．$E$型アゾベンゼンは適切なアルキル置換基をつけると棒状液晶のメソゲンとしての役割も果たし，光異性化して$Z$型になるとその液晶性を失う．この$E$-$Z$光異性化の可逆的な動きは分子機械の典型的な動力源としてしばしば利用される．特に高分子材料中にて協同的にその動きを組み込むことで，巨視的な効果が発現する．この項では，薄膜に焦点を当て，液晶の表面光配向，ブロック共重合体薄膜の相分離構造制御，膜物質が移動してマイクロメートルレベルの表面レリーフ形成がなされる現象を紹介する．次項ではより巨視的なレベルでの膜の光変形挙動が紹介されている．

**a. 液晶の表面光配向**　基板上にアゾベンゼン単分子膜を設けると，その$E/Z$光異性化により，液晶セル内のネマチック液晶分子全体の配向が垂直（ホメオトロピック）／平行（パラレル）配向のスイッチングが実現できる．単純に分子数を見積もると1つのアゾベンゼン分子が数万の液晶分子の配向を規制している（コマンドサーフェス）（図1）．さらに，照射光として直線偏光を用いることで，平面方向を規制することができ，全体を一軸的に配向させることもできる．アゾベンゼン分子は特定の方位の直線偏光を選択的に吸収するので，方位選択的な光反応が起き，偏光方位から励起の遷移モーメントが逃げるように分子が配向する．

低粘性のネマチック液晶は表面配向させやすいが，ディスコチック液晶のような粘性の高い液晶も光配向が可能である．さらには液晶状態を経由して蒸発固化する色素膜やポリシランのような柔軟な高分子の薄膜も面内に配向結晶化させることができる．基板表面の光配向膜にて，界面活性剤のロッド状ミセル集合体を鋳型として作成するメソレベルの有機無機ハイブリッド薄膜を作成する際の構造を一軸に揃え，光パターニングすることにも利用できる．

**b. メソレベル構造の光配向**　上記は分子レベルの制御であるが，ブロック共重合体が形成する数十ナノメートルレベルのミクロ相分離構造を偏光照射を行うことで並べることもできる．アゾベンゼン液晶ドメインの分子配向がより大きな階層構造の

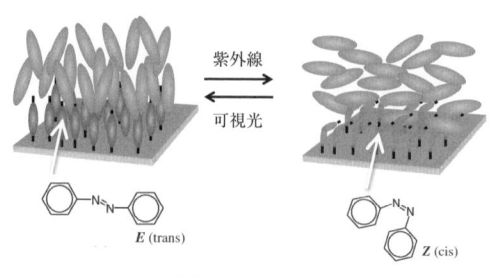

図1　アゾベンゼン単分子膜の光異性化によるネマチック液晶分子の配向スイッチング（コマンドサーフェス）

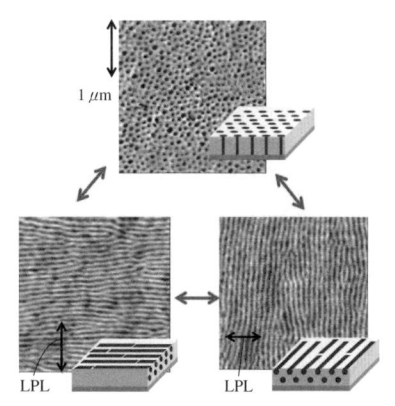

**図2** ブロック共重合体の相分離構造の光再配向．LPL は照射した偏光の方向を示す．

ミクロ相分離ドメインの配向を規定している．図2はポリスチレンと液晶性アゾベンゼンポリマーのジブロック共重合体薄膜の配向における偏光および非偏光照射による配向スイッチングの例を示している．この場合，ポリスチレンはシリンダー状のミクロ相分離構造を示すが，その配向に関して3方向の互いに直交した状態を光照射の偏光方向で変換させることができる．

**c. 光表面レリーフ形成** さらに，光照射によりマイクロメートルレベルの物質移動も起こる．1995年にアゾベンゼン高分子膜上にアルゴンイオンレーザーの干渉露光を行うと物質移動が誘起され，干渉パターンがそのまま表面レリーフとして形成される現象が発見された．これらの場合，電子吸引基-供与基を有する，シス型が短寿命のアゾベンゼンがペンダントされたアモルファス高分子膜を研究対象にすることが多い．その際，移動の駆動力は，光勾配力といった電磁気学的に説明される機構で議論されることが多い．移動方向が強い偏光依存性をもつことも特徴である．2000年になると，液晶系アゾベンゼン高分子膜においてアモルファス材料系と比較

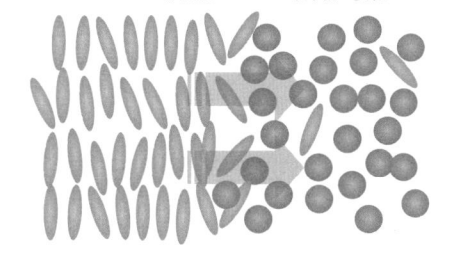

**図3** 液晶相転移型の膜物質の移動方向（液晶相から等方相側へ移動する）

して，3桁以下の低露光量にて高感度かつ効率的に物質移動できることが見出された．この高効率な物質移動が起こるためには，アゾベンゼンが $E$ 型のときに膜がスメクチック液晶状態をとり，紫外光照射で生じる $Z$ 型アゾベンゼンがある量以上に蓄積されることによる等方相への光相転移が起こることが必要である．液晶相と等方相の境界領域での表面張力と流動性の不均衡とにより膜物質の移動が引き起こされる（図3）．

当初，光誘起物質移動はアゾベンゼン高分子膜に特異的な現象ととらえられていたが，近年の研究の広がりは目ざましく，低分子アモルファス膜，低分子の結晶表面，アゾベンゼン以外のフォトクロミック分子を用いた移動現象も報告されるようになった．さらには有機系に留まらず，ゾルゲル材料へと適用することにより無機材料膜のレリーフパターニングもできるようになった．

〔関　隆広〕

【関連項目】
▶2.4① 分子配向と複屈折・二色性／2.4③ 液晶の光学特性／3.2② 異性化反応／4.3① 窒素化合物の光化学／5.2① 液晶配向による光スイッチ／5.4④ フォトクロミズム／5.4⑧ 光で形を変える材料／5.5① 光で情報記録

# 光で形を変える(フォトメカニカル)材料
Photomechanical Materials

光照射により変形する物質をフォトメカニカル材料とよぶ.フォトメカニカル効果には大別して光照射により発生する熱に起因する変形(ヒートモード)と,光化学反応に基づく変形(フォトンモード)の2種類がある.ヒートモードの場合は光熱効果(photothermal effect)ともよばれ,光吸収によって物質内に発生する熱により物質の温度が上がり,膨張や収縮が起こる.変形の大きさは物質の熱膨張係数に依存する.ヒートモードによるフォトメカニカル効果は,すでに1880年にBellによって観測されている.光吸収が起こり励起状態が生成すると,その緩和過程の1つである無放射遷移の寄与が大きい色素においては,その近傍に熱放出が起こる.適当な波長に吸収をもち,無放射失活過程の割合の大きい色素を物質に添加すると,熱の発生量が大きくなる.最近ではカーボンナノチューブを添加した光熱効果による物質変形の例が報告されている.

ヒートモードのフォトメカニカル機能をもつ高分子光ファイバーを用いると,回路内を通過する光の強度を自動制御する全光回路が構築できる.この場合,高分子光ファイバーの長さが内部を通る光の強度に比例して変化するので,Bragg型回折格子をファイバー両末端に装着すれば光の反射はファイバー長に依存し,光強度が自動的に一定に保たれる.

フォトンモードのフォトメカニカル効果においては,フォトクロミック化合物が用いられる場合が多い.アゾベンゼンは異なる波長の光照射によってトランス→シス可逆の光異性化を起こすフォトクロミック分子である(図1).トランス体ではベンゼン環の4-4′間距離は0.9 nmであるが,シス体では0.55 nmとなり,光異性化によって分子形状が大きく変化する.

アゾベンゼンを主鎖または側鎖に導入した高分子のフォトメカニカル挙動が単分子膜において検討された.水面上に形成したアゾベンゼン高分子単分子膜は紫外光照射によってトランス→シス光異性化を起こすと収縮し,可視光照射によってトランス→シス逆異性化を起こすと元の大きさに復元する.アゾベンゼンのトランス→シス光異性化という分子レベルの変化が,2次元に展開された高分子単分子膜の収縮・拡張に直接寄与している.ただし,バルクのアゾベンゼン高分子に光照射してトランス→シス光異性化を起こしても,ほとんど収縮などの変形は観測されない.

アゾベンゼンを架橋部位に導入した架橋アゾベンゼン高分子の光応答が調べられた.架橋することにより系全体の相関が強まり,架橋部位のアゾベンゼンのトランス→シス光異性化によって物質変形が起こることが期待されたが,変形量はわずか0.2%であった.架橋部位にスピロピランを導入した架橋高分子においても,スピロピラン→メロシアニン光異性化による高分子

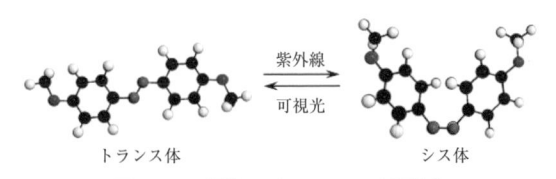

図1 4,4′置換アゾベンゼンの光異性化

の変形率は2%であった．アモルファス高分子においては，1分子の変化（ナノレベル）を物質（マクロスケール）の変形に直接変換することは難しい．

　液晶高分子を架橋すると架橋液晶高分子が得られるが，de Gennesによれば架橋液晶高分子においては液晶分子（メソゲン）の配向と高分子鎖のコンホメーションが強く相関する．架橋液晶高分子は液晶としての性質とエラストマーとしての性質の両方を示し，液晶相と等方相では異なった形状を示す．液晶相においてメソゲンの配向方向を揃えておき，加熱により液晶相-等方相の相転移を起こすと，架橋液晶高分子はメソゲンの配向方向に沿って収縮し，それとは直交する方向に膨張する．温度を下げて液晶相を復活させると元の長さに戻る．つまり，架橋液晶高分子においては物質形状がメソゲンの配向度に依存することになる．この性質を利用すれば光で高分子物質の変形を誘起することができる．

　液晶中にアゾベンゼンなどのフォトクロミック分子を分散させ，光照射により異性化を起こすと，液晶相-等方相相転移を等温的可逆的に誘起することができる．液晶高分子にフォトクロミック分子を導入したフォトクロミック液晶高分子においても同様に光により相転移を誘起できる．フォトクロミック液晶高分子を架橋すれば架橋液晶高分子とフォトクロミック液晶高分子の両者の性質を兼ね備えることになるので，「光による相転移」と「相転移に伴う形状変化」を同時に起こすことが可能である（図2）．実際アゾベンゼンを架橋部または側鎖に導入した架橋液晶高分子に光照射を行いトランス→シス光異性化を起こすと，20%程度の収縮が等温的に誘起される．さらに，架橋フォトクロミック液晶高分子フィルムの表層のみ光吸収するような系では，表層の収縮に基づくフィルムの屈曲が観測されている．このような系においては，フォトクロミック分子の光異性化とい

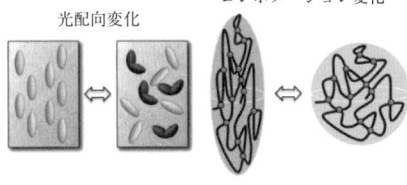

図2　架橋液晶高分子における光変形

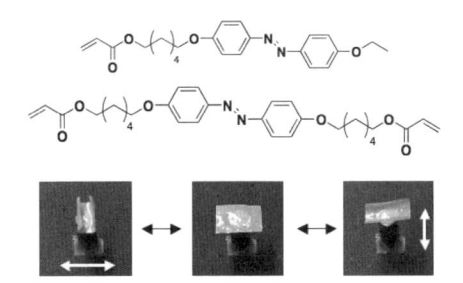

図3　偏光照射による光変形の実例

うナノレベルの変化が液晶配向変化というミクロの変化に変換され，さらに高分子鎖の形態という物質レベルのマクロな変化（変形）に変換されているといえる．架橋フォトクロミック液晶高分子ではメソゲンの配向様式により変形様式も異なるので，光によりいろいろな変形を誘起することができる．例えば，光駆動型ロボットアームや，光照射で回転するプラスチックモーターが開発されている．

　架橋液晶高分子ばかりでなく，有機分子結晶においても光変形が起こる．フォトクロミック分子結晶に光を照射すると，フォトクロミック反応に基づく個々の分子の形状変化が起こり結晶形が変化するため，光変形を誘起することができる．ジアリールエテン単結晶やアゾベンゼン単結晶の光変形が報告されている．

〈池田富樹〉

【関連項目】
▶2.4③ 液晶の光学特性／3.2② 異性化反応／5.4④ フォトクロミズム／5.4⑦ 光異性化と光応答膜材料／5.5② フォトリフラクティブ材料

5.4 光機能材料 ── ⑨

# 量子ドットの特性と光機能
Physicochemical Property and Photo-function of Semiconductor Quantum Dots

　半導体粒子のサイズが約 10 nm 以下にまで小さくなると，粒子中の電荷キャリアは，3次元のすべての方向からの移動が制限されて局所的な空間に閉じ込められた状態となる．量子ドットとは，このような電子状態をもつ粒子を意味する．とくに最近では，CdSe ナノ粒子に代表されるような液相合成により作製された，直径2〜10 nm 程度の半導体ナノ粒子で，強い発光を示すものを指す場合が多い．このサイズ領域に存在する粒子は，分子とバルク材料との間の電子状態をもつ．すなわち，図1に示すように，バルク半導体のような連続的な電子準位を形成することができずに離散的な電子準位となり，さらに，粒子サイズの減少に伴い，伝導帯下端が負電位側に，価電子帯上端が正電位側にシフトしてバンドギャップエネルギー（$E_g$）が増大する（量子サイズ効果）．このことから，量子ドットの物理化学特性は，粒子サイズに依存したものとなり，材料の結晶構造や化学組成を変化させなくとも，物理的な粒子の大きさを変えることによって制御するこ

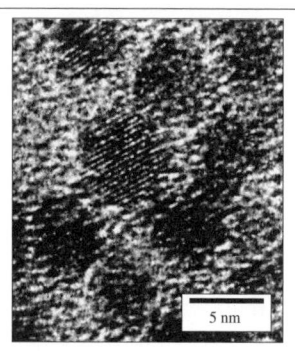

図2　平均サイズが約 4 nm の AgInS$_2$ ナノ粒子の TEM 写真

とができる．図2に，球状半導体ナノ粒子の典型的な透過電子顕微鏡（TEM）写真を示す．

　いくつかの半導体における粒子サイズ（$d$）と $E_g$ の関係を，図3に示す．

　半導体が光を吸収すると，粒子中に励起電子と正孔が形成される．この電子と正孔は互いにクーロン力により引き合って対となる場合がある．このような励起電子と正孔の対を励起子とよび，その空間的な広がりは有効ボーア半径（$a_B$）（式(1)）で表される．

$$a_B = \frac{\varepsilon_0 \varepsilon_r h^2}{\pi e^2}\left(\frac{1}{m_e} + \frac{1}{m_h}\right) \quad (1)$$

ここで，$m_e$ および $m_h$ はそれぞれ半導体中での電子および正孔の有効質量，$\varepsilon_0$ は真空の誘電率，$\varepsilon_r$ は比誘電率，$h$ はプランク定数である．

　量子サイズ効果による $E_g$ の増大は，粒子サイズ（直径）が励起子の有効ボーア半径の2倍（$2a_B$）よりも小さくなると顕著になり，その吸収スペクトルは粒径の減少とともに短波長側にシフトする．このような $E_g$ の変化の理論的な取り扱いはいくつか報告されている．無限のエネルギー障壁

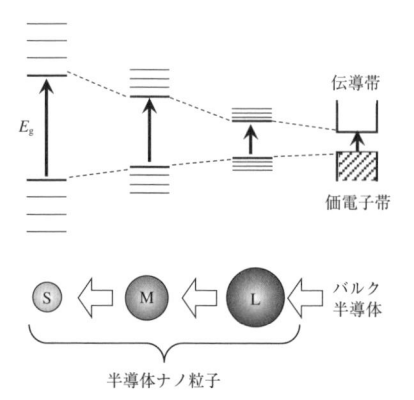

図1　粒径減少に伴って変化する半導体粒子の電子エネルギー構造の模式図

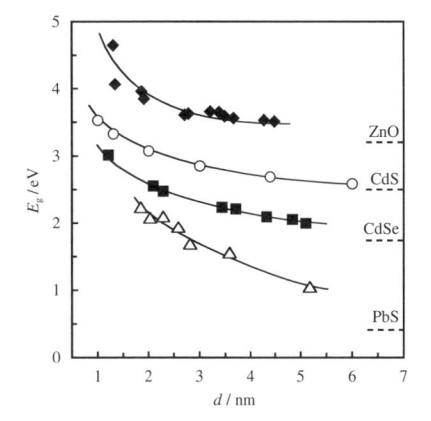

**図3** 種々の球状半導体粒子における粒子サイズ($d$)とエネルギーギャップ($E_g$)の関係. ZnO(◆), CdS(○) CdSe(■), およびPbS(△). 破線はバルク半導体の$E_g$を表す.

を持つ球状粒子中に電子および正孔が閉じ込められるとする単純なモデルを用いると,式(2)が得られる(有効質量近似).

$$E_g(d) = E_g^B + \frac{h^2}{2d^2}\left(\frac{1}{m_e} + \frac{1}{m_h}\right) - \frac{1.8e^2}{2\pi\varepsilon_0\varepsilon_r d} \quad (2)$$

ここで,バルク半導体のバンドギャップエネルギーを$E_g^B$,粒径$d$の球状半導体粒子のエネルギーギャップを$E_g(d)$とする. この関係式は,粒子の$E_g$を過剰に見積もる傾向にあり,サイズが小さな粒子については実験値との差が非常に大きくなる.

量子ドットの液相合成法は,これまでに数多く報告されている. とくに,高温の有機溶媒に半導体の前駆体を素早く注入する手法は,ホットインジェクション法とよばれ,単分散性の高いナノ粒子を得るためによく用いられている. 例えば,トリオクチルフォスフィンオキシドを溶媒として,300℃の高温下で,ジメチルカドミウムとトリオクチルフォスフィンセレニドとを注入して反応させると,CdSeナノ粒子が得られる. そのサイズは反応条件の精密制御により1〜12 nmの間でさまざまに制御す

ることができる.

化学合成条件を適切に選択すると,光励起キャリアの再結合中心となる結晶欠陥の少ない高品質な量子ドットが得られ,それは紫外光照射によって強く発光する(フォトルミネッセンス). 多くの場合,その発光ピークは非常にシャープなバンド端発光であり,吸収スペクトルの吸収端近くに現れる. 発光ピーク波長は,$E_g$のより大きな量子ドットほど,より短波長シフトする. また,その発光量子収率は,50%以上となるものも多い.

発光材料としての量子ドットは,従来の有機色素蛍光体に比べて,次のような長所をもつ.

(1) 半導体である量子ドットは,そのエネルギーギャップ以上のエネルギーをもつ光に対して,大きな吸収係数を有する幅広い光吸収帯をもつことから,広い波長領域の光で励起することが可能である. 一方で,有機蛍光色素は,多くの場合,比較的狭い吸収ピークしかもたないために,励起光波長が限定される.

(2) 量子ドットのバンド端発光のピーク幅は,有機蛍光色素に比べて一般的に狭く,耐光性も量子ドットのほうが高い.

(3) 量子ドットの発光波長は,その粒子サイズを変化させることによって制御でき,一般的に,粒子サイズが小さくなると量子サイズ効果によって発光ピーク波長が短波長シフトする. また,異なる発光色を示す量子ドットを,単一の波長の励起光によって同時に光励起することができる.

半導体ナノ粒子の化学合成法の進展はめざましく,球状ナノ粒子以外にも,反応条件の精密制御を行うことによって,ロッド形状やテトラポッド形状など,異方性形状をもつ半導体ナノ粒子の合成も可能である. 近い将来,新規発光材料や量子ドット太陽電池など,広範囲の研究分野に,化学合成した量子ドットの利用が期待される.

〔鳥本 司〕

## 光で情報記録――ヒートモードとフォトンモード記録
Optical Information Storage：Heat-mode Recording and Photon-mode Recording

**a. 光記録媒体とは** 光を用いて情報を再生または記録/再生することのできる媒体を光記録媒体とよぶ．古くはアナログ記録された映像を再生するためのレーザーディスク（LD），デジタル記録された音声を再生するためのコンパクトディスク（CD）やCDと互換性をもち記録可能なCD-R，-RWなどの光ディスク，MOに代表される光磁気ディスクなど，光を用いて情報を記録再生する種々の記録媒体が開発されてきた（表1）．これらの媒体は，円盤状ディスクを回転させながらレーザー光を照射し，情報をらせん状に記録または再生するという点で共通である．以下では各種光記録媒体の特徴について詳細を説明する．

**b. 再生専用媒体と記録可能媒体** 光記録媒体は，あらかじめ記録されている情報の再生のみが可能な再生専用型（ROM：read only memory），ユーザーが一度だけ情報を書き込める追記型（recordable），および，記録した情報を書き換えることのできる書き換え可能型（rewritable）の3種類に分類される．例えば，音楽CD，DVDビデオ，Blu-rayビデオ（BD-Video）は再生専用型，CD/DVD/BD-Rは追記型，CD/DVD-RW，BD-REは書き換え可能型の光ディスクである．MOやミニディスク（MD）もまた書き換え可能型の光記録媒体である．追記型および書き換え可能型光ディスクは対応する再生専用型媒体と互換性があるので，記録済ディスクはROMが再生できる装置で同様に再生ができる．

**c. 記録再生メカニズム** 光記録媒体への情報の記録は，①記録層の光吸収→②光熱変換→③記録層変化→④物性変化という各プロセスから構成される．①は記録層が記録光を吸収するプロセスである．後述のように光ディスクではファミリーによって光源の波長が異なるため，記録層には各波長に最適化された記録材料が用いられる．②は，記録層が吸収した光を無放射過程などにより熱に変換する光熱変換過程である．この過程で記録変化を引き起こすのに必要な熱が発生する（▶2.1⑥項）．③は，発生した熱によって記録層に変化が誘起される過程であるが，その変化はR媒体，RW媒体，光磁気のそれぞれに異なる．一般に有機色素が用いられるR媒体では発生した熱によって色素が分解して空隙（ボイド）が形成される不可逆な記録変化が起こる（BD-Rでは有機色素のほかに無機材料も用いられるが，この場合にも不可逆な組成変化などが起こる）．相変化材料が用いられるRW媒体では，結晶状態にある記録層を熱でいちど溶解させたあと急冷してアモルファス状態へと相変化させる．磁性体が用いられる光磁気では，熱によってキュリー温度にまで加熱された部分に磁界を印加して磁化を反転させる．相変化も磁化の反転も可逆過程であるから書き換え可能となる．その結果，記録部分で記録層の物性が変化するのが④の過程である．R媒体では記録部で屈折率が下がり，RW媒体では反射率が下がる．光磁気では磁化の向きに応じて偏光が回転する（磁気光学効果）．

表1 光記録媒体の種類

| 光記録媒体 | 光ディスク | 光磁気ディスク |
|---|---|---|
| 再生専用型<br>(ROM：read only memory) | CD / DVD / BD | — |
| 追記型<br>(recordable) | CD-R / DVD-R / BD-R | — |
| 書き換え可能型<br>(rewritable) | CD-RW / DVD-RW /<br>BD-RE | MO/MD |

記録の再生は，再生光を照射した際に記録部および未記録部から戻る反射光の変化を検知して行う．R媒体およびRW媒体では，ともに反射率の変化を（通常は未記録部分での高い反射光強度が記録部分で下がる変化，ただし，BD-Rでは逆もある），光磁気では磁気光学効果により回転する再生光の偏光変化を検出する．

**d. 高容量化**　光記録媒体の高容量化は，用いる光源の波長を短波長化し，開口数（NA：numerical aperture）の大きな対物レンズを用いることで実現してきた．光ディスクの記録容量は，780 nmの光源を用いるCDファミリー（CD，CD-R，CD-RW）が0.7 GB（ギガバイト），660 nmを用いるDVDファミリーが4.7 GB，405 nmを用いるBDファミリーが25 GBである．短い波長の光源を用いれば回折限界をより小さくできるため，高$NA$のレンズとあわせれば，より微細に記録マークを書くことが可能になる．加えて記録層の多層化技術も確立され，DVDでは2層で8.54 GB，BDでは4層で128 GBの記録容量が実現されている．一方，光磁気ディスクでは，磁気超解像（MSR：magnetically induced super resolution）とよばれる回折限界以下の微細領域を再生する技術を用いて2.3 GBの高容量が達成されている．

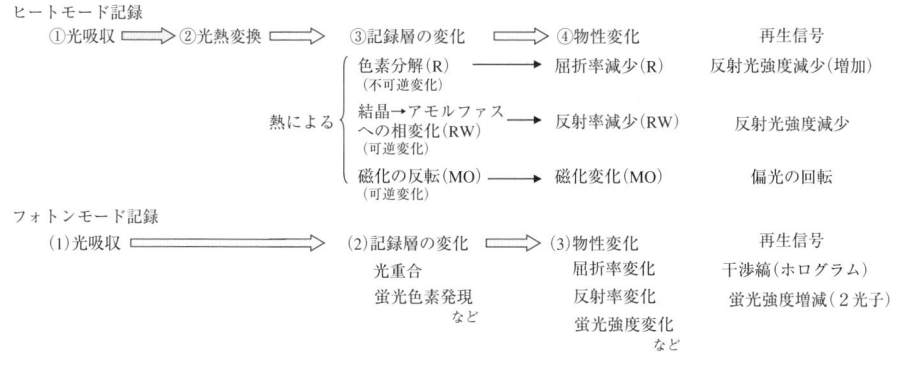

**e. ヒートモードとフォトンモード記録**
　これまでに述べてきた光記録媒体では，吸収した記録光を熱に変換し，発生した熱によって記録層の物性変化を誘起することで記録マークを形成する．このように光をいったん熱に換えて記録変化に利用する様式の記録をヒートモード記録とよぶ．ヒートモード記録では，記録変化を誘起できる温度に達するまでに十分な熱を発生させる必要があるが，発生した熱は周辺へと拡散することも考慮すれば記録にはある程度の時間がかかる．一方，照射した光を熱に変換することなく光のまま記録変化を誘起して記録マークを形成する様式の記録をフォトンモード記録とよぶ．フォトンモード記録では光化学反応を利用するため原理的には高速記録が期待できる．例えば，光重合反応（▶3.2⑲，5.1①項）を利用して回折格子を形成することで体積記録を行うホログラフィック記録や，2光子吸収を利用して3次元に蛍光物質などを発生させて多層記録を行う2光子記録など（▶2.1⑩項），さらなる高速・高密度記録を目指した研究開発が行われている（図1）．　　　（秋葉雅温）

【関連項目】
▶2.1⑥ 電子励起状態からの緩和現象／2.1⑩ 多光子吸収／3.2⑲ 光重合反応／5.1① 光硬化樹脂・光硬化塗料／5.1④ レーザー光加工

ヒートモード記録
①光吸収 ⇒ ②光熱変換 ⇒ ③記録層の変化 ⇒ ④物性変化　　再生信号

熱による
- 色素分解(R)（不可逆変化） → 屈折率減少(R)　　反射光強度減少(増加)
- 結晶→アモルファスへの相変化(RW)（可逆変化） → 反射率減少(RW)　　反射光強度減少
- 磁化の反転(MO)（可逆変化） → 磁化変化(MO)　　偏光の回転

フォトンモード記録
(1)光吸収 ⇒ (2)記録層の変化 ⇒ (3)物性変化　　再生信号
光重合　　　　　　　屈折率変化　　　干渉縞(ホログラム)
蛍光色素発現　　　　反射率変化　　　蛍光強度増減(2光子)
　など　　　　　　　蛍光強度変化
　　　　　　　　　　　など

図1　ヒートモードとフォトンモード記録

## フォトリフラクティブ材料
Photorefractive Materials

**a. 原理** フォトリフラクティブ効果は，光の波の性質である干渉（▶1④項），光導電性（▶5.2③項）および非線形光学（1次の電気光学効果のPockels効果）（▶5.4③項）の組み合わせによる電荷の再分布に基づく屈折率変調格子を形成する現象である．

フォトリフラクティブ効果では，図1に示すように，2本のレーザービームを試料内で交差させ，試料内に光の明暗の干渉縞を作り出す．ここまでは単なる干渉である．明部において外部電場の助けを借りて光キャリア対が生成する．生成した光キャリア対のうち正孔キャリアが暗部に向かって移動し，そこで留まる．その結果，光の明暗縞はキャリア密度の周期的な分布とな

る．周期的な電荷分布により両キャリア間に空間電荷電場が形成される．外部電場で配向した非線形光学色素の1次の電気光学効果（Pockels効果）により，空間電荷電場と外部電場の和に比例する周期的な屈折率変調格子が形成される．この周期的な屈折率変調格子が回折格子となる．屈折率変調格子は光の干渉縞から位相が$\pi/2$だけずれており，これがフォトリフラクティブ格子特有の非対称エネルギー移動に基づく光増幅効果をもたらす．さらに，分子の配向に基づく配向増幅効果がもたらされる．フォトリフラクティブ効果を示す材料の高速応答性によって，動的なホログラムまたはホログラム記録像が形成される．

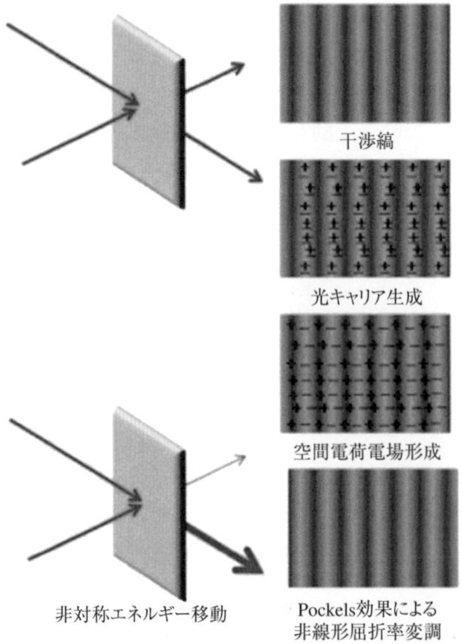

**b. 材料** フォトリフラクティブ効果発現のためには，材料に光導電性とPockels効果の2つの効果をあわせもたせることが要求される．有機フォトリフラクティブポリマーでは，ポリビニルカルバゾール（PVCz）やトリフェニルアミンダイマーを側鎖に有するアクリレートポリマー（PATPD）に代表される光導電性ポリマーをベースに，増感剤，非線形光学色素および可塑剤を混ぜ込んだポリマー複合材などが用いられる．その他，非線形光学ポリマーをベースに光導電剤（光キャリア生成，輸送剤），増感剤および可塑剤を混ぜ込んだポリマー複合材，ならびに光導電性部位と非線形光学部位を1つのポリマー鎖に導入したモノリシックタイプの有機フォトリフラクティブポリマーが挙げられる．増感剤には，2,4,7-トリニトロフルオレノン（TNF）やフラーレン誘導体の[6,6]フェニル-C61-ブチル酸メチルエステル（PCBM），非線形光学色素にはアミノスチレン骨格を有する色素（例えば，4-アザ

**図1** フォトリフラクティブ効果発現の機構
（干渉縞／光キャリア生成／空間電荷電場形成／非対称エネルギー移動／Pockels効果による非線形屈折率変調）

シクロヘプチルベンジリデンマロニトリル（7-DCST）），可塑剤にはフタル酸ベンジルブチル（BBP），フタル酸ジシクロヘキシル（DCP），リン酸トリクレシル（TCP）に加えエチルカルバゾール（ECZ），プロピオン酸カルバゾイルエチル（CzEPA）などの光導電性可塑剤などが用いられる．

　c．**用途**　有機フォトリフラクティブポリマーは，$\Delta n$ が $10^{-3}$ オーダー，応答性もミリ秒オーダーの性能を有しており，薄膜化，大面積化，ファイバー化，易加工性，フレキシビリティーなどポリマー材料の特徴を最大限に生かしてさまざまな応用が可能である．

　とくに薄膜化や大面積化を利用して，リアルタイムホログラフィック 3D ディスプレイなどへの応用が可能である．具体的には，コインなどの物体からの反射光（物体光）からのホログラムを高速に書き換えできることが実証されている．また，多角度からの画像（ホーゲル）や映像を要素ホログラムとして用いるホログラフィックステレオグラフィーを利用したリアルタイムホログラフィック 3D ディスプレイなども実証されている．さらに，2D ではあるが，ビデオ速度（毎秒 30 フレーム）に追従するホログラムが再生できることも実証されている．光のホログラフィックな干渉を利用するナノメートル計測などへの応用も期待されている．

　フォトリフラクティブ物質内のホログラフィックな干渉により位相共役波を発生させることができる．位相共役波は時間反転波ともいわれ，空間を逆戻りする波である．したがって，位相共役波を発生できるフォトリフラクティブ物質は位相共役鏡として振る舞い，位相共役波を用いた波面形状の補正あるいは位相歪み画像の修復などに利用できる．この手法を利用して長距離の多モード光ファイバー内を伝送する際の光学像の歪み補正ができる．ファイバー内では導波モードごとに位相速度が異なり，そのために伝送中に光学像が歪んでくる．そこで，光学像を途中の位相共役鏡で反射させ，その後同一の特性を有する光ファイバー内を伝送させることで，光学像の歪みが修復される．

　ホログラフィックマッチトフィルターによる実時間光相関，画像相関検出，光インターコネクション，光ニューラルネットワーク，光コンピューティングなど光情報処理に関連したさまざまな応用の可能性を秘めている．2 次元情報を有する信号光をフォトリフラクティブ回折格子により Bragg 回折で分岐して取り出すことが可能となり，フォトリフラクティブ回折格子は光のみの空間並列光インターコネクションのキーデバイスとなる．不完全入力像からの完全出力像を得る連想想起メモリーや画像診断技術への応用なども挙げられる．画像診断技術の 1 つに，近赤外光を用いた散乱媒質中の立体構造体観測を行うホログラフィック光コヒーレンスイメージング（HOCI）が挙げられる．HOCI のコヒーレンスフィルターとしてフォトリフラクティブポリマーを用いて，深さ数ミリ程度の生体組織（皮下組織）にある異物（例えばラットの腫瘍）を，分解能 $10\,\mu m$ でフレーム（断層）画像としてとらえ，深さ方向の輪切り画像をコンピューターで再構成して立体画像化できる．

　また，フォトリフラクティブポリマー複合材料は，非対称エネルギー移動に伴う大きな光学利得を有しており，それを活用した画像増幅なども可能である．　　　（堤　直人）

【関連項目】
▶1⑤ 光の屈折・反射・干渉・回折／2.2⑤ 光増感／2.2⑥ イオン化ポテンシャル・電子親和力と分子の HOMO, LUMO／2.2⑩ 光イオン化／5.2③ 光導電性とは／5.4③ 非線形光学材料

# 光ホールバーニング・周波数領域の光記録
Photo-Hole Burning/Frequency-Domain Optical Memory

通常の光記録では，光を集光できるサイズの空間スポットに，1ビットの情報しか記録できない．一方，光ホールバーニング (PHB: photo-hole burning) とよばれる現象を利用した光記録では，空間スポット内の周波数（もしくは波長）領域にも情報を記録することにより，高密度の光記録を実現する．

図1に，PHBの原理を示す．固体中に分散された色素分子の吸収スペクトルを考える．液体ヘリウム温度（4.2 K）のような極低温のもとでは，ある種の分子では，分子各々の吸収スペクトルは，熱的なゆらぎが抑えられるために，非常に幅の狭い形状となる．しかし，それぞれの分子周囲の環境が異なるので，その共鳴吸収位置に分布が生じ，試料全体では不均一に広がった吸収スペクトルが観測される（図1上）．このような試料に，周波数幅の狭いレーザー光を照射すると，その周波数に共鳴する色素分子のみが選択的に光を吸収する．ここで，光吸収により励起状態となった分子が光化学反応を起こせば，その共鳴周波数が変化する．その結果，照射光の周波数における吸収が減少し，色素の吸収スペクトル中に孔（ホール）が形成される（図1下）．この現象をPHBとよび，試料を低温に保持する限りホールが維持されることから永続的ホールバーニング，あるいは光化学反応を起源とすることから，光化学ホールバーニングともよばれる．これに対し，レーザー照射中にのみ吸収スペクトル中にホールが観測される現象は，過渡的ホールバーニングとよばれる．

PHBにおけるホールの有無をデジタル信号の1と0に対応させることにより，周波数領域に情報を記録することが可能となる．このときの多重度（すなわち1つの空間スポットに何ビット記録できるか）は，試料全体の吸収スペクトルの幅（不均一幅 $\Gamma_i$）と分子各々の吸収線幅（均一幅 $\Gamma_h$）を用いて，$\Gamma_i/\Gamma_h$ と表される．多くのPHB材料で，液体ヘリウム温度における多重度が $10^4$ 以上になることから，飛躍的な高密度化が実現できる可能性が指摘され，1980年代から研究が行われてきた．

より大きな多重度を実現するには，不均一幅 $\Gamma_i$ が大きく，また均一幅 $\Gamma_h$ の小さな材料を開発する必要がある．一般に $\Gamma_h$ は，光速 $c$，励起寿命 $\tau_1$，および位相緩和時間 $\tau_2^*$ を用いて次のように表される．

$$\Gamma_h = \frac{1}{\pi c}\left(\frac{1}{2\tau_1} + \frac{1}{\tau_2^*}\right)$$

位相緩和時間 $\tau_2^*$ とは，光励起により生じた分子の分極振動の位相が，周囲の熱振動（フォノン）などにより乱され，初期位相との相関を失うまでの時間を表す．多くの場合 $\tau_1 \gg \tau_2^*$ であるため，$\Gamma_h \simeq (\pi c \tau_2^*)^{-1}$ となる．したがって，室温においても長い

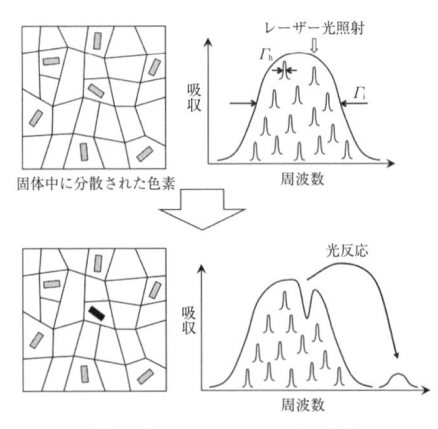

**図1** 光ホールバーニングの原理

$\tau_2^*$ をもつ希土類金属イオンを含む系が，PHB 記録材料として有望とされている．また，長い $\tau_2^*$ を有する材料は，次項で述べるフォトンエコー，さらには量子コンピューターの分野においても注目されている．

表 1 に，これまでに報告されている PHB（ホール形成）機構と，その材料例を示す．PHB が観測される（すなわち小さな $\varGamma_h$ を示す）ためには，分子の基底状態と励起状態におけるポテンシャル曲線の極小位置が，配位座標上で近くに存在しなければならない．一般に，そのような分子は光化学的に安定であり，高い量子収率で光反応を起こす分子は，PHB を示さない場合が多い．

水素化ポルフィリンおよび水素化フタロシアニン類は，PHB が観測される代表的な有機色素である．これらの化合物は，図 2 に示すように，低温では，その環中心の 2 個の水素原子が対角線上に局在化している．光励起により，この水素原子対が 90°回転する，互変異性化とよばれる反応が起こる．その際，分子自体の化学構造は変化しないものの，周囲環境との相互作用が変化するため，反応前とは異なる位置に共鳴

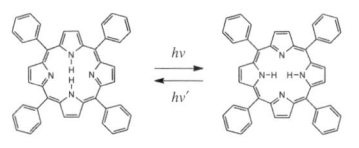

**図 2** 水素化テトラフェニルポルフィリンの光互変異性化反応

周波数がシフトする．これにより，吸収スペクトル中にホールが形成される．この水素互変異性化反応は，PHB が観測される光化学反応としては高い量子収率（$10^{-3}$〜$10^{-2}$）を示し，また周囲の媒体を選ばないことから，有機系材料では最も広く PHB に用いられてきた．

希土類金属イオンなどの無機系 PHB 材料では，光イオン化反応をホール形成機構として用いる場合が多い．これらの系では，2 光子励起を経由するイオン化反応とすることで，光反応（書き込み）を誘起する光強度にしきい値をもたせること（非破壊読み出し）が可能となる．

PHB は，周波数選択的に光励起された色素分子が反応しなくても観測されることがある．すなわち，励起された分子が，その励起エネルギーを熱として周囲の媒質中に放出する際，色素近傍の媒質環境を変化させる．これにより，励起された分子の共鳴周波数が変化し，ホールが形成される．このとき，周囲環境の物理的変化によりホールが形成される現象を光物理ホールバーニングとよぶ．一方，周囲環境が光化学反応を起こす場合として，2 光子励起による三重項増感反応を用いた系が知られている．

最近では，超狭帯域の光学フィルターや光コム（離散的に等間隔で並んだ鋭いスペクトルをもつ光）などの素子への PHB 材料の応用も研究されている．　　　〔町田真二郎〕

**表 1** 報告されている PHB 機構とその材料例

| 形成機構 | 色素分子（色中心） | マトリックス |
|---|---|---|
| イオン化 | $Sm^{2+}$, $Eu^{3+}$ | $CaF_2$, ホウ酸ガラス |
| 分解 | テトラジン誘導体 | ベンゼン |
| 電子移動 | 亜鉛ポルフィリン | クロロホルム-PMMA |
| 異性化 | 1, 3, 5, 7-オクタテトラエン | n-ヘキサン |
| 水素互変異性化 | 水素化ポルフィリン | ポリマー，シリカ |
| 水素結合移動 | キニザリン | ポリマー，シリカ |
| 増感 | 亜鉛ポルフィリン | 光反応性ポリマー |
| 光物理的機構 | ポルフィリン誘導体 | ポリマー，シリカ |

【関連項目】
▶ 5.4④ フォトクロミズム／5.5① 光で情報記録／5.5④ フォトンエコー

## 5.5 光記録——④

# フォトンエコー——時間領域の高速光記録
Photon Echo：Ultrafast Optical Memory in Time Domain

2つの光パルスを同時に試料に照射すると電磁波どうしの干渉が起こり，生成した励起分子の分布にも空間的な変調が生じる（図1）．過渡回折格子分光では，3番目の光パルスを入射し空間的な干渉パターンによって回折される信号光の計測を行う．しかし，最初の2つの光パルスが時間的に離れていても干渉が起こる場合がある．古典的には光照射によって物質系の電子は励振され，その結果として誘起される分極は入射光の周波数や位相に依存したものとなる．したがって，物質系にこの位相や振動数の情報が保持されている時間（電子位相緩和の時間以内）であれば，1番目と2番目のパルス光は時間的間隔があっても干渉できることになる．一方，量子力学的には，ある光子はコヒーレントで等価な2つのレーザーパルスのどちらにも等価に存在する．その光子によってどの分子が励起されたか決定するのは，2つのパルスがともに照射された後である．すなわち，第1パルスが入射したときに，どの分子がどの光子を吸収したか決定できる場合には干渉は起こらないが，どちらのパルスで励起されたかがわからない場合には，物質系は基底状態と励起状態の重ね合わせの状態として記述できるので，この状態と第2パルスとが干渉すると説明することも可能である．

フォトンエコーでも第3パルスを照射した場合，過渡回折格子と同様にBragg条件を満たす方向に光が回折される．しかし，これは厳密には回折光ではない．回折は第3パルスの照射と同時に起こる現象であるが，エコー信号は第1，第2パルスの間隔 $t_1$ と同じ時間だけ遅れて発生する（$t_3 = t_1$）．これは，空間的な干渉パターンだけではなく周波数スペクトルにも干渉パターンが生じることによる．1つのGauss型の時間パルスのフーリエ変換はGauss型の周波数スペクトルになるが，2つのパルスの場合には，その間隔に依存したフリンジパターン（干渉パターン）がスペクトルに現れる．強いレーザーパルスを分子に照射すると励起状態が生成するので，基底状態の分子数が低下し，その吸収スペクトルには，励起状態の生成分子数や不均一広がりに依存した吸収のホールが生じる（ホールバーニング）．したがって時間差をもって照射された1番目と2番目のパルスにより，このホールには"干渉"によるフリンジパターンが刻まれ，第3パルスに対して影響を与える．その結果，ホールスペクトルの逆フーリエ変換として，第3パルスに $t_1$ だけ遅れて"回折"光が生じることになる．

実際の実験系では分子の熱ゆらぎにより位相緩和（デコヒーレンス）が起こるため，$t_1$ を長くしていくと干渉は起こりにくくなり，エコー信号も弱くなっていく．したがって，エコー信号の減衰の測定から，電子位相緩和時間を決定することができる．室温のアモルファス系では数十フェムト秒の超短時間で位相緩和が起こるので，$t_3 = t_1$ となるようなエコー信号は10 K 以下の極低温で熱ゆらぎを十分抑制した場合にしか観測されない．$t_1$ が十分短ければ"干渉"も可能であるが，第2，第3パルスの間隔 $t_2$ を長くすると，フリンジパターンが吸収スペクトルの不均一性に起因するスペクトル拡散により徐々に解消し，エコー信号も減衰する．この現象を応用すると，溶質の電子遷移のスペクトルに対する溶媒の熱運動の影響を調べることが可能となるので，溶媒和ダイナミクスの観測など

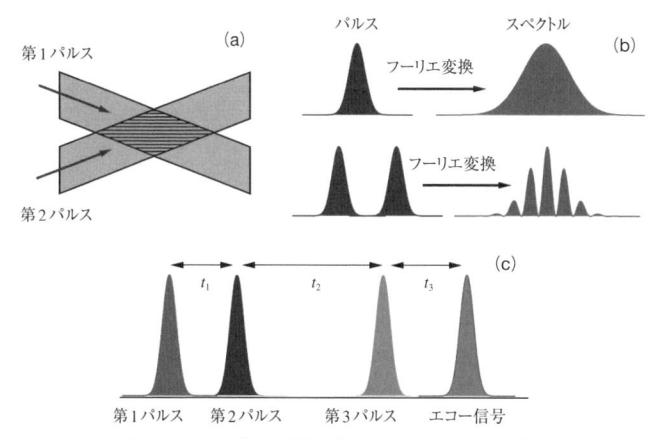

**図1** (a)2つのパルスの交差によって焦点で空間干渉パターンが生じる．(b)1つのGauss型パルスのスペクトルはGauss型であるが，2つのパルスのスペクトルにはフリンジパターンが生じる．(c)フォトンエコーのパルス時間配列．完全なエコーの場合，$t_1 = t_3$となる．

にも応用されている．また，現象論的にはフォトンエコーは磁気共鳴測定におけるスピンエコーと同様の解釈も可能であり，$t_1$と$t_3$についてフーリエ変換して2次元スペクトルを得ると，その非対角ピークから状態間のカップリングの情報を得ることができる．これを応用して光合成アンテナ系では光エネルギー伝達経路の研究がなされている．その結果，励起子は複数のアンテナ・クロロフィルに非局在化し，最適のエネルギー伝達経路を量子力学的に選択しているということが示唆されている．さらにフォトンエコーは，紫外・可視領域の電子遷移スペクトルのみではなく，赤外領域の振動スペクトルにも応用できる．2次元フーリエ変換振動スペクトルを得ることにより振動間のカップリングを観測することが可能であり，タンパク質の高次構造の時間変化追跡などに応用されている．

フォトンエコーは最初のパルス間隔を第3パルスで読み出すことができるので「時間領域のホログラフィックメモリー」ともよばれ，光記録への応用も期待されている．第2パルスを複数のパルスに分割してモールス信号のように情報を媒体に記録し，第3パルスでその信号を再生することが可能である．また，回折方向を選択することによって第1，第2パルスを入れ替えることができ，パルス列を時間反転した形で再生することもできる．原理的には動画のように，記録の再生・反転再生などが可能になるが，前述したように常温ではデコヒーレンスが高速で起こるため，フォトンエコーによる光記憶は実用化には至っていない．今後の課題としては，媒質・媒体間のカップリングができるだけ小さい系を作成するなど，デコヒーレンスを抑制する改良が必要である．

(長澤　裕)

【関連項目】

▶1⑤ 光の屈折・反射・干渉・回折／2.3② 光化学における溶媒効果／5.5③ 光ホールバーニング・周波数領域の光記録／8.2① 光合成

# 6

# 光化学と健康・医療

6.1 医療に用いる光技術
6.2 光と健康

## 生体光イメージング
*In Vivo* Imaging

　生きた個体の体内の様子を画像化する手法を生体イメージングという．培養細胞内部での分子の分布を観察する細胞イメージング（▶8.1⑥項）とは区別する．生体光イメージングは，発光イメージングと蛍光イメージングに大きく分けることができる．前者はルシフェラーゼなどの発光酵素遺伝子をあらかじめ細胞に導入しておく必要があるため，臨床応用への可能性は低い．そこで，医療分野には，生体蛍光イメージングが利用されることとなる．

　この場合，生体構成成分による自家蛍光，および光の生体内での透過性，すなわち吸収による強度減少と散乱による定量性の低下に注意を払う必要がある．自家蛍光を発する物質には，コラーゲン，NAD，NADPH，フラビンタンパクなどが挙げられる．これらは，紫外〜可視光領域で励起されるため，近赤外光（NIR：near infrared，650 nm〜900 nm）を用いれば，その影響を避けることができる．近赤外光の領域は「生体の窓」とよばれ，図1に示すようにヘモグロビンや水による吸収が少ないため

組織透過性が高く，生体イメージングに適している．ただし，近赤外光はヒトの目で見ることはできない．一方で可視光領域の光は「可視」であるため，術中診断に有効である．しかし，この領域の光は組織透過性が低いため，表面に近い場所にある病変を内視鏡や術中診断にて観察する際のみの利用となり，また，前述のように自家蛍光に注意をする必要がある．

　現在，臨床で用いられている蛍光物質にはフルオレセインとインドシアニングリーン（ICG）（▶6.1②項）がある．光イメージングが生体の構造の描出に利用されている例として，フルオレセインによる眼底血管イメージングとICGによる乳がんのセンチネルリンパ節の同定が挙げられる．ICGは蛍光波長が長く（励起波長：800 nm，蛍光波長：845 nm），生体イメージングに適した近赤外蛍光分子であるため，最近では，冠動脈バイパス手術後の血管の吻合を確認するためにも利用されはじめている．さらに，肝がん細胞ではICGの排泄能が低下することから，肝臓に残存する蛍光をとらえることによる術中がんイメージングの試みもなされている．

　一方，生体内の特定の標的分子への結合能をもったキャリア分子と蛍光物質を組み合わせたイメージングプローブを用いることによる，生体光イメージングの試みが行われている．ポジトロン画像撮像法（PET）などによる生体イメージングに比較するとまだまだ認知度が低いものの，光イメージングは簡便性に優れ，装置が安価であるという大きな利点があることから，欧米ではすでに臨床応用が始まっている．

　生体イメージングが *in vitro* の細胞イメージングと異なる点として，血中滞留や標

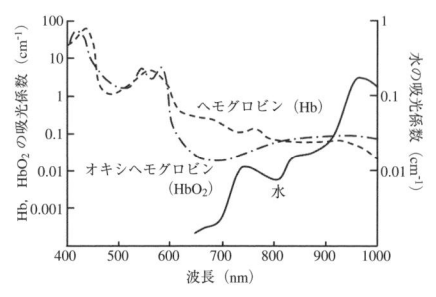

**図1**　ヘモグロビン(Hb)，オキシヘモグロビン(HbO$_2$)および水の吸収スペクトル．近赤外領域(650 nm〜900 nm)ではこれらの分子による光の吸収が小さく組織透過性がよいため，生体光イメージングに適している．

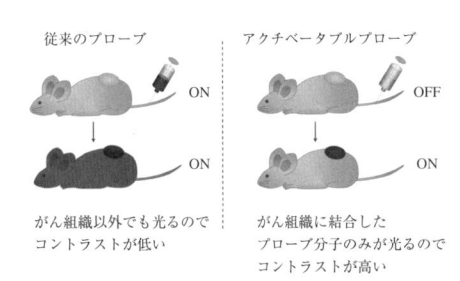

**図2** アクチベータブルプローブは，標的組織中のみで発光するので特異性の高い画像を得ることができる．

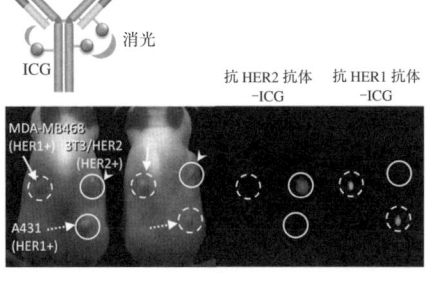

**図3** アクチベータブルプローブであるICG標識抗体とそれによる生体イメージングの例．マウスに移植された標的腫瘍のみが特異的に描出されている．

的組織外での非特異的結合など，生理的に存在するイメージングプローブを，容易に洗い流すことができないという点がある．しかし，生体イメージングでは「アクチベータブルプローブ」を用いることにより，この問題点を解決することができる．アクチベータブルプローブでは，光信号が標的組織においてのみONになるため，コントラストの高い標的特異的な画像を得ることができる（図2）．アクチベータブルプローブの具体的な例の1つとして，ICG標識抗体が挙げられる．ICGは，特定のリンカー部位を介して抗体（キャリア分子）に共有結合させると，その蛍光がきわめて効率よく消光する．これを生体に投与すると，標的組織内で抗体の3次構造が変化することによって蛍光を発するようになる．すなわち，このアクチベータブルプローブを静脈投与すれば，血中滞留や標的組織外からのバックグラウンドの影響なく，標的腫瘍のみを特異的に描出することが可能となる（図3）．また，特定の酵素反応によりキャリア分子が開裂し蛍光シグナルがONになるシステムを利用したアクチベータブルプローブの開発もなされている．これは，キャリア分子に複数個の近赤外蛍光分子を結合させたもので，アポトーシスやがんの転移能を画像化するプローブが報告されている．現在，アクチベータブルプローブを用いた光生体イメージングは，実験動物を用いた基礎研究の段階であるが，今後の発展が期待されている．

近年，イメージングプローブだけでなく，イメージング装置の開発も精力的に行われている．通常，CT, PET, MRIなど他の画像化法では断層画像（3D画像）が撮像される．しかし前述したように，光は生体内を透過する際に吸収・散乱の影響を受けるため，光源の位置・強度の計算がきわめて複雑であり，生体光イメージングでは，これまで断層画像の構築は困難であるとされてきた．そのため，生体光イメージングは通常，プラナー画像（2D画像）にて行われている．しかし最近，新しい数理モデルの構築によってこれらの問題点の解決を図る試みが国内外で始まっており，マウスなど小動物においてはすでに3D化が実現しており，これに伴い定量性も向上している．今後，イメージングプローブ・イメージング装置の発展に伴う，特異性・感度・定量性が向上されると，簡便で安価である生体光イメージングの医療現場での利用が大きく広がる．

〔小川美香子〕

【関連項目】

▶6.1② 術中光診断／6.1③ 光線力学療法／8.1⑥ 細胞イメージング

## 術中光診断
Intraoperative Photodetection

　術中光診断とは，手術中に発光・蛍光試薬によって対象とする病巣を光らせ，その光を指標とすることで手術の効率化，精度・確度の向上を狙う診断法のことである．多くは近赤外蛍光色素であるインドシアニングリーン（ICG）が用いられている（図1）．

　ICGの吸収や蛍光の波長は生体内の組織による吸収や散乱を受けにくい近赤外光領域にある．またICGの蛍光波長は脂質と結合することで845 nmまで長波長シフトする．これらのことからICGを用いると比較的生体深部（体表から約10 mm）の光信号まで検出できる．術中光診断は，乳がんセンチネルリンパ節同定，冠動脈バイパス手術をはじめとして，広範な臨床領域における脈管造影，リンパ管造影において利用が進んできている．また最近では，がん診断治療分野において術中にがん病巣を特異的に光らせることのできる，がん病巣のみで蛍光を発する新たな診断薬開発が進められている．

　**a．乳がんセンチネルリンパ節イメージング**　　センチネルリンパ節はがんの原発巣から腫瘍細胞がリンパ流で最初に到達する1個あるいは数個のリンパ節と定義され，ここから他のリンパ節へ転移が波及していくと考えられている．したがって，センチネルリンパ節に転移が認められなければ，その他のリンパ節に転移は生じていな

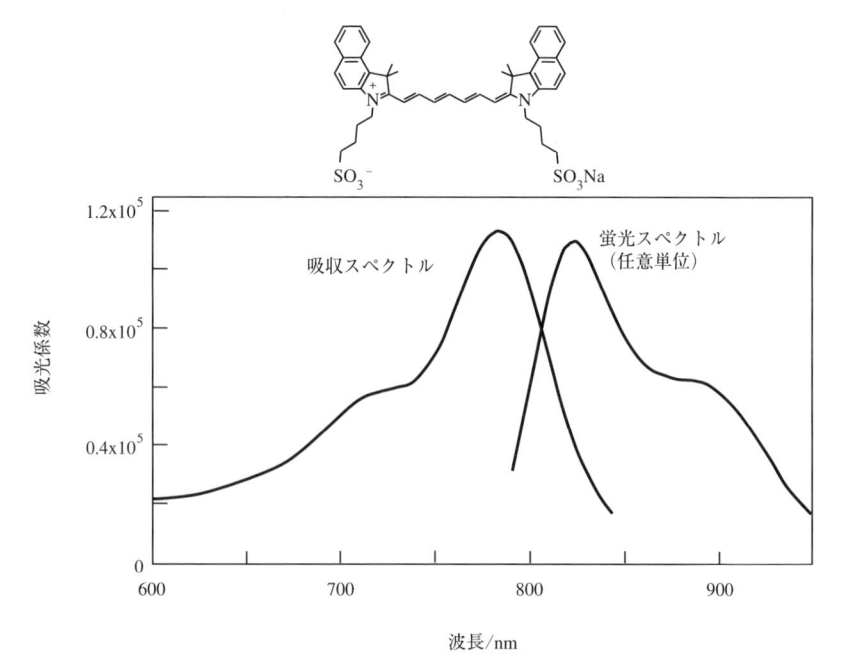

**図1**　ICGの構造とスペクトル

いと判断してリンパ節郭清を省略することができる．

乳房リンパ流路には乳輪部から主に腋窩リンパ節・胸骨傍リンパ節へ向かう流路が存在するが，辿る経路や頻度は患者や腫瘍の状態によってさまざまである．ICG 蛍光法によるセンチネルリンパ節の同定においては，腫瘍局在領域の乳輪部皮内に ICG を注入し，リンパ管内に吸収され高比重リポタンパクと結合した ICG が発する蛍光を蛍光画像観察装置を用いて検出する．これにより乳房リンパ流路が同定される．同定されたセンチネルリンパ節から生検標本を取り出し，その病理検査により転移の有無や性状が判断される．

**b．脈管造影**　ICG は元来，肝予備能を調べるための薬剤であり，ICG を末梢静脈から投与すると速やかに肝動脈・門脈から肝類洞系へと流入し，肝細胞に取り込まれた後胆汁中へと排泄される．したがって，ICG 静注後すぐであれば動脈・静脈内を循環する ICG の蛍光を指標として血管系の描出が可能である．

この性質を利用して，脳外科領域では例えば浅側頭動脈・中大脳動脈吻合術中の血管造影に用いられ，バイパス血管の血流を ICG 蛍光を観察することによって評価できる．また，心臓外科領域においても冠動脈バイパス手術後に，冠動脈に吻合されたバイパスグラフトの中を血液が流れていく様子を，ICG 蛍光を観察することで評価できる．

**c．がん特異的蛍光プローブ**　最近では，がんに選択的に集積する蛍光プローブが開発されつつある．例えば，がんの浸潤・転移に関わる生体機能分子や分子標的薬の対象となる分子に結合する抗体に蛍光剤を修飾したものが開発されている．具体的には膜型マトリックスメタロプロテアーゼ 1（MT1-MMP），ヒト上皮成長因子受容体 2（HER2），血管内皮成長因子（VEGF）などがんに特異的に発現する種々のタンパク質を標的として，それらに対する単クローン抗体が作製されている．それらの抗体に蛍光剤を修飾したがん特異的蛍光プローブが開発されている．蛍光修飾抗体においては，用いる蛍光色素を適切に選択することで，通常は蛍光消光状態にできる．それらは，生体内がん組織において標的分子と結合し，がん細胞内に取り込まれて初めて蛍光性を獲得する（▶6.1①項）．また，抗体を用いない例としては，がん組織に多く発現している γ-グルタミルトランスペプチダーゼによって分子の一部が切断されると蛍光性が回復し，その後，近傍のがん細胞内に取り込まれる低分子プローブが開発されている．これは，術中にがんの存在が疑われる部分にスプレーとして噴きかけることで，がん部位を光らせることができることから，微小がんの発見や取り残しを防ぐ画期的な技術として期待されている．

上記で紹介したプローブはいずれも担がん動物を用いた検証が進められている段階であるが，これらのほかにもさまざまなメカニズムによるプローブが多くの研究者によって開発されつつあり，今後の臨床展開が期待される．

〔天満　敬〕

【関連項目】
▶6.1① 生体光イメージング／6.1③ 光線力学療法

# 光線力学療法
Photodynamic Therapy(PDT)

　色素光増感反応によって活性な一重項酸素やラジカル性活性酸素をつくり，それによってがんなどの疾病細胞を壊死させる治療法を光線力学療法（PDT）という．

　色素（光増感剤）を光励起して三重項状態を生成させたとき，その近傍にもともと三重項状態である溶存酸素分子が存在すると，Dexter機構によるエネルギー移動が起こる．その結果，色素分子は基底一重項状態に戻り，高エネルギーをもつ一重項酸素分子が生成する．また，色素分子の励起三重項状態では電荷の偏りが起きやすく，近傍に基質が存在すると電荷移動錯体が生成し，やがてはその電子が酸素分子や水分子に移動することでラジカル性の活性酸素が生ずる．一重項酸素やラジカル性の活性酸素類はともに活性酸素とよばれ，強い酸化力をもっている．したがって，がん細胞中でとくに色素が集積しやすいミトコンドリア膜や細胞膜では，光照射によってそれらが酸化され，がん細胞を酸化壊死あるいはアポトーシス死に至らしめることができる．ラジカル性活性酸素による酸化機構をⅠ型機構，一重項酸素による酸化機構をⅡ型機構とよぶ．

　光線力学療法に用いられる光増感剤は，ヘムの吸収が少ない 600 nm 以上で光吸収し，三重項生成量子収率が高く，がん細胞への集積性があり，かつ生体安全性が確認できるものが必要である．生体安全性としては，体内毒性をもたないこと以外に，体内の動態が明らかになっていること，正常細胞で残存光毒性を示さないこと，早い代謝時間で排泄されること，さらに最近問題になっているナノ粒子に固有の毒性を示さないことなどのすべてが含まれる．

　これらの条件をすべて満たす化合物は多くはないが，生体中のヘムのリガンドであるプロトポルフィリン IX（PP）はその数少ない例の1つである（$\varepsilon_{630}$～12000，三重項生成量子収率～0.6）．ただし，近年はPPを直接患部に導入するのではなく，その前駆体，5-アミノレブリン酸（ALA）が用いられることが多くなっている（図1）．

　細胞内でPPが多くなりすぎると，フィードバック機構が働いてALAの量が減少し，PPの過剰生産が抑制される．ALAを人工的に加えることで，このフィードバック機構を外すとPPが過剰生産される．普通ならその過剰なPPには酵素（ferrochelatase）の働きにより2価鉄イオンが配位してしまうが，がん細胞中にはその酵素が少なく，PPが蓄積することが，ALA-PP法の大きな利点である．

　ALAによって誘導されるPPの腫瘍組織集積を利用して，術中蛍光診断とPDTを同時に行った動物実験の例を紹介する．ヒト前立腺がん細胞（PC3）をマウス大腿部の皮下に移植し，約1カ月かけて腫瘍サイズを $7 \times 7 \times 7\,\mathrm{mm}^3$ に成長した．そのマウスに 1mM-ALA/5%-糖水溶液を経口投与した後，手術によりがん部位を露出させた．光源として，410，635，665 nm の3波

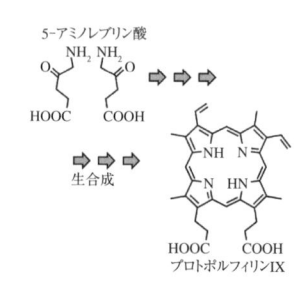

図1　アミノレブリン酸(ALA)とプロトポルフィリン IX(PP)

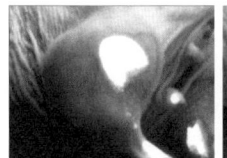

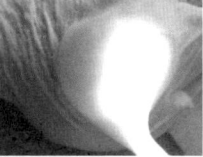

**図2** マウスに移植した前立腺がん組織の410 nm励起蛍光像(左，白く光っている部分が赤色蛍光を放射するがん細胞)と635, 665 nm照射像(右)

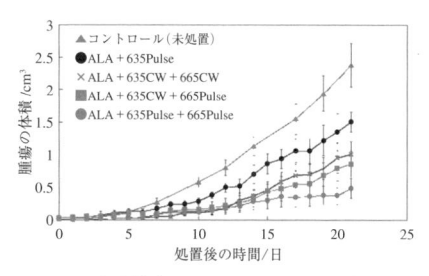

**図3** 実験腫瘍モデルでのPDT治療効果

長半導体パルスレーザー(20 Hz)を用い，光ファイバーを用いて，がん組織表面を照射した．

410 nm レーザーで照射すると，がん細胞に集積したPPから放射される赤色蛍光が観測され，がんの所在が確認できる(図2左)．赤色蛍光が観測された部位にPDT用($635, 665\,nm, 12\,\mu s$)のレーザーを照射してPDTを行った(図2右)．このとき，蛍光観測用のレーザー(410 nm)とPDT用のレーザー(635, 665 nm)の2つのパルスの遅れた時間(50 ms)をとり，蛍光観測とPDTとが同時にできるようになっている．

照射中にPPから新たなクロリン誘導体(ポルフィリンの一部のピロール環が飽和化させたもの)が生成することが見出された．後者も光増感剤として期待できるので，上記のようにその吸収波長である665 nmでも照射した．PDTの効果を図3に示す．

635 nmで単独照射するよりも，635 nmと665 nmの2波長を同時に照射したほうが治療効果が高い．またレーザーはパルス化したほうが治療効果が高い．

上記のALA-PP系以外にも数多くの光増感剤が提案されているが，実際に臨床応用が認められているフォトフリンとレザフリンの構造式を図4(a)と図4(b)に示す．

がんの種類によって光増感剤の腫瘍特異性は異なり，そのがん種に適した治療応用手段で，各がん領域の臨床家が治験を行い，その臨床応用へのプロトコールやガイドラインができあがらないと実際の臨床治療には至らない．基礎研究者と臨床実験者の粘り強い協力と努力が必要である．

(三好憲雄)

【関連項目】
▶2.2⑤ 光増感／6.1② 術中光診断

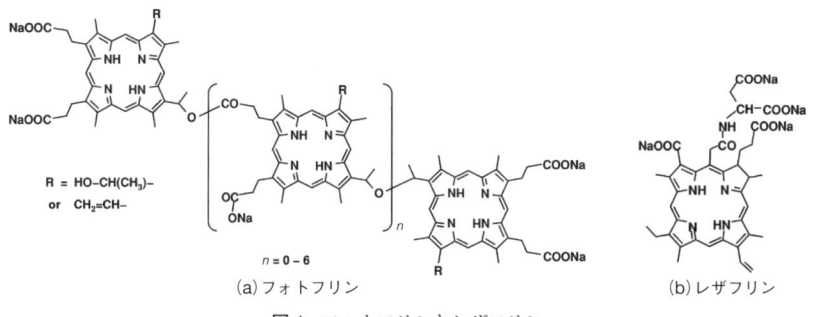

(a) フォトフリン  (b) レザフリン

**図4** フォトフリンとレザフリン

# レーザーメス
Lasermes

　手術の際，生体組織の切開にはメスが一般的に用いられる．金属メスを用いた切開では出血を伴うが，高周波電気メス（アーク放電によるジュール熱が発生）やレーザーメス（光熱変換による熱が発生）を用いると，切開と同時に毛細血管を速やかに凝固させ止血することができる．電気メスは組織に直接触れるため切開溝周辺に厚い熱変性層が生じる．一方、レーザーは非接触であり，ごく狭い範囲に集光させることで熱変性層を少なくすることができる．レーザーによる切開は，細胞内外の水がエネルギーを吸収して激しく沸騰，細胞が膨張して破裂，そして組織が激しく蒸発する蒸散（アブレーション）が次々と深部に進行することで起こる．集光点を組織から離し，フルエンスを下げることで切開せずに凝固だけを起こすこともできる．また，適切な波長を用いれば組織表面のみを処置するのか，深部まで処置を施すのかを選択できる．患部や用途によって最適な波長，パルス幅，パルス列形状，繰り返し周波数，フルエンスが用いられている．

　レーザーメスはレーザー光源，導光路，ハンドピース（出射口）より構成される．歯科において使用されるレーザーメスを例として挙げる．生体組織の主成分は水であるから，組織表面を切開する場合はレーザー光が水に効率よく吸収される必要がある．そのため，水の吸光係数が大きい赤外部で発振する炭酸ガスレーザー（10.6 $\mu$m，943 cm$^{-1}$）や Er:YAG レーザー（2.94 $\mu$m，3400 cm$^{-1}$）がレーザーメスの光源として用いられる．炭酸ガスレーザーは主に軟組織の切開能力が高く，歯肉の蒸散，抜歯後の血液の凝固，象牙質の知覚過敏症処置，口内炎の凝固による疼痛緩和などに用いられる．Er:YAG レーザーは軟組織の切開のほかに歯石の除去や硬組織の切削に用いられ，う蝕（虫歯）が蒸散できる．切開溝の熱変性層の厚さは，炭酸ガスレーザーでは＜ 0.3 mm であるが，Er:YAG レーザーでは＜ 0.05 mm と小さい．炭酸ガスレーザー光用の導光路としては，複数の鏡を配した多関節導光路が主であるが，操作性の向上のため遠赤外線用の多結晶光ファイバーも用いられている（図1）．集光レンズを内蔵したハンドピースは粘膜面用，歯周ポケット用，根管内用などそれぞれの患部に適した形状のものが大小使い分けられている．

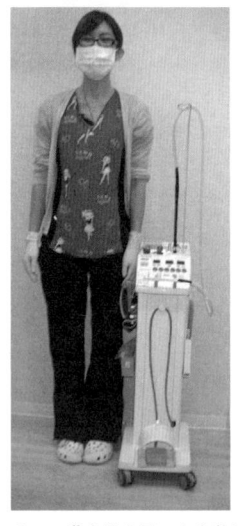

**図1**　光ファイバー導光路を用いた歯科用可搬型炭酸ガスレーザーメス（写真提供：岡本晃彦・岡本歯科クリニック院長）

〈八ッ橋知幸〉

【関連項目】
▶5.1④　　レーザー光加工

# レーザー治療
Laser Surgery

現在，外科，眼科，歯科，皮膚科，耳鼻咽喉科などさまざまな診療科でレーザーが用いられている．レーザーを用いた診断および治療法はきわめて多岐にわたっており，使用されるレーザーも用途（切開，凝固，止血，蒸散）や部位にあわせて，さまざまな波長やパルス幅のものが使われている．本項では眼科，皮膚科，歯科，耳鼻咽喉科での使用例を挙げる．

眼科では角膜疾患，網膜疾患，緑内障，白内障などの治療に用いられており，とくに身近なものに近視，遠視，乱視の治療で用いられるレーシック（LASIK：laser in situ keratomileusis）がある．LASIKとは角膜の曲率を変える処置により屈折異常を修正して視力を回復させる治療法である．LASIKでは，まず角膜上皮層などからなる部分（フラップ）を剥ぎ，エキシマーレーザー（193 nm）による光化学的アブレーションによって角膜実質層の中心部を数$\mu$mずつ加工したのち，フラップを元に戻す．この際，角膜を非球面加工することで収差を軽減することも行われる．フラップ作成には従来マイクロケラトームという眼科用電動カンナが用いられてきたが，フェムト（サブピコ）秒レーザー（Nd:Glass, 1.05 $\mu$m）を用いたフラップ作成術も施されるようになった．まず，近赤外フェムト秒レーザーを角膜上皮から任意の深さ（100 $\mu$m程度）に集光照射し，多光子吸収によって角膜実質層内部にプラズマを発生させて空隙をつくる．フラップとして必要な面積に10 $\mu$m程度の間隔でくまなく空隙をつくる．次にフラップとなる外周部分を多光子吸収により切断し，最後にスパーテルにより剥離する．この手法を用いると，フラップは均一な厚みとなり，また切開面を任意の形状に加工できるため角膜移植の際の切開術としても有効である．一方，網膜の裂孔などの治療には可視レーザー，例えばNd:YAGレーザーの第2高調波（532 nm）やパラメトリック発振による波長可変レーザーが用いられる．眼球は角膜から硝子体まで可視部の透過率が高いために可視レーザー光は眼底まで到達する．網膜と眼底をレーザーで凝固することにより癒着して固定する．

皮膚科では母斑（あざ，ほくろ），血管腫，挫創などの疾患に対するレーザー治療が有効である．母斑の治療では，まず皮膚表面の着色した疾患部位にレーザーを照射し，光熱変換により病変を破壊する．その後，患部は皮膚組織の新生により自然治癒する．こうした治療にはメラニンやヘモグロビンなどの吸光係数が大きい，可視部で発振するナノ秒パルスレーザーが用いられる．色素の沈着が少ない部位には炭酸ガスレーザーなどが用いられる．

歯科では，レーザーメスを用いた歯肉の切開や凝固などの外科的治療だけでなく，初期虫歯の発見，エナメル質の強化，歯肉のメラニン色素の除去などさまざまな用途でレーザーが用いられる．

耳鼻咽喉科では，中耳炎などの外科的治療などのほかに，鼻炎や花粉症の改善のため，レーザーによる鼻粘膜の蒸散（焼灼）が行われている．

〔八ッ橋知幸〕

【関連項目】
▶6.1① 生体光イメージング

6.1 医療に用いる光技術——⑥

# 歯科用光重合レジン
Dental resin

　光重合反応（▶3.2⑲項）は，印刷用の製版（▶5.1②項）や半導体微細加工用のレジスト（▶5.1③項）などのパターニング材料のほか，虫歯治療の際のいわゆる"詰め物"にも応用されている．

　虫歯は，患部を削り取ったのち，削り取られた穴の部分に詰め物をする，あるいは削った歯に被せ物をすることによって治療するのが一般的である．詰め物に用いられる材料には，患部を削り取った穴に充填しやすいこと（もともとは柔らかい材料であること），充填後に簡単に硬化させられること，硬化後は歯との接着性がよく高強度で，咀嚼時などに欠けたりはずれたりしないこと，人体に対して無害であること，詰め物の色彩が歯となじんで美しいこと，安価であること，などが求められる．

　1990年ごろまでは，詰め物として水銀に銀，スズ，銅，亜鉛などを添加したアマルガムが広く一般的に用いられてきた．アマルガムは，歯の治療の際に，その場で簡単に準備ができて，すぐに修復部分に詰めて固めることができ，手間がかからず比較的安価であることから頻繁に用いられてきた．しかし，水銀を使用することから敬遠されるようになり，最近では光重合レジンが多く用いられるようになってきた．

　光重合反応は，ビニル化合物などの連鎖重合性のモノマー分子に，光反応によってラジカルなどの連鎖開始種を発生する光重合開始剤を共存させた系を用いることで実現できる．例えば，アクリル系モノマーのようなラジカル重合性モノマー中に光ラジカル発生剤を共存させた系では，光照射に伴って，開始剤が反応してラジカルが発生し，それを開始種としてモノマーが次々と重合していくことにより，アクリル系ポリ

マーが生成する（図1）．この場合，生成するのは直鎖状の高分子となるが，直鎖状高分子は，溶剤に溶けてしまったり，十分な強度が得られなかったりするため，実際には，反応させるモノマーとして，1つの分子の中に重合反応部位が2カ所あるいはそれ以上含まれている多官能性モノマーが用いられる．多官能性モノマーを用いて重合を行うと，直鎖状高分子ではなく，鎖どうしがさまざまに架橋し，3次元網目状につながった高分子が生成するため（図2），単官能性モノマーを用いた場合に比べて，溶剤に対する溶解度が格段に低く，かつ高強度の硬化物が得られる．

　しかしながら，こうして得られる高分子もそのままでは歯との接着性が十分ではなく，また，咀嚼に耐えうるほどの十分な強度をもっていないため，光重合を行う際，モノマーと重合開始剤のほかに，歯との接着性や強度を向上させるための無機フィラ

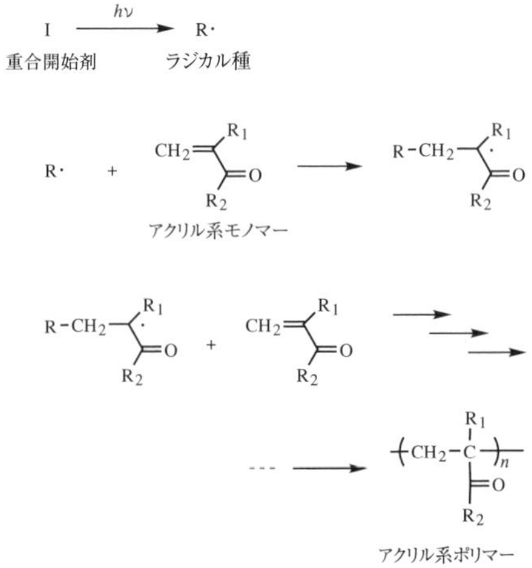

$$I \xrightarrow{h\nu} R\cdot$$
重合開始剤　　　　ラジカル種

$$R\cdot + CH_2=\underset{R_2}{\underset{|}{C}}-\underset{\|}{\underset{O}{\ }}R_1 \longrightarrow R-CH_2-\underset{R_2}{\underset{|}{C}}-\underset{\|}{\underset{O}{\ }}R_1$$
　　　　　アクリル系モノマー

$$R-CH_2-\underset{R_2}{\underset{|}{C}}-\underset{\|}{\underset{O}{\ }}R_1 + CH_2=\underset{R_2}{\underset{|}{C}}-\underset{\|}{\underset{O}{\ }}R_1 \longrightarrow$$

$$\cdots \longrightarrow +CH_2-\underset{R_2}{\underset{|}{\overset{R_1}{C}}}+_n$$
　　　　　　　　　　　アクリル系ポリマー

図1　アクリル系モノマーの光重合反応

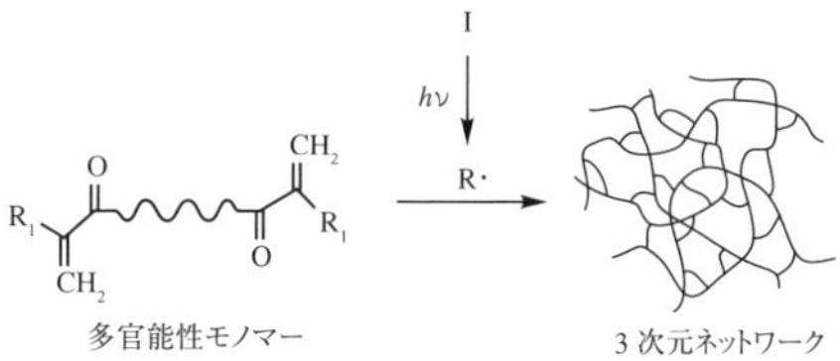

**図2** 多官能性モノマーの光重合反応．高分子鎖が架橋．

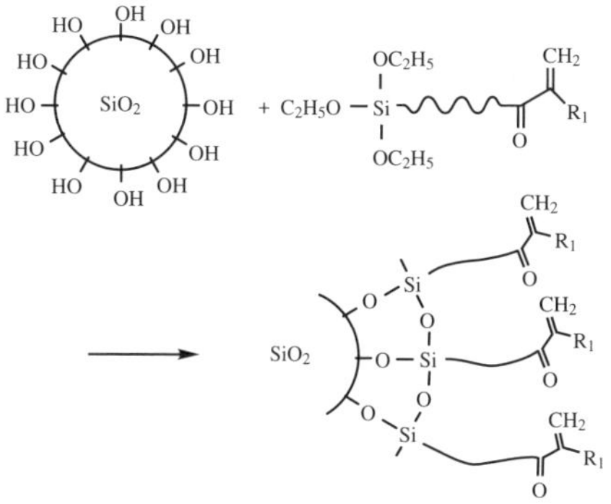

**図3** シリカ粒子の表面処理の例

ーが添加されている．無機フィラーとしては，シリカ（$SiO_2$），ジルコニア（$ZrO_2$），チタニア（$TiO_2$）などの無機酸化物が主に使用されており，中でもシリカとジルコニアの複合酸化物がよく用いられている．また，これらの無機酸化物材料は一般に表面が-OH基で覆われていて親水性となっているため，-OH基と反応して共有結合を形成させるような官能基（$-Si(OC_2H_5)_3$など）と重合性官能基をあわせもつモノマーで処理されている（図3）．これにより，フィラーの表面が疎水性となって，モノマーや高分子となじむようになるだけでなく，光重合によってこれらのフィラーが化学結合で高分子中に取り込まれることとなり，十分な強度を有する硬化物が得られるようになる．さらに，光重合によって得られた樹脂を歯としっかり接着させるために，光重合性モノマー中に，歯の成分であるヒドロキシアパタイト（$Ca_5(PO_4)_3(OH)$）と強く相互作用させるような置換基を導入するなどの工夫もなされている．

光重合開始剤についても，さまざまな要請がある．例えば，光反応性が高くてラジカル発生効率が高いこと，口腔内に含まれるさまざまな物質の影響を受けずに効率よく重合を進行させられること，反応後に生成する硬化物の性能に悪影響を与えないこと，人体に無害であること，などが望まれる．さらに，紫外線は生体組織を破壊する可能性があるため，比較的長波長の光に応答してラジカルを発生する光重合開始剤の開発が求められている．光重合開始剤としては，主にカンファーキノンなどの$\alpha$-ジケトンにジアルキルアニリン類などを加えた系が用いられている．これらの系では，$\alpha$-ジケトンが比較的長波長の光で励起された後，ジアルキルアミン類から水素を引き抜くことによってラジカルを発生させて重合を開始させる．

〔中野英之〕

**【関連項目】**
▶3.2⑲ 光重合反応／5.1② 感光性材料／5.1③ フォトレジストと微細加工

# 日焼け
Sunburn and Photodematoses

　一昔前の小麦色に焼けた肌は健康的というイメージに取って変わり，近年では，美白や紫外線対策などと言ったキーワードに象徴されるように，日焼けに対する一般的な印象は大きく様変わりした．このわれわれの日常に身近な日焼けとは，過度な紫外線照射により引き起こされる炎症（サンバーン）と，引き続き起こる俗に言う「日焼けした」状態を示すメラニン色素の皮膚への沈着（サンタン）に大別される．

　サンバーンは，日光皮膚炎ともよばれ，軽度のやけどと同じ状態で，皮膚の表面が炎症を起こし，ときに発熱や水泡，痛みを伴う．このサンバーンの原因は，紫外線B波（UVB：280〜315 nm）であり，皮膚にUVBが照射されると，大部分は表皮に吸収されるが，10%程度は表皮を通過し，真皮の毛細血管を刺激して，炎症反応を引き起こす．この皮膚の炎症は，紫外線照射後，約12〜24時間でピークに達した後，消失する．この炎症反応によりメラニン色素をつくる色素細胞で真皮にあるメラノサイトが刺激され，メラノサイトでメラニン色素が生成されて，皮膚が褐色になる．

　太陽光を過度に浴びて起こるサンタンには，即座に一時的に起こるもの（即時的黒化）と，2〜3日後に色が濃くなるもの（遅延的黒化）がある．前者は，すでに形成されていたメラニンが紫外線A波（UVA：315〜400 nm）によって光酸化されることによって生じ，後者は上述のメラニンの合成の促進によるものである（表1）．

　メラニンは，フェノール類が高分子化して色素となったものの総称である．ヒトの皮膚に存在するメラニンは，アミノ酸の1つであるチロシン（図1(a)）から，メラノソームとよばれる細胞小器官で生合成されたインドール化合物などが，環化や酸化重合反応を経て，ポリマーを形成したものであり，黒色のユーメラニン（図1(b)）と黄色のフェオメラニン（図1(c)）の2種類がある．この2種類の比率により，皮膚の色の違いが出る．このようにして生成したメラニンのうち，とくにユーメラニンは紫外線を吸収することが可能であることから，生体の紫外線防御いわば自己防衛手段の1つであるともいえる．しかしながら，必要以上にこのメラニンが生成すると，しみなどの原因になる．加えて，紫外線防御機構のしきい値を超えて長年にわたり紫外線を浴びることは，DNA損傷などを経た発がんや老化の原因ともなりうる（▶8.3④項）．

　最近，日焼けの予防が広くよびかけられるようになったが，その方法としては，物

表1　UVAとUVBの皮膚に対する影響の比較

| 波長 | UVA：315〜400 nm | UVB：280〜315 nm |
|---|---|---|
| 皮膚への透過性 | 表皮から真皮深部 | 主に表皮 |
| サンバーン | 少ない | 多い |
| サンタン | 照射直後のメラニンの光酸化（数時間後） | メラニンの生成促進（48〜72時間後） |
| ビタミンD生成 | 生成しない | 生成 |
| 発がん性 | 低い，活性酸素種の生成 | 高い，DNA損傷 |
| 薬剤の直接作用 | 多い | 少ない |

理的に紫外線を避けるため衣類や日傘，紫外線カットガラスやサングラスなどの利用や，紫外線をカットするサンスクリーン剤の塗布が推奨されている．このサンスクリーン剤には，二酸化チタンや酸化亜鉛などの微粒子の紫外線散乱剤や合成化合物のメトキシケイヒ酸オクチルや tert-ブチルメトキシジベンゾイルメタンなどの紫外線吸収剤が含まれており，紫外線が皮膚に到達するのを防いでいる．

世界保健機関（WHO）は，紫外線の強さの指標として，紫外線指数（UVインデックス）を活用した紫外線対策を推奨している．UVインデックスは，紫外線の生物へ与える影響が波長によって異なることを考慮し，波長別の紫外線強度に国際照明委員会（CIE）の規定した波長別相対影響度を示した CIE 作用スペクトルの重みをかけて，波長別の紫外線強度を波長積分した CIE 紫外線量を，$25\ mW\ m^{-2}$ で割って指標化したものである．WHO の解説では，UV インデックスは 1 から 11+ にランク分けされ，値に応じた紫外線対策が述べられている．しかしながら，紫外線は人体の骨や歯の形成に必要なビタミン D の生合成（▶4.5⑤項）や体内時計の調整といった恩恵をもたらし，また太陽の下で活動することは精神衛生上重要なことであるので，程よく日光に当たることは人体には有益である．

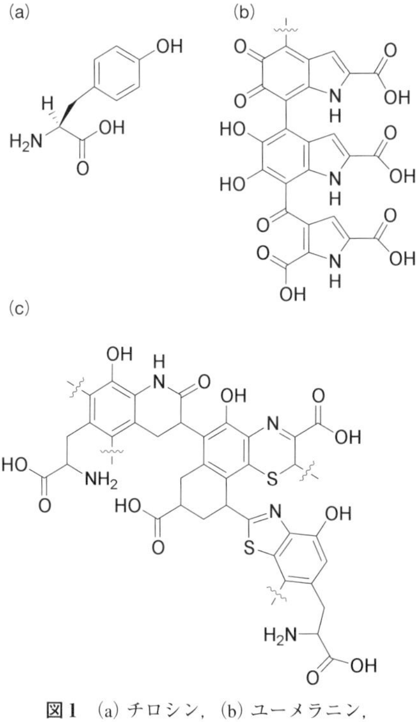

一方，光線過敏症は，通常は反応を起こさない紫外線量で炎症を起こす皮膚疾患の総称である．大きくは，内因性と外因性の2つに分類される．内因性光線過敏症では，色素性乾皮症やポルフィリン症などの遺伝および代謝疾患などがあり，一方，外因性光線過敏症では，免疫学的機序（光アレルギー性）（▶6.2③項）あるいは薬剤の直接作用（光毒性皮膚炎）を介するものがある．外因性の薬剤を経た光線過敏症では，降圧剤や抗ヒスタミン剤などの薬剤の服用や，皮膚外表を経由するもの，例えば薬剤の塗布により体内に取り込まれた薬剤が，光増感剤として働き，主に UVA により光励起されることで光化学反応を起こし，活性酸素種などを生成することで，露光部分の皮膚の炎症が起こる．この作用機序は，光増感剤を用いたがんや感染症の光治療法である光線力学療法にも応用されている（▶6.1③項）．　　　　　　（小阪田泰子）

【関連項目】
▶4.5⑤ ビタミン D の光化学合成／6.1③ 光線力学療法／6.2③ 光線過敏症／8.3④ DNAの光損傷・光回復

図1　(a) チロシン，(b) ユーメラニン，(c) フェオメラニン

# 光殺菌作用
Photosterilization

　光殺菌作用とは,紫外線を照射することによって細菌,カビ,ウイルスなどを殺す作用である.薬品処理や加熱処理での殺菌と異なり,対象物の汚染や変質の心配が少ないことが優れた点である.一般的に紫外線は物体透過性が低いため,殺菌対象は主に物体の表面,水,空気である.

　**a. 光殺菌の機構**　光殺菌の機構はDNAの光損傷に基づく.DNAは,タンパク質の生産をはじめとした生命維持に必要な生化学反応を指揮する司令塔のような役割を果たしている.このDNAは紫外線を吸収すると損傷する(▶8.3④項).DNAの損傷レベルが低ければ修復されてしまうが,強い紫外線を照射して損傷レベルが修復レベルを上回ると,生命活動を支えるタンパク質の生産などに支障をきたし,死滅する(図1).薬剤を用いる殺菌では,一部のウイルスには効果が期待できない場合や耐性菌の発生につながる場合もあるが,光殺菌はDNAに直接作用するため,ほぼすべての菌種に対して有効である.また,太陽光を利用した殺菌では,DNAの損傷だけでなく,光を吸収した物質の温度上昇による熱作用(加熱殺菌)との相乗効果を利用する場合もある.

　**b. 光照射条件**　光を吸収したDNAが損傷する確率(量子収率)は塩基配列に依存するが,およそ0.003～0.01であり,DNAが1000個の光子を吸収すると,3～10カ所程度が損傷することを意味する.DNAが多くの光を吸収するほど菌の生存率は低下する.DNAが吸収する光子の数は,照射する光の波長,強度,照射時間に依存する.

　まず,光の波長について説明する.光殺菌はDNAの光化学反応によって引き起こされるため,DNAが効率よく吸収する波長を選択する必要がある.DNAはおよそ300 nm以下の紫外線を吸収し,260 nm付近の光を最も効率よく吸収するため,照射波長には260 nm付近の光を用いると最も効率が高い.次に光強度と照射時間については,光強度が強く,照射時間が長いほど菌の生存率は低下する.なお,光殺菌に必要な照射時間は対象となる菌種,光源の種類や強度,対象物体の形状などにより異なる.

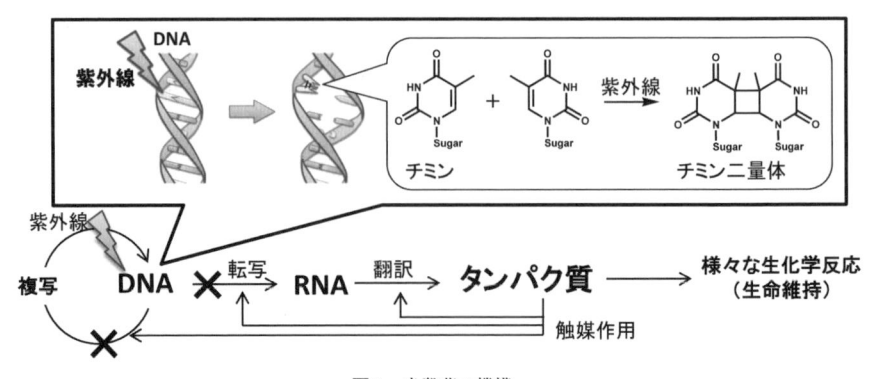

図1　光殺菌の機構

光源としては低圧水銀灯や高圧水銀灯などが広く利用されている．低圧水銀灯は254 nmの光を効率よく発する．一方，高圧水銀灯は，DNAの励起に無関係な可視光を多く発するため，同じ消費電力の水銀灯どうしの比較であれば，高圧水銀灯のほうが効率は低い．しかしながら，高圧水銀灯のほうがより大きな入力電力に対応できるため，大電力の高圧水銀灯を用いれば，時間効率は高くなる．同様なコンセプトで処理速度の向上を図るためにパルス発光キセノンランプも利用されている．

**c. 光殺菌の応用例**

（1）表面殺菌：表面光殺菌は食品，工業，医療分野で利用されている．食料分野における光殺菌の代表例としては卵が挙げられる．一部の鶏卵の格付（選別）包装施設において，包装前に卵殻表面に光照射を行い殺菌している（図2(a)）．また，さまざまな食品用の容器の殺菌に光殺菌が用いられる．一方，食品そのものに対しては従来，加熱殺菌や薬剤殺菌が利用されているが，これらの方法が適していない食品も多い．そのため，食品の光殺菌の利用も有効だと考えられている．

一方，工業分野ではクリーンルームの殺菌に用いられており，医療分野では医薬品の外装の殺菌に用いられる．

（2）水・空気の殺菌：水の光殺菌は，塩素消毒のような薬剤汚染を伴わないため，注目されている．また，太陽光を利用した飲料水の殺菌方法，通称SODIS（Solar Disinfection）も注目されている．清潔なペットボトルに川の水を入れ，黒い鉄板あるいは屋根の上に置き，最低6時間太陽光にさらすことで，紫外線と熱的効果により十分な殺菌が可能である．

一方，空気の光殺菌は病院の待合室や食品工場などにおいて利用されている．家庭でも導入できるコンパクトな機種も市販されている．

**d. 光殺菌の新展開** 従来の光殺菌は紫外光照射のみで行ってきたが，光増感剤や光触媒などと組み合わせて行う方法も注目されている．例えば光増感剤を利用する例としては，歯周ポケット内に光増感剤を注入して光殺菌する口腔光治療が挙げられる（図2(b)）．この治療の基本原理は光線力学療法（▶6.1③項）と同様で，まず光増感剤が光を吸収することによって一重項酸素などの活性酸素種を発生させ，これが酸化反応を引き起こすことにより細菌を死滅させる．また，光触媒を利用した殺菌作用は水の浄化やカビ防御などさまざまな分野で期待されている（▶7.2項）． （堀内宏明）

【関連項目】
▶6.1③ 光線力学療法／7.2 光触媒／8.3④ DNAの光損傷・光回復

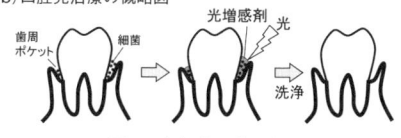

図2 光殺菌の実用例
(a) 卵の光殺菌の概略図
(b) 口腔光治療の概略図

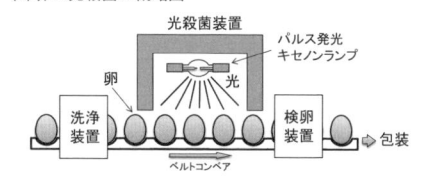

# 光線過敏症
Photodermatosis

光は生命活動の維持において必要不可欠な要素であるとともに，ときとして，生命活動に対して危機的に作用することもある．皮膚が紫外線に暴露された場合，皮膚に存在する化学物質が紫外線を吸収し，タンパク質，脂質，核酸などの生体化合物と光化学反応を起こすことがある．これが原因で発症する疾患の総称が光線過敏症である．光線過敏症は，先天性と後天性があるが，発症すると屋外での活動が著しく制限されるため，近年，発症の機構や対策について研究が進められている．ここでは，光線過敏症の代表例である光アレルギーと光毒性について触れる．

**a. 光アレルギー** 光アレルギーは，(1) 内的および外的要因によって皮膚に蓄積した光感受性物質が，特定の波長の光を受けたときに，化学変化を起こしてハプテン（単独では抗体を生成させる能力がないが，タンパク質などと結合すると抗原性を示す低分子量化合物）となり，(2) 生成したハプテンがタンパク質と結合し，抗原（アレルゲン）として作用してアレルギー反応を起こす疾患である．アレルギー反応の1つであるため症状が現れるかどうかは個人差がある．また，皮膚に蓄積した光感受性物質や受けた光の量には依存しない．

光アレルギー反応を示す物質（図1）は，主に殺菌剤，香料，サンスクリーン，治療用外用剤などに含まれる．殺菌剤としてはサリチルアニリド類が多く，とくにテトラクロロサリチルアニリドが代表的な物質である．香料では，ムスクアンブレット (4-*tert*-ブチル-3-メトキシ-2,6-ジニトロトルエン) がある．また，紫外線から皮膚を防御する目的で使用されるサンスクリーン剤にもオキシベンゾフェノン (2-ヒドロキシ-4-メトキシベンゾフェノン) という光アレルギー反応を示す物質が含まれている．近年，非ステロイド外用剤であり，湿布薬として使用されているケトプロフェンは，紫外線により強い皮膚炎を発症させる．

光アレルギー反応において，光感受性物質が抗原になるためには，光（主に紫外線）照射が必要である．紫外線照射後に，光感受性物質が抗原としての性質を獲得するメカニズムとして，図2に示すプロハプテン機構 (a) と光ハプテン機構 (b) の考え方が知られている．プロハプテン機構は，まず光照射された光感受性物質が光エネルギーを獲得し，励起状態で存在している間に化学構造が変化してハプテンとなる．その後，ハプテンがタンパク質と共有結合して抗原となる．一方，光ハプテン機構は，タンパク質に非特異的に吸着している光感受性物質に光が照射されると，その化学構造の一部が光分解され，生成したラジカルが近傍のタンパク質と共有結合することにより抗原となる．このため，光感受

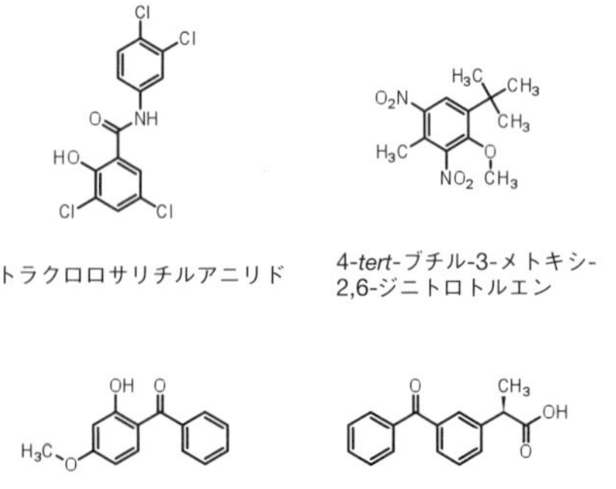

テトラクロロサリチルアニリド

4-*tert*-ブチル-3-メトキシ-2,6-ジニトロトルエン

2-ヒドロキシ-4-メトキシベンゾフェノン

ケトプロフェン

**図1** 光アレルギー反応を示す化学物質

性物質に光を照射して生成した物質が，その後に加えられたタンパク質と共有結合を形成すればプロハプテン機構であり，光感受性物質とタンパク質を共存させた状態で，光照射を行い，共有結合が生成すれば光ハプテン機構として考えることができる．殺菌剤の1つであるスルファニルアミドはプロハプテン機構が示唆されているが，多くの光アレルギー性物質は光ハプテン機構として考えられている．例えば，ケトプロフェンは，塩基性アミノ酸（ヒスチジン，リシン，アルギニン）存在下で紫外線照射を受けた場合，ラジカルが生成することがレーザー光分解実験より明らかとなっている．

**b. 光毒性** 光毒性とは，皮膚に蓄積した光感受性物質に特定の波長の光が照射されると，標的物質と光化学反応を起こしたり，また，活性酸素を生成したりすることにより，細胞や組織に傷害をもたらすことである．光アレルギーとは異なり，免疫反応を伴わないため，症状の程度は蓄積物質と受けた光の量に依存する．例えば，ポルフィリン症は，先天的な酵素活性低下のため，内因性ポルフィリンの中間代謝物が皮膚に蓄積し，400 nm 付近の光によって励起状態が生成し，光化学反応を起こすことにより発症する．また，ソラレン類は，二本鎖 DNA に入り込む特性（インターカレーション）があり，紫外線（UVA）照射を受けると，二本鎖 DNA のピリミジン塩基と付加環化反応を起こし，モノ付加体を生成する．その後，さらなる紫外線照射によりクロスリンク体を生成する．

光感受性物質が，光アレルギー反応を示すか，光毒性反応を示すかを区別することは難しい．光アレルギー性物質であるテトラクロロサリチルアニリドは，強い光毒性を示す例もある．光アレルギー性物質が抗原になるためには，光照射によりタンパク質と反応することが必要であり，これは光毒性反応の一部である．よって，光アレルギー性物質は光毒性も有している．一方，光毒性物質が光アレルギー反応を起こすとは限らない．

〔吉原利忠〕

【関連項目】
▶6.2① 日焼け

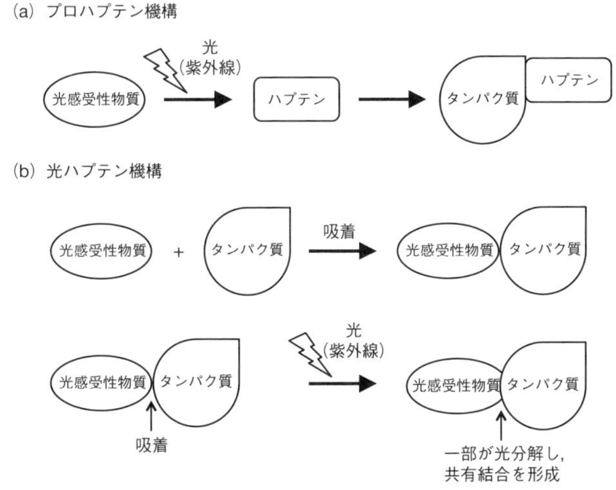

図2 プロハプテン機構と光ハプテン機構

# 7

# 光化学と環境・エネルギー

7.1 光化学と環境
7.2 光触媒
7.3 光化学とエネルギー

## 7.1 光化学と環境──①

# 大気圏外の光化学
Photochemistry of the Earth's Upper Atmosphere and Extraterrestrial Atmosphere

**a. 太陽放射** 地球大気ならびに太陽系惑星大気での光化学の光源は太陽放射である．太陽からの電磁波はX線から赤外域，さらに長波長域に及ぶ（図1）．このうち，200 nm よりも長波長の太陽放射は主に太陽光球からの放射であり，その波長分布はほぼ5770 K の黒体放射スペクトルで近似できる．一方，200 nm よりも短い波長域での太陽放射は太陽彩層やその上層でのコロナからの放射が関係しており，放射強度は太陽活動の変化の影響を受ける．

**b. 地球上層大気に到達する太陽放射** 次項（▶7.1②項）で述べられるとおり，成層圏より下層の大気では，上空に存在する $O_2$ の吸収のため，180 nm より短い波長域の光は到達しない．一方，中間圏より上層の大気では空気が希薄なため，真空紫外光や極端紫外光）が到達する（図2）．とくに H 原子の Lyman-$\alpha$ 線（121.6 nm）の波長は $O_2$ の吸収の谷間に相当するため，高度 70 km 程度まで到達する．また，100 km を超える高度域（熱圏）には 100 nm 以下

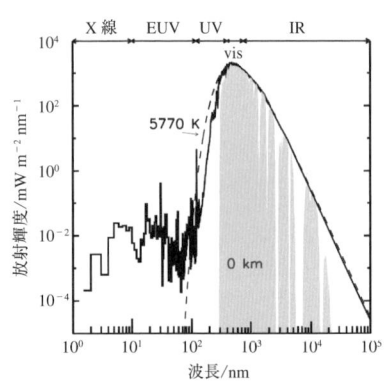

**図1** 地球大気上端での太陽光スペクトル．波線は 5770 K での黒体放射スペクトル．灰色は地表面での太陽光スペクトル．

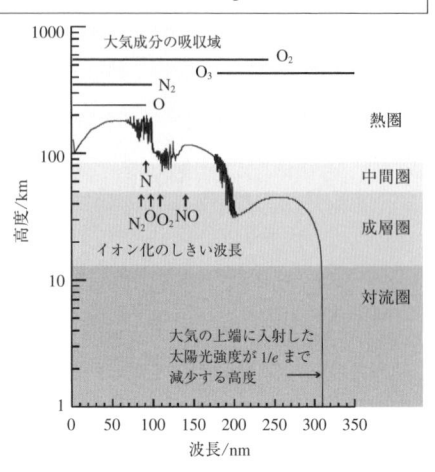

**図2** 地球大気上端に入射した太陽光の進入高度（例えば，波長 = 150 nm の光は，高度 100 km 付近で，大気上端の強度に比べて 1/e まで減少している──よって，100 km 以下の高度にはほとんど到達しない──ことを意味する）．

の極端紫外光のほか，X 線領域の太陽放射も到達する．

**c. 地球上層大気での光化学** 中間圏（50〜80 km）でのオゾン（$O_3$）光化学は $O_3$ の光分解速度の増加や酸素原子の消失速度の低下から，高度 70 km 付近から上層では日中の酸素原子濃度が $O_3$ 濃度を上回る．また b で述べたとおり，中間圏より高い高度では，真空紫外域の太陽放射の寄与が増大する．その結果，たとえば真空紫外光分解が水蒸気の重要な消失反応となる．さらに，Lyman-$\alpha$ 線による光分解や光イオン化も重要となる．たとえば，非常に安定な物質で温室効果気体の1つである $SF_6$ の大気寿命（約 3000 年）を支配する反応は Lyman-$\alpha$ 線による光分解反応である．

**d. 電離層と光イオン化** 60〜70 km より上の高度域には電子やイオンが多く分

布しており,「電離層」とよばれている.電離層でのイオンは,主に光イオン化(1)と高エネルギー電子衝突イオン化(2)によって生成される.

$$X \xrightarrow{h\nu} X^+ + e \qquad (1)$$
$$X + e^* \rightarrow X^+ + 2e \qquad (2)$$

特別な太陽活動時(例:太陽プロトン現象)を除けば,70〜90 km 付近では Lyman-$\alpha$ 線による NO の光イオン化が主なイオン生成反応である.そのほかに $O_2$ の光分解で生成される電子励起酸素分子($O_2(a^1\Delta_g)$)の真空紫外光によるイオン化(イオン化のしきい波長は 111.8 nm)もイオン生成に寄与している.なお,70 km より下層の大気では,高エネルギー粒子(宇宙線)によるイオン化が主である.一方,90 km 以上の高度域では,100 nm より短波長の極端紫外光,水素原子の Lyman-$\beta$ 線(102.6 nm),ならびに X 線による $N_2$ や $O_2$ ならびに窒素原子,酸素原子のイオン化が主になる.生成したイオンはその後のイオン化学反応を経て,電離層でのイオン分布を与えている.なお,正イオンと対で生成される電子は,電離層では電子のままで存在しているが,下層大気(< 70 km)ではほとんどが分子負イオン(クラスターイオンを含む)に変換される.

### e. 惑星大気と光化学

惑星探査衛星による観測などから,太陽系惑星やその衛星の大気組成に関する情報が得られている.ここでは惑星大気での光化学として,火星大気ならびに土星の衛星の1つであるタイタンの大気を例に説明する.

(1) 火星大気と光化学:火星大気の主成分は $CO_2$ である.$CO_2$ は太陽からの紫外線によって光分解される.

$$CO_2 \xrightarrow{h\nu (\lambda \leq 204 \text{ nm})} CO + O(^3P) \qquad (3)$$

反応(3)の逆反応はスピン禁制である.よって,生成した CO が $CO_2$ に変換されるためには,$H_2O$ の光分解が引き金となる連鎖反応などが必要である.つまり,$CO_2$ の生成をもたらす最終的な素反応は OH ラジカルと CO との反応である.

$$OH + CO \rightarrow H + CO_2 \qquad (4)$$

全体では,$CO_2$-CO-$HO_x$-$O_x$ の反応系が構成され,その中で微量の $O_2$ も生成される.

$$O + OH \rightarrow O_2 + H \qquad (5)$$

(2) タイタン大気と光化学:土星の衛星の1つであるタイタン大気の主成分は $N_2$ であり,ついで $CH_4$ が数% 程度存在している.それ以外に多くの炭化水素やシアン化合物,さらには $CO_2$ も微量成分として,タイタン成層圏において発見されている.その多くの物質の存在量はタイタン大気の対流圏界面気温での飽和蒸気圧以上に達している.よって成層圏にそれらの微量成分が存在することは,下層大気からの輸送では説明できない.タイタン大気は還元条件下にあり,$CH_4$ の光分解($\lambda \leq 160$ nm),$N_2$ の光分解($\lambda \leq 127$ nm)や光イオン化($\lambda \leq 80$ nm)ならびに電子衝撃イオン化が引き金となってさまざまな化学反応が進行している.成層圏で観測された有機物は $CH_4$ などの光化学反応を含むさまざまな反応系によって生成されている.

衛星観測から,微量気体成分の存在以外に,タイタン大気が着色した雲(エアロゾル)に覆われていることも知られている.着色した雲による光吸収が熱源となり,タイタンの成層圏がつくり出されている.またエアロゾルの成分も光化学的に生成される有機物と考えられている. (今村隆史)

【関連項目】
▶7.1②大気圏の光化学/7.1⑤オゾンホール

# 大気圏の光化学
Photochemistry in the Atmosphere

大気は重力によって，地球を囲むように保たれている．その圧力は，高度に対してほぼ指数関数的に減少する（図1）．大気圏と宇宙空間との境界は，一般には高度100 km くらいとされる．対流圏に放出・侵入した物質は，風と対流により大気と混合しながら，太陽光をエネルギー源とした多くのラジカル連鎖反応により酸化・変質を繰り返し，最後は雨・エアロゾルなどにより大気から除去される．成層圏では鉛直方向の温度分布が逆転するため，対流が起こらず，太陽からの紫外線による光化学が支配的であり，定常状態としてのオゾン層が形成される（▶3.1①項）．

初期の地球大気には酸素が存在していなかった．約35億年前に出現した光合成生物が酸素の生産を開始し，徐々に蓄積した結果，4億年前ごろに現在の大気酸素濃度に達した．場所と時間で濃度変動の大きい水蒸気（0〜4%）の影響を除くため，地球大気の組成は一般的に「乾燥空気」での組成で表される．大気主成分は窒素（78.088%）と酸素（20.949%）で，それ以外の微量成分としてアルゴン（0.93%），二酸化炭素（約 0.04%），ネオン（$1.8 \times 10^{-3}$%），ヘリウム（$5.24 \times 10^{-4}$%），メタン（$1.4 \times 10^{-4}$%），クリプトン（$1.14 \times 10^{-4}$%），一酸化二窒素（$5 \times 10^{-5}$%），水素（$5 \times 10^{-5}$%），一酸化炭素（$1 \times 10^{-5}$%），オゾン（約 $2 \times 10^{-6}$%）などが存在する．水蒸気以外に二酸化炭素やオゾンも場所と時間で濃度変動するが，それ以外の成分の濃度は均一で，鉛直方向でも中間圏まで成分比はほぼ一定である．

太陽光は，5770 K の黒体放射に対応するスペクトル分布（500 nm 付近で強度極大）をもつ．放射の約半分は可視光線（380〜750 nm）であり，残り半分は赤外線（IR, >750 nm）と紫外線（UV, <380 nm）である．大気光化学では，波長200〜380 nm の近紫外線が重要である．近紫外線はさらに，UVA（315〜380 nm），UVB（280〜315 nm），UVC（200〜280 nm）に分類される．UVA，UVB はオゾン層を通過して地表まで到達する．地表に到達する紫外線の99% が UVA である（▶1②項）．

成層圏の光化学を理解する上では，太陽光の高エネルギー端に対応する UVC がとくに重要である．紫外線領域での太陽光の強度分布は，オゾンと酸素による光吸収と大気による散乱の影響で，高度に依存して大きく変化する（図2）．地表に到達する太陽光には UVC はほとんど含まれない．いわゆる成層圏オゾン（210〜300 nm の紫外線を吸収）によるフィルター効果で，太陽光の短波長側がカットされるためである．逆に，オゾン層上部の高度 50 km ではそのフィルター効果が働かないため，

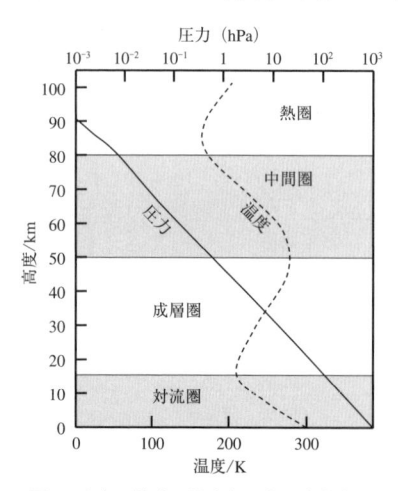

**図1** 大気の構造，温度と圧力の高度変化

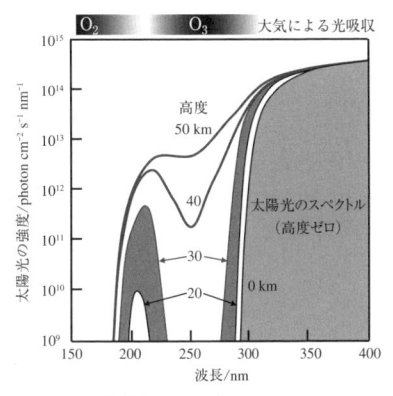

図2 紫外線領域での太陽光スペクトル
　　　（高度依存性）

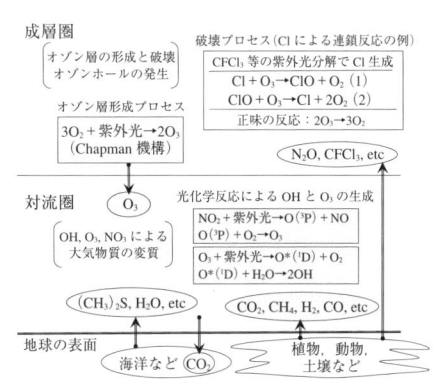

図3 地球大気における光化学反応過程

UVC成分が元来の太陽光の強度分布に近づく．200 nm以下の真空紫外光は，酸素を光分解させ，成層圏オゾンの生成に寄与する．一方，オゾン層の下側の下部成層圏ではフィルター効果（250 nm付近で極大）が弱まるため，200～220 nmの紫外線が高度20 km以下まで侵入する（▶2.1②項）．

対流圏での光環境（≧290 nm）では光化学的に安定なフロン・酸化二窒素などの分子も鉛直方向に拡散し，成層圏に達する．これらの分子は200 nm付近の紫外線により分解し，ハロゲン原子・NOなどを生成し，連鎖反応でオゾンを破壊する（図3の成層圏）．オゾン層の形成と破壊のプロセスのバランスで成層圏オゾンの量，すなわち太陽光から危険なUVBを除去するフィルター効果の強弱が決まる．また，南極上空の成層圏のオゾン層で，南極の春（日本の秋）にオゾンの消失する現象が観測される．これを「オゾンホール」とよぶ（▶7.1④項）．

オゾン層の下側に存在する対流圏（図3の対流圏）では，UVAとUVBを光源とした光化学反応が主役となる．対流圏に放出された物質は，水酸基ラジカル（OH），オゾン（$O_3$），硝酸ラジカル（$NO_3$）との反応で変質を開始する．二酸化窒素（$NO_2$）の光分解で$O_3$が発生し，さらに$O_3$の光分解でOHが生成する．OHと反応する大気成分は，一酸化炭素（CO）とメタン（$CH_4$）が主であり，OHは生成後およそ1秒程度で速やかに消失する．OHは絶えず生成されているのに，その濃度は$10^{-10}$％程度と極めて低い．濃度が高まらないのはOHの大気反応への寄与が少ないからではなく，逆に大気成分との反応性が高いため蓄積できないことに起因する．その証拠に，多くの場合，微量成分の大気滞在寿命を決めるのはOHと各成分の反応速度である．例えば，$CH_4$（寿命～12年）はCO（～0.3年）より40倍程度長く大気に滞在する．この事実は，$CH_4$＋OH反応がCO＋OH反応より40倍程度遅い速度であることに対応する（▶7.1②，7.1③，7.1⑤項）．

(渋谷一彦)

【関連項目】
▶1② 光と色とスペクトル／2.1② 物質の光吸収と励起状態の生成／3.1① 光化学反応の特徴／7.1③ 光化学スモッグ／7.1④ 光退色・光劣化・光酸化／7.1⑥ 地球温暖化と惑星放射

## 光化学スモッグ
Photochemical Smog

スモッグとは煙（smoke）と霧（fog）を組み合わせた造語である．産業革命のころ，ロンドンでは，石炭の燃焼によって排出された硫黄酸化物が自然に発生する霧と一緒になって滞留し，健康被害をもたらしたことから命名された．その後，ロンドンとは異なるタイプのスモッグが発生するようになった．これが光化学スモッグであり，最初に観察されたのは1940年代のロサンゼルスである．光化学スモッグは，大気中に放出された物質が太陽光により光化学反応を起こして発生する大気汚染である．

地球に降り注ぐ太陽エネルギーは，大気よりも地表面で吸収される量が多いので，大気は地表面に近い層から暖められ，上層と下層の大気の交換が起こる．対流が活発に行われる地上から高さ10～16 kmまでの大気の層を対流圏とよぶ．対流圏より上では，高度が上がるにつれて気温が上昇するようになり，成層圏が形成される．

地球大気中のオゾン$O_3$の90%が成層圏に存在し，10%が対流圏に存在する．成層圏$O_3$は，太陽からの有害な紫外線の多くを吸収し，地上の生態系を保護している．一方，対流圏$O_3$は光化学スモッグの原因となる．このように存在する場所によって，$O_3$の地球環境に及ぼす影響はまったく異なる．対流圏$O_3$は成層圏からの流入だけでなく，対流圏に存在する$NO_2$が400 nmよりも短波長の光を吸収して生じた酸素原子と酸素分子との反応で生成する．

$$NO_2 \cdot \xrightarrow{h\nu} O + NO \cdot \qquad (1)$$

$$O + O_2 \rightarrow O_3 \qquad (2)$$

対流圏$O_3$は，310 nmよりも短波長の紫外線を吸収することで分解し，生じた酸素原子は大気中の水分子と反応してOHを生成する．

$$O_3 \xrightarrow{h\nu} O + O_2 \qquad (3)$$

$$O + H_2O \rightarrow 2 \cdot OH \qquad (4)$$

OHは炭化水素（$RCH_3$）と反応する

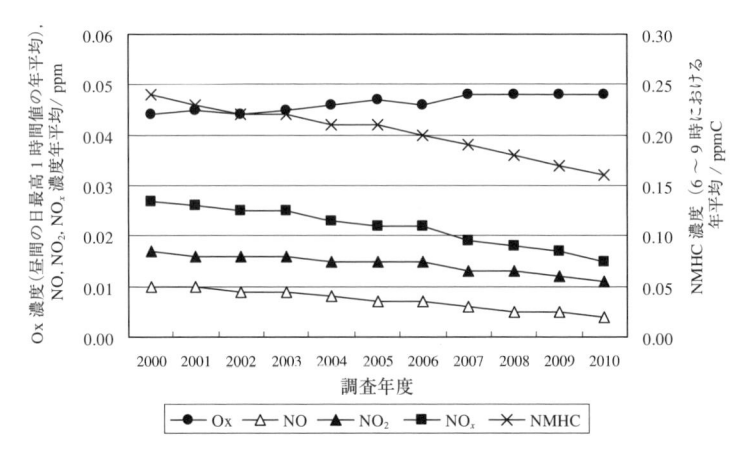

**図1** 光化学オキシダント濃度・前駆物質濃度（$NO_x$, NMHC）の経年変化（全国平均）

$((5)\sim(9))$.

$$\cdot OH + RCH_3 \rightarrow RCH_2\cdot + H_2O \quad (5)$$
$$RCH_2\cdot + O_2 \rightarrow RCH_2O_2\cdot \quad (6)$$
$$RCH_2O_2\cdot + NO\cdot \rightarrow RCH_2O\cdot + NO_2\cdot \quad (7)$$
$$RCH_2O\cdot + O_2 \rightarrow RCHO + HO_2\cdot \quad (8)$$
$$HO_2\cdot + NO\cdot \rightarrow \cdot OH + NO_2\cdot \quad (9)$$

NO は $NO_2$ に酸化され（(7), (9)），対流圏 $O_3$ が増加し（(1), (2)），また連鎖伝達体である OH も再生され（(3), (4)），反応が連鎖的に進むことになる．また，OH はアルデヒド（RCHO）と反応する（(10)～(12)）．

$$\cdot OH + RCHO \rightarrow RCO\cdot + H_2O \quad (10)$$
$$RCO\cdot + O_2 \rightarrow RCOO_2\cdot \quad (11)$$
$$RCOO_2\cdot + NO_2\cdot \rightarrow RCOO_2NO_2 \quad (12)$$

人類の活動はさまざまな汚染物質を対流圏へ放出した．自動車から排出された窒素酸化物や，ガソリンなどに含まれる揮発性有機化合物は，上述のような光化学反応を起こす．揮発性有機化合物には，トルエン，キシレン，酢酸エチルなどがあり，これらは塗料，接着剤，インクなどの溶剤としても広く使用されている．光化学反応の結果，生成した酸化性物質（中性ヨウ化カリウム溶液からヨウ素を遊離するものに限り，二酸化窒素を除く）を光化学オキシダントとよぶ．その構成成分は，$O_3$, RCHO, ペルオキシアセチルナイトレート（PAN，$CH_3COO_2NO_2$）などで，全成分の90%以上を $O_3$ が占める．PAN は，$NO_2$ がアセチルペルオキシラジカル（$CH_3COO_2\cdot$）に付加することで生成する．$O_3$ と PAN はともに非常に酸化力の強い気体である．光化学オキシダントの環境基準は，1時間ごとの測定値（1時間値）が 0.06 ppm 以下であることとされている．光化学オキシダントの濃度が高くなると，白いもやがかかったようになる．この現象を光化学スモッグとよぶ．光化学スモッグの発生には，気象条件が強く影響する．とくに，日射が強く，気温が高く，風が弱いときに発生することが多く，発生しやすい風向きは地域によって異なる．

光化学スモッグは，目，鼻，喉を刺激し，頭痛，呼吸困難などの症状を引き起こす．また，人間だけでなく，植物の葉を腐食するなど，農作物や森林にも影響を与えることがわかっている．全国にある大気汚染測定局では，光化学オキシダントや，その原因物質である窒素酸化物や炭化水素の濃度を常時測定している．炭化水素は，メタンと非メタン炭化水素（non-methane hydrocarbons：NMHC）に分けて測定が行われている．メタンは他の炭化水素よりも光化学反応性が低いので，光化学オキシダント対策の指標として NMHC が用いられている．大気汚染防止法に基づき，光化学オキシダント濃度の1時間値が 0.12 ppm 以上になり，気象条件からみてその状態が継続すると認められる場合には，都道府県知事などが光化学オキシダント注意報を発令する．光化学オキシダント警報は各都道府県が独自に定めており，一般的には光化学オキシダント濃度の1時間値が 0.24 ppm 以上で，その状態が継続すると認められる場合に発令される．わが国では，1970年代に深刻な光化学スモッグを経験したが，その後，大気汚染物質の排出規制が進んだことにより，その発生数は減少していた．しかし，1985年ごろから再び注意報発令数が増え，光化学オキシダントの年平均濃度は増加しており，2000～2010年度においては 0.5 ppb/年の上昇率である．一方で，光化学オキシダントの原因物質である窒素酸化物や NMHC の濃度は低下傾向にあり，光化学オキシダントの増加の原因として，大気汚染物質の排出量が急増しているアジア大陸からの越境輸送が指摘されている（図1）．

(山﨑鈴子)

【関連項目】
▶ 7.1②大気圏の光化学／7.1⑤オゾンホール／7.1⑧オゾンの光化学的発生と環境

## 7.1 光化学と環境──④

## 光退色・光劣化・光酸化
Photofading/Photodegradation/Photooxidation

われわれの身のまわりでは、さまざまな材料に光が当たると望ましくない変化が起こることがある。例えば、カラー写真やペンキなどの塗装材料のような色をもった物体に光が当たると色が変わったり、新聞紙に日が当たると黄変する現象（光退色）、プラスチックなどの材料に光が当たると脆くなったりする現象（光劣化）などがある。光退色や光劣化はそれぞれ独立に起こるだけではなく同時に起こる場合が多い。例えば、新聞紙の黄変は紙質の低下を伴い、プラスチックの劣化は黄変を伴う場合が多いことはよく経験することである。これらの現象は空気中の酸素が関与する光反応（光酸化）（▶3.2①項）により起こる場合が多いが、その反応機構にはさまざまなものがある。

光退色は光による材料の色の望ましくない変化である。物体の色はその中に含まれている発色団（クロモフォア）により吸収された可視領域の光の補色といえる（▶2.1②項）。吸収される光の波長はクロモフォアの化学構造、すなわちその電子構造により決まるため、その着色物質の電子構造が光化学反応、とくに光分解や光酸化により変化すると変色したり退色したりする。われわれが日常よく目にしている退色は、太陽の主に紫外領域の光による光化学反応により着色物質の化学構造が変わり、可視部の吸収が変化するためである。光化学反応は着色物質の構造や照射光の波長などによりさまざまなものがあるので、光退色に特定の反応機構があるわけではない。

光劣化は光による材料（とくに高分子材料）の望ましくない変化として、材料の化学的・物理的特性変化に着目したものである。光劣化は材料の光化学反応により、高分子主鎖の切断あるいは架橋反応により起こるが、多くの場合、光が材料内へ入射できる深さに限界があるため、光劣化は表面から内部に向かって徐々に進行する。また、空気中の酸素により光酸化反応が起こり光劣化が進む場合は酸素が存在すると促進される。光劣化についても、材料の構造や照射光の波長などによりさまざまなものがあるので、光劣化に特定の反応機構があるわけではない。

これらの反応は光の吸収により開始するが、自然環境下では地上に到達する約290 nmより長い波長の太陽光が主に問題となる。この波長領域の光は酸素分子には吸収されないので、この光が何に吸収されるかにより反応は2つに大別できる。すなわち、①材料がこの波長領域の光を直接吸収する場合と、②材料自体は光を吸収しないが、材料中にごく微量に存在する不純物、あるいは任意に加えられた添加剤などが光を吸収する場合とである。高分子材料を例に挙げれば、①に属する例としてポリアミド、ポリエステル、ポリカーボネート、ポリウレタンなど、②に属する例としてポリオレフィンなどが挙げられる。

吸収が上記①により起こる場合には、図1（a）に示したように、材料分子（A）が光を吸収して励起状態（A*）となり、A*と酸素が反応して光酸化生成物を生じる場合（経路1）と、A*から材料分子の化学結合開裂（▶3.2④項）が起こり、ラジカルやカルベンなどの短寿命中間体（▶3.1④項）が発生する場合（経路2）がある。このように生じた短寿命中間体は、酸素との反応により光酸化生成物（経路3）となったり、さらに別の短寿命中間体となってから酸素と反応して光酸化生成物（経路

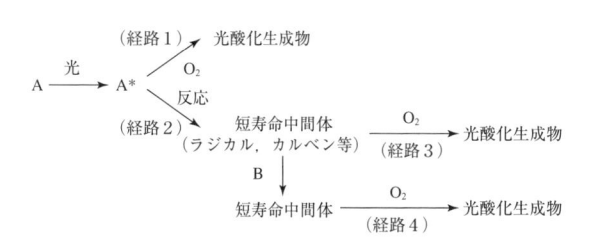

```
     (経路1)  光酸化生成物
 光       O₂
A ──→ A* 反応
     (経路2)  短寿命中間体    O₂
            (ラジカル, カルベン等) ──→ 光酸化生成物
                  B      (経路3)
            短寿命中間体    O₂
                       ──→ 光酸化生成物
                  (経路4)
```

(a) ①の場合：A：材料分子, B：材料
    ②の場合：A：不純物あるいは添加物, B：材料

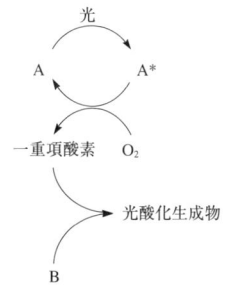

```
         光
    A ⇌ A*
       ↓
    一重項酸素  O₂
       ↓
    光酸化生成物
       ↑
       B
```

(b) ①の場合：A＝B＝材料分子
    ②の場合：A≠B,
            A：光増感剤（不純物），
            B：材料

**図1** 光退色・光劣化・光酸化の様式

4)となる場合とがある．またもう1つの反応経路として，図1(b)（B＝Aの場合）に示したように，A*と酸素より基底状態のAと反応性の高い一重項酸素（▶3.1③項）となり，この一重項酸素と材料分子Aの反応により光酸化生成物を生じる場合がある．

一方，光吸収が上記②により起こる場合には，図1(a)に示したように，不純物あるいは添加剤Aが光を吸収して励起状態（A*）となり，これより生じた短寿命中間体（経路2）が材料Bと反応し，B由来の短寿命中間体が発生し，これと酸素との反応により光酸化生成物を生じる場合（経路4）が考えられる．また，図1(b)（B≠Aの場合）に示したように，A*と酸素より一重項酸素を発生し，これと材料分子Bの反応により光酸化生成物を生じる場合がある．この場合Aは光増感剤（▶2.2④項）として機能しているといえる．高分子材料であるポリオレフィンなどに関していえば，不純物Aとして，高分子中にごく微量に存在するヒドロペルオキシド，カルボニル基，不飽和基，重合触媒残渣，成形加工時に混入する金属などが発色団となり，高分子の光劣化を開始する．

光退色や光劣化は通常，材料の望ましくない変化としてとらえられているが，近年では光退色を積極的に環境調和型技術として利用する研究も行われている．とくに酸化チタンなどの光触媒を用いることにより，染料廃液の脱色などの排水処理に対する応用も活発に研究されている（▶7.1⑦，7.2①，7.2②項）．

〔大内秋比古〕

【関連項目】
▶2.1② 物質の光吸収と励起状態の生成／2.2⑤ 光増感／3.1③ 活性酸素種／3.1④ 光化学反応不安定生成物／3.2① 光酸化・光還元／3.2④ 結合開裂／7.1⑦ 光発生一重項酸素による環境浄化／7.2① 光触媒／7.2② 光触媒による環境浄化

# オゾンホール
Ozone Hole

オゾンホールとは，毎年，南極の春先（9～10月ごろ）に南極上空成層圏を中心に，あたかも穴が開いたように成層圏のオゾン（$O_3$）濃度が急激に低下している領域が存在する状態をいう．

大気圏の$O_3$は，その90%が地上高約10～50 kmの成層圏に存在しており，人間や動植物に有害な太陽光中の紫外線を強く吸収し，多くの化学種と相互作用するため，成層圏での大気化学の中心的役割を担う重要な微量化学種の1つである（▶7.1 ①，②項）．大気圏のすべての$O_3$を，標準温度・圧力（0℃，1気圧）で地球表面に貼り付けたと仮定すると，厚さは約3 mmの層（約300 DU）に相当する（DUはドブソン単位とよばれ，0℃，1気圧の状態に換算した場合，厚さが1 cmになる場合を1 atm-cmとし，その1/1000を1 DUとする単位）．

オゾン層破壊は1980年ごろから顕著になった．オゾン層破壊の重要な触媒の1つである塩素原子（Cl）の主な供給源であるフロンガス（クロロフルオロカーボン：CFC）の使用規制が始まった1987年以降も，20世紀末ごろまでオゾンホールの拡大は続いていたが，その後やや抑制されている．しかし，現在でも出現するオゾンホールの面積（$O_3$濃度が220 DU以下である面積）は南極大陸の面積（約1400万 $km^2$）の2倍近くに達している[1]（図1）．

$O_3$は，主に成層圏上部で，酸素分子$O_2$が太陽光中の波長185～220 nmの紫外線を吸収し，光解離することで生じた酸素原子Oが，他の$O_2$と反応することによって生じる（▶4.2 ④，7.1 ①項）．

$$O_2 \xrightarrow{h\nu} O + O \qquad (1)$$
$$O + O_2 + M \rightarrow O_3 + M \qquad (2)$$
（M：$O_2$または他の化学種）

一方，$O_3$濃度が高い成層圏下部では，$O_3$が210～330 nmの紫外線によって分解され，$O_2$に戻る（▶4.2 ④，7.1 ①項）．

$$O_3 \xrightarrow{h\nu} O + O_2 \qquad (3)$$
$$O + O_3 \rightarrow 2O_2 \qquad (4)$$

$O_3$の$O_2$への分解機構は，1930年にChapmanによって提唱され，約40年間，上述の生成機構を含めたこの一連の反応で，成層圏オゾンの循環は説明できるとされてきた．しかし，その後の研究で，成層圏オゾンの分解には，下記に示した触媒反応サイクルを介して，数種の微量化学種が重要な役割を果たしていることが明らかになった（▶7.1 ①項）．

$$X + O_3 \rightarrow XO + O_2 \qquad (5)$$
$$O_3 \xrightarrow{h\nu} O + O_2 \qquad (6)$$
$$O + XO \rightarrow X + O_2 \qquad (7)$$

この触媒反応サイクル中の触媒Xとして，主にヒドロキシルラジカル（OH），一酸化窒素（NO）および塩素原子（Cl）が知られている．成層圏オゾン破壊に対する重要な触媒であるClは，天然には，海藻の分解物と塩化物イオン（$Cl^-$）の反応や

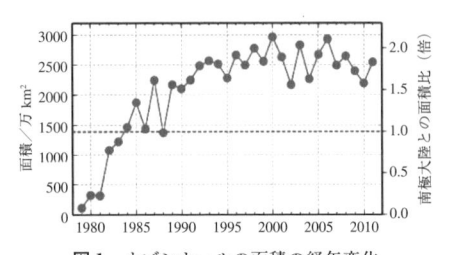

**図1** オゾンホールの面積の経年変化

火山の噴火などに起因するハロン（主に，塩化メチル（$CH_3Cl$））が対流圏から輸送され，成層圏で光分解されることで供給される．しかし，自然供給源からの供給量の約5倍に相当する量のClが，産業で使われた有機塩素化合物など（主に，CFC）から供給されている．例えば，下記のように太陽光（$\lambda < 240$ nm）による分解によって供給される．

$$CF_2Cl_2 \xrightarrow{h\nu} CF_2Cl + Cl \qquad (8)$$

南極上空の成層圏で観測されるオゾンホールは，下部成層圏での$O_3$分解が原因である．その最も重要な触媒はClである．冬季の南極大陸上空の大気環境は，極渦とよばれる強い西風が取り巻いている．極渦は内部への熱輸送を遮断するため，冬季の極域の成層圏温度は－80℃以下に達する．このような状況下で，極成層圏雲とよばれる，硝酸と水を含む氷の粒子が形成される．触媒隔離分子（触媒となるClなどを含有するが，触媒としては不活性な化合物）であるHClと$ClONO_2$は気相中では反応が非常に遅いが，極成層圏雲の表面では容易に反応し，$Cl_2$と硝酸を生成する．

$$ClONO_2 + HCl \rightarrow Cl_2 + HNO_3 \qquad (9)$$

$$Cl_2 \xrightarrow{h\nu} 2Cl \qquad (10)$$

生成した硝酸は極成層圏雲に強くとらえられるが，$Cl_2$は大気中に蒸発する．それは，太陽光が現れる南極の春先まで極渦内に保持され，春先に，太陽光（$\lambda < 450$ nm）によってClに光分解される．その結果，下記式(11)～(14)のClOを含むオゾン分解の触媒サイクルが働いて，春先に南極上空（成層圏）のオゾン濃度の急激な減少が起こる．

$$O_3 + Cl \rightarrow ClO + O_2 \qquad (11)$$

$$ClO + ClO + M \rightarrow (ClO)_2 \qquad (12)$$

$$(ClO)_2 \xrightarrow{h\nu} Cl + ClOO \qquad (13)$$

$$ClOO + M \rightarrow Cl + O_2 \qquad (14)$$

実際，春先に$O_3$濃度の急激な減少とClO濃度の急激な増加が同時に起こることが観測されており，上述のメカニズムがオゾンホール出現の主因であることを裏付けている．$O_3$は日射量の多い熱帯成層圏で活発に生成されるが，赤道から両極へ向かうBrewer-Dobson循環で両極へ輸送されるので，南極成層圏の$O_3$濃度はオゾン層破壊が始まる春先まで低緯度地域に比べてむしろ高い．

北極では南極に比べて極渦が顕著でないため，オゾンホールが形成されにくいとされていたが，近年，北極でも南極ほどではないがオゾン層破壊（オゾンホール的状況）がたびたび確認されている．最近，「南極オゾンホールに匹敵する規模（量）のオゾン層破壊が，2011年春に北極で観測された」との国際研究チームの報告がマスコミで紹介され話題になったことから，オゾン層破壊の深刻さがさらに注目されている．

（宇地原敏夫）

【参考文献】
1) 気象庁，気象統計情報「南極オゾンホールの年最大面積の経年変化」，気象庁ホームページ（http://www.jma.go.jp/jma/index.html）．

【関連項目】
▶4.2④ 酸素，オゾンの光化学／7.1① 大気圏外の光化学／7.1③ 光化学スモッグ

http://www.data.kishou.go.jp/obs-env/ozonehp/diag_o3hole_trend.html, 2012/05/18

## 地球温暖化と惑星放射
Globalwarming and Planetary Flux

地球温暖化という用語は，比較的短い時間領域で地表付近の平均温度が上昇することを指す．国連の下部組織である気候変動に関する政府間パネル（IPCC：Intergovernmental Panel on Climate Change）[1]の第4次評価報告書（2007～）によれば，気候システムの温暖化には疑う余地がなく，1906～2005年の気温上昇幅は0.74℃である．さらに，1750年以降の人間による活動が，地球温暖化の効果（正の放射強制力）をもたらしていることの確信度が「高」であると記載されている．つまり，人類の活動が原因で大気中の二酸化炭素濃度が増加し，気温の上昇が起こっている可能性が高い．

地球温暖化が起こっているのかどうか，また，その原因が二酸化炭素の排出量の増加によるものかどうか，さらに地球温暖化は避けなければならないかどうかについてもさまざまな議論がある[2]．このことは地球という巨大なシステムについての状態の評価と今後の予想がいかに難しいか，ということを反映している．実験科学者なら，地球全体の温度をどうやって計測するのか，あるいは，大気中の二酸化炭素濃度と気温のあいだに相関があったとしても，両者のあいだの直接的な因果関係をどうやって論証するのかなどに大きな困難さがあることは容易に想像がつく．

地表近くの温度は，まず，太陽からの放射（＝太陽放射）と地表からの熱（赤外線）放射（＝惑星放射）のバランスによってきまる．前者の約30％は反射され，残りの70％が地表に達して地表を温める．ただこの種の議論において，吸収熱量の波長依存性をどうやって見積もるのか，赤外線以外の光でどの程度の加熱の効果があるのかなどについては，資料は示されていない．後者の惑星放射は，地表温度の4乗に比例して増大し，太陽放射が強くなると温度が高くなって惑星放射も増大するため，吸収量と放出量が等しくなる，いわば平衡状態の温度（有効温度）に落ち着くことになる．大気が存在しないときの地球の有効温度は－18℃であるといわれている．しかし大気が存在すると惑星放射の一部は赤外線を吸収する気体により吸収，再放出されて地表近くの温度を上昇させる．これが2つ目の要素であり，二酸化炭素や水蒸気などの温室効果ガスのために，地表近くの温度は現在のレベル（約15℃）にある．つまり，実際の温度が有効温度より33℃高いのはこの温室効果によるものである[3]．温室効果はおもに水蒸気と二酸化炭素によるもので，両者の寄与はそれぞれおよそ40％，20％と見積もられている[4]．水蒸気と二酸化炭素では，吸収する赤外線の波長領域の重なりがほとんどなく，また，二酸化炭素の濃度が赤外線吸収の飽和する濃度領域まで達していないため，二酸化炭素濃度が現在よりさらに増大すると気温が上昇するというのが二酸化炭素増加による地球温暖化の理由である．これに対する異論として，温室効果による惑星放射の変化ではなく，黒点変化などによって観察される太陽放射の変動が温度平衡のバランスを狂わせているのではないかといったことが挙げられている．

いずれにせよ，現在（人類が生まれてから今までという意味で）の地球は奇跡的に温暖な状態に保たれているという見方もできる．なぜなら，何らかのきっかけによって，急速に（といっても人間の一生よりはるかに長いと考えられているが）寒冷化したり，高温化したりする可能性があるから

である．例えば，何らかの原因で寒冷化が起こると極地の氷が増加する結果，地表のうちで氷で覆われる部分が増えると，太陽放射が反射される割合（地球アルベド）が増加してますます寒冷化する．逆に何らかの原因で高温化が起こると，とくに海面からの水の蒸発量が増え，惑星放射のほとんどが大気で吸収，再放出されるようになって惑星放射が限界値に達してしまい，太陽放射とのバランスがとれなくなって，結果的にますます高温化する．これらは「正のフィードバック」すなわち，ある変化が起こることによって，ますますその変化が加速されるというものである．しかし，実際には少くとも数億年にわたって，地球は氷に覆われることもなく，岩石が融けるほどの高温になることもなかった．これは，何らかの「負のフィードバック」が働いているためと考えるしかない．その負のフィードバックの原因の1つが二酸化炭素を介する炭素循環であると考えられている．ケイ酸塩鉱物や炭酸塩鉱物が大気中の二酸化炭素と反応（風化）して生じた重炭酸イオンが，海洋中で炭酸カルシウムとして沈殿することによって二酸化炭素が消費される過程が存在する．二酸化炭素濃度が増大して温暖化すると，風化が促進されて二酸化炭素の消費が増え，逆に二酸化炭素が減少して寒冷化した場合には風化が抑制されるため，火山活動などで排出される二酸化炭素の消費が減るというもの（「ウォーカーフィードバック」とよばれる）である[3]．

　いずれのフィードバックが働くにせよ，46億年にわたる地球の状態の変化は，定められた平衡状態に向かっているというわけではない．これは，エネルギーの源である太陽の活動が変化することからも明らかである．したがって，大規模な火山の噴火などの何らかのイベントによる変動に対して負のフィードバックがかかって，比較的せまい温度の範囲内で変動していると見るべきである．そのような変動の中で，二酸化炭素はきわめて重要な働きをしているが，われわれがそれをどこまで正確に理解しているのかはよくわかっていない．仮に人類の活動による二酸化炭素の増加によって地球が温暖化しているとして，それに対してフィードバック（正かもしれないが）が働くのか，あるいは，人類の努力によって地球の状態をどこまで変更可能なのかなどについて，明確な解答はない．

（大谷文章）

【参考文献】
1) http://www.ipcc.ch/
2) 例えば，スティーブン＝モシャー・トマス＝フラー（渡辺正訳）「地球温暖化スキャンダル」日本評論社（2010）．
3) 田近英一「地球環境46億年の大変動史」化学同人（2009）p. 24.
4) 独立行政法人国立環境研究所地球環境研究センター（http://www.cger.nies.go.jp/ja/library/qa/11/11-2/qa_11-2-j.html）によれば有効温度は$-19$℃で，地表の温度が14℃とやや異なるが，温室効果は33℃で同じである．

## 光発生一重項酸素による環境浄化
Environmental Renediation by Photogenerated Singlet Oxygen

　光化学反応により一重項酸素を発生させ，その高い反応性を利用して，有機物などの有害物質を分解することにより環境浄化を行うことができる．一重項酸素との反応により，多くの有機物（環境汚染物質）の酸化反応が起こり，有機物が分解するので，結果として除去できる．

　酸素は，基底状態で三重項（$^3O_2$）であり，その励起状態は一重項（$^1O_2$）である．一重項酸素には，$^1\Sigma_g^+$状態と$^1\Delta_g$状態の2種類が存在し，それぞれ762 nm, 1269 nm に発光を示すので，その発光を観測することにより，それぞれの一重項酸素の存在を確認することができる．また，一重項酸素と基質との反応については発光の消光により確認できる．ただし，定常状態での発光の消光実験の場合，一重項酸素の基質による静的消光の可能性もある．例えば，基質が一重項酸素の生成過程に関与する場合，一重項酸素の生成量が減るため，一重項酸素の発光強度が減少する場合がある．すなわち，静的消光では，一重項酸素と基質とが直接反応しなくても一重項酸素の発光強度は減少する場合がある．一方，一重項酸素の発光の動的消光を直接観測することにより，一重項酸素と基質との2分子反応速度を求めることができる．ここで動的消光とは，一重項酸素の発光が基質との反応によって直接消光する過程であり，一重項酸素の発光寿命の変化より一重項酸素と基質との速度定数を求めることができる．

　一重項酸素の発光寿命は気相中では，$^1\Sigma_g^+$状態が7～12 s，$^1\Delta_g$状態が45 minと異なる．最近の研究で$^1\Delta_g$状態の寿命が 0.6 Torr で 7 s，あるいは 1 atm の空気中で数 ms という値の報告がある．室内などの空気浄化では，一重項酸素の比較的長い寿命のため，有害物質との反応が起こって分解することができる．一方，溶液中における一重項酸素の寿命は数 $\mu$s～数百 $\mu$s と短くなるので有害物質との反応性は低く，その分解効率は一段と低下する．一重項酸素の寿命は溶媒に依存し，$H_2O$ で 2 $\mu$s，$D_2O$ で 20 $\mu$s，$CHCl_3$ で 60 $\mu$s，$CCl_4$ で 700 $\mu$s，と気相中に比べると明らかに短い．

　一重項酸素の光照射による発生方法としては，三重項光増感剤（S）を使用する三重項増感反応が一般的である．S の吸収に合わせた波長の光照射により S が励起されて励起一重項状態（$^1S^*$）が生成し，これから三重項への項間交差が起こって励起三重項（$^3S^*$）が生成する．$^3S^*$ から基底状態の酸素（$^3O_2$）へ三重項エネルギー移動が起こって一重項酸素が発生する．

$$S \xrightarrow{h\nu} {}^1S^* \xrightarrow{ISC} {}^3S^*$$
$$^3S^* + O_2 \xrightarrow{ET} S + {}^1O_2$$

　S としてさまざまな色素が使用できる．例えば，メチレンブルーやローダミンなどの有機色素，ポルフィリンやフタロシアニンなどの金属錯体である．いくつかの色素と光励起波長（$\lambda$/nm），色素の励起三重項エネルギー（$E_T$/kcal mol$^{-1}$），一重項酸素発生の量子収率（$\Phi_\Delta$）を表1に示す．いずれのSにおいても $\Phi_\Delta=0.5\sim0.8$ の高い

表1　色素を用いる三重項増感反応による一重項酸素の発生方法

| 色素 | $\lambda$/nm | $E_T$/kcal mol$^{-1}$ | $\Phi_\Delta$ |
|---|---|---|---|
| メチレンブルー | 550～700 | 32.0 | 0.52 |
| ローズベンガル | 480～550 | 42.0 | 0.68 |
| ヘマトポルフィリン | 630 | | 0.83 |
| 亜鉛フタロシアニン | 675 | 26.1 | 0.59 |

収率で一重項酸素が生成できる．

酸素存在下での酸化チタン $TiO_2$ 光触媒反応においても一重項酸素の生成が確認されている．

$TiO_2$ の価電子帯−伝導帯エネルギー差の光励起によって伝導帯電子と価電子帯正孔が生成する．伝導帯電子により $^3O_2$ が還元され，$O_2^-$ が生成する．この $O_2^-$ が価電子帯正孔との電荷再結合反応を行って $^1O_2$ を生成する．また，$TiO_2$ の光励起によって生成した伝導帯電子と価電子帯正孔のの電荷再結合による励起エネルギー状態の $^3O_2$ への励起エネルギー移動によっても $^1O_2$ が生成する．

$TiO_2$ 光触媒反応において $^1O_2$ が生成することは，$^1O_2$ に特徴的なペルオキシ化合物などの生成物が単離されることや，$^1O_2$ ($^1\Delta_g$) の 1270 nm の発光が観測されたことから知られていた．2006 年には，単一分子蛍光顕微鏡と $^1O_2$ と選択的に反応して発光する有機分子を使用することによって，$^1O_2$ の発生が単一分子レベルで実時間測定された．光照射に伴って，単一粒子の $TiO_2$ 表面上から，$^1O_2$ が空気中に飛び出し，数 mm の距離まで拡散することが見出されている．さらに，$^1O_2$ のみならず，$TiO_2$ 光触媒反応において，ヒドロキシラジカルやスーパーオキシドアニオンが生成することは従来の多数分子系の検出法によって提案されていたが，最近，単一分子蛍光分光法によって確認された．

次に実際の $^1O_2$ による環境汚染物質除去について説明する．色素など (S) の三重項光増感反応によって $^1O_2$ を発生させ，環境汚染物質を分解する方法では，S を溶解させた溶液 (水など) を，環境汚染物質が混ざった溶液に加えて，S の吸収波長に合わせた光照射によって環境汚染物質の分解反応を起こさせる．この場合，S 自身も光反応あるいは $^1O_2$ との反応によって分解するので，S の退色 (分解) により環境汚染物質の分解反応が終了する．そこで，環境汚染物質の分解がさらに必要な場合は S を追加して再度光照射を行う必要がある．

$TiO_2$ などの固体を $^1O_2$ 発生剤として用いる場合は，$TiO_2$ が溶液に懸濁した状態で光を照射する．あるいは，$TiO_2$ などの固体は成形してペレットにすることができる．一方，色素・金属錯体などを S とする場合，S をシリカゲルなどに担持して使用することができる．これら $^1O_2$ 発生剤を環境汚染物質を含む空気や汚染水の流路に設置し，$^1O_2$ 発生剤に光照射を行って，汚染物質を除去することができる．汚染空気や汚染水を循環させ汚染物質をモニターしながら，所定の濃度に低下するまで光照射を続ける．

汚染水の処理においては，別に空気中で発生させた $^1O_2$ を含む空気を 30 s 以内に汚染水に供給することで分解効率をあげる方法がとられている．

S の三重項光増感反応により，$^1O_2$ を気相中で発生させて空気中の汚染物質を除去する方法もある．しかしながら，S の光退色に伴って S の交換・補充が必要となるので実用は困難である．

ところで，道路壁，遮音壁，トンネル壁などの壁材の表面に $TiO_2$ を塗布し，太陽光や紫外光照射による窒素酸化物，硫黄酸化物の除去，室内の壁材や外壁表面に $TiO_2$ を塗布し，太陽光や室内光照射による汚染物，細菌などの除去が実用化されている．この $TiO_2$ 光触媒反応による汚染物質の除去においては，$^1O_2$ のみならず，さまざまな活性種，反応機構が関与している．

〔栗山恭直〕

7.1 光化学と環境——⑧

# オゾンの光化学的発生と環境
Photochemical Generation of Ozone and Its Application to Environmental Issues

**a. オゾンとは** オゾンは，3個の酸素原子からなる酸素分子の同素体である．綿火薬（ニトロセルロース）の発見，燃料電池の原理の発見で知られている Shönbein が，オゾンが酸素から構成されていることを 1840 年に発表し，特有の刺激臭からギリシャ語の臭いを意味するオゾン（Ozon）と名付けた．

常温・常圧ではうすい青色の気体で，$-112$℃で紺色の液体，$-197$℃で濃い紫色の固体である．強い酸化力をもっているため，高濃度では有毒であり，取り扱いに注意が必要である．オゾンは，酸素分子が太陽光中の紫外光を吸収することで発生するため，大気中において常に低い濃度で存在している．

**b. 光化学的発生** 光化学的なオゾン発生は，下記の反応スキームによって起こる．すなわち，紫外光を吸収した酸素分子が 2 個の酸素原子に解離し，発生した酸素原子が酸素分子と結合してオゾン分子となる．酸素分子は，240 nm 以下にしか吸収をもたないので，光化学的なオゾン発生には，低圧水銀灯から得られる紫外光（波長 195 nm あるいは 254 nm）のうち，195 nm を用いれば，効率よくオゾン発生が可能である．

$$O_2 \xrightarrow{h\nu} O(^3P) + O(^1D)$$
$$O(^1D) + O_2 + M \to O_3 + M$$

ここで，M は第 3 体であり，過剰なエネルギーを受け取る役割をもっている．固体表面あるいは，空気中に存在する酸素分子や窒素分子も，M として働く．また，オゾンは，300 nm より短波長の光を吸収すれば，分解して $O(^1D)$ を発生する．

$$O_3 \xrightarrow{h\nu} O(^1D) + O_2$$

光が定常的に照射されている空気中では，種々の固体粒子も M として働くため，ここで示したオゾン発生ならびに消滅過程が釣り合ったところでオゾンの定常濃度となる．地球表面から一定の高度に定常的に存在するオゾンホールがその一例である．通常，生活環境の大気中にも数 ppb のオゾンが定常濃度で存在し，また，コピー機周辺では約 0.4 ppm のオゾンが発生する．

電極間に空気あるいは酸素を介在させ，高電圧を印加すると放電が起こる．これは無声放電とよばれる現象である．無声放電によっても，高エネルギー電子の酸素分子への衝突で発生した原子状酸素と酸素分子が結合してオゾンが生成する．

**c. オゾンと有機化合物の反応** オゾンは，強い酸化力をもっており，有機物と容易に反応する．よく知られた有機反応には，オゾン酸化反応（オゾン分解）がある．炭素-炭素二重結合を酸化分解し，2 つのカルボニル化合物を生成する合成反応である．このようにオゾン分子自体は高い反応性をもっている．一方，オゾンは熱あるいは光吸収による分解によって反応性の高い酸素原子を発生する．この高反応性酸素原子は，有機物から水素を引き抜き，OH へ転化する．これら酸素原子および OH は，有機化合物や臭気の強いアンモニアとの反応性が非常に高い．

**d. 役立つ種々の利用法** オゾンの高い反応性は，殺菌・ウイルスの不活性化，脱臭，脱色，有機物の除去に応用されている．例えば，食品（手の殺菌・洗浄，食品の殺菌，調理器具の殺菌・洗浄，厨房内の殺菌・脱臭，冷蔵庫内の脱臭），医療（人

工透析器配管内部殺菌・洗浄，医療器具の殺菌），畜産・漁業（糞尿の脱臭・浄化・漂白，豚舎・鶏舎の脱臭，養殖場における循環水の殺菌・浄化・アンモニア分解），水関連施設（水族館・プールの浄化・殺菌，工場排水処理施設から発生する臭気の脱臭），繊維の殺菌・漂白（飲食店のおしぼりの殺菌・脱臭，クリーニング店での衣服の脱臭・漂白）などに応用されている．工業分野では，オゾンガスを溶解したオゾン水は，半導体の基板表面の有機物除去・洗浄に用いられている．オゾンを用いる方法では，オゾン自体が自然に分解するため，残存，残留の悪影響を最小化できる利点がある．

**e. 浄水への利用** フランスでは，長らく飲料水の浄化に用いられてきた．通常，取水した原水は，物理化学的な処理による濁質除去と消毒を経て，浄水として用いている．しかし，水源環境の質的，量的要求の拡大，人々のさらにおいしく安全な水への要求から，通常の浄水処理工程では十分に対応できない臭気物質，色度，消毒副生成物とその前駆体，陰イオン界面活性剤の除去が重要となってきている．高度浄水処理法として，活性炭処理，生物処理，ストリッピング（汚染物質除去法の一種）にオゾン処理が併用されている．水のオゾン処理により有機物が分解されると，アルデヒド，ケトンといった副生成物が生成する．また，臭素イオンが共存する場合には，ブロモホルムや臭素酸イオンといった副生成物が残留する．これらの副生成物の吸着除去のため，オゾン処理の後に活性炭処理の配置が必須とされている．

**f. オゾン空気清浄** 空気清浄用機器としてオゾン発生機が用いられる場合がある．オゾンは，高い化学反応性をもっているため，高濃度のオゾンに暴露すれば，ヒトの目，粘膜，上部気道を刺激し，呼吸機能に影響を及ぼすなど，生体には毒性を有する．例えば，WHOは，8時間平均で$120\,\mu g\,cm^{-3}$の許容濃度のガイドラインを定めている．閉じた部屋などで用いる場合には，とくにその濃度に注意が必要である．

**g. 大気中のオゾン** 酸素分子との反応によりオゾンが生成するためには，$O(^1D)$の発生が必要である．地表から15 kmを境として，その上の成層圏では，太陽光に含まれる240 nmより短波長の真空紫外光が酸素分子に吸収され，$O(^1D)$が発生する．一方，15 kmまでの対流圏では，この波長領域の光はほとんど到達しない．対流圏では，大気中に存在する微量の$NO_2$が，400 nmより長波長の光を吸収すると光分解し，$O(^1D)$が発生する．この$O(^1D)$と酸素分子の反応によって，オゾンが対流圏でも生成する．成層圏のオゾンは，その紫外光吸収によって生体を守っているのに対し，対流圏のオゾンは有害であり，農作物や森林への被害を引き起こしている．都市部の工場や自動車から排出される窒素酸化物や揮発性有機化合物などの1次汚染物質が太陽光によって光化学反応を起こして発生する，オゾン，ペルオキシアシルナイトレートなどの酸化性物質（2次汚染物質）をオキシダント（oxidizing agent = oxidant）とよぶ．その強い酸化力のため，健康被害を引き起こす大気汚染物質である．オキシダントのうち，二酸化窒素を除いたものを「光化学オキシダント」とよび，光化学スモッグの原因となる．

〔和田雄二〕

【関連項目】

▶3.2④ 結合開裂／4.2④ 酸素，オゾンの光化学／6.2② 光殺菌作用／7.1① 大気圏外の光化学，7.1②大気圏の光化学，7.1③光化学スモッグ，7.1⑤オゾンホール，7.1⑥地球温暖化と惑星放射

# 光触媒
Photocatalyst

**a. 光触媒とは** 光照射下で触媒として働くのが光触媒である．光触媒作用を示す物質には，半導体（酸化物，硫化物，窒化物など），錯体，色素がある．酸化チタンに代表されるように，よく利用される光触媒は半導体である．普通の触媒反応は熱エネルギーを利用して進行するのに対して，光触媒反応は光エネルギーを利用する．光触媒が光を吸収して活性化されて励起状態となり，この励起状態の光触媒上で化学反応が起こる．

**b. 酸化チタン光触媒** 酸化チタンは，高い光触媒活性，安定性，無害性，粉体は白色で薄膜は無色透明であるなどの利点から最も利用される光触媒である．環境浄化，アメニティー空間の実現，クリーンエネルギーの創成と，酸化チタン光触媒の応用分野は広がりを見せている（図1）．これらの応用には，酸化チタンのもつ2つの光触媒作用，すなわち光照射により発現する「酸化還元反応性」と「表面親水性」が活躍する（図2）．

**c. 光触媒反応機構** 半導体光触媒では，そのバンドギャップより大きなエネル

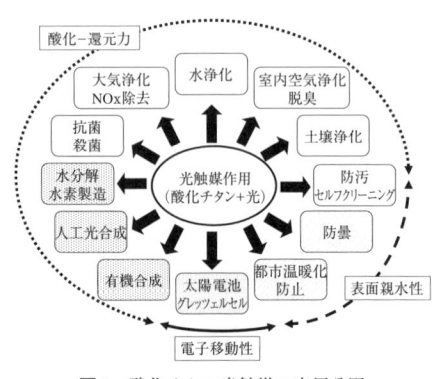

図1 酸化チタン光触媒の応用分野

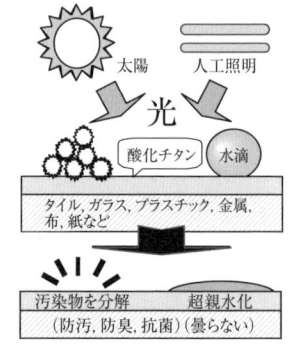

図2 酸化チタンの2つの光触媒作用

ギーをもつ光を吸収することで，伝導帯に電子が励起され，価電子帯に正孔が生成する．それぞれは還元反応や酸化反応に利用される．実際には以下のステップで反応が進行する：(1) 光照射による励起電子と正孔の生成，(2) 表面への電子・正孔の拡散（電荷分離）あるいは再結合による失活，(3) 電子と正孔の捕捉による表面活性種の形成，(4) 表面での酸化還元反応，(5) 生成活性種による2次的反応．図3に，酸化チタン半導体光触媒による有機物の酸化分解の反応機構を示す．光照射で励起される電子や正孔と反応して生成するラジカルや活性酸素は非常に高い酸化力をもち，酸化チタン表面に付着した種々の有機物を最終的に二酸化炭素や水まで分解する．この強い酸化力を利用することで，酸化チタン光触媒は抗菌効果，防汚（セルフクリーニング），防臭などの機能を発揮する．図4に，各種半導体のバンド構造のエネルギー準位を示す．伝導帯の下端が高い（負側）ほど励起電子の還元力が強く（電子を流し出しやすい），価電子帯の上端が低い（正側）ほど正孔の酸化力が強い（電子が流れ込みやすい）．ちなみに，水を分解して水

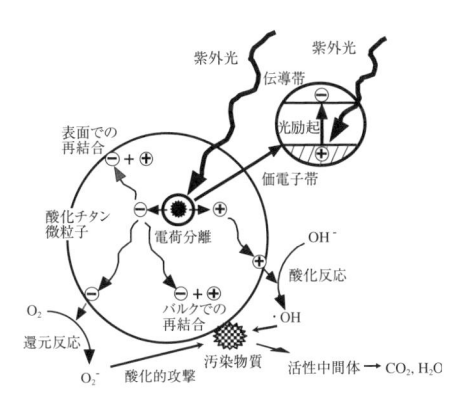

**図3** 酸化チタン半導体粉末上での光触媒反応メカニズム

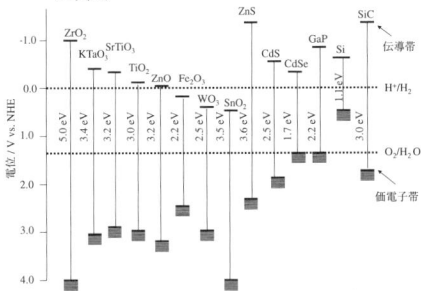

**図4** 各種半導体のエネルギー準位とバンドギャップ

素を発生させるためには，伝導帯の下端が$H^+/H_2$の酸化還元電位より高く，酸素発生のためには価電子帯の上端が$O_2/H_2O$の酸化還元電位より低い必要がある．

薄膜化した酸化チタン光触媒を紫外光照射すると，表面が超親水性になる（図2）．超親水化表面では水は広がり水滴をつくらないので曇らない．汚れが付着しても水により簡単に洗い流すことができる．酸化チタン光触媒をコートした建材は有機物酸化分解効果と超親水性を合わせもつことで，セルフクリーニング機能を発揮する．

**d. 光触媒の活性を支配する因子** 光触媒の活性を支配する因子として，(1) 光吸収，(2) 電荷分離，(3) 基質の吸着，(4) 表面反応などがスムーズに行われる必要がある．これらの素反応には，光触媒のバンド構造，結晶性（欠陥密度），粒径，形態（細孔），表面積，表面化学特性などが影響する．

(1) 半導体のバンド構造：バンドギャップの小さい硫化カドミウム（2.4eV）や酸化鉄（2.3eV）を利用すれば，可視光照射により光触媒反応が期待できる．一方，酸化チタン（アナターゼ：(3.2eV)）は紫外線を吸収するが，可視光は利用できない．

(2) 結晶性と表面積：高い光触媒活性を得るには，光触媒の結晶性が高くバルク中に欠陥が少ないこと，光触媒の表面積が大きいことが望ましい．光触媒の結晶性と表面積は焼成温度などの合成条件によって変化する．焼成温度が上がると，結晶性は向上するが表面積は減少するように，光触媒合成に最適な焼成温度がある．

(3) 微粒子効果：半導体光触媒を粒径10 nm以下に微粒子化すると，バンドギャップは大きくなり，さらに超微粒子化すると量子化され，とびとびのエネルギー準位が出現する（量子サイズ効果）．このような超微粒子酸化チタンは，より大きな光エネルギー（より短波長の光）を吸収でき，光触媒としては酸化・還元力がさらに高まる．

(4) 複合効果：酸化チタン光触媒に白金やニッケルなどの金属を担持すると光触媒活性が向上する．酸化チタンから金属へ電子がスムーズに流れることで電荷分離を促進し，電子と正孔の再結合を抑制することで，活性向上につながる．

**e. 可視光応答型光触媒** 地上での太陽光には，波長400 nm以下の紫外光の含有量はわずか約4％にすぎず，可視光領域（400〜700 nm）は約40％，残りが近赤外領域である．可視光照射下で作用する可視光応答型光触媒の開発は重要課題である．酸化チタンに金属イオンや窒素や硫黄などのヘテロイオンをドープすることで，可視光応答型光触媒にする試みがある．

〔山下弘巳〕

## 光触媒による環境浄化
Environmental Cleanup by Photocatalyst

　光触媒がはじめに注目されたのは，太陽光のエネルギーで水を分解して水素燃料が製造できると考えられたからであるが，実際に現在使用されている光触媒の用途は，テントやガラスを含む外壁建材，および空気清浄機が主である．実用可能になった理由は，環境浄化に用いられる化学反応が基本的には酸化分解による発熱反応で，反応の効率が高いためである．酸素酸化による連鎖反応で，光量子収率が100%を超える場合もある．太陽光を利用した水浄化の実用化が期待されているが，自然界に降り注ぐ光の密度は1cm$^2$あたり毎秒約5×10$^{-8}$ molであり，反応物質濃度に比較して非常に希薄なので，高濃度の廃液処理に用いるための実例は少ない．したがって，光触媒による環境浄化としては，微量でも大きく影響する汚染物質の除去や滅菌などにおいて早期の実用化が進んでいる．除菌・殺菌に関しては抗菌・除菌コートなどへの応用はあるが，がん治療など医療への応用は今後の課題である．

　**a．空気清浄器**　光触媒の反応を効率よく生じさせるために，送風と紫外線ランプが必要であるが，実際使用されている空気清浄器は図1に示す構造をしている．汚れた空気は塵，ほこりなどの大きなゴミをプレフィルター①で取り除いたのち，必要に応じて，HEPAフィルター②でさらに小さな（0.3μm以上の）ゴミ，例えば，タバコの粒子や花粉，ダニの死骸，細菌などを取り除く．その後でUVランプ④により照射されたランプ前後に位置する光触媒フィルター③，⑤で光触媒分解を行う．さらに，光触媒フィルターでは完全分解できず，酢酸などが残る場合があるので，それを吸着分解するためにアフターフィルター⑥を通過させ，清浄な空気とする．このような構造を基本として，卓上型から容積180 m$^3$の大きな部屋に対応できる製品が市販されている．病院の薬品臭や浮遊菌の除去，食品加工工場での悪臭対策，カビ菌やエチレンガス除去による鮮度保持などに用いられる．抗菌目的より，すぐ結果が実感できる脱臭を目的に使用される場合も多く，一般企業のオフィスや老人ホーム・養護施設における脱臭のため，業務用として使用されている．

　**b．光触媒シート**　吸引ファンや紫外線ランプを使用しない簡便な脱臭用品として，光触媒シートが販売されている．これは，吸引ファンで空気の流れをつくる代わりに，吸着剤を用いて汚染物質を集め，光触媒で分解しようとするものである．紫外線ランプの代わりに，太陽光の中の紫外線を利用すると簡便であり，窓際にこのシートを日除け替わりに架けておくか，光が差し込まない場合には洗濯物と同時に屋外で太陽にさらすことで光触媒反応が起こり吸着した有機物が分解される．

　実際の構造は図2に示すように，TiO$_2$光触媒のほか吸着剤として活性炭，シリカゲル，酸化亜鉛を複合させた粉末を，ポリ

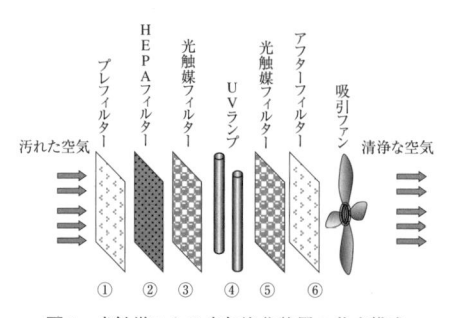

**図1**　光触媒による空気浄化装置の基本構成

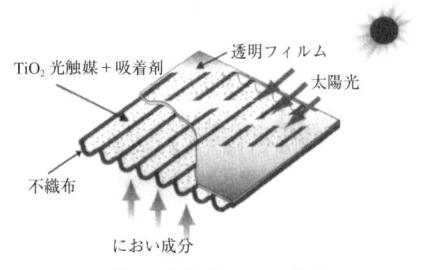

**図2** 光触媒シートの構造

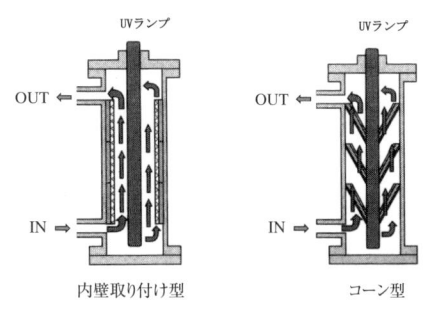

**図3** 光触媒水質浄化装置の構造

プロピレン（PP）製の不織布でつくった溝と光を通す透明フィルムとで挟んだ構造をしている．空気中のにおい成分は不織布の隙間から混合粉末に吸着され，透明フィルム側を太陽にさらすことで，吸着物が分解される．この光触媒シートは屋外に積み上げられた汚染土壌にかぶせ送風しながら太陽の紫外光でVOC（揮発性有機化合物）を除去する場合や，紫外線ランプと送風機を用いた能動的な空気清浄機に用いられる．

c. **水浄化装置** 水浄化のための光触媒としては，光触媒をコートしたセラミックスやファイバーが用いられる場合が多いが，内部が$SiO_2$，表面が$TiO_2$のような表面傾斜構造を有する直径$5\mu m$程度の丈夫な繊維も開発されている．この場合，繊維をコーン状の不織布として図3に示すように，UVランプのまわりに積み重ねる構造をもたせると，流速が落ちず，水との接触が大きく，しかも，有効に紫外線が当たるため効率がよい．図3の左にあるように内壁に光触媒を取り付けた場合，流れは光触媒フェルトを通らないため，光触媒の効果は低い．光触媒は1990年代半ばに24時間風呂の殺菌のため用いられたが，正しい使用方法が徹底せず，その効果が正当には評価されていない．今後，24時間風呂の太陽光を用いた殺菌，保温システムが開発される可能性がある．

d. **除菌コート** 光触媒による抗菌効果は，病気の治療ではなく予防に用いられ，前述の空気浄化装置や水浄化装置では，抗菌効果が確かめられている．それ以外に，不特定多数の人が触る，吊革，階段手すりなどに抗菌効果をもたせ，感染症を防ぐ目的での利用が試験されている．この際，光が当たらない場合に光触媒のみでは抗菌効果が維持できないので，CuやAgなどの金属イオンが添加される場合もある．酸化チタンそのものを抗菌のために用いるには，紫外光の強いところで光触媒を働かせる必要があるので，室内では大きな効果がなかった．最近になって，触媒を担持した酸化タングステンや金属イオンなどをドープした酸化チタンなど，室内光のもとでも活性の高い可視光応答型光触媒が多く開発されており，それらの光触媒を抗菌や防汚のコート剤とする開発が進められている（▶7.2 ④項）．　　　　　（野坂芳雄）

【関連項目】
▶7.1⑦光発生一重項酸素による環境浄化／7.2①光触媒／7.2④可視光応答型光触媒

# 光触媒による水の光分解と水素・酸素発生
Photocutalytic Water Splitting into $H_2$ and $O_2$

水素はアンモニア合成などに広く利用されている重要な化学工業原料である．また，燃料電池技術の実用化に伴って，エネルギーとしても水素の重要性が再認識されている．水素は現在，天然ガスなどを原料とした水蒸気改質により製造されているが，化石燃料に依存しない自然エネルギーによる水素製造技術が求められる．いくつかのアプローチの中で，太陽光のエネルギーを利用して水から水素を製造する方法，とくに光触媒による水分解反応は，最も積極的に研究が行われている技術の1つである．

1970年ごろ，水溶液に浸した$TiO_2$電極に光を照射することにより水が分解する「本多・藤嶋効果」とよばれる現象が日本で報告され，これを契機として，$TiO_2$粒子を用いた水の光分解の研究が活発に行われてきた．初期の研究では，電極系を粉末系に移し変えたものとして，$TiO_2$粒子にPt微粒子を添加したもの（$Pt$-$TiO_2$）が中心であった．添加したPtは，多種ある物質の中で最も有効な水素生成のメディエーター（助触媒）となる．しかし，Ptは生成した水素と酸素の逆反応も起こすため，$Pt$-$TiO_2$を用いて定常的に水素と酸素を得ることは難しい．

最初の定常的な水の光分解は，Ptの代わりに$NiO_x$微粒子を助触媒として用い，これを$SrTiO_3$と組み合わせることによって実現された．$NiO_x$とは，表面が$NiO$，内部が金属$Ni$の状態で存在するものである．微粒子全体が$NiO$の状態では活性を示さず，また，金属の状態ではPtの場合と同様に逆反応が起こることから，水素生成反応は表面の$NiO$で進行し，内部の$Ni$は$SrTiO_3$から$NiO$への励起電子の移動を促進する役割をもつと考えられている．この$NiO_x$-$SrTiO_3$光触媒の発見から，さまざまな複合酸化物と助触媒を組み合わせた光触媒が見出された．中でも，$NiO$助触媒を添加したLaドープ$NaTaO_3$や，RhとCrの酸化物（$Rh_{2-x}Cr_xO_3$）を添加した$Ga_2O_3$は，量子収率50%を超える，現在最も高効率な水の光分解用の触媒である．

光エネルギー源を太陽光とする場合，その大部分を占める可視光を利用することが重要であるが，上記の光触媒として利用される酸化物は禁制帯幅（バンドギャップ）が3.0 eV（電子ボルト）以上と大きいため，紫外光しか利用できない．これらの酸化物は，伝導帯下端が$H^+/H_2$の酸化還元電位（0 V vs. SHE）よりもわずかに高い位置にあり，伝導帯の電位を下げると水素を生成できなくなる（図1）．これに対して，価電子帯の上端は，$O_2/H_2O$の酸化還元電位（1.23 V vs. SHE）よりかなり低い位置（約3 V（vs. SHE））にあり，水の酸化に対して十分なポテンシャルをもつ．そのため，可視光応答型の光触媒の開発には，価電子帯のポテンシャルを上げる工夫が必要となる．光触媒として利用される酸化物の価電子帯は，おもにO 2p軌道に由来していることから，その置き換えがポイ

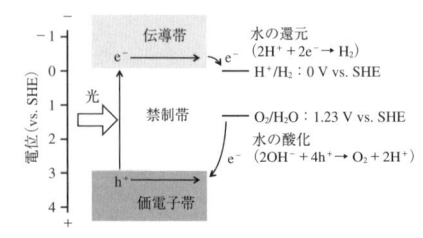

図1 光触媒として利用される酸化物の電子エネルギー構造

（伝導帯）
水の還元
($2H^+ + 2e^- \rightarrow H_2$)
$H^+/H_2$：0 V vs. SHE

禁制帯

$O_2/H_2O$：1.23 V vs. SHE
水の酸化
($2OH^- + 4h^+ \rightarrow O_2 + 2H^+$)

価電子帯

電位（vs. SHE）

ントとなる.

可視光での水分解作用を示す光触媒を開発する第1段階として，不可逆的に消費される還元剤あるいは酸化剤を用いたテスト反応が知られる．例えば，反応水溶液中にメタノールなどの還元剤を添加しておくと，正孔がこれを不可逆的に酸化するため，光触媒中には電子が過剰になって水素生成が促進される．また，$Ag^+$のような酸化剤を用いると，伝導帯の電子が消費され，正孔による水の酸化が促進される．

古くから検討されていた可視光応答化のコンセプトとして，異種元素のドーピングが知られている．これは，ベースとなる酸化物のバンドギャップの間に形成させた異種元素による準位からの遷移を利用するものである．しかしながら，得られる可視光吸収の光励起では光触媒活性が発現されず，ドーパントが電子と正孔の再結合中心となって触媒機能を著しく低下させることが多い．最近の成功例としては，$Cr^{3+}$を$Sb^{5+}$や$Ta^{5+}$と共ドーピングさせた$SrTiO_3$や$TiO_2$を還元剤あるいは酸化剤として用い，水素生成あるいは酸素生成反応を可視光の照射によって起こすことができた例がある．

光触媒として利用される酸化物の価電子帯のポテンシャルを上げる別の方法として，O 2p軌道とは異なる軌道に由来する価電子帯をもつ材料を利用することも知られる．例えば，$BiVO_4$や$AgNbO_3$などの複合酸化物では，それぞれBi 6s，Ag 4d軌道が価電子帯の形成に寄与することでバンドギャップが狭小化される．また，酸化物中の$O^{2-}$イオンを$N^{3-}$イオンや$S^{2-}$イオンで部分的に置き換えたアニオン置換型の材料も可視光応答型の光触媒として利用されている．これらは，O 2p軌道だけでなく，より浅い準位にあるN 2p軌道やS 3p軌道によって価電子帯が形成されるため可視光を吸収する．例えば，$LaTiO_2N$，TaONや$Sm_2Ti_2S_2O_5$などの酸窒化物および酸硫化物が上記のテスト反応において，可視光照射下で活性な光触媒となることが見出されている．

可視光による水分解の難しさを克服する方法として，植物の光合成の仕組みにならって，2つの光触媒反応を連結する方法も検討されている．これは，一方の光触媒で水素生成，もう一方では酸素生成をさせ，これらを連結することで水分解を完成させるものである．還元剤や酸化剤を用いる水素あるいは酸素の生成反応に類似しているようにみえるが，ここでの水素生成反応と酸素生成反応の対になる反応は，可逆性をもった酸化還元反応であることが要求される．これまでに，ヨウ素酸-ヨウ化物系（$IO_3^-/I^-$）や$Fe^{3+}/Fe^{2+}$系を酸化還元対として用いた水の光分解が知られている．なお，このような2段階反応系では，単独では水の光分解を進行させることが難しい可視光応答型の光触媒を利用した可視光による水分解反応が実現できることも確認されており，波長420 nmの単色光照射条件で約6%の量子収率がこれまでに得られている．

2段階方式では，1電子の電子移動反応を行わせるのに2光子を必要とするため，エネルギー変換効率の点では大きな無駄が生じる．太陽エネルギー変換の高効率化のためには，やはり単独で定常的に水を分解できる光触媒の開発が望まれる．最近，ZnOとGaN（あるいは$ZnGeN_2$）の固溶体に$RuO_2$や$Rh_{2-x}Cr_xO_3$を助触媒として添加した材料が単独で可視光での水分解反応を進行させることが見出され，新規触媒材料の開発がさらに活発化している．

〔池田　茂〕

【関連項目】
▶ 7.2①光触媒／7.2④可視光応答型光触媒／7.3②人工光合成／7.3⑥金属錯体光触媒による水の分解

# 可視光応答型光触媒
Visible Light-driven Photocatalyst

水分解による水素・酸素発生や揮発性有機物（VOC）・色素分解などの環境浄化型反応に光触媒が用いられている．光触媒は紫外光を利用するものが多いが，太陽光や室内光を効率よく利用するために，可視光応答性が求められている．ここで，3 eV（波長に換算して約 410 nm）より狭いバンドギャップまたはエネルギーギャップをもつ光触媒が，可視光応答型光触媒に分類される．以下に，可視光応答性が発現する機構を光触媒のエネルギー構造から眺め，具体例を示す．

可視光応答型光触媒は，可視光吸収のタイプによって図1(a)〜(c)に大別される．

図1(a)のバンド形成可視光応答型光触媒では，原子軌道が連続したバンドを形成し，可視光吸収によってバンドギャップ励起が起こる．多くの金属酸化物半導体の価電子帯はO 2p軌道から形成されているため，比較的深いレベルに位置する．そのため伝導帯の還元力を高い準位に留めようとすると，必然的にバンドギャップが広くなる．可視光応答型酸化物光触媒としては，$WO_3$が古くから知られている．この光触媒では，O 2p軌道で形成される価電子帯から電子が空のW 5d軌道で形成される伝導帯への遷移を伴って可視光吸収が起こる．この光触媒の伝導帯レベルは水の還元電位より低いために，水素生成のポテンシャルをもたないが，酸素生成反応には高い活性を示す．また，Pt助触媒を表面に担持することにより多電子還元反応が起こり，有機物の酸化反応も効率よく進行する．一方，可視光応答型の複合金属酸化物光触媒は，O 2p軌道よりも浅いレベルに価電子帯を形成する$Ag^+$，$Sn^{2+}$，$Pb^{2+}$，$Bi^{3+}$などのイオンで構成されている．例えば$AgNbO_3$では，$d^{10}$電子配置をもつAg 4d軌道が価電子帯，空のNb 4d軌道が伝導帯を形成し，そのバンドギャップは2.86 eVである．また，$BiVO_4$では，$s^2$電子配置をもつBi 6s軌道が価電子帯，空のV 3d軌道が伝導帯を形成し，そのバンドギャップは2.40 eVである．これらの複合金属酸化物光触媒は，水の酸化反応による酸素生成や環境浄化型光触媒反応に活性を示す．一方，O 2pに代わって価電子帯を形成する非金属元素として，NやSがある．金属窒化物である$Ta_3N_5$光触媒や金属酸窒化物であるTaON光触媒では，電子が満杯になったN 2pまたはN 2p+O 2p軌道が価電子帯を形成し，空のTa 5d軌道が伝導帯を形成している．これらの光触媒は，水からの水素または酸素生成に活性を示す．また，金属硫化物であるCdS光触媒では，主にS 3p軌道が価電子帯，Cd 5s5p軌道が伝導帯を形成する．この光触媒は，水素生成に高い活性を示す．しかし，S 3pからなる価電子帯は酸化に対して弱いため，光生成した正孔によって自己酸化（光腐食）を起こす．そのため酸素生成には活性を示さない．

ドーピングまたは置換により$TiO_2$や$SrTiO_3$などの紫外光応答型光触媒に可視光応答性を付与することができる（図1(b)）．ここで，ドーピングとは，ドーパント（ゲスト）がホストの結晶格子に置換されて取り込まれることを意味する．ドーパントや置換元素が紫外光応答型光触媒のバンドギャップ内に電子供与性または受容性準位を形成することにより，可視光応答性が発現する．これらのエネルギー準位は通常不連続であり，はっきりしたバンドを形成しない場合が多い．そのため，これらの

エネルギー準位が関与する遷移は，エネルギーギャップ励起とよぶべきである．ドーパントの種類や濃度によっては，サブバンド的な準位を形成することもある．可視光応答性を発現させる非金属ドーパントとしてNやSがある．NやSドープ$TiO_2$では，それらのドーパントが形成する電子供与性準位からホストである$TiO_2$の伝導帯（Ti 3d）への遷移を伴って可視光吸収が起こる．これらの可視光応答型光触媒は，環境浄化型反応に活性を示す．一方，電子供与性準位を形成する金属ドーパントとして，$Cr^{3+}$や$Rh^{3+}$などがある．Rhドープ$SrTiO_3$では，部分的に電子が満たされたRh 4d軌道が電子供与性準位を形成し，その準位からホストである$SrTiO_3$（Ti 3d）の伝導帯への遷移を伴って可視光吸収が起こる．この光触媒は，水素生成に高い活性を示す．また，Zスキーム型可視光水分解光触媒における水素生成光触媒として用いられている．一方，電子受容性準位を形成する金属として$d^0$電子配置をもつ$Mo^{6+}$や$Cr^{6+}$などがある．Moドープ$SrTiO_3$では，ホストの価電子帯（O 2p）から空のMo 4d軌道で形成される電子受容性準位への遷移によって可視光応答性が発現する．この光触媒は，環境浄化型反応に活性を示す．遷移金属ドーピングにより可視光応答性を付与することができる反面，光生成した電子と正孔の再結合確率も高くなってしまうという負の効果もある．その場合，ドーピングにより生じた電荷のアンバランスを補償するための共ドーピングにより，再結合中心としての機能を抑制することができる．そのような例として，$Ti^{4+}$サイトに$Rh^{3+}$と$Sb^{5+}$を共ドープした$TiO_2$光触媒がある．

$Fe^{3+}$や$Cu^{2+}$などの金属イオンやPtやRhなどの金属錯体などの表面修飾により，$TiO_2$光触媒に可視光応答性を付与することができる（図1（c））．$Fe^{3+}$や$Cu^{2+}$で表面修飾した$TiO_2$光触媒では，$TiO_2$の伝導帯や価電子帯と金属イオン間での表面電荷移動による可視光応答性が発現する．これらの光触媒では，$Fe^{3+} \rightleftarrows Fe^{2+}$や$Cu^{2+} \rightleftarrows Cu^+$の酸化還元サイクルが光触媒反応に関与している．

可視光吸収をもつ光触媒が必ずしも可視光応答型光触媒として働くとは限らない．可視光吸収の後続の過程として，光生成した電子と正孔が光触媒表面に移動し，酸化還元反応が起こることが不可欠である．これらの過程が完結することにより，初めて光触媒反応活性が得られる．すなわち，可視光吸収に関与するエネルギー準位中に光生成したキャリアの移動度や表面反応活性点の存在が重要な因子となる．　　（工藤昭彦）

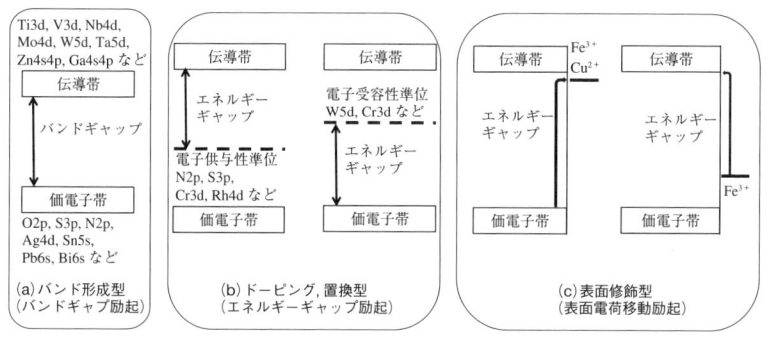

**図1** 可視光応答性光触媒のエネルギー構造

(a) バンド形成型（バンドギャップ励起）
伝導帯：Ti3d, V3d, Nb4d, Mo4d, W5d, Ta5d, Zn4s4p, Ga4s4p など
価電子帯：O2p, S3p, N2p, Ag4d, Sn5s, Pb6s, Bi6s など

(b) ドーピング，置換型（エネルギーギャップ励起）
電子供与性準位：N2p, S3p, Cr3d, Rh4d など
電子受容性準位：W5d, Cr3d など

(c) 表面修飾型（表面電荷移動励起）
$Fe^{3+}$, $Cu^{2+}$, $Fe^{3+}$

# 表面ぬれ性の光調節
Control of Surface Wettability by Light Irradiation

### a. 酸化チタン表面の光誘起超親水性

酸化チタン（$TiO_2$）表面の親水性はもともとあまり高くないが，紫外光照射するとその表面が超親水性になる．これは，光触媒作用そのものではないが，酸化チタン光触媒の実用性からいえば，光酸化力をしのぐ重要な機能であり，光誘起超親水性といわれる．窓ガラスや鏡の曇りは，ガラスの表面に形成された細かい水滴により，光が散乱されるために起こる現象である．ところが酸化チタンをガラス表面にコーティングすると光誘起超親水性により水滴は一様に広がり，光が散乱されず表面は曇らない．

超親水性は防曇効果だけではなく，汚れを付きにくくする防汚効果も発揮する．超親水性の表面では水が表面と汚れの間に入り込み，汚れを浮き上がらせ，その結果，雨が降ったときに汚れが洗い流される（図1）．光酸化機能で大量の汚れは分解できないが，超親水性機能では，汚れを洗い流すため汚れの量が多くても対応できる．超親水性の持続時間は酸化チタン表面の状態に大きく依存するが，平滑な表面の場合，数時間から10時間程度である．また，シリカと酸化チタンをうまく組み合わせると超親水性が1週間以上も持続する．したがって，間欠的な光照射で効率よく汚れを防ぐことができることも優れた点の1つである

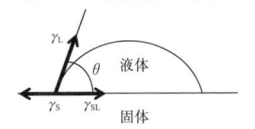

図2 接触角の定義
$\theta$：接触角
$\gamma_S$：固体の表面張力
$\gamma_L$：液体の表面張力
$\gamma_{SL}$：固体と液体の表面張力

### b. 接触角測定

一般に表面親水性は接触角測定により評価される．接触角は静止液滴の自由表面が，固体面に接触する場所で液面と固体面との内部の角と定義される．固体表面に対する液体の水の吸着現象を濡れとよび，濡れの強さは固体表面と液体との親和力に起因している．ここで，固体，液体の表面張力（表面自由エネルギー）をそれぞれ $\gamma_S$，$\gamma_L$ とし，$\gamma_{SL}$ は固体と液体の界面張力とすれば，固体と液体の接触角 $\theta$ は図2より

$$\gamma_S = \gamma_L \cdot \cos\theta + \gamma_{SL}$$

と表すことができる（ヤングの式）．酸化チタン表面の接触角は $40 \sim 60°$ であるが，光誘起超親水化現象下では接触角が $5°$ 以下となる．

### c. 親水化の機構

赤外吸収測定から，空気中暗所に酸化チタン膜を保存しておくと徐々に表面水酸基量が減少する．一

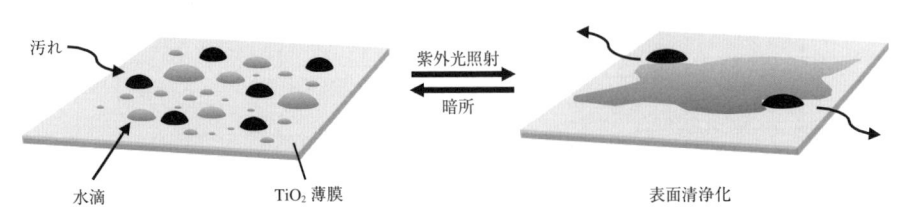

図1 酸化チタン薄膜のセルフクリーニング機能

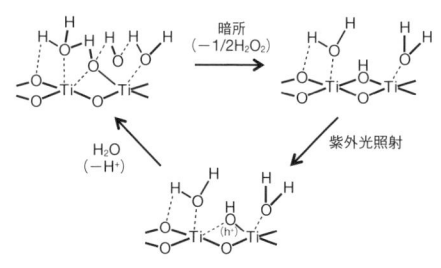

図3 酸化チタン表面の親水化メカニズム

方,紫外光照射すると水酸基量が増加し,また物理吸着水も変化する.すなわち光誘起超親水化は,表面水酸基の吸着・脱離の過程を含んでいる.つまり,単に光触媒酸化分解作用により酸化チタン表面に吸着している有機物が分解除去されて,清浄表面が露出したのではなく,酸化チタン表面の構造変化に起因した現象である.さまざまな実験結果から総合的に考えて,図3のような機構が提唱されている.光励起によって電子・正孔対ができるところまでは通常の光触媒反応と同じである.電子は吸着酸素に消費され,正孔は酸化チタン表面の格子酸素にトラップされることにより Ti-O 間の結合が緩み,ここに物理吸着水が解離吸着し,表面水酸基が再構成され,密度が増加して親水化すると考えられる.一方,暗所では熱力的に不安定な再配列した表面水酸基が徐々に緩和していき,もとの酸素欠陥に配位した水酸基が増加することによって濡れ性が低下する.

**d. 高機能化** 酸化チタンの光誘起超親水性が発現するためには,波長 380 nm より短波長の紫外光を照射する必要がある.しかも,紫外光強度として数 mW cm$^{-2}$ 程度必要であり,太陽光では十分に得られるが,蛍光灯が用いられる屋内では数 $\mu$W cm$^{-2}$ 程度の強度しか得られず,超親水化現象の屋内施設への展開が妨げられている.ルチル型酸化チタンをフォトエッチングし,ブリッジング酸素(2つの Ti 原子に橋かけした酸素原子)が存在する(１００)面を選択的に露出させることで,室内光レベルの 1 $\mu$W cm$^{-2}$ の強度の紫外光照射によって超親水性が実現できる.これはエネルギー的に不安定で酸素欠陥を生じやすいブリッジング酸素が存在する表面積が増加することに起因すると考えられる.

また,固体表面の濡れ性は,表面粗さを付与することによって親水的な表面がより親水的に強調される.例えば,規則性多孔体であるメソポーラスシリカを薄膜化し,さらに孤立四配位酸化 Ti 種などのシングルサイト光触媒を組み込むことで,従来にはない新しい界面光機能特性が発現する.この Ti 含有メソポーラスシリカ薄膜(TMS)の特徴は,紫外光非照射下においても接触角 5° 以下の超親水性を示すことである.メソポーラスシリカ表面の多数の欠陥や表面 OH 基の存在,細孔構造由来の表面の凹凸,さらには SiO$_2$ 骨格の Si の一部が Ti と置換することによる電子の偏りが超親水性発現の要因と考えられている.紫外光照射では光照射時間とともに水の接触角はさらに減少し,ほぼ 0° となる.この結果は,Ti 含有メソポーラスシリカ薄膜が光誘起超親水性をもつことを示す.また,Ti 以外にも Cr,V,Mo,W などを骨格に組み込んだメソポーラスシリカ薄膜も合成可能であり,中でも W を導入したメソポーラスシリカ薄膜は光照射前で TMS よりも高い超親水性を示す. 〔森 浩亮〕

## 7.3 光化学とエネルギー——①

# 光エネルギー変換
Photoenergy Conversion

　自然界における代表的な光エネルギー変換は光合成である．光合成は生物システムを支える重要な生化学反応であり，クロロフィルを含む2種類の光吸収中心と電子リレー系の組み合わせにより，太陽エネルギーを用いて水を分解して酸素を生成し，二酸化炭素を還元して炭水化物を合成している．植物や藻類の光合成の変換効率は0.2～2%である．人工光合成とは，この自然界の光合成を人工的に実現し，コントロールしようとするものである．現在のところ光合成を完全に模倣することには成功していないが，部分的には実現している（▶7.3 ②項）．

　光エネルギー変換については，2つに大別することができる（図1）．1つは光エネルギーを電気エネルギーへ変換する方法であり，太陽電池として実用化されている．もう1つは，光エネルギーを水素などの化学エネルギーに変換する方法である．また，自然界で光エネルギーにより生成したバイオマスを化学エネルギーに変換して利用することもできる．セルロースなどのバイオマスをエタノールや糖に変換することにより利用可能なエネルギーとなる．

　太陽電池は光起電力効果を利用して光エネルギーを直接電気に変換でき，シリコン太陽電池や種々の化合物半導体を材料としたものが実用化されている．一般的なシリコン太陽電池はp型半導体とn型半導体を接合した構造をもち，光が当たると正孔（$h^+$）と電子（$e^-$）が生じ，電子はn型半導体のほうに，正孔はp型半導体のほうに集まることにより電流が流れる（図2）．実用化されている太陽電池の変換効率は10～20%程度であるが，変換効率が30%を超えるものも開発されている（▶7.3 ④項）．

　色素増感太陽電池も光エネルギーを直接電気エネルギーに変換できる．有機色素を使って光エネルギーを変換する点では光合成と似ている．色素増感太陽電池は，有機色素と酸化チタンおよびヨウ素を含む電解液を透明電極で挟んだものである．光が当たると，有機色素が励起状態となり，電子が酸化チタンに注入される．この電子は酸化チタンから透明電極に移動し，電解液中のヨウ素をイオン化してヨウ化物イオンとなる．このヨウ化物イオンは有機色素-電子酸化体に電子を渡し，元の有機色素が再

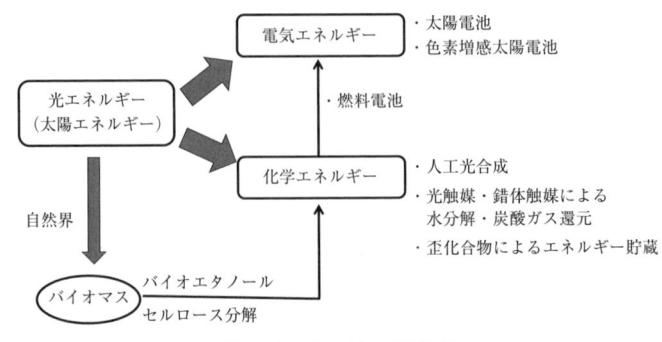

**図1　光エネルギー変換技術**

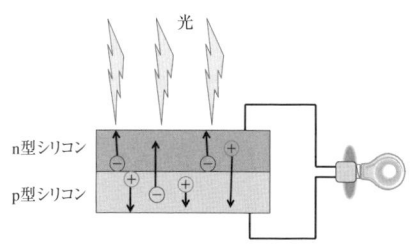

**図2** 太陽電池の原理

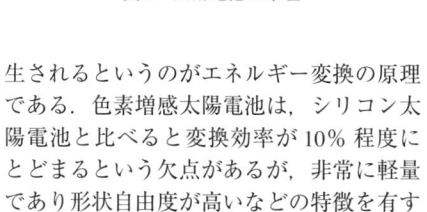

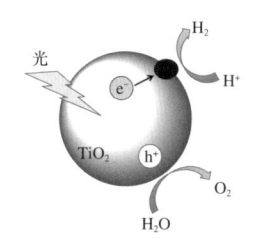

**図3** 光触媒による水素生成

生されるというのがエネルギー変換の原理である．色素増感太陽電池は，シリコン太陽電池と比べると変換効率が10％程度にとどまるという欠点があるが，非常に軽量であり形状自由度が高いなどの特徴を有する．(▶7.3③項)．

光エネルギーの化学エネルギーへの変換については，光触媒を用いた水分解による水素の製造や二酸化炭素のアルデヒドやメタノールへの還元が挙げられる．光触媒は酸化チタンナノ粒子とその上に付着した金属粒子のような助触媒から構成されていて，光が酸化チタンに当たると正孔（$h^+$）と電子（$e^-$）が生じる（図3）．正孔は水を酸化して酸素を生成し，同時に生成したプロトンは半導体上に生じた電子と助触媒上で反応して水素を生成する．可視光応答型の光触媒として，酸化チタンに窒素や硫黄をドーピングしたものや，タンタルの酸化物，ガリウムやゲルマニウムの窒化物が提供され，光触媒として使われている．ただし変換効率は数％である（▶7.2③，④項）．また，光増感剤と金属錯体との組み合わせにより水から水素の生成も可能である（▶7.3⑥項）．一方，光合成にヒントを得た二酸化炭素の光還元の例として，ルテニウム錯体・レニウム錯体を用いた光還元反応，光触媒である酸化チタンを用いた光還元によるメタノールの生成などがある（▶7.3⑦項）．

1970年代に，光エネルギーを分子内の歪エネルギーとして貯蔵する方法が検討されている．代表的な例として，ノルボルナジエンからクワドリシクランへの分子内光環化反応が知られており，量子収率は0.6程度と高い．クワドリシクランは分子内に約23 kcal mol$^{-1}$のエネルギーを蓄えた高歪分子であり，適切な触媒で元の化合物に戻す際に発生する熱を利用できるとされている．

〔久枝良雄〕

**【関連項目】**
▶7.2③ 光触媒による水の光分解と水素・酸素発生／7.2④ 可視光応答型光触媒／7.3② 人工光合成／7.3③ 色素増感太陽電池／7.3④ 太陽電池・光起電力効果／7.3⑥ 金属錯体光触媒による水の分解／7.3⑦ 二酸化炭素の光還元と資源化

## 人工光合成
Artificial Photosynthesis

　太陽エネルギーを利用して水から酸素を発生し，大気中の二酸化炭素を固定する光合成を，化学の力で人工的に再現する「人工光合成」は，多くの化学者が描く夢の一つである．太陽電池が太陽エネルギーを電気エネルギーへと変換するのに対し，人工光合成では光エネルギーを利用した物質変換を目標としている．

　例えば，電気エネルギーは輸送や貯蔵が容易ではないのに対し，光エネルギーにより得られる水素など高エネルギー物質は輸送・貯蔵が容易で，燃料電池などのエネルギー源となる．現在の試算では，太陽電池だけで日本のエネルギーすべてを賄う場合，関東一都六県に対応する面積が必要とされている．そこで海外の砂漠など太陽エネルギーが豊富な地域で人工光合成を利用して水素などを得，日本へ輸送することも提案されたり，さらにエネルギー密度が高い一酸化炭素，ギ酸などの二酸化炭素還元生成物への変換が注目されている．

　しかしながら，現状では光合成を人工的に再現できていないことから，「人工光合成」という言葉はかなり広い意味に用いられており，その定義はあいまいである．例えば，光触媒を利用した水素発生や二酸化炭素還元反応に関する研究（▶7.3 ⑥，7.3 ⑦項）は，その反応メカニズムが光合成系とまったく異なっているにもかかわらず人工光合成とよばれている．また，素過程の一部に酵素などバイオ系を利用した場合も，人工的に光エネルギーを物質生産に利用していることから人工光合成とよばれている．

　一方，光合成系を構成する素過程に関するモデル研究は活発に行われており，開発された分子は人工光合成構築に利用できることから，このモデル研究そのものが人工光合成研究とよばれることもある．とくに，光電子移動により生じた電荷分離状態からの逆電子移動を抑えることが人工光合成系の構築には重要であるが，その研究成果が応用されている太陽電池開発研究も広義には人工光合成研究に加えられる．

　天然の光合成系はタンパク質をはじめとする生体内機能性分子が協同作用することにより，その機能を発現している（▶8.2 ①〜⑥項）．各素過程もきわめて複雑精緻な分子システムで成り立っている．その分子レベルでの理解のため，さまざまなモデルを使用した研究が行われている（表1）．現状では各素過程は個別に研究されているが，人工光合成系構築のためには，これらの素過程を組み合わせたシステム化が必要である．例えば，光捕集アンテナ分子系により集められた光エネルギーにより光増感分子（クロモフォア）が励起され，この励起エネルギーを利用して電子供与体から電子受容体へ電子を移動させる．電子を失った電子供与体へは酸化触媒から電子が供給

表1　人工光合成と光合成（植物）の対応

| 光合成 | 人工光合成 |
| --- | --- |
| 光捕集 | 光アンテナモデル<br>スペシャルペアモデル |
| 電荷分離<br>（電子移動） | 電子供与体−<br>クロモフォアー<br>電子受容体系 |
| 2光子過程<br>（Zスキーム） | 異種光増感連結系 |
| 光合成系I | 水の酸化触媒 |
| 光合成系II | NADHモデル研究 |
| ATP生成<br>（$H^+$勾配） | 人工光合成細胞 |
| $CO_2$固定反応 | $CO_2$還元触媒 |

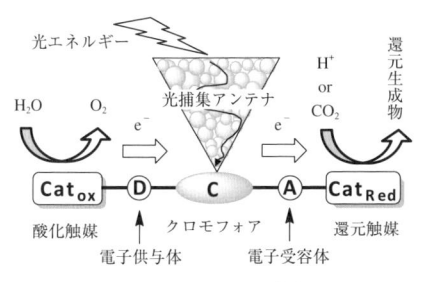

図1 人工光合成の模式図

されて，電子供与体が再生される．一方電子受容体へ供給された電子は還元触媒により還元反応に使用される（図1）．

半導体光触媒を用いた水の光分解反応はこのようなシステムを実現しており，本多-藤嶋効果とよばれる（▶7.2③項）．この半導体触媒は紫外線照射など高エネルギーが必要な場合が多く，可視光利用の光触媒が望まれ，金属錯体を増感色素として利用する研究が注目されている．また，現在のところ，有機物などを犠牲試薬として使用し，それから電子を得て，水素発生や二酸化炭素還元が行われていて，天然の光合成系のように水から電子を得る系の構築が必要である．このため，酸化末端で利用可能な水を酸素へと酸化することにより電子を得る触媒や，水素発生や二酸化炭素還元など還元末端で利用可能な触媒の開発が，現在，活発に行われている．

光合成系が電子移動によりプロトン勾配をつくり出し，そのエネルギーをATP生成に利用していることから，光電荷分離分子系とATP合成酵素をリポソームに埋め込んだ人工光合成細胞の構築も行われている（図2）．このように，光合成系で生成する高エネルギー物質を人工的に得ようとする一方で，天然の光合成系を用いて太陽エネルギーにより生成した高エネルギー物質を利用しようとする試みもある．例えば，光合成系で生じたNADPHなど高エネルギー還元物質を用いて，ヒドロゲナーゼやギ酸デヒドロゲナーゼの作用により水素や二酸化炭素固定を行うことが検討されている．

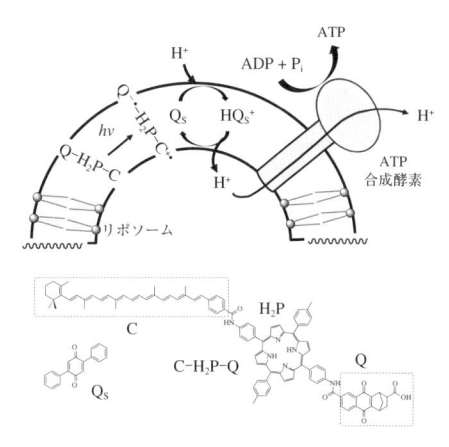

図2 人工光合成細胞

人工光合成は，1970年代の石油ショックを契機に活発に研究され，1980年代の光合成反応中心の構造解析結果などに触発されて大きく進展した．2011年にはそれまで構造が不明だった酸素発生光合成系Ⅱの詳細な結晶構造が解明されたことから，このような天然のシステムを模倣した人工光合成系が研究されている．人工光合成研究は，現時点ではその原理を太陽電池に応用することで成果を収めている．さらに，東日本大震災に端を発するエネルギー問題，また地球規模での資源・環境問題が深刻化していることから，新たなエネルギー源として石油代替物質を「太陽エネルギーを利用してつくる」という光エネルギー物質変換システムの開発への要求があり，人工光合成の開発への期待がますます高まっている．

（石田　斉）

【関連項目】
▶7.2③ 光触媒による水の光分解と水素・酸素発生／7.3⑥ 金属錯体光触媒による水の分解／7.3⑦ 二酸化炭素の光還元と資源化／8.2 光合成系

## 色素増感太陽電池
Dye-Sensitized Solar Cells

　色素増感太陽電池は，光電変換層に色素が結合した酸化物半導体ナノ粒子を含む太陽電池である．塗布を中心とするウェットプロセスで作製できるため，次世代の低コスト太陽電池として注目されている．

　色素増感太陽電池の構造を図1に示す．色素増感太陽電池はアノード（A），電解液⑤，カソード（B）からなる．アノード（A）は透明基板①，透明導電膜②，チタニアナノ粒子③，色素④から構成され，カソード（B）は白金層⑥，透明導電膜②，透明基板①からなる．透明基板①として，チタニア層作製に必要な450℃以上のプロセスに耐えられるガラス基板，透明導電膜②としてフッ素がドープされた酸化スズ層が用いられる．チタニア層③はチタニアナノ粒子（直径が20～30 nm）が集合した多孔質体である．広い表面積を有する多孔質チタニア③表面に色素④が単分子吸着しているため，チタニア単位体積あたりの色素吸着量を1000倍程度増大できる．カソードとアノードの隙間にはヨウ素をレドックス種とした電解液⑤が注入されている．ヨウ素レドックス⑤はアセトニトリルなどの有機溶剤に溶解されており，プラスチックシート⑦で封止されている．色素④には可視光領域の光を幅広く吸収できるRu錯体がしばしば用いられる．Ru錯体はアンカーグループとしてカルボキシル基を有している．これがチタニア表面とエステル結合を介して結合している．スクアリル色素，シアニン色素，ポルフィリン色素，フタロシアニン色素，インドリン色素などの有機色素を用いても発電するが，ルテニウム錯体が一般によく用いられる．酸化亜鉛，酸化スズナノ粒子などの酸化物半導体を用いても発電するが，チタニアナノ粒子で最も高い効率が得られる．150℃でチタニア層を形成する技術を用いれば，ITO透明導電膜を有するプラスチックフィルムを使ってフレキシブル色素増感太陽電池が作製できる．

　図2に動作機構を示す．色素④が光を吸収し，色素の電子は最高被占分子軌道（HOMO）から最低空分子軌道（LUMO）に励起される（a）．励起された電子はチタニア層③に注入され（b），チタニア層を拡散して（c），透明導電膜②に収集される．電子は外部回路で仕事をし（e），カソードに到達する．カソード上の白金を触媒とし

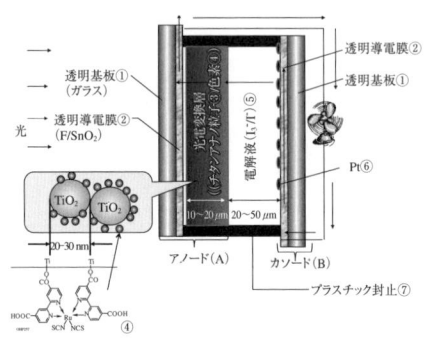

図1　色素増感太陽電池の代表的な構造

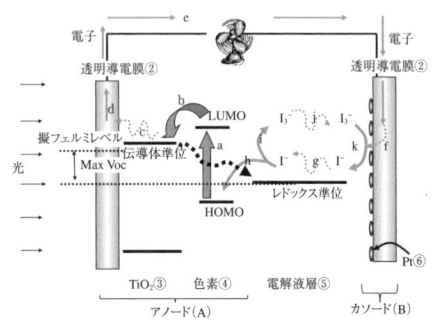

図2　色素増感太陽電池の動作機構

て電解液中の $I_3^-$ に電子を渡し（$I_3^-$ を還元）(f)，$I^-$ となる (k)．$I^-$ は電解液中を拡散し (g)，酸化された色素に電子を渡す（色素を還元する）(h)．$I^-$ は $I_3^-$ に酸化され (i)，電解液中を拡散し (j)，カソードで電子を受け取る準備をする．このため，発電するには色素④の LUMO がチタニア③の伝導帯準位よりも浅く（真空準位），HOMO が $I^-/I_3^-$ のレドックス準位よりも深い必要がある．

透明導電膜②を具備した透明基板①上にチタニアナノ粒子を含むペーストを塗布した後，基板を 450～500℃ で加熱することによってペースト内の有機物を飛散させ，ポーラスチタニア層を形成する．これを色素溶液に浸漬，リンスすることにより色素を多孔質チタニア表面に単分子吸着させる．カソードとアノードをポリエチレンを主構造とするアイオノマーフィルムで接着させ，その隙間に電解液を注入することによって色素増感太陽電池が作製される．2012 年時点では色素増感太陽電池の太陽光変換効率（$1\,cm^2$ 以上の面積での認証値）は 11% であり，アモルファスシリコン太陽電池単セル（10.1%）とほぼ肩を並べるに至っている．しかし，他の結晶系太陽電池と比較するとまだ変換効率は低く，高効率化が検討されている．太陽電池の効率を上げるためには，開放電圧を上げる方法と短絡電流を上げる方法がある．開放電圧を上げるために，レドックスポテンシャルが深い $Co^{2+}/Co^{3+}$ 系電解液を使って，1 V に迫る高電圧が報告されており，効率は公認値ではないが 12% を超えている．また，短絡電流を上げるために，近赤外光を高効率で光電変換できる色素開発が行われている．一方，電解液を使わない完全固体型色素増感太陽電池が盛んに研究されている．チタニア/有機または無機色素/ホー

表1 結晶性シリコン太陽電池と色素増感太陽電池の比較

| | 色素増感<br>太陽電池 | | 結晶性シリコン<br>太陽電池 |
|---|---|---|---|
| 基準光に対する<br>最高効率[1] | 11% | < | 25% |
| 予想エネルギー<br>ペイバックタイム | 短 | < | 長 |
| 推定電力コスト | 低 | < | 高 |
| 温度特性 | 温度上昇に<br>関して大き<br>な変化なし | | 温度上昇時<br>に性能低下 |
| 散乱光に対する<br>発電能力 | 高 | > | 低 |
| 室内発電特性 | 高 | > | 低 |
| セルの耐久性 | 低 | < | 高 |

1) 認証機関で測定された $1\,cm^2$ 程度以上の面積を有する太陽電池（AM1.5，$100\,mW\,cm^{-2}$）

ル輸送層（無機，または有機）の構成のバルクヘテロ界面をもった太陽電池が報告されており，とくにペロブスカイト系の無機色素を用いた高効率全固体色素増感太陽電池は，公認値ではないが，15% 程度の変換効率を示す．

表1に結晶性シリコン太陽電池と色素増感太陽電池の大まかな比較を示す．基準光（エアマス（AM）1.5，$100\,mW\,cm^{-2}$）照射下での発電能力は結晶性シリコン太陽電池が圧倒的に有利であるが，室内光，微弱光，散乱光，低角度からの光入射に対して色素増感太陽電池は有利である．したがって，年間発電量は基準光照射下での効率ほど大きな差がないといわれている．また，セルの耐久性はシリコン系太陽電池より劣るが，封止次第で 10 年以上の耐久性があるとの報告がある．500℃ 程度の低温で作製できるため，エネルギーペイバックタイムも結晶性シリコンよりは短いと報告されている．それぞれの特徴を生かし，適材適所に応用する必要がある． 〔早瀬修二〕

## 7.3 光化学とエネルギー——④

# 太陽電池・光起電力効果
Solar Cell・Photovoltaic Effect

太陽電池を構成する基本物質は半導体である．それは，金属が光を吸収して生じる励起電子は連続した電子準位の存在により短時間（約 $10^{-12}$ s）で失活してしまい，また，絶縁体の場合には高抵抗であるために，それぞれ励起電子のエネルギーを電気エネルギーに変換することが困難なことによる．半導体が光を吸収した場合には，光子のエネルギーに応じたエネルギーをもった電子と正孔が，伝導帯と価電子帯に生成する．伝導帯下端より高い位置にある電子，また，価電子帯上端より下にある正孔は，金属中の電子の場合のように，過剰なエネルギーを急速に失って，それぞれ伝導帯下端位置，価電子帯の上端位置に落ち着く．この状態が長寿命であれば，その間に電子と正孔を分離し，電気エネルギーに変換させることが可能になる．高品質な太陽電池に用いられている結晶 Si では，その寿命は約 $10^{-3}$ s に達する．

太陽電池の機構の基本は，積層した p 型半導体と n 型半導体により，内部に内蔵電位が形成されていることにある．図 1 に示すように，p 型半導体と n 型半導体の接合界面付近には，接合前の両者のフェルミ準位の違いにより電場が形成されており，この電場によって電子と正孔が逆方向に輸送される．このようにして分離された電荷は，半導体の表面および裏面上に配置された電極により外部に取り出される．表面電極には，半導体に多くの光子が当たるようにするため，細線構造にした電極や透明電極が用いられる．電圧（光起電力）発生は，暗時の平衡状態と比べて，光照射下では n 型層内の電子と p 型層内の正孔が増加し，両層のフェルミレベルに差が生じるために起こる．なお，p-n 接合形成は，一般

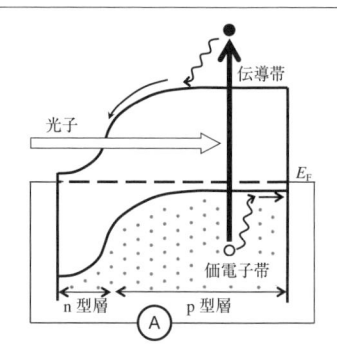

**図 1** 太陽電池の p-n 接合

的には，p 型 (n 型) 半導体層の片面から電子供与体元素（受容体元素）を拡散させて，表面に薄い n 型 (p 型) 層を形成することによって行われる．

同じ半導体による p-n 接合（ホモ接合）では結晶格子のミスマッチングがないため良好な接合界面が得やすい．同じ半導体で容易に p-n 接合を形成することができない場合には，異種半導体による p-n 接合（ヘテロ接合）が利用される．p-n 接合の代わりに，半導体と金属の接合（Schottky 接合）を用いても太陽電池をつくることができるが，効率や安定性の点で p-n 接合のものより劣っている．

p-n 接合はダイオードの基本構造であり，暗状態で整流作用を示す．光を照射すると上述の電荷分離が起こる．その結果，太陽電池は暗状態および光照射状態で，図 2 に示すような電流-電圧特性を示す．座標系の右下の第 4 象限が電気エネルギーの発生領域である．太陽電池に接続する外部負荷 ($R$) の増大とともに，電流-電圧特性は図中の矢印に沿って変化する．得られる最大の電気出力は，電流-電圧曲線上の

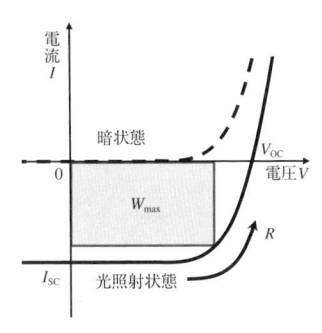

図2 太陽電池の電流-電圧特性

点と座標軸で形成される矩形の最大面積（$W_{max}$）で与えられ，太陽電池の効率は $W_{max}$ を照射光パワー（$W_{light}$）で割ったものとして定義される．$W_{max}$ は，電圧ゼロの状態での光電流値，電流ゼロの状態での電圧，および電流-電圧曲線の形状で決まっている．それぞれ，短絡光電流（$I_{sc}$），開放電圧（$V_{oc}$），フィルファクター（$FF = W_{max}/I_{sc} \times V_{oc}$）とよばれる．

太陽電池の理論効率は，半導体のバンドギャップ（$E_g$）の大きさ，太陽電池内の接合数，太陽光の集光の度合いなどに依存する．通常の太陽電池は，単接合（1つのp-n接合）構造をとり，非集光条件で用いられる．その場合，標準太陽光スペクトル（air mass 1.5），照射光強度 1 kW/m$^2$ の条件において，高い効率を得るための最適 $E_g$ は 1.1〜1.6 eV にあり，理論的な最大エネルギー変換効率は約 34%（$E_g$ = 1.4 eV）である．これは，Schockley-Queisser 限界とよばれる．最適 $E_g$ の存在は，$E_g$ が小さくなると，太陽光スペクトルのより長波長領域の光子も吸収できるようになるために光電流は増大するが，一方で，電子-正孔対がもつエネルギー（$E_g$ で決まる）が小さくなるために取り出せる電圧が小さくなることによる．集光した場合には，素子の温度上昇が無視できるとすれば，暗電流の影響が相対的に小さくなるため，理論効率が高くなる．また，2つの半導体ユニットを組み合わせた2接合（タンデム）構造の素子では，太陽光のスペクトル分布に適した組み合わせを選ぶことにより，高い効率が得られる．例えば，$E_g$ が 1.0 eV と 1.9 eV の半導体のタンデム太陽電池について，非集光条件で 44% の理論効率が見積もられている．接合数を増やせば理論効率はさらに増大するが，素子の設計・製造が難しくなる．

太陽電池の市販品で最も一般的なものは，結晶 Si（単結晶および多結晶）の p-n 接合を利用したシリコン太陽電池である．Si の $E_g$ は 1.12 eV であり，理論効率は 30% 程度だが，市販の太陽電池の効率は，さまざまな要因に由来する損失によって 15〜18% 程度である．アモルファスシリコン太陽電池は，水素を含んだアモルファス Si 薄膜（$E_g$ = 1.4〜1.8 eV）を用いており，効率は 8% 程度である．アモルファス Si 薄膜と微結晶 Si 薄膜（$E_g$ = 1.1〜1.2 eV）をタンデム化させたものの効率は 10% 程度である．アモルファス Si と単結晶 Si で p-n 接合を形成させたもの（HIT 構造）は，アモルファス Si の大きな $E_g$ により内蔵電位が大きくなり，効率は 20% 程度に達する．

Si 系以外の市販太陽電池には，化合物系太陽電池である CuIn(Ga)Se(S)$_2$（CIGS）太陽電池および CdTe 太陽電池がある．いずれも薄膜型太陽電池である．CIGS の In と Ga および Se と S は固溶体形成により置換させることができ，$E_g$ その他の物性の最適化に利用されている．CdTe 薄膜は，近接昇華法により非真空低コストプロセスで製造できるという大きな利点があり，世界的に利用が拡大している．しかし，日本では Cd の毒性の問題から CdTe 太陽電池は市販されていない．宇宙用には，コストよりも効率と耐久性が重視されることから，GaAs および多接合 InGaAs 系太陽電池が用いられている．　　　（松村道雄）

## 有機薄膜太陽電池
Organic Thin-Film Solar Cells

　有機薄膜太陽電池は軽量で大面積かつフレキシブルな材料上に，印刷法などを利用した簡便なプロセスで作製することが可能である．このため大量生産しやすく，作製に必要なエネルギーを短期間で回収できる利点がある．このため，化石燃料が枯渇するであろう数十年後に人類が必要とする膨大なエネルギーを供給できる，次世代の再生可能エネルギー源として注目を集めている．

　太陽電池は光を用いて正・負2種類の電荷キャリアを生成させ，それらを別々に取り出して光電流を得るための素子である．中でも有機薄膜太陽電池はその活性層に有機材料を用いた素子である．有機材料は赤い光吸収能を有しており，素子の活性層が100 nm 程度の膜厚であっても 80% を超える高い光吸収効率が得られる．

　有機薄膜太陽電池の活性層にはイオン化ポテンシャルの異なる2種類の材料を組み合わせて電子の供与体・受容体として用いる（▶2.2⑤項）．このとき，どちらが電子供与体となるかは HOMO・LUMO 準位の相対関係で決まり，イオン化ポテンシャルの相対的に小さい（典型的には 5 eV 程度）材料が電子供与体として機能する（▶2.2⑦項）．具体的には電子供与体材料としてはフタロシアニンなどの低分子材料や P3HT などの共役高分子（図1(a)）などが，また電子受容体材料としては PCBM などのフラーレンの誘導体（図1(b)）などが用いられる．そしてそれらの材料を積層（平面接合）もしくは混合（バルクヘテロ接合）して薄膜を作製し光活性層とする（図1(c)）．

　図2に示すように有機薄膜太陽電池に光を当てると，活性層内の有機材料が光を吸収し，電子励起状態（励起子）が生成する．生成した励起子は，そのままでは分子固有の寿命で放射もしくは無放射遷移を経て基底状態に失活するが，多くの励起子は

図1　有機薄膜太陽電池で用いられる代表的な(a)電子供与体材料 P3HT および(b)電子受容体材料 PCBM の化学構造と(c)バルクヘテロ接合型素子の断面図．

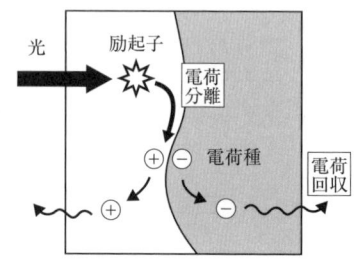

図2　有機薄膜太陽電池の活性層内部における光電変換プロセスの概念図．

拡散によって電子供与体材料と電子受容体材料の界面（ヘテロ界面）に到達する．界面に到達した励起子は電荷分離反応を起こしてカチオンラジカルとアニオンラジカルの電荷種を発生する（▶2.2⑧項）．こうして発生した電荷種は活性層内における電荷キャリアとなる．その後，生成した電荷キャリアは光活性層内を輸送される．電荷輸送の結果，電極に到達した電荷キャリアは電極から外部回路へ取り出され，外界で仕事をすることができる．一方で，一部の電荷キャリアは光活性層内を輸送されるうちに異符号の電荷キャリアと出会い，再結合反応を起こして失活する（▶2.2⑧項）．すなわち，生成した電荷キャリアのすべてが外部に取り出されるとは限らない．このように有機薄膜太陽電池の素子特性は「光吸収効率」，「電荷分離収率」（＝励起子から電荷種への反応収率）および「電荷回収収率」（＝電荷種の外部回路への取出し収率）の積で決定づけられている．このため，素子の光電流を最大化するためには一連のすべての素過程を100%近い量子収率で達成させる必要がある．

図3に示すように有機薄膜太陽電池のエネルギー変換効率はめざましい向上を遂げてきた．これは素子構造と材料という2つの面でブレークスルーがもたらされてきたためである．素子構造のブレークスルーとしてはバルクヘテロ接合の提案が挙げられる．バルクヘテロ接合型素子では，2種類の材料を積層した平面接合型素子に比べて大きな界面表面積を有する．このため電荷分離収率が飛躍的に向上し，特性向上が実現された．この一方で電極までの輸送経路は必ずしも確保されていないため，電荷回収プロセスが課題となる．このため，界面面積を保ったまま電極への電荷輸送経路を確保する試みが数多くなされている．一方，材料面でのブレークスルーとしては近赤外光を吸収できる狭バンドギャップ高分子（low-bandgap polymer）の開発が挙げられる．太陽光スペクトルにおいて照射光子数が最大となるのは700 nm付近の近赤外領域である．一方で，これまで用いられてきた有機材料は可視領域に吸収をもつものが多く，近赤外光はこれまで捕集できなかった．そこで最近では，700 nm付近の近赤外光も吸収できる共役高分子が数多く開発されている．そしていくつかの材料は実際の素子へ応用され，図3のように10%を超えるエネルギー変換効率を実現している．

その一方で，有機薄膜太陽電池の詳しい動作機構には未解明の部分が残されている．先に述べたとおり，有機薄膜太陽電池の動作過程は数多くの光化学過程の積み重ねから成り立っている．そこで動作機構を解明するために，これまで光化学の研究で用いられてきた過渡吸収分光測定などの時間分解反応解析法が幅広く利用され，研究が進められている． 　　　　（山本俊介）

【関連項目】
▶2.2⑥ イオン化ポテンシャル・電子親和力と分子のHOMO, LUMO／2.2⑧ 電子供与体・受容体と電荷移動錯体／2.2⑨ 電子移動と電荷再結合／7.3③ 色素増感太陽電池／7.3④ 太陽電池・光起電力効果

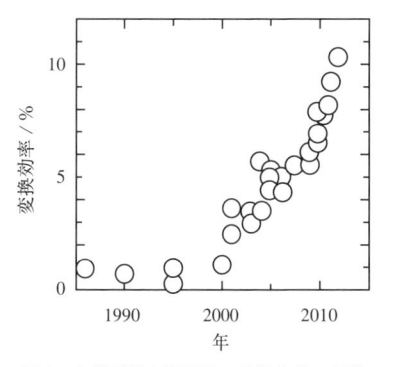

図3　有機薄膜太陽電池の変換効率の変遷

## 金属錯体光触媒による水の分解
Water Splitting by Metal Complex Photocatalyst

金属錯体光触媒による水の分解は，光増感作用をもつ金属錯体と水の分解作用をもつ金属錯体の2元系により実現されており，光吸収を行う部位と触媒反応を行う部位に役割分担されている（▶2.2⑤，4.4④項）．実際の反応では，両者を混合して用いるか，配位結合や共有結合により両錯体を複合化したものが用いられている．また水の分解においては，還元反応による水素発生と，酸化反応による酸素発生に分別され，両者を同時に行う水の完全分解反応（水から水素と酸素を2：1で生成する反応）を触媒する金属錯体はまだ合成されていない．光増感作用を示す金属錯体としては，ポリピリジンを配位子とするルテニウム錯体が多用されており，代表的なものとしてルテニウムトリスビピリジン錯体 $[Ru(bpy)_3]Cl_2$ が挙げられる（図1）．この錯体を光励起することで電子移動型の光増感反応が起こり，触媒部位として働く金属錯体が還元的または酸化的に活性化される．

**a. 水からの水素発生**（図2a）　光増感剤は電子供与体として働き，水素発生錯体触媒は電子を受け取り，還元活性化される．光増感剤から錯体触媒への電子移動機構としては，励起状態からの電子移動（酸化的消光機構）と，励起状態が犠牲還元剤により還元的消光された還元種からの電子移動機構（還元的消光機構）が可能である．

光増感剤に電子を供給する犠牲還元剤として，トリエタノールアミンやエチレンジアミン四酢酸塩などが用いられている．光増感剤としては，ルテニウム錯体以外にも，レニウムビピリジン錯体や亜鉛ポルフィリン錯体なども使用されている．さらに金属錯体の替わりにエオシンYやローズベンガルなどの有機色素を用いた光水素発生システムもあり，使用する光増感剤の光吸収波長に応じた光水素発生システムが構築されている．水素発生を行う錯体触媒としては，コバルト錯体を用いた研究が多数ある（触媒回転数最高＞2700）．反応機構としては，光増感剤から電子を受け取ったコバルト（Ⅰ）錯体がプロトンと反応してコバルト（Ⅲ）-ヒドリド錯体を形成し，本錯体またはその1電子還元体であるコバルト（Ⅱ）-ヒドリド錯体を中間体として水素発生を触媒するとされ，Co-H結合のホモリシスまたはヘテロリシスを経由した

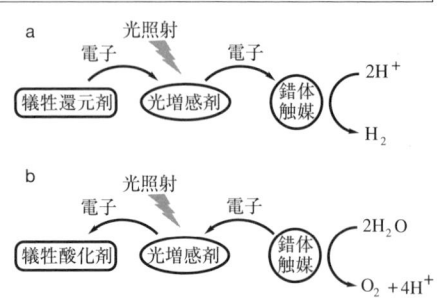

**図2** 光増感剤-金属錯体光水素(a)および酸素(b)発生システムの模式図

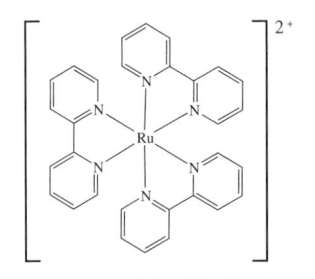

**図1** ルテニウムトリスビピリジン錯体の構造

機構が提唱されている（図3）．また水素発生部位としては，天然の水素生成酵素であるヒドロゲナーゼの活性中心の構造を模倣した鉄2核錯体も用いられている（触媒回転数400～500）．さらに，白金錯体も水素発生触媒として用いられている．いずれの場合も，金属-水素結合を有するヒドリド錯体が水素発生中間体として考えられている．

**b. 水からの酸素発生**（図2b）　光増感剤は電子受容体として働き，酸素発生触媒は電子を奪われ酸化的に活性化される．光増感剤から電子を受容する化合物として，過硫酸ナトリウム（$Na_2S_2O_8$）やクロロペンタアンミンコバルト（III）塩化物（$[CoCl(NH_3)_5]Cl_2$）などが犠牲酸化剤として用いられる．光増感剤としてはルテニウムトリスビピリジン錯体が主として用いられている．また酸素発生を行う錯体触媒としては，単核（触媒回転数100，最高触媒回転速度 $> 0.35\ s^{-1}$）および2核ルテニウム錯体（触媒回転数580，触媒回転速度 $0.83\ s^{-1}$）を用いた研究があり，いずれも高原子価ルテニウムオキソ錯体を中間体として酸素発生を触媒する．反応機構としては，高原子価ルテニウムオキソ錯体種への水分子の求核的攻撃または高原子価ルテニウムオキソ錯体どうしの反応により酸素-酸素結合が形成され，酸素分子が生成する．ほかにも，ジチオレンタングステン錯体や，光合成の酸素発生中心の構造を模倣したマンガン2核錯体（触媒回転数25，触媒回転速度　約 $0.027\ s^{-1}$）が酸素発生触媒として用いられている．また高い耐酸化性をもつ酸素発生触媒として，ポリオキシタングステンなどの無機化合物のみを配位子とするコバルト4核錯体も合成されており（触媒回転速度 $> 5\ s^{-1}$），耐久性の高い均一錯体触媒として用いられている．

また最近では，金属錯体と光触媒を組み合わせた水の分解，水素・酸素発生に関する研究が進められている．例えば，コバルト錯体と酸化物半導体を複合化させた触媒システムが報告され，金属錯体と光触媒両者の特徴を活かすことで，より優れた水の分解触媒の開発につながると期待されている（▶7.2③項）． 　　　　　（嶌越　恒）

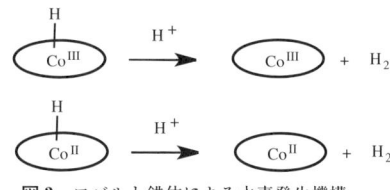

**図3　コバルト錯体による水素発生機構**

(a) Co-H結合のホモリシス

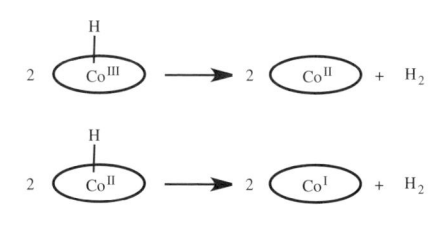

(b) Co-H結合のヘテロリシス

【関連項目】
▶2.2⑤ 光増感／4.4④ 金属錯体，配位化合物の光化学／7.2③ 光触媒による水の光分解と水素・酸素発生

## 二酸化炭素の光還元と資源化
Photoreduction and Recycling of Carbon Dioxide

石油などの化石資源の大量消費は,エネルギーおよび化学原料となる炭素資源の枯渇に直結するため,その抜本的な対策が強く求められている.一方,化石資源の大量消費に伴う二酸化炭素($CO_2$)の大量放出による環境変動が憂慮されている.無尽蔵な太陽光を用いて$CO_2$から石油などに代わる新しい資源が合成できれば,これらの問題を一挙に解決できる可能性がある.例えば,$CO_2$の光反応生成物であるCOを,Fischer-Tropsch法によりさまざまな炭化水素化合物へ変換できる.すなわち,$CO_2$の光反応によって人工石油合成が可能となる.人工石油は,電気エネルギーと比べ貯蔵・運搬が容易かつ既存のインフラをそのまま転用できるというメリットがあるだけでなく,さまざまな化学原料となりうる重要な炭素資源でもある.

天然の光合成は$CO_2$と$H_2O$を原料とし,ブドウ糖などの糖を生成する反応である.糖は,エネルギー源および炭素資源となりうる化学物質であり,$CO_2$の資源化反応の多くは天然の光合成を意識した反応となる.天然光合成の場合,光エネルギーを用いて$CO_2$からブドウ糖を生成する反応のエネルギー変換効率は,最大で約33%である.しかし,実際にはさまざまなエネルギー損失過程が存在するため,最終的に植物の育成に結びつく効率はおおよそ数%程度,さらに人間が利用する場合,その効率は0.1%程度もしくはそれ以下にまで低下する.これに対して人工系では,多くのエネルギー損失過程を回避することが可能なため,理想的には植物と同等,もしくはそれ以上の反応効率を達成できる潜在能力がある.ただし,植物とは異なり,人工系の作成,維持のためのエネルギーが必要であることに注意しなければならない.

$CO_2$は最も酸化された炭素化合物であるため$CO_2$を資源化するには,まず$CO_2$を還元する必要がある.しかし,1電子を1分子の$CO_2$に挿入するには,標準水素電極(NHE)基準で$-1.9$ Vと非常に高い電位が必要である.一方,1分子の$CO_2$に対して多電子を挿入(多電子還元)すれば,その還元電位を劇的に低下させることができる(図1).また前述のように,図1に示した$CO_2$の多電子還元生成物である一

標準電位(vs. NHE)

$$CO_2 + e^- \longrightarrow CO_2^{\cdot -} \quad E° = -1.9 \text{ V}$$

$$CO_2 + 2H^+ + 2e^- \longrightarrow HCOOH \quad E° = -0.61 \text{ V}$$

$$CO_2 + 2H^+ + 2e^- \longrightarrow CO + H_2O \quad E° = -0.53 \text{ V}$$

$$CO_2 + 4H^+ + 4e^- \longrightarrow HCHO + H_2O \quad E° = -0.48 \text{ V}$$

$$CO_2 + 6H^+ + 6e^- \longrightarrow CH_3OH + H_2O \quad E° = -0.38 \text{ V}$$

$$CO_2 + 8H^+ + 8e^- \longrightarrow CH_4 + 2H_2O \quad E° = -0.24 \text{ V}$$

図1 さまざまな$CO_2$の還元反応と必要な電位.$CO_2$の還元反応を自発的に進行させるには,標準電位より負側の電位を必要とする.

酸化炭素，ギ酸，メタノール，メタンは現在でもエネルギーもしくは化学原料資源として活用されている重要な化学資源である．

しかし通常の光反応では，1光子の吸収に伴い1電子しか反応に用いることができない．光エネルギーを効率的に利用して$CO_2$還元を行うには，いかにして多電子還元を達成するかが重要であるが，通常の有機化合物単独で多電子還元を達成することは難しい．そのため光化学反応によって$CO_2$を多電子還元可能な，半導体光触媒と金属錯体触媒が主に用いられてきている．

1979年に藤嶋らにより，半導体光触媒を用いた光$CO_2$還元とメタノールおよびホルムアルデヒド生成が報告された．この系で特筆すべき点は，光合成と同様に水を還元剤として用いていることである．この報告を契機にさまざまな半導体光触媒を用いた$CO_2$還元反応系が報告されているが，その多くは信頼性に欠けるものであり，信用しうる効率の値は，単位光子数に対する反応生成物の収量を示す量子収率換算で，数%以下と低い．また半導体光触媒系の欠点として，多くの場合プロトン還元に伴う水素分子の生成が優先して起こるため，その生成物選択性に劣る点がある．さらに多くの半導体光触媒は，可視光応答性に乏しいなどの克服すべき課題が多く残されている．

一方，分子の中心にRuやReなどの金属を有する金属錯体は，中心金属への$CO_2$の配位を経て，選択的な$CO_2$の多電子還元が可能な触媒である．例えば，レニウム錯体に$CO_2$存在下で紫外光を照射すると$CO_2$の還元に伴い，量子収率13%でCOが選択的に生成する．しかし，この錯体は可視光吸収特性が低いという欠点があるため，光吸収を担う増感剤との混合系や増感剤と触媒を連結した系が研究され，2008年に2種のRe錯体を混合することで，紫外光照射下において量子収率59%で$CO_2$を選択的にCOへと還元する触媒が見出された．この反応の量子収率を基準とすると，500 nmの可視光を利用した場合のエネルギー変換効率は32%と見積もられている．この値は，前述した光合成系における最大効率や太陽電池の理論効率と比べても遜色ない．また2013年には，Re錯体触媒とReを有する超分子錯体とを組み合わせた系で，82%と可視光駆動型の光触媒系として最も高いCO生成量子収率が報告されている．

しかしながら，これらの金属錯体光触媒系では犠牲還元剤として水を用いることができないため，実用化には程遠い．光合成と同様にいかにして水を還元剤（電子源）として用いるかが今後の重要な課題となっている．また，RuやReなどの金属は非常に高価であり，希少資源であることから，大規模な実用化は困難である．

2011年に，p型半導体であるInP表面上をRu錯体型のポリマーで修飾した材料（Ru/InP）が，$CO_2$を還元する光触媒として機能することが見出された．さらに，Ru/InPと水溶液中で水の酸化が可能な$TiO_2$光触媒を組み合わせることで，$CO_2$から選択的に$COO^-$が生成することが報告された．この結果は，水が電子源および$H^+$源として機能することを示す．しかし，この系によるエネルギー変換効率は0.03〜0.04%と低く，さらなる効率の向上が必要である． (由井樹人)

【関連項目】
▶ 2.2⑤ 光増感／2.2⑧ 電子供与体・受容体と電荷移動錯体／2.2⑨ 電子移動と電荷再結合／3.1② 量子収率，反応収率／7.2① 光触媒

## 光化学とグリーンサステイナブルケミストリー
Green Sustainable Chemistry（GSC）

　グリーンサステイナブルケミストリー（GSC）は，近年推進されている"環境にやさしいものづくりの化学"の概念とその活動を指す言葉である．ここではGSCにおける光化学の役割について説明する．

　GSCは，ものづくりにかかわる化学において，化学製品の人や生態系への悪影響を最小限に抑え，かつ経済的・効率的な生産を目指すものである．この活動の中心は，化学品の製造現場における革新的な化学合成法の確立であり，触媒化学分野を中心として進められている．また，バイオマス利用などの化学原料の見直し，揮発性有機物を含まない塗料など環境負荷の少ない化学製品への置き換え，さらには化学製品の環境に与える影響を考えるライフサイクルアセスメント（LCA）やリスク評価も含まれる．GSCは，これらの多くの分野の総合的な連携によって化学製品の環境負荷に対する予防を目指している活動である．このように環境負荷のリスクを低減させる一方で，ものづくりによって得られる便益（ベネフィット）を最大にするという難しいバランスを考えて舵取りを行うのがGSCの挑戦といえる．

　太陽光を用いて水と二酸化炭素から炭水化物と酸素を生産する光合成反応は究極のグリーン化学反応といえる．原料は水と二酸化炭素という究極のグリーン原料であり，反応を進めるエネルギー源として熱プロセスではなく光を用いるために環境負荷を低減できる．このように光化学反応プロセスはグリーン製造プロセスとしての高いポテンシャルをもっており，GSCにおいて非常に重要な研究開発要素の1つといえ

る．実際の化学品製造においては製造コストを抑えることが重要であり，この点では光化学反応プロセスは必ずしも有利な技術とはいえない．しかし，環境負荷のリスクに対するコストも含めて総合的に判断すると，有望な技術としての可能性が見えてくる．現在のところ，光化学反応プロセスが広く化学製品の製造に用いられているわけではないが，そのポテンシャルを生かしたいくつかの取り組みが注目を集めている．

　これまで多くの研究の蓄積がある光触媒の研究展開にはGSCとして多くの期待が寄せられている．光エネルギーを利用するため，環境負荷の高い試薬が不要であり，さらに常温での反応であり，環境負荷を低減させる効果が高い．また，さまざまな環境負荷物質の分解プロセスにも応用されている技術でもある．

　光触媒反応の中でも水の完全分解（水素と酸素の生成）は光合成を直接，人工的に行う反応プロセスであり，グリーンなエネルギー製造法として注目されている．現在，固体を触媒として用いた光触媒反応では，多くの新しい触媒材料が探索・開発され，性能の改良が進められている．これまでは紫外線を用いる材料が主流であったが，太陽光照射下で高い効率を実現するためには，太陽光に多く含まれる可視光線を利用する必要があり，可視光応答光触媒の研究に注目が集まっている．また，分子触媒を用いた光による水の分解，二酸化炭素の固定についての研究も注目され始めており，人工光合成実現に向けた総合的な取り組みが進められている．

〔加藤隆二〕

# 8

# 光と生物・生化学

8.1 生物の光吸収,蛍光と発光
8.2 光合成系
8.3 生物の光応答
8.4 生物化学研究に用いる光技術

## 花の色と天然色素
Flower Color and Natural Dye

　植物の花の色を作り出す主要な成分は，アントシアニン色素とカロテノイド色素である．アントシアニン色素は，1,3-ジフェニル-2-プロペノン骨格（図1(a)）を有するフラボノイド系の天然色素に分類される物質である．水色（色相：490〜497 nm）から青色（469〜484 nm），紫色（462〜527 nm），橙色（586〜597 nm），赤色（500〜608 nm）まで多彩な色を作り出す色素であり，バラ（赤色）・キク（赤色）・コスモス（赤紫色）・アサガオ（青色）・アジサイ（青色）などに含まれている．カロテノイド色素は，黄色（573〜578 nm）や橙赤色のバラ，コオニユリ（橙赤色）などに含まれるが，ニンジンに含まれる色素（β-カロテン，図1(b)）としてよく知られている．
　アントシアニン色素は，アントシアニジン部位が発色団であり（表1），糖や糖鎖と結合した配糖体として植物界に広く存在する．糖の種類や結合する位置，数などが異なる7000種類以上のアントシアニン色素が発見されているが，主なアントシアニジン部位は表1に示す10種類程度にすぎない．
　カロテノイド色素による花色の発現は，色素そのものの色であり単純であるが，アントシアニン色素の場合には，さまざまな要因により，同じ色素が含まれていても花の色は変化する．もちろん1つの花の中に複数のアントシアニン色素が含まれれば，その含有比率や濃度の違いにより色調は多少異なるが，同じアントシアニン色素でもpHの変化により構造が変化して赤色から紫色，青色まで幅広く変色する（図1(c)）．アントシアニン色素は植物の液胞に存在するが，液胞内のpHは通常5.5程度の弱酸性である．外的要因によりpHが下

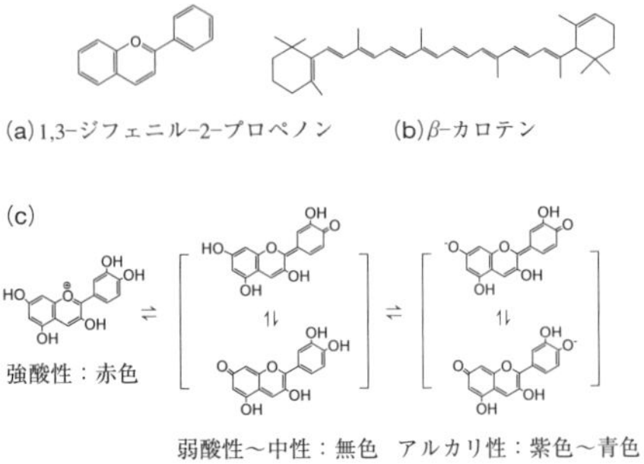

**図1** 天然色素とアントシアニン色素のpHによる発色変化

**表1** 種々のアントシアニン色素

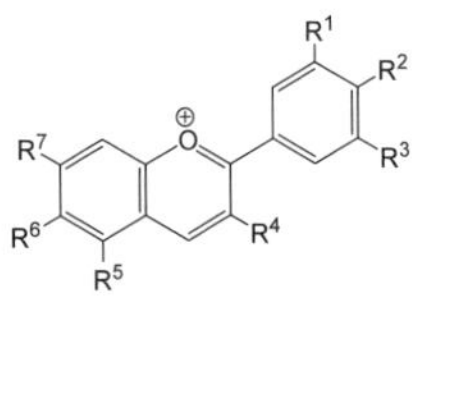

| アントシアニジン | $R^1$ | $R^2$ | $R^3$ | $R^4$ | $R^5$ | $R^6$ | $R^7$ |
|---|---|---|---|---|---|---|---|
| ペラルゴニジン | H | OH | H | OH | OH | H | OH |
| シアニジン | OH | OH | H | OH | OH | H | OH |
| デルフィニジン | OH | OH | OH | OH | OH | H | OH |
| オーランチニジン | H | OH | H | OH | OH | OH | OH |
| ルテオリニジン | OH | OH | H | H | OH | H | OH |
| ペオニジン | $OCH_3$ | OH | H | OH | OH | H | OH |
| マルビジン | $OCH_3$ | OH | $OCH_3$ | OH | OH | H | OH |
| ペチュニジン | OH | OH | $OCH_3$ | OH | OH | H | OH |
| ヨーロピニジン | $OCH_3$ | OH | OH | OH | $OCH_3$ | H | OH |
| ロシニジン | $OCH_3$ | OH | H | OH | OH | H | $OCH_3$ |

がり，赤色を発色するという説明は理解しやすいが，植物の細胞内がアルカリ性になるまで pH が上昇することにより青色を発色するという説明には疑問が残った．このため花の色の研究は，青色を発色するメカニズムの解明について関心が向けられた経緯がある．ツユクサの青色花弁の研究では，花弁から取り出した青色色素の結晶構造が解析され，赤色のアントシアニン色素と淡黄色のフラボン，さらにマグネシウムや鉄などの重金属元素が複雑な錯体を形成して青色を発現することが確認された．またアジサイの青色は，アントシアニンと有機酸の一種，およびアルミニウムからなる錯体形成による発色であることが確認された．さらにヤグルマギクの青色も，細胞内の pH がアルカリ性に変化したためではなく，鉄やマグネシウムイオンを含む金属錯体が形成されて発色することがわかっている．

しかし花の青色発現のすべてが，色素と金属イオンとの錯体形成によるものではない．西洋アサガオ・ヘブンリーブルーの青色色素の成分は，アントシアニン系色素のペオニジン 1 種類だけであるが，この色素は花の中で唯一アルカリ性でも安定に存在する色素である．このアサガオの細胞内 pH を，微小電極を用いて直接測定することにより，つぼみ（赤紫色）から開花（青色）までに酸性からアルカリ性に劇的に変化することが証明されている．通常植物細胞の pH は極端なアルカリ性にはならないが，このアサガオだけは pH 7.7 にまで上昇する．

細胞内の pH 変化の要因の 1 つとして光の影響が考えられている（図 2）．日本のソバは，一般に白花を咲かせるソバであるが，興味深いことにヒマラヤ高地で生育するソバは赤花を咲かせている．この赤みもアントシアニン色素に由来する．しかし，露地やハウス内で栽培された白花ソバの茎部にも赤みがつくことから，白花ソバにもアントシアニン色素が含まれていることがわかる．暗所で栽培したソバの黄化カイワレに，異なる波長の可視光を照射すると，光刺激によってカイワレの茎表面は，無色から赤色に変色する．赤色光よりも短波長側の青色光刺激を与えた場合に，鮮やかな赤色を発現することが確認された．上述のようにアントシアニン色素の発色は pH により変化し，ソバカイワレから抽出したアントシアニン色素の溶液は，pH 1〜3 付近では赤色を発現するが，pH 4〜6 付近では無色である．アントシアニン色素が存在する液胞を形成する細胞膜には，水素イオンを供給する 2 種類のプロトン（$H^+$）ポンプ酵素が存在する．暗所で栽培したカイワレと光刺激を与えながら栽培したカイワレを用いて，液胞膜に存在する 2 つのプロトンポンプ酵素を作り出す遺伝子の発現量を測定すると，青色光刺激は赤色光刺激よりも大幅に遺伝子の発現量を増加させ，pH を低下させることが明らかになった．

一方，細胞内の pH を上昇させる酵素として金属イオンを細胞内に取り込み，細胞内の水素イオンを排出する働きをするナトリウムポンプが存在する．外的な刺激がこのナトリウムポンプの発現や活性度を調整して pH を上昇させる．

花の色素の生合成メカニズムも遺伝子レベルで解明されるようになり，遺伝子組換えによってこれまでに見られなかった花を咲かせることに成功している．ペチュニアでは橙赤色の花を，バラでは「不可能」の代名詞と言われていた青色の花を咲かせる品種が開発されている．

(小嶋政信)

```
 光刺激
  ↓        光シグナル伝達
 ソバの光受容体 ─────→ 遺伝子発現 ─────→

 $H^+$ポンプ酵素 ─────→ pH 低下 ─────→ 赤色発現
 の発現
```

**図 2** 光刺激によるソバの発色機構

## 蛍光タンパク質
Fluorescent Protein

アミノ酸のみからなる多くのタンパク質も，その中にトリプトファンなどの蛍光性アミノ酸が含まれていれば，紫外線励起によって弱いながらも蛍光を発することが多い．しかし，通常「蛍光タンパク質」とは，可視光（あるいは紫外光）励起により，強い蛍光を発する特殊な発色団をもつタンパク質を指す．

とくにオワンクラゲのもつ，緑色の蛍光を出す緑色蛍光タンパク質（GFP）が，最初に単離された蛍光タンパク質として有名である．これは分子量 27 kDa ほどの $\beta$ バレル構造タンパク質で，その中に発色団が存在する（図1）．この発色団は，タンパクアミノ酸が自動酸化されて形成されるため，生成のために外部から非タンパク質由来の発色団を取り込ませる必要がない．また，発色団をつくるのに酵素の助けも不要であり，アミノ酸配列を合成すると自動的に蛍光タンパク質となる．このため，GFPをコードする遺伝子を別の生物に組み込むことで，容易にその生物に蛍光タンパク質を発現させることができる．しかも，GFPでは，N末端とC末端側がバレル構造から突き出ているため，本体にあまり影響なしに別のタンパク質を2つの末端のどちら側にも付けられるという特徴がある．このため，種々のタンパク質の蛍光標識剤として使われている．例えば，がん細胞に多く発現するタンパク質を標識してがん細胞を光らせることで，がん細胞の位置の特定や時間変化を観察したり，細胞分化過程におけるタンパク質の移動を観察したりするなど，生物学や医学にとって非常に重要なツールとなっている．また，他の蛍光分子や蛍光タンパク質へのエネルギー移動（FRET：fluorescence resonance energy transfer）を用いることで，GFPを結合したタンパク質と距離的に近い分子を探すことができる．つまり，あるタンパク質と相互作用する相手を探索することができる．そのほかにも，蛍光相関分光法など，多くの蛍光分子に対して用いられる物理化学的手法が，タンパク質という大きな生体分子について生細胞内で適用できるようになった（▶8.4②項）．

GFPの発色団はpHによって構造が変わるため，周囲のpHによって波長や発光量子収率が変わる．この現象は，目的分子が環境によって観測できなくなったり定量性がなくなるという欠点になるが，これを逆に利用すると，細胞内のpHを可視化するための手法として使われる．一方，こうしたpH感受性をもたない蛍光タンパク質も開発されており，pH変化による影響を避けられる蛍光プローブタンパク質として使用される．

オリジナルのGFPのアミノ酸に変異を導入することで，さまざまな性質の蛍光タンパク質がつくられ，種々の用途に用いることができるようになってきた（表1）．例えば，蛍光量子収率を増大させたen-

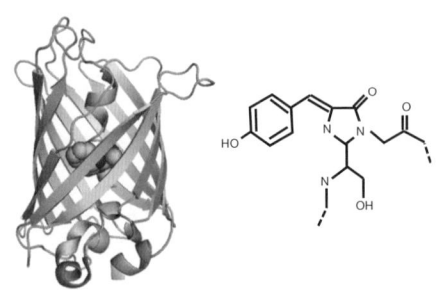

**図1** （左）GFPの構造．発色団部分を球モデルで示してある．（右）発色団近傍の構造

表1 いくつかの蛍光タンパク質の種類とその特性

| 蛍光タンパク質 | 吸収極大波長 /nm | 蛍光極大波長 /nm | 蛍光量子収率 |
|---|---|---|---|
| GFP | 395 | 509 | 0.77 |
| EGFP | 484 | 510 | 0.70 |
| EYFP | 512 | 529 | 0.54 |
| AmCyan | 458 | 489 | 0.75 |
| sgBFP | 387 | 450 | 0.80 |
| DsRed | 558 | 583 | 0.29 |

hanced GFP がつくられ，より高感度に目的タンパク質を観察できるようになった．また，GFP 以外の蛍光タンパク質でも，サンゴなどに由来する蛍光タンパク質が単離されたり，その変異体がつくられており，蛍光の波長領域を拡大させる努力がなされている．現在では，蛍光タンパク質を選択することにより，蛍光スペクトルの極大波長が青（〜420 nm）から赤外の領域まで利用することができる．ほかにも，ストークスシフトが大きい蛍光タンパク質がつくられたことで，励起光の散乱に邪魔されない蛍光検出をしたり，1つの励起波長で多種類の蛍光タンパク質を光らせたりできるようになった．また，紫外光照射によって発光スペクトルを変える蛍光タンパク質（フォトクロミック蛍光タンパク質）の開発により，紫外光で目印を付けたタンパク質の動きを観察できるようになり，より詳細な情報を得ることが可能となった．

蛍光分子を扱う上で，励起光によって発色団が破壊あるいは異性化を起こして発光しなくなる光退色には常に注意を払わなければならない．これは蛍光タンパク質でも同じで，目的タンパク質を連続して観測するため，あるいは目的タンパク質の定量的測定のためには，この影響をなるべく小さくする必要があり，弱い励起光で高感度な蛍光検出が重要となる．しかし，この退色をうまく利用すると，有用な手法が可能となる．例えば，強い光で局所的に目的タンパク質を退色させ，その後のその部分の蛍光強度の回復を見ることで，タンパク質の移動を知ることができる（FRAP 法）（▶9.1 ⑤項）．さらに紫外光で発光を消し，別の波長の励起でまた発光を起こさせるといった，蛍光のオン，オフをコントロールできる蛍光タンパク質が開発され，生体反応の時間変化を調べるのに用いられている．

こうした蛍光タンパク質は，目的分子の位置を観測するためのプローブ以外にもさまざまな用途で使われる．その例として，生理活性を有するイオンや分子の存在を示す指示薬としての蛍光タンパク質が開発されている．例えば，カルモジュリンとよばれる $Ca^{2+}$ 結合タンパク質を蛍光タンパク質に結合しておき，$Ca^{2+}$ の存在でカルモジュリンの構造が変化することによって，間接的に蛍光タンパク質からの蛍光の強度が変わる現象を用いることで，$Ca^{2+}$ 検出が行えるようになった．また，タンパク質間相互作用を検出するバイオセンサーとしての役目をもつ蛍光タンパク質も開発されている．例えば，蛍光タンパク質を2つに分割して蛍光を発しないような状態にしておき，それぞれを異なるタンパク質に付けておく．もし後者のタンパク質が相互作用して近接すれば，それに伴ってもとの蛍光タンパク質が再構成され，蛍光を発するようになる．これによって2つのタンパク質が細胞内で近接しているかどうかを蛍光法で検出することができる．

このように生体分子を光らせることで，さまざまな利用が可能となり，蛍光タンパク質の種類や応用方法が広がっている．

（寺嶋正秀）

【関連項目】
▶8.4② 蛍光共鳴エネルギー移動／9.1⑤ 光退色後蛍光回復法

# 生物発光
Bioluminescence

　生物自らあるいはその共生生物が可視光を放つこと，すなわち生物が体内で合成した物質あるいは餌として取り込んだ物質の化学エネルギーを酸化反応を通し光として放出することをいう．生物発光は「冷光」といわれるように発光効率が高く，化学エネルギーから光エネルギーへの変換効率はホタルでは41％，ウミホタルでは30％，オワンクラゲでは18％に達する．

　発光生物としては，少なくとも40目700属におよぶ動物のほか，菌類や細菌にも発光するものが知られている．陸上ではホタルのほかコメツキムシ，キノコバエ，ミミズ，ヤスデ，カタツムリなどに発光する種がある．陸水（淡水）に生息する発光動物はラチア（巻貝の一種）などきわめて少数である．発光生物の大部分は海洋に生息し，海水表層ではヤコウチュウ（発光プランクトン），クラゲ，ウミホタルなどの発光が観察される．そのほか，ゴカイ，貝，イカ，タコ，エビ，魚類など多様な発光生物が知られている．さらに，まだ観察・分類されていない深海生物の大部分は発光すると考えられている．

　生物発光は一般的にルシフェリン（luciferin，発光反応の基質の総称）という有機化合物がルシフェラーゼ（luciferase，発光反応を触媒する酵素の総称）の働きで酸素分子により酸化されることにより起こる（▶8.1⑤項）．

　ホタルの発光では，ルシフェリンが$Mg^{2+}$イオンの存在下ルシフェラーゼの働きでATP（アデノシン三リン酸）と反応し，ルシフェリンとAMP（アデノシンモノリン酸）との複合体をまず生成する．この複合体がさらにルシフェラーゼの作用で酸素分子と反応し，不安定な高エネルギー物質であるジオキセタノンが生じる．ジオキセタノンはただちに二酸化炭素を放出し，電子的励起状態にあるオキシルシフェリンに変化する．後者が基底状態に戻るときに光を放つ．ホタル以外にもウミホタル，ホタルイカ，発光エビ（*Oplophorus*），ラチア，巨大ミミズ（*Octchetus*），渦鞭毛藻などでもルシフェリン-ルシフェラーゼ（L-L）反応が知られている．これらのルシフェリンを図1に示す．

　一方，通常のL-L反応ではなく，発光タンパク型生物発光を示す生物も知られている．その代表であるオワンクラゲからは$Ca^{2+}$イオンにより発光するイクオリン（aequorin）と名付けられた発光タンパクが単

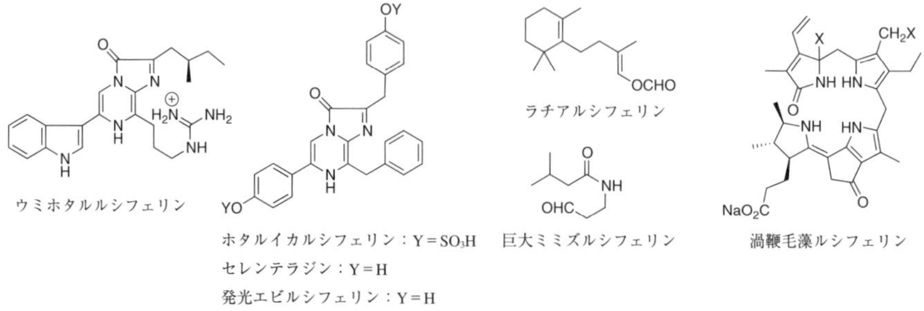

ウミホタルルシフェリン

ホタルイカルシフェリン：Y=$SO_3H$
セレンテラジン：Y=H
発光エビルシフェリン：Y=H

ラチアルシフェリン

巨大ミミズルシフェリン

渦鞭毛藻ルシフェリン

図1　発光生物のルシフェリン類

離されている（▶8.1④項）．イクオリンにはセレンテラジン（オワンクラゲのルシフェリン）の酸化により生じたヒドロペルオキシドが発光中心にあり，これは水素結合によりアポタンパクに結合している．このアポタンパクに$Ca^{2+}$イオンが作用するとタンパクの高次構造が変化し，セレンテラジンのペルオキシドがジオキセタノンを経由して分解して励起分子を生成する．この励起分子はエネルギーを発光組織にある緑色蛍光タンパク質（GFP）に移し，GFPが緑色（508 nm）に発光する．このようなエネルギー移動型の生物発光はウミシイタケ（レニラ）でもみられる．

ホタルはその種類により青緑色（535 nm）から赤色（620 nm）までの光を放ち，中には白色に光るものもある．ホタル類のルシフェリンはまったく同一であり，発光色調の違いはルシフェラーゼの部分構造の違いによる．ホタル類では発光色調の違いと発光パターンの違いにより種の識別と雌雄の交信を行っていると考えられている．

ウミホタル，ホタルイカ，クラゲ，ヤコウチュウ，マツカサウオ，チョウチンアンコウなど海洋性の発光生物には青色から青緑色（460～480 nm）の発光をするものが多く，海水中をよく透過する光の波長と一致している．これらのうちのあるものは餌の誘引，威嚇，カムフラージュ，同種間のコミュニケーションなどのために発光すると考えられている．一方，クラゲや発光バクテリア，発光キノコ，ミミズなど，多くの発光生物では発光の目的が謎である．

すでにある程度わかっている生物発光システムについては分子生物学，医療，保健をはじめさまざまな分野への応用研究が進められ，実用に供されているものもある．例えば，ホタルの発光のL-L反応には前述したようにATPが必須であるから，原理的にルシフェリン，ルシフェラーゼを介した発光によりATPの検出・定量ができる．逆にATPを介してルシフェリンあるいはルシフェラーゼの検出・定量が可能となる．ATPの検出・定量は，例えば，脳内の神経活動に消費されるATP量の測定や，食中毒を起こすバクテリアのATPを検査することにより食品の安全性を確保できる．また，ルシフェラーゼ遺伝子を動物細胞に組み込み，ルシフェラーゼの発現を通して遺伝子転写活性を測ることができるが，これは化学物質の薬効や毒性の分析・評価に応用される．

オワンクラゲの発光の利用の1つはイクオリンを細胞内に入れることによる細胞内の$Ca^{2+}$イオンの測定である．一方，生物発光システムの応用の中ではオワンクラゲのGFPの重要性は格段に高く，いまや分子生物学では欠かすことのできないツールとなっている．

基本的にはGFPの遺伝子を標的タンパクの合成遺伝子に組み込み，末端にGFPの結合した標的タンパクを生物体内で発現させる．このようにして，対象とする生物が生きたままで，その体内のGFPの蛍光を観ることにより標的タンパクの時間的・量的変化や発現部位を調べることができる．このようにGFPの重要性が認識されて以来，サンゴやプランクトンから新たな蛍光タンパクが発見され，紫外光照射により蛍光色調変調を起こすものやフォトクロミズムを起こす蛍光タンパクも創り出されている．

そのほか，ウミホタルのL-L反応が生物体外で起こることに着目した生体内微量物質の抗体免疫測定法（標的物質の抗体を作成し抗原抗体反応を利用して標的物質の検出・定量を行う）や，発光バクテリアを利用した土壌毒性検査法も開発されている．

（松本正勝）

【関連項目】
▶8.1④ イクオリン／8.1⑤ ルシフェリン

# イクオリン
Aequorin

発光タンパク質として知られるイクオリン（aequorin）は，2008年にノーベル化学賞を受賞した下村脩博士により，オワンクラゲ（図1）から初めて単離された．イクオリンはアポイクオリン，セレンテラジンおよび酸素分子からなり，3つのカルシウムイオン結合サイトをもつ（図2）．アポイクオリンは189残基のアミノ酸で構成され，ヘリックス-ループ-ヘリックス構造である．酸素分子はセレンテラジンのC2炭素に結合して過酸化物を生じるが，イクオリン内部ではきわめて安定に存在する．このような充電された状態（charged apoaequorin）にカルシウムイオンが結合すると，それがトリガーとなって極大波長 $\lambda_{max}$ = 470 nm の青色発光を示す．実際のオワンクラゲ内では，近傍に存在する緑色蛍光タンパク質（GFP）へのFörster型の共鳴エネルギー移動を経て緑色発光（$\lambda_{max}$ = 508 nm）を示す．発光後のアポイクオリンは，セレンテラジン，キレート剤，還元剤，および酸素分子の存在下でイクオリン

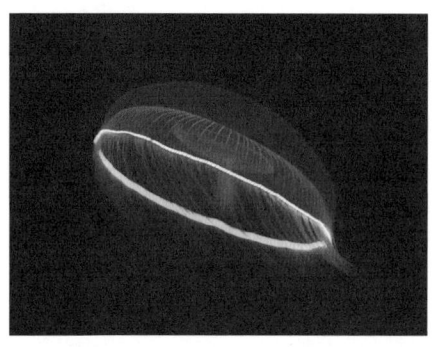

**図1** 発光するオワンクラゲ（山形県鶴岡市立加茂水族館より提供）

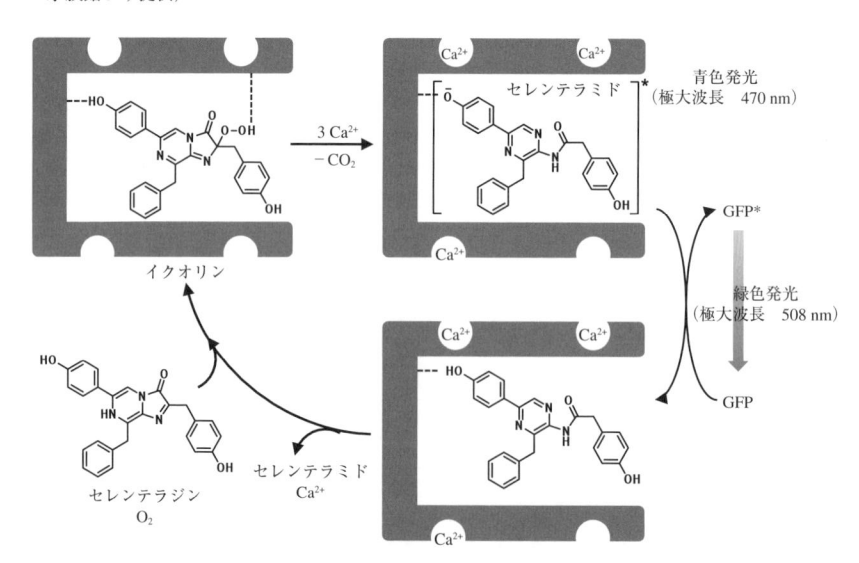

**図2** オワンクラゲにおけるイクオリンの化学励起とGFPへのエネルギー移動．点線で示す以外の水素結合は省略した．

**図3** イクオリンの発光過程

を再生する．

発光の詳細な分子機構を図3に示す．化学発光に必要な励起エネルギー（60 kcal mol$^{-1}$）を生み出すのは，過酸化したセレンテラジンからの酸化的脱炭酸反応である．イクオリンにカルシウムイオンが結合するとタンパク質の構造が変化し，その結果としてセレンテラジン過酸化物が不安定化すると予想されている．不安定化した過酸化物は反応中間体を生じ，脱炭酸を経て，化学励起されたセレンテラミドを生じる（図2右上）．実際の発光体の構造についてはまだ不明な点も残っているが，その発光波長から判断して，励起一重項状態のフェノラートアニオン構造からの蛍光であると考えられている．

セレンテラジンの誘導体化やイクオリン活性部位近傍のアミノ酸配列の変異により，蛍光極大波長を変化させることも可能である．例えば，活性部位付近のチロシンを4-メトキシフェニル構造に変えることにより，蛍光極大波長が517 nmへと大きく変化することがわかっている．生化学分析ツールとしてのイクオリンの応用例がいくつか報告されている．例えば，イクオリンを細胞内に直接導入，あるいは遺伝子操作によりイクオリンを発現させることにより，セレンテラジンを添加した細胞内でカルシウムイオン濃度を定量することが可能

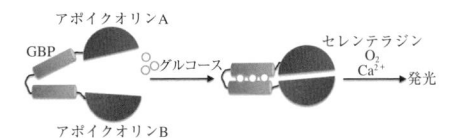

**図4** イクオリンを利用したグルコース応答分子スイッチ

である．また，生物発光ラベル化剤としてDNAに結合させ，定量PCR（polymerase chain reaction）や一塩基多型解析にも用いられている．さらに巧妙なシステムとして，イクオリンを2つの構成ユニット（A, B）に分離し，その間をグルコース結合タンパク（GBP）でつないだ分子スイッチが考案されている（図4）．グルコースが存在すると構造変化が起こり，イクオリン構造が再構築されるために，カルシウムイオンおよびセレンテラジン存在下で青色発光を示すようになる．

現在では，イクオリンよりもさらに感度の高い蛍光カルシウムセンサーが開発されているが，イクオリンのような発光タンパク質は，検出のための外部光源が不要であることなど長所も多く，今後の関連技術の発展が期待される．

〔伊藤健雄〕

【関連項目】
▶2.2④励起エネルギーの移動・伝達・拡散／8.1②蛍光タンパク質／8.1③生物発光／8.4②蛍光共鳴エネルギー移動

# ルシフェリン
Luciferin

　生物発光は化学的には化学反応によって光子を生成する現象である（▶8.1③項）．生物発光が酵素反応によって起こる場合，基質となる有機化合物をルシフェリン，酵素をルシフェラーゼ，両者による発光反応をルシフェリン-ルシフェラーゼ反応（L-L反応）とよぶ．

　ルシフェリンとルシフェラーゼは発光生物から得られた発光反応の基質と酵素の一般名であり，発光生物の違いで分子構造が異なる場合がある．代表的なルシフェリンの分子構造は前項に示されている（▶8.1③項の図1）．ホタルルシフェリンは北米産ホタル *Photinus pyralis* やゲンジボタルを含むホタルの仲間に共通であり，発光甲虫の鉄道虫やヒカリコメツキとも共通の基質である．一方，ウミホタルとホタルのルシフェリンはまったく異なる．ウミホタルと発光エビ，ホタルイカのルシフェリンは中心分子骨格が共通であるものの，側鎖の構造が異なる．発光エビのルシフェリンはセレンテラジンとよばれ，オワンクラゲのイクオリンをつくる発光基質でもある．発光巻貝ラチアと巨大ミミズのルシフェリンは比較的単純な分子構造をもち，渦鞭毛藻のルシフェリンはクロロフィルの代謝産物の構造をもつ．

　これらのルシフェリンによる発光反応には酸素分子（$O_2$）との反応が含まれる．また，生成する励起一重項状態の分子はルシフェリン由来の生成物または補因子由来の生成物である．これらの生成物の励起状態は自身が発光する以外に，他の蛍光性化合物にエネルギー移動して，そこから発光する場合がある．例えば，緑色蛍光タンパク質GFP（▶8.1②項）はこの励起エネルギー受容体として働く．ルシフェリン由来の生成物の励起状態から直接発光する場合，その生成物はオキシルシフェリンとよばれる．

　代表的な3つの生物発光反応を説明する．

　ホタルはルシフェリンとルシフェラーゼ，$O_2$のほかにATPと$Mg^{2+}$を用いたL-L反応によって発光する．図1に示すように，その反応はルシフェラーゼの酵素作用を受けた6つの素過程：①ATPによるルシフェリンのアデニル化，②アデニル体の脱プロトン化によるアニオン種の生成，③そのアニオン種と$O_2$の付加反応，④環状過酸化物（ジオキセタノン構造をもつ）の生成，⑤環状過酸化物の熱分解によるオキシルシフェリンの励起一重項状態の生成（化学励起過程），⑥その励起状態からの蛍光放射から成り立つ．

　ウミホタルはルシフェリン，ルシフェラーゼ，$O_2$のみを必要とする最も単純なL-L反応で発光する．その反応ではホタルのようなATPによるルシフェリン活性化の必要がなく，上記の②〜⑥に相当する素

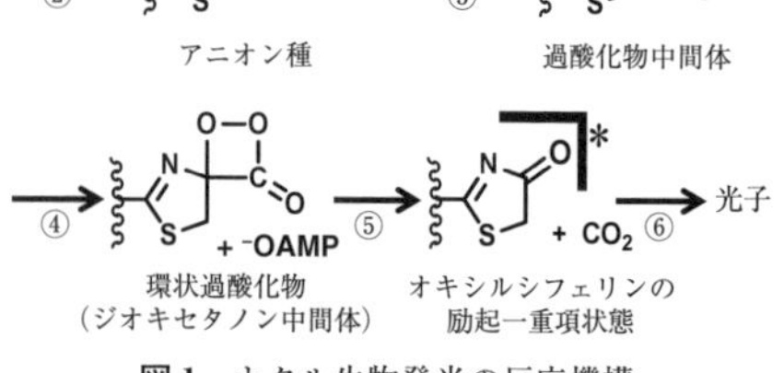

図1　ホタル生物発光の反応機構

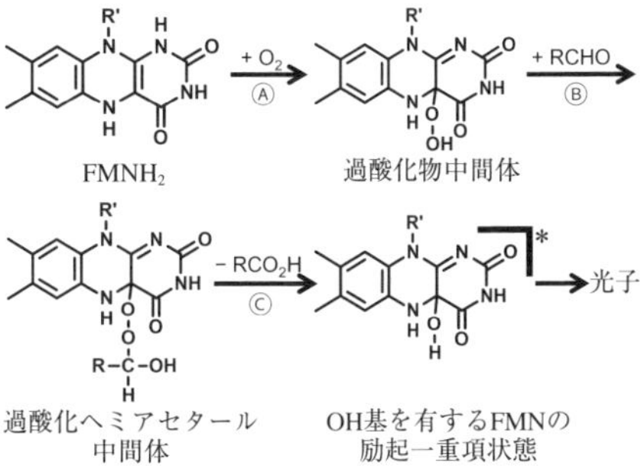

図2 バクテリア生物発光の反応機構

過程を経て励起オキシルシフェリンから発光する．

バクテリアのL-L反応は，図2に示すような脂肪族アルデヒド（RCHO）をルシフェリンとして用い，ルシフェラーゼと$O_2$のほかに還元型フラビンモノヌクレオチド（$FMNH_2$）を必要とする．その反応は，Ⓐまず$FMNH_2$に$O_2$が付加して過酸化物中間体が生成する．Ⓑこれがルシフェリンに付加して過酸化ヘミアセタール中間体となり，Ⓒその熱分解によって水酸基をもつFMNの励起状態が生成して発光する．

上記のような反応により生物発光は効率，発光色制御，反応制御において優れた発光性能を示す．したがって，ルシフェリンは高性能な発光反応を起こす能力をもつ．効率については，ホタル，ウミホタル，バクテリアのL-L反応による発光量子収率が0.4，0.3，0.2と報告されている．このような高効率発光の実現のためには，上記のⒶとⒷで生成する過酸化物が励起状態を生成するのに十分なエネルギーをもつことと，ⒸとⒸの化学励起過程が効率よく励起状態を生成することが重要である．

過酸化物中間体の熱分解による励起が高効率で起こる理由については，電子移動が関与するCIEEL（chemically initiated electron exchange luminescence）機構によって説明されてきた．その後，理論化学の研究結果をふまえて，化学励起は，過酸化物中間体が分子内電荷移動性を有する遷移状態から，分子内電荷移動性を有する励起状態を与える場合に高効率に進行するという機構（CTIL：charge transfer induced luminescence機構）によって説明されている．

発光色の調整はホタルの生物発光で特徴的である．ホタルの仲間は同じルシフェリンを使ったL-L反応にもかかわらず，緑～赤の発光色を示す．この多色性の原因はオキシルシフェリンの互変異性体の関与によって古くから説明されてきた．現在ではオキシルシフェリンのケト型フェノラートイオンの励起状態の性質がルシフェラーゼ内で制御されて多色発光が起こることが実験的に確認されている．また，ホタルによる点滅発光は反応制御の点で興味深い．細胞レベルでは一酸化窒素が点滅発光の制御に関与することが知られているが，化学的な発光反応の制御の仕組みは未解明である．

生物発光は高性能であることを基礎にして，ルシフェラーゼ遺伝子を用いた分子生物学手法の普及とも相まって，生命科学分野の生体イメージング技術（▶8.1⑥項）に広く利用されている．一方，発光キノコのようにルシフェリンやルシフェラーゼが特定されていない発光生物も数多く存在する．したがって，未解明の発光生物から新たな発光物質を探索することが，将来，発光分析の技術革新につながる可能性を秘めている．

〔平野　誉〕

【関連項目】
▶8.1②蛍光タンパク質／8.1③生物発光／8.1⑥細胞イメージング

# 細胞イメージング
## Cell Imaging

　細胞内の分子や構造のイメージングにおいては，蛍光物質を用いて細胞を染色し，蛍光物質から発せられる蛍光を観測する方法がよく用いられる．蛍光物質を用いた観察方法の利点として，生きた細胞を観察できること，ミトコンドリアなどの細胞小器官および細胞の中にあるさまざまな分子・タンパク質について選択的にイメージングや検出ができることなどが挙げられる．また，細胞内の蛍光物質の動きをリアルタイムで観察することもできる．このような蛍光を用いた細胞イメージングにおいては，蛍光プローブとなる蛍光物質，および蛍光を観測するための顕微鏡技術の両方の発展が重要な要素となる．

　細胞内の特定のタンパク質の蛍光観測には，抗原抗体反応を可視化する蛍光抗体法が広く用いられている．目的とするタンパク質（抗原）について，特異的に認識するタンパク質（抗体）に色素分子を結合させる．抗原抗体反応によって，抗原と抗体が結合すると，抗体に結合した色素分子の蛍光を用いて抗原となるタンパク質の位置を特定することができる．蛍光抗体法では，細胞をホルムアルデヒドなどの架橋剤によって固定しなければならない場合が多いことが欠点である．生きた細胞が変化していく様子をリアルタイムで観測する場合（ライブイメージング）には，遺伝子操作によって目的となるタンパク質に蛍光タンパク質を付加する方法（GFPタグ）が非常に有効となる（図1）．蛍光タンパク質の遺伝子と目的タンパク質の遺伝子を融合した遺伝子を作成し，細胞内に導入して発現させることによって，細胞構造の時間変化，生きた細胞内での目的タンパク質の位置および動きを可視化することができる．蛍光共鳴エネルギー移動を用いた生体分子間の相互作用の検出（▶8.4②項），イオンや生体分子の高感度検出などのさまざまな機能をもつ蛍光タンパク質の開発が精力的に進められている．遺伝子操作による細胞内への導入は，生物発光酵素のルシフェラーゼでも用いられており，励起光を使わずにルシフェラーゼの化学発光によって細胞を光らせることもできる．

　低分子色素分子についても，有機化学の手法で分子構造が精密に制御された色素分子が開発され，生きた細胞の染色に用いられている．生細胞への取り込みおよび細胞核やミトコンドリアなどの細胞内構造の特異的標識が，色素分子の脂溶性，水溶性，荷電性，立体構造などを制御することで実現されている．機能性については，酸塩基平衡，キレート反応，光誘起電子移動，光開裂反応などのさまざまな化学的および光化学的な性質を付加することによって，水素イオンやカルシウムイオンなどの各種イ

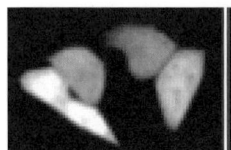

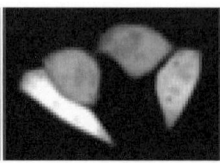

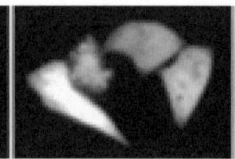

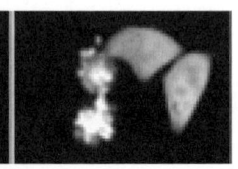

図1　蛍光タンパク質が発現した培養細胞の時間変化．左から右に時間が経つにしたがい，左側にある2つの細胞が細胞死（アポトーシス）による形態変化を示している様子がわかる．

オン濃度，細胞に対してストレスを引き起こす一重項酸素や一酸化窒素の検出などが行われている．半導体ナノ粒子を発光プローブとして用いる取り組みも行われている．半導体ナノ粒子は，発光収率が高いだけではなく，光安定性が高いこと，発光スペクトルがシャープであることなどの特徴をもつ．

蛍光プローブの観察には蛍光顕微鏡が用いられる．蛍光顕微鏡にはさまざまな種類があり，目的に応じた顕微鏡を選ばなければならない．蛍光顕微鏡の空間分解能は，用いる光の波長で決まり，一般には数百nmである．しかし最近では，光の波長の限界を超える超解像技術が発展し，STED (stimulated emission depletion) などを用いて，数十nmの空間分解能での生体試料の蛍光観察に成功している．また，1nm以下の高空間分解能をもつ電子顕微鏡と組み合わせて，同一試料において蛍光顕微鏡像と電子顕微鏡像の重ね合わせを行うCLEM (correlative light and electron microscopy) も提案されている．電子顕微鏡は試料の形態像は高分解能で得られるものの，その組織がどのような分子で構成されているかなどの分子に関する情報を得ることはできない．しかしCLEMを用いれば，高空間分解能と蛍光分子に関する情報の両方を得ることができる．

細胞内で蛍光物質が動いていく様子は，FRAP（▶9.1⑤項）を用いてリアルタイムで測定することができる．細胞内の特定の場所に存在する蛍光物質を強い光で退色（破壊）させ，細胞内の他の領域にある蛍光物質が，光退色させた場所に拡散過程によって動いていく様子を観測することができる．光活性化や光変換を行う蛍光プローブを用いて細胞内での分子の動きを調べる研究も行われている．PA-GFP (photoactivatable GFP) は，光活性蛍光タンパク質であり，そのままでは蛍光を発しないが，紫の波長の光を照射すると光活性化を生じ，蛍光を発するようになる．細胞内の特定の場所に存在するPA-GFPに，紫色の光を照射して蛍光を発するように変換させ，光刺激した場所にあったタンパク質が細胞内の他の場所に移動する過程を調べることができる．さらに，近年の顕微鏡技術の発展により，細胞内における1つの蛍光分子の動きまでリアルタイムで観察できるようになった．1分子は1個の蛍光輝点として観測され，蛍光分子の位置，数，運動軌跡，明るさなどの情報を得ることができる．1分子計測によって，蛍光分子が拡散する速度だけではなく，個々の分子の反応を平均化することなく，分離して測定することができる．

試料を染色することなく生体内に元から存在する蛍光物質の蛍光（自家蛍光）を利用することもできる．自家蛍光を用いることで染色による試料への負荷がなくなり，染色時間がないために，迅速な判断が可能となる．自家蛍光分子としては，NADH (nicotinamide adenine dinucleotide) がよく用いられる．NADHはさまざまな酸化還元酵素の補酵素であり，生体中では，タンパク質と結合した状態と結合していない状態の2つの状態に分けられる．NADHのこの2つの状態の存在比は，細胞内の生理現象と関連があることが示されており，FLIM (fluorescence lifetime imaging) とよばれる蛍光寿命を画像化する方法を用いて，両状態の存在比と悪性腫瘍との関係などが調べられている．　　　　　〔中林孝和〕

【関連項目】
▶6.1① 生体光イメージング／8.1② 蛍光タンパク質／8.4① 蛍光標識／9.1③ 波長の制限を超える高分解能光学顕微鏡／9.1⑤ 光退色後蛍光回復法

# 光合成
Photosynthesis

光合成は，太陽光エネルギーを利用して二酸化炭素から糖を合成する反応である．この反応では，光エネルギーが有機化合物の化学結合エネルギーとして組み込まれる．反応としてのもう1つの特徴は，反応の進行に電子の注入を必要とする還元反応であり，水が電子の注入源として利用されるため，反応の副産物として酸素が放出されることである．

光合成は大別すると，光エネルギーを化学エネルギーに変換する「光エネルギー変換反応」の過程と，固定された化学エネルギーを用いる有機化合物合成の「生合成反応」の過程に分けられる．光合成は，クロロフィル色素などを含む葉緑素をもつ植物だけではなく微生物の光合成細菌も行っている．基本的な光合成のエネルギー変換システムは植物と光合成細菌とで類似しており，光合成細菌は最も簡単な構造システムをもつ．光合成でのエネルギー変換反応が起こる場所は，植物などの真核生物の場合は細胞内小器官の1つである葉緑体（chloroplast）のチラコイド膜である．また光合成細菌などの原核生物の場合は細胞の内膜系と細胞内の特別な空間（光合成膜）に限られている（図1）（▶8.2②項）．

光合成細菌で酸素非発生型光合成膜は，ただ1つの反応中心（RC：reaction center）で構成されているのに対し，植物ならびに光合成細菌などの酸素発生型光合成膜の電子伝達系では光化学系Ⅰ（PSⅠ：photosystemⅠ）および光化学系Ⅱ（PSⅡ：photosystemⅡ）とよばれる直列に働く2つのシステム（Zスキーム）の協調により機能している（▶8.2③，8.2④項）．植物では，その光エネルギー変換に重要な役割を担っているのがクロロフィル色素であるのに対し，光合成細菌ではバクテリオクロロフィル色素である．とくに重要なことは，酸素発生型光合成に特徴的なPSⅡのRCは1 eVを超える強い酸化力をもつことである．この強い酸化力により，化学的に安定な水が電子供与体として利用できるようになった．このことが生物にとっても地

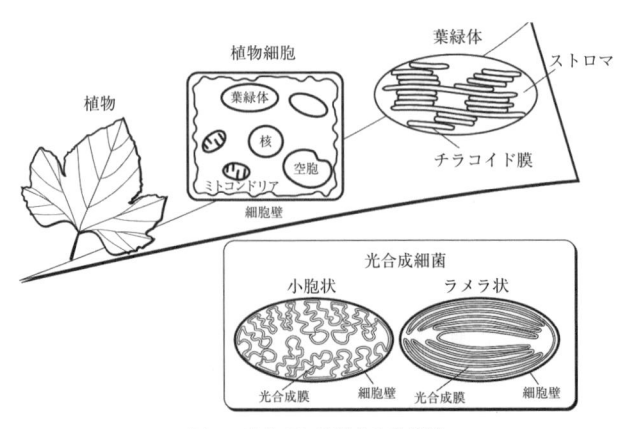

図1 光合成に関係する生体膜

球環境にとっても大きな意味をもつことは強調してもしすぎることはない.

光合成の光化学反応系で,光誘起電子移動を行うRCは,光合成細菌では3種類の膜タンパク質であるL鎖,M鎖,およびH鎖からなるタンパク質複合体で構成されている.このRCには,バクテリオクロロフィル(BChl),バクテリオフェオフィチン(BPhe),ユビキノン(UQ)などの色素群が存在している.その中でBChlは2分子会合したスペシャルペア(SP)を形成しており,それが光エネルギーを受け取って光電荷分離が生じる.この電荷分離により高いエネルギーの電子が生成する.発生した電子は,ダイマーに隣接するBChlあるいはそれから少し離れたBPhe,さらに2つのキノン分子などを介して最終的にRCの外のキノンプールのUQ,シトクロム$bc_1$およびシトクロム$c_2$のヘムなどへ伝達される.UQより後の電子伝達で放出される電気化学的ポテンシャルが光合成の還元反応に利用される.一方,SPに残った正孔はRCに結合したシトクロムから電子の供給を受けて中和される.このように1個のフォトンが吸収されるごとにRCの中を1個の電子が流れる.植物の光合成はさらに複雑であるが,基本的に同様なシステムで行われる.

また,植物のPS IおよびPS IIは,それぞれのRCを含む複合タンパク質系のX線構造解析が報告されており,光合成細菌のRCと同様に,光から電子へのエネルギー変換過程が解明されている.PS I,PS IIの2つの複合体により,電子1個につき2個の光エネルギーを得て,エネルギー変換反応の電子移動が駆動される.

一般に光励起された分子は,電子供与性と電子受容性がともに高まり,強い還元剤であると同時に強い酸化剤として機能する.例えばPS IIでは,光励起により水の酸化反応($2H_2O \rightarrow O_2 + 4H^+ + 4e^-$)を引き起こし,それと同時に電子伝達系に電子を供与する(還元反応).また,PS Iでは光励起により,PS IIの後続する電子伝達系から電子を受容(酸化反応)し,それと同時にニコチンアミドアデニンジヌクレオチドリン酸,酸化型($NADP^+$)を還元する(還元反応).このように,光励起分子は酸化反応と還元反応を同時に進行させることができる.PS II,PS Iにはそれぞれ,光励起分子としてクロロフィル色素が含まれている.この色素を中心とした光励起分子特有の酸化還元反応により,エネルギー変換反応は駆動されている(▶8.2③,8.2④項).

このように,光合成は電子移動反応がその仕組みの本質である.電子移動の観点から見ると,エネルギー変換反応は光エネルギーを使った蓄電池,生合成反応は蓄電エネルギーを使った糖の生産と表現できる.エネルギー変換反応を理解する上で重要なことは,光化学初期過程での光誘起電子移動による電荷分離である.これは言い換えれば発電とみなすことができる.つまり植物は生命機能をもつ太陽電池とみなせる.もし人工的に電荷分離で生じた電子をうまく取り出すことができるならば,分子レベルの光電池および光半導体を人工的につくることができる.

光合成に関わる生体反応は電子移動反応であり,電子移動を理解することにより,体系的に光合成機能をとらえることができる.また,この機能をもつ分子を自由に扱うことができれば,光電変換機能を模したさまざまな人工デバイスの開発ができるであろう.

(南後 守)

【関連項目】

▶8.2② 葉緑体／8.2③ 光化学系 I ／8.2④ 光化学系 II

# 葉緑体
Chloroplast

光合成細菌やシアノバクテリア（藍藻）を除き，光合成反応は葉緑体で営まれている．葉緑体は，光合成のほかにも，窒素代謝，アミノ酸合成，脂質合成，色素合成などの重要な機能を担っている．藻類では，細胞1個あたり葉緑体が1個しか存在しないものもあるが，高等植物では，通常，細胞1個あたり数十個から数百個含まれている．また，藻類では，さまざまな形や大きさをした葉緑体が知られているが，多くの高等植物では，直径が5～10 $\mu$m 程度，厚さが2～3 $\mu$m 程度の凸レンズ状をしている．

形態細胞小器官である葉緑体は多量のクロロフィル（図1）を含むために緑色に見える場合が多い．酸素発生型の光合成生物には必ずクロロフィル $a$ が存在するが，それ以外の光合成色素については多種多様である．クロロフィル $a$ は，反応中心において光誘起電子移動反応を担ったり（▶8.2③，8.2④項），アンテナ色素タンパク質複合体において光捕集の機能を担ったりする．クロロフィル $a$ 以外のアンテナクロロフィル（光エネルギーを集めて他のクロロフィルに励起エネルギーを伝達する機能をもつクロロフィル）として，緑藻や陸上植物などの緑色植物はクロロフィル $b$ を，褐藻，珪藻，渦鞭毛藻などはクロロフィル $c$ をもつ．葉緑体にはクロロフィル系色素以外にもカロテノイド系色素（図2）やフィコビリン系色素（図3）が含まれ，これらが葉緑体の色を特徴付ける場合がある．コンブやワカメなどの褐藻の葉緑体は，カロテノイドの一種フコキサンチンをもち，褐色にみえる．ホウレンソウなどの陸上植物は，ルテインやネオキサンチンなどをもつ．また，紅藻の葉緑体やシアノバクテリアはともにフィコビリソーム（▶8.2④項）をもつが，シアノバクテリアと異なり紅藻が紅く見えるのは，フィコビリソームにフィコエリスリンが多く含まれているからである．

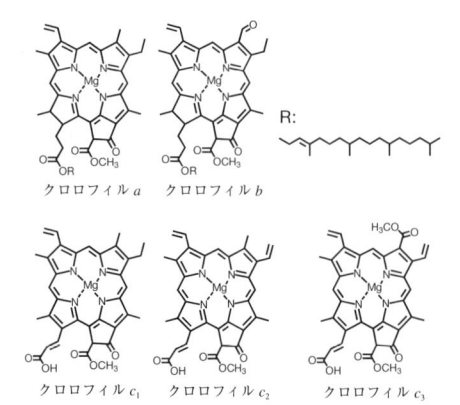

緑色植物，紅色植物，灰色植物の葉緑体は内外二重の包膜（外包膜，内包膜）に包

**図1** 葉緑体に含まれるクロロフィル系色素の分子構造

**図2** カロテノイドの分子構造．ホウレンソウなどの葉緑体に含まれるルテイン，ネオキサンチン，コンブなどの葉緑体に含まれるフコキサンチン

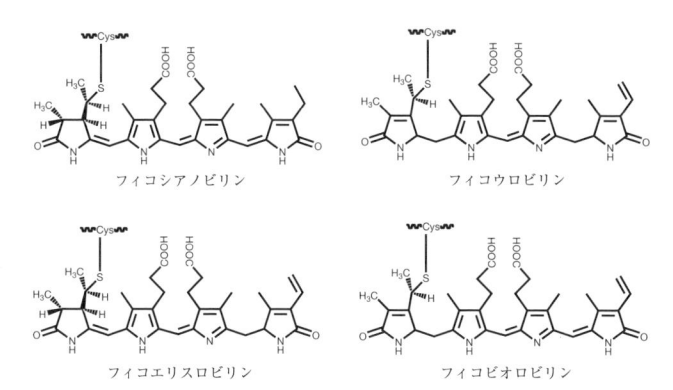

**図3** フィコビリソームを構成する色素の分子構造．Cys はシステイン残基を示す．フィコエリスリンにはフィコエリスロビリンやフィコウロビリンが含まれている．

まれている（図4）．外包膜と内包膜に挟まれた部分を膜間部とよぶ．内包膜の内側，すなわち，葉緑体の内部には，種々の可溶性物質からなる基質であるストロマ，扁平な袋状の構造をしたチラコイドが存在する．ストロマでは，NADPH（ニコチンアミドアデニンジヌクレオチドリン酸）とATP（アデノシン三リン酸）を用いる二酸化炭素の固定が行われる．このカルビン回路の酵素群のほかにも，デンプン合成，脂肪酸合成，窒素同化などのための酵素が存在する．チラコイド膜には，アンテナ色素タンパク質複合体，光化学系I複合体（▶8.2③項），光化学系II複合体（▶8.2④項），シトクロム $b_6f$ 複合体，ATP 合成酵素が存在する．チラコイド膜包の内腔，チラコイドルーメンでは，光化学系IIの水分解反応やプラストシアニンによる電子伝達が行われている．

不等毛植物，ハプト植物，クリプト植物，クロララクニオン植物の葉緑体は四重の包膜に，渦鞭毛植物やユーグレナ植物の

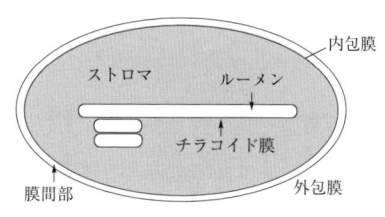

**図4** 葉緑体の構造

葉緑体は三重の包膜に包まれている．葉緑体をもたない真核生物にシアノバクテリアが細胞内共生して葉緑体になったとすると，葉緑体は二重の包膜で包まれることになる（1次共生）．したがって，三重，四重の包膜に包まれた葉緑体をもつ光合成生物は，光合成を行わない真核生物が葉緑体をもつ真核藻類を細胞内に取り込むことによって葉緑体を獲得したと考えられる（2次共生）．三重の包膜は，四重の包膜をもつ葉緑体から1枚が進化の過程で消失したものと考えられている． （秋本誠志）

**【関連項目】**
▶8.2③ 光化学系I／8.2④ 光化学系II

## 光化学系 I
Photosystem I

酸素発生型光合成に必要とされる光化学系の 1 つであり，$CO_2$ から糖を合成する際に必要となる NADPH を合成する役割を担う（図 1）．

$$NADP^+ + H^+ + 2e^- \rightarrow NADPH \quad (1)$$

光化学系 II からシトクロム $b_6f$ 複合体を経由して運ばれた電子は，プラストシアニン（あるいは，シトクロム $c_6$）を介して光化学系 I が受け取り，最終的に $NADP^+$ へ渡され，式(1)の反応に用いられる（図 2）．

光化学系 I では，クロロフィル二量体を形成する一方のクロロフィルはエピマー（クロロフィルの $C13^2$ に関する構造異性体）である．このエピマーは，1 つの光化学系 I 複合体に 1 分子存在し，他の場所には存在しないため，その含有量は光化学系 I と光化学系 II の量比を求めるときの指標として使われる．

光化学系 I の反応中心が光エネルギー，あるいは励起エネルギーを受け取ると，クロロフィル二量体（P700）とクロロフィル単量体（Chl）の間で電荷分離が起きる．

$$P700 + Chl + h\nu \rightarrow P700^+ + Chl^- \quad (2)$$

クロロフィル二量体がクロロフィル $a$ とクロロフィル $a$ エピマーで構成される場合，電子移動反応により酸化されたときの吸収変化の極大が 700 nm に現れることから，光化学系 I 型反応中心のクロロフィル二量体は P700 とよばれる（シアノバクテリア *Acaryochloris marina* のように，クロロフィル $d$ とクロロフィル $d$ エピマーの場合は P740 となる）．

式(2)に続いて，電子はクロロフィル単

**図 1** $NADP^+$ がプロトンと電子を受け取り NADPH が生成する反応

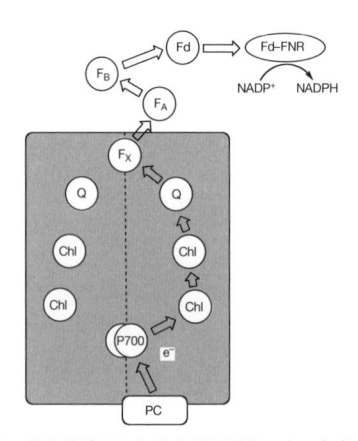

**図 2** 光化学系 I における電子伝達．太い矢印は電子の流れを示す．PC：プラストシアニン，P700：クロロフィル二量体，Chl：クロロフィル，Q：フィロキノン，$F_X$, $F_A$, $F_B$：鉄-硫黄クラスター，Fd：フェレドキシン，Fd-FNR：フェレドキシン $NADP^+$ 還元酵素．

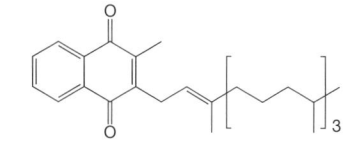

**図3** フィロキノン(ビタミン $K_1$)の分子構造

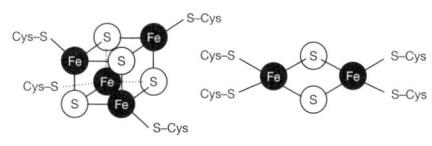

**図4** 鉄-硫黄クラスター．左：4Fe-4S型，右：2Fe-2S型．Cysはシステイン残基を示す．Feのまわりには4つの硫黄原子がある．

量体から，フィロキノン（phylloquinone）（ビタミン $K_1$）（図3），鉄-硫黄センター（$F_X$, $F_A$, $F_B$），フェレドキシン（Fd），フェレドキシン $NADP^+$ 還元酵素へと伝達される．これらの電子伝達過程が効率よく進むように各色素の距離や配向，酸化還元電位などが周囲のタンパク質によって絶妙に調節されている．$F_X$, $F_A$, $F_B$ の活性中心は4Fe-4S型の鉄-硫黄クラスターであり，Fdでは2Fe-2S型の鉄-硫黄クラスターである（図4）．鉄-硫黄クラスターは1電子酸化還元反応により電子を伝達する．光化学系Ⅰの反応中心は鉄-硫黄センターをもつことを特徴としており，緑色硫黄細菌の反応中心とヘリオバクテリアの反応中心とあわせて，鉄-硫黄型反応中心，または，光化学系Ⅰ型反応中心とよばれる（緑色硫黄細菌やヘリオバクテリアではクロロフィルの代わりにバクテリオクロロフィルが含まれている）．

光化学系Ⅰ複合体は，シアノバクテリアでは単量体の存在量は少なく，大部分が三量体として存在しているのに対して，高等植物や藻類においては単量体として存在している．光化学系Ⅰ複合体の中心部分には光化学系Ⅰ型反応中心コアタンパク質が存在し，クロロフィルやカロテノイドなどのアンテナ色素と光化学系Ⅰ型反応中心を含んでいる．高等植物や藻類の光化学系Ⅰ複合体の周辺部には，LHCⅠ（light-harvesting chlorophyll-protein complexⅠ）とよばれるアンテナ色素タンパク質複合体が存在する．LHCⅠには，クロロフィル $a$，クロロフィル $b$，カロテノイドが含まれている．680 nmに蛍光を発するLHCⅠ-680と730 nmに蛍光を発するLHCⅠ-730が知られている．

光合成生物の定常蛍光スペクトルを液体窒素温度（77 K）で測定すると，700 nmより長波長の領域にブロードなバンドが観測される．見かけの極大波長は生物により異なり，例えば，陸上植物 *Arabidopsis thaliana* では733 nm，シアノバクテリア *Arthrospira platensis* では760 nmに極大が見られる．これらはいずれも光化学系Ⅰのクロロフィル $a$ 由来であり，光化学系Ⅰ型反応中心のクロロフィル（P700）よりも電子遷移エネルギーが低いため，レッドクロロフィル（red chlorophyll）とよばれる．レッドクロロフィルの機能は明らかにはされていないが，反応中心で使われなかった励起エネルギーを受け取り，励起エネルギーを一時的に貯えるか，あるいは，近くのカロテノイドに移動させて消光させるなどの機能をもつと考えられている．

（秋本誠志）

【関連項目】
▶8.2② 葉緑体／8.2④ 光化学系Ⅱ

# 光化学系 II
Photosystem II

酸素発生型光合成に必要とされる光化学系の1つであり，水の分解を行う強い酸化力をもつことが特徴である．

$$2H_2O \rightarrow 4H^+ + 4e^- + O_2 \quad (1)$$

光化学系 II は水から電子を受け取り，その電子はシトクロム $b_6f$ 複合体を介して光化学系 I に運ばれる（図1）．

光化学系 II の反応中心が光エネルギー，あるいは励起エネルギーを受け取ると，クロロフィル二量体（P680）（シアノバクテリア *Acaryochloris marina* の場合は P713）とフェオフィチン（Phe）の間で電荷分離が起きる．フェオフィチン a はクロロフィル a（▶8.2②項の図1）の中心金属（Mg）が2つの水素原子に置き換わった分子である．

$$P680 + Phe + h\nu \rightarrow P680^+ + Phe^- \quad (2)$$

フェオフィチンは，1つの光化学系 II 複合体に2分子存在し，他の場所には存在しないため，光化学系 I と光化学系 II の量比を求めるときなどに含有量分析がなされる．

式(2)に続いて，1次電子受容体であるフェオフィチンから2次電子受容体であるキノン受容体（$Q_A$, $Q_B$）へ電子が伝達される．$Q_A$ サイトと $Q_B$ サイトにはプラストキノン（plastoquinone）（図2）が存在する．$Q_A$ サイトにあるプラストキノンは1電子酸化還元反応しか行わないのに対して，$Q_B$ サイトにあるプラストキノンは2電子酸化還元反応を行う．2電子還元されたプラストキノール（plastoquinol）（図2）は $Q_B$ サイトを離れ，チラコイド膜内のプラストキノンプールにあるプラストキノンと交換される．プラストキノールは膜の中を移動していき，シトクロム $b_6f$ 複合体で酸化される．このように，光化学系 II の反応中心はキノンにより特徴付けられており，紅色光合成細菌の反応中心と緑色糸状性細菌の反応中心とあわせて，キノン型反応中心，または，光化学系 II 型反応中心とよばれる（紅色光合成細菌や緑色糸状性細菌ではクロロフィルの代わりにバクテリオクロロフィルが含まれている）．

酸化型になったクロロフィル二量体

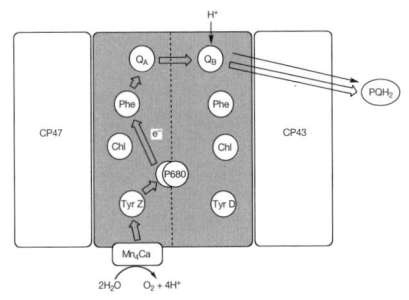

**図1** 光化学系 II における電子とプロトン（$H^+$）の伝達．$Mn_4Ca$：マンガンクラスター，TyrZ, TyrD：チロシン残基，P680：クロロフィル二量体，Phe：フェオフィチン，Chl：クロロフィル，$Q_A$, $Q_B$：プラストキノン，$PQH_2$：プラストキノール，CP43, CP47：コアアンテナ色素タンパク質複合体．電子の流れを太い矢印で，プロトンの流れを細い矢印で示してある．

**図2** プラストキノンとプラストキノールによる電子の受容と放出

($P680^+$) は，チラコイドルーメン側に結合しているマンガンクラスターを介して水から電子を受け取る．この際，チロシンZ（光化学系Ⅱ型反応中心のD1タンパク質の161番目にあるチロシン残基）が電子伝達成分として働いている．

光化学系Ⅱ型反応中心複合体（D1/D2/シトクロム$b_{559}$複合体）には，2種のコアアンテナ色素タンパク質複合体CP43とCP47（それぞれ，43 kDa，47 kDaの分子量をもつクロロフィルタンパク質（chlorophyll protein）の略）が1つずつ結合し，光化学系Ⅱコア複合体を形成している．周辺部に存在するアンテナ色素タンパク質複合体としては，CP29, CP26, CP24（それぞれ，29 kDa，26 kDa，24 kDaのchlorophyll protein），LHCⅡ（light-harvesting chlorophyll-protein complexⅡ），FCP（fucoxanthin-chlorophyll-protein），PCP（peridinin-chlorophyll-protein），フィコビリソームなどが挙げられる．LHCⅡは，緑色植物のチラコイド膜に存在し（膜内在型），クロロフィル$a$，クロロフィル$b$，カロテノイドをもっている．FCPやPCPは共役系にケトカルボニル基が含まれたカロテノイドをもち，緑色光の捕集ができる．FCPは，褐藻や珪藻のチラコイド膜に存在し，クロロフィル$a$，クロロフィル$c$のほかに，カロテノイドとして，フコキサンチンを結合している．PCPは，渦鞭毛藻がもつ色素タンパク質複合体であり，カロテノイドとして，ペリジニンをもつ．水溶性のものと膜内在性のものが知られており，前者はチラコイド膜の内腔，ルーメン側に存在すると考えられている．

フィコビリソームは，シアノバクテリアや紅藻にあるチラコイド膜のストロマ側に存在し，可視域のほぼ全領域をカバーすることのできるアンテナとしての機能をもつ．クロロフィルに近い側から順に，アロフィコシアニン，フィコシアニン，フィコ

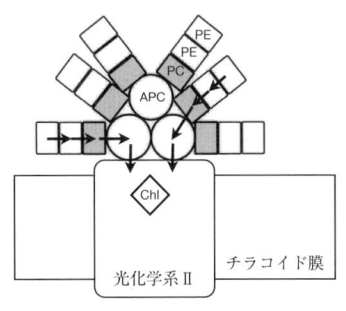

図3 フィコビリソームの構造とエネルギー移動．APC：アロフィコシアニン，PC：フィコシアニン，PE：フィコエリスリン，Chl：クロロフィル．矢印は励起エネルギーの流れを示している．

エリスリンといったフィコビリタンパク質から構成されている（図3）．電子遷移エネルギーの順番も低い方から順に，この順となっており，フィコビリソームで吸収された光エネルギーは励起エネルギーとしてクロロフィルへと効率よく伝達される．

液体窒素温度で測定した定常蛍光スペクトルでは，光化学系Ⅱのクロロフィル$a$に由来する蛍光極大が685と695 nmあたりに観測される．いずれも光化学系Ⅱ型反応中心のクロロフィル（P680）よりも電子遷移エネルギーが低く，コアアンテナ色素タンパク質複合体（CP43, CP47）に存在する低エネルギークロロフィル（光化学系Ⅱのレッドクロロフィル）からの蛍光に帰属されている．光化学系Ⅰ由来の蛍光帯（700 nmより長波長に蛍光極大）（▶8.2③項）と光化学系Ⅱ由来の蛍光帯（685，695 nm近辺に蛍光極大）の面積強度比は，光化学系Ⅰ型反応中心と光化学系Ⅱ型反応中心の量比の指標として用いられることがある．ただし，光化学系Ⅱから光化学系Ⅰへの励起エネルギー移動（スピルオーバー）が起きる場合には注意を要する．

（秋本誠志）

【関連項目】
▶8.2② 葉緑体／8.2③ 光化学系Ⅰ

## 8.2 光合成系——⑤

# 光合成初期過程
Photosynthetic Initial Process

光合成の初期過程では，最初，光捕集器官（光合成アンテナ部）を構成する色素分子（通常クロロフィル，Chl）によって光が吸収される．光励起された Chl 分子がもつエネルギー（光エネルギー）は，近傍の Chl 分子に次々に伝達されて，最終的に反応中心（RC）とよばれる器官の Chl 分子に，超高速かつ高効率で伝達される．そして，RC 内で構成色素分子間での電子移動が起こり，電荷分離状態が生じることになる．

天然 RC にはいくつかの種類のものがあるが，原子レベルでの X 線結晶構造解析がすでに行われており，物理化学的にも分子生物学的にもよく研究されている紅色光合成細菌（PB：purple photosynthetic bacteria）の RC についてまず述べる（図1）．アンテナ部で収穫された光エネルギーは，PB-RC 内で最も励起エネルギーの低い，つまり最長吸収帯（Qy 帯）が最も長波長側にある Chl 分子（通常バクテリオクロロフィル $a$（BChl $a$）にまず伝達される．この BChl は，2つの BChl 分子が近接することによって強く相互作用した二量体であり，スペシャルペア（SP）とよばれている．BChl $a$ 分子は，有機溶媒中で単量体として存在しているときには，770 nm に Qy 帯の吸収極大を有しているが，SP では2分子が強く励起子相互作用することで，870 nm 付近にまで 100 nm もの長波長シフトが見られる．このシフトのため PB-RC の SP を P870 ともよんでいる．P870 の光励起種（P870*）は，近傍のバクテリオフェオフィチン $a$（BPhe $a$：BChl $a$ 分子の中心マグネシウム（Ⅱ）イオンを2つのプロトンに置き換えた分子）に約 3 ps という超高速で電子を与えて，カチオン種（P870$^+$）となる（光誘起電子移動）．電子を受け取った BPhe $a$ は，その近傍のキノン（$Q_A$）に約 200 ps でその電子を移動させる．さらに，電子を受け取った $Q_A$ は，その近傍の $Q_B$ に約 100 ms でその電子を移動させる．これらの一連の RC 内での電子移動により，P870 から $Q_B$ への電荷分離状態が達成される（図1）．RC 内での各構成色素群は，ポリペプチド鎖上に固定化されているので，上述の正方向の電子移動に比べて，望ましくない逆電子移動が約千倍程度遅くなっており，実質的に一方向での電子移動が達成されている．

PB-RC は，光合成膜に埋め込まれたタンパク質であり（図2），上述の電子移動距離はその膜厚に対応した 3～4 nm になる．この距離の電子移動を1段階で行うには，少なくとも数百 ms の電子移動時間が見込まれ，P870* の寿命（数 ns）内では到

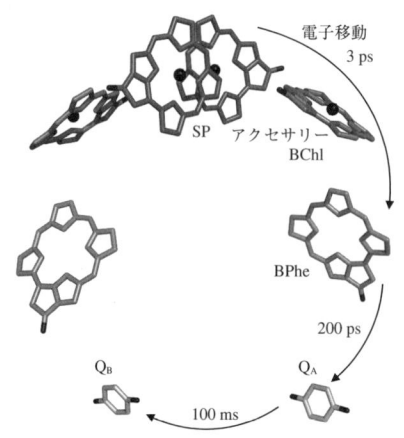

図1 紅色光合成細菌の光合成反応中心を構成する色素群．SP＝スペシャルペア，BChl＝バクテリオクロロフィル，BPhe＝バクテリオフェオフィチン，$Q_A$，$Q_B$＝キノン分子

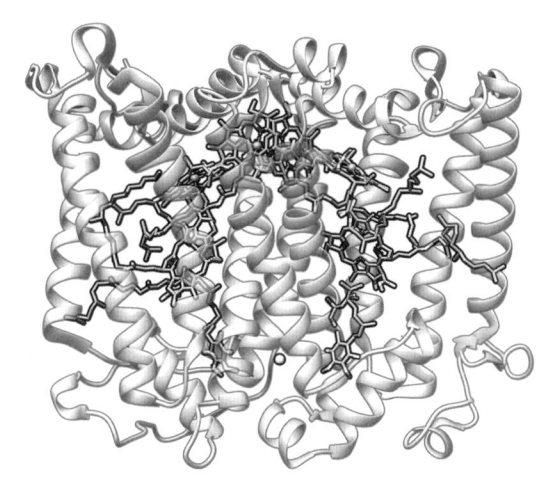

図2 紅色光合成細菌 *Rhodobacter sphaeroides* の光合成反応中心（PDB#2J8C より改変）

底無理である．一方，図1の3段階の電子移動を経れば，ほぼ100%の効率で電荷分離状態が達成される．また，第1段階での電子移動では，P870 と BPhe $a$ の間にもう1つの BChl $a$ 分子（アクセサリー BChl ともよばれる）を配置させることで，長距離の電子移動過程の高速・効率化を行っている．

PB-RC はほぼ2回回転対称的なタンパク質であり，上述の電子移動に関与する色素群以外に，電子移動に関与していない色素群も回転対称側に存在している（図1左側）．2つの色素分子群の配置がほぼ同じであるにもかかわらず，一方の経路では電子移動が生じないのは，後者の色素分子群周辺のタンパク質環境が少しだけ変化しているためと考えられている．

PB では水分子は電子供給源ではなく，硫化水素や有機化合物を電子源としているので，1つの RC だけで光合成を機能させることが可能である．一方，酸化しにくい水分子を電子源とする酸素発生型の光合成生物では，2つの異なる RC を直列に配置することで，光合成を行っている．水の酸化（酸素発生）を行う側を，光化学系II（PS II）の RC とよび，NADP$^+$ の還元（NADPH 生産）を行う側（最終的には二酸化炭素を還元して糖を合成する側）を，光化学系I（PS I）の RC とよぶ．PS II-RC は，PB-RC と近縁であり，構成する色素分子は異なるものの，それらの配置（全体の超分子構造）はよく似ている．構成する Chl 分子が BChl/BPhe $a$ から Chl/Phe $a$ に変化するために，吸収する波長が短波長側にシフトしている．一方，PS I-RC では，1次電子受容体がマグネシウム錯体の Chl $a$ 分子である点が，構成 Chl 色素分子に関して PS II-RC と異なっている．PS I・II-RC での電子移動経路については，PB-RC と類似しているという説と一部異なっている説とがあり，まだ定まっていない．

（民秋 均）

【関連項目】
▶2.2⑨ 電子移動と電荷再結合／8.2① 光合成／8.2③ 光化学系I／8.2④ 光化学系II

## 光捕集系
Light-Harvesting System

　光捕集系は光合成初期過程において太陽光エネルギーを効率よく吸収し，励起エネルギーを反応中心（RC）へ伝搬する役割を担っており，アンテナ系ともよばれる．太陽光の単位面積あたりのエネルギー密度は低いため，薄く広がった太陽光エネルギーを効率よく吸収し，RCへ集める方策が必要である．光捕集系はそのために1つの反応中心を多数の色素分子群が取り囲んだ構造をとっている（図1, 2）．

　色素分子の1つが可視光を吸収して励起状態となり，その励起エネルギーはエネルギー移動（▶2.2③項）によって色素間を次々と高速で伝搬し，最終的に反応中心のクロロフィル二量体であるスペシャルペア（SP）へ移る（図2）．最初の光吸収から反応中心に移るまでの励起エネルギーのロスはほとんどなく，量子収率はほぼ100％である．

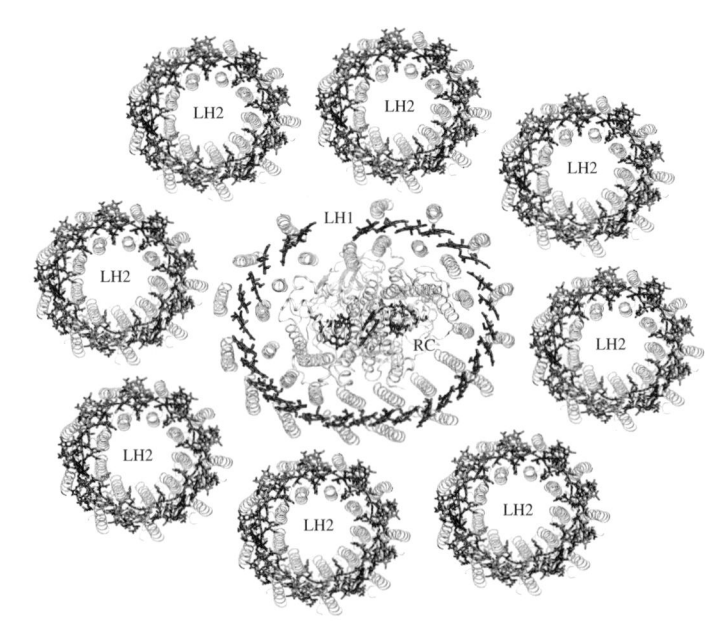

　色素分子はクロロフィル類（クロロフィル（Chl）$a$, $b$, $c_1$, $c_2$, $c_3$, $d$, バクテリオクロロフィル（BChl）$a$, $b$, $c$, $d$, $e$, $f$, $g$），カロテン類，キサントフィル類（カロテン類とキサントフィル類は同類とされることもある），フィコビリン類（フィコシアノビリン，フィコエリスロビリン，フィコウロビリン，フィコビオロビリン）に分けられる（図3）．クロロフィル類以外の色素を補助色素とよぶことがある．クロロフィル類は主に400〜500 nm間と600〜700 nm間の光を強く吸収するが，補助色素がこれら以外の波長領域を補って光吸収

**図1** 光捕集アンテナ LH2, LH1-RC 複合体の結晶構造

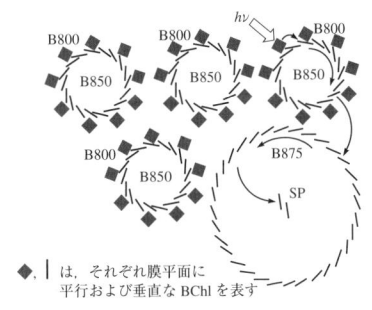

**図2** 光捕集アンテナ B800, B850, B875-RC 複合体の模式図励起エネルギーの流れ

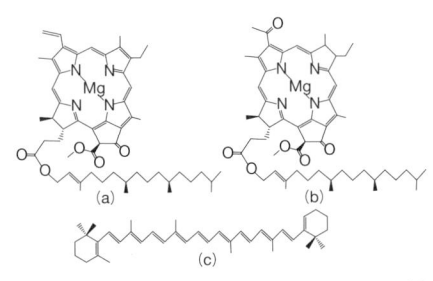

◆, | は, それぞれ膜平面に平行および垂直な BChl を表す

**図3** 光捕集色素の構造. (a)クロロフィル $a$, (b)バクテリオクロロフィル $a$, (c)$\beta$-カロテン

することにより可視光全般にわたって効率よく太陽光を吸収している. カロテンは光捕集のほかに, 光励起で生成する一重項酸素 (▶6.1③, 7.1⑧項) から光合成組織を守る働きがある.

光合成生物には光合成細菌から高等植物までさまざまな種類があり, それぞれで光捕集系の構造が異なっている. ここでは比較的単純で早くに明らかにされた紅色光合成細菌の光捕集系の構造について述べる. 紅色光合成細菌は LH1 および LH2 の2種類の光捕集アンテナ錯体をもち, いずれも膜貫通タンパク質である. LH1 と LH2 はともに BChl が膜平面に垂直かつ環状に配列した構造 (リング構造) である. 菌種によっても異なるが, LH1 は32個, LH2 は18個の BChl 分子からなっている. BChl の中心マグネシウムにはヒスチジン残基のイミダゾールが軸配位することにより構造を保持している. LH1 の環状構造は直径が約 12 nm で, その中央には反応中心が入っており, この LH1-RC 複合体を取り囲むように複数の LH2 が配置している.

LH2 の環状構造は直径が約 10 nm で, 850 nm に強い吸収を示すが (B850), それ以外に 800 nm に吸収をもつ9個の BChl (B800) が膜平面に平行に配列している. B800 で吸収された光エネルギーは励起エネルギー移動によって約 700 fs で B850 へ移る. B800 から受け取った励起エネルギーもしくは B850 自身が太陽光から吸収した励起エネルギーは B850 のリング内をエネルギー移動する. B850 のリングでは BChl 分子どうしが近接 (約 0.9 nm) しており, 双極子-双極子カップリングが大きく ($290 \sim 340 \mathrm{~cm}^{-1}$), BChl 分子間を約 100 fs でエネルギー移動している. これをエネルギーホッピングと表現されることもあるが, リング全体に励起エネルギーが非局在化しているという見方もある. 次に B850 からよりエネルギーの低い LH1 のアンテナ (B875) へと励起エネルギーが数 ps で運搬され (B875 自身も太陽光を吸収する), 最終的には反応中心のスペシャルペアへエネルギーを移し, 電子移動反応が開始する.

高等植物ではより複雑な色素分子の配置により巧妙に太陽エネルギーを吸収・伝達する光捕集系を構築している. 〔小川和也〕

【関連項目】
▶2.2④ 励起エネルギーの移動・伝達・拡散／6.1③ 光線力学療法／7.1⑧ 光発生一重項酸素による環境浄化／7.3② 人工光合成

# 視覚
Vision

　視覚は，光情報が目に入り，脳で情報認識される感覚である．光と物質の相互作用は視覚の初期過程に見られ，感覚現象のごくわずかな部分である．しかし，この相互作用がなければ視覚は生じえない．

**a. ロドプシン**（rhodopsin）　目の比較物として最もよいのは写真機である．レンズに入ってきた光は，アナログ写真機の銀塩フィルムの感光体やデジタルカメラではCCDのような撮像素子に結像する．そこで光と感光体の光反応や光電変換が起こる．目にはフィルムに相当する網膜があり，そこで光反応が起こる．網膜には光感覚を司る視細胞が存在する．その形は，二重膜である円板を積み重ねた円柱（桿体：明暗視）や円錐（錐体：色感覚）の長い棒状をなしている．1つの円板二重膜を貫通して，感光性色素タンパク質のロドプシンが存在する．つまり，視覚はロドプシンの光化学反応によって始まる．

　ロドプシンは動物種によって異なるが，分子量約4万の膜貫通タンパク質である．貫通部分は7本の$\alpha$-ヘリックスをなして，膜面にほぼ垂直に並んでいる（タンパク質データベース 1F88）．N末端から296番目にあるリシン残基の$\varepsilon$-アミノ基に11-cis-レチナール分子がプロトン化シッフ塩基（PRSB）の形で結合している（図1）．

　ロドプシンの光反応はPRSBの11-シス→全トランス体への光異性化である．この反応はレチナール類似体をもつ種々の動物のロドプシンにおいても共通している．

　光照射されると，ロドプシンのレチナール部分は曲がった状態からまっすぐな状態へ変化する．この過程は常温ではフェムト秒単位で起こる．量子収率も0.7と高いこととあわせて，この光異性化反応は，蛍光

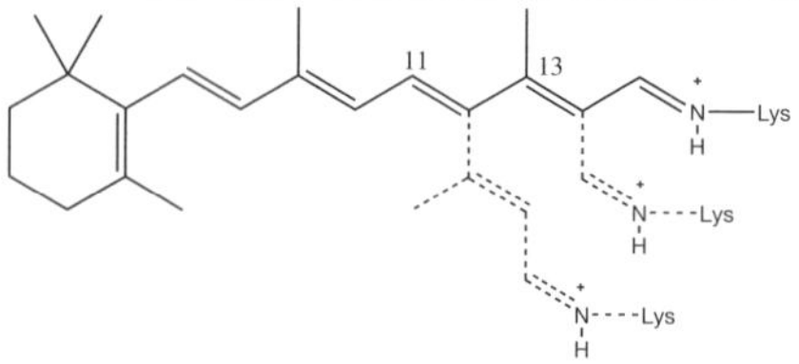

**図1**　全トランス，11-cis-，13-cis-レチナールのプロトン化シッフ塩基の構造式（点線の部分はそれぞれの異性体を示す．また，Lysはリシン残基を示す．）

などの失活過程よりも速く，効率的に起こることを示している．レチナール部分は光異性化後，寿命の長くなる順に，フォト，バソ，ルミとメタⅠ～Ⅲのロドプシン中間体が存在する．

　生理的温度において，ロドプシンの安定な中間体は，ミリ秒単位の寿命をもつメタ中間体である．この構造は脱プロトン化したシッフ塩基であり，ロドプシンの構造変化は赤色から深橙色～黄色へと色変化に対応する．次に，活性化されたメタロドプシンがG-タンパク質と会合体を形成する．さらに他の酵素とあわさりシグナル増幅を行い，チャネルを閉じて神経へと伝達される．最終的には脳で視覚情報が認識される．ただし，これらの一連の反応は熱反応であって，光反応ではない．

　また，注意すべきことは，ロドプシンが光反応をした初期段階では視覚は発生しないことである．

　光受容部のレチナール部分に関する，有機または物理化学的な「モデル光反応」の多角度的研究は数多く展開されている．例を挙げるとレチナール類の光反応，プロトン化シッフ塩基色素の光反応，高分子まで含めた分子環境効果，対イオンの影響，水素結合と疎水性結合などである．ただし，

**b. レチノクロム**（retinochrome） 脊椎動物のロドプシンでは，光反応によって11-シス体は消費される．その再生過程は，レチナール結合タンパク質などが関与する熱的な酵素反応である．

それに対して，無脊椎動物には，レチノクロムというタンパク質が網膜にあり，光反応によってロドプシンを再生することが明らかにされている．例えば，スルメイカのレチノクロムは，分子量33470であり，全 *trans*-レチナールが Lys275 に PRSB を形成して結合しているロドプシン様タンパク質である．後者は光反応によって 11-*cis*-レチナールへ位置特異的に光異性化する．その光反応中間体はルミやメタが知られている．

レチノクロムからレチナールを除いたアポレチノクロムは全 *trans*-レチナールと色素を形成するが，11-*cis*-レチナールと形成しない．ロドプシンにおけるレチナールを除いたタンパク質であるオプシンは，11-*cis*-レチナールと結合しやすいが，全 *trans*-レチナールとは結合しない．両者は相補的な関係にある．

無脊椎動物の目にあるロドプシンとレチノクロムの関係は，図2のように表すことができる．この関係は，レチナール異性体のリサイクルのために，光シス-トランス異性化反応を無駄なく使っていることを示す．すなわち，全トランスレチナールに比べてエネルギー的に高い 11-*cis*-レチナールが，ロドプシンでは消費され，レチノクロムでは生産される．

この機構を駆使して，アポレチノクロムは，全 *trans*- → 11-*cis*-レチナール類似体の高効率な位置選択的光異性化酵素（光触媒）として利用されている．

**c. バクテリオロドプシン**（bacteriorhodopsin） ロドプシンやレチノクロムは動物の視覚に関係するレチナールタンパク質であるが，微生物の中に，レチナールを光受容部としてもつ細菌（高度好塩菌）がある．この菌は光受容膜である紫膜（むらさきまく）をもち，膜の70％はバクテリオロドプシンというタンパク質から成り立つ．バクテリオロドプシンの光受容部は全 *trans*-レチナールが Lys216 に PRSB の形で結合している．光反応中間体は K, L, M, N, O などがあるが，室温近くでは脱プロトン化した M 中間体が安定である．レチノクロムと違って，全トランス → 13-シス体へ光反応する．反応によって細胞外にプロトンを放出してプロトン濃度勾配をつくり，プロトンが元に戻るときに高エネルギーの ATP を産生する．

バクテリオロドプシンの類縁体であるセンサリーロドプシンが高度好塩菌から取り出され，目をもつ細菌として注目されている．また，クラミドモナスにも同様の研究が行われている．これらの X 線構造解析が進み，データベースが整備され，類似構造が種々の感覚器で見つかってきた．これらのロドプシンを総称して，ロドプシンやホルモンの受容体である G タンパク質共役レセプター（GPCR）に分類されている．

（辻本和雄）

| レチノクロム |— 全 *trans* ⇄（光）⇄ 11-*cis* —| ロドプシン |

図2 レチノクロムとロドプシンの光異性化に対する相補的関係

**【関連項目】**
▶8.3② 走光性

# 走光性
Phototaxis

　走光性とは，運動性をもつ生物が光の方向に応じて自身の運動を変化させることであり，光源に向かう場合を正の走光性，光源から逃げる場合を負の走光性とよぶ．走光性は単細胞のバクテリアや藻類から高度な運動機能を備えた昆虫に至るまで多くの生物で観察され，有害な紫外線を避けたり，光合成に最適な光環境を選択したりする上で重要な意味をもつ．走光性の現象論的研究は古くから行われてきたが，その分子機構が明らかになってきたのは比較的最近のことである．本項では，顕著な走光性が認められる3種類の微生物について，光受容に関わるセンサー分子の機能を中心に概説する．

　**a．高度好塩菌の走光性センサー**　高度好塩菌ハロバクテリウムは塩田のような塩濃度の高い環境で生育する古細菌の一種である．この古細菌は光依存的なプロトンポンプとして機能するバクテリオロドプシン（bR）を有し，光エネルギーを利用してATP産生を行っている．ハロバクテリウムは緑〜橙色の光に誘引される一方，近紫外〜青色の光を忌避することが知られ，走光性を示す原核生物の代表例である．ハロバクテリウムの光センサーは，bRに類似した2種類のタンパク質，センサリーロドプシン（sR-I）とフォボロドプシン（pR，別名センサリーロドプシンII）である．これらは動物のロドプシンと同様にレチナールを発色団としてもち，7本の膜貫通$\alpha$ヘリックスから構成される．暗所における動物ロドプシンのレチナールは11-シス型で，これが光照射により全トランス型に変化するのに対し，高度好塩菌のロドプシン類では，全トランス型から13-シス型への光異性化が光受容の初期過程となっ

ている（図1(a)(b)）．sR-Iは587 nmに吸収極大をもち，緑〜橙色光による誘引のセンサーとして機能するほか，373 nmに吸収極大をもつフォトサイクル中間体は近紫外域における忌避のセンサーとして機能

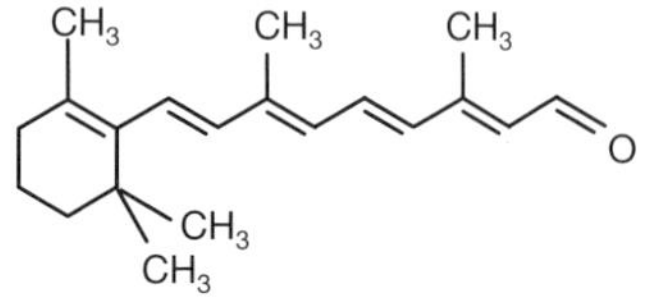

(a) 全 *trans*-レチナール

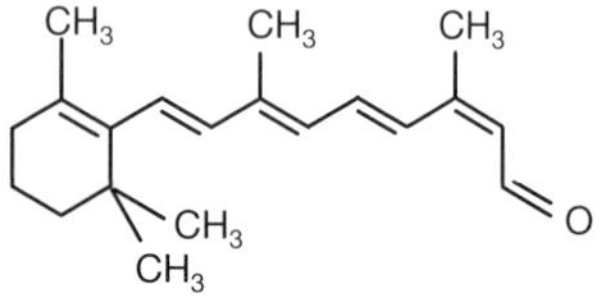

(b) 13-*cis*-レチナール

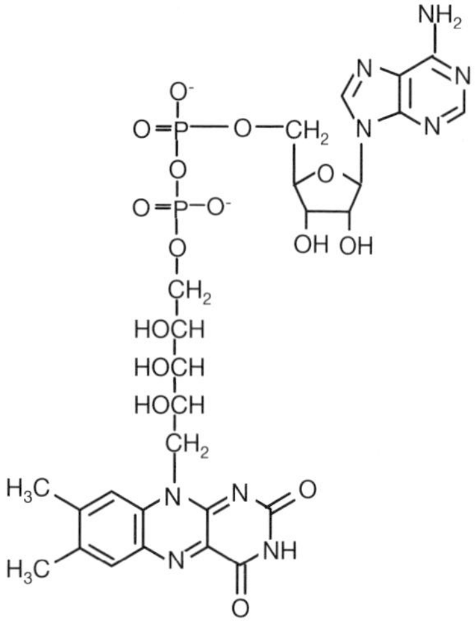

(c) フラビンアデニンジヌクレオチド（FAD）

**図1**　主な走光性センサーの発色団

する．一方，pR は 487 nm に吸収極大をもち，青色域における忌避のセンサーとして機能する．sR-I と pR はそれぞれハロバクテリアトランスデューサー I および II (HtrI, HtrII) とよばれる膜タンパク質と複合体を形成し，これらを介してヒスチジンキナーゼとレスポンスレギュレーターで構成される二成分情報伝達系により鞭毛の動きが制御される．

**b. 緑藻クラミドモナスの走光性センサー**　クラミドモナスは単細胞の緑藻で，2 本の鞭毛を振りながら遊泳し，青〜緑色の光に対して顕著な走光性を示す．走光性の正・負は周囲のイオン組成や光環境により変化する．クラミドモナスの光センサーはレチナールタンパク質で，高度好塩菌のロドプシン類とよく似ており，チャネルロドプシン 1 および 2 (ChR1, ChR2) とよばれている．ChR1 と ChR2 はそれぞれ約 700 アミノ酸からなり，N 末端側約 300 アミノ酸残基は bR とよく似た 7 回膜貫通 $\alpha$ ヘリックスを構成するが，残りの C 末端側部分は機能不明である．光受容の初期過程は高度好塩菌のロドプシンと同様全トランスから 13-シスへのレチナールの光異性化による．アフリカツメガエル卵母細胞などに発現させた場合，ChR1 と ChR2 はいずれも光依存的に開口する陽イオンチャネル活性を示す (ChR1 はプロトンに対する選択性が高い)．光センサーから下流への信号伝達に関してはまだ不明な点が多いが，これらによって引き起こされた脱分極が鞭毛周辺の $Ca^{2+}$ チャネルの開口を導くことが運動変化の要因と考えられている．

**c. ミドリムシの走光性センサー**　ミドリムシは葉緑体をもち，光独立栄養的に生育できる原生動物で，紫外〜青の光に対して走光性を示すほか，同じ波長域で顕著な光驚動反応を示す．光驚動反応は周囲の光強度の変化に応じて運動方向を転じる現象で，光強度の増大に反応する場合をステップアップ光驚動反応，減少に反応する場合をステップダウン光驚動反応とよび，それぞれ光忌避と光集合の素過程であり，走光性も細胞の回転遊泳に伴う断続的な光驚動反応の結果として説明できる．ステップアップ光驚動反応の光センサーは，光活性化アデニル酸シクラーゼ (PAC) とよばれるフラビンタンパク質である．PAC は互いによく似た $\alpha$ と $\beta$ の 2 種類のサブユニットからなる約 400 kDa のヘテロ四量体で，発色団としてフラビンアデニンジヌクレオチド (FAD) (図1(c)) を結合しており，吸収極大は 380 nm と 450 nm 付近にある．PAC はその名のとおり光で活性化されて環状アデノシン一リン酸 (cAMP) を生成する酵素で，光照射により一時的に引き起こされる細胞内 cAMP 濃度の上昇が何らかの cAMP 信号伝達系を経て鞭毛運動を変化させるものと考えられている．ステップダウン光驚動反応のセンサーはいまだ解明されていない．

チャネルロドプシンや PAC は光センサーであると同時に，膜電位変化や cAMP 生成という多くの生命現象に共通な信号出力を単一タンパク質で実現することから，これらを任意の細胞に導入することによりその細胞の機能を光で制御する試みが行われつつある．とくに ChR2 は光を用いた新しい神経刺激のツールとして広く利用され，注目を集めている． 〔伊関峰生〕

【関連項目】
▶8.3① 視覚

## 植物光応答——フィトクロムと青色光受容体
Photoresponse in Plants：Phytochrome and Blue Light Receptors

　移動能力をもたない植物は，外部環境の変化に適切に応答して，発芽，成長，開花を行い生存を図らなければならない．光合成を行う植物にとって光は重要な環境要因の1つであり，すべての過程に光による制御機構が働いている．植物は進化の過程で赤色光領域に主要な吸収をもつ色素タンパク質であるフィトクロムおよび，フォトトロピンやクリプトクロムなど複数の青色光受容体を獲得して，これらの光環境情報の受容を行っている．

　**a．フィトクロム**　フィトクロムはフォトクロミックな色素タンパク質であり，赤色光吸収型 Pr（吸収極大波長≒666 nm）と遠赤色光吸収型 Pfr（同 730 nm）の2つの吸収型（図1の Pr と Pfr の吸収スペクトル）間を，各々赤色光または遠赤色光受容により可逆的に変換する．このフォトクロミック反応によりフィトクロムは生体内で光スイッチとして働くと考えられている．光種子発芽反応（光要求性の発芽反応）の光受容体として見出され，主に，脱黄化（植物が光合成に都合のよい光環境下で，無駄な伸長を抑え，本葉を伸ばし，葉緑体を発達させて光合成を盛んに行うようになる）反応，光周性花成誘導（短日あるいは長日植物の開花）反応などのいわゆる光形態形成反応を担っている．モデル植物の1つであるシロイヌナズナには phyA から phyE までの5種類のフィトクロムが存在し，上記の反応を役割分担している．それらの中には遠赤色光による可逆性の見られない反応も存在する．

　フィトクロムの発色団は直鎖状テトラピロールの一種であるフィトクロモビリン（PΦB）（図2）で，酸化還元反応の補欠因子であるヘムの開環反応などを経て生合成される．フィトクロムのタンパク質部分は 1100〜1200 アミノ酸からなり，N 末端側には，GAF とよばれる可逆的な光反応の場を提供するアミノ酸配列領域（ドメイン）が存在する．PΦB はその A 環を介して GAF ドメイン内の保存されたシステインの SH 基との間にチオエーテルを形成し，共有結合している．フィトクロム光受容の初発反応は PΦB の光化学反応である．光励起後数十ピコ秒で C 環と D 環との間で光異性化反応が起き，引き続き C 環窒素原子結合プロトンの移動が生じると考えられている（図2）．これらが $\mu$s から ms の時間オーダーでシグナル伝達に関与するタンパク質部分の構造変化を引き起こす．N 末端領域はこのようにフィトクロムの光受容反応を行うのみならず，次の分子への光シグナル伝達反応を担うことも明らかになっている．

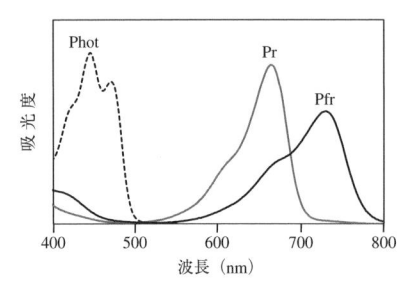

**図1**　フィトクロムの2つの吸収型（Pr と Pfr）およびフォトトロピン（Phot）の吸収スペクトル

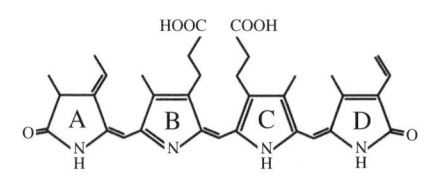

**図2**　フィトクロモビリン（PΦB）の分子構造

一方，C末端側は以下の機能ドメインをもつが，シグナル伝達に必須ではないとされている．フィトクロムは二量体を形成するが，その結合サイトはこの領域に存在する．またphyAとphyBは，PrからPfrに光変換すると細胞質から核へと移行して機能することが明らかになったが，その核移行シグナルもこの領域に存在する．また，この領域にはキナーゼ（タンパク質リン酸化酵素）の1つであるヒスチジンキナーゼ様ドメインも存在する．しかしながら，フィトクロムのキナーゼ活性の分子基盤は今のところ不明である．

**b．フィトクロム関連タンパク質** フィトクロムは当初，光合成を行う藻類以上の植物に特異的な光受容体だと思われていたが，ゲノムプロジェクトの進展とともに光合成を行うシアノバクテリアなどの原核生物，果ては光合成とは無縁な緑膿菌や放射線耐性菌などにも同様な分子が見つかった．これらはいずれもGAFドメインおよび開環テトラピロール発色団をもち，2つの異なる吸収型間をフォトクロミックな変換反応を行うという点で共通の性質をもつ．発色団の多くはPΦBのD環結合ビニル基（図2）がエチル基に代わったフィコシアノビリン（PCB）を結合し，π電子共役系が短くなった分，吸収極大波長が約20 nm程度短波長シフトしている．これらPCBを結合したバクテリオフィトクロムのいくつかのN末端領域の結晶構造も解かれている．また，これ以外のシアノバクテリオクロムとよばれる光受容体の中には，青色光吸収型と緑色光吸収型間を光変換するものもあり，その吸収極大波長のチューニング機構の研究も行われている．

**c．フォトトロピン** フォトトロピンは19世紀から知られていた光屈性の青色光受容体として，1997年に同定された．その後，葉緑体光定位運動（葉緑体が葉肉細胞内を，光を求めて細胞表面に集合したり，強光を避けて細胞壁に逃避したりする運動），気孔開口の光制御（光合成の律速反応である炭酸固定反応の基質である二酸化炭素を効率よく取り込み，他方で蒸散による水分損失を抑えるために光情報により気孔開口を調節する）反応，などを担うことも明らかになった．これらすべての反応が光合成効率の最適化に関わることから，その重要性が認識されている．

フォトトロピンはN末端側にLOV（Light-Oxygen-Voltage sensing）とよばれる光受容ドメインを2つ（LOV1とLOV2）もち，C末端側はセリン/スレオニン・キナーゼとなっている．つまり青色光により活性制御されるタンパク質リン酸化酵素であるといえる．この活性制御にはLOV2がメインスイッチの役割を果たしている．LOVドメインは1分子のフラビンモノヌクレオチド（FMN）を発色団として非共有的に結合している．暗所ではLOVドメインのFMNはフラビンタンパク質に特有の450 nm付近にピークをもつトリプレットの吸収を示す（図1のPhot）．光励起されると三重項への項間交差を経て，LOVドメインに保存されたシステインとの間に一過性の付加体を形成する．これに伴いタンパク質部分にキナーゼ活性制御に関わる構造変化が生じると考えられる．フォトトロピンのシグナル伝達に関しては未知の部分が多い．

〔德富 哲〕

【関連項目】
▶3.2② 異性化反応／8.3① 視覚

# DNA の光損傷・光回復
DNA Photodamage and Photorepair

遺伝情報を司る DNA は，太陽光に曝されることにより，さまざまな光反応生成物を生じ，これら生成物は DNA の傷（DNA 損傷）となる．生体は，これら DNA 損傷を識別し，修復する機構を有しているが，DNA 損傷が頻発した場合や，先天的に修復系タンパクの機能に異常がある場合などは，修復されずに残る．DNA 損傷は，生命活動の維持に不可欠な DNA の複写や転写を阻害して細胞死を引き起こし，また，DNA 情報を書き換え（変異），発がんや老化の原因となっている．

DNA の光損傷は，主に太陽光に含まれる紫外線により引き起こされる．紫外線は，UVA（400～315 nm），UVB（315～280 nm），UVC（280 nm 以下）に分類されている．紫外領域に吸収帯を有する塩基が，主に紫外線による損傷部位となる．DNA 損傷を引き起こすのは，主に DNA の吸収波長のある UVB である．DNA 光損傷として最もよく知られるのが，ピリミジン（チミン：T，シトシン：C）が連続した部位で生成するピリミジン二量体である．隣り合った TT 間，TC 間，CC 間での [2+2] 光環化反応により生成するシクロブタン型二量体が最もよく知られ，TT 間で生じるシクロブタン型チミン二量体が主生成物である．この二量体にはいくつかの異性体が生成しうるが，DNA 二本鎖構造中では配向が固定されているため，*cis-syn* 異性体のみが得られる．T はピリミジン二量体を形成しても，A と塩基対を形成し変異原性は低い．一方，C はピリミジンダイマー状態で長く存在すると，デアミネーションが進行してウラシル（U）に変換され，A と塩基対を形成し CG→TA 変異を引き起こす．ピリミジン二量体は，T の C6 位が T や C の C4 位と結合して生じる 6-4 付加生成物も知られている．6-4 付加生成物は変異原性が高く，例えば 2 つの T よりなる 6-4 付加生成物（T(6-4)T）は TA→CG 変異を起こす．

核酸塩基部位が直接吸収しない UVA も，生体に内在するさまざまな発色団が光を吸収し，光増感剤として働くことにより DNA 損傷を引き起こす．最もよく知られるのは，光吸収により生じた発色団の励起三重項状態と酸素が反応することにより生じる一重項酸素（$^1O_2$）が引き起こす損傷である．一重項酸素は，DNA を構成する 4 つの塩基の中で最も酸化電位の低いグアニン（G）と反応し，主生成物として 8-オキソグアニンを生じる（oxoG）．G が転写・複製過程で C と塩基対を形成するのに対し，oxoG は転写・複製過程で C だけでなく T のように振る舞い，A とも塩基対を形成する性質をもち，結果として GC→TA 変異を引き起こす．oxoG はグア

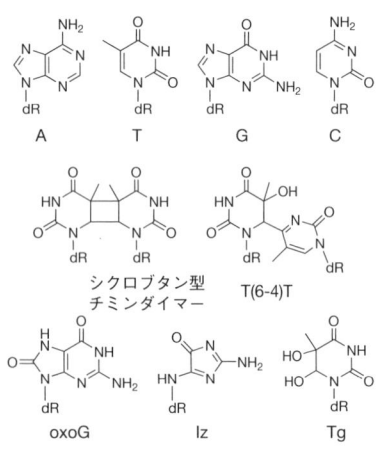

図 1　4 種の核酸塩基，および代表的な DNA 光損傷物

ニンよりさらにその酸化電位が低いため，2次的な酸化を受けやすい．oxoGの酸化により生じるイミダゾロン（Iz）は，Gと塩基対を形成し，GC→CG変異の一要因と考えられている．光増感反応において，発色団とDNAの間で電子移動が進行すると，DNAが1電子酸化を受け，oxoGやチミン酸化体のチミングリコール（Tg）などが生じる．電荷再結合が起こる前に1電子還元された発色団と酸素が反応すると，スーパーオキシド（$O_2^{-}$）を生じる．$O_2^{-}$は，生体内に存在する銅や鉄イオンの触媒によって，ヒドロキシラジカル（$^{\cdot}OH$）になり，DNAの酸化，塩基への付加，そして糖部位の水素引抜きによる鎖切断を引き起こす．このほかにDNA光損傷として，DNAとタンパク質のクロスリンク反応が知られている（図1）．

UVAは長い間，酸化的DNA損傷のみ引き起こすと考えられていたが，近年，核酸塩基がほとんど吸収しないUVA領域の光照射によっても，oxoGではなく，ピリミジンダイマーが主生成物として生じることがわかった．ピリミジンダイマーの生成効率は，UVBのほうがUVAに比べ約1000倍程度高いが，われわれが太陽から浴びている紫外線のほとんどはUVAであるため，UVAによるピリミジン二量体の生成は重要なDNA損傷機構の1つとして注目されている．UVBと異なり，大部分がT間で生じるシクロブタン型チミン二量体であること，また，得られた損傷の修復効率が悪いことなどが，今後解き明かされるべき課題である．

DNAは光が原因でなくても絶えず損傷を受けており，生体はDNA損傷を効率的に修復する機構を備えている．修復を担うタンパク質の1つとして，光を吸収し，ピリミジン二量体を修復する光修復酵素（photolyase）が存在する（図2）．光修復

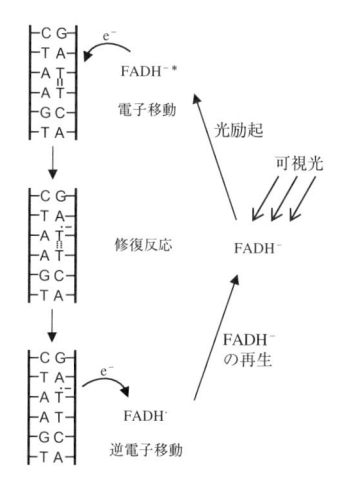

**図2** photolyaseによるピリミジン二量体修復

酵素は，電子供与体性の補酵素を有し，還元されたフラビン誘導体（$FADH^{-}$）がその代表例である．光修復酵素はピリミジン二量体に選択的に作用し，可視光を吸収することによりDNAを修復する．その機構は，まず葉酸や$FADH^{-}$などの集光補因子が可視光を吸収し，$FADH^{-}$へのエネルギー移動によって，$FADH^{-}$が励起される（$FADH^{-*}$）．次に，$FADH^{-*}$から，ピリミジン二量体へと電子移動が起こり，二量体の開裂反応（修復反応）が進行し，最終的にピリミジンから$FADH^{-}$へと電子が戻り触媒反応が完結する．DNA内を過剰電子が長距離移動する修復反応機構に注目が集まったが，2004年にX線結晶構造が解かれ，ピリミジン二量体がらせんからフリップアウトし，$FADH^{-}$に近接した構造をとることが判明し，DNA内電荷移動との関連は否定された．ヒトでは進化の過程でこの酵素活性は失われており，主に損傷部位が切り離され，その後，鋳型鎖をもとにDNAが再生される（ヌクレオチド除去修復機構NER）．

〔川井清彦〕

## 8.4 生物化学研究に用いる光技術——①

# 蛍光標識
Fluorescence Labeling

生物化学研究において，特定の生命分子の挙動を動的かつ定量的にモニタリングし，可視化するための核心的技術として蛍光標識が用いられている．蛍光標識は，アレイ解析など試験管内実験系での解析だけでなく，細胞内イメージングやがん生体イメージングなど生体系での解析にも有効である．蛍光観察のための手法・道具として，一般的な蛍光分光光度計だけでなく，共焦点レーザー顕微鏡，蛍光相関分光，蛍光寿命測定など多種多様な装置が開発されている．

観察のしやすさ，蛍光色素の安定性，レーザーの種類などから一般的に可視光領域（400〜700 nm）での励起・蛍光が用いられる．紫外光領域（<400 nm）の波長での励起を用いる蛍光色素による標識も有効だが，この場合細胞の自家発光が強く，また細胞の損傷もしばしば観察される．細胞損傷を避けるため，長波長レーザーによる2光子吸収過程を使って当該色素を励起することが行われている．この場合，励起する空間領域を狭く限定できるというメリットもある．一方，近赤外領域（700〜1000 nm）は，生体内のヘムや水の吸収を避けることができる波長領域であり，細胞の吸収や散乱を回避した生体イメージングが可能であるために注目されている．ただし，これに使える蛍光色素の種類はまだ限定的である．

蛍光色素を骨格ごとに分類すると，キサンテン骨格を有するフルオレセイン系色素（FAM, FITC）やローダミン系色素（TAMRAなど）のほか，ナフタレンやピレンのような多環芳香族炭化水素骨格，クマリン骨格，シアニン骨格（Cy3, Cy5など），ダンシル骨格，ホウ素複合体であるBODIPY系色素などがある（図1, 2）．このうち，ピレンは2分子で励起二量体（エキシマー）を形成し，その蛍光波長は長波長側に移動する（475 nm）．また，ダンシル骨格の蛍光波長は溶媒極性に対して敏感に変化するので，生体分子の微視的な周辺環境の極性環境を調べるのに用いられる．

ほかにも，基質特異的に結合する機能を

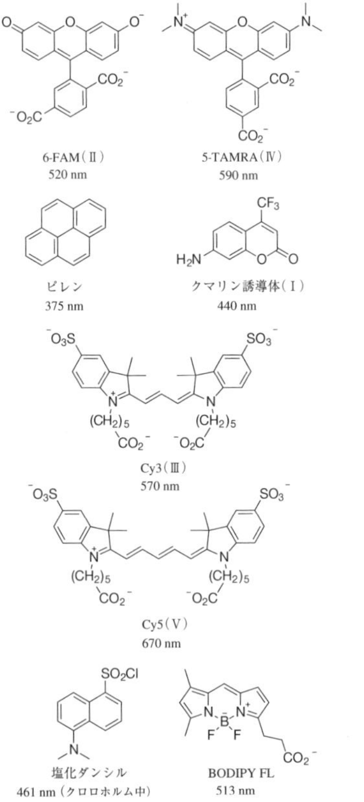

図1 主な蛍光色素．このうち，Cy3 と Cy5 は，代表的な構造を示しており，スルホン酸基が欠けている場合や窒素原子上の置換基が別のアルキル鎖に置き換えられている場合もある．表示の波長は蛍光発光波長．

- 6-FAM（Ⅱ） 520 nm
- 5-TAMRA（Ⅳ） 590 nm
- ピレン 375 nm
- クマリン誘導体（Ⅰ） 440 nm
- Cy3（Ⅲ） 570 nm
- Cy5（Ⅴ） 670 nm
- 塩化ダンシル 461 nm（クロロホルム中）
- BODIPY FL 513 nm

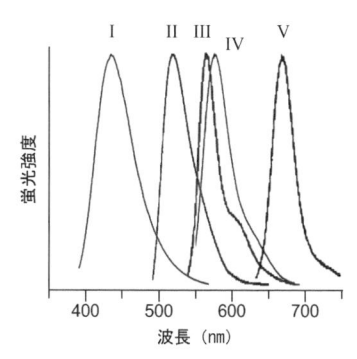

**図2** 図1中に示された5種類の蛍光色素の蛍光発光スペクトル

有する蛍光色素として，DNA二重らせん構造の塩基対間に挿入（インターカレーション）するエチジウムブロミドやDNA二重らせん構造の副溝に結合するDAPIなどが知られる（図3）．いずれもDNAに結合することにより，色素単独のときに比べて20倍以上の蛍光強度になる．

上記の有機系蛍光色素のほかにも，ユーロピウムやテルビウムのようなランタノイドのイオンやCdSeなどの量子ドットに代表される無機系の蛍光発光源，生物から得られる緑色蛍光タンパク質（GFP）の蛍光などが生体分子の蛍光標識に用いられる．

タンパク質などの生体分子を蛍光標識す

エチジウムブロミド
590~620 nm

DAPI
461 nm

**図3** DNA二重らせん構造に結合して蛍光発光する蛍光色素．表示の波長は，蛍光発光波長．

る方法として，生体分子表面に曝露されているアミノ基やチオール基に共有結合を介して蛍光色素を連結する方法がある．この場合，アミノ基に結合する活性エステルやチオール基に結合するマレイミド基などで修飾した蛍光色素を用いるのが普通である．そのような修飾蛍光色素は数多く市販されている．分子連結を可能にする官能基として，ほかにカルボン酸やアルデヒドなどが挙げられる．また，生体分子が有する置換基と直交性をもち，簡便な修飾方法（しばしばクリックケミストリーと称される）として，Diels-Alder反応やHuisgen環化などの付加環化反応が蛍光標識の導入に有効である．

タンパク質の蛍光標識では，目的タンパク質をコードしたDNAとGFPなどの蛍光タンパク質をコードしたDNAを連結することによって，蛍光タンパク質が融合したタンパク質を発現させる方法が用いられることも多い．

また，アミノ酸やヌクレオチド前駆体に対して有機合成を介してあらかじめ蛍光標識を施しておく方法もある．有機化学的手法や分子生物学的手法を用いてタンパク質や核酸を合成する際に，これらの標識アミノ酸やヌクレオチドを加えることにより，任意の位置に決まった数の蛍光標識を導入できる．

水素結合や静電相互作用などを用いて，蛍光性化合物そのものが基質特異的・配列特異的に結合できる場合もある．蛍光色素自体が特異性をもつもの（DNA二重らせん構造に結合するエチジウムブロミドやDAPIなど）や，蛍光色素と標的認識分子が結合したコンジュゲート（色素標識抗体・色素標識オリゴヌクレオチドなど）が高選択的蛍光観察用に使われる．

〔岡本晃充〕

## 蛍光共鳴エネルギー移動(FRET) ―生化学的応用
Fluorescence Resonance Energy Transfer

エネルギー移動の原理は 2.2 ④項で取り上げられている．本項ではとくに Förster 機構遠距離エネルギー移動の生化学的応用について解説する．FRET という略称は主に生化学分野で用いられている．

### a. 生化学における FRET の効用

細胞内には非常に多種類のタンパク質が存在し，それぞれの機能を果たしている．それらは細胞中で複雑に相互作用することにより細胞全体の機能を担っている．細胞機能や生体機能を理解するためには，あるタンパク質が，いつ，どこで，どのタンパク質と相互作用しているかを知ることが重要である．

現在はタンパク質を蛍光標識したり，蛍光タンパク質を結合させたりすることが容易にできるようになっている．また高感度，高位置分解能の共焦点レーザー顕微鏡を用いれば，1 個の細胞中の蛍光分子の分布まで観測できるようになった．そこで，これらの技法を組み合わせることによって，細胞内で特定の 2 種類のタンパク質やその他の生体分子が近接しているかどうかを FRET で観測することが可能になった．

Förster 機構で FRET が起こる距離は，エネルギー供与体の蛍光特性とエネルギー受容体の吸収特性で決まる Förster 臨界移動距離に依存し，長い場合は 10 nm 程度にまで達する．生化学で問題になる距離はこの程度のことが多いので，FRET は他の手法では得られない有用な知見を与える．

### b. 細胞内タンパク質間相互作用の検出

図 1 のようにタンパク質 A に蛍光タンパク質 a を結合させたもの，タンパク質 B に蛍光タンパク質 b を結合させたものを細胞中で同時に生合成（共発現）させる．この細胞中で，もしタンパク質 A と B とが接

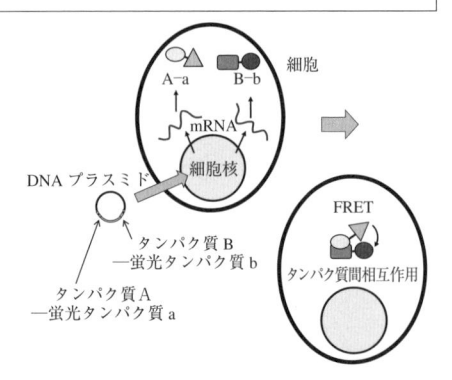

図 1 異なる蛍光タンパク質で標識した 2 種類のタンパク質を共発現した細胞で観測される FRET の原理

触しており，かつ蛍光タンパク質 a の蛍光と蛍光タンパク質 b の吸収スペクトルに重なりがあると，a→b へのエネルギー移動が観測され，b の蛍光が観測される．すなわち，蛍光タンパク質 a だけが吸収する波長で励起したとき，a の蛍光が観測されればタンパク質 A と B は離れており，b の蛍光が観測されればそれらは接触している．とくに高分解能の共焦点顕微鏡で観測すると，細胞中のどの部位で A と B が接触しているかまで明らかにすることができる．

例として，細胞のゴルジ体に存在する 2 種類のタンパク質（Golgi (A), Golgi (B)）にそれぞれ緑色蛍光タンパク質（GFP = a），あるいは赤色蛍光タンパク質（RFP = b）を結合させたものを発現させた細胞の共焦点蛍光顕微鏡像を図 2 に示す．これら 2 種類のタンパク質はどちらもゴルジ体に局在していることがそれぞれの蛍光発光分布（図 2(a)(c)）からわかる．蛍光タンパク質 a を励起し，蛍光タンパク質 b の蛍光分布をみると確かに FRET が起こってお

り，両者のタンパク質がゴルジ体中で近接して存在していることがわかる．（図2(b)）

一方，細胞核に局在するタンパク質（Nuclei(B)）に赤色蛍光タンパク質（RFP=b）を結合させた場合は，2種類のタンパク質が細胞中の異なる部位に局在するので（図2(d)(f)），FRETはまったく観測されない（図2(e)）．

このように2種類の蛍光基を異なるタンパク質に結合させてFRETを観測すると，それらのタンパク質の局在部位や相互作用の情報を得ることができる．

**c. 分子内FRETによるタンパク質コンホメーションとダイナミックス** タンパク質や合成高分子の分子鎖に異なる2種類の蛍光基を導入しFRETを測定すると，それらのコンホメーションの平衡分布や動きを観測することができる．例えば，図3のような両末端に異なる蛍光基が導入されたタンパク質（カルモジュリン）が作製されている．このタンパク質は通常は両末端が近づいたコンホメーションをとっており，供与体から受容体へのFRETが観測される．このタンパク質溶液に尿素を添加するとタンパク質コンホメーションが崩れ，両末端が遠ざかりFRET効率の減少，すなわち供与体の蛍光の増加と受容体の蛍光の減少が観測されている．

両末端蛍光標識タンパク質のFRETの1分子蛍光測定では，タンパク質の動きを実時間で追跡することも可能である．

（宍戸昌彦）

【関連項目】
▶2.2④ 励起エネルギーの移動・伝達・拡散

図2 緑色蛍光タンパク質（GFP=a）および赤色蛍光タンパク質（RFP=b）で標識した2種類のタンパク質を共発現した細胞で観測されるFRETの共焦点顕微鏡像．（写真提供：佐藤あやの岡山大学准教授）

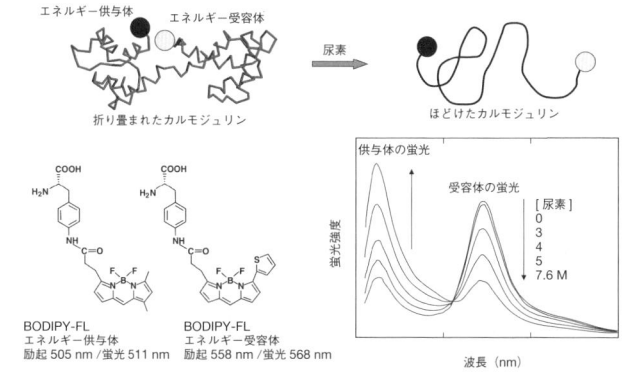

図3 両末端に異なる蛍光基を導入したカルモジュリンの分子内FRETと，それを利用したコンホメーション変化の追跡（資料提供：芳坂貴弘北陸先端科学技術大学院大学教授）

8.4 生物化学研究に用いる光技術

# DNA の淡色効果
Hypochromism of DNA

淡色効果とは，タンパク質や核酸のように発色団がつながったポリマーの発色団あたりの吸光度が，同じ発色団が自由溶液中において示す吸光度に比べて低下する現象として定義される．これとは逆に濃色効果（hyperchromism）は，構成発色団がランダムな配置をとることにより，ポリマー状態に比べて発色団あたりの吸光度が上昇する現象を指す．二本鎖DNAは2本のDNA鎖が，核酸塩基のアデニンとチミン，グアニンとシトシン間の水素結合によりWatson-Crick塩基対を形成し，この塩基対が積み重なった構造をもつ（図1左）．2つの鎖は核酸塩基間の水素結合とスタッキング（平面状の核酸塩基対どうしの面間相互作用）により非共有結合的につなぎ止められているので，溶液の温度を上げると二本鎖DNA構造が崩れて，それぞれの鎖が遊離した一本鎖状態となる（図1右）．一本鎖状態では各塩基はそれぞれ比較的自由な状態をとりうるが，二本鎖状態では水素結合した塩基対が積み重なっているために，それぞれの塩基対が単独で示す吸光度の総和より小さい吸光度を示す．

淡色効果の理論的背景は1960年頃から議論されはじめ，いろいろな理論モデルが検証されている．簡単には，次のように説明される．光を吸収した塩基の遷移双極子モーメントは，隣接塩基の光誘起双極子と相互作用するが，この相互作用の大きさは塩基間の距離と配向に大きく依存する．塩基が平行にスタックした二本鎖状態では，隣接する塩基の光誘起双極子との相互作用のために，塩基が光子を吸収する確率が低下する．この結果，二本鎖状態では各塩基の分子吸光係数が一本鎖状態のときより小さくなる．

図2にそれぞれ10ヌクレオチドからなる2つのDNAの吸収スペクトルを示した．DNAの配列はそれぞれ5′-d(TAACCGGTTA)-3′（DNA1）と5′-d(CTGTCCTAAG)-3′（DNA2）である．DNA1の配列は回文配列，すなわち5′側（左端）のTと3′側（右端）のA，次いで5′側から2番目のAと3′側から2番目のTの順に，配列の5′側と3′側の塩基が相補的になっている．したがって，このDNA1は室温の水溶液中ではそれ自身で二本鎖を形成している．一方，DNA2はランダムな配列をもち二本鎖は形成しない．同じ濃度で吸収スペクトルを測定すると，二本鎖状態の吸光度が一本鎖状態に比べて低下していることがわかる．この吸光度の低下がDNAの淡色効果である．淡色効果は260 nm付近でとくに顕著に観測される．260 nmの吸光度を溶液の温度を変化させて観測すると，

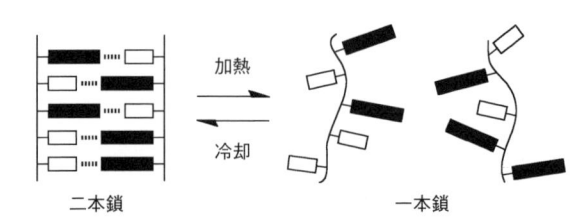

**図1** 二本鎖DNA中で塩基対が積み重なった構造(左)とほどけた構造(右)

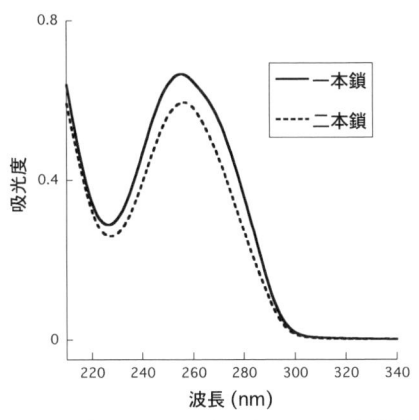

**図2** 5′-d(TAACCGGTTA)-3′(DNA1, 二本鎖)と 5′-d(CTGTCCTAAG)-3′(DNA2, 一本鎖)の吸収スペクトル(DNA濃度は同じ)

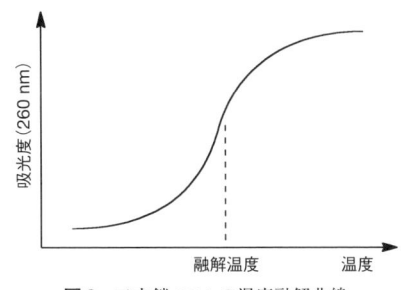

**図3** 二本鎖DNAの温度融解曲線

測定温度の上昇とともに吸光度が上昇する(図3). 測定温度に対して260 nmの吸光度をプロットすると, S字型の曲線が得られる. この理由は, 低温では安定な二本鎖状態で存在していたDNAが, 温度の上昇に伴い二本鎖状態から一本鎖状態へ平衡が偏りはじめ, 十分に高い温度ではほぼ一本鎖状態で存在することにある. すなわち, 260 nmの吸光度がより大きい一本鎖への変化を観測していることになる. この曲線の変曲点(二本鎖状態と一本鎖状態が1:1の状態)を示す温度をDNAの融解温度($T_m$)といい, DNA二本鎖状態の安定性の目安として使われている. もっとも, DNAの融解温度は濃度, 溶液のpHや塩濃度などにより変化するので, 比較するときには同じ条件で比較することが重要である.

DNAは固相合成法がほぼ完成しており, 核酸塩基のほかにいろいろな平面状の分子をDNA主鎖に結合することができる. 二重鎖形成に伴い分子間の相互作用が現れるため独立した分子とは異なる光学特性を示すDNA様の物質が合成され, 新しい光学材料として期待を集めている.

(中谷和彦)

# 光解離性保護基
## Photochemically Removable Protecting Group

**a. 光解離性保護基とは** 光照射で脱保護される保護基を光解離性保護基という。通常，光照射をトリガーにして室温で共有結合が切断されるものを指す．中性条件下，特別な試薬を加えなくても脱保護できるので，光感受性のない保護基と直交性をもつ利点がある．この性質を活かして，1960年代から反応性官能基の保護に利用されてきた．有機合成における保護基としての利用に留まらず，対象分子の機能性の保護に用いたのがケージド化合物（caged compound）である．例えば，生理活性分子をケージド化合物に変換し，不活性化して生体に投与すれば，光照射で脱保護することによって元の活性を瞬時に取り戻すことができる．最新の光学機器と組み合わせると，生きた細胞，組織，および生物個体内のごく狭い領域に光照射し，その部分のケージド化合物だけを光活性化することも可能である．このためケージド化合物は，生化学，細胞生物学や医学・生理学分野での利用がすでに行われている．

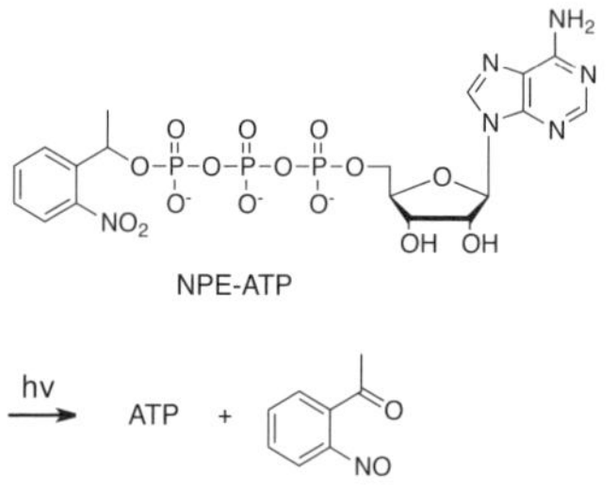

**b. ケージド化合物への利用の開拓** 1978年にKaplanらは，光照射で瞬時に働き始めるATP誘導体（caged ATP）として，ATPの1-($o$-ニトロフェニル)エチルエステル（NPE-ATP）を合成した（図1）．分子の活性を一時的にマスクし，光照射で再び活性化することを意識して光解離性保護基を用いた最初の報告である．生理活性や機能性を檻（cage）に閉じ込めたという意味で使う"caged"という言葉は，この報告から始まった．

**c. 光解離性保護基の種類** 光反応の果たす役割に基づいて，光解離性保護基は2つのタイプに分けられる．1つは，光励起状態から直接共有結合が切断されて目的分子を生成するもので，ヒドロキシフェナ

**図1** ケージドATP(NPE-ATP)の光反応

**表1** ケージド化合物に用いられる光解離性保護基の例 [a)]

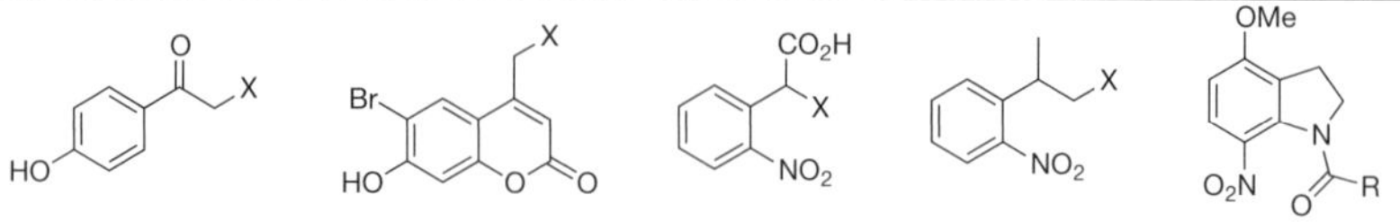

| | pHP | Bhc | $\alpha$-CNB | NPP | MNI |
|---|---|---|---|---|---|
| $\lambda_{max}$ [b)] | 282 | 371 | 260 | 290 | 322 |
| $\varepsilon_{max}$ [c)] | 14,500 | 17,000 | 6,000 | 10,700 | 5,000 |
| $\phi$ [d)] | 0.38 | 0.10 | 0.21 | 0.38 | 0.085 |

a) X- が脱離して生理活性分子(XH)を生成する．MNI基の場合はカルボン酸($RCO_2H$)を生成する．b) 吸収極大波長(nm)．報告されている化合物の典型的なデータを例示した(以下同じ)．c) 吸収極大波長のモル吸光係数($mol^{-1} L\ cm^{-1}$)．d) 光解離反応の量子収率．

シル基（例えば表1の pHP 基．以下カッコ内には代表例を示す．）やクマリニルメチル基（Bhc 基）がこれに該当する．光吸収に要する時間は $10^{-15}$ s 程度で，それに続く共有結合の開裂は通常ナノ秒からマイクロ秒以内に起こる．このように高速で機能性分子を発生できるので，速い活性発現が可能である．また，クマリニルメチル基は1光子および2光子励起いずれの条件下でも高い光反応性を示す特徴がある．ただし，保護できる官能基に制限がある．表1のXには脱離能の高い官能基，すなわち共役酸の酸性度の大きいものが必要である．

もう1つは，光励起状態から生成するのは中間体で，さらに熱反応を経てから目的分子が生成するタイプである．o-ニトロベンジル基（α-CNB 基），1-(o-ニトロフェニル) エチル基（NPP 基），7-ニトロインドリニル基（MNI 基）はこのタイプになる．熱反応が律速段階になるので，光照射してから活性が発現するまでにミリ秒から秒単位の時間がかかる．o-ニトロベンジル基および 1-(o-ニトロフェニル) エチル基には，ヒドロキシ基をエーテルとして，また，アミノ基をアルキルアミンとしてそれぞれ保護しても光解離する利点がある．

**d． 光解離性保護基をケージド化合物に利用するために求められる性質**　生体関連分子をケージド化合物に変換する利点は，高い時間分解能および空間分解能でさまざまな生理現象の活性化（または不活性化）を実現できる点にある（図2）．そのためには，光の直進性，集束性および非侵襲性を最大限に活かせる光解離性保護基の利用が欠かせない．生きた細胞や生物個体内で用いるのに考慮すべき性質を以下に挙げる．まず，生体にダメージのない波長の光で脱保護されなければならない．培養細胞や組織の表面で使う場合は，350 nm よりも長波長光で励起できることが望ましい．厚みのある組織や個体の深部で用いるには，さらに長波長光が求められる．不均一な組織による光の散乱と血液などによる光の吸収を最小限にするために，哺乳動物個体の場合は，生体の窓とよばれる 650～1100 nm の光が必要になる．2光子吸収の吸収断面積が大きい光解離性保護基を利用すると，700～900 nm の光で，かつ，高い空間分解能で活性化可能になることが期待される．照射光波長における吸収断面積（あるいはモル吸光係数）と光反応の量子収率が大きければ，照射光量を減らせるので，光傷害をさらに低減できる．実際の使用においては，水溶性，細胞膜透過性，水溶液中での安定性，細胞毒性の有無なども考慮する必要がある．表2には，ケージド化合物への変換と利用が報告されている機能性分子の例を挙げた．

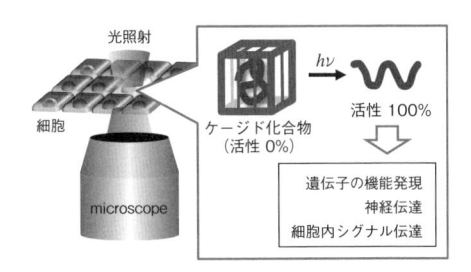

（古田寿昭）

**図2** ケージド化合物による細胞機能の制御

**表2** ケージド化合物を利用して光制御できる生理機能の例

| ケージド化合物に変換できる分子の例 | 制御できる生理機能 |
|---|---|
| mRNA, siRNA<br>グルタミン酸, γ-アミノ酪酸<br>$Ca^{2+}$, cAMP, cGMP, $IP_3$ | 遺伝子の機能発現<br>神経伝達<br>細胞内シグナル伝達 |

# 光誘起タンパク質結晶化
Light-indused Crystallization

光誘起タンパク質結晶化とは光の作用でタンパク質の結晶核形成が促進され，結晶化が誘起される現象，およびそれを応用した技術のことである．光の作用として，物理的に起こる現象，あるいは光化学反応を摂動として誘起される場合がある．

**a. タンパク質の結晶成長** タンパク質を結晶化し，X線結晶構造解析を行うことによりタンパク質の構造を明らかにすることができる．明らかになった構造に基づきタンパク質の機能を解明し，創薬開発を行うのが現在の創薬研究の主流である．タンパク質を結晶化する工程はキーテクノロジーであり，さまざまな方法が提案されている．タンパク質はコロイドであり電荷をもつが，塩析により電荷を弱めることにより結晶化させる．このときの凝集力は水素結合およびファンデルワールス力であり，タンパク質の分子量に対し凝集力は小さく結晶化しにくい．また，タンパク質分子は異方性が大きいため，結晶相に取り込まれるときの分子の配向が厳密でないと結晶にならずアモルファス沈殿になりやすい．このため，低い過飽和状態で結晶化させることが求められるが，このような条件では核形成が起こりにくい問題がある．

**b. 光物理的な刺激によるもの** 集光フェムト秒レーザー光（780 nm, 10 fs）による，タンパク質の結晶化が代表的である．水溶性タンパク質，複合タンパク質および膜タンパク質で効果が確認されている．結晶化が促進される機構は，集光した地点で生じるキャビテーションバブルの膨張と収縮の際に，一時的にタンパク質が高濃度に濃縮された領域が生じるためであることが，蛍光標識化したタンパク質を用いた実験により説明されている．

レーザーを用いた例として，光圧を利用したクラスター捕捉による方法も提案されている．

**c. 光化学反応を応用したもの** 光化学反応を用いた方法とは，光化学反応によ

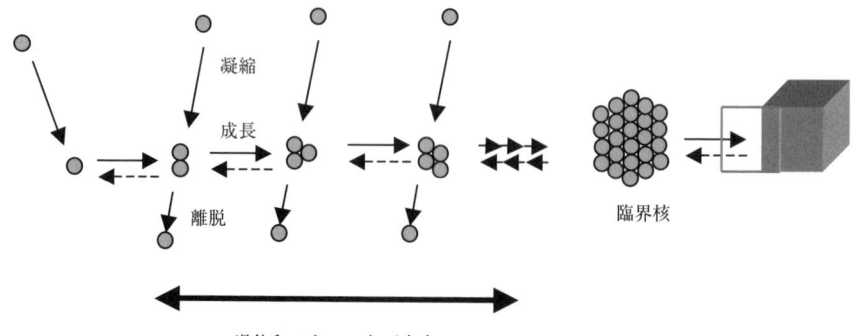

図1 溶液からの結晶成長の初期過程．結晶が自発的に成長するためにはいくつかの分子が集まり臨界核より大きくなる必要がある．臨界核よりも小さな集合体は表面‐自由エネルギー不利のため不安定である．とくにタンパク質は凝集力が小さいので不安定であり，臨界核を超えにくい．

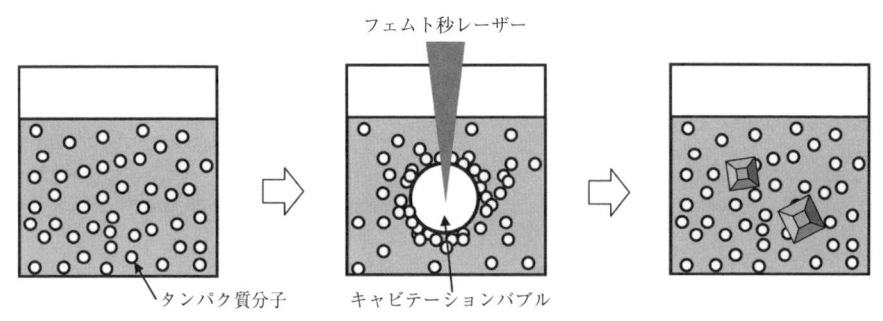

図2 集光レーザービームにより生じたキャビテーションバブルが急激に膨張・収縮する際バブルは溶質を押しのけ，溶質が濃縮された領域が生じる．このとき核形成が誘起される．実際のバブルの大きさはマイクロメートルオーダーである．

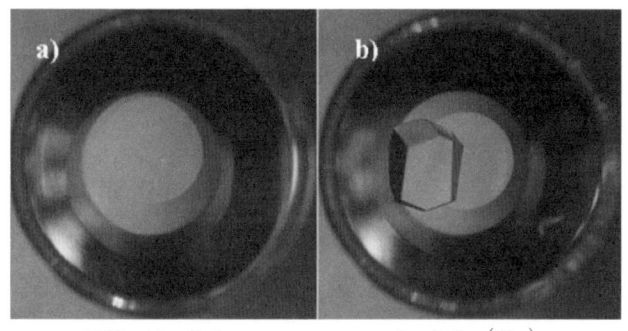

図3 光誘起結晶化の実験結果．(a)過飽和状態でありながら結晶が出現しない準安定状態の溶液からは結晶が出現しない．(b)この溶液にタンパク質が光を吸収する光(紫外光)を数十秒間照射すると，数日後に結晶が出現する．

りタンパク質二量体を生成させ，これを核として結晶に成長させる方法である．タンパク質の励起状態は Trp, Try, Phe などの芳香族基を持つアミノ酸の励起状態として扱うことができる．このうち Trp あるいは Tyr 残基がラジカル化した反応中間体が生成する．この中間体は他のタンパク質と反応して，共有結合性のダイマーが生成する．この二量体が結晶中で隣り合う2つの分子と同じ配置を持つ場合に，結晶のテンプレートとして機能すると考えられている．二量体は共有結合性のため，単量体に解離しないため臨界核形成における最も困難なステップを省略することになるため，結晶化が促進されると説明されている．

(奥津哲夫)

# 9

# 光分析技術（測定）

9.1　光学顕微技術
9.2　分光測定

# 光学顕微鏡
Optical Microscope

光学顕微鏡の検鏡法としては，あらかじめ染色された標本などを観察する明視野観察が一般的である．一方で，それでは観察できない標本，例えば，無色透明の細胞などを観察する手法として，位相差観察，偏光観察，微分干渉観察，蛍光観察などの検鏡法がある．

**a．位相差観察** ヒトの眼やCCDカメラは明暗（光の強度）や色（光の波長）によって物体を見分けているが，細胞のように無色透明な物体をこのような方法で観察することはできない．しかし，このような物体でも，周囲の物体との屈折率が異なるため，透過した光の位相には変化が生じる．このような物体を位相物体とよぶ．位相差観察では，光が位相物体を透過する際に生じる位相差を明暗のコントラストに変換して観察する．

位相差顕微鏡の光学系を図1に示す．コンデンサーレンズの焦点位置にリング絞りを配置して標本を照明すると，標本内部を直進する直接光（実線）と位相物体による回折光（破線）が生じる．位相物体による回折光は直接光に比べて強度が弱く，また，位相が1/4波長ずれている．そこで，位相差観察では，対物レンズの焦点位置に，強度を弱めるための吸収膜と，位相を1/4波長ずらす位相膜をリング状に配置する．すると直接光の強度が弱められ，かつ直接光と回折光が像面で干渉して互いに強

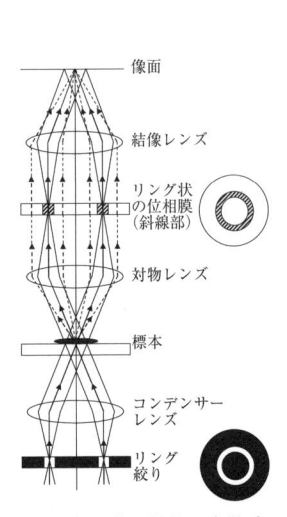

**図1** 位相差顕微鏡の光学系．直線は直接光，破線は回折光を示す．

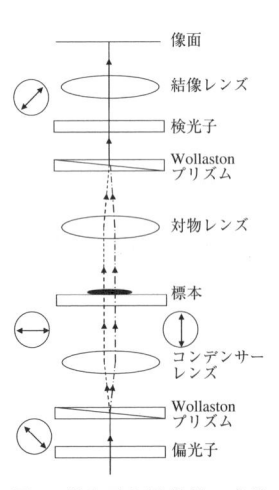

**図2** 微分干渉顕微鏡の光学系．丸印内の矢印は光の偏光方向を示す．

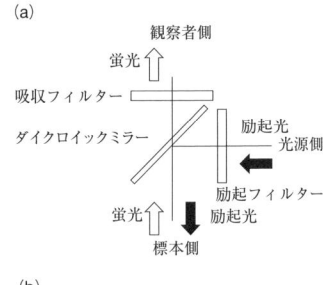

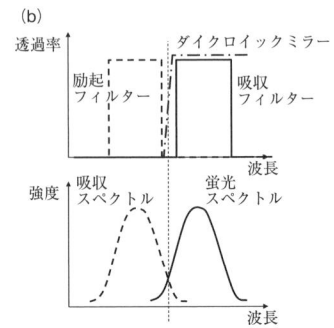

**図3** 蛍光顕微鏡における各光学素子の配置(a)およびその波長特性(b)

め合うことにより，位相差を光の明暗として観察できるようになる．

**b. 偏光観察** 偏光観察は，結晶のように偏光特性をもつ標本を観察するための手法である．

偏光顕微鏡においては，照明光路および結像光路それぞれに，特定の偏光方向の光のみを透過する偏光板が配置される（前者を偏光子，後者を検光子とよぶ）．偏光子と検光子を，その方位が互いに直交するように配置すると，標本のない場所を透過した光は検光子を透過することができなくなる．一方，偏光特性をもつ標本を透過した光は，偏光方向が回転し，検光子を透過できるようになる．したがって，偏光特性をもつ標本を，光の明暗によって識別することが可能となる．

**c. 微分干渉観察** 位相差観察では位相差を明暗のコントラストに変換して観察するのに対し，微分干渉観察では位相差の傾斜（微分）を明暗のコントラストに変換して観察する．

微分干渉顕微鏡の光学系を図2に示す．微分干渉顕微鏡においては，Wollastonプリズムがコンデンサーレンズ，対物レンズの焦点位置にそれぞれ配置されている．偏光子によって直線偏光となった光は，Wollastonプリズムによって，わずかに（眼の分解能より小さい程度）横方向にずれた，互いに直交する2つの偏光に分けられる．これらの光は標本のわずかにずれた位置を通過し，対物レンズによって，その焦点位置で合流する．そして，そこに配置されたWollastonプリズムによって，2つの光のずれは補正され，互いに干渉する．この際，2つの偏光の間に位相差がなければ，干渉した光の偏光方向は検光子の方位と直行する方向となり，検光子を透過できない．一方，標本を通過する際に，この2つの偏光の間に位相差が生じると，その位相差に応じて干渉した光の偏光方向は回転し，検光子を透過する．したがって，標本面での位相差の傾斜を，光の明暗として観察することが可能となる．

**d. 蛍光観察** 蛍光観察においては，あらかじめ蛍光色素で標識された標本に励起光を照射して，色素が発する蛍光を観察する．蛍光色素は，ある特定の波長の励起光を吸収して，それより長い波長の蛍光を放出する（この波長のずれをストークスシフトとよぶ）．蛍光観察では，この性質を利用して，励起光と蛍光を分離する．

蛍光顕微鏡には，励起フィルター，ダイクロイックミラー，吸収フィルターの3種類の光学素子が用いられる．各光学素子の配置と波長特性を図3(a)(b)にそれぞれ示す．励起光は励起フィルターを通過し，ダイクロイックミラーを反射して標本へと向かう．励起フィルターは色素の吸収波長に対応する波長の光のみを透過する．また，ダイクロイックミラーは色素の吸収波長に対応する波長の光を反射し，蛍光波長に対応する波長の光を透過する．したがって，励起光，蛍光をそれぞれ効率よく反射，透過することができる．色素からの蛍光は，ダイクロイックミラーおよび色素の蛍光波長のみを透過する観察側フィルターを透過して観察者側へと向かう． 〔中山浩明〕

【関連項目】
▶ 1⑤ 光の屈折・反射・干渉・回折／8.1⑥ 細胞イメージング／9.1② 共焦点レーザー顕微鏡／9.1③ 波長の制限を超える高分解能光学顕微鏡

# 共焦点レーザー顕微鏡
Confocal Laser Scanning Microscopy

　共焦点レーザー顕微鏡は，1957年にMinskyによって開発された共焦点顕微鏡（confocal microscopy）をもとに，レーザーを光源として1978年にCremer兄弟により考案された．透過，反射，蛍光などの測定モードがあるが，多くの場合，蛍光モードの共焦点レーザー蛍光顕微鏡のことを指すことが多い．通常の一様照明による光学顕微鏡と比べて，3次元的な空間分解能がある，高いS/N比を得ることができる，などの利点がある．

　従来の蛍光顕微鏡では一様照明により視野全体を観察するが，共焦点レーザー顕微鏡では集光レーザービームを点光源として用い，レーザービームの焦点位置のみを観測する．従来の蛍光顕微鏡と共焦点レーザー蛍光顕微鏡の光学系を図1に示す．

　「共焦点」とは，光源となるレーザー光の焦点と検出側のピンホールを結像面上で一致させることである．この焦点と結像の関係にあるピンホールを通過した光，すなわち点像分布関数の中心部分の光のみを検出する．また，焦点面から外れた部分からの光は図1(b)の点線のようにピンホールを通過せずに取り除かれる．検出器としては，光電子増倍管やアバランシェ・フォトダイオードなどの高感度検出器が用いられ，小さな検出面をもつシングルフォトンカウンティング・アバランシェ・フォトダイオードなどは，検出面をピンホールと兼ねることもできる．

　共焦点レーザー顕微鏡の空間分解能は，観測に用いる光の波長と対物レンズの開口数（$NA$）によって決定される．高開口数（$NA$ 1.4程度）の対物レンズを用いることにより，観測光の半波長程度の回折限界の空間分解能（500 nmの光では250 nm程度）を得ることができ，試料中の共焦点体積は，フェムトリットル（$10^{-15}$ L）程度となる．

　共焦点レーザー顕微鏡では，厚みのある試料の場合でもピンホールにより焦点を外

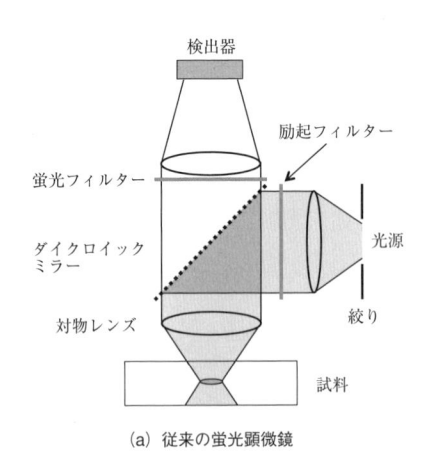

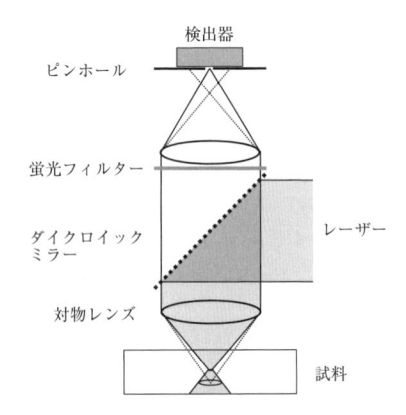

図1　従来の蛍光顕微鏡と共焦点レーザー蛍光顕微鏡の光学系
(a) 従来の蛍光顕微鏡
(b) 共焦点レーザー蛍光顕微鏡

れた蛍光を除去できるという特性から，非常に高いS/N比を必要とする単一分子レベルでの分光計測にしばしば用いられる（▶9.2⑭項）．共焦点レーザー顕微鏡の信号検出は一点一点逐次行われるため，イメージングの際はレーザービームまたは試料を動かし観測点を走査する．走査方法としては，レーザービーム走査にはガルバノミラーまたはニポウディスク，試料走査には電動ステージが用いられる．ビーム走査のほうが試料走査よりもより高速な走査が可能であり，高いフレームレートを実現することができる．また，焦点（観測面）の信号を選択的に観測できることから，さらに光軸方向に観測面を走査することによって得られる多数の平面画像をコンピューターにより再構成することにより，3次元的な構造可視化が可能である．現在，3次元光学顕微鏡像は主に共焦点レーザー顕微鏡により撮像されている．また，ピンホールから出た光を分光して検出することにより，異なる蛍光スペクトルをもつ蛍光分子をそれぞれ見分けて測定可能である．

共焦点レーザー顕微鏡はイメージングのみではなく，時間分解能の高い時間相関単一光子計測法（TCSPC）などの計測手法と組み合わせることにより，微小空間内の物質拡散，光化学反応などを解析することができ，蛍光寿命イメージング（FLIM），蛍光相関分光法（FCS），蛍光共鳴エネルギー移動（FRET）の解析などに用いられている（▶9.2⑬項）．生物学の分野では，免疫染色や観測対象のタンパク質と蛍光タンパク質（GFPなど）の融合タンパク質による蛍光標識技術と組み合わせることにより，細胞や組織の3次元的な像を生きたままの姿で観測できる重要な基盤技術として使われている（▶8.1②，8.4①項）．半導体デバイス開発の分野では，赤外線レーザーを光源とすることによってシリコン基板を透視できる共焦点レーザー顕微鏡がICパターンなどの品質管理などに利用されている．さらに，単一分子レベルでの蛍光寿命測定や光量子通信・光量子計算の分野で用いられる単一光子源の性能評価などにも利用されている．

共焦点レーザー顕微鏡では，光軸方向の空間分解能が観察面の空間分解能と比べて数倍低いが，向かい合う2つの対物レンズを用いる4π共焦点レーザー顕微鏡を用いると，光軸方向にも観測面方向と同様またはそれ以上の空間分解能を実現することができる．

赤外線パルスレーザーを励起光源として2光子吸収（▶2.2⑩項）により蛍光分子を励起する2光子顕微鏡では，光吸収が励起光強度の2乗に比例するため，焦点以外の領域では光励起が起こらず，検出器の手前でピンホールを通過させる必要がない．また，試料の厚みが増すと，試料中での散乱・吸収により励起光が減衰して観察が困難になるが，赤外線は試料中での散乱や吸収の影響が紫外光，可視光よりも低いため，試料のより深い位置を測定可能である．

共焦点レーザー顕微鏡の励起光とあわせてドーナツモードの蛍光抑制用のレーザービームを照射するSTED（stimulated emission depletion）顕微鏡などのRESOLFT（reversible saturable optical fluorescence transitions）タイプの超解像蛍光顕微鏡では，回折限界を超える数十 nm の空間分解能を実現できる．（▶9.1③項） 〔堀田純一〕

【関連項目】
▶2.1⑩ 多光子吸収／5.4③ 非線形光学材料／8.1② 蛍光タンパク質／8.4① 蛍光標識／9.1③ 波長の制限を超える高分解能光学顕微鏡／9.2⑬ 蛍光相関法／9.2⑭ 単一分子蛍光測定・単一分子蛍光分光

## 波長の制限を超える高分解能光学顕微鏡
High-resolution Microscopy beyond the Wavelength Limit

一般に，光学顕微鏡の空間分解能は，回折限界のために光の波長程度に制限されており，200 nm以下の構造を直接観察することができない．しかし，光を用いながらナノメートルスケールの空間分解能を達成することができる顕微鏡技術である近接場光学顕微鏡や超解像光学顕微鏡の登場により波長の制限を超えた高分解能の観察が可能である．

**a．近接場光学顕微鏡** 光の波長以下の構造に光が照射されると，そのごく近傍に束縛されて遠方へ伝搬しない近接場光が発生する．近接場光学顕微鏡（SNOM あるいは NSOM）は，このような波長以下の空間に局在した近接場光を利用することで回折限界を超えた空間分解能を達成できる．SNOM は走査プローブ顕微鏡の一種であり，近接場光を発生する探針を試料に接近させて試料を照明し，位置を変えながら信号を検出していくことで測定を行う．探針の形態としてさまざまなタイプが報告されており，代表的なものを図1に示す．図1(a)に示した形態は開口型近接場顕微鏡とよばれる．先鋭化させた光ファイバーや原子間力顕微鏡の探針を加工することで作製された先端に数十nmの微小開口を有する探針を用い，開口から発生する近接場光によって試料を照明する．一方，開口を用いない非開口型とよばれる近接場顕微鏡も存在する．図1(b)に示すように，通常の光学系によって広く光照射された領域内に鋭い金属探針を接近させると，探針先端に近接場光が生じる．このとき，探針先端の局在共鳴プラズモンを励起することで光電場を大きく増強することができるため，試料の中で探針先端近傍のみが特に強く照明される．いずれの探針においても，近接

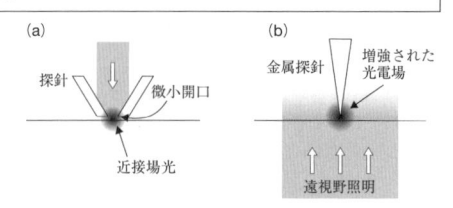

**図1** 近接場光学顕微鏡の原理．微小開口を透過した近接場光によって試料を照明する開口型SNOM(a)と，広く照明された試料に鋭い探針を接近させて先端の増強電場を利用する非開口型SNOM(b)．

場光は探針の近傍のみの領域に局在しているため，光の波長以下の 10～100 nm の領域を照明することができる．信号光として散乱光を検出するほか，蛍光やラマン散乱，赤外吸収などを利用することができ，さまざまな分光計測をナノメートルスケールの分解能で行うことができる．開口型SNOMは局所領域に絞り込まれた近接場光によってのみ試料を照明するため，得られるデータのコントラストが高く，試料の光ダメージを抑制することができる．そのため，開口型 SNOM は蛍光や吸収の観察に適している．一方，非開口型SNOMは電場増強による強い近接場光を発生することができ，ラマン分光や非線形分光に適している．近接場光学顕微鏡においてはそれぞれの特徴を理解し，観察対象に適した手法を選択することが重要である．

**b．超解像光学顕微鏡** 超解像光学顕微鏡は従来の顕微鏡光学系を用いながら，照明・検出条件の工夫やデータ解析によって波長以下の構造の情報を取得するものである．超解像顕微鏡には多くの形式が存在するが，ここでは代表的な2つの手法について述べる．

1つは共焦点顕微鏡の励起照明スポット

に加えてドーナツ状の光を重ねることで,励起スポット周縁部からの信号光を消去するものである.信号光消去のメカニズムとして代表的なものが蛍光の誘導放出であり,STED（stimulated emission depletion）顕微鏡とよばれる.蛍光共焦点顕微鏡では励起光の集光点のサイズは回折限界によって波長程度までしか絞れないが,STED顕微鏡では励起光に加えてドーナツ状の光（試料の蛍光波長の長波長端に相当）を照射することで励起スポット周縁部に誘導放出を起こす.これにより励起集光点の中心近傍のごく小さな領域のみからの自然放出光を検出することで実効的な点像分布関数（PSF）を小さくすることができる（図2）.達成できる空間分解能は用いる色素に依存するが,10 nm以下の空間分解能も実現されている.このような消光ビームを励起スポットの周囲だけでなく上下に分布させることで奥行き方向の分解能向上を行うこともでき,3次元構造観察も可能である.

　もう1つの超解像顕微鏡法は,顕微鏡視野内に観察された単一分子についての高い位置決定精度を利用するものである.蛍光画像内の色素分子1個を観察すると波長程度のサイズ $\sigma$ に広がって観察されるが,その中心位置を決定する精度は観察時の検出光子数 $N$ に依存し, $\sigma/\sqrt{N}$ で与えられる.すなわち,1000光子程度の検出を行えば10 nm以下の精度を達成することができる.通常の蛍光顕微鏡では試料に導入された多数の色素分子をすべて同時に発光させて観察するが,超解像観察においては図3に示すように色素分子を1個ずつ観察してそれぞれの位置を記録し,最後に全ての色素分子の位置データから蛍光画像を再構築することで行われる.このような超解像顕微鏡はSTORM（stochastic optical reconstruction microscopy）あるいはPALM（photo-activated localization microscopy）とよばれている.STORMにおける多数の色

**図2** STED顕微鏡の原理.回折限界で制限された励起スポットの周縁部からの自然放出蛍光を誘導放出によって抑制する.

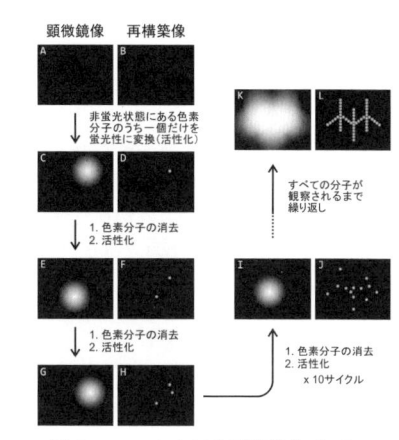

**図3** PALMにおける画像構成プロセス

素分子の逐次観察は,フォトクロミック性の蛍光色素分子を用いて蛍光発光のオン・オフを制御しながら行うことができる.また三重項状態への遷移を利用して蛍光のオン・オフを制御することで,通常の蛍光色素でも超解像観察を行うことも可能である.干渉光学系や非点収差を利用した手法を組み合わせることで3次元の超解像観察が実現されており,10 nm以下の空間分解能で立体構造の計測も実現されている.

〈青木裕之〉

【関連項目】

▶5.4④ フォトクロミズム／9.1① 光学顕微鏡／9.1② 共焦点レーザー顕微鏡／9.2⑨ エバネッセント光と光分析への利用／9.2⑩ 表面プラズモン共鳴と局在表面プラズモン共鳴

# 光ピンセット――光で粒子を操る
Optical Tweezers：Optical Manipulation of Single Microparticle

光学顕微鏡を用いた技術の1つに溶液中のマイクロメートルサイズの単一微粒子を空間的に操ることのできる光ピンセット（optical tweezers または laser tweezers）がある．この技術はレーザー捕捉または光捕捉（laser trapping, optical trapping）ともよばれ，Ashkinによって1970年に初めて報告されたものである．応用物理や光学分野における技術であるが，1990年頃から化学やバイオ系の研究に取り入れられ，いまでは広く利用されている．

捕捉される微粒子のサイズが捕捉光の波長よりも大きい場合，微粒子のレーザー捕捉は光のミー散乱により説明することができる．その原理を図1に示す．溶液中の微粒子に対物レンズを通してレーザー光を照射することを考える．溶液中を直進してきたレーザー光は微粒子/媒体界面において屈折し，光の進行方向が変化する．このとき，光の運動量は屈折前の$P_1$から屈折後の$P_2$に変化するが，運動量保存則に従い，運動量の変化量$\Delta P = P_1 - P_2$に相当する運動量$-\Delta P$が微粒子に加わる．この現象はレーザー光が照射されているすべての微粒子/媒体界面において起こり，微粒子の屈折率（$n$）が周囲の媒体の屈折率よりも大きい場合には，$-\Delta P$の総和$F$はレーザー光の焦点方向に向く（図1左）．この力を放射圧（radiation force または radiation pressure）とよぶ．この放射圧により微粒子はレーザー光の焦点近傍に捕捉される．マイクロメートルサイズの微粒子に加わる放射圧はピコニュートンレベル（～pN）であるが，微粒子に加わる重力や通常の条件において溶液中の微粒子が受ける粘性抵抗は～$10^{-15}$Nであるため，放射圧により微粒子のブラウン運動を抑止させて捕捉することができる．

微粒子のレーザー捕捉の典型的な実験装置の構成を図2に示す．一般的には，微粒子が光吸収を起こさない1064 nmの光（CW Nd：YAGレーザーからの基本波）を捕捉光として用い，これを適切に配置した光学系を介して光学顕微鏡に導入する．捕捉レーザー光を倍率100倍，開口数（$NA$）1.30の対物レンズを通して，顕微鏡ステージ上に設置した試料溶液中に急峻に集光し，集光位置で単一微粒子を捕捉する．一例として，水中（$n=1.33$）において直径～6 $\mu$mのポリメタクリル酸メチルビーズ（$n=1.49$）が1064 nmのNd：YAGレーザー光（54 mW）により捕捉されている様子を図3に示す．レーザー光が照射さ

**図1** 微粒子のレーザー捕捉の原理

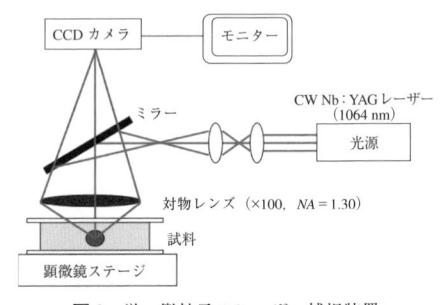

**図2** 単一微粒子のレーザー捕捉装置

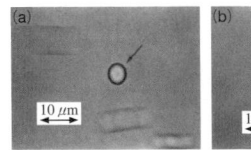

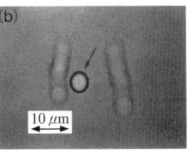

**図3** 水中におけるポリメタクリル酸メチルビーズ（直径〜6 μm，水中）のレーザー捕捉．矢印で示した微粒子が捕捉されている．

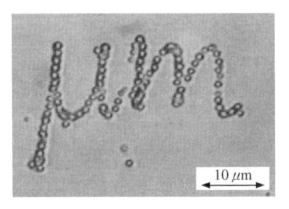

**図4** 水中におけるポリスチレンビーズ（直径〜2 μm）の走査型レーザーマニピュレーション法による空間配列．

れている矢印で示した中央の微粒子は静止して写っているが，レーザー光を照射していない微粒子は$X$軸方向（図3(a)）あるいは$Y$軸方向にぶれて写っている（図3(b)）．つまり，中央の微粒子は目に見えない光ピンセットにより$XY$面内において捕捉されていることがわかる．ここには示さないが，微粒子を重力方向（$Z$軸方向）にも捕捉することができ，微粒子を静止させるだけではなく，$XYZ$軸方向に自由自在に操ることができる．すなわち，単一微粒子を3次元的に非破壊・非接触的にレーザー操作（レーザーマニピュレーション）することができる．$n$（微粒子）$>n$（媒体）の条件が成り立てば，水中の高分子微粒子のほか，トルエン液滴（$n=1.50$），シリカゲル（$n=1.46$），二酸化チタン，サルモネラ菌などの生細胞などをレーザー捕捉・操作することが可能である．さらに，分光計測用の励起光（水銀灯やレーザーなど）と捕捉レーザー光を同軸で光検出器を備えた顕微鏡に導入することにより，捕捉微粒子の蛍光・吸収・ラマン分光を行うことができるとともに，レーザーアブレーションのような加工を行うことも可能である．また，試料溶液中にマイクロ電極を設置することにより単一微粒子（液滴など）の電気化学測定を行うこともできる．このように，単一微粒子のレーザー捕捉法と分光・電気化学計測法を組み合わせることにより，微粒子集合体を対象とした実験では明らかにすることのできない，単一微粒子のさまざまな性質や物性・特性を直接測定することが可能となる．

図2の実験装置において，レーザー光源と顕微鏡の間に2つの対になったコンピューター駆動ミラーを挿入し，試料溶液中において集光レーザー光を空間的に走査することにより（走査型レーザーマニピュレーション法），多数の微粒子を同時に空間配列させることもできる．その一例を図4に示す．集光1064 nmレーザー光を試料溶液中において一筆書きの要領で「μm」のパターンに繰り返し走査（走査速度13 Hz）することにより，直径〜2 μmのポリスチレンビーズ（$n=1.59$）を「μm」の形状に配列している．さらに，走査型レーザーマニピュレーション法を用いることにより，$n$（微粒子）$<n$（媒体）の条件となる有機溶媒中の水滴や，捕捉光を反射する金属微粒子などもレーザー捕捉・操作することができる．

〈喜多村　昇〉

【関連項目】
▶1⑤ 光の屈折・反射・干渉・回折／5.1④ レーザー光加工／9.2① 蛍光・りん光分光光度計／9.2⑧ ラマン分光法

# 光退色後蛍光回復法（FRAP）
Fluorescence Recovery After Photobleaching

　FRAPは蛍光顕微鏡法の一種であり，微小領域での分子の運動を測定するための手法である．光学顕微鏡下で測定試料に対して局所的に強い光を照射すると，その部分に存在する蛍光分子は不可逆的に蛍光を発しない分子構造に光化学反応によって変化する（光退色）．このため，試料からの蛍光を弱い励起光を用いて測定すると，光照射した部分の蛍光強度は照射していない部分と比較して著しく減少する（図1）．もし蛍光分子が空間的に固定されていなければ，光照射した領域に存在した光退色した分子と周囲の光退色していない分子との混合が起こり，光照射した領域での蛍光強度は時間とともに回復する（図1）．

　この蛍光強度回復の時間変化から蛍光分子の運動性を解析する手法をFRAPとよぶ．

　FRAPの測定は一般的に共焦点顕微鏡を用い，運動性を評価したい分子を蛍光標識することによって行う（▶8.4①，9.1②項）．試料中において蛍光標識した分子が2次元のブラウン運動によるランダム拡散を示す場合，この分子の拡散定数（$D$）を以下の式を用いて求めることができる．

$$D = \frac{\omega^2}{4\tau_{1/2}}$$

ここで，$\omega$は光退色を誘起するレーザー光の空間強度分布をガウス関数としたときのピーク強度に対して，強度が$1/e^2$となる半径，$\tau_{1/2}$は蛍光強度が50%回復するのに要する時間をそれぞれ表している．強度が完全に回復しない場合（$F(\infty) \neq F(i)$），試料中に移動成分（$R$）と固定成分が存在していることを示している．ここで，$R$は，

$$R = \frac{F(\infty) - F(0)}{F(i) - F(0)}$$

と表される．このように，FRAP測定からは一般的に標識分子中の移動成分とその運動の速度に関するパラメーターを定量的に評価することができる．

　FRAPはもともと細胞膜あるいは脂質二重層の流動性の解析に適用されてきた．膜中における分子の拡散定数をFRAPにより求めることによって，これら膜の実質的な粘度計測が行われている．1次元や3次元

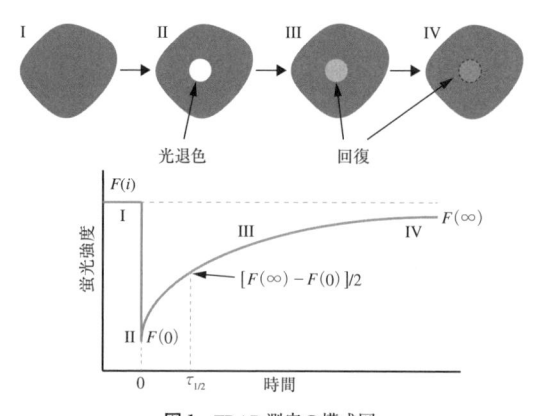

**図1** FRAP測定の模式図

(a) 拡散-分子間相互作用分離型モデル

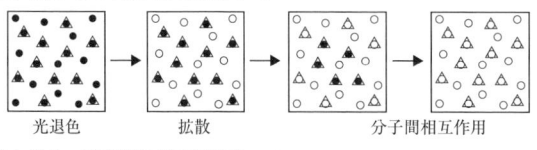

光退色　　　拡散　　　　　分子間相互作用

(b) 拡散-分子間相互作用連結型モデル

光退色　　　　　　拡散/分子間相互作用

○ 標識分子
● 光退色した標識分子
△ 相互作用/結合サイト

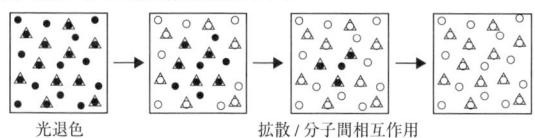

図2　FRAP解析のためのモデル

のブラウン運動を対象としたFRAP測定の数値解析モデルも考案されており，細胞内のさまざまな領域における分子運動の解析に用いられているほか，バイオフィルムやクロマトグラフィー用ゲル，高分子溶液中などにおける分子拡散の研究にも適用されている．これらの試料では，単純なランダム拡散モデルでの解析ができない場合もみられ，拡散を妨害する障害物の存在を加味した異常拡散モデルによる解析が頻繁に用いられる．

近年，緑色蛍光タンパク質（GFP）に代表される蛍光タンパク質（▶8.1②項）の開発が進んできたことによって，細胞内に存在する多様なタンパク質を選択的に蛍光標識することが容易になってきた．したがって，FRAPも細胞生物学のほぼすべての分野において広く用いられるようになってきた．とくに，標識された分子の特異的結合を含む分子間相互作用の解析のための重要な手法となっている．

これらは，拡散と分子間相互作用とが完全に分離されているケース（図2(a)）と両者が連動しているケース（図2(b)）とに大きく場合分けされる．前者では，拡散が分子間相互作用よりも非常に短い時間で起こるため，FRAPの蛍光強度回復曲線は2つの段階に完全に分離できる．分子間相互作用による回復部分を数値解析することにより単一，複数，あるいは逐次の結合反応の反応速度を定量的に求めることができる．一方後者では，これらの拡散は分子間相互作用より非常に遅いか同程度の時間で起こるため，両段階を分離することはできない．標識分子の相互作用サイトへの結合が拡散よりも非常に速い場合，回復曲線は相互作用の強さにより決まり，結合速度と解離速度を定量的に求めることができる．相互作用と拡散が同程度の速度で起こる場合，特定のモデルを仮定した上で数値解析を行う．これらの解析を用いてクロマチン構造，転写，mRNAの移動性，タンパク質再利用，シグナル伝達，細胞骨格の動態，小胞輸送，細胞接着，有糸分裂など多岐にわたる分野で研究が活発に行われている．

分子運動と分子間相互作用を測定するための手法としては蛍光相関分光法（FCS）や単一分子イメージング法も開発が進んでおり，FRAPはこれらと補完的な関係にある（▶9.2⑬，9.2⑭項）． 　　（羽渕聡史）

【関連項目】
▶8.1② 蛍光タンパク質／8.4① 蛍光標識／9.1① 光学顕微鏡／9.1② 共焦点レーザー顕微鏡／9.2⑬ 蛍光相関法／9.2⑭ 単一分子蛍光測定・単一分子蛍光分光

## 蛍光・りん光分光光度計
Spectrofluorometer

蛍光分光光度計は蛍光性分子を含む試料に特定の波長の光（励起光）を照射し，試料から放射される蛍光の波長分布をスペクトルとして記録する装置である．

装置は試料室と，励起部位および発光検出部位で構成されている（図1）．励起部位では，光源から出射した光が励起用分光器を通って単色光となり，励起光として試料室に導かれる．図のように回折格子が用いられている分光器の場合，例えば，250 nm の単色光は，500 nm と 750 nm の位置でも2次回折光，3次回折光として分光器を通過するので，広い波長範囲を掃引する場合は，適当な光学フィルターを用いて短波長側の高次回折光を取り除く．紫外可視領域測定用としては，高輝度キセノンランプ光源が一般的に用いられる．また，励起部位には，励起光の強度をモニターする参照検出器が備えられている．発光検出部位は，発光用分光器と検出器からなる．検出器には表1に示すように，発光領域に対応した種々の検出器が利用できる．紫外可視領域用の検出器には，高い感度をもつ光電子倍増管が用いられる．S/N 比を向上させた光検出方式として，単一光量子による信号パルスを計数する光電子計数法が用いられる場合もある．光学設計や使用する光学部品（光源，回折格子，検出器）の特性によって，装置の分光特性は異なる．そのため，装置に依存しないスペクトルを得るためには，標準光源や標準物質に基づく感度補正係数を用いて，装置の分光特性を補正する必要がある．試料室は，励起光が直接に発光検出光学系に入らないように工夫されている．希薄溶液の測定の場合には，通常，4面透過四角セルを用い，励起光入射方向に対して直角方向から発光を測定する側面測光方式が用いられる．濃厚溶液や不透明な固体状の試料の場合には，表面測光方式が用いられる．それぞれの測光方式にあわせて設計された試料部光学系（試料ホルダー）を選択する．りん光発光スペクトルを測定する機能を備えた装置では，光源にフラッシュランプを用いるか，チョッパーを用いて連続光を断続光に変えることにより，励起光をパルス光にして試料に照射する．光を照射してから一定時間

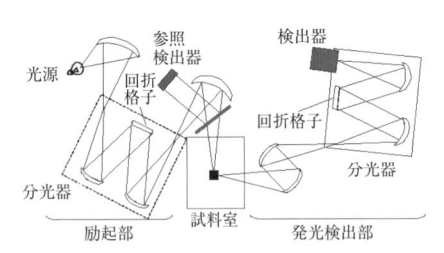

**図1** 蛍光分光光度計の光学系
（堀場製作所製 FluoroMAX4）

**表1** 代表的な光検出器の検出波長範囲

|  | 光電面材質，素子材料 | 検出波長範囲 / nm |
|---|---|---|
| 光電子増倍管 | バイアルカリ<br>マルチアルカリ | 200〜700<br>200〜900 |
| フォトダイオード | シリコン<br>インジウム・ガリウム・ヒ素 | 200〜1100<br>900〜1700<br>（1200〜2500 nm の長波長タイプあり） |

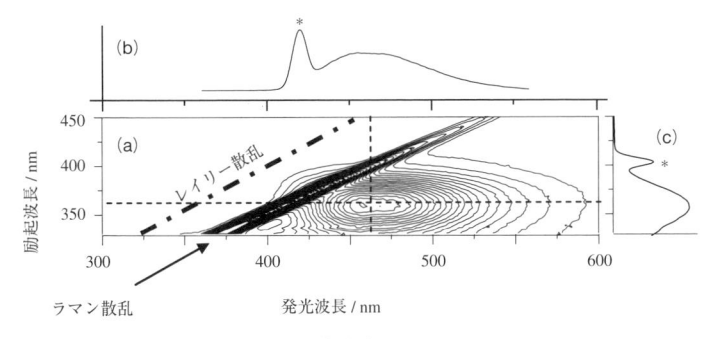

**図2** (a)励起・発光マトリックス等高線図，(b)発光スペクトル，(c)励起スペクトル（＊：ラマン散乱ピークを示す）

経過し，蛍光発光が十分に減衰したタイミングで発光を検出することで，発光寿命が長いりん光発光のみを検出できるようになっている．

蛍光物質は光を吸収することによって発光するので，実際に未知物質の溶液試料を測定する場合には，前もって比較的高濃度に調整した試料の吸収スペクトルを測定し，吸収波長を決定しておく．次に蛍光測定に適した濃度（側面測光方式の時は吸光度0.05以下）に希釈し，吸収波長を励起波長とし，それより長波長側の領域で，発光用分光器の波長を掃引する．試料の濃度（吸光度）が大きすぎると，蛍光スペクトルの一部が自己吸収のために欠落したり，励起光がセル表面で遮られて，かえって蛍光強度の低下を招く恐れがある．

一方，励起スペクトルの測定では，発光帯の特定波長に発光用分光器を固定し，それより短波長側の領域で励起用分光器を掃引する．このとき，励起光強度の変化は発光強度に影響を与える．その影響を相殺するために，励起光強度（参照検出器の信号強度）に対する発光強度の比を縦軸としたスペクトルを励起スペクトルとして記録する．

図2に微弱蛍光試料の水溶液を測定した事例を紹介する．ここでは，励起波長を順次変えながら発光スペクトルを測定することにより，(a)に示す励起・発光マトリックス等高線図を作成している．(a)に示す一点鎖線は，励起波長と発光波長が一致するラインで，励起光のレイリー散乱が観測される位置を示している．蛍光発光が微弱になると，溶媒のラマン散乱光が無視できなくなる．図では水のラマン散乱光が蛍光発光領域を斜めに横切るように観測されている．図2の中で，励起波長360 nm横破線に対応する発光スペクトルを図2(b)に，発光波長460 nm縦破線に対応する励起スペクトルを図2(c)に示す．いずれもスペクトルにラマン散乱帯（図2 (b)，(c) の＊印）が重なって観測されている．測定されたスペクトルには，このように対象物質の蛍光以外の成分として，ラマン散乱光，レイリー散乱光の2次光，溶媒やセルからの蛍光，分光器の迷光などが含まれていることがある．とくに微弱蛍光の測定や，散乱の強いサンプルの測定では影響が大きくなるので，これらを取り除く必要がある．

〔中田 靖〕

【関連項目】
▶1⑦レイリー散乱，ミー散乱とラマン散乱／2.2① 蛍光とりん光／2.2③ 蛍光量子収率，蛍光寿命と蛍光消光／9.2② 光検出器／9.2⑧ ラマン分光法

## 光検出器
Photo-Detector

　光検出器は，適用する波長領域（分光感度特性），極微弱光の検出能（増幅特性），高速時間応答性（時間分解能），多チャンネル同時検出や，2次元イメージの位置検出などの要求によって，適宜，使い分けられる．ここでは，紫外から可視光領域の光検出に限ることにする．

　光電子増倍管（PMT：photomultiplier tube）は，微弱光向けの高感度で最も汎用的な光検出器である．真空管型であり，光電効果により光電子を放出する光電面（陰極）と，電子を増幅（増倍）する部分，および外部へ電流を取り出す陽極からなる．PMTの分光感度特性は，長波長限界が光電面材料の仕事関数で決まり，短波長側は光電子増倍管の入射窓材の透過率によって制限される．光電面は，多くは仕事関数が小さいアルカリ金属を主成分とする化合物半導体でできている．2種類のアルカリ金属を用いたバイアルカリ型，マルチアルカリ型，Ga-As型など大まかに分けて10種類ほどある．可視光領域については比較的普通に測れるものが多いが，紫外や近赤外領域（〜700 nm）については検出すべき光波長にあわせて選択する．光電面からの光電子は，ダイノードとよぶ10段程度の多段型2次電子増倍部で $10^5$〜$10^7$ 倍に増幅され，陽極で電流信号として取り出される．電極間およびダイノード間には電子加速のために高電圧が分割して印加されている．反射型光電面を用いたサーキュラーケージ型は図1に示すように小型，高増倍率で，サイドオン型PMTとして多くの分光装置に使用されている．真空管の頭部から入射する構造のヘッドオン型は，透過型光電面で大口径まで良好な電子収集効率が期待できる．一般的なサイドオン型PMTの

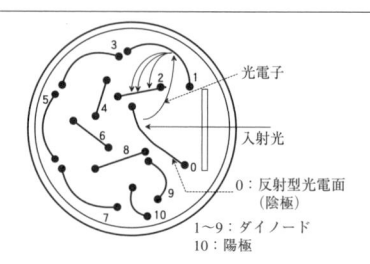

図1　サイドオン型PMTの断面図

時間分解能は，出力抵抗を適切に選んだ場合，2 ns程度である．

　マイクロチャンネルプレート（MCP：micro-channel plate）は，内径10〜20 μmの細いガラス管（内壁に2次電子放出材料がコーティングされてある）を多数束ねた厚さ1 mm程度の円盤状の電子増倍器で，連続ダイノード型といえる．光電面と組みあわせた増倍率は $10^4$ 程度である．小型軽量で2次元検出器とともに用いられることが多い．単独で用いるときには2段重ねて用いられる（MCP-PMT）．電子走行距離が短いため，時間分解能（0.1 ns程度）が必要なときはPMTに比べてきわめて有利である．PMT，MCPともに強い光に対しては劣化しやすいことに注意する必要がある．

　光源の強度が比較的大きいときは，フォトダイオード（PD：photodiode）を用いることができる．半導体素子のp-n接合部に光を照射すると，電流や電圧を発生すること（内部光電効果）を利用した光検出素子である．太陽電池に代表されるような光起電力効果によるものである．PMTと比較して高電圧が必要でなく，取扱いが容易である．n層側に正，p層側に負となるような逆電圧を加えると，ダイナミックレンジや感度，時間特性が向上する．分光感度特

性の長波長限界は，Si の場合で 1100 nm 程度である．短波長は受光窓の素材にも依存して 320 nm 程度までのものと紫外で検出可能なものがある．Ge の場合では近赤外領域に感度をもつ．通常の p-n 接合部の中間に絶縁層をはさんで応答を速めた PIN 型 PD や，内部増幅機能をもつアバランシェ PD なども用いられる．高速時間応答タイプでは 0.1 ns 程度のものが市販されている．

PD は小型で軽量化できるので，1 次元に配列した多チャンネル型の PD アレイ検出器にも使用されてきた．例えば，1 素子あたりの大きさが 25 μm × 2.5 mm の場合，1024 チャネルの全長は約 25 mm となる．

CCD（電荷結合素子：charge coupled device）は，金属酸化膜半導体（MOS）型の一種で，一般に 2 次元イメージセンサーである．CCD の名前は，受光素子が光から発生した蓄積電荷を読み出すための信号転送方式に由来している．デジタルカメラやビデオカメラで使われるが，CCD 自体に色を識別する能力はない．CCD の 1 つの大きな特徴は，読み出しノイズを減らすために，長時間露光が可能なことである．分光感度特性はおおむね 300〜800 nm である．構造上，表面がポリシリコンで覆われているので，短波長の感度が落ちる．最近の裏面入射タイプのものでは，紫外部の感度が向上している．分光器の波長分散後の焦点面におくことで多波長同時測定を行ったり，顕微鏡下での位置を区別した光検出測定などに用いられる．

CCD 検出器の前に光電面と MCP を加えたイメージインテンシファイアー型 ICCD 検出器もある．この場合，MCP にかける電圧をパルス化することで，数 ns の時間ゲート検出を行うことができる．

PMT，MCP，CCD などの検出器は，冷却により熱電子放出による暗電流ノイズを大幅に低減できる．とくに長波長の近赤外領域での測定では，電子冷却や液体窒素冷却が効果的である．

ストリークカメラは，入力する光パルスの時間変化を 2 次元の画像に変換できる装置である．試料からの蛍光などを光電面にスリット状に集光し，光電面から出た光電子は 2 つの偏向電極間を通るときに加速掃引されるが，掃引電圧を鋸歯状の波形とすると，電子が偏向電極を通過する瞬間の電極間の電場に比例して偏向する．その結果，電子が通過するときの時間の差が 2 次元の面上での位置の差となる．それらの光電子を MCP により増幅後，再度，蛍光面で光強度の分布（ストリーク像）に変換して CCD カメラで画像として記録する（図 2）．

分光器を通してストリーク管へ入射させた場合，蛍光面上には，発光スペクトルとその時間変化が 2 次元状に記録できる．原理的に，単発現象をとらえることができる．また，高速繰り返し現象をとらえるときには，高周波正弦波電圧を掃引して，ストリーク像を重ね合わせて積算（シンクロスキャン）すれば，微弱な発光現象の高速時間変化が測定可能である．このカメラの時間分解能として，空間的な分解能を考慮して最大約 0.1 ps まで達成できる．

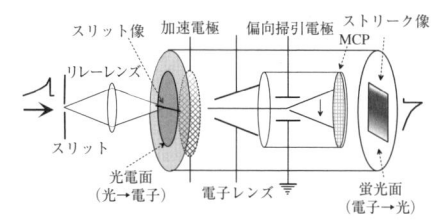

図 2　ストリークカメラの原理図

(池田憲昭)

【関連項目】
▶ 2.2⑩ 光イオン化／9.2① 蛍光・りん光分光光度計／9.2⑤ 蛍光寿命測定／9.2⑥ 過渡吸収分光法

# 円偏光二色性スペクトル
Circular Dichroism Spectrum

X線や紫外線，可視光線，赤外線などの光（電磁波）は，物質内の原子や分子の配列構造を解析するための"手"として広く利用されている．原子・分子の配列構造は多種多様であるが，例えば，原子団がらせん状に配列するDNAやタンパク質の分子，あるいは棒状分子が旋回しながら配列する液晶媒質には，鏡像関係にある左右の掌性（chirality）を有する構造が存在する．不斉炭素はその基本的かつ代表的な例である．物質の掌性を探るためには掌性を有する光を用いればよく，掌性を有する光でわれわれが最も利用しやすいものが左右円偏光である．

平面偏光（直線偏光）は，右回りおよび左回りの円偏光の合成で表される（図1(a)）．したがって，平面偏光を媒質に入射することは，それら左右円偏光を同時に入射することに等しい．平面偏光を媒質に入射した際，媒質の掌性に由来して右円偏光と左円偏光に対する屈折率に差があれば，それぞれ円偏光の媒質中を伝わる速さが異なるため，媒質透過後，それら円偏光を合成してできる平面偏光は入射偏光に対して偏光面が回転する（図1(b)）．これを旋光性（ORP：optical rotator power）という．一方で，左右円偏光に対する吸光係数に差があれば，それぞれ円偏光の強度が異なるため，透過光は楕円偏光となる（図1(c)）．これを円偏光二色性（あるいは単に円二色性，CD：circular dichroism）という．屈折率や吸光係数は光の波長に依存するため，それぞれの現象も波長依存を示す．実のところ両者は独立した現象ではなく表裏一体の関係にあり，CDが極大あるいは極小となる波長でORPは異常分散を示し（Cotton効果：図2），両者はKramers-Kronigの関係式によって結びつけられる（ORPとCDの光学的性質を総称して光学活性という）．すなわち旋光性と円偏光二色性の波長分散（スペクトル）は，どちらか一方が測定されれば他方は計算で求められ，原子・分子の配列構造に関して得られる情報

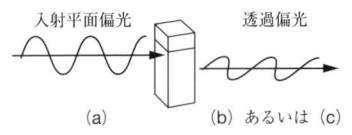

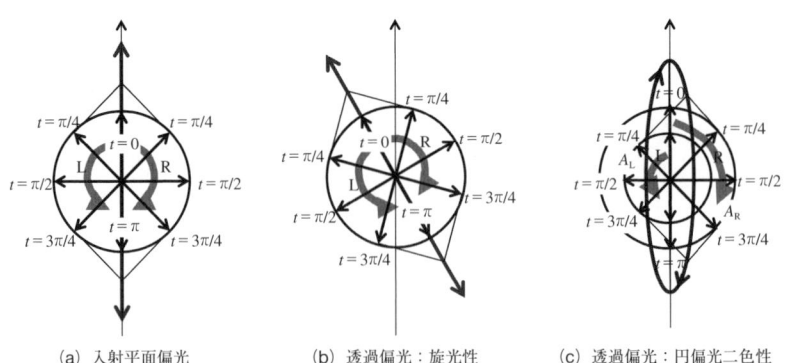

**図1** 旋光性と円偏光二色性：円偏光の時間周期 $t$ を $2\pi$ とした．

(a) 正 Cotton 効果　　　(b) 負 Cotton 効果

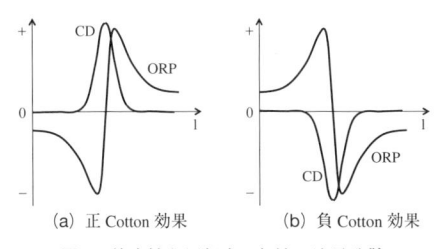

**図2** 旋光性と円偏光二色性の波長分散（Cotton 効果）

は同一である．ただし，CD ピークは ORP の波長分散に比べてはるかに狭い波長範囲で現れることに注意する必要がある．

　円偏光二色性の大きさは一般に楕円率で表される．円二色性によって生じる楕円偏光（図1(c)）の長軸に対する短軸の比 $\tan\theta = (A_L - A_R)/(A_L + A_R)$ における $\theta$ が楕円率であるが，吸光度と同様に $\theta$ も媒質濃度と光路長（試料厚）に比例する．$\theta$ を濃度と光路長で割って規格化したものを分子楕円率 $[\theta]$ という．円偏光二色性は光の吸収に基づく現象であるのでランベルト－ベールの法則を用いて解析すると，分子楕円率は左右円偏光に対する分子吸光係数の差（$\Delta\varepsilon = \varepsilon_L - \varepsilon_R$）と $[\theta] \approx 3300\Delta\varepsilon$（°）の関係にあることが導かれる．

　実際の測定例として，一様に分子配向した液晶媒質（5CB：4-cyano-4′-pentylbiphenyl）に DNA 分子を添加したときの CD スペクトルを図3に示す．DNA 無添加および一本鎖 DNA を添加した場合には CD ピークは観測されないが，二本鎖 DNA 添加では CD ピークが現れ，液晶分子配向に捩れ構造が誘起されたことがわかる．二本鎖 DNA 分子はよく知られた二重らせん構造を形成し，これに起因して捩れが誘起されたと考えられる．また，DNA 分子は一般に4種類の塩基により構成されるが，アデニンとチミンおよびグアニンとシトシンの組み合わせによって CD ピーク強度が異なっており，CD スペクトル測定は塩基配列

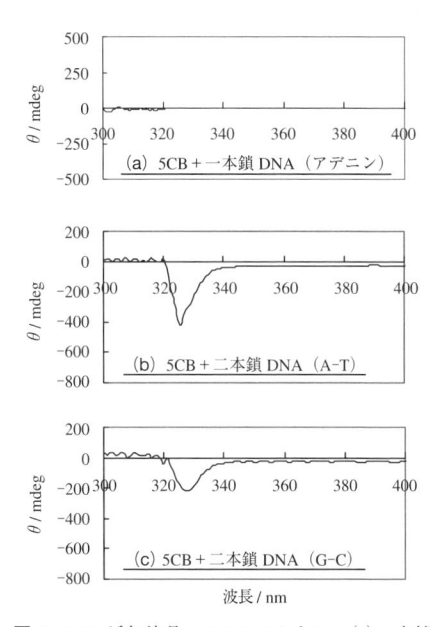

**図3** DNA 添加液晶の CD スペクトル：(a) 一本鎖 DNA（アデニン10塩基）添加．(b) 二本鎖 DNA（アデニン－チミン40塩基）添加．(c) 二本鎖 DNA（グアニン－シトシン40塩基）添加．(a) － (c) における DNA 添加量はモル濃度 25 $\mu$mol L$^{-1}$．アデニン以外の一本鎖 DNA 添加においても CD ピークは観測されない．

に関する情報を与えてくれると期待される．

　円偏光二色性は物質の左右掌性にきわめて敏感であるため，そのスペクトルのピーク波長，符号，強度から，例えば，有機分子の絶対構造，立体配座の解析を定量的に行うことが可能である．とくに現在では，生物物理の分野で焦点となっているタンパク質の構造形成や変性の過程を解析するために広く用いられている．　　　（古江広和）

【関連項目】
▶1① 光の性質／1② 光と色とスペクトル／1⑥ 直線偏光と円偏光／1⑧ 光の発生と伝搬／2.4① 分子配向と複屈折・二色性／9.2④ 蛍光検出円二色性スペクトルと円偏光蛍光スペクトル

## 9.2 分光測定──④

# 蛍光検出円二色性スペクトルと円偏光蛍光スペクトル
Fluorescence-Detected Circular Dichroism Spectrum and Circularly Polarized Fluorescence Spectrum

キラルな物質は,左右の円偏光に対する吸収率が異なる.図1(a)は,一例として,溶液試料が左円偏光より右円偏光をより強く吸収する場合を示している.右円偏光は試料によって強く吸収され,透過してくる右円偏光の強度は左円偏光より弱い.このような左右円偏光に対する吸収率(吸光度)の差を測定するのが円二色性スペクトル(CD)である.

光を吸収した物質が蛍光を発する場合,蛍光の強度は吸収された励起光の強度に比例するので,(a)に示した試料の場合,右円偏光で励起したときのほうが左円偏光で励起したときより,強い蛍光を発することになる(図1(b)).したがって,蛍光の強度を測定することによっても,間接的に左右円偏光に対する吸収率の差を測定することができる.これが,蛍光検出円二色性スペクトル(FDCD)の原理である.

FDCDで測定されるのは,あくまでも光の吸収(基底状態から励起状態への電子遷移)に関する円二色性である.

一方,自然光(まったく偏光していない光)で試料を励起した場合,試料がキラルであると,蛍光の円偏光成分の強度に差が生じる(図1(c)).自然光には左円偏光成分と右円偏光成分が1対1の割合で含まれており,キラルでない物質の蛍光は,左円偏光成分と右円偏光成分を等量含んでいる.しかし,キラルな物質の場合には,左右円偏光成分の強度に偏りが生じる.この偏りを測定するのが,円偏光蛍光スペクトル(CPF)(あるいは円偏光発光スペクトル(CPL))である.

**a. 蛍光検出円二色性スペクトル(FDCD)の利用** 蛍光を用いる分析法は,一般に感度が非常に高いことで知られている.その感度の高さを円二色性の測定

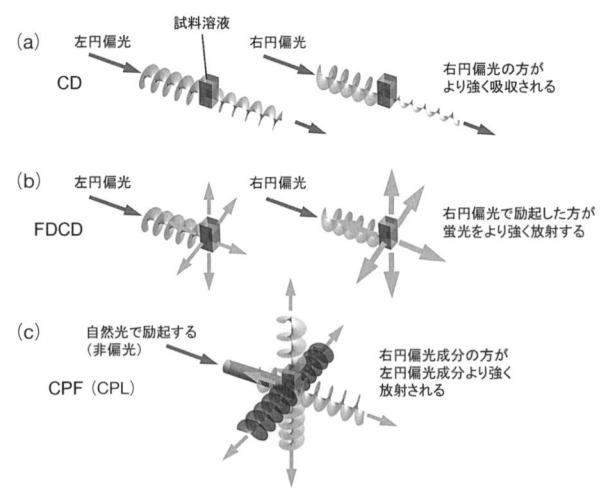

図1 円偏光を使う分光測定の原理:(a)円二色性スペクトル(CD),(b)蛍光検出円二色性スペクトル(FDCD),(c)円偏光蛍光スペクトル(CPF)

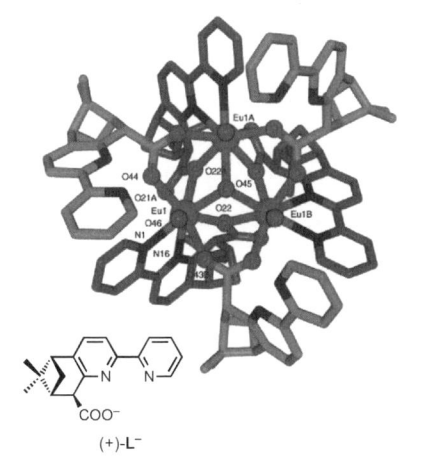

**図2** $[Eu_3\{(+)-L\}_6(\mu_3\text{-}OH)(H_2O)_3]^{2+}$

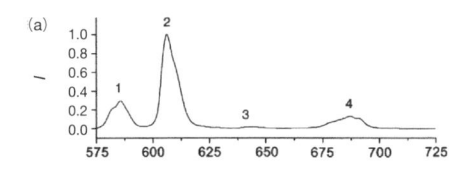

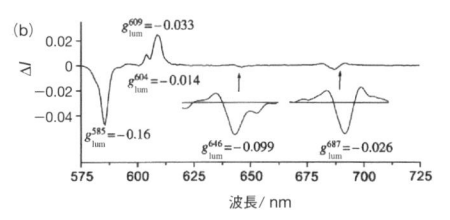

**図3** $Eu^{3+}$ の3核錯体 $[Eu_3\{(+)-L\}_6(\mu_3\text{-}OH)(H_2O)_3]^{2+}$ のアセトニトリル溶液の発光スペクトル(a)とCPLスペクトル(b). 蛍光の左円偏光成分を $I_L$, 右円偏光成分を $I_R$ と表すと, $\Delta I = I_L - I_R$, $g_{lum} = \Delta I / I$ である.

に生かそうとする試みは以前から行われていたが, ようやく最近になって, 汎用の円二色性分散計に取り付けるFDCD測定用付属装置の改良に成功し, 通常の円二色性スペクトルよりおよそ2桁高い感度でFDCDを測定することが可能になった. 今後の活用が期待される.

**b. 円偏光発光スペクトル（CPL）の利用** CPLが最も頻繁に活用されているのは, キラルなリガンドをもつランタニド錯体の研究である. ランタニドの励起状態は一重項ではないので, その発光は蛍光ではない. したがって, 発光の円偏光成分の測定も, CPFではなくCPLとよぶのが正しい. ランタニド錯体には, 禁制の度合いが非常に高い電子遷移があり, モル吸光係数が極端に小さいために, 光の吸収にもとづく円二色性スペクトルの直接測定が困難な場合が多く, 伝統的にCPLが多用されてきた. とくに $Eu^{3+}$ や $Tb^{3+}$ の単核錯体に関しては, CPLの符号や強度について理論的に詳しく検討されている. また最近は, 複核錯体のCPL測定も盛んに行われ, キラルな複核錯体の設計や物性の解析に貢献している (図2, 3).

もう1つ, CPLの利用されている分野がある. 一般に, 電子励起状態においては, 励起直後の非常に短い時間の間に, 溶媒分子の再配向を伴いながら分子構造が変化する. この構造変化の後で, 安定な発光状態に達する. また, 励起状態において, エキシマーやエキシプレックスなどの励起錯体が形成される場合もある (▶2.2⑦項). このような励起状態での構造変化や励起錯体の形成に伴い, キラリティーがどのように変化するかについては, 通常の円二色性スペクトルやFDCDでは調べることができず, CPF/CPLによってのみ知ることができる. （中村朝夫）

**【関連項目】**
▶1⑥ 直線偏光と円偏光／2.2① 蛍光とりん光／2.2⑦ エキシマーとエキシプレックス／9.2① 蛍光・りん光分光光度計／9.2③ 円偏光二色性スペクトル

# 蛍光寿命測定
Fluorescence Lifetime Measurement

蛍光寿命測定には，検出器の時間分解能で決まる測定方法（ストリークカメラ法，時間相関単一光子計数法，位相法など）と，レーザーのパルス幅で決まる測定方法（蛍光アップコンバージョン法など）がある．

**a. 時間相関単一光子計数法** ナノ秒からピコ秒領域の蛍光寿命は，微弱光測定として知られている時間相関単一光子計数法（TCSPC：time correlated single photon counting）を用いて測定することが多い．この方法は，(1) フォトンを1個ずつ計測するために感度がきわめて高く，(2) $10^4$ 〜$10^6$ 程度のダイナミックレンジが得られ，(3) 検出器の選択により観測波長に対する柔軟性がある，などの特徴をもつ．この手法と開口数の大きな対物レンズを組み合わせることにより，単一分子分光などの超高感度測定が可能となる．

原理的には，試料を光励起するレーザーのパルス光をスタート信号とし，試料からの蛍光フォトン1個をストップ信号として，スタートとストップの時間差を電圧として検出（時間－電圧変換器，TAC）し，電圧（時間差）に対応するチャンネルに1カウントを記録する．1回のレーザー励起に対し，蛍光フォトンを計測する割合を数％以下にすると，多数回の繰り返し測定によるカウントのヒストグラムが統計的に蛍光減衰曲線に対応するようになる．数学的には，微弱なフォトン計測を行うので，フォトンを検出する確率がポアソン分布に従うと考える．TCSPCでは，レーザーを照射して $t=0$ から時刻 $t$ までの間には0個の蛍光フォトンを検出し，$t \sim t+dt$ の間に1個のフォトンを検出するという確率を測定しており，その量の時間変化が蛍光減衰曲線に対応する量となることが数学的に証明できる．

図1はこのようにして測定された蛍光時間減衰の例である．横軸はTACの電圧で記録された時間，縦軸はフォトンのカウント数を対数プロットしたものであり，蛍光強度の対数に対応する．破線は励起光そのものを観測したときの値であり，励起パルスの幅や検出器の時間広がりなどすべての時間広がりを含む装置応答関数を示している．実線は応答関数を真の時間減衰曲線式で畳み込み積分した値を示している．図のように何桁にもおよぶ広いダイナミックレンジが得られるため，多指数関数やエネルギー移動などの蛍光緩和モデルに対応した理論的な時間減衰曲線式との一致度を，図の上部に記載した残差プロットやDurbin-Watson値などで検証できる．

光励起に用いるレーザーの繰り返しが100 MHz 程度もある場合，①蛍光寿命が繰り返し時間と同程度以上になる場合は，蛍光減衰曲線が鋸状となること，②スタートの直後にストップパルスがくるとTAC

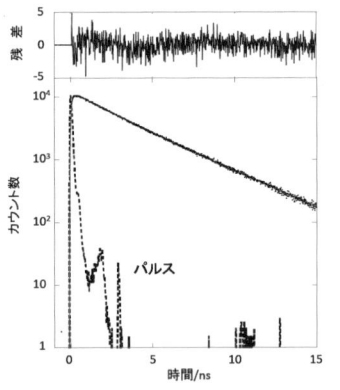

**図1** TCSPC測定で得られる時間減衰曲線と残差プロットの例．破線は装置応答関数を示す．

の非線形領域に入り，蛍光減衰曲線が歪んでしまうこと，などの問題点が生ずるので，レーザーの繰り返しを 10 MHz 以下に落とすことが重要である．

TCSPC 法の時間分解能を決める要素は，①分光器による時間広がり，②光検出器における電子走行時間の広がり，③励起光源のパルス幅，④アンプなどの電子回路系におけるジッタがある．①は回折格子の両端で回折された光の出射スリットまでの走行距離が異なっていることに起因するものであり，焦点距離の短い小型分光器を使用することにより解決できる．④は十分なウォーミングアップや性能のよい増幅器を用いると 10 ps 程度まで抑えることができる．②が最も重要であり，マイクロチャンネルプレート型光電子増倍管（MCP-PMT）を用いることにより，全体としての時間分解能を 20〜50 ps 程度にすることが可能である．ただし，MCP-PMT は，光電変換効率が 10% 程度なので，最近では光電変換効率が 30〜80% ある電子の雪崩現象を利用したアバランシェフォトダイオード（APD）が用いられるようになってきた．時間分解能が 400 ps 程度のものから，MCP-PMT と比肩する数十 ps のものまで幅広く市販されており，単一分子分光には光電変換効率の高い APD が用いられている．

b．**ストリークカメラ法**　ストリークカメラは，時間情報を空間情報に変換する装置であり，①光電面での光-電子の変換，②電子の高速掃引による時間-空間変換，③検出面に到達した電子の分布像（ストリーク像）への変換，から成り立っている．ストリークカメラの心臓部は，時間-空間変換であり，励起パルスに同期させて偏向電圧を掃引し，発生した光電子を時間遅れにしたがって空間の異なった位置で検出する（▶9.2②項）．分光器の出口スリットとストリークカメラを連結することによ

り，$x$ 軸が波長，$y$ 軸が時間，$z$ 軸が光強度に相当する 3 次元画像が得られる．この方法は，① 1 ps 程度の高い時間分解能が得られること，②時間-空間，時間-波長の 2 次元計測が可能なこと，③単発計測から高速繰り返し（100 MHz 以上）まで測定可能などの特徴をもつ．しかし，偏向電圧の印加方法が楕円掃引などの場合は，ストリーク像が空間的に歪むので注意深い補正が必要となる．ストリークカメラは，増幅した 1 kHz 程度のレーザーに同期させた発光の 2 次元計測が可能なので，時間相関単一光子計数法では測定不可能な高密度励起条件における発光現象を解析する最適なツールとなる．一方，TCSPC 法は感度やダイナミックレンジの面で優れている．

c．**アップコンバージョン法**　この方法では，電気的な信号を扱わず光学的な方法で計測するため，励起レーザーのパルス幅に相当するサブピコ秒からフェムト秒の時間分解能が得られる．励起光となるレーザー光を 2 分割（ないし基本波と第 2 高調波）し，一方を光学遅延回路へ他方を試料の励起に使う．試料から発せられた蛍光と光学遅延回路を通過したゲート光とを集光して非線形結晶に入射し，両者の和周波光を発生させる．この和周波光強度を遅延回路で時間差を変化させながら観測することにより，蛍光強度の時間減衰を測定することができる．和周波強度は，蛍光強度，ゲート光強度，非線形結晶の厚みの 2 乗の積に比例する．フェムト秒域の高い時間分解能に大きな特徴がある．比較的短い蛍光寿命の試料に適用できる方法で，試料が高密度で光励起される可能性があることを考慮しておく必要がある．

〔玉井尚登〕

【関連項目】
▶2.2③ 蛍光量子収率，蛍光寿命と蛍光消光／5.4③ 非線形光学材料／9.2② 光検出器／9.2⑥ 過渡吸収分光法／9.2⑭ 単一分子蛍光測定・単一分子蛍光分光

# 過渡吸収分光法
Transient Absorption Spectroscopy

光によって励起された分子や固体が引き起こすさまざまな光化学反応の時間経過を時々刻々と分光学的に観察する手法の1つが過渡吸収分光法である．歴史的にはフラッシュフォトリシスとしてPorterらによりマイクロ秒分解能の分光方法として開発された（1967年ノーベル化学賞）．近年ではZewail（1999年）・Ertl（2007年）のノーベル化学賞に代表されるように，フェムト秒のレーザーパルスを駆使した先端的な過渡吸収分光法がポンプ-プローブ分光法として，ピコ秒～フェムト秒の時間領域の現象を理解するための基礎科学研究になくてはならない技術となり，光化学の分野で広く用いられている．最近は，分析装置としてシステム化して市販されてきており，今後，産業技術開発のための分析ツールの1つとして，バイオセンシング発光分子，有機EL素子，光触媒，太陽電池などの光化学材料・光機能デバイスの開発にも広く導入されていくと期待される．

過渡吸収測定の原理は，励起（ポンプ）光によって生成した短寿命反応中間体（過渡種）に起因する吸収を，観察（プローブ）光によって検出することである．試料を光励起しないときの透過プローブパルス強度（$I_0$）と，光励起したときの強度（$I$）の比（$I/I_0$）の対数が，過渡吸収信号（吸光度変化 $A$）となる（式(1)）．

$$A = -\log\left(\frac{I}{I_0}\right) \tag{1}$$

観察したい過渡種が吸収する波長をプローブ光に選ぶことによってさまざまな過渡種の生成・消失を追跡できる．また，ある特定の観察時間に固定して，波長をスキャンして過渡吸収スペクトルを測定すると，過渡種の電子状態知見が得られる．

ナノ～ミリ秒程度の比較的遅い時間領域における過渡吸収測定では，光強度信号の時間変化に光検出器および電気的信号処理が十分追随するため，過渡吸収信号の時間変化を実時間計測することができる．実際には，定常的な強度をもつプローブ光，あるいは観測時間より長いパルスプローブ光を用い，励起光が入射することによる瞬間的なプローブ光強度の減少，そしてその回復をオシロスコープ上で観測する．光源の安定化や電気処理の工夫によって，微小な光強度の変化（吸光度変化）を検出できるなどの高性能化が実現されている．

フェムト～ナノ秒の時間領域の測定は，励起光，プローブ光ともに短いパルス光を用いることによって，時間分解測定を可能にする．いわゆるポンプ-プローブ法とよばれる方法で行われる．模式図を図1(a)に示す．まず，ポンプパルスで試料を励起

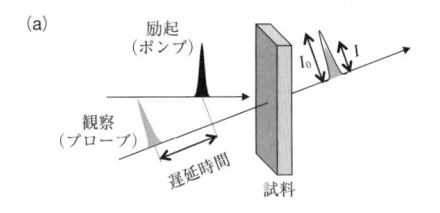

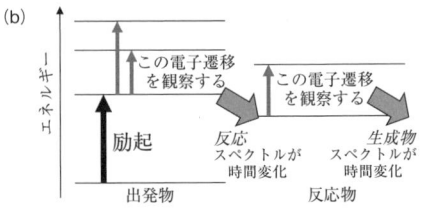

図1 過渡吸収測定の原理．(a)ポンプ-プローブ法による測定原理図．(b)励起後の反応による光吸収遷移の変化

(a)
● 0.15 ps
○ 0.85 ps
▽ 8 ps

縦軸: 過渡吸光度
横軸: 波長 / nm (900, 1000, 1100, 1200, 1300)

(b)
300 fs, 5 ps
○ 1230 nm

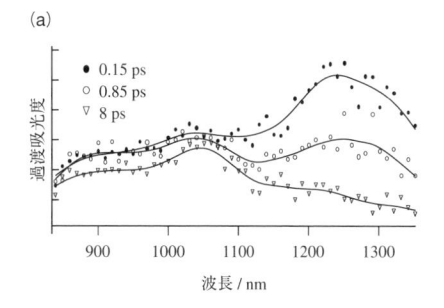

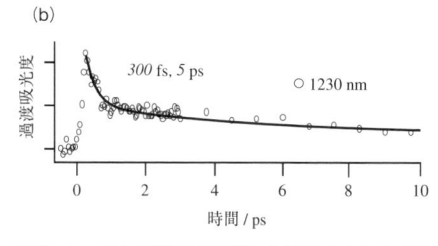

縦軸: 過渡吸光度
横軸: 時間 / ps (0, 2, 4, 6, 8, 10)

**図2** クマリン系色素が吸着した酸化チタンナノ粒子膜の過渡吸収データ．(a)過渡吸収スペクトルの時間変化．(b)1230 nm の吸光度の時間変化．

し，その後，ある遅延時間をおいて入射するプローブパルスの強度（$I$）を検出する．光励起しないときのプローブパルス光強度（$I_0$）も測定し，式(1)により過渡吸収強度を求める．一般的には，プローブパルスとして，基本波パルス光を波長変換素子により，幅広い波長分布をもつ白色光にしたものを用いる．小さな過渡吸収強度を測定するために，繰り返し励起パルス列に変調を与え，ロックイン検出するなどの技術が一般的に用いられている．短いパルスを用いることによって時間分解能の向上が達成され，最先端のパルス圧縮技術と組み合わせることによって 5 fs 程度の分解能も可能になっている．

光励起直後の状態から反応が起こった場合のスペクトル変化を説明する模式図が図1(b)である．実験データの具体例として，図2に，励起されたクマリン系色素分子が酸化チタンナノ粒子に電子を与えて酸化状態になる様子を観察したときのスペクトル変化（図2(a)）と特定の波長における過渡吸収時間変化（図2(b)）を示す．これは色素増感太陽電池における光電変換初期過程である．可視光によりクマリン色素は基底状態から励起状態（最低励起一重項状態）に遷移する．この状態の過渡吸収スペクトルは，最低励起一重項状態からさらに高い励起一重項状態への遷移に対応する．実験では波長 1250 nm 付近に吸収バンドが観測されている．励起後 0.15 ps から 8 ps へと時間経過するとともにこの吸収バンドは減衰し，新たに波長 1050 nm 付近に吸収バンドが現れてくる．これは電子移動後のクマリン系色素分子の1電子酸化状態に特徴的な吸収遷移によるものである．波長 1230 nm での過渡吸収の時間変化をみると，電子移動反応速度の時定数を得ることができる．それが図2(b)に示されている．この過渡吸収の変化には 300 fs と 5 ps の2成分が観測され，2つの反応過程が存在することがわかり，これは酸化チタン表面の不均一性を反映している．

過渡吸収測定技術は，高時間分解能化とともに，顕微鏡とあわせた空間分解特性の付与，反射光学系測定の開発，不可逆反応の観察のためのシングルショット測定技術の開発などまだまだ発展を示しており，今後のその応用もますます広がっていくと予想される．

〔古部昭広〕

【関連項目】
▶2.1② 物質の光吸収と励起状態の生成／2.1⑥ 電子励起状態からの緩和現象／2.2⑨ 電子移動と電荷再結合／5.3④ レーザーの種類と仕組み／7.3③ 色素増感太陽電池／7.3⑤ 有機薄膜太陽電池／9.2⑦ パルスラジオリシス

## パルスラジオリシス―電子線パルスによる過渡測定
Pulse Radiolysis：Transient Measurement using an Electron Beam Pulse

光化学反応初期過程では，寿命の短い励起状態，ラジカル，ラジカルイオンなどの活性種が生成する．これらの短寿命活性種を直接観測し，その動的挙動を明らかにすることは光化学反応機構の解明につながる．このような短寿命活性種の研究には通常はレーザーフラッシュフォトリシスが使用されるが，パルスラジオリシスの利用も有効である．パルスラジオリシス法によって，電子移動反応における逆転領域が明示されたことはよく知られている（▶2.2⑨項）．

パルスラジオリシス法（パルス放射線分解法）は照射に放射線を使用することを除けば，原理的にはレーザーフラッシュフォトリシス法（▶9.2⑥項）と同じで，パルス状放射線の試料への照射により短寿命活性種を生成させ，その吸収や発光の時間挙動を直接観測する方法である．溶液に光を照射すると，溶質分子が励起されるが，放射線を溶液に照射すると（放射線照射は，通常─⋀⋀→で示す．式(1)，(7)，(10)），そのエネルギーは主として溶媒に吸収され，溶媒のイオン化が起こり，溶媒和電子（$e_{sol}^-$）と溶媒ラジカルカチオンが生成する．その後，溶質へのエネルギー移動，電子移動，正孔移動を経て溶質の短寿命活性種が生成する．したがって，生成する短寿命活性種は使用する溶媒に大きく影響を受ける（▶1③項）．

アルカン，ベンゼンなどの非極性溶媒（RH）中では式(1)，(2)などを経て溶質（M）のラジカルカチオン（$M^{·+}$，(3)），ラジカルアニオン（$M^{·-}$，(4)），励起状態（$M^*$，(5)，(6)）が生成する．適当なカチオンあるいは電子捕捉剤の添加により，$M^{·-}$あるいは$M^{·+}$のみを選択的に生成させることも可能である．

水，アルコールに代表される極性溶媒（S）中では$S^{·+}$と比較的長い寿命（数 $\mu s$）の近赤外領域に吸収を有する$e_{sol}^-$が生成する(7)．$e_{sol}^-$とMとの反応により，選択的に高効率で$M^{·-}$が生成する(8)．一方，$S^{·+}$は2分子的に消失するため(9)，$M^{·-}$が高選択的高収率で生成する．さらに$M^{·-}$の溶媒からの水素原子引き抜きにより中性ラジカル$MH^·$が生成することもある．

1,2-ジクロロエタン，ジクロロメタンに代表される電子親和力の大きいハロゲン化溶媒（RX）中では，RXのイオン化により生成した電子は溶媒との解離性電子付着反応によりXに不可逆的に捕捉され，$X^-$が生成する(11)．一方，$RX^{·+}$からのMへの正孔移動により，$M^{·+}$が高選択的高収率で生成する(12)．

$$RH \xrightarrow{\sim\!\sim\!\sim} RH^{·+} + e^- \quad (1)$$
$$RH^{·+} + e^- \longrightarrow RH^* \quad (2)$$
$$RH^{·+} + M \longrightarrow RH + M^{·+} \quad (3)$$
$$e^- + M \longrightarrow M^{·-} \quad (4)$$
$$M^{·+} + M^{·-} \longrightarrow M^* \quad (5)$$
$$RH^* + M \longrightarrow RH + M^* \quad (6)$$

$$S \xrightarrow{\sim\!\sim\!\sim} S^{·+} + e_{sol}^- \quad (7)$$
$$e_{sol}^- + M \longrightarrow M^{·-} \quad (8)$$
$$S^{·+} + S \longrightarrow S^· + S^+ \quad (9)$$

$$RX \xrightarrow{\sim\!\sim\!\sim} RX^{·+} + e^- \quad (10)$$
$$RX + e^- \longrightarrow R^· + X^- \quad (11)$$
$$RX^{·+} + M \longrightarrow RX + M^{·+} \quad (12)$$

水の放射線分解より生成する水和電子，OHラジカル，H原子とMとの反応により$M^{·+}/M^{·-}$を生成させることができるので，生体関連分子の水溶液のパルスラジオ

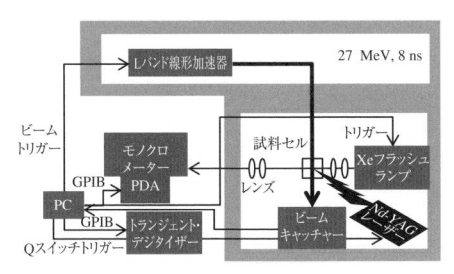

**図1** パルスラジオリシスおよびパルスラジオリシス-レーザーフラッシュフォトリシス複合照射による過渡吸収分光測定

リシスは，そのラジカルイオンの研究に広く利用されている（▶4.5①項）．

$M^{•+}$ や $M^{•-}$ は光電子移動反応によっても生成させることができるが，それぞれラジカルイオンとの対として生成し，その間の影響が避けられない．これに対しパルスラジオリシスではフリーな $M^{•+}$ あるいは $M^{•-}$ を選択的に生成できる．数十 MeV の電子線パルスを用いた場合，$M^{•+}$ や $M^{•-}$ の濃度は約 $10^{-5}$ mol L$^{-1}$ と高く，光化学反応において重要な役割を担っている $M^{•+}$ や $M^{•-}$ を高選択的高収率に生成できるので，これらの速度論的研究に適している．

パルスラジオリシス法の実験装置は，①パルス放射線源発生装置，②試料への照射，③時間分解計測から構成されている．パルス放射線源としては，ナノ秒電子線パルスが一般的である．発生装置としては，エネルギー数十 MeV の電子線パルスの発生が可能な線形加速器（LINAC：linear accelerator）が用いられることが多い．最近では，イオンビームやX線など線源の発展に加え，ピコ秒電子線パルスなどの短パルス化も達成されている．測定試料は溶液を主に，薄膜・固体と幅広い．計測手法は光吸収，発光，ESR，ラマン散乱，電気伝導度などが利用されている．

代表的な電子線よるナノ秒パルスラジオリシス過渡吸収分光測定システムを図1に示す．加速器の照射ウィンドウ前に試料セルをセットして電子線パルスを照射する．電子線パルスのビーム径は 3～5 mm なので，1 mL 以下の極少量の試料で測定可能である．短寿命活性種の吸収にあった検出光を試料セルに電子線と同期入射し，電子線によって生成した短寿命活性種の吸収を時間分解測定し，その動的挙動を追跡する．検出光として紫外から近赤外光を用いることにより広い波長領域内での過渡吸収測定が可能である．パルスラジオリシス法では発生する放射線を遮蔽するため照射は独立した部屋で行う．時間分解計測装置はレーザーフラッシュフォトリシスで用いられるものと同じであるが，測定およびデータ観測は遠隔操作となる．また，短寿命活性種の生成が高収率であることから単一パルスによる測定が一般的であり，高エネルギー放射線の照射による試料の劣化や放射化を回避することができるとともに，測定時間の短縮化が実現できている．

$M^{•+}/M^{•-}$ は M に対して長波長側に吸収を有するので，電子線照射後に $M^{•+}$ や $M^{•-}$ の吸収にあわせた波長のレーザーパルスを $M^{•+}/M^{•-}$ の寿命内（50 ns～100 μs）に照射することにより，$M^{•+}$ あるいは $M^{•-}$ のみを選択的に励起することができる．このようなパルスラジオリシス-レーザーフラッシュフォトリシス複合照射によって，$M^{•+}/M^{•-}$ の光励起状態の動的挙動が解明されている．$M^{•+}/M^{•-}$ のみならず，ラジカル，ビラジカル，励起状態などの選択的光励起によって，それら短寿命活性種の光化学という新しい研究も進められている．

（藤乗幸子）

【関連項目】

▶1③ 光と放射線／2.1⑧ 高電子励起状態／2.2⑨ 電子移動と電荷再結合／2.2⑩ 光イオン化／4.5① DNA類の光化学／5.3⑤ 放射光とSPring-8／9.2⑥ 過渡吸収分光法

# ラマン分光法
Raman Spectroscopy

単一の振動数$\nu_i$をもつ光を物質に照射すると，振動数$\nu_i$, $\nu_i \pm \nu_1$, $\nu_i \pm \nu_2$, ……の光が散乱する．入射光と同じ振動数$\nu_i$を与える光散乱をレイリー散乱（Rayleigh scattering），$\nu_i \pm \nu_R$を与える光散乱をラマン散乱（Raman scattering）とよぶ．ラマン散乱のうち$\nu_i - \nu_R$の振動数をもつ成分をストークス散乱，$\nu_i + \nu_R$の振動数をもつ成分をアンチストークス散乱，入射光と散乱光の振動数差$\pm \nu_R$をラマンシフトという．ラマンシフトは物質固有の値で，物質の種々の振動状態に対応するエネルギー準位に関係づけられる．図1に，2準位モデルを用いたラマン散乱過程の模式図を示す．ストークス散乱では，$h\nu_i$の入射フォトンが$h(\nu_i - \nu_R)$のフォトンに変換されるのに伴って準位$E_a$にあった物質が準位$E_b$へ遷移する．アンチストークス散乱では$h(\nu_i + \nu_R)$のフォトンが散乱され，物質は準位$E_b$から準位$E_a$にシフトする．散乱前後でのエネルギー保存から式(1)が成立するが，これがラマンシフトを物質のエネルギー準位と関係づける基本式である．

$$h\nu_R = E_b - E_a \tag{1}$$

$E_a$, $E_b$が振動準位の場合，ラマンシフト$\nu_R$は分子振動や格子振動といった振動スペクトルを与える．図2に，例として四塩化炭素の振動ラマンスペクトルを示す．

同じく振動スペクトルの情報を与える赤外吸収が1光子過程であるのに対してラマン散乱は2光子過程であるため，両分光法では選択律が異なる．分子や結晶の基準振動は，その対称性によってラマン活性な振動モードと赤外活性な振動モードに分かれるため，両分光法は振動スペクトルを得る手法として相補的に用いられる．

ラマン散乱の微分散乱断面積強度はKramers-Heisenberg-Dirac（K-H-D）の分散式で与えられる．その表式は始状態aから中間状態eへの遷移とeから終状態bへの遷移が結合した形をしている．ラマン散乱は短時間に起こるため，中間状態eへの遷移は必ずしもエネルギー保存則を満たす必要がなく（不確定性原理），したがって中間状態eは仮想準位でもラマン過程は生じる．中間状態eが実在準位の場合（入射光$h\nu_i$が物質の吸収帯に近いエネルギーに相当する場合），ラマン散乱強度は著しく増大する．これを共鳴ラマン効果とよび，ラマンスペクトルを高感度に検出するための手段として用いられる．

ラマン散乱はレイリー散乱に比べてきわめて強度が弱いため，質のよいラマンスペ

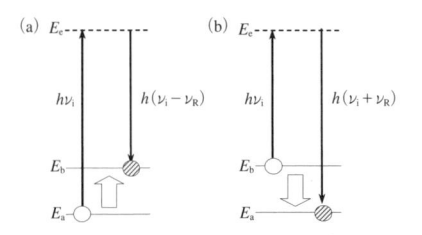

**図1** ラマン散乱過程の模式図

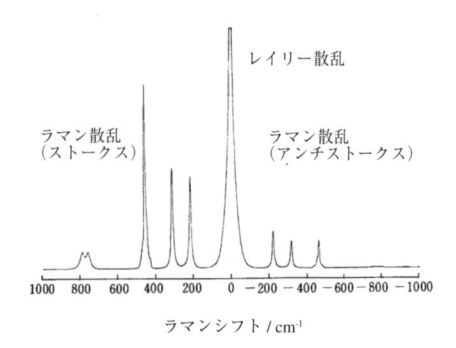

**図2** 四塩化炭素の振動ラマンスペクトル

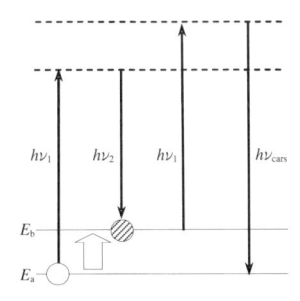

**図3** CARS過程の模式図

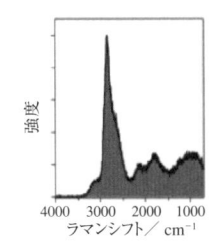

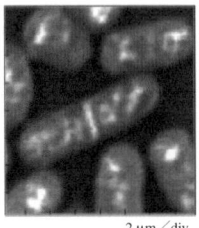

**図4** 4分裂酵母細胞のCARSイメージ．(a) CARSスペクトル(露光100 ms)，(b) 2850 cm$^{-1}$の強度イメージ(2 μm/div) (Kano, H.; Hamaguchi, H. *Opt. Express* 2006, 14, 2798.)

クトルを得るためには，安定したレーザーやスループットの高い分光器，量子収率の高い検出器などが必要となる．そのため，赤外吸収法の応用が早くから進んだのに対して，とくに産業界でラマン分光法が広く用いられるようになったのは，上述したハードウェアの開発が進んだ1990年代に入ってからである．しかし，顕微光学系を有する分光システムが開発されるようになると，回折限界で制約される空間分解能が赤外吸収よりも1桁高いラマン分光法は，その応用が一気に進んだ．その後，共焦点光学系の実用化や近接場効果を利用したラマン分光法の開発が進み，現在では回折限界を超える空間分解能（数十nm）でのラマン測定も可能となっている．

顕微ラマン法が広く普及するとともに，ラマンイメージングのニーズが高まった．尖頭出力の高いピコ秒～フェムト秒パルスレーザーを利用し，非線形ラマン散乱を高感度かつ高速に検出することによってラマンイメージを取得する技術の開発・実用化が近年盛んに進められている．その代表的な手法がCARS（コヒーレントアンチストークスラマン散乱）法である．図3にCARS過程の模式図を示す．

CARS過程では，物質に$h\nu_1$と$h\nu_2$のフォトンが入射され，$h(2\nu_1-\nu_2)$のフォトンが散乱される．$h\nu_1$と$h\nu_2$の差が準位$E_b$と準位$E_a$のエネルギー差に等しいとき，強いCARS散乱が観測され，この条件ではエネルギー保存から式(2)が成り立つ．

$$h(2\nu_1-\nu_2) = E_b - E_a \qquad (2)$$

2つの入射光のうち一方（$h\nu_2$）を広帯域化することによって，種々の振動モードに対して同時に式(2)が成立する（マルチプレックスCARS）．これにより一度の測定でCARSスペクトルが取得でき，高速ラマンイメージングが可能となる．図4は，フェムト秒Ti:サファイアレーザーを用い，生きたままの分裂酵母細胞のマルチレックスCARSスペクトルおよびCARSイメージを測定した例である．

近年のパルスレーザーや高感度検出器の著しい進歩，種々の光学素子の改良はラマン分光法に新たな光を投げかけ，種々の手法が提案・実用化され続けている．

〈河戸孝二〉

【関連項目】
▶1⑦ レイリー散乱，ミー散乱とラマン散乱／8.1⑥ 細胞イメージング／9.1① 光学顕微鏡

# エバネッセント光と光分析への利用
Evanescent Wave and Its Application to Interfacial Analysis

媒質1と媒質2が接触した図1のような界面を考える．媒質1の屈折率を $n_1$，媒質2の屈折率を $n_2$ とし，$n_1 > n_2$ とする．媒質1側から光を臨界角 $\theta_c$ より大きな角度 $\theta$ で入射すると媒質1と媒質2の界面で全反射する．この際，媒質2側には電場強度が $z$ 軸方向に指数関数的に減衰する光を生じる．この光はエバネッセント光とよばれ，その浸み込み深さ $d_p$ は

$$d_p = \lambda_o / 2\pi n_1 (\sin^2\theta - \sin^2\theta_c)^{1/2} \quad (1)$$

で与えられる．ここで，$\lambda_o$ は光の波長である．実験によっては $d_p$ の値そのものよりも界面からの深さと電場強度 ($I_{ev}$) の関係の方が重要である．

$$I_{ev} = I_{ev,o} \times \exp(-2z/d_p) \quad (2)$$

ただし，$z$ および $I_{ev,o}$ はそれぞれ界面からの距離および界面における電場強度である．エバネッセント光を分析に応用する際，分析深さ $d$ を $I_{ev}$ が $I_{ev,o}/e$ となるときの $z$ と定義すれば，$d = d_p/2$ となる．

エバネッセント光の界面分析への応用として，赤外吸収分光測定における全反射減衰（ATR：attenuated total reflection）法が有名である．ATR法では高分子膜などの測定試料を内部反射エレメントとよばれる高屈折率の無機固体結晶と接触させる．内部反射エレメントとしてはKRS-5（$n_1$ = 2.4），ZnSe（$n_1$ = 2.4），Ge（$n_1$ = 4.0）などが一般的である．装置によっては，ダイヤモンドを内部反射エレメントとして使用する場合もある．エバネッセント光の浸み込み深さ $d_p$ は，$\lambda_o$ が一定であれば $\theta$ および $n_1$ の関数であるから，内部反射エレメントへの赤外光の入射角度，ならびに異なる $n_1$ の内部反射エレメントを選択することで，膜表面近傍における構造情報のデプスプロファイリングが可能となる．内部反射エレメントにZnSeを用いると，$\theta = 30°$ の場合は全反射が起こらないが，$\theta = 45°$ および $60°$ では，$d_p/\lambda_o = 0.20$ および $0.11$ となる．また，Geの場合 $n_1$ が大きいため，$\theta = 30°$，$45°$ および $60°$ では，$d_p/\lambda_o = 0.12$，$0.066$ および $0.051$ となり，より浅い領域の情報を取得できる．ただし，赤外領域では $\lambda_o$ が比較的大きな値となるため，極表面近傍の構造分析にはX線光電子分光や和周波発生分光などの併用が必要である．

また，エバネッセント光の界面分析への応用として表面プラズモン共鳴（SPR：surface plasmon resonance）がある．詳細は9.2⑩項に譲るが，SPRではエバネッセント波のp偏光成分とAuやAgなどの金属薄膜表面における自由電子の振動を結合させることで表面プラズモンを励起し，これを分析に利用する．エバネッセント光を発生する全反射入射角が界面での屈折率変化に鋭敏に応答するために，抗原-抗体反応のように分子認識により吸着した物質の量をリアルタイムで光学的に検出できる．この原理を応用したバイオセンサーが広く利用されている（▶9.2⑩項）．

エバネッセント光は界面に束縛されて伝搬できない光であり，この電磁場を励起光

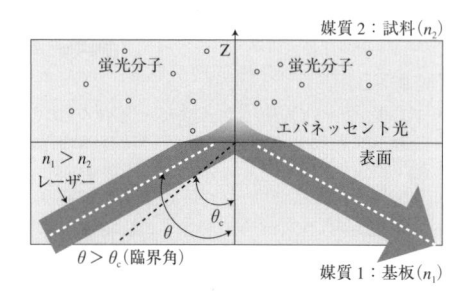

**図1** 全反射界面におけるエバネッセント光の発生

源,すなわち局所場照明光として使うことができる.全反射照明蛍光顕微鏡は TIRF (total internal reflection fluorescence)顕微鏡,あるいはエバネッセント場顕微鏡とよばれ,図1のように全反射面の裏側(上側)に浸み出した光により,試料基板に吸着した物質や表面ごく近傍に存在する物質を励起し,その蛍光像を高感度で観測する顕微鏡である.通常の透過照明型の顕微鏡では光が溶液中を進み,光路にあるすべての分子を励起してしまうため,表面近傍を観測しようとしても背景が明るく結像も難しい.とくに単分子の蛍光観察のように,微弱な蛍光を検出することは,昼間に星を観測できないのと同じで,背景が明るい条件ではきわめて困難である.しかしながら,全反射照明を用いれば,表面から100 nm 程度の局所場を選択して励起できることから,背景が暗くなり,高感度観察が可能になる.このような原理により,蛍光ラベルされた DNA やタンパク質,細胞など,生体関連物質の高感度顕微鏡観測に大きな威力を発揮している.

このほか,光導波路の多重全反射を利用した高感度分析にもエバネッセント光が利用されている.

エバネッセント光を用いた研究例として,高分子界面の特性解析について紹介する.色素の中には温度により著しく蛍光強度が変化する色素がある.このような色素を高分子媒体中に分散させ,蛍光強度を温度の関数として測定すれば,マトリックス高分子のガラス転移温度($T_g$)を評価できる.エバネッセント光を用いれば,固体界面近傍に存在する色素のみを励起することができ,異種固体界面と接触した高分子の $T_g$ を,観測深さを変化させながら決定できる.

このような色素である 6-($N$-(7-nitrobenz-2-oxa-1,3-diazol-4-yl) amino) hexanoic acid (NBD) をラベルしたポリスチレン (PS-NBD) を試料とし,基板上に製膜した.基板として,高屈折率ガラスの S-LAH79 および LiNbO$_3$,ならびに,それらの上に SiO$_x$ を蒸着したものを用いた.励起波長は 430 nm とし,その波長における S-LAH79 および LiNbO$_3$ の $n_1$ はそれぞれ 2.05 および 2.30 であった.$\theta_c$ は 51.3° である.

図2は S-LAH79 および LiNbO$_3$ 上に調製した PS-NBD 膜の $T_g$ と $d$ の関係である.$T_g$ は $d$ の減少に伴い上昇した.S-LAH79 および LiNbO$_3$ 上に膜厚 10 nm 程度の SiO$_x$ 層をコートした基板で同様の実験を行ったところ,PS の $T_g$ は $d$ の減少に伴い増大したが,その程度は S-LAH79 および LiNbO$_3$ 基板における結果ほど顕著でなかった.これらの結果は,界面近傍の高分子の熱運動特性の深さプロファイルがエバネッセント光分析により明らかにできることを示している.

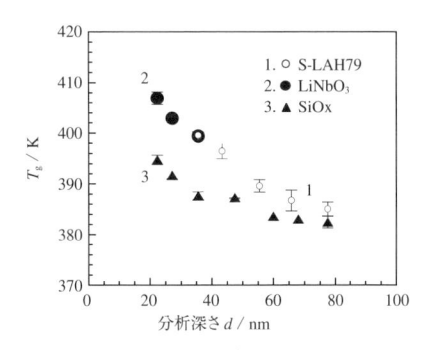

図2 エバネッセント光励起による界面近傍での $T_g$ 測定例

〔田中敬二〕

【関連項目】
▶8.1② 蛍光タンパク質/8.1⑥ 細胞イメージング/9.1① 光学顕微鏡/9.1③ 波長の制限を超える高分解能光学顕微鏡/9.2⑩ 表面プラズモン共鳴と局在表面プラズモン共鳴/9.2⑭ 単一分子蛍光測定・単一分子蛍光分光

# 表面プラズモン共鳴と局在表面プラズモン共鳴
Surface Plasmon Resonance (SPR) and Localized Surface Plasmon Resonance (LSPR)

プラズマとは，原子などが陽イオンと電子に分かれて自由に運動している状態である．プラズマ状態におけるイオンの集団的な振動はプラズモン（plasmon）とよばれる．プラズモンは電荷の集団的な振動であるから，電磁場の振動も伴っている．荷電粒子の振動と電磁場の振動が結合しているような状態はポラリトン（polariton）とよばれるので，プラズモンポラリトンというのが正しいが，ポラリトンは省略され，単にプラズモンとよばれることが多い．金属の薄膜やナノ粒子などのような表面が存在する系では，表面自由電子の集団的な振動，すなわち表面プラズモン（surface plasmon）が起こる．金属薄膜の場合には，表面プラズモンは水面に発生した波のように表面を伝搬する（伝搬型）．一方，金属ナノ粒子の場合には，表面プラズモンはナノ粒子表面にのみ局在する（局在型）．

まず，表面プラズモン共鳴（SPR：surface plasmon resonance）について考える．表面プラズモンが効率よく励起されるのは，励起するための光（電磁波）が表面プラズモンと同じ進行速度（周波数と波数）をもつときである．光の進行速度は表面プラズモンの進行速度より常に早いので，SPRを起こすためには光の進行速度を遅くする必要がある．そのために，入射光をプリズム中に通す方法（Kretschmann配置）がよく用いられる．その様子を図1に示す．全反射の条件で入射された光は金属薄膜との界面に達し，界面でエバネッセント光を発生する．エバネッセント光とは，界面から金属薄膜側に浸み出している電磁波のことであり，界面近傍にまとわりついている．エバネッセント光の空間的な広がりは波長程度であるので，厚さが数十nmの金属薄膜を包み込み，反対側の金属表面にも達する．その結果，空気側の界面に達するエバネッセント光が表面プラズモンと共鳴する条件でSPRが起こる．このとき入射光のエネルギーは金属薄膜に吸収されるため，反射光がなくなる．表面プラズモンは進行方向に電場が振動するので，進行方向と同方向に振動するp偏光成分で励起され，s偏光成分では励起されない．このほかにプラズモン共鳴を起こす方法として，金属表面に微細な溝（グレーティング）を付ける方法も利用される．

一方，金属ナノ粒子のような局在型の系

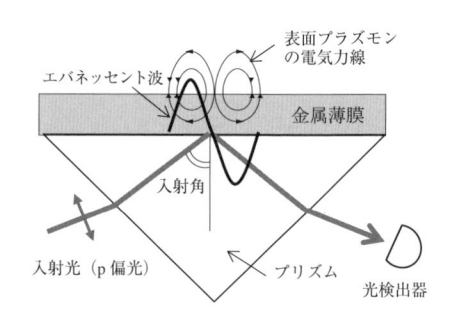

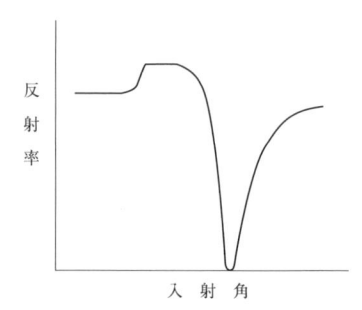

**図1** (上)金属薄膜を用いた表面プラズモン共鳴の概念図（プリズムを用いた場合），(下)プラズモン共鳴の検出例．共鳴角で反射率がゼロになる．

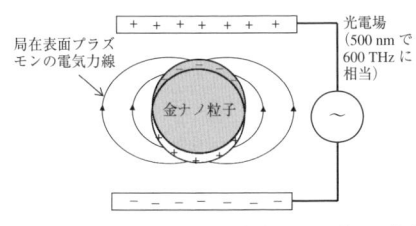

**図2** 金ナノ粒子における局在表面プラズモン共鳴の概念図

の場合には，局在（型）表面プラズモン共鳴（LSPR：localized surface plasmon resonance）あるいは局在プラズモン共鳴（LPR：local plasmon resonance）ともよばれる共鳴現象が起こる．その様子を図2に示す．一例として，サイズが数～数十nmの金ナノ粒子の場合を考えてみる．LSPRが起こる波長は500 nmあたりであり，これは600 THzの交流電場に相当する．金ナノ粒子に600 THzの交流電場がかかったとき，表面近傍の電子は交流電場の変化に追随して周期的に振動する．この現象がLSPRであり，共鳴周波数は周囲媒体の誘電率（屈折率）に依存する．ナノ粒子における局在表面プラズモンは入射光で直接励起できることが特徴である．

センシング応用技術の基本原理を再び図1で説明する．プリズムの底面に厚さ50 nm程度の金薄膜を真空蒸着で作製し，薄膜表面に抗体分子を化学結合で固定する．プリズムを通して入射した光が金薄膜表面でSPRを起こすように光学系を調整し，全反射光の強度が最少（理想的にはゼロ）となる角度に光検出器を固定しておく（図1下）．金薄膜表面に抗原を含む溶液を接触させると，抗原-抗体反応が起こって抗体が結合し，薄膜表面近傍の屈折率が変わるので，SPR条件が変化する．その結果，光検出器に届く反射光が増大する．このように，金薄膜表面で起こる単分子膜レベルでの屈折率変化を全反射光強度の変化としてとらえるのがSPRセンサーの基本原理である．検出方法としては，反射光強度変化以外に，CCDカメラやフォトダイオードアレイを用いて共鳴角のシフトで評価する方法もある．これらの方法では，検出対象となる分子が光を吸収する必要がないので，タンパク分子やDNAをはじめとする生体関連物質の分析に幅広く用いられている．また，SPRに基づく薄膜表面分子の蛍光増強現象や表面増強ラマン散乱信号を計測する方法もある．

一方，LSPRの条件は，周囲媒体の誘電率（屈折率）のみならず，金属の種類，サイズ，形状，会合状態に依存する．例えば，金ナノ粒子の表面にプローブDNAを化学結合させておく．そのコロイド溶液にターゲットDNAを加えると，DNAどうしのハイブリダイゼーションが起こり，DNAを介して金ナノ粒子が会合状態を形成する．これにより会合体内の金ナノ粒子間で局在表面プラズモンのカップリングが起こるようになり，LSPR条件の変化，すなわちプラズモン吸収バンドのシフトが起こる．その結果，コロイド溶液は赤色から青色を帯びた色へと変化するなど，ターゲットDNA分子をコロイド溶液の変化として目視で検出することができる．このような金ナノ粒子の着色現象や共鳴周波数変化による色調変化を利用した妊娠検査薬やインフルエンザ検査薬などが数多く開発されている．また，図1のプリズム底面の金薄膜表面に金や銀ナノ粒子を固定し，薄膜とナノ粒子間のLSPRによるプラズモン吸収スペクトルの変化を測定するような方法も開発されている．　　　　　　　　（山田　淳）

【関連項目】
▶1⑤ 光の屈折・反射・干渉・回折／8.1⑥ 細胞イメージング／9.2⑨ エバネッセント光と光分析への利用

# 光電子分光
Photoelectron Spectroscopy

光学特性や伝導性，磁性をはじめとする物性の多くは物質中の電子の状態に強く依存している．すなわち，物性発現の根本的な要因を理解するためには，物質の電子構造を知ることが必要となる．光電子分光法はそれを可能とする最も有力な測定手段の1つであり，気相の原子や分子あるいはそれらの集合体である固体や微粒子の電子準位を直接観測することが可能である．ここでは，その光電子分光法の概要について述べる．

光電効果としてよく知られているように，分子Mに電子の束縛エネルギー$E_{bind}$よりも大きなエネルギー$h\nu$をもつ光を照射するとイオン化が起こり，1個の電子（光電子）が分子から放出される．

$$M \rightarrow M^+ + e^-$$

この過程における余分なエネルギー，すなわち$h\nu - E_{bind}$は分子から飛び出す電子の運動エネルギー$E_k$となる．したがって，エネルギー$h\nu$の単色光を分子に照射し，飛び出してくる電子の$E_k$の分布を測定すれば，次のエネルギー保存則

$$E_{bind} = h\nu - E_k$$

の関係から$E_{bind}$の分布を求めることができる．これが光電子スペクトルである（図1）．HOMOとLUMOの$E_{bind}$がそれぞれイオン化エネルギー$I_p$と電子親和力$E_a$に相当する．通常の光電子分光では電子で充満された準位（占有準位）のエネルギーや状態密度に関する情報が得られる．

**a. 占有準位の観測** 気相の孤立分子の光電子スペクトルには，図1に示すようにある特定の軌道からイオン化された電子に由来する一連のピークが観測される．しかし，図2に示すように一般に分子の中性状態とイオン状態における平衡構造は異な

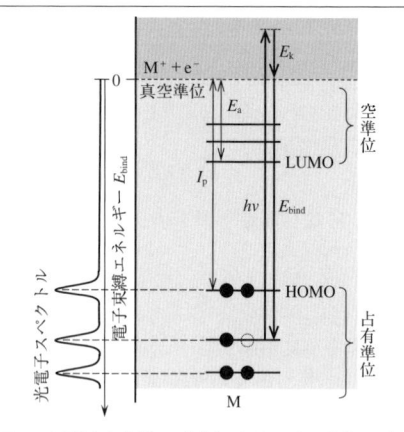

**図1** 光電子分光法の原理と分子の電子準位．黒丸は電子を表す．

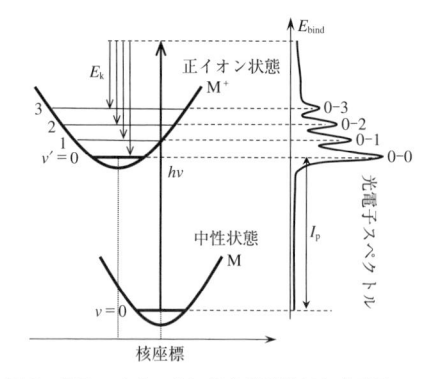

**図2** 分子のイオン化に伴う振動励起と光電子スペクトル．各状態のポテンシャルにおける$v=0$や$v'=0, 1, 2, 3$の横線は振動準位を表す．

るため，イオン化による垂直遷移の過程において分子の振動励起が引き起こされ，実際のスペクトルにはその微細構造や広がりを伴ったピークが観測される．

一方，分子性固体の光電子スペクトルは基本的に気相分子のものとよく類似しているが，次の①，②において大きな違いが

見られる.

① ピーク幅：気相のスペクトルよりも固体のスペクトルのほうがピークの幅が広がっている．この原因として，(1) 固体中の分子がイオン化されるとその周囲の格子緩和が引き起こされ，その結果，スペクトルでは分解されない非常に低エネルギーの格子振動モードが励起されることや，(2) 分子間の軌道の重なりによってエネルギー的に広がったバンドが形成（▶2.2⑤項）されることなどが挙げられる．

② 電子束縛エネルギーの絶対値：固体の占有準位（価電子帯）の $E_{bind}$ は対応する気相分子のそれに比べ1〜2 eVほど小さい．これは固体中に生成した正イオン（正孔）により周辺分子の電子雲の歪み（電子分極）が瞬時に引き起こされ，正孔を作り出すのに必要なエネルギーが減少するためである．すなわち，この分極（polarization）による安定化エネルギー $P_+$ により，固体のイオン化エネルギー $I_p(s)$ は気相分子のイオン化エネルギー $I_p(g)$ よりも小さくなる（図3）．また，固体中に負イオンが生成した場合も同様に電子分極が起こり，その分極エネルギー $P_-$ だけ電子準位が安定化するため固体の電子親和力は気相分子の場合よりも増大する．上述したイオン生成に伴う周囲の格子緩和によっても準位のエネルギーシフトが引き起こされるが，通常この寄与は固体状態ではかなり小さい（<0.1 eV）ため無視されることが多い．

**b. 空準位の観測**　分子の空準位を観測する測定手法に負イオン光電子分光法がある．原理は通常の光電子分光と同じであるが，この方法では気相の分子 M をあらかじめ負イオン $M^-$（LUMOに電子が1個入った状態）としておき，これに単色光を照射して光電子スペクトルを測定する．

$$M^- \rightarrow M + e^-$$

このように，負イオンを始状態として光電子脱離を行うことにより真空準位からのLUMOのエネルギー，すなわち分子の電子親和力 $E_a(g)$ を決定することができる．また，固体の空準位（伝導帯）の観測には逆光電子分光法や2光子光電子分光法などの手法があり，固体の電子親和力 $E_a(s)$ を評価することができる．よって，通常の光電子分光法から得られる占有準位（価電子帯）の情報と組み合わせれば分子性固体の電子構造の全容が明らかとなる．

以上のように光電子分光を通じて，電子や正孔（ホール）の通り道となっている準位のエネルギーを正確に知ることができる．このような情報はより優れた有機エレクトロニクス材料を開発する上でとても役に立つ．また最近では，固体表面の微小領域の電子構造を計測する顕微光電子分光法も開発され，電子構造の空間的な不均一性を明らかにすることも可能となっており，材料やデバイスの電子構造に関する理解がより一層進展するものと期待される．

（三井正明）

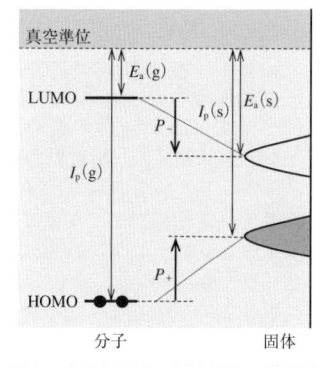

**図3** 分子と固体の電子構造の模式図

【関連項目】
▶2.1① 分子軌道とエネルギー準位／2.2⑥ イオン化ポテンシャル・電子親和力と分子のHOMO，LUMO／2.2⑨ 電子移動と電荷再結合／2.2⑩ 光イオン化／7.3⑤ 有機薄膜太陽電子

# 電子スピン共鳴(ESR)法
Electron Spin Resonance

　電子スピン共鳴 (ESR) 法は，種々のエネルギーから分子構造や電子状態を決める電磁波分光法の1つである．IR，ラマン，UV/Vis 法が赤外線，可視・紫外光などの電磁波を用いて振動や電子励起のエネルギーを測定する（光分光法）のに対して，ESR 法ではマイクロ波により電子スピンのエネルギーを決定する（スピン分光法）．前者が電磁波の電場成分と分子の電気双極子モーメントの相互作用を利用するのに対して，後者は磁場成分と電子スピンとの相互作用によって電磁波の吸収や放出を起こし，ESR 信号を与える．ESR の電磁波分光法としてのもう1つの特徴は，光分光法が分子や物質によって異なる周波数の電磁波を使うのに対して，スピン分光法は同じ周波数のマイクロ波を用いて異なる強度の磁場下で測定を行うことである．

　ESR の対象は，不対電子をもつ分子・物質である．不対電子を1つもつものをラジカルとよぶ．不対電子を2つもつものをビラジカルやラジカル対とよび，不対電子のスピンが逆平行になっているもの（一重項）と，平行になっているもの（三重項）がある（図1）．これらの中で一重項 ($S=0$) 以外は，スピンのエネルギーをもつ ($S \neq 0$) ので，ESR により分子構造や電子状態を決めることができる．

　ESR では他の分光法と同じように，動的 (dynamic) な情報が得られる．現在では，ESR 法によって常温の溶液中で，10 ns の時間スケールで信号を観測することが可能である．これ以下の時間スケールでは ESR スペクトルがブロード化して，分子構造や電子状態の決定には役立たない．このように，最新の ESR 装置は，時間分解能に関してはほぼ完成の領域に到達している．

a) ラジカル ($S=1/2$)　b) 励起状態 ($S=0,1$)

$A^+$　$A^-$　　$^1A^*$　$^3A^*$

c) ビラジカル，ラジカル対 ($S=0,1$)

$^1(A^+ \cdots B^-)$　　$^3(A^+ \cdots B^-)$

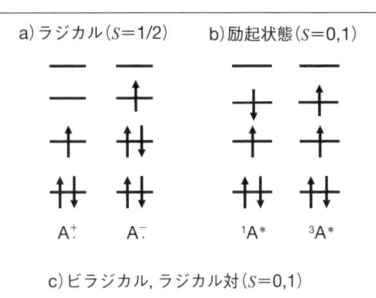

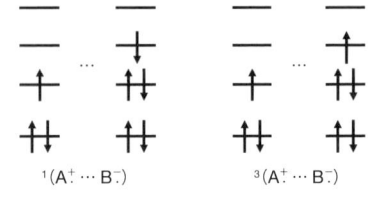

**図1**　ESR の対象となる分子

　図1に示した ESR の対象となる分子・物質を総称して常磁性種とよぶが，これらは金属錯体などを除いて不安定で，一見，その数は少ないように思える．しかし，光物理や光化学の分野に限定すると，光励起状態や反応中間体の多くは不対電子をもち，常磁性であることがわかる．したがって，ESR 法は，いまや過渡吸収法と並んで，光化学反応の解析にはなくてはならない方法となっている．

　以下に，ESR 法を用いた光化学反応の解析の例を示す（図2）．その特徴は，①スペクトルが構造をもち，解析から直接的に反応中間体の分子構造や電子状態を決めることができること，②ラジカル対（イオン対）とラジカル（イオン）のスペクトルがまったく異なり，2つを完全に分離できること，である．これらは，スペクトルがブロードな過渡吸収にはない，光化学における ESR 法の大きな利点である．

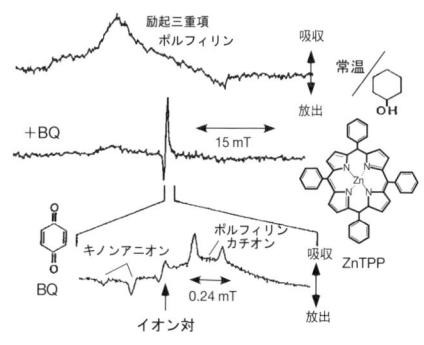

**図2** シクロヘキサノール溶液中の時間分解 ESR スペクトル．常温・レーザー照射後 $1\mu s$ 後．

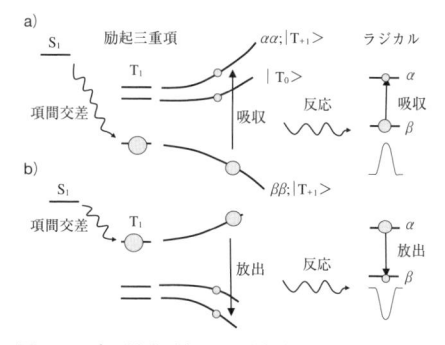

**図3** スピン異常分極の発生機構の例：(左) $S_1$ 状態から項間交差により生じた3つの励起三重項状態 $(T_1)$ の占有率に差が現れ，(右) $T_1$ から生成したラジカル種の(a)吸収や(b)放出の ESR 信号が増強される．

亜鉛ポルフィリン（ZnTPP）とベンゾキノン（BQ）/アルコールの常温・溶液中における光誘起電子移動の系を用いて説明する．この系では，ポルフィリンの励起三重項状態 $^3$ZnTPP$^*$ から反応が起こる．

$$ZnTPP \xrightarrow{h\nu} {}^1ZnTPP^* \quad (1)$$
$$^1ZnTPP^* \longrightarrow {}^3ZnTPP^* \quad (2)$$
$$^3ZnTPP^* + BQ \longrightarrow {}^3(ZnTPP^*\cdots BQ) \quad (3)$$
$$^3(ZnTPP^*\cdots BQ) \longleftrightarrow {}^1(ZnTPP^*\cdots BQ) \quad (4)$$
$$^3(ZnTPP^*\cdots BQ) \longrightarrow ZnTPP^+ + BQ^- \quad (5)$$
$$^1(ZnTPP^*\cdots BQ) \longrightarrow ZnTPP + BQ \quad (6)$$

これらの反応における常磁性種は，励起三重項 $^3$ZnTPP$^*$，三重項イオン対 $^3$(ZnTPP$^*$…BQ)，カチオン ZnTPP$^+$，アニオン BQ$^-$ などであり，ESR 信号を与える．少し難しいが，一重項イオン対 $^1$(ZnTPP$^*$…BQ) も $^3$(ZnTPP$^*$…BQ) との相互作用により，ESR 信号が観測される．種々の条件でこれらを観測することによって，反応機構を解明する．

ここで，時間分解 ESR 法について述べる．もともと ESR 法は，スピン準位間のエネルギー差がきわめて小さく，上下の準位に存在する分子の差が小さいために信号が弱い．これを補うためにマイクロ波の共振器の使用，極低温での観測，磁場を 100 kHz（$10\mu s$ 間隔）で変調させるなどの工夫を施している．この変調により ESR 信号は磁場強度に対して微分型になる．時間分解 ESR では，時間分解能をナノ秒領域まで上げるために，S/N 向上のための磁場変調が使えないので，これを補う方法が必要である．

ここに登場するのが，「化学反応に伴うスピンの異常分極」である．これを CIDEP (chemically induced dynamic electron spin polarization) とよぶ．言葉は難しいが，その中身は，光励起から始まる光化学反応の途中で生成する反応中間体のスピン準位の分布がボルツマン分布から大きく外れることである．異常分極のメカニズムの一例を図3に示す．この例では，項間交差の異方性によってラジカルの信号が著しく強くなり，「常温溶液中における 10 ns の時間間隔での ESR 観測」が可能になる．ESR 信号はマイクロ波の吸収（Abs）だけでなく，放出（Emi）も観測される．パルスマイクロ波を使うパルス ESR 装置も市販されるようになった．これを含めた時間分解 ESR 法は，光化学反応解析手段としての重要性をますます増している．（山内清語）

【関連項目】
▶ 2.1⑤ スピン励起状態／2.3⑥ 光化学における磁場効果

# 蛍光相関法
Fluorescence Correlation Spectroscopy：FCS

1970年代初めに提案された蛍光相関法（FCS）は，共焦点顕微鏡（▶9.1②項），レーザー，および高感度検出器などの光科学および光技術の飛躍的な発展とともに開発された．FCSを用いると蛍光分子や蛍光標識された分子の運動とその数を1分子単位で観察することができ，1 fL（$10^{-15}$ L）の試料でも測定可能である．FCSでは試料が溶液でもよく，生体内の環境に近い条件下での分子の運動や数を観測できるので，物理学，化学だけでなく，生物学の分野でも広く応用されている．

FCSの最も基本的な応用は，分子の並進運動の測定である．溶液中の分子はブラウン運動により自由に移動している．FCSでは，レーザーと対物レンズによって形成される共焦点領域の観測領域に入ってきた蛍光分子から発する蛍光強度の強さを測定する（図1）．共焦点領域の観測領域は，直径方向の長さ（$2s$）と軸方向の長さ（$2u$）によって決定され，蛍光強度は，観測領域を出入りする蛍光分子の数に依存する．蛍光分子が小さい場合と溶液の粘度が低い場合は，その蛍光分子は共焦点領域の観測領域をすばやく通過するので，蛍光強度の時間変化（ゆらぎ）が速い．一方，蛍光分子が大きい場合や溶液の粘度が高い場合，その蛍光分子の動きは遅く蛍光強度の変化も遅い．この蛍光強度の時間変化から分子の並進拡散時間を自己相関法により求め，その結果，分子の大きさを推測できる．

FCSで自己相関関数 $G(\tau)$ は，ある時間 $t$ における観測領域から測定される蛍光強度 $I(t)$ と，遅延時間 $\tau$ 後の蛍光強度 $I(t+\tau)$ の間の相互相関関係を示す式(1)で表される．

$$G(\tau)=\frac{\langle I(t)I(t+\tau)\rangle}{\langle I(t)\rangle^2} \quad (1)$$

ここで，〈 〉は全測定時間に対する時間平均を示す．一般的に溶液中の分子の動きは，3次元的な拡散運動で，このような場合の $G(\tau)$ は拡散時間 $\tau_{\text{diff}}$，観測領域の $s$ と $u$，および同じ時間に観測領域に存在する蛍光分子の数 $N$ によって式(2)で表される．

$$G(\tau)=\frac{1}{N}\left(1+\frac{\tau}{\tau_{\text{diff}}}\right)^{-1}\cdot\left(1+\left(\frac{s}{u}\right)^2\frac{\tau}{\tau_{\text{diff}}}\right)^{-1/2} \quad (2)$$

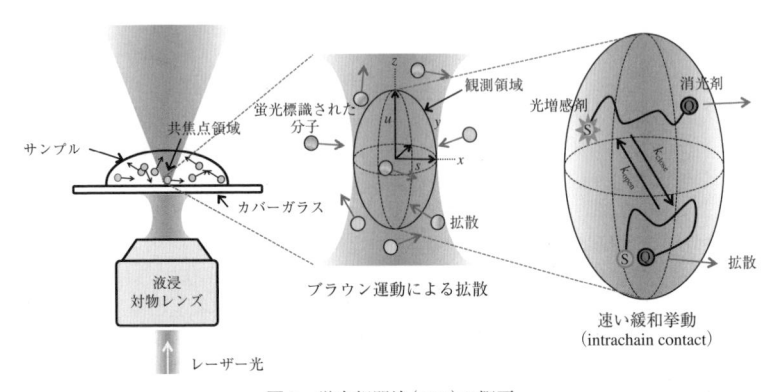

図1　蛍光相関法（FCS）の概要

実験式(1)と理論式(2)を用いてフィッティングするとパラメーター $N, \tau_{\text{diff}}, s$ と $u$ を得ることができる．分子がブラウン運動による拡散運動をする場合，時間 $t$ の間に移動する平均距離は $\sqrt{D\tau_{\text{diff}}}$ に比例する．したがって，半径 $s$ の 2 次元平面での $\tau_{\text{diff}}$ の間に動く分子の拡散係数 $D$ は式(3)で表すことができる．

$$D = \frac{s^2}{4\tau_{\text{diff}}} \tag{3}$$

ここで，分子の $D$ は実際には測定装置に依存しない分子パラメーターだが，FCS から求めた $\tau_{\text{diff}}$ は観測領域の半径 $s$ に依存するので，FCS で正確な蛍光分子の $D$ の値を得るためには，既知の蛍光物質の $D$ を用いて補正しなければならない．そして，FCS から得られた $D$ と Stokes-Einstein 式 $(D = kT/6\pi\eta R)$ から溶液の粘度 $\eta$ と $\tau_{\text{diff}}$ との関係を知ることができ，$\eta$ がわかれば FCS の結果分析を通じて，他の $\eta$ と溶液中で拡散運動する分子の大きさを計算することができる．

さらに，FCS は，溶液中の蛍光分子による 3 次元拡散運動だけでなく，細胞や細胞膜での分子の拡散と分子間の相互作用の研究にもよく利用されている．細胞と細胞膜での蛍光分子は，2 次元平面に拘束されているため拡散運動による自己相関関数 $G_{2D}(\tau)$ は式(4)で表される．

$$G_{2D}(\tau) = \frac{1}{N}\left(1 + \frac{\tau}{\tau_D}\right)^{-1} \tag{4}$$

実際，FCS を利用した研究論文では蛍光分子の 3 次元拡散運動に対しても式(4)を利用している場合が多い．その理由は，全体的な自己相関関数で，観測領域の形を考慮した式(2)の最後の項の寄与は，実際には非常に小さいからである．

FCS は，分子の並進運動の測定以外に，$I(t)$ のゆらぎを引き起こすリガンドと巨大分子の結合，タンパク質や DNA などの巨大分子の構造変化および速い緩和挙動

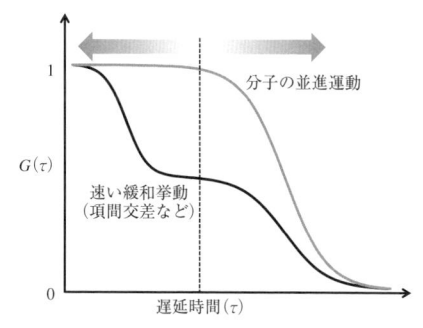

**図2** 理論的な蛍光分子や蛍光標識された分子の拡散に対する自己相関関数 $G(\tau)$ (—) と拡散とともに速い緩和挙動を見せる分子の $G(\tau)$ (—)．

(回転拡散，項間交差と励起状態の反応など) の研究にも利用されている．例えば，蛍光分子が三重項状態を経て基底状態 $(S_0)$ に戻る時間が，分子の拡散速度よりも速い場合，1 分子分光学 (▶9.2 ⑭項) のように，$I(t)$ のゆらぎおよび点滅を引き起こす．そして，共焦点領域の観測領域で巨大分子が拡散する間に起こる分子の速い構造変化は，$I(t)$ のゆらぎを引き起こす (図 1 右)．このような速い緩和挙動や分子の速い構造変化による信号は，分子の拡散よりも早い時間帯に観察されるので (図2)，FCS を用いて分子動力学について重要な情報が得られる．

拡散測定に基礎をおく FCS は分子量もしくは分子の大きさが極端に大きく変化しない場合は，分子間の相互作用が検出できないなどの限界がある．その限界を打ち破るために自己相関でなく 2 つの蛍光チャネルの相互相関を用いる蛍光相互相関法 (FCCS：fluorescence cross-correlation spectroscopy) も広く利用されている．

〔崔　正権〕

【関連項目】
▶ 8.1 ② 蛍光タンパク質／8.4 ① 蛍光標識／9.1 ② 共焦点レーザー顕微鏡／9.1 ⑤ FRAP／9.2 ⑭ 単一分子蛍光測定・単一分子蛍光分光

## 単一分子蛍光測定・単一分子蛍光分光
Fluorescence Measurement and Spectroscopy for Single Molecule

1個の蛍光分子，あるいは1個の蛍光分子で標識した分子を可視化する技術を総称して単一分子蛍光測定あるいは分光とよぶ．分光が本来意味する蛍光スペクトル測定のみならず，分子の並進運動，蛍光の偏光特性から得られる分子の回転運動，そして蛍光寿命を含む種々の蛍光特性の測定も含めて分光とよぶこともある．

望遠鏡を使って夜空を眺めると，またたく星が見える．望遠鏡の代わりに顕微鏡を使い夜空と同じように背景を暗くすると，1個の蛍光分子が輝点として見える．このように背景光を減らすことが単一分子蛍光測定の最大要件である．個々の分子を調べると分子がおかれている環境の不均一性が見えてくる．不均一性をあらわにできることが，従来行われてきた多数の分子の一括測定では不可能な，単一分子測定の特徴である．たとえば図1は蛍光寿命の分布を評価した例である．

単一分子測定のためには顕微鏡が必要である．顕微鏡として，共焦点顕微鏡や広視野光学顕微鏡が用いられている．とくに，広視野光学顕微鏡とビデオカメラを組み合わせた測定，すなわちビデオ顕微法は，空間分解能（後述）と時間分解能（〜ms）の点で，生体分子を対象とする単一分子測定との相性がよく，酵素反応および運動性タンパク質の動作機構の解明に貢献した．相性がよい理由は，生体分子の空間分布と機能の不均一性がビデオ顕微法の空間分解能と時間分解能の範囲とよく対応しているからである．図2に示した装置は，CCDカメラを用いた蛍光分子の画像測定を行うものである．この装置で励起光をCWレーザーからパルスレーザーに置き換え，光路切替ミラーを挿入して狙った1個の蛍光

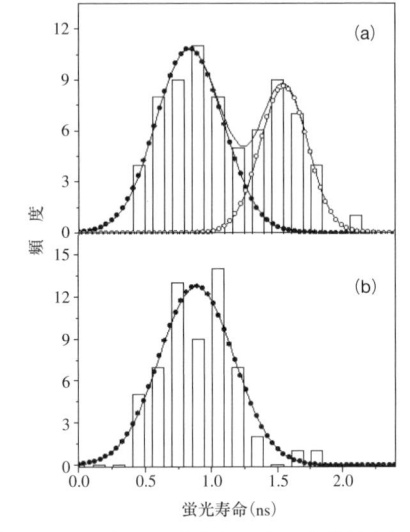

**図1** ポリビニル酢酸(PVAc)の薄膜(厚さ約200 nm)で被覆した色素分子(Cy3)の蛍光寿命の分布．Cy3は媒質の粘度に依存して蛍光寿命が変化するという特性をもっている：(a) PVAcのガラス転移温度($T_g$ = 30℃)よりも8℃低い温度での分布．(b) $T_g$よりも30℃高い温度での分布．

輝点をピンホールで選別すると，単一分子時間分解蛍光スペクトル測定も可能となる．

図3に示すように，単一分子の蛍光輝点は，光学顕微鏡の空間分解能で決まる〜$\mu$mの大きさで観測される．輝点の強度分布の中心を検出する，いわゆる重心検出画像処理を施すと，見かけ上の空間分解能が10 nm以下に達するので，輝点の並進・回転運動を実時間かつナノスケールで追跡できる．単一分子測定・分光に必要な基本的な顕微鏡および関連技術は，2000年ごろにはほぼ出揃い，その後の改良を経て基本的な測定系を市販品として入手でき

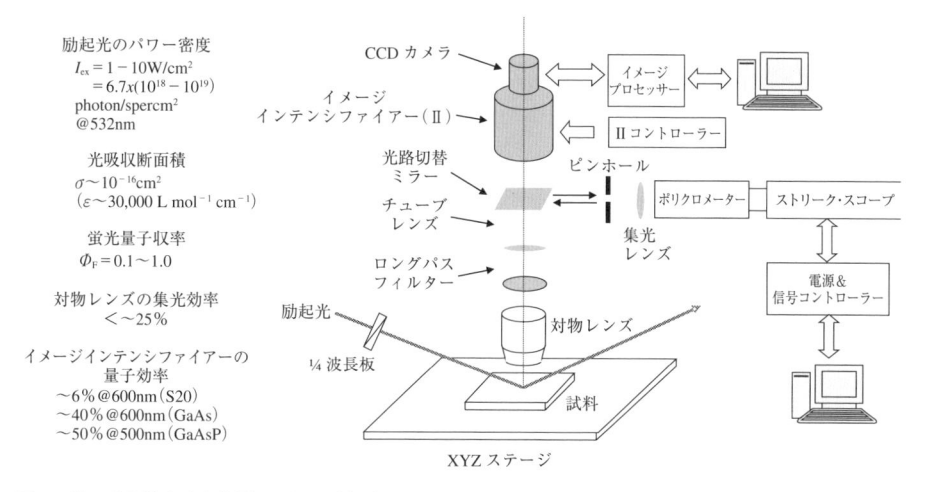

励起光のパワー密度
$I_{ex} = 1 \sim 10 \text{W/cm}^2$
 $= 6.7x(10^{18} \sim 10^{19})$
 photon/spercm$^2$
 @532nm

光吸収断面積
$\sigma \sim 10^{-16} \text{cm}^2$
$(\varepsilon \sim 30{,}000 \text{ L mol}^{-1}\text{cm}^{-1})$

蛍光量子収率
$\Phi_F = 0.1 \sim 1.0$

対物レンズの集光効率
$< \sim 25\%$

イメージインテンシファイアーの
量子効率
$\sim 6\%$ @600nm（S20）
$\sim 40\%$ @600nm（GaAs）
$\sim 50\%$ @500nm（GaAsP）

**図2** 単一分子蛍光分光装置の一例．励起光のパワー密度以下，5つのパラメーターの積から，1sあたり測定できる蛍光光子数が求められる．

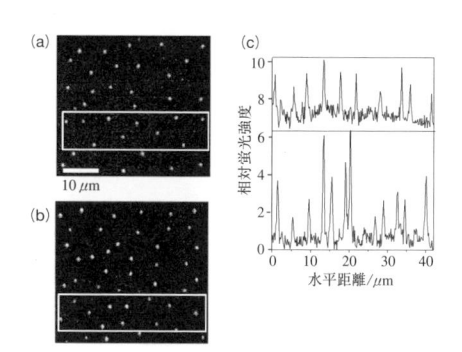

**図3** 単一分子蛍光画像：(a)ガラス基板に共有結合させたCy3分子．(b)Aの試料の上をポリビニル酢酸の薄膜（厚さ〜200 nm）で覆った場合の蛍光画像．(c)AとBの中に示した枠内に含まれる蛍光輝点の強度分布：(a), (b)は図1の(a), (b)と対応する．ポリマーで覆うと蛍光強度のバラツキが大きくなる．Cy3分子を囲む高分子の構造が不均一なことを反映している．

る．具体的には，迷光の少ない光学顕微鏡，EM-CCDのような単一光子感度で高い光電変換量子効率（〜90%）をもつ光検出器である．最近では，バイオイメージング応用に加え，高分子のミクロ構造をプローブする方法としても発展している．蛍光標識としては，光退色しやすい色素分子に替えて，半導体量子ドットに代表されるナノ粒子を用いるのが1つの方向である．色素を用いた測定（<10 s）よりも，長時間（〜min）の連続測定が可能になるので，色素を用いた研究では見逃されていた現象が見つかる可能性がある．

科学技術の1つとして，単一分子測定・分光技術は成熟し普及が進んでいる．産業技術の基盤としては，単一分子DNAシークエンシング技術が注目されている．この成果はこれまで蓄積してきたビデオ顕微法，単一分子酵素反応を実時間で測定する技術を駆使した単一分子検出・イメージング技術の一つの集大成と考えられる．

（石川　満）

【関連項目】
▶5.4⑨量子ドットの特性と光機能／9.1③波長の制限を超える高分解能光学顕微鏡／9.2② 光検出器／9.2⑨エバネッセント光と光分析への利用／9.2⑬蛍光相関法

# 索　引

## 和英索引

### あ行

青色 LED　blue light emitting diode　213
青色色素　blue pigment　309
アクチバタブルプローブ　activatable probe　249
7-アザインドール　7-azaindole　131
亜硝酸エステル　alkyl nitrite　108, 165
9-アセチルアントラセン　9-acetyl anthracene　187
アゾ化合物　azo compound　123
アゾベンゼン　azobenzene　96, 164, 232
アップコンバージョン　up conversion　371
アッベ数　Abbe's number　220
圧力効果　pressure effect　66
アニオンラジカル（ラジカルアニオン）　anion radical　301, 374
アニソール　anisole　107
アバランシェフォトダイオード　avalanche photo-diode（APD）　241
アブレーション　ablation　35
網点　dot　192
アリルエーテル　allyl ether　157
アリール化　arylation　110
アリールカチオン　aryl cation　110
アリルフェニルエーテル　allyl phenyl ether　157
アリールラジカル　aryl radical　110
亜リン酸エステル　phosphite　174
アルキルエーテル　alkyl ether　157
アルキン　alkyne　148
アルコール　alcohol　150
ArF エキシマーレーザー　ArF excimer laser　195
$\alpha$ 開裂　$\alpha$-cleavage　122
$\alpha$ 開裂反応　$\alpha$-cleavage reaction　153
$\alpha$ 線　alpha ray　6
アンジュレーター　undulator　218
アンチストークス線　anti-Stokes line　15
アンチストークスラマン散乱　anti-Stokes Raman scattering　376

アンチマルコフニコフ付加　→逆マルコフニコフ付加　anti-Markovnikov addition
アンテナ　antenna　330
アントシアニン色素　anthocyanin pigment　308
アントラセン　anthracene　146
硫黄イリド　sulfur ylide　169
イオン化　ionization　6, 34
イオン解離　ionic dissociation　98
イオン化エネルギー　ionization energy　58, 382
イオン化断面積　ionization cross section　58
イオン化電位　→イオン化ポテンシャル　ionization potential
イオン化のしきい値　ionization threshold　58
イオン化ポテンシャル　ionization potential　8, 35, 50, 54, 58
イオン対　ion pair　6, 59, 69
イオン分子反応　ion-molecule reaction　8
イクオリン　aequorin　312, 314
異常分極　anomalous polarization　385
異常分散　anomalous dispersion　17
異性化　isomerization　64, 84, 177
異性化反応　isomerization reaction　92
E-Z 異性化　E-Z isomerization　138
位相　phase　199
位相緩和時間　phase relaxation time　242
位相共役波　phase conjugate wave　241
位相差顕微鏡　phase contrast microscopy　352
位相差フィルム　optical compensation film　201
位相板　phase plate　13
位相物体　phase object　352
一重項－一重項消滅（S-S 消滅）　singlet-singlet annihilation　73
一重項酸素　singlet oxygen　48, 85, 88, 273, 278
一重項状態　singlet state　84
一重項増感剤　singlet sensitizer　160

*391*

一重項励起状態　→励起一重項状態　singlet excited state
移動度　mobility　204
移動反応　rearrangement reaction　116
異方性比　anisotropic ratio　78
イムノアッセイ　immunoassay　79
イメージングプローブ　imaging probe　248
イリジウム錯体　iridium complex　208
インターカレーション　intercalation　341
インドシアニングリーン　indocyanine green　250

ウィグラー　wiggler　218
ウォラストンプリズム　Wollaston prism　353
ウッドワード-ホフマン則　Woodward-Hoffmann rule　111, 112, 122, 139, 140

エアロゾル濃度　concentration of aerosol　15
エキシプレックス　exciplex　52, 55, 59, 102, 109, 166
エキシマー　excimer　52, 55, 59
エキシマー蛍光　excimer emission　65
エキシマー生成サイト　excimer forming site　53
エキシマーレーザー　excimer laser　216
液晶　liquid crystal　232
液晶セル　liquid crystal cell　200
$S_N2Ar^*$ 機構　$S_N2Ar^*$ mechanism　121
エステル　ester　158
SPR センサー　SPR sensor　381
エチジウムブロミド　→臭化エチジウム　ethidium bromide
X 線　X ray　6
X 線自由電子レーザー　X ray free electron laser（XFEL）　219
X 線レーザー　X ray laser　219
hfc 機構　hyperfine coupling mechanism　71
ATP 合成酵素　ATP synthase　323
エーテル　ether　157
エナンチオ区別　enantio differentiating　128
エナンチオ選択的不斉光反応　enantio-selective photoasymmetric reaction　105
$n = 3$ ルール　$n = 3$ rule　53
n-σ* 励起状態　n-σ* excited state　27
n-π* 励起状態　n-π* excited state　26, 152
エネルギー移動　energy transfer　48, 183, 314
エネルギー供与体　energy donor　342
エネルギー受容体　energy acceptor　342
エネルギー準位　energy level　20
エネルギー変換効率　energy conversion efficiency　299

エネルギー漏斗　energy funnel　47
エバネッセント光　evanescent light　378, 380
FRAP 法　FRAP（Fluorescence Recovery After Photobleaching）　311
f-f 遷移　f-f transition　25
LE 状態　locally excited state　27
エル-セイド則　El-Sayed rule　101
Er:YAG レーザー　Er:YAG laser　254
エレクトロルミネッセンス　electroluminescence　37, 57
塩化ニトロシル　nitrosyl chloride　120
塩基対　base pair　180
遠距離エネルギー移動　long-distance energy transfer　342
エンジイン　enediyne　149
円錐交差　conical intersection　64
塩素ラジカル　chlorine radical　118
エンドペルオキシド　endo-peroxide　141
エントロピー項　entropy term　66
エントロピー効果　entropy effect　66
ene 反応　ene reaction　103
円偏光　circularly polarized light　12, 366, 368
円偏光蛍光スペクトル　circularly polarized fluorescence spectrum　368
円偏光二色性　circular dichroism　366
円偏光二色性スペクトル　circular dichroism spectrum　366
円偏光発光スペクトル　circularly polarized luminescence spectrum　368

オキシダント　oxidant　281
オキシム　oxime　108
オキシルシフェリン　oxyluciferin　316
オキセタン　oxetane　111
オゾン　ozone　156, 270, 280
オゾン酸化反応（オゾン分解）　ozone oxidation（ozonolysis）　280
オゾン層　ozone layer　268
オゾン層破壊　ozone depletion　274
オゾンホール　ozone hole　269, 274, 280
オニウム塩型　onium salt type　191
オパール　opal　222
オフセット印刷　offset printing　193
オリゴシラン　oligosilane　171
オルト付加　ortho-addition　107
オワンクラゲ　aequorea coerulescens　314
オンサガー効果　Onsager effect　69
温室効果　green house effect　276

## か行

開環重合　ring-opening polymerization　125
開環反応　ring-opening reaction　112
回折　diffraction　10
回折限界　diffraction limit　197, 354
回折格子　diffraction grating　11
回転拡散係数　rotational diffusion coefficient　79
回転緩和　rotational relaxation　78
外部量子効率　external quantum efficiency　213
界面分析　interfacial analysis　378
解離　dissociation　6
開裂（解裂）　cleavage　100
化学増幅型レジスト　chemically amplified resist　195
化学発光　chemiluminescence　206, 315
化学励起　chemical excitation　316
書き換え可能型　rewritable　238
架橋　crosslinking　272
架橋液晶高分子　crosslinked liquid crystalline polymer　235
架橋反応　cross-linking reaction　125
核酸塩基　nucleic acid base, nucleobase　180
拡散律速速度　diffusion-controlled rate　93
角膜移植　corneal transplantation　255
重ね合わせの原理　superposition principle　10
過酸化水素　hydrogen peroxide　88
過酸化物　peroxides　160
過酸化ベンゾイル　benzoyl peroxide　160
可視光　visible light　4, 286
可視光応答型　visible light responsive　293
可視光応答型光触媒　visible light responsible photocatalyst　288
可視光線　→可視光　visible light
カーシャ則　Kasha's rule　35, 41
仮想準位　virtual level　38
画像増幅　image amplification　241
カチオン重合　cationic polymerization　125
カチオンラジカル（ラジカルカチオン）　cation radical　301, 374
活性化体積　activation volume　66
活性酸素　reactive oxygen species　88, 156, 263
価電子帯　valence band　51, 204, 383
過渡吸収　transient absorption　85, 372
ε-カプロラクタム　ε-caprolactam　120
カーボンナノチューブ　carbon nanotube　147
カラーディスプレイ　color display　5
カラーフィルム　color film　200
カラープリンター　color printer　5

カルボニトリル　carbonitrile　166
カルボニル基　carbonyl group　152, 178
カルボン酸　carboxylic acid　162
カルモジュリン　calmodulin　311
カロテノイド　carotenoid　142, 322, 325, 327
カロテン　carotene　330
環化付加　→付加環化　cycloaddition
環境浄化型反応　environmental cleanup reaction　288
環境調和型技術　environmentally benign technology　273
還元剤　reductant　287
還元的消光機構　reductive quenching mechanism　302
感光性高分子　photopolymer　132
干渉　interference　10, 199
間接遷移　indirect transition　212
乾燥空気　dry air　268
γ線　gamma ray　6
緩和機構　relaxation mechanism　71

犠牲還元剤　sacrificial reductant　302
犠牲酸化剤　sacrificial oxidant　303
キセノンフラッシュランプ　xenon flash lamp　210
キセノンランプ　xenon lamp　210
基底状態　ground state　20
軌道の対称性　orbital symmetry　24, 113
希土類錯体　rare earth complex　208
揮発性有機化合物　volatile organic compound　271
逆マルコフニコフ付加　anti-Markovnikov addition　105, 139
逆項間交差　reverse intersystem crossing　43
逆旋的　disrotatory　112
逆転領域　inverted region　57
求核置換反応　nucleophilic substitution reaction　144
吸収係数　absorption coefficient　17
吸収波長　absorption wavelength　26
求電子剤　electrophile　102
Q帯　Q-band　184
共焦点顕微鏡　confocal microscopy　354
共焦点体積　confocal volume　354
共焦点レーザー顕微鏡　confocal laser microscope　342
鏡像異性体過剰率　enantiomeric excess　128
共増感剤　co-sensitizer　167
狭バンドギャップ高分子　narrow-bandgap polymer　301
共鳴多光子イオン化　resonant multiphoton ionization　59
共鳴ラマン効果　resonance Raman effect　376

共役オレフィン　conjugate olefin　142
共有結合　covalent bond　20
極限異方性比　limiting anisotropy ratio　79
局在表面プラズモン共鳴　localized surface plasmon resonance（LSPR）　381
局在励起子　localized exiton　33
局所粘度　local viscosity　79
極成層圏雲　polar stratospheric cloud　275
極性付加　polar addition　138
極端紫外光　extreme ultraviolet light（EUV）　266
キラル　chiral　368
キラル結晶　chiral crystal　127
キラル増感剤　chiral sensitizer　105
キレトロピー反応　cheletropic reaction　122
記録材料　recording material　227
均一開裂　→ホモリシス　homolysis
均一幅　homogeneous width　242
銀塩写真　silver halide photography　200
近赤外光　near infrared light　248
近接場光学顕微鏡　nearfield optical microscopy　356
金属カルボニル　metal carbonyl　99
金属錯体　metal complex　176
金属錯体触媒　metal complex catalyst　305
金属酸化物　metal oxide　288
金属酸窒化物　metal oxynitride　288
金属蒸気放電管　metal vapor discharge lamp　210
金属窒化物　metal nitride　288
金ナノ粒子　gold nanoparticle　381

空間分解能　spatial resolution　388
空気清浄機　air cleaner　284
空準位　unoccupied level　383
屈折　refraction　10
屈折率　refractive index　10, 220
クマリン　coumarin　373
グラビア印刷　rotogravure printing　193
グラフェン　graphene　147
クラマース–クローニッヒの関係式　Kramers-Kronig relation　17
クラマース反転　Kramers inversion　62
クラミドモナス　Chlamydomonas　335
グリーンケミストリー　green chemistry　109
グリーンサステイナブルケミストリー　green sustainable chemistry　306
グロットゥス–ドレーパー則　Grotthus-Draper law　84
クロモフォア　chromophore　26, 272, 294
クロロフィル　chlorophyll　184, 322, 324, 326, 328, 330

クロロフィル $\alpha$ エピマー　chlorophyll $\alpha$ epimer　324
クロロフルオロカーボン　chlorofluorocarbon　172
クーロン爆発　Coulomb explosion　197
クーロンポテンシャル　Coulomb potential　69
クワドリシクラン　quadricyclane　293

系間交差　→項間交差　intersystem crossing
蛍光　fluorescence　25, 42, 44, 181, 353, 362
蛍光イメージング　fluorescence imaging　248
蛍光型発光材料（fluorescent）fluorescence-luminescent material　214
蛍光共鳴エネルギー移動　fluorescence resonance energy transfer（FRET）　342
蛍光検出円二色性スペクトル　fluorescence-detected circular dichroism spectrum　368
蛍光顕微鏡　fluorescence microscopy　353, 354
蛍光抗体法　immunofuorescence method　318
蛍光寿命　fluorescence lifetime　44, 370
蛍光消光　fluorescence quenching　44
蛍光染料　fluorescent dyestuff　230
蛍光相関法　fluorescence correlation spectroscopy（FCS）　386
蛍光相互相関法　fluorescence cross-correlation spectroscopy（FCCS）　387
蛍光増白剤（漂白剤）　fluorescent brightener　230
蛍光タンパク質　fluorescent protein　310
蛍光標識　fluorescence labeling　340, 355
蛍光分子　fluorescent molecule　388
蛍光量子収率　fluorescence quantum yield　44, 185
ケイ皮酸　cinnamic acid　162
ケージド化合物　caged compound　346
結合開裂　bond cleavage　84, 100, 170, 226
結合性軌道　bonding orbital　21
原子価異性　valance isomerization　97, 144
原子価異性体　valence isomer　90, 106
原子軌道　atomic orbital　20
原子状酸素　atomic oxygen　156
減衰係数　attenuation factor　17
現像　development　205
顕微鏡　microscope　373
光化学オキシダント　photochemical oxidant　271
光化学系 I　photosystem I（PSI）　320, 324
光化学系 II　photosystem II（PS II）　320, 326
光化学第 1 法則　first law of photochemistry　84
光化学第 2 法則　second law of photochemistry　84
光化学反応　photochemical reaction　84
光学活性　optical activity　366
光学顕微鏡　optical microscope　364, 388

光学材料　optical material　223
光学遅延距離　optical delay distance　200
光学利得　optical gain　241
項間交差（系間交差）　intersystem crossing　30, 40, 43, 48, 84, 138, 152, 154, 385
光起電力　photovoltaic　298
口腔光治療　oral phototherapy　261
高屈折率材料　high refractive index material　220
光源　light source　210
抗原抗体反応　antigen-antibody reaction　79
高原子価ルテニウムオキソ錯体　highvalent ruthenium oxocomplex　303
光合成　photosynthesis　84, 306, 320, 330
光合成アンテナ　photosynthetic antenna　328
光合成細菌　photosynthetic bacteria　320, 331
光合成初期過程　photosynthetic initial process　328
交差忌避　avoided crossing　101
高次会合体　high-order aggregate　72
格子緩和　lattice relaxation　383
紅色光合成細菌　purple photosynthetic bacterium　328
光線過敏症　photodermatosis　259, 262
光線力学療法　photodynamic therapy（PDT）　85, 185, 259
構造色　structural color　222
光電効果　photoelectric effect　2
光電子　photoelectron　58, 382
光電子計数法　photon counting method　362
光電子増倍管　photomultiplier tube　364
光電子分光法　photoelectron spectroscopy（PES）　58, 382
光電流　photocurrent　204
高分子　polymer　272
黒体放射　black body radiation　2
固相光反応　solid-state photoreaction　177
コヒーレントアンチストークスラマン散乱　coherent anti-Stokes Raman scattering　377
互変異性化　tautomerization（tautomersm）　243
コマンドサーフェス　command surface　232
コロイド結晶　colloidal crystal　222
コンプトン効果　Compton effect　3

## さ行

最高被占軌道　highest occupied molecular orbital（HOMO）　50, 60, 296
再生専用型記録　read only memory（ROM）　238
最低非被占軌道　lowest unoccupied molecular orbital（LUMO）　50, 60, 296
再配向エネルギー　reorganization energy　57

細胞イメージング　cell imaging　209
細胞内pH変化　intracellular pH change　309
錯体　complex　54
錯体形成　complex formation　309
殺菌　sterilize　284
刷版　plate　192
$N$-サリチリデンアミン　$N$-salicylideneamine　131
3MLCT状態　triplet metal-ligand charge transfer state　176
酸化　oxidation　339
酸解離定数　acid dissociation constant　99, 151
酸化還元　redox　289
酸化還元対　redox couple　287
酸化剤　oxidant　287
酸化損傷　oxidative damage　156
酸化チタン　titanium oxide　282, 292, 373
酸化的消光機構　oxidative quenching mechanism　302
酸化電位　oxidation potential　181
三原色　three primary colors　4, 202
3次元光学顕微鏡像　three dimentional optical microscopic image　355
三重項エネルギー移動　triplet-triplet energy transfer　154
三重項機構　triplet mechanism　29
三重項-三重項消滅　triplet-triplet annihilation　43, 73
三重項状態　triplet state　84, 154
三重項生成量子収率　triplet quantum yield　185
三重項増感　triplet sensitization　243
三重項増感剤　triplet sensitizer　103, 146, 160
三重項光増感反応　triplet photosensitized reaction　48
三重項励起状態　→励起三重項状態　triplet excited state
酸素　oxygen　156
酸素阻害　oxygen inhibition　124, 191
酸素発生　oxygen generation　288, 303
サンタン　sun tanning　258
サンバーン　sunburn　258
散乱方向分布　angular distribution of scattering　14
ジアジリン　diazirine　123
ジアステレオ区別　diastereo differentiating　129
ジアステレオ選択的反応　diastereoselective reaction　127
ジアステレオ選択的光反応　105
ジアステレオマー過剰率　diastereomeric excess ratio　129

ジアゾ化合物　diazo compound　123
シアノバクテリオクロム　cyanobacteriochrome　337
ジアリールエテン　diarylethene　96
J 会合体　J-aggregate　203
ジエチルエーテル　diethyl ether　157
GFP タグ　GFP tag　318
ジェミネート対　geminate pair　62
ジオキセタノン　dioxetanone　316
紫外線　ultraviolet light　4, 260, 262, 268, 270
紫外線吸収剤　UV-absorber　228
視覚　vision　332
自家蛍光　autofluorescence　319
歯科用光重合レジン　dental light-polymerized resin　256
時間相関単一光子計数法　time-correlation single photon counting method　370
時間-電圧変換器，TAC　time-voltage converter　370
磁気光学効果　magneto optical effect　238
色素　pigment, dye　26
色素増感　dye sensitization　200
色素増感太陽電池　dye sensitized solar cell（DSSC）　37, 185, 292, 296
色素タンパク質複合体　pigment-protein complex　322
色素光増感　photosensitization　88
色度座標　chromaticity coordinate　215
シグマトロピー　sigmatropy　96
シグマトロピー転位　sigmatropic rearrangement　140
シクロブタン　cyclobutane　111, 141
シクロプロパン　cyclopropane　173
自己束縛励起子　self-trapped exiton　33
視細胞　photoreceptor　4
ジシレン　disilene　170
システイン　cysteine　183
シス-トランス異性化　cis-trans isomerization　140, 226
ジスルフィド　disulfide　169
自然放射　spontaneous radiation　22
G 値　G-value　9
ジチエニルエテン　dithienylethene　169
実時間 3D ホログラフィックディスプレイ　real-time holographic 3D display　241
実時間光相関　real-time optical correlation　241
シッフ塩基　Schiff base　332
質量分析　mass analysis　59
質量分析計　mass spectrometer　59
CT 錯体　charge transfer complex　106

自動酸化　auto oxidation　89
シトクロム b6f 複合体　cytochrome b6f complex　323
ジ-π-メタン転位　di-π-methane rearrangement　139
磁場効果　magnetic field effect　29, 70
ジフェニルアセチレン　diphenylacetylene　148
ジ-t-ブチルペルオキシド　di-t-butyl peroxide　160
視物質　visual pigment　97
臭化エチジウム（エチジウムブロミド）　ethidium bromide　341
周期構造　periodic structure　199
重原子効果　heavy-atom effect　40, 63
重合　polymerization　93
重水素ランプ　deuterium lamp　210
臭素ラジカル　bromine radical　118
自由励起子　free exciton　33
シュタルク効果　Stark effect　68
シュタルク-アインシュタイン則　Stark-Einstein law　84
シュテルン-ボルマー式　Stern-Volmer equation　45
シュミット則　Schmidt's rule　126
衝撃波　blastwave　196
消光剤　quencher　44
蒸散　transpiration　254
硝酸ラジカル　nitrate radical　269
常磁性　paramagnetism　384
少数キャリア　minority carrier　36
掌性　chirality　366
除菌　disinfection　285
触媒隔離分子　reservoir species　275
触媒反応サイクル　catalytic cycle　274
ショックレー-キューイーザー限界　Schockley-Queisser limit　299
シリコン太陽電池　silicone solar cell　297, 299
シリルアニオン　silyl anion　170
シリルケトン　silyl ketone　170
シリルラジカル　silyl radical　170
シリレン　silylene　170, 179
シロール　silole　170
真空紫外光　vucuum ultraviolet light　266
真空の透磁率　vacuum permeability　16
シンクロトロン　synchrotron　218
シンクロトロン放射　synchrotron radiation　210, 218
人工光合成　artificial photosynthesis　292, 294
人工光合成細胞　artificial photosynthetic cell　295
深色移動　bathochromic shift（red shift）　142, 142
親水性　hydrophilicity　290
振電バンド　vibronic band　23

振動緩和　vibrational relaxation　30, 74
振動構造　vibrational structure　23, 41
振動励起状態　vibrational excited state　74

水銀キセノンランプ　mercury-xenon lamp　210
水銀光増感反応　mercury photosensitized reaction　151
水銀ランプ　mercury lamp　210
水酸基ラジカル　hydroxyl radical　269
水浄化装置　water purification device　285
水素　hydrogen　286
水素移動　hydrogen transfer　130
水素結合　hydrogen bond　63
水素（原子）移動反応　hydrogen（atom）transfer reaction　93, 116
水素発生　hydrogen generation　288, 294, 302
水素引き抜き反応　hydrogen abstraction reaction　70, 148, 155, 163
垂直遷移　vertical transition　23
水和電子　hydrated electron　9
スクリーン印刷　screen printing　193
スチルベン　stilbene　96
ステロイド　steroid　187
ストークスシフト　Stokes shift　41, 55, 311, 353
ストークス線　Stokes line　15
ストークスラマン散乱　Stokes Raman scattering　376
ストリークカメラ　streak camera　365, 371
ストロマ　stroma　323
スネルの法則　Snell's law　10
スパー　spur　7
スーパーオキシド　superoxide　88
スーパーオキシドアニオン　superoxide anion　133
スピルオーバー　spillover　327
スピン化学　spin chemistry　29
スピン軌道相互作用　spin-orbit coupling　178
スピン相関ラジカル対　spin correlated radical pair　29
スマイルス転位　Smiles rearrangement　121
スルフィド　sulfide　169
スルホキシド　sulfoxide　168
スルホネート　sulfonate　168
スルホン　sulfone　168

正孔キャリア　hole carrier　240
正常領域　normal region　57
成層圏　stratosphere　268, 270
生体イメージング　bioimaging　248
生体膜　biomembrane　79

静的消光　static quenching　45, 278
生物発光　bioluminescence　312, 316
赤外線　infrared light　4, 74
赤外多光子解離　infrared multiphoton dissociation（IRMPD）　74
赤外多光子吸収　infrared multiphoton absorption（IRMPA）　74
赤外多光子励起　infrared multiphoton excitation（IRMPE）　74
STED顕微鏡　stimulated emission depletion microscope　357
接触角　contact angle　290
絶対不斉合成　absolute asymmetric synthesis　128
絶対不斉反応　absolute asymmetric reaction　127
切断　cleavage　272
ゼーマン分裂　Zeeman splitting　28
セミキノンラジカル　semiquinone radical　109
セルフクリーニング　self cleaning　282
遷移双極子モーメント　transition dipole moment　25
遷移モーメント　→遷移双極子モーメント　transition dipole moment　24
前期解離　predissociation　98
線形加速器　linear accelerator　375
旋光性　optical rotatory power　366
センサリーロドプシン　sensory rhodopsin　334
選択反射　selective reflection　222
全反射　total reflection　378
占有準位　occupied level　382
占有数　population　22

増感剤　sensitizer　48, 167, 191, 278
双極子モーメント　dipole moment　68
走光性　phototaxis　334
走査型レーザーマニピュレーション　scanning laser manipulation　359
相変化　phase change　238
ソーラーリアクター　solar reactor　109
ソラレン　psoralen　263

## た行

大気圏光化学　atmospheric photochemistry　268
耐久性　durability　227
帯電　charging　205
太陽光　sun light　268, 274, 286
太陽光スペクトル　sun light spectrum　4
太陽電池　solar cell　203, 292, 298, 321, 372
太陽放射　solar radiation　266
対流圏　troposphere　268, 270
楕円偏光　elliptically polarized light　12

楕円率　ellipticity　367
多環芳香族炭化水素　polycyclic aromatic hydrocarbon　146
多形　polymorphism　126
多光子イオン化　multiphoton ionization　59
多光子吸収　multiphoton absorption　197, 198, 255, 197, 155
多光子吸収係数　multiphoton absorption coefficient　39
多光子吸収断面積　multiphoton absorption cross section　39
多数キャリア　majority carrier　36
脱色　decoloration　273
脱炭酸反応　decarbonylation　122, 162
脱保護　deprotation　195
多電子還元　multi electron reduction　304
ダブルヘテロ接合　double hetero junction　212
単一光子源　single photon source　355
単一微粒子　single fine particle　358
単一分子蛍光測定　single molecule fluorescence measurement　384
タングステンランプ　tungsten lamp　210
炭酸ガス　→二酸化炭素　carbon dioxide
淡色効果　hypochromism　344
炭素資源　carbon resource　304
炭素循環　carbon circulation　277
タンパク質の結晶成長　348

遅延蛍光　delayed fluorescence　41, 73
遅延発光　delayed emission　42
チオエーテル化合物　thioether compound　228
チオカルボニル化合物　thiocarbonyl compound　168
置換反応　substitution reaction　93
地球アルベド　earth albedo　277
蓄光材料　luminous material　206
蓄光性蛍光体　luminous fluorophore　207
逐次的2光子励起　sequential two-photon excitation　34
チタンサファイアレーザー　Ti-sapphire laser　216
窒素酸化物　nitrogen oxide　271
チャップマン機構　Chapman mechanism　274
チャネルロドプシン　channel rhodopsin　335
超音速ジェット　supersonic jet　75
超音速自由噴流　supersonic free jet　65
超解像蛍光顕微鏡　super-resolution fluorescence microscopy　355
超解像光学顕微鏡　super-resolution optical microscopy　356
超強度　super strong acid　125

調光材料　photochromic material　226
超短パルス　ultrashort pulse　217
超分子錯体　supramolecular complex　129
直接解離　direct dissociation　98
直接遷移　direct transition　212
直線偏光　linearly polarized light　12
チラコイド　thylakoid　323
チロシン　tyrosine　182

追記型　recordable　238
対再結合　geminate recombination　100

TICT 励起状態　TICT（twisted intramolecular charge transfer）excited state　27
DNA　deoxyribonucleic acid　180, 260, 338
DNA 損傷　DNA damage　338
DNA 融解温度（$T_m$）　DNA melting temperature　345
低温マトリックス単離分光法　low temperature matrix isolation spectroscopy　65
T 型フォトクロミズム　thermal type photochromism　226
低屈折率材料　low-refractive-index materials　220
定常光反応　steady-state photoreaction　85
定着　fixing　205
d-d 遷移　d-d transition　25
ディールス-アルダー反応　Diels-Alder reaction　141
デクスター機構　Dexter mechanism　46
デジタルスチルカメラ　digital still camera　203
鉄-硫黄クラスター　iron-sulfur cluster　325
テトラシアノキノジメタン　tetracyanoquinodimethane　55
テトラチアフルバレン　tetrathiafulvalene　55
デ・マヨ反応　de Mayo reaction　103
デュワーピリジン　Dewar pyridine　90
デュワーベンゼン　Dewar benzene　90, 144
$\Delta g$ 機構　$\Delta g$ mechanism　71
テルビウム　terbium　341
転位　shift（rearrangement）　138
転位反応　rearrangement reaction　114
電荷移動　charge transfer　54
電荷移動吸収帯　charge transfer absorption band　54
電荷移動錯体（CT 錯体）　charge transfer complex　166
電荷再結合　charge recombination　56
電荷分離　change separation　283, 321, 328
電気化学発光　electrochemiluminescence　37
電気光学効果　electro-optic effect　224
点光源　point light source　354

電子アクセプター　→電子受容体　electron acceptor
電子移動　electron transfer　49, 56, 84, 110, 121, 166, 173, 203, 324, 373
電子移動増感反応　electron transfer sensitization　167
電子移動反応　electron transfer reaction　70, 93, 109, 181, 321
電子環状反応　electrocyclic reaction　96, 140, 226
電子供与体（ドナー，電子ドナー）　electron donor　61, 102, 300
電子構造　electronic structure　382
電子受容体（アクセプター，電子アクセプター）　electron acceptor　61, 102, 300
電子親和力　electron affinity　50, 382
電子スピン　electron spin　84, 384
電子スピン共鳴　electron spin resonance（ESR）　28, 384
電子線　electron beam　6
電子遷移　electronic transition　24
電子ドナー　→電子供与体　electron donor
電磁波　electromagnetic wave　2
転写　transcription　205
電子励起状態　electronic excited state　26, 300
伝導帯　conduction band　51, 204, 383
天然同位体比　natural isotope abundance　74

同位体シフト　isotope shift　74
同位体濃縮　isotope enrichment　74
同位体濃縮係数　isotope enrichment factor　74
同位体分離　isotope separation　74
導光路（光導波路）　light waveguide　254
同時2光子励起　simultaneous two-photon excitation　34
同旋的　conrotatory　113
動的消光　dynamic quenching　45, 278
等発光点　isoemissive point　52
特異対　special pair　321, 328, 330
トナー　toner　205
ドナー　→電子供与体　electron donor
ドーピング　doping　287, 288
トポケミカル　topochemical　126
トリス(2, 2'-ジピリジン)ルテニウムイオン　tris(2, 2'-dipyridine)ruthenium ion　208
トリプトファン　tryptophan　182

## な行

内部転換　internal conversion　34, 196
内部フィルター効果　internal filter effect　72
内部変換　→内部転換　internal conversion

ナイロン6　nylon6　120
ナフタレン　naphthalene　146
2光子吸収　two photon absorption　38, 347
2光子重合　two photon polymerization　198
二酸化炭素　carbon dioxide　276, 304
二酸化炭素還元　carbon dioxide reduction　294
2次電子　secondary electron　6
二重らせん　double helix　180
二準位系　two-level system　22
二色性　dichroism　76
二色性色素　dichroic dye　77
[2+2]光付加環化　[2+2] photocycloaddition　111, 139
ニトロ基　nitro group　165
ニトロシルラジカル　nitrosyl radical　120
ニトロソ化合物　nitroso compound　108, 120, 164
ニトロン　nitron　165
1/2波長板（λ/2板）　1/2 wavelength plate　13

ネガ型　negative type　194
熱型記録　heat-mode recording　239
熱活性化遅延蛍光　thermally activated delayed fluorescence　43
熱相転移型液晶　thermotropic liquid crystal　80
熱のクライセン転位　thermal Cleisen rearrangement　157
熱変性層　thermal denaturation layer　254
熱ルミネッセンス　thermoluminescence　57
粘性　viscosity　64
粘度効果　viscosity effect　62, 65

濃色効果　hyperchromic effect　344
濃度相転移型液晶　lyotropic liquid crystal　80
ノリッシュⅠ型反応　Norrish type I reaction　122, 152, 158, 171
ノリッシュⅡ型反応　Norrish type II reaction　153, 159

## は行

配位化合物　coordination compound　176
バイオセンサー　biosensor　311
π結合　π-bond　21
配向制御　orientation control　224
配向増幅効果　orientation enhancement effect　240
配向秩序パラメータ　order parameter　80
配向複屈折　orientational birefringence　76
配向ベクトル　orientationed vector　81
π錯体　π-complex　119

和英索引　399

配置間相互作用　configuration interaction　184
π-π* 励起　π-π* excitation　138
π-π* 遷移　π-π* transition　24
π-π* 励起状態　π-π* excited state　26
白色レーザー　supercontinuum laser　217
バクテリオクロロフィル　bacteriochlorophyll　328
バクテリオフィトクロム　bacteriophytochrome　337
バクテリオフェオフィチン　bacteriopheophytin　328
バクテリオロドプシン　bacteriorhodopsin　333
白熱電球　incandescent lamp　210
薄膜型太陽電池　thinfilm solar cell　299
バスカ型錯体　Vaska complex　179
波長変換　wavelength conversion　224
発光　emission　180
発光ダイオード　light-emitting diode　212
発光タンパク質　luminescent protein　314
発色団（クロモフォア）　chromophore　272
パテルノ–ビューヒ反応　Paternò-Büchi reaction　111, 153
ハーバー–ワイス反応　Haber-Weiss reaction　89
ハプテン　hapten　262
パラメトリック発振　optical parametric oscillation　217
パルスラジオリシス　pulse radiolysis　374
ハロゲンランプ　halogen lamp　210
ハロン　halon　274
反結合性軌道　anti-bonding orbital　21, 88
反射　reflection　10
半導体　semiconductor　147, 298
半導体電極　semiconductor electrode　36
半導体光触媒　semiconductor photocatalyst　282, 295, 305
半導体粒子　semiconductor particle　236
半導体レーザー　semiconductor laser　213, 216
バンドギャップ　band gap　147
バンドギャップエネルギー　band gap energy　212
バートン反応　Barton reaction　108
反応収率　reaction yield　86
反応速度定数　reaction rate constant　85
反応中間体　reactive intermediate　85
反応中心　reaction center　320, 328, 330

P 型フォトクロミズム　photochemical type photochromism　227
PS 版　presensitized plate　193
p-n 接合　p-n junction　298
光-X-発生剤　photo-X-generator　124
光アリール化　photoarylation　110

光アレルギー　photoallergy　262
光安定剤　photostabilizer　133, 228
光イオン化　photoionization　58, 243, 266
光異性化酵素　photoisomerization enzyme　333
光異性化反応　photoisomerization　104, 177
光インターコネクション　optical interconnection　241
光塩素化　photo chlorination　118
光チオール–エン反応　photothiol-ene reaction　124
光開始剤　photoinitiator　124
光解離性保護基　photoremovable protecting group　337
光型記録　photon-mode recording　239
光活性化アデニル酸シクラーゼ　photoacivated adenylyl cyclase　335
光還元　photoreduction　94
光感受性物質　photosensitive material　262
光求核置換　photonucleophilic substitution　121
光驚動反応　photophobic response　335
光硬化材料　photocuring material　124
光硬化樹脂　photocurable resin　190
光硬化塗料　photocurable paint　190
光コンピューティング　optical computing　241
光殺菌　photosterilization　260
光酸　photoacid　99
光酸化　photooxidation　94, 228, 272
光酸素付加　photo oxygenation　103
光酸発生剤　photoacid generator　133, 191, 195
光散乱　light scattering　14
光磁気ディスク　magneto-optical disc　238
光刺激　light stimulation　309
光重合開始剤　photopolymerization initiator　190
光重合反応　photopolymerization　133, 256
光臭素化　photobromination　118
光受容性タンパク質　photoreceptor protein　182
光触媒　photocatalyst　261, 282, 284, 286, 293, 294, 306, 372
光触媒反応　photocatalytic reaction　84
光センサー　photosensor　204
光増感　photosensitization　48
光増感剤　photosensitizer　261, 293, 294, 305
光増幅　optical amplification　240
光損傷　photodamage　260
光退色　photobleaching　272, 311, 389
光退色後蛍光回復法　fluorescence recovery after photobleaching　360
光脱カルボキシル化　photo-decarboxylation　159
光脱カルボニル化　photo-decarbonylation　158
光置換反応　photosubstitution reaction　176

光定常状態　photostationary state　138
光ディスク　optical disc　238
光クライセン転位　photo Cleisen rearragement　157
光導電性　photoconductivity　240
光毒性　phototoxicity　262
光ニューラルネットワーク　optical neural networks　241
光二量化　photodimerization　134
光ハロゲン化　photohalogenation　119
光フリース転位　photo Fries rearrangement　158
光フリーデル-クラフツ反応　photo Friedel-Crafts reaction　109
光表面レリーフ形成　photoinduced surface relief　233
光ピンセット　optical tweezer（s）　358
光付加環化　photocycloaddition　103, 111
光フリース転位　photo-Fries rearrangement　97
光分解　photodecomposition　266
光捕集　light-harvesting　328
光捕集アンテナ分子　light-harvesting antenna molecule　294
光捕集系　light-harvesting system　330
光ホールバーニング　photo-hole burning　242
光誘起タンパク質結晶化　photoinduced protein crystalization　348
光誘起超親水性　photoinduced superhydrophilicity　290
光誘起電子移動　photoinduced electron transfer　37, 94, 102, 134, 171, 321, 328
光ラジカル発生剤　photoradical generator　133
光劣化　photodegradation　133, 228, 272
非共鳴多光子イオン化　nonresonant multiphoton ionization　59
非局在化分子軌道　delocalized molecular orbital　21
歪エネルギー　strain energy　293
非線形光学　nonlinear optics　240
非線形光学材料　nonlinear optical material　224
B 帯　B-band　184
非対称エネルギー移動　asymmetric energy transfer　240
ビタミン A　vitamin A　186
ビタミン D　vitamin D　97, 187
ビデオ顕微法　video microscopy　388
ヒドリド錯体　hydride complex　303
ヒドロゲナーゼ　hydrogenase　303
ヒドロペルオキシド　hydroperoxide　133
ヒドロペルオキシラジカル　hydroperoxy radical　89

微分干渉顕微鏡　differential interference microscopy　353
非メタン炭化水素　non-methane hydrocarbon　271
表面修飾　surface modification　289
表面電荷移動　surface charge transfer　289
表面光配向　surface optical alignment　232
表面プラズモン　surface plasmon　380
表面プラズモン共鳴　surface plasmon resonance（SPR）　380
ピリミジン二量体　pyrimidine dimer　338
ピレン　pyrene　146, 340
ヒンダードアミン　hindered amine　228
ピンホール　pinhole　354

ファントム状態　phantom state　96
フィコシアノビリン　phycocyanobilin　337
フィコビリゾーム　phycobilisome　322, 327
フィトクロム　phytochrome　336
フィトクロモビリン　phytochromobilin　336
フィードバック　feedback　277
フィロキノン　phylloquinone　325
フェオフィチン　pheophytin　326
フェニルアラニン　phenylalanine　183
フェニルジシラン　phenyldisilane　171
フェノール　phenol　151
フェムト秒レーザー　femtosecond laser　198
フェムト秒レーザー加工　femtosecond laser fabrication　198
フェルスター機構　Förster mechanism　46
フェルスター半径　Förster radius　47
フェルマーの原理　Fermat's principle　10
フェルミ準位　Fermi level　51
フェントン反応　Fenton reaction　89
フォトクロミズム　photochromism　96, 127, 226
フォトクロミック蛍光タンパク質　photochromic fluorescent protein　311
フォトクロミック分子　photochromic molecule　234
フォトダイオード　photodiode　364
フォトトロピン　phototropin　337
フォトニック結晶　photonic crystal　199
フォトメカニカル　photomechanical　234
フォトメカニカル効果　photomechanical effect　227
フォトリアーゼ　photolyase　339
フォトリソグラフィー　photolithography　194
フォトリフラクティブ効果　photorefractive effect　240
フォトルミネッセンス　photoluminescence　237
フォトレジスト　photoresist　194, 198
フォトンエコー　photon echo　243, 244

和英索引　*401*

| 日本語 | English | ページ |
|---|---|---|
| フォボロドプシン | phoborhodopsin | 334 |
| 付加環化（環化付加） | cycloaddition | 140, 144, 180 |
| 付加環化反応 | cycloaddition reaction | 163, 166 |
| 付加反応 | addition reaction | 93, 153 |
| 不均一幅 | inhomogeneous width | 242 |
| 複屈折 | birefringence | 76 |
| 複屈折性高分子フィルム | birefringent polymer film | 77 |
| 複素屈折率 | complex refraction index | 17 |
| 不斉合成 | asymmetric synthesis | 127 |
| 不斉光環化 | asymmetric photocyclization | 128 |
| 不対電子 | unpaired electron | 384 |
| プラストキノール | plastoquinol | 326 |
| プラストキノン | plastoquinone | 326 |
| プラズモン | plasmon | 380 |
| ブラッグ回折 | Bragg diffraction | 241 |
| ブラッグの法則 | Bragg's law | 222 |
| フラッシュランプ | flash lamp | 210 |
| フラーレン | fullerene | 147 |
| フランク-コンドンの原理 | Franck-Condon principle | 23 |
| プランクの黒体放射 | Planck's black body radiation | 16 |
| プリズマン | prismane | 90, 123 |
| フリーラジカル | free radical | 100 |
| フルオレセイン | fluoresceine | 340 |
| ブリューワー-ドブソン循環 | Brewer-Dobson circulation | 275 |
| プレビタミン $D_3$ | previtamin $D_3$ | 187 |
| ブロック共重合体 | block copolymer | 232 |
| プロトン移動 | proton transfer | 116, 130 |
| プロトンポンプ酵素 | proton pump enzyme | 309 |
| プロビタミン $D_3$ | provitamin $D_3$ | 187 |
| フロンティア軌道 | frontier orbital | 60, 112 |
| 分解反応 | decomposition reaction | 70, 92 |
| 分極 | polarization | 383 |
| 分子イメージング | molecular imaging | 209 |
| 分子運動 | molecular motion | 78 |
| 分子間水素引き抜き反応 | intermolecular hydrogen abstraction | 153 |
| 分子間光反応 | intermolecular photoreaction | 93 |
| 分子軌道 | molecular orbital | 21 |
| 分子スイッチ | molecular switch | 227 |
| 分子デバイス | molecular device | 227 |
| 分子内エキシマー | intramolecular excimer | 53 |
| 分子内振動エネルギー再分配 | intramolecular vibrational energy redistribution | 64 |
| 分子内水素引き抜き反応 | intramolecular hydrogen abstraction | 153 |
| 分子内電荷移動 | intramolecular charge transfer | 27, 224 |
| 分子内光反応 | intramolecular photoreaction | 92 |
| 分子配向 | molecular orientation | 76 |
| 分裂酵母 | fission yeast | 377 |
| 閉環反応 | ring closure reaction | 112 |
| $\beta$ 線 | beta ray | 6 |
| ペラン式 | Perrin's equation | 79 |
| ペランモデル | Perrin model | 45 |
| ペリ環状反応 | pericyclic reaction | 112 |
| 変換効率 | conversion efficiency | 292 |
| 変形 | deformation | 234 |
| 偏光解消 | fluorescence depolarization | 78 |
| 偏光顕微鏡 | polarizing microscopy | 353 |
| 偏光子 | polarizer | 13 |
| 偏向電磁石 | polarized electromagnet | 218 |
| 偏光度 | degree of polarization | 78 |
| 偏光板 | polarizer | 13, 200 |
| ベンズバレン | benzvalene | 90 |
| ベンゼン | benzene | 106 |
| ベンゾトリアゾール | benzotriazole | 228 |
| ベンゾフェノン | benzophenone | 154, 228 |
| ポアソン分布 | Poisson distribution | 370 |
| 芳香族アミノ酸 | aromatic amino acid | 182 |
| 芳香族求核置換 | aromatic nucleophilic substitution | 121 |
| 放射圧 | radiation force | 358 |
| 放射過程 | radiative process | 42 |
| 放射光施設 | synchrotron radiation source facility | 218 |
| 放射線分解 | radiolysis | 8 |
| ポジ型 | positive type | 194 |
| 補色 | complementary color | 4 |
| 補助色素 | accessory pigment | 330 |
| ホスフィニルラジカル | phosphinyl radical | 174 |
| ホスフィン | phosphine | 174 |
| ホスフィンオキシド | phosphine oxide | 174 |
| ホスホリルラジカル | phosphoryl radical | 174 |
| ホスホン酸エステル | phosphonate | 174 |
| 捕捉電子 | trapped electron | 9 |
| ポッケルス効果 | Pockels effect | 240 |
| ホットインジェクション | hot injection | 237 |
| ホット分子 | hot molecure | 160 |
| ホッピング現象 | hopping phenomenon | 73 |
| 母斑 | birthmark | 255 |
| ホモ接合 | homojunction | 212 |
| ホモリシス（均一開裂） | homolysis | 150, 172 |
| ポリシラン | polysilane | 170 |

ポリマー　polymer　220
ホール　hole　7
ボルン-オッペンハイマー近似　Born-Oppenheimer approximation　24
ボルンの式　Born's equation　63
ホログラフィック光コヒーレンスイメージング　holographic optical coherence imaging　241
ホログラフィックマッチトフィルター　holographic matched filter　241
本多-藤嶋効果　Honda-Fujishima effect　36, 295
ポンプ-プローブ分光法　pump-probe spectroscopy　372

## ま行

マイクロチャネルプレート　micro-channel plate　364, 371
マイクロ波　microwave　384
マイクロリアクター　microreactor　187
マイケルソン型干渉計　Michelson interferometer　10
マーカス　Marcus　56
膜型マトリックスメタロプロテアーゼ1　membrane matrix metalloproteinase I　251
マクスウェルの方程式　Maxwell's equation　16
マトリックス支援レーザー脱離イオン化（MALDI）　matrix-assisted laser desorption ionization　59
マリケン　Mulliken　54
マルコフニコフ付加　Markovnikov addition　104
マルチプレックス CARS　multiplex CARS　377

ミクロ相分離構造　microphase separation　233
ミー散乱　Mie scattering　14
水の光分解　photolysis of water　295
水分解　water splitting　286, 288
ミドリムシ　Euglena　335
脈管造影　vasography　251

虫歯　dental caries　256
無放射過程　nonradiative process　43
紫膜　purple membrane　333

メソポーラスシリカ薄膜　mesoporus silica thin layer　291
メタ付加　meta-addition　107
メラニン　melanin　258

網膜　retina　332
モノマー　monomer　190
モル吸光係数　molar extinction coefficient　184

モルフォ蝶　morpho butterfly　222
モルフォテックス繊維　morphotex　223
モル吸収係数（モル吸光係数）　molar extinction coefficient　26

## や行

YAG レーザー　YAG laser　216
ヤング環化　Yang cyclization　153
有機エレクトロルミネッセンス（有機 EL）　organic electroluminescence　214, 372
有機塩素化合物　organochlorinated compound　275
有機 EL 素子　organic electroluminescent device　208
有機薄膜太陽電池　organic thinfilm solar cell　300
有効温度　effective temperature　276
有効質量近似　effective mass approximation　237
有効ボーア半径　effective Bohr radius　236
誘電体多層膜　dielectric multilayer　223
誘電率　permittivity　16
誘導放射　stimulated radiation　22
ユーロピウム　europium　341

ヨウ素　iodine　54, 99
溶媒かご　solvent cage　100
溶媒効果　solvent effect　62
溶媒粘度　solvent viscosity　66
溶媒和　solvation　7
溶媒和電子　solvated electron　9, 59
葉緑体　chloroplast　320, 322
1/4 波長板（λ/4 板）　1/4 wavelength plate　13

## ら行

ライブイメージング　live imaging　318
ライマン-$\alpha$ 線　Lyman-$\alpha$ radiation　266
ラクトン　lactone　158
ラジカル　radical　9
ラジカルアニオン　→アニオンラジカル　radical anion
ラジカル解離　radical dissociation　98
ラジカルカチオン　→カチオンラジカル　radical cation
ラジカル求核置換　radical nucleophilic substitution　110
ラジカル重合　radical polymerization　125
ラジカル対　radical pair　28, 70, 160, 384
ラジカル対機構　radical pair mechanism　29, 70
ラジカル連鎖反応　radical chain reaction　118
ラポルテの選択律　Laporte's selection rule　24
ラマンイメージング　Raman imaging　377

ラマン散乱　Raman scattering　14, 363
ラマンシフト　Raman shift　376
リソグラフィー　lithography　84, 219
律速段階　rate determining step　93
立体選択性　stereoselectivity　112
リパート-又賀の式　Lippert-Mataga equation　63
リュードベリ準位　Rydberg level　138
リュードベリ励起状態　Rydberg excited state　104
量子井戸構造　quantum well structure　212
量子サイズ効果　quantum size effect　236, 283
量子収率　quantum yield　84, 86, 305
量子ドット　quantum dot　209, 236, 341, 389
緑色蛍光タンパク質　green fluorescent protein　310, 315, 341
りん光　phosphorescence　25, 42, 154, 362
りん光型発光材料　phosphorescent material　215
リン酸アリールエステル　aryl phosphate　174
リン酸ジアリールエステル　dyiaryl phosphate　174

ルシフェラーゼ　luciferase　312, 316, 318
ルシフェリン　luciferin　312, 316
ルテニウム錯体　ruthenium complex　208
ルテニウムトリスビピリジン錯体　ruthenium trisbipyridine complex　302
ルーメン　lumen　323

励起　excitation　6
励起一重項状態（一重項励起状態）　excited singlet state　30, 84, 94, 138, 185
励起エネルギー　excitation energy　324, 330
励起錯体　excited complex　107
励起三重項状態（三重項励起状態）　excited triplet state　30, 84, 94, 138, 185

励起子　exciton　32, 236
励起状態　excited state　84, 373
励起状態吸収　excited-state absorption　39
励起状態プロトン移動　excited-state proton transfer　104
励起二量体　excited dimer　340
レイリー散乱　Rayleigh scattering　14, 363, 376
レーザー　laser　59, 210, 216
レーザーアブレーション　laser ablation　196
レーザー操作　laser manipulation　359
レーザー治療　laser surgery　255
レーザー同位体分離　laser isotope separation　74
レーザービーム走査　laser beam scanning　355
レーザー捕捉　laser trapping　358
レーザーメス　laser knife　254
レーシック　lasik　255
レチナール　retinal　332, 334
11-$cis$-レチナール　11-$cis$-retinal　186
レチノクロム　retinochrome　333
レチノール　retinol　186
レッドクロロフィル　red chlorophyll　325, 327
レニウム（Ⅰ）錯体　rhenium（Ⅰ）complex　208
連鎖移動剤　chain transfer reagent　124
連鎖反応　chain reaction　84

露光　exposure　205
ローダミン　rhodamine　340
ロドプシン　rhodopsin　142, 332

## わ行

惑星大気　extraterrestrial atmosphere　267
ワトソン-クリック塩基対　Watson-Crick base pair　344

# 英和索引

## A

α-cleavage　α開裂　122
α-cleavage reaction　α開裂反応　153
Abbe's number　アッベ数　220
ablation　アブレーション　35
absolute asymmetric reaction　絶対不斉反応　127
absolute asymmetric synthesis　絶対不斉合成　128
absorption coefficient　吸収係数　17
absorption wavelength　吸収波長　26
accessory pigment　補助色素　331
9-acetyl anthracene　9-アセチルアントラセン　187
acid dissociation constant　酸解離定数　99, 151
activatable probe　アクチベータブルプローブ　249
activation volume　活性化体積　66, 67
addition reaction　付加反応　93, 153
aequorea coerulescens　オワンクラゲ　314
aequorin　イクオリン　312, 314
aerosol (concentration of)　エアロゾル（濃度）　15
air cleaner　空気清浄機　284
alcohol　アルコール　150
alkyl ether　アルキルエーテル　157
alkyl nitrite　亜硝酸エステル　108, 165
alkyne　アルキン　148
allyl ether　アリルエーテル　157
allyl phenyl ether　アリルフェニルエーテル　157
alpha ray　α線　6
angular distribution of scattering　散乱方向分布　14
anion radical　アニオンラジカル（ラジカルアニオン）　301
anisole　アニソール　107
anisotropic ratio　異方性比　78
anomalous dispersion　異常分散　17
anomalous polarization　異常分極　385
antenna　アンテナ　330
anthocyanin pigment　アントシアニン色素　308
anthracene　アントラセン　146
anti-bonding orbital　反結合性軌道　21, 88
antigen-antibody reaction　抗原抗体反応　79
anti-Markovnikov addition　アンチマルコフニコフ付加（逆マルコフニコフ付加）　105, 139
anti-Stokes line　アンチストークス線　15
anti-Stokes Raman scattering　アンチストークスラマン散乱　376

ArF excimer laser　ArFエキシマーレーザー　195
aromatic amino acid　芳香族アミノ酸　182
aromatic nucleophilic substitution　芳香族求核置換　121
artificial photosynthesis　人工光合成　292, 294
artificial photosynthetic cell　人工光合成細胞　295
aryl cation　アリールカチオン　110
aryl phosphate　リン酸アリールエステル　174
aryl radical　アリールラジカル　110
arylation　アリール化　110
asymmetric energy transfer　非対称エネルギー移動　240
asymmetric photocyclization　不斉光環化　128
asymmetric synthesis　不斉合成　127
atmospheric photochemistry　大気圏の光化学　268
atomic orbital　原子軌道　20
atomic oxygen　原子状酸素　156
ATP synthase　ATP合成酵素　323
attenuation factor　減衰係数　17
auto oxidation　自動酸化　89
autofluorescence　自家蛍光　319
avalanche photodiode (APD)　アバランシェフォトダイオード　371
avoided crossing　交差忌避　101
7-azaindole　7-アザインドール　131
azo compound　アゾ化合物　123
azobenzene　アゾベンゼン　96, 164, 232

## B

B-band　B帯　184
bacteriochlorophyll　バクテリオクロロフィル　328
bacteriopheophytin　バクテリオフェオフィチン　328
bacteriophytochrome　バクテリオフィトクロム　337
bacteriorhodopsin　バクテリオロドプシン　333
band gap　バンドギャップ　147
band gap energy　バンドギャップエネルギー　212
Barton reaction　バートン反応　108
base pair　塩基対　180
bathochromic shift (red shift)　深色移動　142, 142
BBO　217
benzene　ベンゼン　106
benzophenone　ベンゾフェノン　154, 228
benzotriazole　ベンゾトリアゾール　228

benzoyl peroxide 過酸化ベンゾイル 160
benzvalene ベンズバレン 90
beta ray $\beta$ 線 6
bioimaging 生体イメージング 248
bioluminescence 生物発光 312, 316
biomembrane 生体膜 79
biosensor バイオセンサー 311
birefringence 複屈折 76
birefringent polymer film 複屈折性高分子フィルム 77
birthmark 母斑 255
black body radiation 黒体放射 2
blastwave 衝撃波 196
block copolymer ブロック共重合体 232
blue light emitting diode 青色LED 213
blue pigment 青色色素 309
BODIPY 209
bond cleavage 結合開裂 84, 100, 170, 226
bonding orbital 結合性軌道 21
Born-Oppenheimer approximation ボルン-オッペンハイマー近似 24
Born's equation ボルンの式 63
Bragg diffraction ブラッグ回折 241
Bragg's law ブラッグの法則 222
Brewer-Dobson circulation ブリューワー–ドブソン循環 275
bromine radical 臭素ラジカル 118

## C

caged compound ケージド化合物 346
calmodulin カルモジュリン 311
$\varepsilon$-caprolactam $\varepsilon$-カプロラクタム 120
carbon circulation 炭素循環 277
carbon dioxide ($CO_2$) 二酸化炭素 276, 304
carbon dioxide reduction 二酸化炭素還元 294
carbon nanotube カーボンナノチューブ 147
carbon resource 炭素資源 304
carbonitrile カルボニトリル 166
carbonyl group カルボニル基 152, 178
carboxylic acid カルボン酸 162
carotene カロテン 331
carotenoid カロテノイド 142, 322, 325, 327
catalytic cycle 触媒反応サイクル 274
cation radical カチオンラジカル（ラジカルカチオン）301
cationic polymerization カチオン重合 125
CCD 203
cell imaging 細胞イメージング 209
chain reaction 連鎖反応 84

chain transfer reagent 連鎖移動剤 124
change separation 電荷分離 283, 321, 328
channelrhodopsin チャネルロドプシン 335
Chapman mechanism チャップマン機構 274
charge coupled device (CCD) 365
charge recombination 電荷再結合 56
charge transfer 電荷移動 54
charge transfer absorption band 電荷移動吸収帯 54
charge transfer complex 電荷移動錯体（CT錯体） 106, 166
charging 帯電 205
cheletropic reaction キレトロピー反応 122
chemical excitation 化学励起 316
chemically amplified resist 化学増幅型レジスト 195
chemiluminescence 化学発光 206, 315
chiral キラル 368
chiral crystal キラル結晶 127
chiral sensitizer キラル増感剤 105
chirality 掌性 366
Chlamydomonas クラミドモナス 335
chlorine radical 塩素ラジカル 118
chlorofluorocarbon クロロフルオロカーボン 172
chlorophyll クロロフィル 184, 322, 324, 326, 328, 330
chlorophyll $\alpha$ epimer クロロフィル $\alpha$ エピマー 324
chloroplast 葉緑体 320, 322
chromaticity coordinate 色度座標 215
chromophore 色素，発色団 26, 272, 294
CIDEP (chemically induced dynamic electron polarization) 化学誘起動的電子分極 29
CIDNP (chemically induced dynamic nuclear polarization) 化学誘起動的核分極 160
cinnamic acid ケイ皮酸 162
circular dichroism (CD) 円偏光二色性 366
circular dichroism spectrum 円偏光二色性スペクトル 366
circularly polarized fluorescence spectrum 円偏光蛍光スペクトル 368
circularly polarized light 円偏光 12, 366
circularly polarized luminescence spectrum 円偏光発光スペクトル 368
cis-trans isomerization シス-トランス異性化 140, 226
cleavage 開裂（解裂）100, 272
CLEM (correlative light and electron microscopy) 319
CMOS 203
coherent anti-Stokes Raman scattering コヒーレントアンチストークスラマン散乱 377

colloidal crystal　コロイド結晶　222
color display　カラーディスプレイ　5
color film　カラーフィルム　200
color printer　カラープリンター　5
command surface　コマンドサーフェス　232
complementary color　補色　4
complex　錯体　54
complex formation　錯体形成　309
complex refraction index　複素屈折率　17
Compton effect　コンプトン効果　3
conduction band　伝導帯　51, 204, 383
configuration interaction　配置間相互作用　184
confocal laser microscope　共焦点レーザー顕微鏡　342
confocal microscopy　共焦点顕微鏡　354
confocal volume　共焦点体積　354
conical intersection　円錐交差　64
conjugate olefin　共役オレフィン　142
conrotatory　同旋的　113
contact angle　接触角　290
conversion efficiency　変換効率　292
coordination compound　配位化合物　176
corneal transplantation　角膜移植　255
co-sensitizer　共増感剤　167
Coulomb explosion　クーロン爆発　197
Coulomb potential　クーロンポテンシャル　69
coumarin　クマリン　373
covalent bond　共有結合　20
CPF　円偏光蛍光スペクトル　368
CPL　円偏光発光スペクトル　368
crosslinked liquid crystalline polymer　架橋液晶高分子　235
crosslinking　架橋　272
cross-linking reaction　架橋反応　125
cyanobacteriochrome　シアノバクテリオクロム　337
cycloaddition　付加環化（環化付加）　140, 144, 163, 166, 180
cyclobutane　シクロブタン　111, 141
cyclopropane　シクロプロパン　173
cysteine　システイン　183
cytochrome b6f complex　シトクロム b6f 複合　323

## D

d-d transition　d-d 遷移　25
de Mayo reaction　デ・マヨ反応　103
decarbonylation　脱炭酸反応　122, 162
decoloration　脱色　273
decomposition reaction　分解反応　70, 92

deformation　変形　234
degree of polarization　偏光度　78
delayed emission　遅延発光　42
delayed fluorescence　遅延蛍光　41, 73
delocalized molecular orbital　非局在化分子軌道　21
dental caries　虫歯　256
dental photo-polymerized resin　歯科用光重合レジン　256
deprotection　脱保護　195
deuterium lamp　重水素ランプ　210
development　現像　205
Dewar benzene　デュワーベンゼン　90, 144
Dewar pyridine　デュワーピリジン　90
Dexter mechanism　デクスター機構　46
diarylethene　ジアリールエテン　96
diastereo differentiating　ジアステレオ区別　129
diastereomeric excess ratio　ジアステレオマー過剰率　129
diastereoselective reaction　ジアステレオ選択的反応　127
diazirine　ジアジリン　123
diazo compound　ジアゾ化合物　123
dichroic dye　二色性色素　77
dichroism　二色性　76
dielectric multilayer　誘電体多層膜　223
Diels-Alder reaction　ディールス-アルダー反応　141
diethyl ether　ジエチルエーテル　157
differential interference microscopy　微分干渉顕微鏡　353
diffraction　回折　10
diffraction grating　回折格子　11
diffraction limit　回折限界　197, 354
diffusion-controlled rate　拡散律速速度　93
digital still camera　デジタルスチルカメラ　203
dioxetanone　ジオキセタノン　316
diphenylacetylene　ジフェニルアセチレン　148
dipole moment　双極子モーメント　68
direct dissociation　直接解離　98
direct transition　直接遷移　212
disilene　ジシレン　170
disinfection　除菌　285
disrotatory　逆旋的　112
dissociation　解離　6
disulfide　ジスルフィド　169
di-$t$-butyl peroxide　ジ-$t$-ブチルペルオキシド　160
dithienylethene　ジチエニルエテン　169
di-$\pi$-methane rearrangement　ジ-$\pi$-メタン転位　139
DNA　180, 260, 338

英和索引　　407

DNA damage　DNA 損傷　338
DNA melting temperature　DNA の融解温度　345
doping　ドーピング　287, 288
dot　網点　192
double helix　二重らせん　180
double hetero junction　ダブルヘテロ接合　212
dry air　乾燥空気　268
durability　耐久性　227
dye　色素　26
dye sensitization　色素増感　200
dye sensitized solar cell　（DSSC）色素増感太陽電池　37, 185, 292, 296
dyiaryl phosphate　リン酸ジアリールエステル　174
dynamic quenching　動的消光　45, 278

## E

earth albedo　地球アルベド　277
effective Bohr radius　有効ボーア半径　236
effective mass approximation　有効質量近似　237
effective temperature　有効温度　276
electrochemiluminescence　電気化学発光　37
electrocyclic reaction（electrocyclization）電子環状反応　96, 140, 226
electroluminescence　電気発光　37, 57
electromagnetic wave　電磁波　2
electron acceptor　電子受容体（アクセプター，電子アクセプター）　61, 102, 300
electron affinity　電子親和力　50, 382
electron beam　電子線　6
electron donor　電子供与体（ドナー，電子ドナー）　61, 102, 300
electronic excited state　電子励起状態　26
electron spin　電子スピン　84, 384
electron spin resonance（ESR）電子スピン共鳴　28, 384
electron transfer　電子移動　49, 56, 84, 110, 121, 166, 173, 203, 324, 373
electron transfer reaction　電子移動反応　70, 93, 109, 181, 321
electron transfer sensitization　電子移動増感反応　167
electronic structure　電子構造　382
electronic transition　電子遷移　24
electro-optic effect　電気光学効果　224
electrophile　求電子剤　102
elliptically polarized light　楕円偏光　12
ellipticity　楕円率　367
El-Sayed rule　エル-セイド則　101
emission　発光　180

enantio differentiating　エナンチオ区別　128
enantiomeric excess　鏡像異性体過剰率　128
enantio-selective photoasymmetric reaction　エナンチオ選択的不斉光反応　105
endo-peroxide　エンドペルオキシド　141
ene reaction　ene 反応　103
enediyne　エンジイン　149
energy acceptor　エネルギー受容体　342
energy donor　エネルギー供与体　342
energy funnel　エネルギー漏斗　47
energy level　エネルギー準位　20
energy transfer　エネルギー移動　48, 183, 314
enhanced GFP　311
entropy effect　エントロピー効果　66
entropy term　エントロピー項　66
environmental cleanup reaction　環境浄化型反応　288
environmentally benign technology　環境調和型技術　273
Er:YAG laser　Er:YAG レーザー　254
ester　エステル　158
ether　エーテル　157
ethidium bromide　臭化エチジウム（エチジウムブロミド）　341
Euglena　ミドリムシ　335
europium　ユーロピウム　341
evanescent light　エバネッセント光　378, 380
excimer　エキシマー　52, 55, 59, 65
excimer forming site　エキシマー生成サイト　53
excimer laser　エキシマーレーザー　216
exciplex　エキシプレックス　52, 55, 59, 102, 109, 166
excitation　励起　6
excitation energy　励起エネルギー　324, 330
excited complex　励起錯体　107
excited dimer　励起二量体　340
excited singlet state　励起一重項状態（一重項励起状態）　30, 84, 94, 138, 185
excited state　励起状態　84, 300, 373
excited state absorption　励起状態吸収　39
excited state proton transfer　励起状態プロトン移動　104
excited triplet state　励起三重項状態（三重項励起状態）　30, 84, 94, 138, 185
exciton　励起子　32, 236, 300
exposure　露光　205
external quantum efficiency　外部量子効率　213
extraterrestrial atmosphere　惑星大気　267
extreme halophile　高度好塩菌　333
extreme ultraviolet light（EUV）極端紫外光　266

E-Z isomerization　E-Z 異性化　138

## F

FCCS（fluorescence cross-correlation spectroscopy）　蛍光相互相関スペクトル　387
FCS（fluorescence correlation spectroscopy）　蛍光相関スペクトル　386
FDCD　蛍光検出円二色性スペクトル　368
feedback　フィードバック　277
femtosecond laser　フェムト秒レーザー　198
femtosecond laser fabrication　フェムト秒レーザー加工　198
Fenton reaction　フェントン反応　89
Fermat's principle　フェルマーの原理　10
Fermi level　フェルミ準位　51
f-f transition　f-f 遷移　25
first law of photochemistry　光化学第 1 法則　84
fixing　定着　205
flash lamp　フラッシュランプ　210
FLIM（fluorescence lifetime imaging）　319
fluoresceine　フルオレセイン　340
fluorescence　蛍光　25, 42, 44, 181, 353, 362
fluorescence depolarization　偏光解消　78
fluorescence imaging　蛍光イメージング　248
fluorescence labeling　蛍光標識　340, 355
fluorescence lifetime　蛍光寿命　44, 370
fluorescence microscopy　蛍光顕微鏡　353, 354
fluorescence quantum yield　蛍光量子収率　44, 185
fluorescence quenching　蛍光消光　44
fluorescence resonance energy transfer（FRET）　蛍光共鳴エネルギー移動　342
fluorescence-detected circular dichroism spectroscopy　蛍光検出円二色性スペクトル　368
fluorescent brightener　蛍光増白剤（漂白剤）　230
fluorescent dyestuff　蛍光染料　230
（fluorescent）fluorescence-luminescent material　蛍光型発光材料　214
fluorescent molecule　蛍光分子　388
fluorescent protein　蛍光タンパク質　310
Förster mechanism　フェルスター機構　46, 342
Förster radius　フェルスター半径　47
Franck-Condon principle　フランク-コンドンの原理　23
FRAP（fluorescence recovery after photobleaching）　311, 360
free exciton　自由励起子　33
free radical　フリーラジカル　100
FRET　蛍光共鳴エネルギー移動　310
frontier orbital　フロンティア軌道　60, 112
fullerene　フラーレン　147

## G

$\varDelta g$ mechanism　$\varDelta g$ 機構　71
G-value　G 値　9
gamma ray　γ線　6
geminate pair　ジェミネート対　62
geminate recombination　対再結合　100
GFP（green fluorescent protein）　緑色蛍光タンパク質　314
GFP tag　GFP タグ　318
gold nanoparticle　金ナノ粒子　381
graphene　グラフェン　147
green chemistry　グリーンケミストリー　109
green fluorescent protein　緑色蛍光タンパク質　310, 315, 341
green house effect　温室効果　276
green sustainable chemistry　グリーンサステイナブルケミストリー　306
Grotthus-Draper law　グロットゥス-ドレーパー則　84
ground state　基底状態　20

## H

Haber-Weiss reaction　ハーバー-ワイス反応　89
halogen lamp　ハロゲンランプ　210
halon　ハロン　274
hapten　ハプテン　262
heat-mode recording　熱型記録　239
heavy-atom effect　重原子効果　40, 63
highest occupied molecular orbital（HOMO）　最高被占軌道　50, 60, 202, 296
high-order aggregate　高次会合体　72
high refractive index material　高屈折率材料　220
high valent ruthenium oxocomplex　高原子価ルテニウムオキソ錯体　303
hindered amine　ヒンダードアミン　228
hole　ホール（正孔）　7
hole carrier　正孔キャリア　240
holographic optical coherence imaging　ホログラフィック光コヒーレンスイメージング　241
holographic matched filter　ホログラフィックマッチトフィルター　241
HOMO　最高被占軌道　50, 60, 202, 296
homogeneous width　均一幅　242
homojunction　ホモ接合　212
homolysis　ホモリシス（均一開裂）　150, 172
Honda-Fujishima effect　本多-藤嶋効果　36, 295
hopping phenomenon　ホッピング現象　73

hot injection　ホットインジェクション　237
hot molecule　ホット分子　160
hydrated electron　水和電子　9
hydride complex　ヒドリド錯体　303
hydrogen　水素　286
hydrogen abstraction reaction　水素引き抜き反応　70, 148, 155, 163
hydrogen bond　水素結合　63
hydrogen generation　水素発生　288, 294, 302
hydrogen peroxide　過酸化水素　88
hydrogen transfer　水素移動　130
hydrogen (atom) transfer reaction　水素（原子）移動反応　93, 116
hydrogenase　ヒドロゲナーゼ　303
hydroperoxide　ヒドロペルオキシド　133
hydroperoxy radical　ヒドロペルオキシラジカル　89
hydrophilicity　親水性　290
hydroxyl radical　水酸基ラジカル　269
hyperchromic effect　濃色効果　344
hyperfine coupling (hfc) mechanism　超微細結合機構　71
hypochromism　淡色効果　344

## I

image amplification　画像増幅　241
imaging probe　イメージングプローブ　248
immunoassay　イムノアッセイ　79
immunofluorescence　蛍光抗体法　318
incandescent lamp　白熱電球　210
indirect transition　間接遷移　212
indocyanine green　インドシアニングリーン　250
infrared light　赤外線　4, 74
infrared multiphoton excitation (IRMPE)　赤外多光子励起　74
infrared multiphoton absorption (IRMPA)　赤外多光子吸収　74
infrared multiphoton dissociation (IRMPD)　赤外多光子解離　74
inhomogeneous width　不均一幅　242
intersystem crossing　項間交差　30
intercalation　インターカレーション　341
interfacial analysis　界面分析　378
interference　干渉　10, 199
intermolecular hydrogen abstraction　分子間水素引き抜き反応　153
intermolecular photoreaction　分子間光反応　93
internal conversion　内部転換（内部変換）　34, 196
internal filter effect　内部フィルター効果　72

intersystem crossing　項間交差（系間交差）　40, 43, 48, 84, 138, 152, 154, 385
intracellular pH change　細胞内 pH 変化　309
intramolecular charge transfer　分子内電荷移動　27, 224
intramolecular excimer　分子内エキシマー　53
intramolecular hydrogen abstraction　分子内水素引き抜き反応　153
intramolecular photoreaction　分子内光反応　92
intramolecular vibrational energy redistribution (IVR)　分子内振動エネルギー再分配　64
inverted region　逆転領域　57
iodine　ヨウ素　54, 99
ionic dissociation　イオン解離　98
ionization　イオン化　6, 34
ionization cross section　イオン化断面積　58
ionization energy　イオン化エネルギー　58, 382
ionization potential　イオン化ポテンシャル（イオン化電位）　8, 35, 50, 54, 58
ionization threshold　イオン化のしきい値　58
ion-molecule reaction　イオン分子反応　8
ion pair　イオン対　6, 59, 69
iridium complex　イリジウム錯体　208
iron-sulfur cluster　鉄-硫黄クラスター　325
isoemissive point　等発光点　52
isomerization　異性化　64, 84, 177
isomerization reaction　異性化反応　92
isotope enrichment　同位体濃縮　74
isotope separation　同位体分離　74
isotope shift　同位体シフト　74

## J

J-aggregate　J 会合体　203

## K

Kasha's rule　カーシャ則　35, 41
Kramers inversion　クラマース反転　62
Kramers-Kronig relation　クラマース-クローニッヒの関係式　17

## L

lactone　ラクトン　158
Laporte's selection rule　ラポルテの選択律　24
laser　レーザー　59, 210, 216
laser ablation　レーザーアブレーション　196
laser beam scanning　レーザービーム走査　355
laser isotope separation　レーザー同位体分離　74
laser knife　レーザーメス　254
laser manipulation　レーザー操作　359

| | |
|---|---|
| laser surgery | レーザー治療　255 |
| laser trapping | レーザー捕捉　358 |
| lasik | レーシック　255 |
| lattice relaxation | 格子緩和　383 |
| light-emitting diode | 発光ダイオード　212 |
| light harvesting | 光捕集　328 |
| light harvesting antenna molecule | 光捕集アンテナ分子　294 |
| light harvesting system | 光捕集系　330 |
| light scattering phenomenon | 散乱現象　14 |
| light source | 光源　210 |
| light stimulation | 光刺激　309 |
| light waveguide | 導光路　→光導波路　254 |
| limiting anisotropy ratio | 極限異方性比　79 |
| linear accelerator | 線形加速器　375 |
| linearly polarized light | 直線偏光　12 |
| Lippert-Mataga equation | リパート−又賀の式　63 |
| liquid crystal | 液晶　232 |
| liquid crystal cell | 液晶セル　200 |
| lithography | リソグラフィー　84, 219 |
| live imaging | ライブイメージング　318 |
| local viscosity | 局所粘度　79 |
| localized exiton | 局在励起子　33 |
| localized surface plasmon resonance（LSPR） | 局在表面プラズモン共鳴　381 |
| locally excited state | 局在励起状態　27 |
| long-distance energy transfer | 遠距離エネルギー移動　342 |
| long-life luminous fluorophore | 蓄光性蛍光体　207 |
| long-life luminous material | 蓄光材料　206 |
| lowest unoccupied molecular orbital（LUMO） | 最低非被占軌道　50, 60, 202, 296 |
| low refractive-index materials | 低屈折率材料　220 |
| low temperature matrix isolation spectroscopy | 低温マトリックス単離分光法　65 |
| luciferase | ルシフェラーゼ　312, 316, 318 |
| luciferin | ルシフェリン　312, 316 |
| lumen | ルーメン　323 |
| luminescent protein | 発光タンパク質　314 |
| LUMO | 最低空軌道　50, 60, 202, 296 |
| Lyman-α radiation | ライマン-α 線　266 |
| lyotropic liquid crystal | 濃度相転移型液晶　80 |

## M

| | |
|---|---|
| magnetic field effect | 磁場効果　29, 70 |
| magneto optical effect | 磁気光学効果　238 |
| magneto-optical disc | 光磁気ディスク　238 |
| majority carrier | 多数キャリア　36 |
| Marcus | マーカス　56 |
| Markovnikov addition | マルコフニコフ付加　104 |
| mass analysis | 質量分析　59 |
| mass spectrometer | 質量分析計　59 |
| matrix-assisted laser desorption ionization（MALDI） | マトリックス支援レーザー脱離イオン化　59 |
| Maxwell's equations | マクスウェルの方程式　16 |
| melanin | メラニン　258 |
| membrane matrix metalloproteinase I | 膜型マトリックスメタロプロテアーゼ 1　251 |
| mercury lamp | 水銀ランプ　210 |
| mercury photosensitized reaction | 水銀光増感反応　151 |
| mercury-xenon lamp | 水銀キセノンランプ　210 |
| mesoporus silica thin layer | メソポーラスシリカ薄膜　291 |
| meta-addition | メタ付加　107 |
| metal carbonyl | 金属カルボニル　99 |
| metal complex | 金属錯体　176 |
| metal complex catalyst | 金属錯体触媒　305 |
| metal nitride | 金属窒化物　288 |
| metal organic chemical vapor deposition（MOCVD） | 178 |
| metal oxide | 金属酸化物　288 |
| metal oxynitride | 金属酸窒化物　288 |
| metal vapor discharge lamp | 金属蒸気放電管　210 |
| Michelson interferometer | マイケルソン型干渉計　10 |
| micro-channel plate | マイクロチャネルプレート　364, 371 |
| microphase separation | ミクロ相分離構造　233 |
| microreactor | マイクロリアクター　187 |
| microscope | 顕微鏡　373 |
| microwave | マイクロ波　384 |
| Mie scattering | ミー散乱　14 |
| minority carrier | 少数キャリア　36 |
| mobility | 移動度　204 |
| molar extinction coefficient | モル吸光係数（モル吸収係数）　26, 184 |
| molecular device | 分子デバイス　227 |
| molecular imaging | 分子イメージング　209 |
| molecular motion | 分子運動　78 |
| molecular orbital | 分子軌道　21 |
| molecular orientation | 分子配向　76 |
| molecular switch | 分子スイッチ　227 |
| monomer | モノマー　190 |
| morpho butterfly | モルフォ蝶　222 |
| morphotex | モルフォテックス繊維　223 |
| Mulliken | マリケン　54 |
| multielectron reduction | 多電子還元　304 |

英和索引　　411

multiphoton absorption　多光子吸収　197, 255, 197, 198, 255
multiphoton absorption coefficient　多光子吸収係数　39
multiphoton absorption cross section　多光子吸収断面積　39
multiphoton ionization　多光子イオン化　59
multiplex CARS　マルチプレックス CARS　377

## N

$n=3$ rule　$n=3$ ルール　53
NADH　319
naphthalene　ナフタレン　146
narrow-bandgap polymer　狭バンドギャップ高分子　301
natural isotope abundance　天然同位体比　74
nearfield optical microscopy　近接場光学顕微鏡　356
near infrared light　近赤外光　248
negative type　ネガ型　194
nitrate radical　硝酸ラジカル　269
nitro group　ニトロ基　165
nitrogen oxides　窒素酸化物　271
nitron　ニトロン　165
nitroso compound　ニトロソ化合物　108, 120, 164
nitrosyl chloride　塩化ニトロシル　120
nitrosyl radical　ニトロシルラジカル　120
nonlinear optical material　非線形光学材料　224
nonlinear optics　非線形光学　240
non-methane hydrocarbon　非メタン炭化水素　271
nonradiative process　無放射過程　43
nonresonant multiphoton ionization　非共鳴多光子イオン化　59
normal region　正常領域　57
Norrish type I reaction　ノリッシュⅠ型反応　152, 158, 171, 122
Norrish type II reaction　ノリッシュⅡ型反応　153, 159
nucleic acid base　核酸塩基　180
nucleophilic substitution reaction　求核置換反応　144
nylon6　ナイロン6　120
$n$-$\pi^*$ excited state　$n$-$\pi^*$ 励起状態　26, 152
$n$-$\sigma^*$ excited state　$n$-$\sigma^*$ 励起状態　27

## O

occupied level　占有準位　382
offset printing　オフセット印刷　193
OLED（organic light emitting diode）　有機 EL 素子　214
oligosilane　オリゴシラン　171

onium salt type　オニウム塩型　191
Onsager effect　オンサガー効果　69
opal　オパール　222
optical activity　光学活性　366
optical amplification　光増幅　240
optical compensation film　位相差フィルム　201
optical computing　光コンピューティング　241
optical delay distance　光学遅延距離　200
optical disc　光ディスク　238
optical gain　光学利得　241
optical interconnection　光インターコネクション　241
optical material　光学材料　223
optical microscope　光学顕微鏡　364, 388
optical neural networks　光ニューラルネットワーク　241
optical parametric oscillation　パラメトリック発振　217
optical rotatory power　旋光性　366
optical tweezers　光ピンセット　358
oral phototherapy　口腔光治療　261
orbital symmetry　軌道の対称性　113
order parameter　配向秩序パラメータ　80
organic electroluminescence　有機エレクトロルミネッセンス（有機 EL）　214, 372
organic electroluminescent device　有機 EL 素子　208
organic thin film solar cell　有機薄膜太陽電池　300
organochlorinated compound　有機塩素化合物　275
orientational vector　配向ベクトル　81
orientation control　配向制御　224
orientation enhancement effect　配向増幅効果　240
orientational birefringence　配向複屈折　76
ortho-addition　オルト付加体　107
oxetane　オキセタン　111
oxidant　オキシダント，酸化剤　281, 287
oxidation　酸化　339
oxidation potential　酸化電位　181
oxidative damage　酸化損傷　156
oxidative quenching mechanism　酸化的消光機構　302
oxime　オキシム　108
oxygen　酸素　156
oxygen generation　酸素発生　288, 303
oxygen inhibition　酸素阻害　124, 191
oxyluciferin　オキシルシフェリン　316
ozone　オゾン　156, 270, 280
ozone depletion　オゾン層破壊　274
ozone hole　オゾンホール　269, 274, 280
ozone layer　オゾン層　268

ozone oxidation(ozonolysis) オゾン酸化反応(オゾン分解) 280

## P

π-bond π結合 21
π-complex π錯体 119
π-π* excitation π-π*励起 138
π-π* excited state π-π*励起状態 26
π-π* transition π-π*遷移 24
PA-GFP(photoactivatable GFP) 光活性化 GFP 319
PALM(photo-activated localization microscopy) 357
paramagnetism 常磁性 384
Paternò-Büchi reaction パテルノ-ビューヒ反応 111, 153
pericyclic reaction ペリ環状反応 112
periodic structure 周期構造 199
permittivity 誘電率 16
peroxide 過酸化物 160
Perrin model ペランモデル 45
Perrin's equation ペランの式 79
phantom state 準安定状態 96
phase 位相 199
phase change 相変化 238
phase conjugate wave 位相共役波 241
phase contrast microscopy 位相差顕微鏡 352
phase object 位相物体 352
phase plate 位相板 13
phase relaxation time 位相緩和時間 242
phenol フェノール 151
phenylalanine フェニルアラニン 183
phenyldisilane フェニルジシラン 171
pheophytin フェオフィチン 326
phoborhodopsin フォボロドプシン 334
phosphine ホスフィン 174
phosphine oxide ホスフィンオキシド 174
phosphinyl radical ホスフィニルラジカル 174
phosphite 亜リン酸エステル 174
phosphonate ホスホン酸エステル 174
phosphorescence りん光 25, 42, 154, 362
phosphorescent material りん光発光材料 215
phosphoryl radical ホスホリルラジカル 174
photoacid 光酸 99
photoacid generator 光酸発生剤 133, 191, 195
photoacivated adenylyl cyclase 光活性化アデニル酸シクラーゼ 335
photoallergy 光アレルギー 262
photoarylation 光アリール化 110
photobleaching 光退色 272, 311, 389
photobromination 光臭素化 118

photocatalyst 光触媒 261, 282, 284, 286, 293, 294, 306, 372
photocatalytic reaction 光触媒反応 84
photochemical oxidant 光化学オキシダント 271
photochemical reaction 光化学反応 84
photochemical type phochromic compound P 型光異性化化合物 227
photochemistry of vitamin A ビタミン A の光化学 186
photochlorination 光塩素化 118
photochromic fluorescent protein フォトクロミック蛍光タンパク質 311
photochromic material 調光材料 226
photochromic molecule フォトクロミック分子 234
photochromism フォトクロミズム 96, 127, 226
photo Cleisen rearrangement 光クライセン転位 157
photoconductivity 光導電性 240
photocurable paint 光硬化塗料 190
photocurable resin 光硬化樹脂 190
photocuring material 光硬化材料 124
photocurrent 光電流 204
photocycloaddition 光付加環化 111, 103
[2 + 2] photocycloaddition [2 + 2] 光付加環化 111, 139
photodamage 光損傷 260
photo-decarbonylation 光脱カルボニル化 158
photo-decarboxylation 光脱カルボキシル化 159
photodecomposition 光分解 266
photodegradation 光劣化 133, 228, 272
photodermatosis 光線過敏症 259, 262
photodimerization 光二量化 134
photodiode フォトダイオード 364
photodynamic therapy(PDT) 光線力学療法 85, 185, 259
photoelectric effect 光電効果 2
photoelectron 光電子 58, 382
photoelectron spectroscopy(PES) 光電子分光法 58, 382
photoelectron-transfer reaction 光電子移動反応 94, 102
photo Friedel-Crafts reaction 光フリーデル-クラフツ反応 109
photo-Fries rearrangement 光フリース転位 97, 158
photohalogenation 光ハロゲン化 119
photo-hole burning 光ホールバーニング 242
photoinduced electron transfer 光(誘起)電子移動 37, 134, 321, 328
photoinduced protein crystallization 光誘起タンパク質結晶化 348

photoinduced superhydrophilicity　光誘起超親水性　290
photoinduced surface relief　光表面レリーフ形成　233
photopolymerization initiator　光開始剤　124, 190
photoionization　光イオン化　58, 243, 266
photoisomerization　光異性化　104
photoisomerization enzyme　光異性化酵素　333
photolithography　フォトリソグラフィー　194
photoliuminescence　フォトルミネッセンス　237
photolyase　フォトリアーゼ　339
photomechanical effect　フォトメカニカル効果　227, 234
photomultiplier tube　光電子増倍管　364
photon counting　光子計数　362
photon echo　フォトンエコー　243, 244
photonic crystal　フォトニック結晶　199
photon-mode recording　光型記録　239
photonucleophilic substitution　光求核置換　121
photooxidation　光酸化　94, 228, 272
photo oxygenation　光酸素付加　103
photophobic response　光驚動反応　335
photopolymer　感光性高分子　132
photopolymerization　光重合反応　133, 256
photoradical initiator　光ラジカル開始剤　133
photoreceptor　光受容体　4
photoreduction　光還元　94
photorefractive effect　フォトリフラクティブ効果　240
photo removable protecting group　光解離性保護基　337
photoresist　フォトレジスト　194, 198
photoresponsive compound　光感受性物質　262
photoreceptor protein　感光性タンパク質　182
photosensitization　光増感　48
photosensitized reaction　光増感反応　88
photosensitizer　光増感剤　261, 293, 305
photosensor　光センサー　204
photostabilizer　光安定剤　133, 228, 228
photostationary state　光定常状態　138
photosterilization　光殺菌　260
photosubstitution reaction　光置換反応　176
photosynthesis　光合成　84, 306, 320, 330
photosynthetic antenna　光合成アンテナ　328
photosynthetic bacteria　光合成細菌　320, 331
photosynthetic initial process　光合成初期過程　328
photosystem　光化学系　329
photosystem I (PSI)　光化学系 I　320, 324
photosystem II (PSII)　光化学系 II　320, 426

phototaxis　走光性　334
photothiol-ene reaction　光チオール-エン反応　124
phototoxicity　光毒性　262
phototropin　フォトトロピン　337
photovoltaic effect　光起電力効果　298
photo-X-generator　光-X-発生剤　124
phycobilisome　フィコビリゾーム　322, 327
phycocyanobilin　フィコシアノビリン　337
phylloquinone　フィロキノン　325
phytochrome　フィトクロム　336
phytochromobilin　フィトクロモビリン　336
pigment　色素　26
pigment-protein complex　色素タンパク質複合体　322
pinhole　ピンホール　354
Planck's black body radiation　プランクの黒体放射　16
plasmon　プラズモン　380
plastoquinol　プラストキノール　326
plastoquinone　プラストキノン　326
plate　刷版　192
p-n junction　p-n 接合　298
Pockels effect　ポッケルス効果　240
point light source　点光源　354
Poisson distribution　ポアソン分布　370
polar addition　極性付加　138
polar stratospheric cloud　極成層圏雲　275
polarization　分極　383
polarized electromagnet　偏向電磁石　218
polarizer　偏光子，偏光板　13, 200
polarizing microscope　偏光顕微鏡　353
polycyclic aromatic hydrocarbon　多環芳香族炭化水素　146
polymer　高分子，ポリマー　220, 272
polymerization　重合　93
polymorphism　多形　126
polysilane　ポリシラン　170
population　占有数　22
positive type　ポジ型　194
predissociation　前期解離　98
presensitized plate　PS 版　193
pressure　圧力　66
pressure effect　圧力効果　66
previtamin $D_3$　プレビタミン $D_3$　187
prismane　プリズマン　90, 123
proton pump enzyme　プロトンポンプ酵素　309
proton transfer　プロトン移動　116, 130
provitamin $D_3$　プロビタミン $D_3$　187
psoralen　ソラレン　263

pulse radiolysis　パルスラジオリシス　374
pump-probe spectroscopy　ポンプ-プローブ分光法　372
purple membrane　紫膜　333
purple photosynthetic bacterium　紅色光合成細菌　328
pyrene　ピレン　146, 340
pyrimidine dimer　ピリミジン二量体　338

## Q

Q-band　Q帯　184
quadricyclane　クワドリシクラン　293
quantum dot　量子ドット　209, 236, 341, 389
quantum size effect　量子サイズ効果　236, 283
quantum well structure　量子井戸構造　212
quantum yield　量子収率　84, 86, 305
quencher　消光剤　44

## R

radiation force　放射圧　358
radiative process　放射過程　42
radical　ラジカル　9
radical anion　ラジカルアニオン（アニオンラジカル）　374
radical cation　ラジカルカチオン（カチオンラジカル）　374
radical chain reaction　ラジカル連鎖反応　118
radical dissociation　ラジカル解離　98
radical nucleophilic substitution　ラジカル求核置換　110
radical pair　ラジカル対　28, 70, 160, 384
radical pair mechanism　ラジカル対機構　29, 70
radical polymerization　ラジカル重合　125
radiolysis　放射線分解　8
Raman imaging　ラマンイメージング　377
Raman scattering　ラマン散乱　14, 363
Raman shift　ラマンシフト　376
rare earth complex　希土類錯体　208
rate determining step　律速段階　93
Rayleigh scattering　レイリー散乱　14, 363, 376
reaction center　反応中心　320, 328, 330
reaction rate constant　反応速度定数　85
reaction yield　反応収率　86
reactive intermediate　反応中間体　85
reactive oxygen species　活性酸素　156, 263
real-time holographic 3D display　実時間3Dホログラフィックディスプレイ　241
real-time optical correlation　実時間光相関　241
rearrangement　転位　138

rearrangement reaction　移動反応　114, 116
recordable　追記型　238
recording material　記録材料　227
red chlorophyll　レッドクロロフィル　325, 327
redox　酸化還元　289
redox couple　酸化還元対　287
reductant　還元剤　287
reductive quenching mechanism　還元的消光機構　302
refined structural analysis　精密構造解析　219
reflection　反射　10
refraction　屈折　10
refractive index　屈折率　10, 220
relaxation mechanism　緩和機構　71
reorganization energy　再配向エネルギー　57
reservoir species　触媒隔離分子　275
resonant multiphoton ionization　共鳴多光子イオン化　59
resonance Raman effect　共鳴ラマン効果　376
retina　網膜　332
retinal　レチナール　332, 334
11-*cis*-retinal　11-*cis*-レチナール　186
retinochrome　レチノクロム　333
retinol　レチノール　186
reverse intersystem crossing　逆項間交差　43
rewritable　書き換え可能型　238
rhenium complex　レニウム錯体　208
rhodamine　ローダミン　340
rhodopsin　ロドプシン　142, 332
ring-closure reaction　閉環反応　112
ring-opening polymerization　開環重合　125
ring-opening reaction　開環反応　112
ROM（read only memory）　再生専用型記録　238
rotational diffusion coefficient　回転拡散係数　79
rotational relaxation　回転緩和　78
rotogravure printing　グラビア印刷　193
ruthenium complex　ルテニウム錯体　208
ruthenium trisbipyridine complex　ルテニウムトリスビピリジン錯体　302
Rydberg excited state　リュードベリ励起状態　104
Rydberg level　リュードベリ準位　138

## S

sacrificial oxidant　犠牲酸化剤　303
sacrificial reductant　犠牲還元剤　302
*N*-salicylideneamine　*N*-サリチリデンアミン　131
scanning laser manipulation　走査型レーザーマニピュレーション　359
Schiff base　シッフ塩基　332

Schmidt's rule　シュミット則　126
Schockley-Queisser limit　ショックレー-キュイーザー限界　299
screen printing　スクリーン印刷　193
second law of photochemistry　光化学第2法則　84
secondary electron　2次電子　6
selective reflection　選択反射　222
self cleaning　セルフクリーニング　282
self-trapped exiton　自己束縛励起子　33
semiconductor　半導体　147, 298
semiconductor electrode　半導体電極　36
semiconductor laser　半導体レーザー　213, 216
semiconductor particle　半導体粒子　236
semiconductor photocatalyst　半導体光触媒　282, 295, 305
semiquinone radical　セミキノンラジカル　109
sensitizer　増感剤　48, 167, 191, 278
sensory rhodopsin　センサーロドプシン　334
sequential two-photon excitation　逐次的2光子励起　34
shift　転位　138
sigmatropic rearrangement　シグマトロピー転位　140
sigmatropy　シグマトロピー　96
silicone solar cell　シリコン太陽電池　297, 299
silole　シロール　170
silver halide photography　銀塩写真　200
silyl anion　シリルアニオン　170
silylene　シリレン　170, 179
silyl ketone　シリルケトン　170
silyl radical　シリルラジカル　170
simultaneous two-photonic excitation　同時2光子励起　34
single fineparticle　単一微粒子　358
single molecule fluorescence measurement　単一分子蛍光測定　384
single molecule spectroscopy　単一分子分光法　384
single photon source　単一光子源　355
singlet excited state　一重項励起状態（励起一重項状態）　30, 84, 94, 138, 185
singlet oxygen　一重項酸素　48, 85, 88, 273, 278
singlet sensitizer　一重項増感剤　160
singlet-singlet annihilation　一重項-一重項消滅（S-S消滅）　73
singlet state　一重項状態　84
Smiles rearrangement　スマイルス転位　121
$S_N2Ar^*$ mechanism　$S_N2Ar^*$機構　121
Snell's law　スネルの法則　10
SODIS (solar disinfection)　太陽光殺菌　261

solar cell　太陽電池　203, 292, 298, 321, 372
solar radiation　太陽光放射　266
solar reactor　ソーラーリアクター　109
solid-state photoreaction　固相光反応　177
solvated electron　溶媒和電子　9, 59
solvation　溶媒和　7
solvent cage　溶媒かご　100
solvent effect　溶媒効果　62
solvent viscosity　溶媒粘度　66
SOMO（singly occupied molecular orbital）　半占軌道　60
spatial resolution　空間分解能　388
special pair　特異対　321, 328, 330
spillover　スピルオーバー　327
spin chemistry　スピン化学　29
spin correlated radical pair　スピン相関ラジカル対　29
spin-orbit coupling　スピン軌道相互作用　178
spontaneous radiation　自然放射　22
SPR sensor　SPRセンサー　381
spur　スパー　7
Stark effect　シュタルク効果　68
Stark-Einstein law　シュタルク-アインシュタイン則　84
static quenching　静的消光　45, 278
steady-state photoreaction　定常光反応　85
stereoselectivity　立体選択性　112
sterilization　殺菌　284
Stern-Volmer equation　シュテルン-ボルマー式　45
steroid　ステロイド　187
stilbene　スチルベン　96
stimulated emission depletion microscope　STED顕微鏡　357
stimulated radiation　誘導放射　22
Stokes line　ストークス線　15
Stokes raman scattering　ストークス散乱　376
Stokes shift　ストークスシフト　41, 55, 311, 353
STORM (stochastic optical reconstruction microscopy)　357
strain energy　歪エネルギー　293
stratosphere　成層圏　268, 270
streak camera　ストリークカメラ　365, 371
stroma　ストロマ　323
structural color　構造色　222
substitution reaction　置換反応　93
sulfide　スルフィド　169
sulfonate　スルホネート　168
sulfone　スルホン　168
sulfoxide　スルホキシド　168

sulfur ylide　硫黄イリド　169
sun tanning　サンタン，日焼け　258
sunburn　サンバーン，日光皮膚炎　258
sun light　太陽光　268, 274, 286
sun light spectrum　太陽光スペクトル　4
supercontinuum laser　白色レーザー　217
superoxide　スーパーオキシド　88
superoxide anion　スーパーオキシドアニオン　133
superposition principle　重ね合わせの原理　10
super-resolution fluorescence microscopy　超解像蛍光顕微鏡　355
super-resolution optical microscopy　超解像光学顕微鏡　356
supersonic free jet　超音速自由噴流　65
supersonic jet　超音速ジェット　75
super strong acid　超強酸　125
supramolecular complex　超分子錯体　129
surface charge transfer　表面電荷移動　289
surface modification　表面修飾　289
surface optical alignment　表面光配向　232
surface plasmon　表面プラズモン　380
surface plasmon resonance（SPR）　表面プラズモン共鳴　380
synchrotron　シンクロトロン　218
synchrotron radiation　シンクロトロン放射　210, 218
synchrotron radiation source　放射光施設　218

## T

tautomerization（tautomersm）　互変異性化　243
terbium　テルビウム　341
tetracyanoquinodimethane（TCNQ）　テトラシアノキノジメタン　55
tetrathiafulvalene（TTF）　テトラチアフルバレン　55
thermal Cleisen rearrangement　熱的クライセン転位　157
thermal denaturation layer　熱変性層　254
thermally activated delayed fluorescence　熱活性化遅延蛍光　43
thermal type photochromic compound　T型光異性化化合物　226
thermoluminescence　熱ルミネッセンス　57
thermotropic liquid crystal　熱相転移型液晶　80
thinfilm solar cell　薄膜型太陽電池　299
thiocarbonyl compound　チオカルボニル化合物　168
thioether compound　チオエーテル化合物　228
three dimentional optical microscopic image　3次元光学顕微鏡像　355
three primary colors　三原色　4, 202

thylakoid　チラコイド　323
TICT（twisted intramolecular charge transfer）excited state　TICT励起状態　27
time-correlation single photon counting method　時間相関単一光子計数法　370
time-voltage converter（TAC）　時間-電圧変換器　370
Ti-sapphire laser　チタンサファイアレーザー　216
titanium oxide　酸化チタン　282, 292, 373
toner　トナー　205
topochemical　トポケミカル　126
total reflection　全反射　378
transcription　転写　205
transient absorption　過渡吸収　85, 372
transition moment　遷移双極子モーメント（遷移モーメント）　24, 25
transpiration　蒸散　254
trapped electron　捕捉電子　9
triplet excited state　励起三重項状態　30, 84, 94, 138, 154
triplet mechanism　三重項機構　29
triplet metal-ligand charge transfer state　三重項MLCT状態　176
triplet photosensitized reaction　三重項光増感反応　48
triplet quantum yield　三重項生成量子収率　185
triplet sensitization　三重項増感　243
triplet sensitizer　三重項増感剤　103, 146, 160
triplet state　三重項状態　→励起三重項状態　84, 154
triplet-triplet annihilation　三重項-三重項消滅　43, 73
triplet-triplet energy transfer　三重項エネルギー移動　154
triptophan　トリプトファン　182
tris（2, 2'-dipyridine）ruthenium ion　トリス（2, 2'-ジピリジン）ルテニウムイオン　208
troposphere　対流圏　268, 270
tungsten lamp　タングステンランプ　210
two level system　二準位系　22
two photon absorption　2光子吸収　38, 347
two photon polymerization　2光子重合　198
tyrosine　チロシン　182

## U

ultrashort pulse　超短パルス　217
ultraviolet light　紫外線　4, 260, 262, 268, 270
undulator　アンジュレーター　218
unoccupied level　空準位　383
unpaired electron　不対電子　384

up conversion　アップコンバージョン　371
UVA　339
UV-absorber　紫外線吸収剤　228
UVB　339

## V

vacuum permeability　真空の透磁率　16
valence band　価電子帯　51, 204, 383
valence isomer　原子価異性体　90, 106
valence isomerization　原子価異性化　97, 144
Vaska complex　バスカ型錯体　179
vasography　脈管造影　251
vertical transition　垂直遷移　23
vibrational excited state　振動励起状態　74
vibrational relaxation　振動緩和　30, 74
vibrational structure　振動構造　23, 41
vibronic band　振電バンド　23
video microscopy　ビデオ顕微法　388
virtual level　仮想準位　38
viscosity　粘性　64
viscosity effect　粘度効果　62, 65
visible light　可視光（可視光線）　4, 286
visible light responsible photocatalyst　可視光応答型光触媒　288, 293
vision　視覚　332
visual pigment　視物質　97
vitamin D　ビタミンD　97, 187
volatile organic compound　揮発性有機化合物　271
vucuum ultraviolet light　真空紫外光　266

## W

water purification device　水浄化装置　285
water splitting　水分解　286, 288
Watson-Crick base pair　ワトソン-クリック塩基対　344
wavelength conversion　波長変換　224
1/2 wavelength plate　1/2 波長板（$\lambda/2$ 板）　13
1/4 wavelength plate　1/4 波長板（$\lambda/4$ 板）　13
wiggler　ウィグラー　218
Wollaston prism　ウォラストンプリズム　353
Woodward-Hoffmann rule　ウッドワード-ホフマン則　111, 112, 122, 139, 140

## X

X ray　X線　6
X ray free electron laser（XFEL）　X線自由電子レーザー　219
X ray laser　X線レーザー　219
xenon flash lamp　キセノンフラッシュランプ　210
xenon lamp　キセノンランプ　210

## Y

YAG laser　YAGレーザー　216
Yang cyclization　ヤング環化　153

## Z

Zeeman splitting　ゼーマン分裂　28
Z-E isomerization　Z-E 異性化　140

| 光化学の事典 | 定価はカバーに表示 |

2014 年 6 月 25 日　初版第 1 刷
2015 年 3 月 25 日　　 第 2 刷

編集者　光 化 学 協 会
　　　　光 化 学 の 事 典
　　　　編 集 委 員 会
発行者　朝 倉 邦 造
発行所　株式会社 朝 倉 書 店
　　　　東京都新宿区新小川町6-29
　　　　郵 便 番 号　162-8707
　　　　電　話　03(3260)0141
　　　　FAX　03(3260)0180
　　　　http://www.asakura.co.jp

〈検印省略〉

© 2014 〈無断複写・転載を禁ず〉　　　　教文堂・渡辺製本

ISBN 978-4-254-14096-5　C 3543　　　Printed in Japan

JCOPY　<(社)出版者著作権管理機構 委託出版物>

本書の無断複写は著作権法上での例外を除き禁じられています．複写される場合は，そのつど事前に，(社)出版者著作権管理機構（電話 03-3513-6969, FAX 03-3513-6979, e-mail: info@jcopy.or.jp）の許諾を得てください．

水素エネルギー協会編

# 水 素 の 事 典

14099-6  C3543　　　A 5 判  728頁  本体20000円

水素は最も基本的な元素の一つであり，近年はクリーンエネルギーとしての需要が拡大し，ますますその利用が期待されている。本書は，水素の基礎的な理解と実社会での応用を結びつけられるよう，環境科学的な見地も踏まえて平易に解説。〔内容〕水素原子／水素分子／水素と生物／水素の分析／水素の燃焼と爆発／水素の製造／水素の精製／水素の貯蔵／水素の輸送／水素と安全／水素の利用／エネルギーキャリアとしての水素の利用／環境と水素／水素エネルギーシステム／他

---

黒田和男・荒木敬介・大木裕史・武田光夫・
森　伸芳・谷田貝豊彦編

# 光 学 技 術 の 事 典

21041-5  C3550　　　A 5 判  488頁  本体13000円

カメラやレーザーを始めとする種々の光学技術に関連する重要用語を約120取り上げ，エッセンスを簡潔・詳細に解説する。原理，設計，製造，検査，材料，素子，画像・信号処理，計測，測光測色，応用技術，最新技術，各種光学機器の仕組みほか，技術の全局面をカバー。技術者・研究者必備のレファレンス。〔内容〕近軸光学／レンズ設計／モールド／屈折率の計測／液晶／レーザー／固体撮像素子／物体認識／形状の計測／欠陥検査／眼の光学系／量子光学／内視鏡／顕微鏡／他

---

産業環境管理協会 指宿堯嗣・農環研 上路雅子・
前製品評価技術基盤機構 御園生誠編

# 環 境 化 学 の 事 典

18024-4  C3540　　　A 5 判  468頁  本体9800円

化学の立場を通して環境問題をとらえ，これを理解し，解決する，との観点から発想し，約280のキーワードについて環境全般を概観しつつ理解できるよう解説。研究者・技術者・学生さらには一般読者にとって役立つ必携書。〔内容〕地球のシステムと環境問題／資源・エネルギーと環境／大気環境と化学／水・土壌環境と化学／生物環境と化学／生活環境と化学／化学物質の安全性・リスクと化学／環境保全への取組みと化学／グリーンケミストリー／廃棄物とリサイクル

---

太陽紫外線防御研究委員会編

# か ら だ と 光 の 事 典

30104-5  C3547　　　B 5 判  432頁  本体15000円

健康の維持・増進をはかるために，ヒトは光とどう付き合っていけばよいか，という観点からまとめられた事典。光がヒトに及ぼす影響・作用を網羅し，光の長所を活用し，弊害を回避するための知恵をわかりやすく解説する。ヒトをとりまく重要な環境要素としての光について，幅広い分野におけるテーマを考察し，学際的・総合的に理解できる成書。光と環境，光と基礎医学，光と皮膚，光と眼，紫外線防御，光による治療，生体時計，光とこころ，光と衣食住，光と子供の健康，など

---

日本分析化学会高分子分析研究懇談会編

# 高分子分析ハンドブック
（CD-ROM付）

25252-1  C3558　　　B 5 判  1268頁  本体50000円

様々な高分子材料の分析について，網羅的に詳しく解説した。分析の記述だけでなく，材料や応用製品等の「物」に関する説明もある点が，本書の大きな特徴の一つである。〔内容〕目的別分析ガイド（材質判定／イメージング／他），手法別測定技術（分光分析／質量分析／他），基礎材料（プラスチック／生ゴム／他），機能性材料（水溶性高分子／塗料／他），加工品（硬化樹脂／フィルム・合成紙／他），応用製品・応用分野（包装／食品／他），副資材（ワックス・オイル／炭素材料）

上記価格（税別）は2015年2月現在